CAMBRIDGE LIBRARY COLLECTION

Books of enduring scholarly value

Mathematics

From its pre-historic roots in simple counting to the algorithms powering modern desktop computers, from the genius of Archimedes to the genius of Einstein, advances in mathematical understanding and numerical techniques have been directly responsible for creating the modern world as we know it. This series will provide a library of the most influential publications and writers on mathematics in its broadest sense. As such, it will show not only the deep roots from which modern science and technology have grown, but also the astonishing breadth of application of mathematical techniques in the humanities and social sciences, and in everyday life.

Werke

The genius of Carl Friedrich Gauss (1777–1855) and the novelty of his work (published in Latin, German, and occasionally French) in areas as diverse as number theory, probability and astronomy were already widely acknowledged during his lifetime. But it took another three generations of mathematicians to reveal the true extent of his output as they studied Gauss' extensive unpublished papers and his voluminous correspondence. This posthumous twelve-volume collection of Gauss' complete works, published between 1863 and 1933, marks the culmination of their efforts and provides a fascinating account of one of the great scientific minds of the nineteenth century. Volume 3, which appeared in 1866, focuses on analysis. It includes Gauss' work on elliptic functions and on power series, for which he gave the first convergence criteria, as well as his first (1799) proof of the fundamental theorem of algebra, and reviews of works by contemporaries including Fourier.

Cambridge University Press has long been a pioneer in the reissuing of out-of-print titles from its own backlist, producing digital reprints of books that are still sought after by scholars and students but could not be reprinted economically using traditional technology. The Cambridge Library Collection extends this activity to a wider range of books which are still of importance to researchers and professionals, either for the source material they contain, or as landmarks in the history of their academic discipline.

Drawing from the world-renowned collections in the Cambridge University Library, and guided by the advice of experts in each subject area, Cambridge University Press is using state-of-the-art scanning machines in its own Printing House to capture the content of each book selected for inclusion. The files are processed to give a consistently clear, crisp image, and the books finished to the high quality standard for which the Press is recognised around the world. The latest print-on-demand technology ensures that the books will remain available indefinitely, and that orders for single or multiple copies can quickly be supplied.

The Cambridge Library Collection will bring back to life books of enduring scholarly value (including out-of-copyright works originally issued by other publishers) across a wide range of disciplines in the humanities and social sciences and in science and technology.

Werke

Volume 3

Carl Friedrich Gauss

CAMBRIDGE
UNIVERSITY PRESS

CAMBRIDGE UNIVERSITY PRESS

Cambridge, New York, Melbourne, Madrid, Cape Town,
Singapore, São Paolo, Delhi, Tokyo, Mexico City

Published in the United States of America by Cambridge University Press, New York

www.cambridge.org
Information on this title: www.cambridge.org/9781108032254

This edition first published 1866
This digitally printed version 2011

ISBN 978-1-108-03225-4 Paperback

CARL FRIEDRICH GAUSS WERKE

BAND III.

CARL FRIEDRICH GAUSS

WERKE

ERSTER BAND

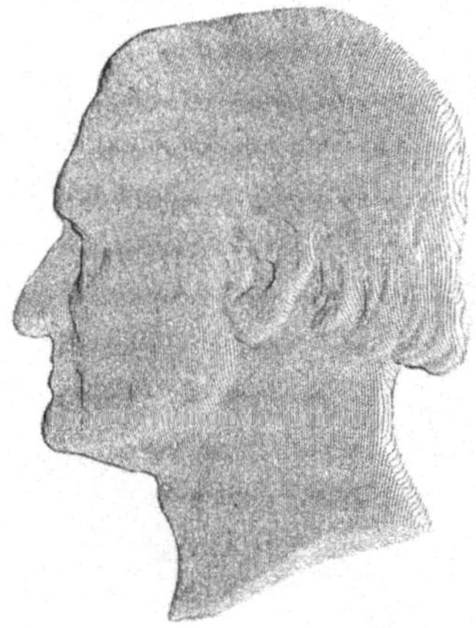

HERAUSGEGEBEN

VON DER

KÖNIGLICHEN GESELLSCHAFT DER WISSENSCHAFTEN

ZU

GÖTTINGEN

1866.

DEMONSTRATIO NOVA

THEOREMATIS

OMNEM FUNCTIONEM ALGEBRAICAM
RATIONALEM INTEGRAM

UNIUS VARIABILIS

IN FACTORES REALES PRIMI VEL SECUNDI GRADUS

RESOLVI POSSE

QUAM PRO

OBTINENDIS SUMMIS IN PHILOSOPHIA HONORIBUS

INCLITO PHILOSOPHORUM ORDINI

ACADEMIAE IULIAE CAROLINAE

EXHIBUIT

CAROLUS FRIDERICUS GAUSS

HELMSTADII

APUD C. G. FLECKEISEN. MDCCLXXXXIX.

1

DEMONSTRATIO NOVA THEOREMATIS

OMNEM FUNCTIONEM ALGEBRAICAM RATIONALEM INTEGRAM

UNIUS VARIABILIS

IN FACTORES REALES PRIMI VEL SECUNDI GRADUS RESOLVI POSSE.

1.

Quaelibet aequatio algebraica determinata reduci potest ad formam

$$x^m + Ax^{m-1} + Bx^{m-2} + \text{etc.} + M = 0$$

ita ut m sit numerus integer positivus. Si partem primam huius aequationis per X denotamus, aequationique $X = 0$ per plures valores inaequales ipsius x satisfieri supponimus, puta ponendo $x = \alpha$, $x = \beta$, $x = \gamma$ etc. functio X per productum e factoribus $x - \alpha$, $x - \beta$, $x - \gamma$ etc. divisibilis erit. Vice versa, si productum e pluribus factoribus simplicibus $x - \alpha$, $x - \beta$, $x - \gamma$ etc. functionem X metitur: aequationi $X = 0$ satisfiet, aequando ipsam x cuicunque quantitatum α, β, γ etc. Denique si X producto ex m factoribus talibus simplicibus aequalis est (sive omnes diversi sint, sive quidam ex ipsis identici): alii factores simplices praeter hos functionem X metiri non poterunt. Quamobrem aequatio m^{ti} gradus plures quam m radices habere nequit; simul vero patet, aequationem m^{ti} gradus *pauciores* radices habere posse, etsi X in m factores simplices resolubilis sit: si enim inter hos factores aliqui sunt identici, multitudo modorum diversorum aequationi satisfaciendi necessario minor erit quam m. Attamen concinnitatis caussa geometrae dicere maluerunt, aequationem in hoc quoque casu m radices habere, et tantummodo quasdam ex ipsis aequales inter se evadere: quod utique sibi permittere potuerunt.

2.

Quae hucusque sunt enarrata, in libris algebraicis sufficienter demonstrantur neque rigorem geometricum uspiam offendunt. Sed nimis praepropere et sine praevia demonstratione solida adoptavisse videntur analystae theorema cui tota fere doctrina aequationum superstructa est: *Quamvis functionem talem ut X semper in m factores simplices resolvi posse*, sive hoc quod cum illo prorsus conspirat, *quamvis aequationem m^{ti} gradus revera habere m radices.* Quum iam in aequationibus secundi gradus saepissime ad tales casus perveniatur, qui theoremati huic repugnant: algebraistae, ut hos illi subiicerent, coacti fuerunt, fingere quantitatem quandam imaginariam cuius quadratum sit -1, et tum agnoverunt, si quantitates formae $a+b\sqrt{-1}$ perinde concedantur ut reales, theorema non modo pro aequationibus secundi gradus verum esse, sed etiam pro cubicis et biquadraticis. Hinc vero neutiquam inferre licuit, admissis quantitatibus formae $a+b\sqrt{-1}$ cuivis aequationi quinti superiorisve gradus satisfieri posse, aut uti plerumque exprimitur (quamquam phrasin lubricam minus probarem) radices cuiusvis aequationis ad formam $a+b\sqrt{-1}$ reduci posse. Hoc theorema ab eo, quod in titulo huius scripti enunciatum est, nihil differt, si ad rem ipsam spectas, huiusque demonstrationem novam rigorosam tradere, constituit propositum praesentis dissertationis.

Ceterum ex eo tempore, quo analystae comperti sunt, infinite multas aequationes esse, quae nullam omnino radicem haberent, nisi quantitates formae $a+b\sqrt{-1}$ admittantur, tales quantitates fictitiae tamquam peculiare quantitatum genus, quas *imaginarias* dixerunt, ut a *realibus* distinguerentur, consideratae et in totam analysin introductae sunt; quonam iure? hoc loco non disputo. — Demonstrationem meam absque omni quantitatum imaginariarum subsidio absolvam, etsi eadem libertate, qua omnes recentiores analystae usi sunt, etiam mihi uti liceret.

3.

Quamvis ea, quae in plerisque libris elementaribus tamquam demonstratio theorematis nostri afferuntur, tam levia sint, tantumque a rigore geometrico abhorreant, ut vix mentione sint digna: tamen, ne quid deesse videatur, paucis illa attingam. 'Ut demonstrent, quamvis aequationem

$$x^m + Ax^{m-1} + Bx^{m-2} + \text{etc.} + M = 0$$

sive $X = 0$, revera habere m radices, suscipiunt probare, X in m factores simplices resolvi posse. Ad hunc finem assumunt m factores simplices $x-\alpha$, $x-\beta$, $x-\gamma$ etc. ubi α, β, γ etc. adhuc sunt incognitae, productumque ex illis aequale ponunt functioni X. Tum ex comparatione coëfficientium deducunt m aequationes, ex quibus incognitas α, β, γ etc. determinari posse aiunt, quippe quarum multitudo etiam sit m. Scilicet $m-1$ incognitas eliminari posse, unde emergere aequationem, quae, quam placuerit, incognitam solam contineat.' Ut de reliquis, quae in tali argumentatione reprehendi possent, taceam, quaeram tantummodo, unde certi esse possimus, ultimam aequationem revera ullam radicem habere? Quidni fieri posset, ut neque huic ultimae aequationi neque propositae, ulla magnitudo in toto quantitatum realium atque imaginariarum ambitu satisfaciat? — Ceterum periti facile perspicient, hanc ultimam aequationem necessario cum proposita *omnino identicam* fore, siquidem calculus rite fuerit institutus; scilicet eliminatis incognitis β, γ etc. aequationem

$$\alpha^m + A\alpha^{m-1} + B\alpha^{m-2} + \text{etc.} + M = 0$$

prodire debere. Plura de isto ratiocinio exponere necesse non est.

Quidam auctores, qui debilitatem huius methodi percepisse videntur, tamquam *axioma* assumunt, quamvis aequationem revera habere radices, si non possibiles, impossibiles. Quid sub quantitatibus possibilibus et impossibilibus intelligi velint, haud satis distincte exposuisse videntur. Si quantitates possibiles idem denotare debent ut reales, impossibiles idem ut imaginariae: axioma illud neutiquam admitti potest, sed necessario demonstratione opus habet. Attamen in illo sensu expressiones accipiendae non videntur, sed axiomatis mens haec potius videtur esse: Quamquam nondum sumus certi, necessario dari m quantitates reales vel imaginarias, quae alicui aequationi datae m^{ti} gradus satisfaciant, tamen aliquantisper hoc supponemus; nam si forte contingeret, ut tot quantitates reales et imaginariae inveniri nequeant, certe effugium patebit, ut dicamus reliquas esse impossibiles.' Si quis hac phrasi uti mavult quam simpliciter dicere, aequationem in hoc casu tot radices non habituram, a me nihil obstat: at si tum his radicibus impossibilibus ita utitur tamquam aliquid veri sint, et e. g. dicit, summam omnium radicum aequationis $x^m + Ax^{m-1} + \text{etc.} = 0$ esse $= -A$, etiamsi impossibiles inter illas sint (quae expressio proprie significat, *etiamsi aliquae deficiant*): hoc neutiquam probare possum. Nam radices impossibiles, in tali sensu acceptae, tamen sunt radices, et tum axioma illud nullo modo sine demonstratione admitti potest, neque inepte dubitares, annon aequationes exstare possint, quae ne impossibiles quidem radices habeant?*)

4.

Antequam aliorum geometrarum demonstrationes theorematis nostri recenseam, et quae in singulis reprehendenda mihi videantur, exponam: observo sufficere si tantummodo ostendatur omni aequationi quantivis gradus

$$x^m + Ax^{m-1} + Bx^{m-2} + \text{etc.} + M = 0$$

sive $X = 0$ (ubi coëfficientes A, B etc. reales esse supponuntur) ad minimum uno modo satisfieri posse per valorem ipsius x sub forma $a + b\sqrt{-1}$ contentum. Constat enim, X tunc divisibilem fore per factorem realem secundi gradus $xx - 2ax + aa + bb$, si b non fuerit $= 0$, et per factorem realem simplicem $x - a$, si $b = 0$ In utroque casu quotiens erit realis, et inferioris gradus quam X; et quum hic eadem ratione factorem realem primi secundive gradus habere de-

*) Sub quantitate imaginaria hic semper intelligo quantitatem in forma $a + b\sqrt{-1}$ contentam, quamdiu b non est $= 0$. In hoc sensu expressio illa semper ab omnibus geometris primae notae accepta est, neque audiendos censeo, qui quantitatem $a + b\sqrt{-1}$ in eo solo casu imaginariam vocare voluerunt ubi $a = 0$, impossibilem vero quando non sit $a = 0$, quum haec distinctio neque necessaria sit neque ullius utilitatis. — Si quantitates imaginariae omnino in analysi retineri debent (quod pluribus rationibus consultius videtur, quam ipsas abolere, modo satis solide stabiliantur): necessario tamquam aeque possibiles ac reales spectandae sunt; quamobrem reales et imaginarias sub denominatione communi *quantitatum possibilium* complecti mallem: contra, *impossibilem* dicerem quantitatem, quae conditionibus satisfacere debeat, quibus ne imaginariis quidem concessis satisfieri potest, attamen ita, ut *phrasis* haec idem significet ac si dicas, talem quantitatem in toto magnitudinum ambitu non dari. Hinc vero genus peculiare quantitatum formare, neutiquam concederem. Quodsi quis dicat, triangulum rectilineum aequilaterum rectangulum impossibile esse, nemo erit qui neget. At si tale triangulum impossibile tamquam novum triangulorum genus contemplari, aliasque triangulorum proprietates ad illud applicare voluerit, ecquis risum teneat? Hoc esset verbis ludere seu potius abuti. — Quamvis vero etiam summi mathematici saepius veritates, quae quantitatum ad quas spectant possibilitatem manifesto supponunt, ad tales quoque applicaverint quarum possibilitas adhuc dubia erat; neque abnuerim, huiusmodi licentias plerumque ad solam formam et quasi velamen ratiociniorum pertinere, quod veri geometrae acies mox penetrare possit: tamen consultius, scientiaeque, quae tamquam perfectissimum claritatis et certitudinis exemplar merito celebratur, sublimitate magis dignum videtur, tales libertates aut omnino proscribere, aut saltem parcius neque alias ipsis uti, nisi ubi etiam minus exercitati perspicere valeant, rem etiam absque illarum subsidio etsi forsan minus breviter tamen aeque rigorose absolvi potuisse. — Ceterum haud negaverim, ea quae hic contra impossibilium abusum dixi, quodam respectu etiam contra imaginarias obiici posse: sed harum vindicationem nec non totius huius rei expositionem uberiorem ad aliam occasionem mihi reservo.

beat, patet, per continuationem huius operationis functionem X tandem in factores reales simplices vel duplices resolutum iri, aut, si pro singulis factoribus realibus duplicibus binos imaginarios simplices adhibere mavis, in m factores simplices.

5.

Prima theorematis demonstratio illustri geometrae D'ALEMBERT debetur, *Recherches sur le calcul intégral, Histoire de l'Acad. de Berlin, Année* 1746. p. 182 sqq. Eadem extat in BOUGAINVILLE, *Traité du calcul intégral, a Paris* 1754. p. 47 sqq. Methodi huius praecipua momenta haec sunt.

Primo ostendit, si functio quaecunque X quantitatis variabilis x fiat $= 0$ aut pro $x = 0$ aut pro $x = \infty$, atque valorem infinite parvum realem positivum nancisci possit tribuendo ipsi x valorem realem: hanc functionem etiam valorem infinite parvum realem negativum obtinere posse per valorem ipsius x vel realem vel sub forma imaginaria $p + q\sqrt{-1}$ contentum. Scilicet designante Ω valorem infinite parvum ipsius X, et ω valorem respondentem ipsius x, asserit ω per seriem valde convergentem $a\Omega^{\alpha} + b\Omega^{\beta} + c\Omega^{\gamma}$ etc. exprimi posse, ubi exponentes α, β, γ etc. sint quantitates rationales continuo crescentes, et quae adeo ad minimum in distantia certa ab initio positivae evadant, terminosque, in quibus adsint, infinite parvos reddant. Iam si inter omnes hos exponentes nullus occurrat, qui sit fractio denominatoris paris, omnes terminos seriei reales fieri tum pro positivo tum pro negativo valore ipsius Ω; si vero quaedam fractiones denominatoris paris inter illos exponentes reperiantur, constare, pro valore negativo ipsius Ω terminos respondentes in forma $p + q\sqrt{-1}$ contentos esse. Sed propter infinitam seriei convergentiam in casu priori sufficere, si terminus primus (i. e. maximus) solus retineatur, in posteriori ultra eum terminum, qui partem imaginariam primus producat, progredi opus non esse.

Per similia ratiocinia ostendi posse, si X valorem negativum infinite parvum ex valore reali ipsius x assequi possit: functionem illam valorem realem positivum infinite parvum ex valore reali ipsius x vel ex imaginario sub forma $p + q\sqrt{-1}$ contento adipisci posse.

Hinc secundo concludit, etiam valorem aliquem realem finitum ipsius X dari, in casu priori negativum, in posteriori positivum, qui ex valore imaginario ipsius x sub forma $p + q\sqrt{-1}$ contento produci possit.

Hinc sequitur, si X sit talis functio ipsius x, quae valorem realem V ex valore ipsius x reali v obtineat. atque etiam valorem realem quantitate infinite parva vel maiorem vel minorem ex valore reali ipsius x assequatur, eandem etiam valorem realem quantitate infinite parva atque adeo finita vel minorem vel maiorem quam V (resp.) recipere posse, tribuendo ipsi x valorem sub forma $p+q\sqrt{-1}$ contentum. Hoc nullo negotio ex praecc. derivatur, si pro X substitui concipitur $V+Y$, et pro x, $v+y$.

Tandem affirmat ill. D'ALEMBERT, si X totum intervallum aliquod inter duos valores reales R, S percurrere posse supponatur (i. e. tum ipsi R, tum ipsi S, tum omnibus valoribus realibus intermediis aequalis fieri), tribuendo ipsi x valores semper in forma $p+q\sqrt{-1}$ contentos; functionem X quavis quantitate finita reali adhuc augeri vel diminui posse (prout $S>R$ vel $S<R$), manente x semper sub forma $p+q\sqrt{-1}$. Si enim quantitas realis U daretur (inter quam et R supponitur S iacere), cui X per talem valorem ipsius x aequalis fieri non posset, necessario valorem *maximum* ipsius X dari (scilicet quando $S>R$; minimum vero, quando $S<R$), puta T, quem ex valore ipsius x, $p+q\sqrt{-1}$, consequeretur, ita ut ipsi x nullus valor sub simili forma contentus tribui posset, qui functionem X vel minimo excessu propius versus U promoveret. Iam si in aequatione inter X et x pro x ubique substituatur $p+q\sqrt{-1}$, atque tum pars realis, tum pars, quae factorem $\sqrt{-1}$ implicet, hoc omisso, cifrae aequentur: ex duabus aequationibus hinc prodeuntibus (in quibus p, q et X cum constantibus permixtae occurrent) per eliminationem duas alias elici posse, in quarum altera p, X et constantes reperiantur, altera a p libera solas q, X et constantes involvat. Qamobrem quum X per valores reales ipsarum p, q omnes valores ab R usque ad T percurrerit, per praecc. X versus valorem U adhuc propius accedere posse tribuendo ipsius p, q valores tales $\alpha+\gamma\sqrt{-1}$, $\beta+\delta\sqrt{-1}$ resp. Hinc vero fieri $x=\alpha-\delta+(\gamma+\beta)\sqrt{-1}$, i. e. adhuc sub forma $p+q\sqrt{-1}$ esse, contra hyp.

Iam si X functionem talem ut $x^m+Ax^{m-1}+Bx^{m-2}+$ etc. $+M$ denotare supponitur, nullo negotio perspicitur, ipsi x tales valores reales tribui posse, ut X totum aliquod intervallum inter duos valores reales percurrat. Quare x valorem aliquem sub forma $p+q\sqrt{-1}$ contentum talem etiam nancisci poterit, unde X fiat $=0$. Q. E. D.*)

*) Observare convenit, ill. D'ALEMBERT in sua huius demonstrationis expositione considerationes geome-

6.

Quae contra demonstrationem D'ALEMBERTianam obiici posse videntur, ad haec fere redeunt.

1. Ill. D'A. nullum dubium movet de *existentia* valorum ipsius x, quibus valores dati ipsius X respondeant, sed illam supponit, solamque *formam* istorum valorum investigat.

Quamvis vero haec obiectio per se gravissima sit, tamen hic ad solam dictionis formam pertinet, quae facile ita corrigi potest, ut illa penitus destruatur.

2. Assertio, ω per talem seriem qualem ponit semper exprimi posse. certo est falsa, si X etiam functionem quamlibet transscendentem designare debet (uti D'A. pluribus locis innuit). Hoc e. g. manifestum est, si ponitur $X = e^{\frac{1}{x}}$, sive $x = \frac{1}{\log X}$. Attamen si demonstrationem ad eum casum restringimus, ubi X est functio algebraica ipsius x (quod in praesenti negotio sufficit), propositio utique est vera. — Ceterum D'A. nihil pro confirmatione suppositionis suae attulit; cel. BOUGAINVILLE supponit, X esse functionem algebraicam ipsius x, et ad inventionem seriei parallelogrammum NEWTONianum commendat.

3. Quantitatibus infinite parvis liberius utitur, quam cum geometrico rigore consistere potest aut saltem nostra aetate (ubi illae merito male audiunt) ab analysta scrupuloso concederetur, neque etiam saltum a valore infinite parvo ipsius Ω ad finitum satis luculenter explicavit. Propositionem suam, Ω etiam valorem aliquem finitum consequi posse, non tam ex possibilitate valoris infinite parvi ipsius Ω concludere videtur quam inde potius, quod denotante Ω quantitatem valde parvam, propter magnam seriei convergentiam, quo plures termini seriei accipiantur, eo propius ad valorem verum ipsius ω accedatur, aut, quo plurium partium summa pro ω accipiatur, eo exactius aequationi, quae relationem inter ω et Ω sive x et X exhibeat, satisfactum iri. Praeterea quod tota haec argumentatio nimis vaga videtur, quam ut ulla conclusio rigorosa inde colligi possit: observo, utique dari series, quae quantumvis parvus valor quantitati,

tricas adhibuisse, atque X tamquam abscissam, x tamquam ordinatam curvae spectavisse (secundum morem omnium geometrarum primae huius saeculi partis, apud quos notio functionum minus usitata erat). Quia vero omnia ipsius ratiocinia, si ad ipsorum essentiam solam respicis, nullis principiis geometricis, sed pure analyticis innituntur, et curva imaginaria, ordinataeque imaginariae expressiones duriores esse lectoremque hodiernum facilius offendere posse videntur, formam repraesentationis mere analyticam hic adhibere malui. Hanc annotationem ideo adieci, ne quis demonstrationem D'ALEMBERTianam ipsam cum hac succincta expositione comparans aliquid essentiale immutatum esse suspicetur.

secundum cuius potestates progrediuntur, tribuatur, nihilominus semper divergant, ita ut si modo satis longe continuentur, ad terminos quavis quantitate data maiores pervenire possis *). Hoc evenit, quando coëfficientes seriei progressionem hypergeometricam constituunt. Quamobrem necessario demonstrari debuisset, talem seriem hypergeometricam in casu praesenti provenire non posse.

Ceterum mihi videtur, ill. D'A. hic non recte ad series infinitas confugisse, hasque ad stabiliendum theorema hoc fundamentale doctrinae aequationum haud idoneas esse.

4. Ex suppositione, X obtinere posse valorem S neque vero valorem U, nondum sequitur, inter S et U necessario valorem T iacere, quem X attingere sed non superare possit. Superest adhuc alius casus: scilicet fieri posset, ut inter S et U limes situs sit, ad quem accedere quidem quam prope velis possit X, ipsum vero nihilominus numquam attingere. Ex argumentis ab ill. D'A. allatis tantummodo sequitur, X omnem valorem, quem attigerit, adhuc quantitate finita superare posse, puta quando evaserit $= S$, adhuc quantitate aliqua finita Ω augeri posse; quo facto, novum incrementum Ω' accedere, tunc iterum augmentum Ω'' etc., ita ut quotcunque incrementa iam adiecta sint, nullum pro ultimo haberi debeat, sed semper aliquod novum accedere possit. At quamvis *multitudo* incrementorum possibilium nullis limitibus sit circumscripta: tamen utique fieri posset, ut si incrementa $\Omega, \Omega', \Omega''$ etc. continuo decrescerent, nihilominus summa $S+\Omega+\Omega'+\Omega''$ etc. limitem aliquem numquam attingeret, quotcunque termini considerentur.

Quamquam hic casus occurrere non potest, quando X designat functionem algebraicam integram ipsius x: tamen sine demonstratione, hoc fieri non posse, methodus necessario pro incompleta habenda est. Quando vero X est functio transscendens, sive etiam algebraica fracta, casus ille utique locum habere potest, e.g. semper quando valori cuidam ipsius X valor infinite magnus ipsius x respon-

*) Hacce occasione obiter adnoto, ex harum serierum numero plurimas esse, quae primo aspectu maxime convergentes videantur, e. g. ad maximam partem eas, quibus ill. EULER in parte poster. *Inst. Calc. Diff.* Cap. VI. ad summam aliarum serierum quam proxime assignandam utitur p. 441—474 (reliquae enim series p. 475—478 revera convergere possunt), quod, quantum scio, a nemine hucusque observatum est. Quocirca magnopere optandum esset, ut dilucide et rigorose ostenderetur, cur huiusmodi series, quae primo citissime, dein paullatim lentius lentiusque convergunt, tandemque magis magisque divergunt, nihilominus summam proxime veram suppeditent, si modo non nimis multi termini capiantur, et quousque talis summa pro exacta tuto haberi possit?

det. Tum methodus D'ALEMBERTiana non sine multis ambagibus, et in quibusdam casibus nullo forsan modo, ad principia indubitata reduci posse videtur.

Propter has rationes demonstrationem D'ALEMBERTianam pro satisfaciente habere nequeo. Attamen hoc non obstante verus demonstrationis nervus probandi per omnes obiectiones neutiquam infringi mihi videtur, credoque eidem fundamento (quamvis longe diversa ratione et saltem maiori circumspicientia) non solum demonstrationem rigorosam theorematis nostri superstrui, sed ibinde omnia peti posse, quae circa aequationum *transscendentium* theoriam desiderari queant. De qua re gravissima alia occasione fusius agam; conf. interim infra art. 24.

7.

Post D'ALEMBERTUM ill. EULER disquisitiones suas de eodem argumento promulgavit, *Recherches sur les racines imaginaires des équations*, *Hist. de l'Acad. de Berlin A.* 1749, p. 223 sqq. Methodum duplicem hic tradidit· prioris summa. continetur in sequentibus.

Primo ill. E. suscipit demonstrare, si m denotet quamcunque dignitatem numeri 2, functionem $x^{2m}+Bx^{2m-2}+Cx^{2m-3}+$ etc. $+M=X$ (in qua coëfficiens termini secundi est $=0$) semper in duos factores reales resolvi posse, in quibus x usque ad m dimensiones ascendat. Ad hunc finem duos factores assumit,

$$x^m-ux^{m-1}+\alpha x^{m-2}+\beta x^{m-3}+\text{etc.},\quad \text{et}\quad x^m+ux^{m-1}+\lambda x^{m-2}+\mu x^{m-3}\ \text{etc.}$$

ubi coëfficientes u, α, β etc. λ, μ etc. adhuc incogniti sunt,· horumque productum aequale ponit functioni X. Tum coëfficientium comparatio suppeditat $2m-1$ aequationes, manifestoque demonstrari tantummodo debet, incognitis u, α, β etc λ, μ etc. (quarum multitudo etiam est $2m-1$) tales valores reales tribui posse qui aequationibus illis satisfaciant. Iam E. affirmat, si primo u tamquam cognita consideretur, ita ut multitudo incognitarum unitate minor sit quam multitudo aequationum. his secundum methodos algebraicas notas rite combinatis omnes α, β etc. λ, μ etc. rationaliter et sine ulla radicum extractione per u et coëfficientes B, C etc. determinari posse, adeoque valores reales nancisci, simulac u realis fiat. Praeterea vero omnes α, β etc. λ, μ etc. eliminari poterunt, ita ut prodeat aequatio $U=0$, ubi U erit functio integra solius u et coëfficientium cognitorum. Hanc aequationem ipsam per methodum eliminationis vulgarem evolvere, opus immensum foret, quando aequatio proposita $X=0$ est gradus aliquantum alti; et pro gradu indeterminato, plane impossibile (iudice ipso E. p. 239). Attamen hic sufficit, unam illius aequationis proprietatem novisse, scilicet quod terminus ultimus in U (qui incognitam u non implicat) necessario est negativus, unde sequi constat, aequationem ad minimum unam radicem realem habere, sive u et proin etiam α, β etc. λ, μ etc. ad minimum uno modo realiter determinari posse: illam vero proprietatem per sequentes reflexiones confirmare licet. Quum $x^m - ux^{m-1} + \alpha x^{m-2} +$ etc. supponatur esse factor functionis X: necessario u erit summa m radicum aequationis $X = 0$, adeoque totidem valores habere debebit, quot modis diversis ex $2m$ radicibus m excerpi possunt, sive per principia calculi combinationum $\frac{2m.2m-1.2m-2.....m+1}{1\;.\;2\;.\;3\;...\;m}$ valores. Hic numerus semper erit impariter par (demonstrationem haud difficilem supprimo): si itaque ponitur $= 2k$, ipsius semissis k impar erit; aequatio $U = 0$ vero erit gradus $2k^{\text{ti}}$. Iam quoniam in aequatione $X = 0$ terminus secundus deest: summa omnium $2m$ radicum erit 0; unde patet, si summa quarumcunque m radicum fuerit $+p$, reliquarum summam fore $-p$, i. e. si $+p$ est inter valores ipsius u, etiam $-p$ inter eosdem erit. Hinc E. concludit, U esse productum ex k factoribus duplicibus talibus $uu-pp$, $uu-qq$, $uu-rr$ etc., denotantibus $+p$, $-p$, $+q$, $-q$ etc. omnes $2k$ radices aequationis $U = 0$, unde, propter multitudinem imparem horum factorum, terminus ultimus in U erit quadratum producti pqr etc. signo negativo affectum. Productum autem pqr etc. semper ex coëfficientibus B, C etc. rationaliter determinari potest, adeoque necessario erit quantitas realis. Huius itaque quadratum signo negativo affectum certo erit quantitas negativa. Q. E. D.

Quum hi duo factores reales ipsius X sint gradus m^{ti} atque m potestas numeri 2: eadem ratione uterque rursus in duos factores reales $\frac{1}{2}m$ dimensionum resolvi poterit. Quoniam vero per repetitam dimidiationem numeri m necessario tandem ad binarium pervenitur, manifestum est, per continuationem operationis functionem X tandem in factores reales secundi gradus resolutam haberi.

Quodsi vero functio talis proponitur, in qua terminus secundus non deest, puta $x^{2m} + Ax^{2m-1} + Bx^{2m-2} +$ etc. $+ M$, designante etiamnum $2m$ potestatem binariam, haec per substitutionem $x = y - \frac{A}{2m}$ transibit in similem functionem termino secundo carentem. Unde facile concluditur, etiam illam functionem in factores reales secundi gradus resolubilem esse.

Denique proposita functione gradus n^{ti}, designante n numerum, qui non est potestas binaria: ponatur potestas binaria proxime maior quam n, $= 2m$. multipliceturque functio proposita per $2m-n$ factores simplices reales quoscunque. Ex resolubilitate producti in factores reales secundi gradus, nullo negotio derivatur, etiam functionem propositam in factores reales secundi vel primi gradus resolubilem esse debere.

8.

Contra hanc demonstrationem obiici potest

1. Regulam, secundum quam E. concludit, ex $2m-1$ aequationibus $2m-2$ incognitas α, β etc. λ, μ etc. omnes rationaliter determinari posse, neutiquam esse generalem, sed saepissime exceptionem pati. Si quis e. g. in art. 3, aliqua incognitarum tamquam cognita spectata, reliquas per hanc et coëfficientes datos rationaliter exprimere tentat, facile inveniet, hoc esse impossibile, nullamque quantitatum incognitarum aliter quam per aequationem $m-1^{\text{ti}}$ gradus determinari posse. Quamquam vero hic statim a priori perspici potest, illud necessario ita evenire debuisse: tamen merito dubitari posset, annon etiam in casu praesenti pro quibusdam valoribus m res eodem modo se habeat, ut incognitae α, β etc. λ, μ etc. ex u, B, C etc. aliter quam per aequationem gradus forsan maioris quam $2m$ determinari nequeant. Pro eo casu, ubi aequatio $X = 0$ est quarti gradus, E. valores rationales coëfficientium per u et coëfficientes datos eruit; idem vero etiam in omnibus aequationibus altioribus fieri posse, utique explicatione ampliori egebat. — Ceterum operae pretium esse videtur, in formulas illas, quae α, β etc. rationaliter per u, B, C etc. exprimant, profundius et generalissime inquirere; de qua re aliisque ad eliminationis theoriam (argumentum haudquaquam exhaustum) pertinentibus alia occasione fusius agere suscipiam.

2. Etiamsi autem demonstratum fuerit, cuiusvis gradus sit aequatio $X = 0$, semper formulas inveniri posse, quae ipsas α, β etc. λ, μ etc. rationaliter per u, B, C etc. exhibeant: tamen certum est, pro valoribus quibusdam determinatis coëfficientium B, C etc. formulas illas *indeterminatas* evadere posse, ita ut non solum impossibile sit, incognitas illas rationaliter ex u, B, C etc. definire, sed adeo revera quibusdam in casibus valori alicui reali ipsius u nulli valores reales ipsarum α, β etc. λ, μ etc. respondeant. Ad confirmationem huius rei brevitatis gratia ablego lectorem ad diss. ipsam E., ubi p. 236 aequatio quarti gradus fusius explicata est. Statim quisque videbit, formulas pro coëfficientibus α, β indeter-

minatas fieri, si $C=0$ et pro u assumatur valor 0, illorumque valores non solum sine extractione radicum assignari non posse, sed adeo ne reales quidem esse, si fuerit $BB-4D$ quantitas negativa. Quamquam vero in hoc casu u adhuc alios valores reales habere, quibus valores reales ipsarum α, β respondeant, facile perspici potest: tamen vereri aliquis posset, ne huius difficultatis enodatio (quam E. omnino non attigit) in aequationibus altioribus multo maiorem operam facessat. Certe haec res in demonstratione exacta neutiquam silentio praeteriri debet.

3. Ill. E. supponit tacite, aequationem $X=0$ habere $2m$ radices, harumque summam statuit $=0$, ideo quod terminus secundus in X abest. Quomodo de hac licentia (qua omnes auctores de hoc argumento utuntur) sentiam, iam supra art. 3 declaravi. Propositio, summam omnium radicum aequationis alicuius coëfficienti primo, mutato signo, aequalem esse, ad alias aequationes applicanda non videtur, nisi quae radices habent: iam quum per hanc ipsam demonstrationem evinci debeat, aequationem $X=0$ revera radices habere, haud permissum videtur, harum existentiam supponere. Sine dubio ii, qui huius paralogismi fallaciam nondum penetraverunt, respondebunt, *hic non demonstrari, aequationi* $X=0$ *satisfieri posse* (nam hoc dicere vult expressio, eam habere radices), *sed tantummodo, ipsi per valores ipsius* x *sub forma* $a+b\sqrt{-1}$ *contentos satisfieri posse; illud vero tamquam axioma supponi.* At quum aliae quantitatum formae, praeter realem et imaginariam $a+b\sqrt{-1}$ concipi nequeant, non satis luculentum videtur, quomodo id, quod demonstrari debet, ab eo, quod tamquam axioma supponitur, differat; quin adeo si possibile esset adhuc alias formas quantitatum excogitare, puta formam F, F', F'' etc.: tamen sine demonstratione admitti non deberet, cuius aequationi per aliquem valorem ipsius x aut realem, aut sub forma $a+b\sqrt{-1}$, aut sub forma F, aut sub F' etc. contentum satisfieri posse. Quamobrem axioma illud alium sensum habere nequit quam hunc: Cuivis aequationi satisfieri potest *aut* per valorem realem incognitae, *aut* per valorem imaginarium sub forma $a+b\sqrt{-1}$ contentum, *aut* forsan per valorem sub forma alia hucusque ignota contentum, *aut* per valorem, qui sub nulla omnino forma continetur. Sed quomodo huiusmodi quantitates, de quibus ne ideam quidem fingere potes — vera umbrae umbra — summari aut multiplicari possint, hoc ea perspicuitate, quae in mathesi semper postulatur, certo non intelligitur *).

*) Tota haec res multum illustrabitur per aliam disquisitionem sub prelo iam sudantem, ubi in argu-

Ceterum conclusiones, quas E. ex suppositione sua elicuit, per has obiectiones haudquaquam suspectas reddere volo; quin potius certus sum, illas per methodum neque difficilem neque ab Euleriana multum diversam ita comprobari posse, ut nemini vel minimus scrupulus superesse debeat. Solam *formam* reprehendo, quae quamvis in *inveniendis* novis veritatibus magnae utilitatis esse possit, tamen in *demonstrando*, coram publico, minime probanda videtur.

4. Pro demonstratione assertionis, productum pqr etc. ex coëfficientibus in X *rationaliter* determinari posse, ill. E. nihil omnino attulit. Omnia, quae hac de re in aequationibus *quarti gradus* explicat, haec sunt (ubi $\mathfrak{a}$, $\mathfrak{b}$, $\mathfrak{c}$, $\mathfrak{d}$ sunt radices aequationis propositae $x^4 + Bxx + Cx + D = 0$):

'On m'objectera sans doute, que j'ai supposé ici, que la quantité pqr était une quantité réelle, et que son quarré $ppqqrr$ était affirmatif; ce qui était encore douteux, vu que les racines $\mathfrak{a}$, $\mathfrak{b}$, $\mathfrak{c}$, $\mathfrak{d}$ étant imaginaires, il pourrait bien arriver, que le quarré de la quantité pqr, qui en est composée, fut négatif. Or je réponds à cela que ce cas ne saurait jamais avoir lieu; car quelque imaginaires que soient les racines $\mathfrak{a}$, $\mathfrak{b}$, $\mathfrak{c}$, $\mathfrak{d}$, on sait pourtant, qu'il doit y avoir $\mathfrak{a}+\mathfrak{b}+\mathfrak{c}+\mathfrak{d} = 0$; $\mathfrak{ab}+\mathfrak{ac}+\mathfrak{ad}+\mathfrak{bc}+\mathfrak{bd}+\mathfrak{cd} = B$; $\mathfrak{abc}+\mathfrak{abd}+\mathfrak{acd}+\mathfrak{bcd} = -C$*); $\mathfrak{abcd} = D$, ces quantités B, C, D étant réelles. Mais puisque $p = \mathfrak{a}+\mathfrak{b}$, $q = \mathfrak{a}+\mathfrak{c}$, $r = \mathfrak{a}+\mathfrak{d}$, leur produit $pqr = (\mathfrak{a}+\mathfrak{b})(\mathfrak{a}+\mathfrak{c})(\mathfrak{a}+\mathfrak{d})$ est déterminable *comme on sait*, par les quantités B, C, D, et sera par conséquent réel, tout comme nous avons vu, qu'il est effectivement $pqr = -C$, et $ppqqrr = CC$. On reconnaîtra aisément de même, que dans les plus hautes équations cette même circonstance doit avoir lieu, et qu'on ne saurait me faire des objections de ce côté.' Conditionem, productum pqr etc. *rationaliter* per B, C etc. determinari posse, E. nullibi adiecit, attamen semper subintellexisse videtur, quum absque illa demonstratio nullam vim habere possit. Iam verum quidem est in aequationibus quarti gradus, si productum $(\mathfrak{a}+\mathfrak{b})(\mathfrak{a}+\mathfrak{c})(\mathfrak{a}+\mathfrak{d})$ evoluatur, obtineri $\mathfrak{aa}(\mathfrak{a}+\mathfrak{b}+\mathfrak{c}+\mathfrak{d})+\mathfrak{abc}+\mathfrak{abd}+\mathfrak{acd}+\mathfrak{bcd} = -C$, attamen non satis perspicuum videtur, quomodo in omnibus aequationibus superioribus productum rationaliter

---

mento longe quidem diverso, nihilominus tamen analogo, licentiam similem prorsus eodem iure usurpare potuissem, ut hic in aequationibus ab omnibus analystis factum est. Quamquam vero plurium veritatum demonstrationes adiumento talium fictionum paucis verbis absolvere licuisset, quae absque his perquam difficiles evadunt et subtilissima artificia requirunt, tamen illis omnino abstinere malui, speroque, paucis me satisfacturum fuisse, si analystarum methodum imitatus essem.

*) E. per errorem habet C, unde etiam postea perperam statuit $pqr = C$.

per coëfficientes determinari possit. Clar. DE FONCENEX, qui primus hoc observavit (*Miscell. phil. math. soc. Taurin.* T. I, p. 117), recte contendit, sine demonstratione rigorosa huius propositionis methodum omnem vim perdere, illam vero satis difficilem sibi videri confitetur, et quam viam frustra tentaverit, enarrat*). Attamen haec res haud difficulter per methodum sequentem (cuius summam addigitare tantummodo hic possum) absolvitur: Quamquam in aequationibus quarti gradus non satis clarum est, productum $(\mathfrak{a}+\mathfrak{b})(\mathfrak{a}+\mathfrak{c})(\mathfrak{a}+\mathfrak{d})$ per coëfficientes B, C, D determinabile esse, tamen facile perspici potest, idem productum etiam esse $=(\mathfrak{b}+\mathfrak{a})(\mathfrak{b}+\mathfrak{c})(\mathfrak{b}+\mathfrak{d})$, nec non $=(\mathfrak{c}+\mathfrak{a})(\mathfrak{c}+\mathfrak{b})(\mathfrak{c}+\mathfrak{d})$, denique etiam $=(\mathfrak{d}+\mathfrak{a})(\mathfrak{d}+\mathfrak{b})(\mathfrak{d}+\mathfrak{c})$. Quare productum pqr erit quadrans summae $(\mathfrak{a}+\mathfrak{b})(\mathfrak{a}+\mathfrak{c})(\mathfrak{a}+\mathfrak{d})+(\mathfrak{b}+\mathfrak{a})(\mathfrak{b}+\mathfrak{c})(\mathfrak{b}+\mathfrak{d})+(\mathfrak{c}+\mathfrak{a})(\mathfrak{c}+\mathfrak{b})(\mathfrak{c}+\mathfrak{d})+(\mathfrak{d}+\mathfrak{a})(\mathfrak{d}+\mathfrak{b})(\mathfrak{d}+\mathfrak{c})$, quam, si evolvatur, fore functionem rationalem integram radicum $\mathfrak{a}$, $\mathfrak{b}$, $\mathfrak{c}$, $\mathfrak{d}$ talem, in quam omnes eadem ratione ingrediantur, nullo negotio a priori praevideri potest. Tales vero functiones semper rationaliter per coëfficientes aequationis, cuius radices sunt $\mathfrak{a}$, $\mathfrak{b}$, $\mathfrak{c}$, $\mathfrak{d}$, exprimi possunt. — Idem etiam manifestum est, si productum pqr sub hanc formam redigatur:

$$\tfrac{1}{2}(\mathfrak{a}+\mathfrak{b}-\mathfrak{c}-\mathfrak{d})\times\tfrac{1}{2}(\mathfrak{a}+\mathfrak{c}-\mathfrak{b}-\mathfrak{d})\times\tfrac{1}{2}(\mathfrak{a}+\mathfrak{d}-\mathfrak{b}-\mathfrak{c})$$

quod productum evolutum omnes $\mathfrak{a}$, $\mathfrak{b}$, $\mathfrak{c}$, $\mathfrak{d}$ eodem modo implicaturum esse facile praevideri potest. Simul periti facile hinc colligent, quomodo hoc ad altiores aequationes applicari debeat. — Completam demonstrationis expositionem, quam hic apponere brevitas non permittit, una cum uberiori disquisitione de functionibus plures variabiles eodem modo involventibus ad aliam occasionem mihi reservo.

Ceterum observo, praeter has quatuor obiectiones, adhuc quaedam alia in demonstratione E. reprehendi posse, quae tamen silentio praetereo, ne forte censor nimis severus esse videar, praesertim quum praecedentia satis ostendere videantur, demonstrationem in ea quidem forma, in qua ab E. proposita est, pro completa neutiquam haberi posse.

Post hanc demonstrationem, E. adhuc aliam viam theorema pro aequationibus, quarum gradus non est potestas binaria, ad talium aequationum resolutionem reducendi ostendit: attamen quum methodus haec pro aequationibus quarum

*) In hanc expositionem error irrepsisse videtur, scilicet p. 118. l. 5. loco characteris p (on choisissait seulement celles où entrait p etc.), necessario legere oportet, *une même racine quelconque de l'équation proposée*, aut simile quid, quum illud nullum sensum habeat.

gradus est potestas binaria, nihil doceat, insuperque omnibus obiectionibus praecc. (praeter quartam) aeque obnoxia sit ut demonstratio prima generalis: haud necesse est illam hic fusius explicare.

9.

In eadem commentatione ill. E. theorema nostrum adhuc alia via confirmare annixus est p 263, cuius summa continetur in his: Proposita aequatione $x^n + Ax^{n-1} + Bx^{n-2}$ etc. $= 0$, hucusque quidem expressio analytica, quae ipsius radices exprimat, inveniri non potuit, si exponens $n > 4$; attamen certum esse videtur (uti asserit E.), illam nihil aliud continere posse, quam operationes arithmeticas et extractiones radicum eo magis complicatas, quo maior sit n. Si hoc conceditur, E. optime ostendit, quantumvis inter se complicata sint signa radicalia, tamen formulae valorem semper per formam $M + N\sqrt{-1}$ repraesentabilem fore, ita ut M, N sint quantitates reales.

Contra hoc ratiocinium obiici potest, post tot tantorum geometrarum labores perexiguam spem superesse, ad resolutionem generalem aequationum algebraicarum umquam perveniendi, ita ut magis magisque verisimile fiat, talem resolutionem omnino esse impossibilem et contradictoriam. Hoc eo minus paradoxum videri debet, *quum id, quod vulgo resolutio aequationis dicitur, proprie nihil aliud sit quam ipsius reductio ad aequationes puras.* Nam aequationum purarum solutio hinc non docetur sed supponitur, et si radicem aequationis $x^m = H$ per $\sqrt[m]{H}$ exprimis, illam neutiquam solvisti, neque plus fecisti, quam si ad denotandam radicem aequationis $x^n + Ax^{n-1} +$ etc. $= 0$ signum aliquod excogitares, radicemque huic aequalem poneres. Verum est, aequationes puras propter facilitatem ipsarum radices per approximationem inveniendi, et propter nexum elegantem, quem omnes radices inter se habent, prae omnibus reliquis multum praestare adeoque neutiquam vituperandum esse, quod analystae harum radices per signum peculiare denotaverunt: attamen ex eo, quod hoc signum perinde ut signa arithmetica additionis, subtractionis, multiplicationis, divisionis et evectionis ad dignitatem sub nomine *expressionum analyticarum* complexi sunt, minime sequitur cuiusvis aequationis radicem per illas exhiberi posse. Seu, missis verbis, sine ratione sufficienti supponitur, cuiusvis aequationis solutionem ad solutionem aequationum purarum reduci posse. Forsan non ita difficile foret, impossibilitatem iam pro quinto gradu omni rigore demonstrare, de qua re alio loco disquisitiones meas fusius proponam.

Hic sufficit, resolubilitatem generalem aequationum, in illo sensu acceptam, adhuc valde dubiam esse, adeoque demonstrationem, cuius tota vis ab illa suppositione pendet, in praesenti rei statu nihil ponderis habere.

10.

Postea etiam clar. DE FONCENEX, quum in demonstratione prima EULERI defectum animadvertisset (supra art. 8 obiect. 4), quem tollere non poterat, adhuc aliam viam tentavit et in comment. laudata p. 120 in medium protulit*). Quae consistit in sequentibus.

Proposita sit aequatio $Z = 0$, designante Z functionem m^{ti} gradus incognitae z. Si m est numerus impar, iam constat, aequationem hanc habere radicem realem; si vero m est par, clar. F. sequenti modo probare conatur, aequationem ad minimum unam radicem formae $p+q\sqrt{-1}$ habere. Sit $m = 2^n i$, designante i numerum imparem, supponaturque $zz+uz+M$ esse divisor functionis Z. Tunc singuli valores ipsius u erunt summae binarum radicum aequationis $Z = 0$ (mutato signo), quamobrem u habebit $\frac{m.m-1}{1.2} = m'$ valores, et si u per aequationem $U = 0$ determinari supponitur (designante U functionem integram ipsius u et coëfficientium cognitorum in Z), haec erit gradus m'^{ti}. Facile vero perspicitur, m' fore numerum formae $2^{n-1}i'$, designante i' numerum imparem. Iam nisi m' est impar, supponatur iterum, $uu+u'u+M'$ esse divisorem ipsius U, patetque per similia ratiocinia, u' determinari per aequationem $U'= 0$, ubi U' sit functio $\frac{m'.m'-1}{1.2}^{\text{ti}}$ gradus ipsius u'. Posito vero $\frac{m'.m'-1}{1.2} = m''$, erit m'' numerus formae $2^{n-2}i''$, designante i'' numerum imparem. Iam nisi m'' est impar, statuatur $u'u'+u''u'+M''$ esse divisorem functionis U', determinabiturque u'' per aequationem $U''= 0$, quae si supponitur esse gradus m'''^{ti}, m''' erit numerus formae $2^{n-3}i'''$. Manifestum est, in serie aequationum $U = 0$, $U'= 0$, $U''= 0$ etc. n^{tam} fore gradus imparis adeoque radicem realem habere. Statuemus brevitatis gratia $n = 3$, ita ut aequatio $U''= 0$ radicem realem u'' habeat, nullo enim negotio perspicitur, pro quovis alio valore ipsius n idem ratiocinium valere. Tunc coëfficientem M'' per u'' et coëfficientes in U' (quos fore functiones integras coëfficientium in Z facile intelligitur), sive per u'' et coëfficientes in

*) In tomo secundo eorundem *Miscellaneorum* p. 337 dilucidationes ad hanc commentationem continentur: attamen hae ad disquisitionem praesentem non pertinent, sed ad logarithmos quantitatum negativarum, de quibus in eadem comm. sermo fuerat.

Z rationaliter determinabilem fore asserit clar. de F., et proin realem. Hinc sequitur, radices aequationis $u'u' + u''u' + M'' = 0$ sub forma $p + q\sqrt{-1}$ contentas fore; eaedem vero manifesto aequationi $U' = 0$ satisfacient: quare dabitur valor aliquis ipsius u' sub forma $p + q\sqrt{-1}$ contentus. Iam coëfficiens M' (eodem modo ut ante) rationaliter per u' et coëfficientes in Z determinari potest, adeoque etiam sub forma $p + q\sqrt{-1}$ contentus erit; quare aequationis $uu + u'u + M'$ radices sub eadem forma contentae erunt, simul vero aequationi $U = 0$ satisfacient, i. e. aequatio haec habebit radicem sub forma $p + q\sqrt{-1}$ contentam. Denique hinc simili ratione sequitur, etiam M sub eadem forma contineri, nec non radicem aequationis $zz + uz + M = 0$, quae manifesto etiam aequationi propositae $Z = 0$ satisfaciet. Quamobrem quaevis aequatio ad minimum unam radicem formae $p + q\sqrt{-1}$ habebit.

11.

Obiectiones 1, 2, 3, quas contra EULERI demonstrationem primam feci (art. 8), eandem vim contra hanc methodum habent, ea tamen differentia, ut obiectio secunda, cui EULERI demonstratio tantummodo in quibusdam casibus specialibus obnoxia erat, praesentem in omnibus casibus attingere debeat. Scilicet a priori demonstrari potest, etiamsi formula detur, quae coëfficientem M' rationaliter per u' et coëfficientes in Z exprimat, hanc pro pluribus valoribus ipsius u' necessario indeterminatam fieri debere; similiterque formulam, quae coëfficientem M'' per u'' exhibeat, indeterminatam fieri pro quibusdam valoribus ipsius u'' etc. Hoc luculentissime perspicietur, si aequationem quarti gradus pro exemplo assumimus. Ponamus itaque $m = 4$, sintque radices aequationis $Z = 0$, hae $\alpha, \beta, \gamma, \delta$. Tum patet, aequationem $U = 0$ fore sexti gradus ipsiusque radices $-(\alpha + \beta)$, $-(\alpha + \gamma)$, $-(\alpha + \delta)$, $-(\beta + \gamma)$, $-(\beta + \delta)$, $-(\gamma + \delta)$. Aequatio $U' = 0$ autem erit decimi quinti gradus, et valores ipsius u' hi

$$2\alpha + \beta + \gamma,\ 2\alpha + \beta + \delta,\ 2\alpha + \gamma + \delta,\ 2\beta + \alpha + \gamma,\ 2\beta + \alpha + \delta,\ 2\beta + \gamma + \delta,$$
$$2\gamma + \alpha + \beta,\ 2\gamma + \alpha + \delta,\ 2\gamma + \beta + \delta,\ 2\delta + \alpha + \beta,\ 2\delta + \alpha + \gamma,\ 2\delta + \beta + \gamma,$$
$$\alpha + \beta + \gamma + \delta,\ \alpha + \beta + \gamma + \delta,\ \alpha + \beta + \gamma + \delta$$

Iam in hac aequatione, quippe cuius gradus est impar, subsistendum erit, habebitque ea revera radicem realem $\alpha + \beta + \gamma + \delta$ (quae primo coëfficienti in Z mutato signo aequalis adeoque non modo realis sed etiam rationalis erit, si coëfficientes in Z sunt rationales). Sed nullo negotio perspici potest, si formula detur, quae valorem ipsius M' per valorem respondentem ipsius u' rationaliter exhibeat, hanc necessario pro $u' = \alpha + \beta + \gamma + \delta$ indeterminatam fieri. Hic enim valor *ter* erit radix aequationis $U' = 0$, respondebuntque ipsi tres valores ipsius M', puta $(\alpha+\beta)(\gamma+\delta)$, $(\alpha+\gamma)(\beta+\delta)$ et $(\alpha+\delta)(\beta+\gamma)$, qui omnes irrationales esse possunt. Manifesto autem formula rationalis neque valorem irrationalem ipsius M' in hoc casu producere posset, neque tres valores diversos. Ex hoc specimine satis colligi potest, methodum clar. DE FONCENEXII neutiquam esse satisfacientem, sed si ab omni parte completa reddi debeat, multo profundius in theoriam eliminationis inquiri oportere.

12.

Denique ill. LA GRANGE de theoremate nostro egit in comm. *Sur la forme des racines imaginaires des équations*, *Nouv. Mém. de l'Acad. de Berlin* 1772, p. 222 sqq. Magnus hic geometra imprimis operam dedit, defectus in EULERI demonstratione prima supplere et revera praesertim ea, quae supra (art. 8) obiectionem secundam et quartam constituunt, tam profunde perscrutatus est, ut nihil amplius desiderandum restet, nisi forsan in disquisitione anteriori super theoria eliminationis (cui investigatio haec tota innititur) quaedam dubia superesse videantur. — Attamen obiectionem tertiam omnino non attigit, quin etiam tota disquisitio superstructa est suppositioni, quamvis aequationem m^{ti} gradus revera m radices habere.

Probe itaque iis, quae hucusque exposita sunt, perpensis, demonstrationem novam theorematis gravissimi ex principiis omnino diversis petitam peritis haud ingratam fore spero, quam exponere statim aggredior.

13.

LEMMA. *Denotante m numerum integrum positivum quemcunque, functio* $\sin\varphi . x^m - \sin m\varphi . r^{m-1}x + \sin(m-1)\varphi . r^m$ *divisibilis erit per* $xx - 2\cos\varphi . rx + rr$.

Demonstr. Pro $m = 1$ functio illa fit $= 0$ adeoque per quemcunque factorem divisibilis; pro $m = 2$ quotiens fit $\sin\varphi$, et pro quovis valore maiori quotiens erit $\sin\varphi . x^{m-2} + \sin 2\varphi . rx^{m-3} + \sin 3\varphi . rrx^{m-4} + \text{etc.} + \sin(m-1)\varphi . r^{m-2}$. Facile enim confirmatur, multiplicata hac functione per $xx - 2\cos\varphi . rx + rr$, productum functioni propositae aequale fieri.

14.

LEMMA. *Si quantitas r angulusque φ ita sunt determinati, ut habeantur aequationes*

$$r^m \cos m\varphi + Ar^{m-1}\cos(m-1)\varphi + Br^{m-2}\cos(m-2)\varphi + \text{etc.}$$
$$+ Krr\cos 2\varphi + Lr\cos\varphi + M = 0 \qquad [1]$$
$$r^m \sin m\varphi + Ar^{m-1}\sin(m-1)\varphi + Br^{m-2}\sin(m-2)\varphi + \text{etc.}$$
$$+ Krr\sin 2\varphi + Lr\sin\varphi = 0 \qquad [2]$$

functio $x^m + Ax^{m-1} + Bx^{m-2} + \text{etc.} + Kxx + Lx + M = X$ *divisibilis erit per factorem duplicem* $xx - 2\cos\varphi . rx + rr$, *si modo* $r\sin\varphi$ *non* $= 0$; *si vero* $r\sin\varphi = 0$ *eadem functio divisibilis erit per factorem simplicem* $x - r\cos\varphi$.

Demonstr. I. Ex art. praec. omnes sequentes quantitates divisibiles erunt per $xx - 2\cos\varphi . rx + rr$:

$$\begin{array}{lll}
\sin\varphi . rx^m & -\ \sin m\varphi . r^m x & +\ \sin(m-1)\varphi . r^{m+1} \\
A\sin\varphi . rx^{m-1} & -A\sin(m-1)\varphi . r^{m-1}x & +A\sin(m-2)\varphi . r^m \\
B\sin\varphi . rx^{m-2} & -B\sin(m-2)\varphi . r^{m-2}x & +B\sin(m-3)\varphi . r^{m-1} \\
 & \text{etc.} & \text{etc.} \\
K\sin\varphi . rxx & -K\sin 2\varphi . rrx & +K\sin\varphi . r^3 \\
L\sin\varphi . rx & -L\sin\varphi . rx & * \\
M\sin\varphi . r & * & +M\sin(-\varphi) . r
\end{array}$$

Quamobrem etiam summa harum quantitatum per $xx - 2\cos\varphi . rx + rr$ divisibilis erit. At singularum partes primae constituunt summam $\sin\varphi . rX$: secundae additae dant 0, propter [2]; tertiarum vero aggregatum quoque evanescere, facile perspicitur, si [1] multiplicatur per $\sin\varphi$, [2] per $\cos\varphi$, productumque illud ab hoc subducitur. Unde sequitur, functionem $\sin\varphi . rX$ divisibilem esse per $xx - 2\cos\varphi . rx + rr$, adeoque, nisi fuerit $r\sin\varphi = 0$, etiam functionem X. Q. E. P.

II. Si vero $r\sin\varphi = 0$, erit aut $r = 0$ aut $\sin\varphi = 0$. In casu priori erit $M = 0$, propter [1], adeoque X per x sive per $x - r\cos\varphi$ divisibilis; in posteriori erit $\cos\varphi = \pm 1$, $\cos 2\varphi = +1$, $\cos 3\varphi = \pm 1$ et generaliter $\cos n\varphi = \cos\varphi^n$. Quare propter [1] fiet $X = 0$, statuendo $x = r\cos\varphi$, et proin functio X per $x - r\cos\varphi$ erit divisibilis. Q. E. S.

15.

Theorema praecedens plerumque adiumento quantitatum imaginariarum demonstratur, vid. EULER *Introd. in Anal. Inf.* T. I. p. 110; operae pretium esse duxi, ostendere, quomodo aeque facile absque illarum auxilio erui possit. Manifestum iam est, ad demonstrationem theorematis nostri nihil aliud requiri quam ut ostendatur: *Proposita functione quacunque* X *formae* $x^m + Ax^{m-1} + Bx^{m-2} +$ *etc.* $+ Lx + M$, r *et* φ *ita determinari posse, ut aequationes* [1] *et* [2] *locum habeant.* Hinc enim sequetur, X habere factorem realem primi vel secundi gradus; divisio autem necessario producet quotientem realem inferioris gradus, qui ex eadem ratione quoque factorem primi vel secundi gradus habebit. Per continuationem huius operationis X tandem in factores reales simplices vel duplices resolvetur. Illud itaque theorema demonstrare, propositum est sequentium disquisitionum.

16.

Concipiatur planum fixum infinitum (planum tabulae, fig. 1), et in hoc recta fixa infinita GC per punctum fixum C transiens. Assumta aliqua longitudine pro unitate ut omnes rectae per numeros exprimi possint, erigatur in quovis puncto plani P, cuius distantia a centro C est r angulusque $GCP = \varphi$, perpendiculum aequale valori expressionis

$$r^m \sin m\varphi + Ar^{m-1} \sin(m-1)\varphi + \text{etc.} + Lr \sin\varphi$$

quem brevitatis gratia in sequentibus semper per T designabo. Distantiam r semper tamquam positivam considero, et pro punctis, quae axi ab altera parte iacent, angulus φ aut tamquam duobus rectis maior, aut tamquam negativus (quod hic eodem redit) spectari debet. Extremitates horum perpendiculorum (quae pro valore positivo ipsius T supra planum accipiendae sunt, pro negativo infra, pro evanescente in plano ipso) erunt ad superficiem curvam continuam quaquaversum infinitam, quam brevitatis gratia in sequentibus *superficiem primam* vocabo. Prorsus simili modo ad idem planum et centrum eundemque axem referatur alia superficies, cuius altitudo supra quodvis plani punctum sit

$$r^m \cos m\varphi + Ar^{m-1} \cos(m-1)\varphi + \text{etc.} + Lr\cos\varphi + M$$

quam expressionem brevitatis gratia semper per U denotabo. Superficiem vero hanc, quae etiam continua et quaquaversum infinita erit, per denominationem *superficiei secundae* a priori distinguam. Tunc manifestum est, totum negotium in eo versari, ut demonstretur, ad minimum unum punctum dari, quod simul in plano, in superficie prima et in superficie secunda iaceat.

17.

Facile perspici potest, superficiem primam partim supra planum partim infra planum iacere; patet enim distantiam a centro r tam magnam accipi posse. ut reliqui termini in T prae primo $r^m \sin m\varphi$ evanescant; hic vero, angulo φ rite determinato, tam positivus quam negativus fieri potest. Quare planum fixum necessario a superficie prima secabitur; hanc plani cum superficie prima intersectionem vocabo *lineam primam*; quae itaque determinabitur per aequationem $T = 0$ Ex eadem ratione planum a superficie secunda secabitur; intersectio constituet curvam per aequationem $U = 0$ determinatam, quam *lineam secundam* appellabo. Proprie utraque curva ex pluribus ramis constabit, qui omnino seiuncti esse possunt, singuli vero erunt lineae continuae. Quin adeo linea prima semper erit talis, quam complexam vocant, axisque GC tamquam pars huius curvae spectanda; quicunque enim valor ipsi r tribuatur, T semper fiet $= 0$, quando φ aut $= 0$ aut $= 180^0$. Sed praestat complexum cunctorum ramorum per omnia puncta, ubi $T = 0$, transeuntium tamquam unam curvam considerare (secundum usum in geometria sublimiori generaliter receptum), similiterque cunctos ramos per omnia puncta transeuntes, ubi $U = 0$. Patet iam, rem eo reductam esse, ut demonstretur, ad minimum unum punctum in plano dari, ubi ramus aliquis lineae primae a ramo lineae secundae secetur. Ad hunc finem indolem harum linearum propius contemplari oportebit.

18.

Ante omnia observo, utramque curvam esse algebraicam, et quidem, si ad coordinatas orthogonales revocetur, ordinis m^{ti}. Sumto enim initio abscissarum in C, abscissisque x versus G, applicatis y versus P, erit $x = r\cos\varphi$, $y = r\sin\varphi$, adeoque generaliter, quidquid sit n,

$$r^n \sin n\varphi = nx^{n-1}y - \frac{n.n-1.n-2}{1.2.3}x^{n-3}y^3 + \frac{n\ldots n-4}{1\ldots 5}x^{n-5}y^5 - \text{etc.}.$$

$$r^n \cos n\varphi = x^n - \frac{n.n-1}{1.2}x^{n-2}yy + \frac{n.n-1.n-2.n-3}{1.2.3.4}x^{n-4}y^4 - \text{etc.}$$

Quamobrem tum T tum U constabunt ex pluribus huiusmodi terminis $ax^{\alpha}y^{6}$, denotantibus α, β numeros integros positivos, quorum summa ubi maxima est, fit $= m$. Ceterum facile praevideri potest, cunctos terminos ipsius T factorem y involvere, adeoque lineam primam proprie ex recta (cuius aequatio $y = 0$) et curva ordinis $m-1^{\text{ti}}$ compositam esse; sed necesse non est ad hanc distinctionem hic respicere.

Maioris momenti erit investigatio, an linea prima et secunda crura infinita habeant, et quot qualiaque. In distantia infinita a puncto C linea prima, cuius aequatio $\sin m\varphi + \frac{A}{r}\sin(m-1)\varphi + \frac{B}{rr}\sin(m-2)\varphi$ etc. $= 0$, confundetur cum linea, cuius aequatio $\sin m\varphi = 0$. Haec vero exhibet m lineas rectas in puncto C se secantes, quarum prima est axis GCG', reliquae contra hanc sub angulis $\frac{1}{m}180$, $\frac{2}{m}180$, $\frac{3}{m}180$ etc. graduum inclinatae. Quare linea prima $2m$ ramos infinitos habet, qui peripheriam circuli radio infinito descripti in $2m$ partes aequales dispertiuntur, ita ut peripheria a ramo primo secetur in concursu circuli et axis, a secundo in distantia $\frac{1}{m}180^0$ a tertio in distantia $\frac{2}{m}180^0$ etc. Eodem modo linea secunda in distantia infinita a centro habebit asymptotam per aequationem $\cos m\varphi = 0$ expressam, quae est complexus m rectarum in puncto C sub aequalibus angulis itidem se secantium, ita tamen, ut prima cum axe CG constituat angulum $\frac{1}{m}90^0$, secunda angulum $\frac{3}{m}90^0$, tertia angulum $\frac{5}{m}90^0$ etc. Quare linea secunda etiam $2m$ ramos infinitos habebit, quorum singuli medium locum inter binos ramos proximos lineae primae occupabunt, ita ut peripheriam circuli radio infinite magno descripti in punctis, quae $\frac{1}{m}90^0$, $\frac{3}{m}90^0$, $\frac{5}{m}90^0$ etc. ab axe distant, secent. Ceterum palam est, axem ipsum semper duos ramos infinitos lineae primae constituere, puta primum et $m+1^{\text{tum}}$ Luculentissime hic ramorum situs exhibetur in fig. 2, pro casu $m = 4$ constructa, ubi rami lineae secundae, ut a ramis lineae primae distinguantur, punctati exprimuntur, quod etiam de figura quarta est tenendum *). — Quum vero hae conclusiones maximi momenti sint, quantitatesque infinite magnae quosdam lectores offendere possint: illas etiam absque infinitorum subsidio in art. sequ. eruere docebo.

19.

THEOREMA. *Manentibus cunctis ut supra, ex centro C describi poterit circulus.*

*) Figura quarta constructa est supponendo $X = x^4 - 2xx + 3x + 10$, in qua itaque lectores disquisitionibus generalibus et abstractis minus assueti situm respectivum utriusque curvae in concreto intueri poterunt. Longitudo lineae CG assumta est $= 10$ ($CN = 1{,}26255$.)

in cuius peripheria sint $2m$ *puncta, in quibus* $T = 0$, *totidemque, in quibus* $U = 0$, *et quidem ita, ut singula posteriora inter bina priorum iaceant.*

Sit summa omnium coëfficientium A, B etc. K, L, M positive acceptorum $= S$, accipiaturque R simul $> S\sqrt{2}$ et > 1 *): tum dico in circulo radio R descripto ea, quae in theoremate enunciata sunt, necessario locum habere. Scilicet designato brevitatis gratia eo puncto huius circumferentiae, quod $\frac{1}{m}45$ gradibus ab ipsius concursu cum laeva parte axis distat, sive pro quo $\varphi = \frac{1}{m}45^0$, per (1); similiter eo puncto, quod $\frac{3}{m}45^0$ ab hoc concursu distat, sive pro quo $\varphi = \frac{3}{m}45^0$, per (3); porro eo, ubi $\varphi = \frac{5}{m}45^0$, per (5) etc. usque ad $(8m-1)$, quod $\frac{8m-1}{m}45$ gradibus ab illo concursu distat, si semper versus eandem partem progrederis, (aut $\frac{1}{m}45^0$ a parte opposita), ita ut omnino $4m$ puncta in peripheria habeantur, aequalibus intervallis dissita: iacebit inter $(8m-1)$ et (1) unum punctum, pro quo $T = 0$; nec non sita erunt similia puncta singula inter (3) et (5); inter (7) et (9); inter (11) et (13) etc., quorum itaque multitudo $2m$; eodemque modo singula puncta, pro quibus $U = 0$, iacebunt inter (1) et (3); inter (5) et (7); inter (9) et (11), quorum multitudo igitur etiam $= 2m$; denique praeter haec $4m$ puncta alia in tota peripheria non dabuntur, pro quibus vel T vel U sit $= 0$.

Demonstr. I. In puncto (1) erit $m\varphi = 45^0$ adeoque

$$T = R^{m-1}(R\sqrt{\tfrac{1}{2}} + A\sin(m-1)\varphi + \tfrac{B}{R}\sin(m-2)\varphi + \text{etc.} + \tfrac{L}{R^{m-2}}\sin\varphi)$$

summa vero $A\sin(m-1)\varphi + \frac{B}{R}\sin(m-2)\varphi$ etc. certo non poterit esse maior quam S, adeoque necessario erit minor quam $R\sqrt{\frac{1}{2}}$: unde sequitur, in hoc puncto valorem ipsius T certo esse positivum. A potiori itaque T valorem positivum habebit, quando $m\varphi$ inter 45^0 et 135^0 iacet, i. e. a puncto (1) usque ad (3) valor ipsius T semper positivus erit. Ex eadem ratione T a puncto (9) usque ad (11) positivum valorem ubique habebit, et generaliter a quovis puncto $(8k+1)$ usque ad $(8k+3)$, denotante k integrum quemcunque. Simili modo T ubique inter (5) et (7), inter (13) et (15) etc. et generaliter inter $(8k+5)$ et $(8k+7)$ valorem negativum habebit, adeoque in omnibus his intervallis nullibi poterit esse $= 0$. Sed quoniam in (3) hic valor est positivus in (5) negativus: necessario alicubi inter (3) et (5) erit $= 0$; nec non alicubi inter (7) et (9); inter (11) et (13) etc.

*) Quando $S > \sqrt{\frac{1}{2}}$, conditio prima secundam; quando vero $S < \sqrt{\frac{1}{2}}$, secunda primam implicabit.

usque ad intervallum inter $(8m-1)$ et (1) incl., ita ut omnino in $2m$ punctis habeatur $T=0$. Q. E. P.

II. Quod vero praeter haec $2m$ puncta, alia, hac proprietate praedita, non dantur. ita cognoscitur. Quum inter (1) et (3); inter (5) et (7) etc. nulla sint, aliter fieri non posset, ut plura talia puncta exstent, quam si in aliquo intervallo inter (3) et (5), vel inter (7) et (9) etc. ad minimum duo iacerent. Tum vero necessario in eodem intervallo T alicubi esset *maximum*, vel *minimum*, adeoque $\frac{dT}{d\varphi}=0$. Sed $\frac{dT}{d\varphi}=mR^{m-2}(R\cos m\varphi+\frac{m-1}{m}A\cos(m-1)\varphi+\text{etc.})$ et $\cos m\varphi$ inter (3) et (5) semper est negativus et $>\sqrt{\frac{1}{2}}$. Unde facile perspicitur, in toto hoc intervallo $\frac{dT}{d\varphi}$ esse quantitatem negativam; eodemque modo inter (7) et (9) ubique positivam; inter (11) et (13) negativam etc., ita ut in nullo horum intervallorum esse possit 0, adeoque suppositio consistere nequeat. Quare etc. Q. E. S.

III. Prorsus simili modo demonstratur, U habere valorem negativum ubique inter (3) et (5), inter (11) et (13) etc. et generaliter inter $(8k+3)$ et $(8k+5)$; positivum vero inter (7) et (9), inter (15) et (17) etc. et generaliter inter $(8k+7)$ et $(8k+9)$. Hinc statim sequitur, $U=0$ fieri debere alicubi inter (1) et (3), inter (5) et (7) etc., i. e. in $2m$ punctis. In nullo vero horum intervallorum fieri poterit $\frac{dU}{d\varphi}=0$ (quod facile simili modo ut supra probatur): quamobrem plura quam illa $2m$ puncta in circuli peripheria non dabuntur, in quibus fiat $U=0$. Q. E. T. et Q.

Ceterum ea theorematis pars, secundum quam plura quam $2m$ puncta non dantur, in quibus $T=0$, neque plura quam $2m$, in quibus $U=0$, etiam inde demonstrari potest, quod per aequationes $T=0$, $U=0$ exhibentur curvae m^{ti} ordinis, quales a circulo tamquam curva secundi ordinis in pluribus quam $2m$ punctis secari non posse, ex geometria sublimiori constat.

20.

Si circulus alius radio maiori quam R ex eodem centro describitur, eodemque modo dividitur: etiam in hoc inter puncta (3) et (5) iacebit punctum unum, in quo $T=0$, itemque inter (7) et (9) etc., perspicieturque facile, quo minus radius huius circuli a radio R differat, eo propius huiusmodi puncta inter (3) et (5) in utriusque circumferentia sita esse debere. Idem etiam locum habebit, si circulus radio aliquantum minori quam R, attamen maiori quam $S\sqrt{2}$ et 1, describitur. Ex his nullo negotio intelligitur circuli radio R descripti circumferentiam in eo puncto inter (3) et (5), ubi $T = 0$, revera *secari* ab aliquo ramo lineae primae; idemque valet de reliquis punctis, ubi $T = 0$. Eodem modo patet, circumferentiam circuli huius in omnibus $2m$ punctis, ubi $U = 0$, ab aliquo ramo lineae secundae secari. Hae conclusiones etiam sequenti modo exprimi possunt: Descripto circulo debitae magnitudinis e centro C, in hunc intrabunt $2m$ rami lineae primae totidemque rami lineae secundae, et quidem ita, ut bini rami proximi lineae primae per aliquem ramum lineae secundae ab invicem separentur. Vid. fig. 2, ubi circulus iam non infinitae sed finitae magnitudinis erit, numerique singulis ramis adscripti cum numeris, per quos in art. praec. et hoc limites certos in peripheria brevitatis caussa designavi, non sunt confundendi.

21.

Iam ex hoc situ relativo ramorum in circulum intrantium tot modis diversis deduci potest, intersectionem alicuius rami lineae primae cum ramo lineae secundae intra circulum necessario dari, ut, quaenam potissimum methodus prae reliquis eligenda sit, propemodum nesciam. Luculentissima videtur esse haec: Designemus (fig. 2) punctum peripheriae circuli, ubi a laeva axis parte (quae ipsa est unus ex $2m$ ramis lineae primae) secatur, per 0; punctum proximum, ubi ramus lineae secundae intrat, per 1; punctum huic proximum, ubi secundus lineae primae ramus intrat, per 2, et sic porro usque ad $4m-1$, ita ut in quovis puncto numero pari signato ramus lineae secundae in circulum intret, contra ramus lineae secundae in omnibus punctis per numerum imparem expressis. Iam ex geometria sublimiori constat, quamvis curvam algebraicam, (sive singulas cuiusvis curvae algebraicae partes, si forte e pluribus composita sit) aut in se redeuntem aut utrimque in infinitum excurrentem esse, adeoque si ramus aliquis curvae algebraicae in spatium definitum intret, eundem necessario ex hoc spatio rursus alicubi exire debere*). Hinc concluditur facile, quodvis punctum numero pari signa-

*) Satis bene certe demonstratum esse videtur, curvam algebraicam neque alicubi subito abrumpi posse (uti e. g. evenit in curva transscendente, cuius aequatio $y = \frac{1}{\log x}$), neque post spiras infinitas in aliquo puncto se quasi perdere (ut spiralis logarithmica), quantumque scio nemo dubium contra hanc rem movit. Attamen si quis postulat, demonstrationem nullis dubiis obnoxiam alia occasione tradere suscipiam. In casu praesenti vero manifestum est, si aliquis ramus e. g. 2, ex circulo nullibi exiret (fig. 3), te in circulum inter 0 et 2 intrare, postea circa totum hunc ramum (qui in circuli spatio se perdere deberet) circummeare, et tandem inter 2 et 4 rursus ex circulo egredi posse, ita ut nullibi in tota via in lineam primam incideris. Hoc vero absurdum esse inde patet, quod in puncto, ubi in circulum ingressus es, superficiem

tum (seu, brevitatis caussa, *quodvis punctum par*) per ramum lineae primae cum alio puncto pari intra circulum iunctum esse debere, similiterque quodvis punctum numero impari notatum cum alio simili puncto per ramum lineae secundae. Quamquam vero haec binorum punctorum connexio secundum indolem functionis X perquam diversa esse potest, ita ut in genere determinari nequeat, tamen facile demonstrari potest, *quaecunque demum illa sit, semper intersectionem lineae primae cum linea secunda oriri.*

22.

Demonstratio huius necessitatis commodissime apagogice repraesentari posse videtur. Scilicet supponamus, iunctionem binorum quorumque punctorum parium, et binorum quorumque punctorum imparium ita adornari posse, ut nulla intersectio rami lineae primae cum ramo lineae secundae inde oriatur. Quoniam axis est pars lineae primae, manifesto punctum 0 cum puncto $2m$ iunctum erit. Punctum 1 itaque cum nullo puncto ultra axem sito, i. e. cum nullo puncto per numerum maiorem quam $2m$ expresso iunctum esse potest, alioquin enim linea iungens necessario axem secaret. Si itaque 1 cum puncto n iunctum esse supponitur, erit $n < 2m$. Ex simili ratione si 2 cum n' iunctum esse statuitur, erit $n' < n$, quia alioquin ramus $2 \ldots n'$ ramum $1 \ldots n$ necessario secaret. Ex eadem caussa punctum 3 cum aliquo punctorum inter 4 et n' iacentium iunctum erit, patetque si $3, 4, 5$ etc. iuncta esse supponantur cum n'', n''', n'''' etc., n''' iacere inter 5 et n'', n'''' inter 6 et n''' etc. Unde perspicuum est, tandem ad aliquod punctum h perventum iri, quod cum puncto $h+2$ iunctum sit, et tum ramus. qui in puncto $h+1$ in circulum intrat, necessario ramum puncta h et $h+2$ iungentem secabit. Quia autem alter horum duorum ramorum ad lineam primam, alter ad secundam pertinebit, manifestum iam est, suppositionem esse contradictoriam, adeoque necessario alicubi intersectionem lineae primae cum linea secunda fieri.

---

primam supra te habuisti, in egressu, infra; quare necessario alicubi in superficiem primam ipsam incidere debuisti, sive in punctum lineae primae. — Ceterum ex hoc ratiocinio principiis geometriae situs innixo, quae haud minus valida sunt, quam principia geometriae magnitudinis, sequitur tantummodo, si in aliquo ramo lineae primae in circulum intres, te alio loco ex circulo rursus egredi posse, semper in linea prima manendo, neque vero, viam tuam esse lineam continuam in eo sensu, quo in geometria sublimiori accipitur. Sed hic sufficit, viam esse lineam continuam in sensu communi, i. e. nullibi interruptam sed ubique cohaerentem.

Si haec cum praecedentibus iunguntur. ex omnibus disquisitionibus explicatis colligetur, theorema, *quamvis functionem algebraicam rationalem integram unius indeterminatae in factores reales primi vel secundi gradus resolvi posse*, omni rigore demonstratum.

23.

Ceterum haud difficile ex iisdem principiis deduci potest, non solum unam sed ad minimum m intersectiones lineae primae cum secunda dari, quamquam etiam fieri potest, ut linea prima a pluribus ramis lineae secundae in eodem puncto secetur, in quo casu functio X plures factores aequales habebit. Attamen quum hic sufficiat, unius intersectionis necessitatem demonstravisse, fusius huic rei brevitatis caussa non immoror. Ex eadem ratione etiam alias harum linearum proprietates hic uberius non persequor, e. g. intersectionem semper fieri sub angulis rectis; aut si plura crura utriusque curvae in eodem puncto conveniant, totidem crura lineae primae affore, quot crura lineae secundae, haecque alternatim posita esse, et sub aequalibus angulis se secare etc.

Denique observo, minime impossibile esse, ut demonstratio praecedens, quam hic principiis geometricis superstruxi, etiam in forma mere analytica exhibeatur: sed eam repraesentationem, quam hic explicavi, minus abstractam evadere credidi, verumque nervum probandi hic multo clarius ob oculos poni, quam a demonstratione analytica exspectari possit.

Coronidis loco adhuc aliam methodum theorema nostrum demonstrandi addigitabo, quae primo aspectu non modo a demonstratione praecedente, sed etiam ab omnibus demonstrationibus reliquis supra enarratis maxime diversa esse videbitur, et quae nihilominus cum D'ALEMBERTiana, si ad essentiam spectas proprie eadem est. Cum qua illam comparare, parallelismumque inter utramque explorare peritis committo, in quorum gratiam unice subiuncta est.

24.

Supra planum figurae 4 relative ad axem CG punctumque fixum C descriptas suppono superficiem primam et secundam eodem modo ut supra. Accipe punctum quodcunque in aliquo ramo lineae primae situm sive ubi $T = 0$, (e. g quodlibet punctum M in axe iacens), et nisi in hoc etiam $U = 0$, progredere ex hoc puncto in linea prima versus eam partem, versus quam magnitudo absoluta ipsius U decrescit. Si forte in puncto M valor absolutus ipsius U versus utramque partem decrescit, arbitrarium est, quorsum progrediaris; quid vero faciendum sit, si U versus utramque partem crescat, statim docebo. Manifestum est itaque, dum semper in linea prima progrediaris, necessario tandem te ad punctum perventurum, ubi $U = 0$, aut ad tale, ubi valor ipsius U fiat minimum, e.g. punctum N. In priori casu quod quaerebatur, inventum est; in posteriori vero demonstrari potest, in hoc puncto plures ramos lineae primae sese intersecare (et quidem multitudinem parem ramorum), quorum semissis ita comparati sint, ut si in aliquem eorum deflectas (sive huc sive illuc) valor ipsius U adhucdum decrescere pergat. (Demonstrationem huius theorematis, prolixiorem quam difficiliorem brevitatis gratia supprimere debeo.) In hoc itaque ramo iterum progredi poteris, donec U aut fiat $= 0$ (uti in fig. 4 evenit in P), aut denuo minimum. Tum rursus deflectes, necessarioque tandem ad punctum pervenies, ubi sit $U = 0$.

Contra hanc demonstrationem obiici posset dubium, annon possibile sit, ut quantumvis longe progrediaris, et quamvis valor ipsius U semper decrescat, tamen haec decrementa continuo tardiora fiant, et nihilominus ille valor limitem aliquem nusquam attingat; quae obiectio responderet quartae in art. 6. Sed haud difficile foret, terminum aliquem assignare, quem simulac transieris, valor ipsius U necessario non modo semper rapidius mutari debeat, sed etiam *decrescere* non amplius possit, ita ut antequam ad hunc terminum perveneris, necessario valor 0 iam affuisse debeat. Hoc vero et reliqua, quae in hac demonstratione addigitare tantummodo potui, alia occasione fusius exsequi mihi reservo.

Principia quibus haecce demonstratio innititur deteximus Initio Octob. 1797.

Fig. 1.

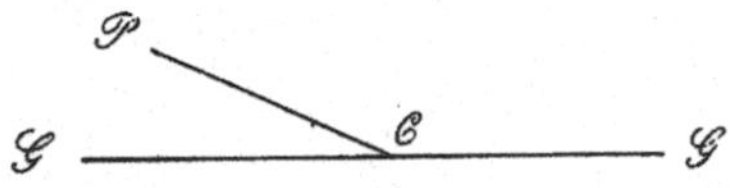

Fig. 2.

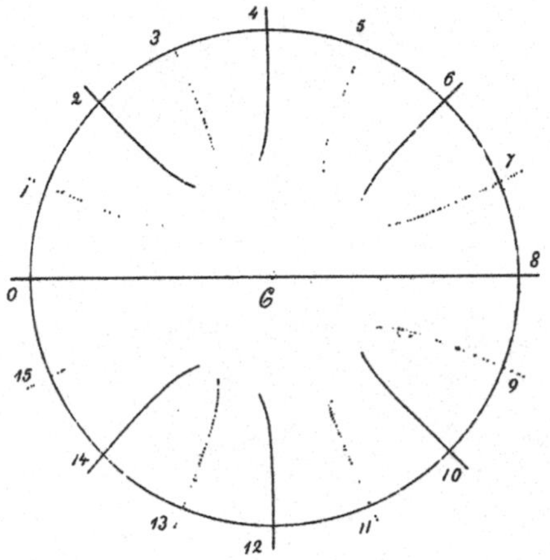

Fig. 4.

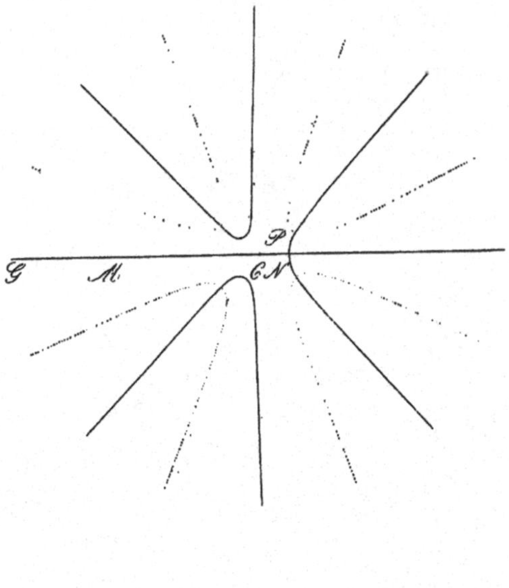

Fig. 3.

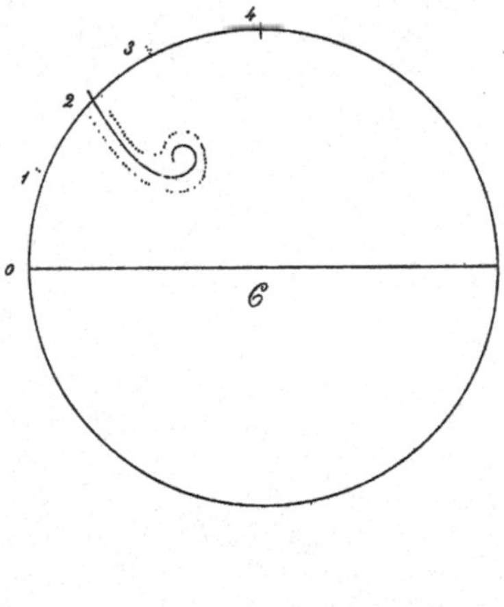

DEMONSTRATIO NOVA ALTERA

THEOREMATIS

OMNEM FUNCTIONEM ALGEBRAICAM
RATIONALEM INTEGRAM

UNIUS VARIABILIS

IN FACTORES REALES PRIMI VEL SECUNDI GRADUS

RESOLVI POSSE

AUCTORE

CAROLO FRIDERICO GAUSS

SOCIETATI REGIAE SCIENTIARUM TRADITA 1815. DEC. 7.

Commentationes societatis regiae scientiarum Gottingensis recentiores. Vol. III.
Gottingae MDCCCXVI.

DEMONSTRATIO NOVA ALTERA THEOREMATIS

OMNEM FUNCTIONEM ALGEBRAICAM RATIONALEM INTEGRAM

UNIUS VARIABILIS

IN FACTORES REALES PRIMI VEL SECUNDI GRADUS RESOLVI POSSE.

1.

Quamquam demonstratio theorematis de resolutione functionum algebraicarum integrarum in factores, quam in commentatione sedecim abhinc annis promulgata tradidi, tum respectu rigoris tum simplicitatis nihil desiderandum relinquere videatur, tamen haud ingratum fore geometris spero, si iterum ad eandem quaestionem gravissimam revertar, atque e principiis prorsus diversis demonstrationem alteram haud minus rigorosam adstruere coner. Pendet scilicet illa demonstratio prior, partim saltem, a considerationibus geometricis: contra ea, quam hic exponere aggredior, principiis mere analyticis innixa erit. Methodorum analyticarum, per quas usque ad illud quidem tempus alii geometrae theorema nostrum demonstrare susceperunt, insigniores loco citato recensui, et quibus vitiis laborent copiose exposui. Quorum gravissimum ac vere radicale omnibus illis conatibus, perinde ac recentioribus, qui quidem mihi innotuerunt, commune: quod tamen neutiquam inevitabile videri in demonstratione analytica, iam tunc declaravi. Esto iam penes peritos iudicium, an fides olim data per has novas curas plene sit liberata.

2.

Disquisitioni principali quaedam praeliminares praemittentur, tum ne quid deesse videatur, tum quod ipsa forsan tractatio iis quoque, quae ab aliis iam delibata fuerant, novam qualemcunque lucem affundere poterit. Ac primo quidem de altissimo divisore communi duarum functionum algebraicarum integrarum unius indeterminatae agemus. Ubi praemonendum, hic semper tantum de functionibus integris sermonem esse: e qualibus duabus si productum confletur, utraque huius *divisor* vocatur. Divisoris *ordo* ex exponente summae potestatis indeterminatae quam continet diiudicatur, nulla prorsus coëfficientium numericorum ratione habita. Ceterum quae ad divisores communes functionum pertinent, eo brevius absolvere licet, quod iis, quae ad divisores communes numerorum spectant, omnino sunt analoga.

Propositis duabus functionibus Y, Y' indeterminatae x, quarum prior sit ordinis altioris aut saltem non inferioris quam posterior, formabimus aequationes sequentes

$$Y = qY' + Y''$$
$$Y' = q'Y'' + Y'''$$
$$Y'' = q''Y''' + Y''''$$

etc. usque ad

$$Y^{(\mu-1)} = q^{(\mu-1)}\,Y^{(\mu)}$$

ea scilicet lege, ut primo Y dividatur sueto more per Y'; dein Y' per residuum primae divisionis Y'', quod erit ordinis inferioris quam Y'; tunc rursus residuum primum per secundum Y''' et sic porro, donec ad divisionem absque residuo perveniatur, quod tandem necessario evenire debere inde patet, quod ordo functionum Y', Y'', Y''' etc. continuo decrescit. Quas functiones perinde atque quotientes q, q', q'' etc. esse functiones *integras* ipsius x, vix opus est monere. His praemissis, manifestum est,

I. regrediendo ab ultima istarum aequationum ad primam, functionem $Y^{(\mu)}$ esse divisorem singularum praecedentium, adeoque certo divisorem communem propositarum Y, Y'.

II. Progrediendo a prima aequatione ad ultimam, elucet, quemlibet divisorem communem functionum Y, Y' etiam metiri singulas sequentes, et proin etiam ultimam $Y^{(\mu)}$. Quamobrem functiones Y, Y' habere nequeunt ullum divisorem communem altioris ordinis quam $Y^{(\mu)}$, omnisque divisor communis eiusdem ordinis ut $Y^{(\mu)}$ erit ad hunc in ratione numeri ad numerum, unde hic ipse pro divisore communi summo erit habendus.

III. Si $Y^{(\mu)}$ est ordinis 0, i. e. numerus, nulla functio indeterminatae x proprie sic dicta ipsas Y, Y' metiri potest: in hoc itaque casu dicendum est, has functiones divisorem communem non habere.

IV. Excerpamus ex aequationibus nostris penultimam; dein ex hac eliminemus $Y^{(\mu-1)}$ adiumento aequationis antepenultimae; tunc iterum eliminemus $Y^{(\mu-2)}$ adiumento aequationis praecedentis et sic porro: hoc pacto habebimus

$$\begin{aligned} Y^{(\mu)} &= +k\, Y^{(\mu-2)} - k'\, Y^{(\mu-1)} \\ &= -k'\, Y^{(\mu-3)} + k''\, Y^{(\mu-2)} \\ &= +k''\, Y^{(\mu-4)} - k'''\, Y^{(\mu-3)} \\ &= -k'''\, Y^{(\mu-5)} + k''''\, Y^{(\mu-4)} \\ &\text{etc.} \end{aligned}$$

si functiones k, k', k'' etc. ex lege sequente formatas supponamus

$$\begin{aligned} k &= 1 \\ k' &= q^{(\mu-2)} \\ k'' &= q^{(\mu-3)} k' + k \\ k''' &= q^{(\mu-4)} k'' + k' \\ k'''' &= q^{(\mu-5)} k''' + k'' \\ &\text{etc.} \end{aligned}$$

Erit itaque

$$\pm k^{(\mu-2)}\, Y \mp k^{(\mu-1)}\, Y' = Y^{(\mu)}$$

valentibus signis superioribus pro μ pari, inferioribus pro impari. In eo itaque casu, ubi Y et Y' divisorem communem non habent, invenire licet hoc modo duas functiones Z, Z' indeterminatae x tales, ut habeatur

$$ZY + Z'Y' = 1$$

V. Haec propositio manifesto etiam inversa valet, puta, si satisfieri potest aequationi

$$ZY + Z'Y' = 1$$

ita, ut Z, Z' sint functiones integrae indeterminatae x, ipsae Y et Y' certo divisorem communem habere nequeunt.

3.

Disquisitio praeliminaris altera circa transformationem functionum symmetricarum versabitur. Sint a, b, c etc. quantitates indeterminatae, ipsarum multitudo m, designemusque per λ' illarum summam, per λ'' summam productorum e binis, per λ''' summam productorum e ternis etc., ita ut ex evolutione producti

$$(x-a)(x-b)(x-c)\ldots.$$

oriatur

$$x^m - \lambda' x^{m-1} + \lambda'' x^{m-2} - \lambda''' x^{m-3} + \text{etc.}$$

Ipsae itaque $\lambda', \lambda'', \lambda'''$ etc. sunt functiones symmetricae indeterminatarum a, b, c etc., i. e. tales, in quibus hae indeterminatae eodem modo occurrunt, sive clarius, tales, quae per qualemcunque harum indeterminatarum inter se permutationem non mutantur. Manifesto generalius, quaelibet functio integra ipsarum $\lambda', \lambda'', \lambda'''$ etc. (sive has solas indeterminatas implicet, sive adhuc alias ab a, b, c etc. independentes contineat) erit functio symmetrica integra indeterminatarum a, b, c etc.

4.

Theorema inversum paullo minus obvium. Sit ρ functio symmetrica indeterminatarum a, b, c etc., quae igitur composita erit e certo numero terminorum formae

$$Ma^\alpha b^\beta c^\gamma \ldots.$$

denotantibus α, β, γ etc. integros non negativos, atque M coëfficientem vel determinatum vel saltem ab a, b, c etc. non pendentem (si forte aliae adhuc indeterminatae praeter a, b, c etc. functionem ρ ingrediantur). Ante omnia inter singulos hos terminos ordinem certum stabiliemus, ad quem finem primo ipsas indeterminatas a, b, c etc. ordine certo per se quidem prorsus arbitrario disponemus, e. g. ita, ut a primum locum obtineat, b secundum, c tertium etc. Dein e duobus terminis

$$Ma^\alpha b^\beta c^\gamma \ldots. \quad \text{et} \quad Ma^{\alpha'} b^{\beta'} c^{\gamma'} \ldots.$$

priori ordinem altiorem tribuemus quam posteriori, si fit

$$\text{vel } \alpha > \alpha', \text{ vel } \alpha = \alpha' \text{ et } \beta > \beta', \text{ vel } \alpha = \alpha', \ \beta = \beta' \text{ et } \gamma > \gamma', \text{ vel etc.}$$

i. e. si e differentiis $\alpha-\alpha'$, $\beta-\beta'$, $\gamma-\gamma'$ etc. prima, quae non evanescit, positiva evadit. Quocirca quum termini eiusdem ordinis non differant nisi respectu coëfficientis M, adeoque in terminum unum conflari possint, singulos terminos functionis ρ ad ordines diversos pertinere supponemus.

Iam observamus, si $Ma^\alpha b^\beta c^\gamma \ldots\ldots$ sit ex omnibus terminis functionis ρ is, cui ordo altissimus competat, necessario α esse maiorem, vel saltem non minorem, quam β. Si enim esset $\beta > \alpha$, terminus $Ma^\beta b^\alpha c^\gamma \ldots\ldots$, quem functio ρ, utpote symmetrica, quoque involvet, foret ordinis altioris quam $Ma^\alpha b^\beta c^\gamma \ldots\ldots$ contra hyp. Simili modo β erit maior vel saltem non minor quam γ; porro γ non minor quam exponens sequens δ etc.: proin singulae differentiae $\alpha-\beta$, $\beta-\gamma$, $\gamma-\delta$ etc. erunt integri non negativi.

Secundo perpendamus, si e quotcunque functionibus integris indeterminatarum a, b, c etc. productum confletur, huius terminum altissimum necessario esse ipsum productum e terminis altissimis illorum factorum. Aeque manifestum est, terminos altissimos functionum $\lambda', \lambda'', \lambda'''$ etc. resp. esse a, ab, abc etc. Hinc colligitur, terminum altissimum e producto

$$p = M\lambda'^{\alpha-\beta}\lambda''^{\beta-\gamma}\lambda'''^{\gamma-\delta}\ldots\ldots$$

prodeuntem esse $Ma^\alpha b^\beta c^\gamma \ldots\ldots$; quocirca statuendo $\rho - p = \rho'$, terminus altissimus functionis ρ' certo erit ordinis inferioris quam terminus altissimus functionis ρ. Manifesto autem p, et proin etiam ρ', fiunt functiones integrae symmetricae ipsarum a, b, c etc. Quamobrem ρ' perinde tractata, ut antea ρ, discerpetur in $p'+\rho''$, ita ut p' sit productum e potestatibus ipsarum $\lambda', \lambda'', \lambda'''$ etc. in coëfficientem vel determinatum vel saltem ab a, b, c etc. non pendentem, ρ'' vero functio integra symmetrica ipsarum a, b, c etc. talis, ut ipsius terminus altissimus pertineat ad ordinem inferiorem, quam terminus altissimus functionis ρ'. Eodem modo continuando, manifesto tandem ρ ad formam $p+p'+p''+p'''$ etc. redacta, i. e. in functionem integram ipsarum $\lambda', \lambda'', \lambda'''$ etc. transformata erit.

5.

Theorema in art. praec. demonstratum etiam sequenti modo enunciare possumus: Proposita functione quacunque indeterminatarum a, b, c etc. integra symmetrica ρ, assignari potest functio integra totidem aliarum indeterminatarum l', l'', l''' etc. talis, quae per substitutiones $l' = \lambda'$, $l'' = \lambda''$, $l''' = \lambda'''$ etc. transeat in ρ. Facile insuper ostenditur, *hoc unico tantum modo fieri posse.* Supponamus enim, e duabus functionibus diversis indeterminatarum l', l'', l''' etc. puta tum ex r, tum ex r' post substitutiones $l' = \lambda'$, $l'' = \lambda''$, $l''' = \lambda'''$ etc. resultare eandem functionem ipsarum a, b, c etc. Tunc itaque $r - r'$ erit functio ipsarum l', l'', l''' etc. per se non evanescens, sed quae identice destruitur post illas substitutiones. Hoc vero absurdum esse, facile perspiciemus, si perpendamus, $r - r'$ necessario compositam esse e certo numero partium formae

$$Ml'^{\alpha} l''^{\beta} l'''^{\gamma} \ldots\ldots$$

quarum coëfficientes M non evanescant, et quae singulae respectu exponentium inter se diversae sint, adeoque terminos altissimos e singulis istis partibus prodeuntes exhiberi per

$$Ma^{\alpha+\beta+\gamma+\text{etc.}}\, b^{\beta+\gamma+\text{etc.}}\, c^{\gamma+\text{etc.}} \ldots\ldots$$

et proin ad ordines diversos referendos esse, ita ut terminus absolute altissimus nullo modo destrui possit.

Ceterum ipse calculus pro huiusmodi transformationibus pluribus compendiis insigniter abbreviari posset, quibus tamen hoc loco non immoramur, quum ad propositum nostrum sola transformationis possibilitas iam sufficiat.

6.

Consideremus productum ex $m(m-1)$ factoribus

$$\begin{aligned} &(a-b)(a-c)(a-d)\ldots\ldots \\ \times &(b-a)(b-c)(b-d)\ldots\ldots \\ \times &(c-a)(c-b)(c-d)\ldots\ldots \\ \times &(d-a)(d-b)(d-c)\ldots\ldots \\ &\text{etc.} \end{aligned}$$

quod per π denotabimus, et, quum indeterminatas a, b, c etc. symmetrice involvat, in formam functionis ipsarum λ', λ'', λ''' etc. redactum supponemus. Transeat haec functio in p, si loco ipsarum λ', λ'', λ''' etc. resp. substituuntur l', l'', l''' etc. His ita factis, ipsam p vocabimus *determinantem* functionis

$$y = x^m - l'x^{m-1} + l''x^{m-2} - l'''x^{m-3} + \text{etc.}$$

Ita e. g. pro $m = 2$ habemus

$$p = -l'^2 + 4l''$$

Perinde pro $m = 3$ invenitur

$$p = -l'^2 l''^2 + 4l'^3 l''' + 4l''^3 - 18 l'l''l''' + 27 l'''^2$$

Determinans functionis y itaque est functio coëfficientium l', l'', l''' etc. talis, quae per substitutiones $l' = \lambda'$, $l'' = \lambda''$, $l''' = \lambda'''$ etc. transit in productum ex omnibus differentiis inter binas quantitatum a, b, c etc. In casu eo, ubi $m = 1$, i. e. ubi unica tantum indeterminata a habetur, adeoque nullae omnino adsunt differentiae, ipsum numerum 1 tamquam determinantem functionis y adoptare conveniet.

In stabilienda notione determinantis, coëfficientes functionis y tamquam quantitates indeterminatas spectare oportuit. Determinans functionis cum coëfficientibus determinatis

$$Y = x^m - L'x^{m-1} + L''x^{m-2} - L'''x^{m-3} + \text{etc.}$$

erit numerus determinatus P, puta valor functionis p pro $l' = L'$, $l'' = L''$, $l''' = L'''$ etc. Quodsi itaque supponimus, Y resolvi posse in factores simplices

$$Y = (x-A)(x-B)(x-C)\ldots\ldots$$

sive Y oriri ex

$$\upsilon = (x-a)(x-b)(x-c)\ldots\ldots$$

statuendo $a = A$, $b = B$, $c = C$ etc., adeoque per easdem substitutiones λ', λ'', λ''' etc. resp. fieri L', L'', L''' etc., manifesto P aequalis erit producto e factoribus

$$\begin{aligned}&(A-B)(A-C)(A-D)\ldots\ldots\\ \times&(B-A)(B-C)(B-D)\ldots\ldots\\ \times&(C-A)(C-B)(C-D)\ldots\ldots\\ \times&(D-A)(D-B)(D-C)\ldots\ldots\\ &\text{etc.}\end{aligned}$$

Patet itaque, si fiat $P = 0$, inter quantitates A, B, C etc. duas saltem aequales reperiri debere; contra, si non fuerit $P = 0$, cunctas A, B, C etc. necessario inaequales esse. Iam observamus, si statuamus $\frac{\mathrm{d}Y}{\mathrm{d}x} = Y'$, sive

$$Y' = mx^{m-1} - (m-1)L'x^{m-2} + (m-2)L''x^{m-3} - (m-3)L'''x^{m-4} + \text{etc.}$$

haberi

$$\begin{aligned} Y' = \; & (x-B)(x-C)(x-D)\ldots\ldots \\ & +(x-A)(x-C)(x-D)\ldots\ldots \\ & +(x-A)(x-B)(x-D)\ldots\ldots \\ & +(x-A)(x-B)(x-C)\ldots\ldots \\ & + \text{etc.} \end{aligned}$$

Si itaque duae quantitatum A, B, C etc. aequales sunt, e. g. $A = B$ Y' per $x - A$ divisibilis erit, sive Y et Y' implicabunt divisorem communem $x - A$. Vice versa, si Y' cum Y ullum divisorem communem habere supponitur, necessario Y' aliquem factorem simplicem ex his $x-A$, $x-B$, $x-C$ etc. implicare debebit, e. g. primum $x-A$, quod manifesto fieri nequit, nisi A alicui reliquarum B, C, D etc. aequalis fuerit. Ex his omnibus itaque colligimus duo Theoremata:

I. *Si determinans functionis Y fit $= 0$, certo Y cum Y' divisorem communem habet, adeoque, si Y et Y' divisorem communem non habent, determinans functionis Y nequit esse $= 0$.*

II. *Si determinans functionis Y non est $= 0$, certo Y et Y' divisorem communem habere nequeunt; vel, si Y et Y' divisorem communem habent, necessario determinans functionis Y esse debet $= 0$.*

7.

At probe notandum est, totam vim huius demonstrationis simplicissimae inniti suppositioni, functionem Y in factores simplices resolvi posse: quae ipsa suppositio, hocce quidem loco, ubi de demonstratione generali huius resolubilitatis agitur, nihil esset nisi petitio principii. Et tamen a paralogismis huic prorsus similibus non sibi caverunt omnes, qui demonstrationes analyticas theorematis principalis tentaverunt, cuius speciosae illusionis originem iam in ipsa disquisitionis enunciatione animadvertimus, quum omnes in *formam* tantum radicum aequationum inquisiverint, dum *existentiam* temere suppositam demonstrare oportuisset. Sed de tali procedendi modo, qui nimis a rigore et claritate abhorret, satis iam in commentatione supra citata dictum est. Quamobrem iam theoremata art. praec., quorum altero saltem ad propositum nostrum non possumus carere, solidiori fundamento superstruemus: a secundo, tamquam faciliori initium faciemus.

8.

Denotemus per ρ functionem

$$\frac{\pi(x-b)(x-c)(x-d)\dots\dots}{(a-b)^2(a-c)^2(a-d)^2\dots\dots}$$
$$+\frac{\pi(x-a)(x-c)(x-d)\dots\dots}{(b-a)^2(b-c)^2(b-d)^2\dots\dots}$$
$$+\frac{\pi(x-a)(x-b)(x-d)\dots\dots}{(c-a)^2(c-b)^2(c-d)^2\dots\dots}$$
$$+\frac{\pi(x-a)(x-b)(x-c)\dots\dots}{(d-a)^2(d-b)^2(d-c)^2\dots\dots}$$
$$+ \text{etc.}$$

quae, quoniam π per singulos denominatores est divisibilis, fit functio integra indeterminatarum x, a, b, c etc. Statuamus porro $\frac{\mathrm{d}\upsilon}{\mathrm{d}x} = \upsilon'$, ita ut habeatur

$$\begin{aligned}\upsilon' = \; & (x-b)(x-c)(x-d)\dots\dots\\ & +(x-a)(x-c)(x-d)\dots\dots\\ & +(x-a)(x-b)(x-d)\dots\dots\\ & +(x-a)(x-b)(x-c)\dots\dots\\ & + \text{etc.}\end{aligned}$$

Manifesto pro $x = a$, fit $\rho\upsilon' = \pi$, unde concludimus, functionem $\pi - \rho\upsilon'$ indefinite divisibilem esse per $x-a$, et perinde per $x-b$, $x-c$ etc., nec non per productum υ. Statuendo itaque

$$\frac{\pi - \rho\upsilon'}{\upsilon} = \sigma$$

erit σ functio integra indeterminatarum x, a, b, c etc., et quidem, perinde ut ρ, symmetrica ratione indeterminatarum a, b, c etc. Erui poterunt itaque functiones duae integrae r, s, indeterminatarum x, l', l'', l''' etc., tales quae per substitutiones $l' = \lambda'$, $l'' = \lambda''$, $l''' = \lambda'''$ etc. transeant in ρ, σ resp. Quodsi itaque analogiam sequentes, functionem

$$mx^{m-1} - (m-1)l'x^{m-2} + (m-2)l''x^{m-3} - (m-3)l'''x^{m-4} + \text{etc.}$$

i. e. quotientem differentialem $\frac{\mathrm{d}y}{\mathrm{d}x}$ per y' denotemus, ita ut y' per easdem illas substitutiones transeat in υ'. patet, $p - sy - ry'$ per easdem substitutiones transire in $\pi - \sigma\upsilon - \rho\upsilon'$, i. e. in 0, adeoque necessario iam per se identice evanescere debere (art. 5): habemus proin aequationem identicam

$$p = sy + ry'$$

Hinc si supponamus, ex substitutione $l' = L'$, $l'' = L''$, $l''' = L'''$ etc. prodire $r = R$, $s = S$, erit etiam identice

$$P = SY + RY'$$

ubi quum S, R sint functionis integrae ipsius x, P vero quantitas determinata seu numerus, sponte patet, Y et Y' divisorem communem habere non posse, nisi fuerit $P = 0$. Quod est ipsum theorema posterius art. 6.

9.

Demonstrationem theorematis prioris ita absolvemus, ut ostendamus, in casu eo, ubi Y et Y' non habent divisorem communem, certo fieri non posse $P = 0$. Ad hunc finem primo, per praecepta art. 2 erutas supponimus duas functiones integras indeterminatae x, puta fx et φx, tales, ut habeatur aequatio identica

$$fx.Y + \varphi x.Y' = 1$$

quam hic ita exhibemus:

$$fx.\upsilon + \varphi x.\upsilon' = 1 + fx.(\upsilon - Y) + \varphi x.\frac{\mathrm{d}(\upsilon - Y)}{\mathrm{d}x}$$

sive, quoniam habemus

$$\begin{aligned}\upsilon' = {} & (x-b)(x-c)(x-d)\ldots. \\ & + (x-a).\frac{\mathrm{d}[(x-b)(x-c)(x-d)\ldots.]}{\mathrm{d}x}\end{aligned}$$

in forma sequente.

$$\begin{aligned}& \varphi x.(x-b)(x-c)(x-d)\ldots. \\ & + \varphi x.(x-a).\frac{\mathrm{d}[(x-b)(x-c)(x-d)\ldots.]}{\mathrm{d}x} \\ & + fx.(x-a)(x-b)(x-c)(x-d)\ldots. = 1 + fx.(\upsilon - Y) + \varphi x.\frac{\mathrm{d}(\upsilon - Y)}{\mathrm{d}x}\end{aligned}$$

Exprimamus brevitatis caussa

$$fx.(y - Y) + \varphi x.\frac{\mathrm{d}(y - Y)}{\mathrm{d}x}$$

quae est functio integra indeterminatarum x, l', l'', l''' etc.

per $F(x, l', l'', l'''$ etc.)

unde erit identice

$$1+fx.(\upsilon-Y)+\varphi x.\frac{d(\upsilon-Y)}{dx} = 1+F(x, \lambda', \lambda'', \lambda''' \text{ etc.})$$

Habebimus itaque aequationes identicas [1]

$$\varphi a.(a-b)(a-c)(a-d)\ldots. = 1+F(a, \lambda', \lambda'', \lambda''' \text{ etc.})$$
$$\varphi b.(b-a)(b-c)(b-d)\ldots. = 1+F(b, \lambda', \lambda'', \lambda''' \text{ etc.})$$
$$\varphi c.(c-a)(c-b)(c-d)\ldots. = 1+F(c, \lambda', \lambda'', \lambda''' \text{ etc.})$$
etc.

Supponendo itaque, productum ex omnibus

$$1+F(a, l', l'', l''' \text{ etc.})$$
$$1+F(b, l', l'', l''' \text{ etc.})$$
$$1+F(c, l', l'', l''' \text{ etc.})$$
etc.

quod erit functio integra indeterminatarum a, b, c etc., l', l'', l''' etc. et quidem functio symmetrica respectu ipsarum a, b, c etc., exhiberi per

$$\psi(\lambda', \lambda'', \lambda''' \text{ etc.}, l', l'', l''' \text{ etc.})$$

e multiplicatione cunctarum aequationum [1] resultabit aequatio identica nova [2]

$$\pi\varphi a.\varphi b.\varphi c\ldots. = \psi(\lambda', \lambda'', \lambda''' \text{ etc.}, \lambda', \lambda'', \lambda''' \text{ etc.})$$

Porro patet, quum productum $\varphi a.\varphi b.\varphi c\ldots.$ indeterminatas a, b, c etc. symmetrice involvat, inveniri posse functionem integram indeterminatarum l', l'', l''' etc. talem, quae per substitutiones $l'=\lambda', l''=\lambda'', l'''=\lambda'''$ etc. transeat in $\varphi a.\varphi b.\varphi c\ldots.$ Sit t illa functio, eritque etiam identice [3]

$$pt = \psi(l', l'', l''' \text{ etc.}, l', l'', l''')$$

quoniam haec aequatio per substitutiones $l'=\lambda', l''=\lambda'', l'''=\lambda'''$ etc. in identicam [2] transit.

Iam ex ipsa definitione functionis F sequitur, identice haberi

6*

$$F(x, L', L'', L''' \text{ etc.}) = 0$$

Hinc etiam identice erit

$$1+F(a, L', L'', L''' \text{ etc.}) = 1$$
$$1+F(b, L', L'', L''' \text{ etc.}) = 1$$
$$1+F(c, L', L'', L''' \text{ etc.}) = 1$$
$$\text{etc.}$$

et proin erit etiam identice

$$\psi(\lambda', \lambda'', \lambda''' \text{ etc.}, L', L'', L''' \text{ etc.}) = 1$$

adeoque etiam identice [4]

$$\psi(l', l'', l''' \text{ etc.}, L', L'', L''' \text{ etc.}) = 1$$

Quamobrem e combinatione aequationum [3] et [4], et substituendo $l' = L'$, $l'' = L''$, $l''' = L'''$ etc. habebimus [5]

$$PT = 1$$

si per T denotamus valorem functionis t illis substitutionibus respondentem. Qui valor quum necessario fiat quantitas finita, P certo nequit esse $= 0$. Q. E. D.

10.

E praecedentibus iam perspicuum est, quamlibet functionem integram Y unius indeterminatae x, cuius determinans sit $= 0$, decomponi posse in factores, quorum nullus habeat determinantem 0 Investigato enim divisore communi altissimo functionum Y et $\frac{dY}{dx}$, illa iam in duos factores resoluta habebitur. Si quis horum factorum *) iterum habet determinantem 0, eodem modo in duos factores resolvetur, eodemque pacto continuabimus, donec Y in factores tales tandem resoluta habeatur, quorum nullus habeat determinantem 0.

Facile porro perspicietur, inter hos factores, in quos Y resolvitur, ad mi-

*) Revera quidem non nisi factor iste, qui est ille divisor communis, determinantem 0 habere potest. Sed demonstratio huius propositionis hocce loco in quasdam ambages perduceret; neque etiam hic necessaria est, quum factorem alterum, si et huius determinans evanescere posset, eodem modo tractare, ipsumque in factores resolvere liceret.

nimum unum reperiri debere ita comparatum. ut inter factores numeri, qui eius ordinem exprimit, binarius saltem non pluries occurrat, quam inter factores numeri m, qui exprimit ordinem functionis Y: puta, si statuatur $m = k.2^{\mu}$, denotante k numerum imparem, inter factores functionis Y ad minimum unus reperietur ad ordinem $k'.2^{\nu}$ referendus, ita ut etiam k' sit impar, atque vel $\nu = \mu$, vel $\nu < \mu$. Veritas huius assertionis sponte sequitur inde, quod m est aggregatum numerorum, qui ordinem singulorum factorum ipsius Y exprimunt.

11.

Antequam ulterius progrediamur, expressionem quandam explicabimus, cuius introductio in omnibus de functionibus symmetricis disquisitionibus maximam utilitatem affert, et quae nobis quoque peropportuna erit. Supponamus, M esse functionem quarundam ex indeterminatis a, b, c etc., et quidem sit μ multitudo earum, quae in expressionem M ingrediuntur, nullo respectu habito aliarum indeterminatarum, si quas forte implicet ipsa M. Permutatis illis μ indeterminatis omnibus quibus fieri potest modis tum inter se tum cum $m-\mu$ reliquis ex a, b, c etc., orientur ex M aliae expressiones ipsi M similes, ita ut omnino habeantur

$$m(m-1)(m-2)(m-3)\ldots\ldots(m-\mu+1)$$

expressiones, ipsa M inclusa, quarum complexum simpliciter dicemus *complexum omnium M.* Hinc sponte patet, quid significet aggregatum omnium M, productum ex omnibus M etc. Ita e. g. π dicetur productum ex omnibus $a-b$, υ productum ex omnibus $x-a$, υ aggregatum omnium $\frac{\upsilon}{x-a}$ etc.

Si forte M est functio symmetrica respectu quarundam ex μ indeterminatis, quas continet, istarum permutationes inter se functionem M non variant, quamobrem in complexu omnium M quilibet terminus pluries, et quidem $1.2.3\ldots\ldots\nu$ vicibus reperietur, si ν est multitudo indeterminatarum, quarum respectu M est symmetrica. Si vero M non solum respectu ν indeterminatarum symmetrica est, sed insuper respectu ν' aliarum, nec non respectu ν'' aliarum etc., ipsa M non variabitur sive binae e primis ν indeterminatis inter se permutentur, sive binae e secundis ν', sive binae e tertiis ν'' etc., ita ut semper

$$1.2.3\ldots\ldots\nu.\quad 1.2.3\ldots\ldots\nu'.\quad 1.2.3\ldots\ldots\nu''\ \text{etc.}$$

permutationes terminis identicis respondeant. Quare si ex his terminis identicis semper unicum tantum retineamus, omnino habebimus

$$\frac{m(m-1)(m-2)(m-3)\ldots\ldots(m-\mu+1)}{1.2.3\ldots\ldots\nu.\;1.2.3\ldots\ldots\nu'.\;1.2.3\ldots\ldots\nu''\text{etc.}}$$

terminos, quorum complexum dicemus *complexum omnium M exclusis repetitionibus*, ut a *complexu omnium M admissis repetitionibus* distinguatur. Quoties nihil expressis verbis monitum fuerit, repetitiones admitti semper subintelligemus.

Ceterum facile perspicietur, aggregatum omnium M, vel productum ex omnibus M, vel generaliter quamlibet functionem symmetricam omnium M semper fieri functionem symmetricam indeterminatarum a, b, c etc., sive admittantur repetitiones, sive excludantur.

12.

Iam considerabimus, denotantibus u, x indeterminatas, productum ex omnibus $u-(a+b)x+ab$, exclusis repetitionibus, quod per ζ designabimus. Erit itaque ζ productum ex $\frac{1}{2}m(m-1)$ factoribus his

$$\begin{gathered}
u-(a+b)\,x+ab\\
u-(a+c)\,x+ac\\
u-(a+d)x+ad\\
\text{etc.}\\
u-(b+c)\,x+bc\\
u-(b+d)x+bd\\
\text{etc.}\\
u-(c+d)x+cd\\
\text{etc. etc.}
\end{gathered}$$

Quae functio quum indeterminatas a, b, c etc. symmetrice implicet, assignari poterit functio integra indeterminatarum u, x, l', l'', l''' etc., per z denotanda, quae transeat in ζ, si loco indeterminatarum l', l'', l''' etc. substituantur $\lambda', \lambda'', \lambda'''$ etc. Denique designemus per Z functionem solarum indeterminatarum u, x, in quam z transit, si indeterminatis l', l'', l''' etc. tribuamus valores determinatos L', L'', L''' etc.

Hae tres functiones ζ, z, Z considerari possunt tamquam functiones integrae ordinis $\frac{1}{2}m(m-1)$ indeterminatae u cum coëfficientibus indeterminatis, qui quidem coëfficientes erunt

pro ζ, functiones indeterminatarum x, a, b, c etc.
pro z, functiones indeterminatarum x, l', l'', l''' etc.
pro Z, functiones solius indeterminatae x.

Singuli vero coëfficientes ipsius z transibunt in coëfficientes ipsius ζ per substitutiones $l' = \lambda'$, $l'' = \lambda''$, $l''' = \lambda'''$ etc. nec non in coëfficientes ipsius Z per substitutiones $l' = L'$, $l'' = L''$, $l''' = L'''$ etc. Eadem, quae modo de coëfficientibus diximus, etiam de determinantibus functionum ζ, z, Z valebunt. Atque in hos ipsos iam propius inquiremus, et quidem eum in finem, ut demonstretur

Theorema. *Quoties non est* $P = 0$, *determinans functionis* Z *certo nequit esse identice* $= 0$.

13.

Perfacilis quidem esset demonstratio huius theorematis, si supponere liceret, Y resolvi posse in factores simplices

$$(x-A)(x-B)(x-C)(x-D)\ldots\ldots$$

Tunc enim certum quoque esset, Z esse productum ex omnibus $u-(A+B)x+AB$, atque determinantem functionis Z productum e differentiis inter binas quantitatum

$$\begin{gathered}(A+B)x-AB\\(A+C)x-AC\\(A+D)x-AD\\\text{etc.}\\(B+C)x-BC\\(B+D)x-BD\\\text{etc.}\\(C+D)x-CD\\\text{etc. etc}\end{gathered}$$

Hoc vero productum identice evanescere nequit, nisi aliquis factorum per se identice fiat $= 0$, unde sequeretur, duas quantitatum A, B, C etc. aequales esse, adeoque determinantem P functionis Y fieri $= 0$, contra hyp.

At seposita tali argumentatione, quam ad instar art. 6 a petitione principii proficisci manifestum est, statim ad demonstrationem stabilem theorematis art. 12 explicandam progredimur.

14.

Determinans functionis ζ erit productum ex omnibus differentiis inter binas $(a+b)x-ab$, quarum differentiarum multitudo est

$$\tfrac{1}{2}m(m-1)(\tfrac{1}{2}m(m-1)-1) = \tfrac{1}{4}(m+1)m(m-1)(m-2)$$

Hic numerus itaque indicat ordinem determinantis functionis ζ respectu indeterminatae x. Determinans functionis z quidem ad eundem ordinem pertinebit: contra determinans functionis Z utique ad ordinem inferiorem pertinere potest, quoties scilicet quidam coëfficientes inde ab altissima potestate ipsius x evanescunt. Nostrum iam est demonstrare, in determinante functionis Z *omnes* certo coëfficientes evanescere non posse.

Propius considerando differentias illas, quarum productum est determinans functionis ζ, deprehendemus, partem ex ipsis (puta differentias inter binas $(a+b)x-ab$ tales, quae elementum commune habent) suppeditare

$$\text{productum ex omnibus } (a-b)(x-c)$$

e reliquis vero (puta e differentiis inter binas $(a+b)x-ab$ tales, quarum elementa diversa sunt) oriri

$$\text{productum ex omnibus } (a+b-c-d)x-ab+cd, \text{ exclusis repetitionibus.}$$

Productum prius factorem unumquemque $a-b$ manifesto $m-2$ vicibus continebit, quemvis factorem $x-c$ autem $(m-1)(m-2)$ vicibus, unde facile concludimus, hocce productum fieri

$$= \pi^{m-2}\upsilon^{(m-1)(m-2)}$$

Quodsi ita productum posterius per ρ designamus, determinans functionis ζ erit

$$= \pi^{m-2}\upsilon^{(m-1)(m-2)}\rho$$

Denotando porro per r functionem indeterminatarum x, l', l'', l''' etc. eam, quae transit in ρ per substitutiones $l' = \lambda'$, $l'' = \lambda''$, $l''' = \lambda'''$ etc., nec non per R

functionem solius x, eam, in quam transit r per substitutiones $l' = L'$, $l'' = L''$, $l''' = L'''$ etc., patet determinantem functionis z fieri

$$= p^{m-2} y^{(m-1)(m-2)} r$$

determinantem functionis Z autem

$$= P^{m-2} Y^{(m-1)(m-2)} R$$

Quare quum per hypothesin P non sit $= 0$, res iam in eo vertitur, ut demonstremus, R certo identice evanescere non posse.

15.

Ad hunc finem adhuc aliam indeterminatam w introducemus, atque productum ex omnibus

$$(a+b-c-d)w+(a-c)(a-d)$$

exclusis repetitionibus considerabimus, quod quum ipsas a, b, c etc. symmetrice involvat, tamquam functio integra indeterminatarum w, λ', λ'', λ''' etc. exhiberi poterit. Denotabimus hanc functionem per $f(w, \lambda', \lambda'', \lambda'''$ etc.). Multitudo illorum factorum $(a+b-c-d)w+(a-c)(a-d)$ erit

$$= \tfrac{1}{2}m(m-1)(m-2)(m-3)$$

unde facile colligimus, fieri

$$f(0, \lambda', \lambda'', \lambda''' \text{ etc.}) = \pi^{(m-2)(m-3)}$$

et proin etiam

$$f(0, l', l'', l''' \text{ etc.}) = p^{(m-2)(m-3)}$$

nec non

$$f(0, L', L'', L''' \text{ etc.}) = P^{(m-2)(m-3)}$$

Functio $f(w, L', L'', L'''$ etc.) generaliter quidem loquendo ad ordinem

$$\tfrac{1}{2}m(m-1)(m-2)(m-3)$$

referenda erit: at in casibus specialibus utique ad ordinem inferiorem pertinere potest, si forte contingat, ut quidam coëfficientes inde ab altissima potestate ipsius w evanescant: impossibile autem est, ut illa functio tota sit identice $= 0$, quum aequatio modo inventa doceat, functionis saltem terminum ultimum non evanescere. Supponemus, terminum altissimum functionis $f(w, L', L'', L'''$ etc.), qui quidem coëfficientem non evanescentem habeat, esse Nw^ν. Si igitur substituimus $w = x - a$, patet, $f(x-a, L', L'', L'''$ etc.) esse functionem integram indeterminatarum x, a, sive quod idem est, functionem ipsius x cum coëfficientibus ab indeterminata a pendentibus, ita tamen ut terminus altissimus sit Nx^ν, et proin coëfficientem determinatum ab a non pendentem habeat, qui non sit $= 0$. Perinde $f(x-b, L', L'', L'''$ etc.), $f(x-c, L', L'', L'''$ etc.) erunt functiones integrae indeterminatae x, tales ut singularum terminus altissimus sit Nx^ν, terminorum sequentium autem coëfficientes resp. a b, c etc. pendeant. Hinc productum ex m factoribus

$$f(x-a, L', L'', L''' \text{ etc.})$$
$$f(x-b, L', L'', L''' \text{ etc.})$$
$$f(x-c, L', L'', L''' \text{ etc.})$$
$$\text{etc.}$$

erit functio integra ipsius x, cuius terminus altissimus erit $N^m x^{m\nu}$, dum terminorum sequentium coëfficientes pendent ab indeterminatis a, b, c etc.

Consideremus iam porro productum ex m factoribus his

$$f(x-a, l', l'', l''' \text{ etc.})$$
$$f(x-b, l', l'', l''' \text{ etc.})$$
$$f(x-c, l', l'', l''' \text{ etc.})$$
$$\text{etc.}$$

quod quum sit functio indeterminatarum, x, a, b, c etc., l', l'', l''' etc., et quidem symmetrica respectu ipsarum a, b, c etc., exhiberi poterit tamquam functio indeterminatarum $x, \lambda', \lambda'', \lambda'''$ etc. l', l'', l''' etc. per

$$\varphi(x, \lambda', \lambda'', \lambda''' \text{ etc.}, \; l', l'', l''' \text{ etc.})$$

denotanda. Erit itaque

$$\varphi(x, \lambda', \lambda'', \lambda''' \text{ etc.}, \; \lambda', \lambda'', \lambda''' \text{ etc.})$$

productum ex factoribus

$$f(x-a, \lambda', \lambda'', \lambda''' \text{ etc.})$$
$$f(x-b, \lambda', \lambda'', \lambda''' \text{ etc.})$$
$$f(x-c, \lambda', \lambda'', \lambda''' \text{ etc.})$$
$$\text{etc.}$$

et proin indefinite divisibilis per ρ, quum facile perspiciatur, quemlibet factorem ipsius ρ in aliquo illorum factorum implicari. Statuemus itaque

$$\varphi(x, \lambda', \lambda'', \lambda''' \text{ etc.}, \lambda', \lambda'', \lambda''' \text{ etc.}) = \rho\psi(x, \lambda', \lambda'', \lambda''' \text{ etc.})$$

ubi characteristica ψ functionem integram exhibebit. Hinc vero facile deducitur, etiam identice esse

$$\varphi(x, L', L'', L''' \text{ etc.}, L', L'', L''' \text{ etc.}) = R\psi(x, L', L'', L''' \text{ etc.})$$

Sed supra demonstravimus, productum e factoribus

$$f(x-a, L', L'', L''' \text{ etc.})$$
$$f(x-b, L', L'', L''' \text{ etc.})$$
$$f(x-c, L', L'', L''' \text{ etc.})$$
$$\text{etc.}$$

quod erit $= \varphi(x, \lambda', \lambda'', \lambda''' \text{ etc.}, L', L'', L''' \text{ etc.})$ habere terminum altissimum $N^m x^{mv}$; eundem proin terminum altissimum habebit functio $\varphi(x, L', L'', L''' \text{ etc.}, L', L'', L''' \text{ etc.})$ adeoque certo non est identice $= 0$. Quocirca etiam R nequit esse identice $= 0$, neque adeo etiam determinans functionis Z. Q. E. D.

16.

Theorema. *Denotet* $\varphi(u, x)$*) *productum ex quotcunque factoribus talibus, in quos indeterminatae* u, x *lineariter tantum ingrediuntur, sive qui sint formae*

$$\alpha + \beta u + \gamma x$$
$$\alpha' + \beta' u + \gamma' x$$
$$\alpha'' + \beta'' u + \gamma'' x$$
$$\text{etc.}$$

sit porro w *alia indeterminata. Tunc functio*

$$\varphi\left(u + w . \frac{d\varphi(u, x)}{dx},\ x - w . \frac{d\varphi(u, x)}{du}\right) = \Omega$$

indefinite erit divisibilis per $\varphi(u, x)$.

---

*) Vel nobis non monentibus quisque videbit, signa in art. praec. introducta restringi ad istum solum articulum, et proin significationem characterum φ, w praesentem non esse confundendam cum pristina.

Dem. Statuendo

$$\begin{aligned}\varphi(u,x) &= (\alpha+\beta u+\gamma x)Q\\ &= (\alpha'+\beta' u+\gamma' x)Q'\\ &= (\alpha''+\beta'' u+\gamma'' x)Q''\\ &\text{etc.}\end{aligned}$$

erunt Q, Q', Q'' etc. functiones integrae indeterminatarum u, x, α, β, γ, α', β', γ', α'', β'', γ'' etc. atque

$$\begin{aligned}\frac{d\varphi(u,x)}{dx} &= \gamma Q+(\alpha+\beta u+\gamma x).\frac{dQ}{dx}\\ &= \gamma' Q'+(\alpha'+\beta' u+\gamma' x).\frac{dQ'}{dx}\\ &= \gamma'' Q''+(\alpha''+\beta'' u+\gamma'' x).\frac{dQ''}{dx}\\ &\text{etc.}\end{aligned}$$

$$\begin{aligned}\frac{d\varphi(u,x)}{du} &= \beta Q+(\alpha+\beta u+\gamma x).\frac{dQ}{du}\\ &= \beta' Q'+(\alpha'+\beta' u+\gamma' x).\frac{dQ'}{du}\\ &= \beta'' Q''+(\alpha''+\beta'' u+\gamma'' x).\frac{dQ''}{du}\\ &\text{etc.}\end{aligned}$$

Substitutis hisce valoribus in factoribus, e quibus conflatur productum Ω, puta in

$$\begin{gathered}\alpha+\beta u+\gamma x+\beta w.\frac{d\varphi(u,x)}{dx}-\gamma w.\frac{d\varphi(u,x)}{du}\\ \alpha'+\beta' u+\gamma' x+\beta' w.\frac{d\varphi(u,x)}{dx}-\gamma' w.\frac{d\varphi(u,x)}{du}\\ \alpha''+\beta'' u+\gamma'' x+\beta'' w.\frac{d\varphi(u,x)}{dx}-\gamma'' w.\frac{d\varphi(u,x)}{du}\\ \text{etc. resp.}\end{gathered}$$

hi obtinent valores sequentes

$$\begin{gathered}(\alpha+\beta u+\gamma x)\left(1+\beta w.\frac{dQ}{dx}-\gamma w.\frac{dQ}{du}\right)\\ (\alpha'+\beta' u+\gamma' x)\left(1+\beta' w.\frac{dQ'}{dx}-\gamma' w.\frac{dQ'}{du}\right)\\ (\alpha''+\beta'' u+\gamma'' x)\left(1+\beta'' w\,\frac{dQ''}{dx}-\gamma'' w.\frac{dQ''}{du}\right)\\ \text{etc.}\end{gathered}$$

quapropter Ω erit productum ex $\varphi(u,x)$ in factores

$$1+\beta w.\frac{dQ}{dx}-\gamma w.\frac{dQ}{du}$$

$$1+\beta' w.\frac{dQ'}{dx}-\gamma' w.\frac{dQ'}{du}$$

$$1+\beta'' w.\frac{dQ''}{dx}-\gamma'' w.\frac{dQ''}{du}$$

etc. i. e. ex $\varphi(u,x)$ in functionem integram indeterminatarum u, x, w, α, β, γ, α', β', γ', α'', β'', γ'' etc. Q. E. D.

17.

Theorema art. praec. manifesto applicabile est ad functionem ζ, quam abhinc per

$$f(u,\, x,\, \lambda',\, \lambda'',\, \lambda''' \text{ etc.})$$

exhiberi supponemus, ita ut

$$f(u+w.\frac{d\zeta}{dx},\; x-w.\frac{d\zeta}{du},\; \lambda',\, \lambda'',\, \lambda''' \text{ etc.})$$

indefinite divisibilis evadat per ζ: quotientem, qui erit functio integra indeterminatarum u, x, w, a, b, c etc., symmetrica respectu ipsarum a, b, c etc.. exhibebimus per

$$\psi(u,\, x,\, w,\, \lambda',\, \lambda'',\, \lambda''' \text{ etc.})$$

Hinc concludimus, fieri etiam identice

$$f(u+w.\frac{dz}{dx},\; x-w.\frac{dz}{du},\; l',\, l'',\, l''' \text{ etc.}) = z\psi(u,\, x,\, w,\, l',\, l'',\, l''' \text{ etc.})$$

nec non

$$f(u+w.\frac{dZ}{dx},\; x-w.\frac{dZ}{du},\; L',\, L'',\, L''' \text{ etc.}) = Z\psi(u,\, x,\, w,\, L',\, L'',\, L''' \text{ etc.})$$

Quodsi itaque functionem Z simpliciter exhibemus per $F(u,x)$, ita ut habeatur

$$f(u,\, x,\, L',\, L'',\, L''' \text{ etc.}) = F(u,x)$$

erit identice

$$F(u+w.\frac{dZ}{dx},\; x-w.\frac{dZ}{du}) = Z\psi(u,\, x,\, w,\, L',\, L'',\, L''' \text{ etc.})$$

18.

Si itaque e valoribus determinatis ipsarum u, x, puta ex $u = U$, $x = X$, prodire supponimus

$$\frac{dZ}{dx} = X', \quad \frac{dZ}{du} = U'$$

erit identice

$$F(U + wX', X - wU') = F(U, X).\psi(U, X, w, L', L'', L''' \text{ etc.})$$

Quoties U' non evanescit, statuere licebit

$$w = \frac{X-x}{U'}$$

unde emergit

$$F(U + \frac{XX'}{U'} - \frac{X'x}{U'}, x) = F(U, X).\psi(U, X, \frac{X-x}{U'}, L', L'', L''' \text{ etc.})$$

quod etiam ita enunciare licet:

Si in functione Z statuitur $u = U + \frac{XX'}{U'} - \frac{X'x}{U'}$, transibit ea in

$$F(U, X).\psi(U, X, \frac{X-x}{U'}, L', L'', L''' \text{ etc.})$$

19.

Quum in casu eo, ubi non est $P = 0$, determinans functionis Z sit functio indeterminatae x per se non evanescens, manifesto multitudo valorum determinatorum ipsius x, per quos hic determinans valorem 0 nancisci potest, erit numerus finitus, ita ut infinite multi valores determinati ipsius x assignari possint, qui determinanti illi valorem a 0 diversum concilient. Sit X talis valor ipsius x (quem insuper *realem* supponere licet). Erit itaque determinans functionis $F(u, X)$ non $= 0$, unde sequitur, per theorema II. art. 6, functiones

$$F(u, X) \quad \text{et} \quad \frac{dF(u, X)}{du}$$

habere non posse divisorem ullum communem. Supponamus porro, exstare aliquem valorem determinatum ipsius u, puta U (sive realis sit, sive imaginarius i. e. sub forma $g + h\sqrt{-1}$ contentus), qui reddat $F(u, X) = 0$, i. e. esse $F(U, X) = 0$. Erit itaque $u - U$ factor indefinitus functionis $F(u, X)$, et proin functio $\frac{dF(u, X)}{du}$ certo per $u - U$ non divisibilis. Supponendo itaque, hanc functionem

$\frac{dF(u,X)}{du}$ nancisci valorem U', si statuatur $u = U$, certo esse nequit $U' = 0$. Manifesto autem U' erit valor quotientis differentialis partialis $\frac{dZ}{du}$ pro $u = U$, $x = X$: quodsi itaque insuper pro iisdem valoribus ipsarum u, x valorem quotientis differentialis partialis $\frac{dZ}{dx}$ per X' denotemus, perspicuum est per ea quae in art. praec. demonstrata sunt, functionem Z per substitutionem

$$u = U + \frac{XX'}{U'} - \frac{X'x}{U'}$$

identice evanescere, adeoque per factorem

$$u + \frac{X'}{U'}x - (U + \frac{XX'}{U'})$$

indefinite esse divisibilem. Quocirca statuendo $u = xx$, patet, $F(xx, x)$ divisibilem esse per

$$xx + \frac{X'}{U'}x - (U + \frac{XX'}{U'})$$

adeoque obtinere valorem 0, si pro x accipiatur radix aequationis

$$xx + \frac{X'}{U'}x - (U + \frac{XX'}{U'}) = 0$$

i. e. si statuatur

$$x = \frac{-X' \pm \sqrt{(4UU'U' + 4XX'U' + X'X')}}{2U'}$$

quos valores vel reales esse vel sub forma $g + h\sqrt{-1}$ contentos constat.

Facile iam demonstratur, per eosdem valores ipsius x etiam functionem Y evanescere debere. Manifesto enim $f(xx, x, \lambda', \lambda'', \lambda'''$ etc.) est productum ex omnibus $(x-a)(x-b)$ exclusis repetitionibus, et proin $= \upsilon^{m-1}$ Hinc sponte sequitur

$$f(xx, x, l', l'', l''' \text{ etc.}) = y^{m-1}$$
$$f(xx, x, L', L'', L''' \text{ etc.}) = Y^{m-1}$$

sive $F(xx, x) = Y^{m-1}$, cuius itaque valor determinatus evanescere nequit, nisi simul evanescat valor ipsius Y.

20.

Adiumento disquisitionum praecedentium reducta est *solutio* aequationis $Y = 0$, i. e. inventio valoris determinati ipsius x, vel realis vel sub forma $g + h\sqrt{-1}$ contenti, qui illi satisfaciat, ad solutionem aequationis $F(u, X) = 0$, siquidem determinans functionis Y non fuerit $=0$. Observare convenit, si omnes coëfficientes in Y, i. e. numeri L', L'', L''' etc. sint quantitates reales, etiam omnes coëfficientes in $F(u, X)$ reales fieri, siquidem, quod licet, pro X quantitas realis accepta fuerit. Ordo aequationis secundariae $F(u, X)=0$ exprimitur per numerum $\frac{1}{2}m(m-1)$: quoties igitur m est numerus par formae $2^{\mu}k$ denotante k indefinite numerum imparem, ordo aequationis secundariae exprimitur per numerum formae $2^{\mu-1}k$.

In casu eo, ubi determinans functionis Y fit $=0$, assignari poterit per art. 10 functio alia $\mathfrak{Y}$ ipsam metiens, cuius determinans non sit $=0$, et cuius ordo exprimatur per numerum formae $2^{\nu}k$, ita ut sit vel $\nu<\mu$, vel $\nu=\mu$. Quaelibet solutio aequationis $\mathfrak{Y}=0$ etiam satisfaciet aequationi $Y=0$: solutio aequationis $\mathfrak{Y}=0$ iterum reducetur ad solutionem alius aequationis, cuius ordo exprimetur per numerum formae $2^{\nu-1}k$.

Ex his itaque colligimus, generaliter solutionem cuiusvis aequationis, cuius ordo exprimatur per numerum parem formae $2^{\mu}k$, reduci posse ad solutionem alius aequationis, cuius ordo exprimatur per numerum formae $2^{\mu'}k$, ita ut sit $\mu'<\mu$. Quoties hic numerus etiamnum par est, i. e. μ' non $=0$, eadem methodus denuo applicabitur, atque ita continuabimus, donec ad aequationem perveniamus, cuius ordo exprimatur per numerum imparem; et huius aequationis coëfficientes omnes erunt reales, siquidem omnes coëfficientes aequationis primitivae reales fuerunt. Talem vero aequationem ordinis imparis certo solubilem esse constat, et quidem per radicem realem, unde singulae quoque aequationes antecedentes solubiles erunt, sive per radices reales sive per radices formae $g+h\sqrt{-1}$.

Evictum est itaque, functionem quamlibet Y formae $x^m-L'x^{m-1}+L''x^{m-2}-$ etc., ubi L', L'' etc. sunt quantitates determinatae reales, involvere factorem indefinitum $x-A$, ubi A sit quantitas vel realis vel sub forma $g+h\sqrt{-1}$ contenta. In casu posteriori facile perspicitur, Y nancisci valorem 0 etiam per substitutionem $x=g-h\sqrt{-1}$, adeoque etiam divisibilem esse per $x-(g-h\sqrt{-1})$, et proin etiam per productum $xx-2gx+gg+hh$. Quaelibet itaque functio Y certo factorem indefinitum realem primi vel secundi ordinis implicat, et quum idem iterum de quotiente valeat, manifestum est, Y in factores reales primi vel secundi ordinis resolvi posse. Quod demonstrare erat propositum huius commentationis.

THEOREMATIS

DE RESOLUBILITATE FUNCTIONUM
ALGEBRAICARUM INTEGRARUM

IN FACTORES REALES

DEMONSTRATIO TERTIA

SUPPLEMENTUM COMMENTATIONIS PRAECEDENTIS

AUCTORE

CAROLO FRIDERICO GAUSS

SOCIETATI REGIAE SCIENTIARUM TRADITUM 1816. JAN. 30.

Commentationes societatis regiae scientiarum Gottingensis recentiores. Vol. III.
Gottingae MDCCCXVI.

THEOREMATIS DE RESOLUBILITATE

FUNCTIONUM ALGEBRAICARUM INTEGRARUM IN FACTORES REALES

DEMONSTRATIO TERTIA.

SUPPLEMENTUM COMMENTATIONIS PRAECEDENTIS.

Postquam commentatio praecedens typis iam expressa esset, iteratae de eodem argumento meditationes ad novam theorematis demonstrationem perduxerunt, quae perinde quidem ac praecedens pure analytica est, sed principiis prorsus diversis innititur, et respectu simplicitatis illi longissime praeferenda videtur. Huic itaque *tertiae* demonstrationi pagellae sequentes dicatae sunto.

1.

Proposita sit functio indeterminatae x haecce:

$$X = x^m + Ax^{m-1} + Bx^{m-2} + Cx^{m-3} + \text{etc.} + Lx + M$$

in qua coëfficientes A, B, C etc. sunt quantitates reales determinatae. Sint r, φ aliae indeterminatae, statuamusque

$$r^m \cos m\varphi + Ar^{m-1}\cos(m-1)\varphi + Br^{m-2}\cos(m-2)\varphi \\ + Cr^{m-3}\cos(m-3)\varphi + \text{etc.} + Lr\cos\varphi + M = t$$

$$r^m \sin m\varphi + Ar^{m-1}\sin(m-1)\varphi + Br^{m-2}\sin(m-2)\varphi \\ + Cr^{m-3}\sin(m-3)\varphi + \text{etc.} + Lr\sin\varphi = u$$

$$mr^m\cos m\varphi + (m-1)Ar^{m-1}\cos(m-1)\varphi + (m-2)Br^{m-2}\cos(m-2)\varphi$$
$$+ (m-3)Cr^{m-3}\cos(m-3)\varphi + \text{etc.} + Lr\cos\varphi = t'$$
$$mr^m\sin m\varphi + (m-1)Ar^{m-1}\sin(m-1)\varphi + (m-2)Br^{m-2}\sin(m-2)\varphi$$
$$+ (m-3)Cr^{m-3}\sin(m-3)\varphi + \text{etc.} + Lr\sin\varphi = u'$$
$$mmr^m\cos m\varphi + (m-1)^2Ar^{m-1}\cos(m-1)\varphi + (m-2)^2Br^{m-2}\cos(m-2)\varphi$$
$$+ (m-3)^2Cr^{m-3}\cos(m-3)\varphi + \text{etc.} + Lr\cos\varphi = t''$$
$$mmr^m\sin m\varphi + (m-1)^2Ar^{m-1}\sin(m-1)\varphi + (m-2)^2Br^{m-2}\sin(m-2)\varphi$$
$$+ (m-3)^2Cr^{m-3}\sin(m-3)\varphi + \text{etc.} + Lr\sin\varphi = u''$$
$$\frac{(tt+uu)(tt''+uu'') + (tu'-ut')^2 - (tt'+uu')^2}{r(tt+uu)^2} = y$$

Factorem r manifesto e denominatore formulae ultimae tollere licet, quum t', u', t'', u'' per illum sint divisibiles. Denique sit R quantitas positiva determinata, arbitraria quidem, attamen maior maxima quantitatum

$$mA\sqrt{2},\quad \sqrt{(mB\sqrt{2})},\quad \sqrt[3]{(mC\sqrt{2})},\quad \sqrt[4]{(mD\sqrt{2})}\ \text{etc.}$$

abstrahendo a signis quantitatum A, B, C etc., i. e. mutatis negativis, si quae adsint, in positivas. His ita praeparatis, dico, $tt'+uu'$ certo nancisci valorem positivum, si statuatur $r = R$, quicunque valor (realis) ipsi φ tribuatur.

Demonstratio. Statuamus

$$R^m\cos 45^0 + AR^{m-1}\cos(45^0+\varphi) + BR^{m-2}\cos(45^0+2\varphi)$$
$$+ CR^{m-3}\cos(45^0+3\varphi) + \text{etc.} + LR\cos(45^0+(m-1)\varphi) + M\cos(45^0+m\varphi) = T$$
$$R^m\sin 45^0 + AR^{m-1}\sin(45^0+\varphi) + BR^{m-2}\sin(45^0+2\varphi)$$
$$+ CR^{m-3}\sin(45^0+3\varphi) + \text{etc.} + LR\sin(45^0+(m-1)\varphi) + M\sin(45^0+m\varphi) = U$$
$$mR^m\cos 45^0 + (m-1)AR^{m-1}\cos(45^0+\varphi) + (m-2)BR^{m-2}\cos(45^0+2\varphi)$$
$$+ (m-3)CR^{m-3}\cos(45^0+3\varphi) + \text{etc.} + LR\cos(45^0+(m-1)\varphi) = T'$$
$$mR^m\sin 45^0 + (m-1)AR^{m-1}\sin(45^0+\varphi) + (m-2)BR^{m-2}\sin(45^0+2\varphi)$$
$$+ (m-3)CR^{m-3}\sin(45^0+3\varphi) + \text{etc.} + LR\sin(45^0+(m-1)\varphi) = U'$$

patetque

I. T compositam esse e partibus

$$\begin{aligned}&\frac{R^{m-1}}{m\sqrt{2}}[R \quad + mA\sqrt{2}.\cos(45^0+\varphi)]\\ &+\frac{R^{m-2}}{m\sqrt{2}}[RR+mB\sqrt{2}.\cos(45^0+2\varphi)]\\ &+\frac{R^{m-3}}{m\sqrt{2}}[R^3 \quad + mC\sqrt{2}.\cos(45^0+3\varphi)]\\ &+\frac{R^{m-4}}{m\sqrt{2}}[R^4 \quad + mD\sqrt{2}.\cos(45^0+4\varphi)]\\ &+\text{etc.}\end{aligned}$$

quas singulas, pro valore quolibet determinato reali ipsius φ, positivas evadere facile perspicitur: hinc T necessario valorem positivum obtinet. Simili modo probatur, etiam U, T', U' fieri positivas, unde etiam $TT'+UU'$ necessario fit quantitas positiva.

II. Pro $r=R$ functiones t, u, t', u' resp. transeunt in

$$\begin{aligned}&T\cos(45^0+m\varphi)+U\sin(45^0+m\varphi)\\ &T\sin(45^0+m\varphi)-U\cos(45^0+m\varphi)\\ &T'\cos(45^0+m\varphi)+U'\sin(45^0+m\varphi)\\ &T'\sin(45^0+m\varphi)-U'\cos(45^0+m\varphi)\end{aligned}$$

uti evolutione facta facile probatur. Hinc vero valor functionis $tt'+uu'$, pro $r=R$, derivatur $=TT'+UU'$, adeoque est quantitas positiva. Q. E. D.

Ceterum ex iisdem formulis colligimus valorem functionis $tt+uu$, pro $r=R$, esse $TT+UU$, adeoque positivum, unde concludimus, pro nullo valore ipsius r, singulis $mA\sqrt{2}$, $\sqrt{(mB\sqrt{2})}$, $\sqrt[3]{(mC\sqrt{2})}$ etc. maiori, simul fieri posse $t=0$, $u=0$.

2.

Theorema. *Intra limites $r=0$ et $r=R$, atque $\varphi=0$ et $\varphi=360^0$ certo exstant valores tales indeterminatarum r,φ, pro quibus fiat simul $t=0$ et $u=0$.*

Demonstratio. Supponamus theorema non esse verum, patetque, valorem ipsius $tt+uu$ pro cunctis valoribus indeterminatarum intra limites assignatos fieri debere quantitatem positivam, et proin valorem ipsius y semper finitum. Consideremus integrale duplex

$$\iint y\,\mathrm{d}r\,\mathrm{d}\varphi$$

ab $r=0$ usque ad $r=R$, atque a $\varphi=0$ usque ad $\varphi=360^0$ extensum, quod igitur valorem finitum plene determinatum nanciscitur. Hic valor, quem per Ω denotabimus, idem prodire debebit, sive integratio primo instituatur secundum φ ac dein secundum r, sive ordine inverso. At habemus *indefinite*, considerando r tamquam constantem,

$$\int y\,\mathrm{d}\varphi = \frac{tu'-ut'}{r(tt+uu)}$$

uti per differentiationem secundum φ facile confirmatur. Constans non adiicienda, siquidem integrale a $\varphi=0$ incipiendum supponamus, quoniam pro $\varphi=0$ fit $\frac{tu'-ut'}{r(tt+uu)}=0$. Quare quum manifesto $\frac{tu'-ut'}{r(tt+uu)}$ etiam evanescat pro $\varphi=360^0$, integrale $\int y\,\mathrm{d}\varphi$ a $\varphi=0$ usque ad $\varphi=360^0$ fit $=0$, manente r indefinita. Hinc autem sequitur $\Omega=0$.

Perinde habemus indefinite, considerando φ tamquam constantem,

$$\int y\,\mathrm{d}r = \frac{tt'+uu'}{tt+uu}$$

uti aeque facile per differentiationem secundum r confirmatur: hic quoque constans non adiicienda, integrali ab $r=0$ incipiente. Quapropter integrale ab $r=0$ usque ad $r=R$ extensum fit per ea, quae in art. praec. demonstrata sunt, $=\frac{TT'+UU'}{TT+UU}$ adeoque per theorema art. praec. semper quantitas positiva pro quolibet valore reali ipsius φ. Hinc etiam Ω, i. e. valor integralis

$$\int \frac{TT'+UU'}{TT+UU}\,\mathrm{d}\varphi$$

a $\varphi=0$ usque ad $\varphi=360^0$, necessario fit quantitas positiva*). Quod est absurdum, quoniam eandem quantitatem antea invenimus $=0$: suppositio itaque consistere nequit, theorematisque veritas hinc evicta est.

3.

Functio X per substitutionem $x=r(\cos\varphi+\sin\varphi.\sqrt{-1})$ transit in $t+u\sqrt{-1}$, nec non per substitutionem $x=r(\cos\varphi-\sin\varphi.\sqrt{-1})$ in $t-u\sqrt{-1}$. Quodsi igitur pro valoribus determinatis ipsarum r, φ, puta pro $r=g$, $\varphi=G$, simul provenit $t=0$, $u=0$ (quales valores exstare in art. praec. demonstratum est), X per utramque substitutionem

*) Uti iam per se manifestum est. Ceterum integrale indefinitum facile eruitur $=m\varphi+45^0-\text{arc. tang}\frac{U}{T}$, atque *aliunde* demonstrari potest (per se enim nondum obvium est, quemnam valorem ex infinite multis functioni multiformi arc. tang. $\frac{U}{T}$ competentibus pro $\varphi=360^0$ adoptare oporteat), huius valorem usque ad $\varphi=360^0$ extensum statui debere $=m\times 360^0$ sive $=2m\pi$. Sed hoc ad institutum nostrum non est necessarium.

$$x = g(\cos G + \sin G.\sqrt{-1}), \quad x = g(\cos G - \sin G.\sqrt{-1})$$

valorem 0 obtinet, et proin indefinite per

$$x - g(\cos G + \sin G.\sqrt{-1}), \text{ nec non per } x - g(\cos G - \sin G.\sqrt{-1})$$

divisibilis erit. Quoties non est $\sin G = 0$, neque $g = 0$, hi divisores sunt inaequales, et proin X etiam per illorum productum

$$xx - 2g\cos G.x + gg$$

divisibilis erit, quoties autem vel $\sin G = 0$ adeoque $\cos G = \pm 1$, vel $g = 0$, illi factores sunt identici scilicet $= x \mp g$. Certum itaque est, functionem X involvere divisorem realem secundi vel primi ordinis, et quum eadem conclusio rursus de quotiente valeat, X in tales factores complete resolubilis erit. Q. E. D.

4.

Quamquam in praecedentibus negotio quod propositum erat, iam plene perfuncti simus, tamen haud superfluum erit, adhuc quaedam de ratiocinatione art. 2 adiicere. A suppositione, t et u pro nullis valoribus indeterminatarum r, φ intra limites illic assignatos simul evanescere, ad contradictionem inevitabilem delapsi sumus, unde ipsius suppositionis falsitatem conclusimus. Haec igitur contradictio cessare debet, si revera adsunt valores ipsarum r, φ, pro quibus t et u simul fiunt $= 0$. Quod ut magis illustretur, observamus, pro talibus valoribus fieri $tt + uu = 0$, adeoque ipsam y infinitam, unde haud amplius licebit, integrale duplex $\iint y\,\mathrm{d}r\,\mathrm{d}\varphi$ tamquam quantitatem assignabilem tractare. Generaliter quidem loquendo, denotantibus ξ, η, ζ indefinite coordinatas punctorum in spatio, integrale $\iint y\,\mathrm{d}r\,\mathrm{d}\varphi$ exhibet volumen solidi, quod continetur inter quinque plana, quorum aequationes sunt

$$\xi = 0, \quad \eta = 0, \quad \zeta = 0, \quad \xi = R, \quad \eta = 360^0$$

atque superficiem, cuius aequatio $\zeta = y$, considerando eas partes tamquam negativas, in quibus coordinatae ζ sunt negativae Sed tacite hic subintelligitur superficiem sextam esse *continuam*, qua conditione cessante, dum y evadit infinita, utique fieri potest, ut conceptus ille sensu careat. In tali casu de integrali $\iint y\,\mathrm{d}r\,\mathrm{d}\varphi$ colligendo sermo esse nequit, neque adeo mirandum est, operationes analyticas coeco calculo ad inania applicatas ad absurda perducere.

Integratio $\int y\,d\varphi = \frac{tu'-ut'}{r(tt+uu)}$ eatenus tantum est integratio vera, i. e. summatio, quatenus inter limites, per quos extenditur, y ubique est quantitas finita, absurda autem, si inter illos limites y alicubi infinita evadit. Si integrale tale $\int \eta\,d\xi$, quod generaliter loquendo exhibet aream inter lineam abscissarum atque curvam, cuius ordinata $=\eta$ pro abscissa ξ, secundum regulas suetas evolvimus, continuitatis immemores, saepissime contradictionibus implicamur. E. g. statuendo $\eta = \frac{1}{\xi\xi}$, analysis suppeditat integrale $= C - \frac{1}{\xi}$, quo area recte definitur, quamdiu curva continuitatem servat; qua pro $\xi = 0$ interrupta, si quis magnitudinem areae inde ab abscissa negativa usque ad positivam inepte rogat, responsum absurdum a formula feret, eam esse negativam. Quid autem sibi velint haec similiaque analyseos paradoxa, alia occasione fusius persequemur.

Hic unicam observationem adiicere liceat. Propositis *absque restrictione* quaestionibus, quae certis casibus absurdae evadere possunt, saepissime ita sibi consulit analysis, ut responsum ex parte vagum reddat. Ita pro valore integralis $\iint y\,dr\,d\varphi$ ab $r = e$ usque ad $r = f$, atque a $\varphi = E$ usque ad $\varphi = F$ extendendi, si valor ipsius $\frac{u}{t}$

pro $r = e$, $\varphi = E$ designatur per θ
$r = e$, $\varphi = F$ . . . . θ'
$r = f$, $\varphi = E$ . . . . θ''
$r = f$, $\varphi = F$ . . . . θ'''

per operationes analyticas facile obtinetur

$$\text{Arc. tang}\,\theta - \text{Arc. tang}\,\theta' - \text{Arc. tang}\,\theta'' + \text{Arc. tang}\,\theta'''$$

Revera quidem integrale tunc tantum valorem certum habere potest, quoties y inter limites assignatos semper manet finita: hic valor sub formula tradita utique contentus, tamen per eam nondum ex asse definitur, quoniam Arc. tang. est functio multiformis, seorsimque per alias considerationes (haud quidem difficiles) decidere oportebit, quinam potissimum functionis valores in casu determinato sint adhibendi. Contra quoties y alicubi inter limites assignatos infinita evadit, quaestio de valore integralis $\iint y\,dr\,d\varphi$ absurda est: quo non obstante si responsum ab analysi extorquere obstinaveris, pro methodorum diversitate modo hoc modo illud reddetur, quae tamen singula sub formula generali ante tradita contenta erunt.

BEWEIS

EINES

ALGEBRAISCHEN LEHRSATZES.

Journal für die reine und ang. Mathematik herausg. von Crelle. Band III.
Berlin 1828.

BEWEIS

EINES ALGEBRAISCHEN LEHRSATZES.

Der Gegenstand dieses Aufsatzes ist der CARTESische, gewöhnlich nach HARRIOT benannte, Lehrsatz über den Zusammenhang der Anzahl der positiven und negativen Wurzeln einer algebraischen Gleichung mit der Anzahl der Abwechselungen und Folgen in den Zeichen der Coëfficienten. Man vermisst an den von verschiedenen Schriftstellern versuchten Beweisen dieses Theorems die Klarheit, Kürze und umfassende Allgemeinheit, die man bei einem so elementarischen Gegenstande mit Recht verlangen kann, und eine neue Behandlung desselben scheint daher nicht überflüssig zu sein.

Es sei X eine algebraische ganze Function von x von der Ordnung m, nach absteigenden Potenzen von x geordnet. Wir nehmen an (ohne Nachtheil für die Allgemeinheit), dass das höchste Glied x^m sei, und das niedrigste von x freie Glied nicht fehle; bloss die wirklich vorhandenen Glieder sollen aufgestellt, also nicht die etwa fehlenden mit dem Coëfficienten 0 angesetzt sein.

Wenn nicht alle Coëfficienten positiv sind, so werden sie einen oder mehrere Zeichenwechsel darbieten. Es sei $-Nx^n$ das erste negative Glied, das erste hierauf folgende positive $+Px^p$, das erste hierauf folgende negative $-Qx^q$ u. s. w. Es sind mithin m, n, p, q u. s. w. abnehmende ganze Zahlen; N, P, Q u. s. w. positiv, und X erscheint so dargestellt

$$X = x^m + + \ldots - Nx^n - - \ldots + Px^p + + \ldots - Qx^q - \text{u. s. w.}$$

Es werde X mit dem einfachen Factor $x-\alpha$ multiplicirt, wo α positiv vorausgesetzt wird. Man sieht leicht, dass in dem Producte, x^{n+1} einen negativen, x^{p+1} einen positiven, x^{q+1} einen negativen Coëfficienten u. s. w., also das Product diese Form erhalten wird:

$$X(x-\alpha) = x^{m+1} \ldots - N'x^{n+1} \ldots + P'x^{p+1} \ldots - Q'x^{q+1} \ldots$$

so dass N', P', Q' u. s. w. positiv werden. Die Zeichen zwischen den aufgestellten Gliedern bleiben zwar unentschieden: allein es ist klar, dass vom höchsten Gliede bis zur Potenz x^{n+1} wenigstens ein Zeichenwechsel, bis x^{p+1} wenigstens zwei, bis x^{q+1} wenigstens drei u. s. w. statt finden. Ist der letzte Zeichenwechsel in X bei dem Gliede $\pm Ux^u$, und bezeichnet man den Coëfficienten von x^{u+1} in $X(x-\alpha)$ durch $\pm U'$, so wird U' positiv sein, und bis zum Gliede $\pm U'x^{u+1}$ haben dann wenigstens eben so viele Zeichenwechsel, wie in X sind, statt gefunden. Das letzte Glied in $X(x-\alpha)$ wird aber das Zeichen $\mp$ haben; es muss also bis dahin wenigstens noch ein Zeichenwechsel hinzugekommen sein. Wir schliessen also, dass $X(x-\alpha)$ wenigstens einen Zeichenwechsel mehr hat als X.

Es sei nun X das Product aller einfachen Factoren, die den negativen und imaginären Wurzeln einer Gleichung $y=0$ entsprechen, also wenn α, β, γ u. s. w. die positiven Wurzeln derselben Gleichung sind,

$$y = X(x-\alpha)(x-\beta)(x-\gamma) \ldots$$

Es finden sich also nach vorstehendem Satze, in $X(x-\alpha)$ wenigstens ein Zeichenwechsel, in $X(x-\alpha)(x-\beta)$ wenigstens zwei, in $X(x-\alpha)(x-\beta)(x-\gamma)$ wenigstens drei u. s. w. mehr als in X; folglich werden, auch wenn in X gar kein Zeichenwechsel vorkommt, in y wenigstens so viele Zeichenwechsel sein, wie positive Wurzeln. Man sieht von selbst, dass wenn die Gleichung weder negative, noch imaginäre Wurzeln hat, man $X=1$ zu setzen hat, und dieser Schluss seine Gültigkeit behält.

Es gehe y, wenn den Coëfficienten der Potenzen x^{m-1}, x^{m-3}, x^{m-5} u. s. w. die entgegengesetzten Zeichen beigelegt werden, in y' über; sämmtliche Wurzeln der Gleichung $y'=0$ werden dann den Wurzeln der Gleichung $y=0$ entgegengesetzt sein. Es wird daher in y' wenigstens eben so viele Zeichenwechsel geben, als die Gleichung $y=0$ negative Wurzeln hat.

Wir haben daher folgenden Lehrsatz:

Die Gleichung $y = 0$ *kann nicht mehr positive Wurzeln haben, als es Zeichenwechsel in* y *gibt, und nicht mehr negative Wurzeln, als Zeichenwechsel in* y' *sind.*

Diese Einkleidung des Theorems scheint die zweckmässigste zu sein, da sie die grösste Einfachheit mit der umfassendsten Allgemeinheit vereinigt, und alle Gestalten des Satzes, die nur unter besondern Bedingungen gelten, von selbst daraus fliessen.

Will man die Grenze der Anzahl der negativen Wurzeln unmittelbar an den Zeichen der Coëfficienten von y erkennen, so wird es nothwendig, die *unmittelbaren* Zeichenwechsel und Zeichenfolgen (bei Gliedern, wo die Exponenten von x um eine Einheit verschieden sind) von den durch fehlende Glieder *unterbrochenen* zu unterscheiden. Offenbar wird jeder unmittelbare und jeder durch eine gerade Anzahl fehlender Glieder unterbrochene Zeichenwechsel in y' zu einer ähnlichen Zeichenfolge in y, während ein durch eine ungerade Anzahl fehlender Glieder unterbrochener Zeichenwechsel in y' auch in y ein ähnlicher Zeichenwechsel bleibt. Der zweite Theil des Theorems lässt sich daher auch so ausdrücken:

Die Anzahl der negativen Wurzeln der Gleichung $y = 0$ kann nicht grösser sein, als die Anzahl der unmittelbaren und der durch eine gerade Anzahl fehlender Glieder unterbrochenen Zeichenfolgen, addirt zu der Anzahl der durch eine ungerade Anzahl fehlender Glieder unterbrochenen Zeichenwechsel in y.

Fehlt in y gar kein Glied, so ist die Anzahl der negativen Wurzeln nicht grösser, als die Anzahl der Zeichenfolgen.

Bezeichnet man durch A die Anzahl der unmittelbaren Zeichenwechsel, und durch B die Anzahl der unmittelbaren Zeichenfolgen in y, so wird, wenn kein Glied fehlt, $A + B = m$ sein, also der Anzahl aller Wurzeln gleich. Insofern diese Zeichen also bloss lehren, dass die Anzahl der positiven Wurzeln nicht grösser als A, und die der negativen nicht grösser als B sein kann. bleibt es unentschieden, ob oder wie viele imaginäre Wurzeln vorhanden sind. Weiss man aber anders woher, dass die Gleichung keine imaginäre Wurzeln hat, so muss nothwendig A der Anzahl der positiven, und B der Anzahl der negativen Wurzeln gleich sein.

Anders aber verhält es sich, wenn in y Glieder fehlen. Um mit Klarheit zu übersehen, was sich daraus in Beziehung auf die imaginären Wurzeln schliessen lässt, bezeichnen wir durch a die Anzahl der durch eine gerade, durch c die Anzahl der durch eine ungerade Anzahl fehlender Glieder unterbrochenen Zeichenwechsel; durch b und d resp. die Anzahl der durch eine gerade und ungerade Anzahl fehlender Glieder unterbrochenen Zeichenfolgen in y. Man sieht leicht, dass $m-A-B-a-b-c-d$ der Anzahl sämmtlicher fehlender Glieder, die wir durch e bezeichnen wollen, gleich sein werde. Nun ist nach unserm Lehrsatze die Anzahl der positiven Wurzeln höchstens $A+a+c$, die Anzahl der negativen höchstens $B+b+c$, also die Anzahl aller reellen Wurzeln höchstens

$$A+B+a+b+2c = m+c-d-e$$

Es muss daher die Anzahl der imaginären Wurzeln wenigstens $e-c+d$ sein.

Zählt man also alle fehlenden Glieder zusammen, jedoch so, dass man in jeder Lücke zwischen einem Zeichenwechsel eine Einheit weniger, zwischen einer Zeichenfolge aber eine Einheit mehr rechnet, als Glieder fehlen, so oft deren Anzahl ungerade ist, so erhält man eine Zahl, der die Anzahl der imaginären Wurzeln wenigstens gleich kommen muss.

BEITRÄGE ZUR THEORIE

DER

ALGEBRAISCHEN GLEICHUNGEN

VON

CARL FRIEDRICH GAUSS

Vorgelesen in der Sitzung der Königl. Gesellschaft der Wissenschaften am 16. Juli 1849.

Abhandlungen der Königl. Gesellschaft der Wissenschaften zu Göttingen. Band IV.
Göttingen, 1850.

BEITRÄGE ZUR THEORIE

DER ALGEBRAISCHEN GLEICHUNGEN.

Es werden in dieser Denkschrift zwei verschiedene die algebraischen Gleichungen betreffende Gegenstände behandelt. Zuerst stelle ich den vor funfzig Jahren von mir gegebenen Beweis des Grundlehrsatzes der Theorie der algebraischen Gleichungen in einer veränderten Gestalt und mit erheblichen Zusätzen auf. Der zweite Theil ist einer speciellen Behandlung der algebraischen Gleichungen mit drei Gliedern gewidmet, und enthält Methoden, nicht bloss die reellen, sondern auch die imaginären Wurzeln solcher Gleichungen mit Leichtigkeit zu bestimmen.

ERSTE ABTHEILUNG.

Die im Jahre 1799 erschienene Denkschrift, *Demonstratio nova theorematis, omnem functionem algebraicam rationalem integram unius variabilis in factores reales primi vel secundi gradus resolvi posse*, hatte einen doppelten Zweck, nemlich erstens, zu zeigen, dass sämmtliche bis dahin versuchte Beweise dieses wichtigsten Lehrsatzes der Theorie der algebraischen Gleichungen ungenügend und illusorisch sind, und zweitens, einen neuen vollkommen strengen Beweis zu geben. Es ist unnöthig, auf den erstern Gegenstand noch einmal zurückzukommen. Dem dort gegebenen neuen Beweise habe ich selbst später noch zwei andere folgen lassen, und ein vierter ist zuerst von CAUCHY aufgestellt. Diese vier Beweise beru-

10

hen alle auf eben so vielen verschiedenen Grundlagen, aber darin kommen sie alle überein, dass durch jeden derselben zunächst nur das Vorhandensein *Eines* Factors der betreffenden Function erwiesen wird. Der Strenge der Beweise thut dies allerdings keinen Eintrag: denn es ist klar, dass wenn von der vorgegebenen Function dieser eine Factor abgelöset wird, eine ähnliche Function von niederer Ordnung zurückbleibt, auf welche der Lehrsatz aufs neue angewandt werden kann, und dass durch Wiederholung des Verfahrens zuletzt eine vollständige Zerlegung der ursprünglichen Function in Factoren der bezeichneten Art hervorgehen wird. Indessen gewinnt ohne Zweifel jede Beweisführung eine höhere Vollendung, wenn nachgewiesen wird, dass sie geeignet ist, das Vorhandensein der sämmtlichen Factoren unmittelbar anschaulich zu machen. Dass der erste Beweis in diesem Fall ist, habe ich bereits in der gedachten Denkschrift angedeutet (Art. 23), ohne es dort weiter auszuführen: dies soll jetzt ergänzt werden, und ich benutze zugleich diese Gelegenheit, die Hauptmomente des ganzen Beweises in einer abgeänderten und, wie ich glaube, eine vergrösserte Klarheit darbietenden Gestalt zu wiederholen. Was dabei die äussere Einkleidung des Lehrsatzes selbst betrifft, so war die 1799 gebrauchte, dass die Function $x^n + Ax^{n-1} + Bx^{n-2} +$ u. s. w. sich in reelle Factoren erster oder zweiter Ordnung zerlegen lässt, damals deshalb gewählt, weil alle Einmischung imaginärer Grössen vermieden werden sollte. Gegenwärtig, wo der Begriff der complexen Grössen jedermann geläufig ist, scheint es angemessener, jene Form fahren zu lassen und den Satz so auszusprechen, dass jene Function sich in *n einfache* Factoren zerlegen lasse, wo dann die constanten Theile dieser Factoren nicht eben reelle Grössen zu sein brauchen, sondern für dieselben auch jede complexen Werthe zulässig sein müssen. Bei dieser Einkleidung gewinnt selbst der Satz noch an Allgemeinheit, weil dann die Beschränkung auf reelle Werthe auch bei den Coëfficienten A, B u. s. w. nicht vorausgesetzt zu werden braucht, vielmehr jedwede Werthe für dieselben zulässig bleiben.

1.

Wir betrachten demnach die Function der unbestimmten Grösse x

$$x^n + Ax^{n-1} + Bx^{n-2} + \text{u. s. w.} + Mx + N = X$$

wo $A, B \ldots. M, N$ bestimmte reelle oder imaginäre Coëfficienten vorstellen.

Aus der Elementaralgebra ist der Zusammenhang zwischen den Wurzeln der Gleichung $X=0$ und den einfachen Factoren von X bekannt. Geschieht nemlich jener Gleichung durch die Substitution $x=p$ Genüge, so ist $x-p$ ein Factor von X, und gibt es n verschiedene Arten, jener Gleichung Genüge zu leisten, nemlich durch $x=p$, $x=p'$, $x=p''$ u. s. w., so wird das Product $(x-p)(x-p')(x-p'')\ldots$ mit X identisch sein. Unter besondern Umständen kann aber auch eine Auflösung, wie $x=p$, in X den Factor $(x-p)^2$, oder $(x-p)^3$ oder irgend eine höhere Potenz bedingen, in welchen Fällen man die Wurzel p wie zweimal, dreimal u. s. w. vorhanden betrachtet.

Verlangt man also nur den Beweis, dass die Function X gewiss *einen* einfachen Factor zulasse, so ist es zureichend, nur das Vorhandensein irgend einer Wurzel der Gleichung $X=0$ nachzuweisen. Soll aber die vollständige Zerlegbarkeit der Function in einfache Factoren auf Einmal bewiesen werden, so muss gezeigt werden, dass der Gleichung $X=0$ Genüge geleistet werden kann, entweder durch n ungleiche Werthe von x, oder durch eine zwar geringere Anzahl ungleicher Auflösungen, wovon aber ein Theil die Charactere der mehrfach geltenden gleichen Wurzeln dergestalt an sich trägt, dass die Zusammenzählung aller ungleichen und gleichen die Totalsumme $=n$ hervorbringt.

2.

Das ganze Gebiet der complexen Grössen, in welchem die der Gleichung $X=0$ genügenden Werthe von x gesucht werden sollen, ist ein Unendliches von zwei Dimensionen, indem, wenn ein solcher Werth $x=t+iu$ gesetzt wird (wo i immer die imaginäre Einheit $\sqrt{-1}$ bedeutet), für t und u alle reellen Werthe von $-\infty$ bis $+\infty$ zulässig sind. Wir haben nun zuvörderst aus diesem unendlichen Gebiete ein abgegrenztes endliches auszuscheiden, ausserhalb dessen gewiss keine Wurzel der bestimmten Gleichung $X=0$ liegen kann. Dies kann auf mehr als Eine Art geschehen: unserm Zweck am meisten gemäss scheint die folgende zu sein.

Anstatt der Form $t+iu$ gebrauche man diese

$$x=r(\cos\rho+i\sin\rho)$$

wonach zur Umfassung des ganzen unendlichen Gebiets der complexen Grössen r durch alle positiven Werthe von 0 bis $+\infty$, und ρ von 0 bis 360^0, oder, was dasselbe ist, von einem beliebigen Anfangswerthe bis an einen um 360^0 grössern Endwerth ausgedehnt werden muss.

Um für r eine Grenze zu erhalten, über welche hinaus kein Werth mehr einer Wurzel der Gleichung $X = 0$ entsprechen kann, setze ich zuvörderst die Coëfficienten der einzelnen Glieder von X in eine ähnliche Form, wie x, nemlich

$$A = a(\cos\alpha + i\sin\alpha)$$
$$B = b(\cos\beta + i\sin\beta)$$
$$C = c(\cos\gamma + i\sin\gamma) \text{ u.s.w.}$$

wo also a, b, c bestimmte positive Grössen bedeuten sollen, abgesehen davon, dass auch eine oder die andere darunter $= 0$ sein kann. Ich betrachte sodann die Gleichung

$$r^n - \sqrt{2}.(ar^{n-1} + br^{n-2} + cr^{n-3} + \text{u.s.w.}) = 0$$

welche, wie man leicht sieht, eine positive Wurzel hat, und zwar (Harriots Lehrsatz zufolge) nur Eine solche. Es sei R diese Wurzel, wo dann von selbst klar ist, dass für jeden positiven Werth von r, der grösser ist als R, der Werth von $r^n - \sqrt{2}.(ar^{n-1} + br^{n-2} + cr^{n-3} + \text{u.s.w.})$ positiv sein, und dass dasselbe auch von der Function

$$nr^n - \sqrt{2}.((n-1)ar^{n-1} + (n-2)br^{n-2} + (n-3)cr^{n-3} + \text{u.s.w.})$$

gelten wird, da dieselbe das $n$fache der erstern Function um

$$\sqrt{2}.(ar^{n-1} + 2br^{n-2} + 3cr^{n-3} + \text{u.s.w.})$$

also um eine positive Differenz übertrifft.

3.

Ich behaupte nun, dass die Grösse R geeignet ist, eine solche Grenze für die Werthe von r, wie im vorhergehenden Artikel gefordert ist, abzugeben. Der Beweis dieses Satzes ist auf folgende Art zu führen.

Ich setze allgemein $X = T + iU$, wo selbstredend T und U reelle Grössen bedeuten, und zwar wird

$$T = r^n\cos n\rho + ar^{n-1}\cos((n-1)\rho + \alpha) + br^{n-2}\cos((n-2)\rho + \beta)$$
$$+ cr^{n-3}\cos((n-3)\rho + \gamma) + \text{u.s.w.}$$

$$U = r^n \sin n\rho + ar^{n-1}\sin((n-1)\rho+\alpha) + br^{n-2}\sin((n-2)\rho+\mathfrak{G})$$
$$+ cr^{n-3}\sin((n-3)\rho+\gamma) + \text{u. s. w.}$$

Man übersieht leicht, dass wenn für r irgend ein positiver Werth grösser als R gewählt wird, T nothwendig dasselbe Zeichen haben wird wie $\cos n\rho$, so oft dieser Cosinus absolut genommen nicht kleiner ist als $\sqrt{\tfrac{1}{2}}$. Man braucht nemlich nur T in folgende Form zu setzen

$$\pm T = \sqrt{\tfrac{1}{2}}.r^n - ar^{n-1} - br^{n-2} - cr^{n-3} - \text{u. s. w.}$$
$$+ [\pm \cos n\rho - \sqrt{\tfrac{1}{2}}]r^n$$
$$+ [1 \pm \cos((n-1)\rho+\alpha)]ar^{n-1}$$
$$+ [1 \pm \cos((n-2)\rho+\mathfrak{G})]br^{n-2}$$
$$+ [1 \pm \cos((n-3)\rho+\gamma)]cr^{n-3}$$
$$+ \text{u. s. w.}$$

wo die obern Zeichen für den Fall eines positiven, die untern für den Fall eines negativen $\cos n\rho$ gelten sollen, und wo der erste Theil des Ausdrucks auf der rechten Seite positiv ist, in Folge des im vorhergehenden Artikel gegebenen Satzes, von den folgenden aber wenigstens keiner negativ werden kann. Auf ganz ähnliche Weise erhellet (indem man in obiger Formel nur U anstatt T und durchgehends Sinus anstatt Cosinus schreibt), dass unter gleicher Voraussetzung in Beziehung auf r, allemal U dasselbe Zeichen hat wie $\sin n\rho$, so oft dieser Sinus absolut genommen nicht kleiner ist als $\sqrt{\tfrac{1}{2}}$. Es hat demnach in allen Fällen wenigstens die eine der beiden Grössen T, U ein voraus bestimmtes positives oder negatives Zeichen, und es kann folglich für keinen Werth von ρ die Function $X = 0$ werden. W. Z. B. W.

4.

Um das Verhalten von T und U in Beziehung auf die Zeichen und deren Wechsel (bei einem bestimmten, R überschreitenden, Werthe von r) noch mehr ins Licht zu setzen, lasse man ρ alle Werthe zwischen zwei um 360^0 verschiedenen Grenzen durchlaufen, wozu jedoch nicht 0 und 360^0, sondern, indem zur Abkürzung

$$\frac{45^0}{n} = \omega$$

gesetzt wird, $-\omega$ und $(8n-1)\omega$ gewählt werden sollen. Den ganzen Zwischenraum theile ich in $4n$ gleiche Theile, so dass der erste sich von $-\omega$ bis ω, der zweite von ω bis 3ω, der dritte von 3ω bis 5ω u.s.w. erstreckt. Zuvörderst hat man auch noch die Werthe der Differentialquotienten $\frac{dT}{d\rho}$, $\frac{dU}{d\rho}$ in Betracht zu ziehen, wofür man hat

$$\frac{dT}{d\rho} = -nr^n \sin n\rho - (n-1)ar^{n-1}\sin((n-1)\rho+\alpha) - (n-2)br^{n-2}\sin((n-2)\rho+\mathfrak{b}) - (n-3)cr^{n-3}\sin((n-3)\rho+\gamma) - \text{u.s.w.}$$

$$\frac{dU}{d\rho} = nr^n \cos n\rho + (n-1)ar^{n-1}\cos((n-1)\rho+\alpha) + (n-2)br^{n-2}\cos((n-2)\rho+\mathfrak{b}) + (n-3)cr^{n-3}\cos((n-3)\rho+\gamma) + \text{u.s.w.}$$

Man erkennt daraus leicht, durch ähnliche Schlüsse wie im vorhergehenden Artikel und unter Zuziehung des Satzes am Schlusse von Art. 2, dass $\frac{dT}{d\rho}$ immer das entgegengesetzte Zeichen von $\sin n\rho$ hat, so oft dieser Sinus absolut genommen nicht kleiner ist als $\sqrt{\frac{1}{2}}$, dass hingegen $\frac{dU}{d\rho}$ immer dasselbe Zeichen wie $\cos n\rho$ hat, so oft der absolute Werth dieses Cosinus nicht kleiner ist als $\sqrt{\frac{1}{2}}$. Hieraus zieht man folgende Schlüsse.

In dem ersten Intervalle, d. i. von $\rho = -\omega$ bis $\rho = +\omega$, ist T stets positiv, U hingegen für den Anfangswerth negativ, für den Endwerth positiv, mithin dazwischen gewiss einmal $= 0$, und zwar *nur* einmal, weil in dem ganzen Intervalle $\frac{dU}{d\rho}$ positiv ist.

In dem zweiten Intervalle ist U stets positiv, T zu Anfang positiv, am Ende negativ, dazwischen einmal $T = 0$ und zwar nur einmal, weil in dem ganzen Intervalle $\frac{dT}{d\rho}$ negativ ist.

In dem dritten Intervalle ist T stets negativ, U einem Zeichenwechsel unterworfen, so dass *einmal* $U = 0$ wird.

Im vierten Intervalle ist U stets negativ, T *einmal* $= 0$.

In den folgenden Intervallen wiederholen sich in gleicher Ordnung diese Verhältnissse, so dass das fünfte dem ersten, das sechste dem zweiten u. s. f. gleichsteht.

5.

Aus der im vorhergehenden Artikel erörterten Folgeordnung der positiven und negativen Werthe von T und U, die bei jedem über R hinausgehenden

Werthe von r Statt findet*), lässt sich nun folgern, dass innerhalb des Gebiets der kleinern Werthe von r gewisse Kreuzungen in diesen Anordnungen vorhanden sein müssen, die das Wesen unsers zu beweisenden Lehrsatzes in sich schliessen. Ich werde die Beweisführung in einer der Geometrie der Lage entnommenen Einkleidung darstellen, weil jene dadurch die grösste Anschaulichkeit und Einfachheit gewinnt. Im Grunde gehört aber der eigentliche Inhalt der ganzen Argumentation einem höhern von Räumlichem unabhängigen Gebiete der allgemeinen abstracten Grössenlehre an, dessen Gegenstand die nach der Stetigkeit zusammenhängenden Grössencombinationen sind, einem Gebiete, welches zur Zeit noch wenig angebauet ist, und in welchem man sich auch nicht bewegen kann ohne eine von räumlichen Bildern entlehnte Sprache.

6.

Das ganze Gebiet der complexen Grössen wird vertreten durch eine unbegrenzte Ebene, in welcher jeder Punkt, dessen Coordinaten in Beziehung auf zwei einander rechtwinklig schneidende Achsen t, u sind, als der complexen Grösse $x = t + iu$ entsprechend betrachtet wird: bringt man diese complexe Grösse in die Form $x = r(\cos\rho + i\sin\rho)$, so bedeuten r, ρ die Polarcoordinaten des entsprechenden Punkts. Der Inbegriff aller complexen Grössen, für welche r einerlei bestimmten Werth hat, wird demnach durch einen Kreis repräsentirt, dessen Halbmesser dieser Werth, und dessen Mittelpunkt der Anfangspunkt der Coordinaten ist. Denjenigen dieser Kreise, für welchen r um eine nach Belieben gewählte Differenz grösser als R ist, will ich mit K bezeichnen, und mit (1), (2), (3) .... ($2n$) diejenigen Punkte auf demselben, welchen die beziehungsweise zwischen ω und 3ω, zwischen 5ω und 7ω, zwischen 9ω und 11ω u.s.f. bis zwischen $(8n-3)\omega$ und $(8n-1)\omega$ liegenden Werthe von ρ entsprechen, für welche nach dem 4. Artikel $T = 0$ wird. Man bemerke dabei, dass für die Punkte (1), (3), (5) u.s.w. U positiv, für die Punkte (2), (4), (6) u.s.w. hingegen negativ sein wird.

*) Es ist leicht zu zeigen, dass auch für den Werth $r = R$ selbst eine gleiche Folgeordnung noch gültig bleibt, nur mit der Einschränkung, dass dann in ganz speciellen Fällen ein Uebergangswerth von ρ, (d. i. ein solcher, für welchen T oder $U = 0$ wird) mit einer der Grössen $-\omega$, ω; 3ω, 5ω u.s.w. zusammenfallen kann, während für alle grösseren Werthe von r jeder Uebergangswerth von ρ *zwischen* zweien dieser Grössen liegen muss. Ich halte mich jedoch dabei nicht auf, da für unsern Zweck zureicht, das Bestehen jener Folgeordnung, von irgend einem Werthe von r an, nachgewiesen zu haben.

7.

Die Gesammtheit derjenigen Punkte in unserer Ebene, für welche T positiv ist, bildet zusammenhängende Flächentheile, wie schon von selbst erhellet, wenn man erwägt, dass bei einem stetigen Uebergange von einem Punkte zu einem andern T sich nach der Stetigkeit ändert. Eben so bilden sämmtliche Punkte, für welche T negativ wird, zusammenhängende Flächentheile. Zwischen den Flächentheilen der ersten Art und denen der zweiten liegen Punkte, in welchen $T = 0$ wird, und nach der Natur der Function T können diese Punkte nicht auch Flächenstücke, sondern nur Linien bilden, welche einerseits die einen, andererseits die andern Flächentheile begrenzen.

Der ausserhalb K liegende Raum enthält n Flächen der ersten Art, die mit eben so vielen der zweiten Art abwechseln, und wovon jede, von einem Stück der Kreislinie K an, zusammenhängend sich ins Unendliche erstreckt. Zugleich aber ist klar, dass jedes dieser Flächenstücke sich über die Kreislinie hinaus in den innern Raum fortsetzt, und dass in Beziehung auf die weitere Gestaltung folgende Fälle Statt finden können.

1) Das betreffende von einem Theile von K anfangende Flächenstück endigt sich isolirt innerhalb der Kreisfläche; seine peripherische Begrenzung besteht dann nur aus zwei zusammenhängenden Stücken, wovon eines ein Bestandtheil von K ist, das andere innerhalb des Kreisraumes liegt. In der beigefügten Figur, welche sich auf eine Gleichung fünften Grades bezieht und wo die Zeichen von T in den verschiedenen Flächentheilen eingeschrieben sind, finden sich drei der Flächen mit positivem T in diesem Falle; die eine hat die Grenzlinien 10.1 und 1.11.10; die zweite diese 4.5 und 5.12.4; die dritte 6.7 und 7.13.6. Flächentheile ähnlicher Art mit negativem T finden sich zwei vor.

2) Das Flächenstück durchsetzt einfach die Kreisfläche dergestalt, dass es mit einem an einer andern Stelle eintretenden Eine zusammenhängende Fläche bildet. Die ganze peripherische Begrenzungslinie wird dann aus vier Stücken bestehen, von denen zwei der Kreislinie K angehören, und die beiden andern dem innern Raume. In unserer Figur findet sich dieser Fall bei dem durch 2.3; 3.0.8; 8.9; 9.11.2 begrenzten Flächenstück.

3) Das Flächenstück spaltet sich im innern Kreisraume einmal oder mehreremale dergestalt, dass es mit noch zweien oder mehrern an andern Stellen eintretenden eine zusammenhängende Fläche bildet, deren ganze peripherische Be-

grenzung dann aus sechs, acht oder mehrern Stücken in gerader Zahl bestehen wird, die abwechselnd der Kreislinie und dem innern Raume angehören. In unserer Figur tritt dies ein bei einem Flächentheile, dessen Begrenzung durch die sechs Stücke 3.4; 4.12.5; 5.6; 6.13.7; 7.8; 8.0.3 gebildet wird, in welchem aber T negativ ist.

8.

Bei einer vollständigen Aufzählung aller denkbaren Gestaltungen der in den innern Kreisraum eintretenden Flächentheile würden den angegebenen Fällen noch anderweitige Modificationen beigefügt werden müssen. Wenn z. B. ein solcher Flächentheil sich zwar in zwei Aeste spaltet, diese aber im innern Raume sich wieder vereinigen, so würde dieser Fall, jenachdem nach der Vereinigung die Fläche im Innern ihren Abschluss findet, oder (ohne neue Theilung) sich bis zu einer andern Stelle der Kreislinie fortsetzt, dem ersten oder zweiten Falle des vorhergehenden Artikels zugerechnet werden können, indem die Gestaltung der Fläche nur durch das Einschliessen einer nicht zu ihr gehörenden Insel modificirt sein würde. Uebrigens würde es nicht schwer sein, strenge zu beweisen, dass bei der besondern Beschaffenheit der Function T Modificationen dieser Art *gar nicht möglich* sind: für unsern Zweck ist dies jedoch unnöthig, indem es nur auf die Folge der Stücke der *äussern* Begrenzung jedes der in Rede stehenden Flächentheile (d. i. derjenigen, in welchen T positiv ist) ankommt.

Wir haben nemlich schon bemerklich gemacht, dass die Anzahl dieser Stücke allemal gerade ist (zwei im ersten Falle des vorhergehenden Artikels, vier im zweiten, sechs oder mehrere im dritten), wovon wechselsweise eines der Kreislinie K, eines dem innern Raume angehört. Ferner ist klar, dass wenn jene äussere Begrenzungslinie immer in einerlei Sinn durchlaufen wird, wozu hier derjenige gewählt werden soll, in welchem die Bezifrungen der Punkte von K wachsen (also, Beispiels halber in unserer Figur so, dass die Fläche immer rechts von der Begrenzungslinie liegt), der Anfangspunkt und der Endpunkt eines der Kreislinie angehörenden Stücks beziehungsweise durch eine gerade und die um eine Einheit grössere ungerade Zahl bezeichnet sein wird, mithin der Anfangspunkt und der Endpunkt jedes den innern Raum durchlaufenden Stücks allemal beziehungsweise durch eine ungerade und eine gerade Zahl.

Es steht also fest, dass von den n an einem mit einer ungeraden Zahl bezeichneten Punkte von K in den innern Raum eintretenden Linien, in denen überall $T=0$ ist, eine jede auf eine ganz bestimmte Art*) diesen Raum zusammenhängend durchläuft, bis sie an einer andern mit einer geraden Zahl bezeichneten Stelle wieder austritt. Da nun, wie schon oben (Schluss des 6. Art.) bemerkt ist, in ihrem Anfangspunkte den Werth von U positiv, am Endpunkte negativ ist, so muss wegen der Stetigkeit der Werthänderung nothwendig in einem Zwischenpunkte $U=0$ werden. Dieser Punkt repräsentirt dann eine Wurzel der Gleichung $X=0$; und da die Anzahl solcher Linien $=n$ ist, so ergeben sich auf diese Weise allemal n Wurzeln jener Gleichung.

9.

Wenn die gedachten Linien durch den Kreisraum gehen ohne ein Zusammentreffen mit einander, so ist klar, dass die so erhaltenen n Wurzeln nothwendig ungleich sind. Ein solches freies Durchgehen findet sich in unsrer Figur bei den Linien von 3 nach 8, von 5 nach 4 und von 7 nach 6, und es gehören dazu die durch die Punkte 0, 12, 13 repräsentirten Wurzeln. Wenn hingegen zwei solcher Linien, oder mehrere, einen Punkt gemeinschaftlich haben, so ist zwar darum noch nicht nothwendig, aber doch möglich, dass dieser Punkt zugleich derjenige ist, in welchem $U=0$ wird, in welchem Falle dann zwei oder mehrere Wurzeln in Eine zusammenfallen, oder, wie es gewöhnlich ausgedrückt wird, unter sich gleich sein werden. In unsrer Figur treffen die Linien 1.10 und 9.2 in dem Punkte 11 zusammen, und in demselben wird zugleich $U=0$; die Gleichung hat also ausser den schon aufgeführten drei ungleichen noch zwei gleiche Wurzeln.

10.

Es bleibt nur noch übrig, nachzuweisen, dass wenn der eine Wurzel $=p$

*) Dass sie allemal einen ganz bestimmten Lauf hat, beruhet darauf, dass sie einen Theil der äussern Abgrenzung einer Fläche, für welche T ein bestimmtes Zeichen hat, ausmachen soll: ich habe das positive Zeichen gewählt, was an sich ganz willkürlich ist. So verstanden setzt sich z. B. die in 1 eintretende Linie durch 11 nach 10 fort: als Theil der Grenzlinie einer Fläche, worin T negativ ist, würde die Linie 1.11 nach 2 fortgesetzt werden müssen. Spricht man hingegen nur von einer Linie worin $T=0$ ist, ohne sie als Theil der Begrenzung einer bestimmten Fläche zu betrachten, so würde eher 11.9 als natürliche Fortsetzung von 1.11 gelten können. Der hier gewählte Gesichtspunkt unterscheidet mein gegenwärtiges Verfahren von dem von 1799, und trägt wesentlich zur Vereinfachung der Beweisführung bei.

repräsentirende Punkt P in zweien oder mehrern Linien $T=0$ zugleich liegt, das Quadrat von $x-p$ oder die der Anzahl jener concurrirenden Linien entsprechende höhere Potenz in X als Factor enthalten sein wird. Der Beweis davon beruhet auf folgenden Sätzen.

Man führe anstatt der unbestimmten Grösse x eine andere z ein, indem man $x=z+p$ setzt. Es gehe durch diese Substitution X in Z über, wo also Z eine Function von z von gleicher Ordnung wie X von x sein wird, deren constantes Glied aber fehlt. Indem man dieselbe nach aufsteigenden Potenzen von z ordnet, sei das niedrigste nicht verschwindende Glied

$$=Kz^m \text{ und } Z=Kz^m(1+\zeta)$$

wo ζ die Form $Lz+L'zz+L''z^3+$ u. s. w. $+\frac{1}{K}z^{n-m}$ haben wird; endlich setze man

$$z=s(\cos\psi+i\sin\psi)$$

Der reelle und der imaginäre Bestandtheil von z drücken die Lage jedes unbestimmten Punkts der Ebene als rechtwinklige Coordinaten, und die Grössen s, ψ die Polarcoordinaten ganz eben so relativ gegen den Punkt P aus, wie die Bestandtheile von x, und die Grössen r, φ die relative Lage gegen den ursprünglichen Anfangspunkt bezeichnen. Die Verbindung eines bestimmten Werthes von s mit allen Werthen von ψ in einer Ausdehnung von 360^0 stellt also die Punkte einer Kreislinie dar, die ihren Mittelpunkt in P hat und deren Halbmesser $=s$ ist.

Setzt man nun $K=k(\cos\varkappa+i\sin\varkappa)$, und folglich

$$Kz^m=ks^m(\cos(m\psi+\varkappa)+i\sin(m\psi+\varkappa))$$

so wird für ein unendlich kleines s die Grösse ζ, die wenigstens von derselben Ordnung ist wie s, neben der 1 vernachlässigt, und mithin gesetzt werden dürfen

$$T=ks^m\cos(m\psi+\varkappa)$$

woraus erhellet, dass während ψ um 360^0 wächst, das Zeichen von T in m Stücken der Kreisperipherie positiv, und in eben so vielen mit jenen abwechselnden negativ ist, oder dass T in $2m$ Punkten $=0$ wird, nemlich für $\psi=\frac{1}{m}(\varkappa-90^0)$, $\frac{1}{m}(\varkappa+90^0)$, $\frac{1}{m}(\varkappa+270^0)$ u. s. w. Es gehen demnach von P zusammen $2m$ Linien aus, in denen $T=0$ ist, oder wenn man sie paarweise so verbindet, dass jede, wo, bei wachsendem ψ, das Zeichen aus — in + übergeht, zusammen mit der nächstfolgenden, wo der entgegengesetzte Uebergang Statt findet, wie die Begrenzungslinie eines Flächentheils mit positivem T betrachtet wird, so treffen in P überhaupt m dergleichen Begrenzungslinien zusammen.

Von der andern Seite ist klar, dass so wie Z unbestimmt durch z^m und durch keine höhere Potenz von z theilbar ist, X den Factor $(x-p)^m$, aber keine höhere Potenz von $x-p$ enthalten wird. Es ist also allemal, wenn p irgend eine Wurzel der Gleichung $X=0$ bedeutet, der Exponent der höchsten Potenz von $x-p$, durch welche X theilbar ist, der Anzahl der *in* P zusammentreffenden Begrenzungslinien für Flächen mit positivem T gleich, oder was dasselbe ist, der Anzahl solcher *an* P zusammentreffender Flächen.

Uebrigens ist es leicht, der Beweisführung eine von Einmischung unendlich kleiner Grössen ganz unabhängige Einkleidung zu geben, und zwar ganz analog der Schlussreihe in den Art. 3 und 4. Es lässt sich nemlich ein Werth von s nachweisen, für welchen, so wie für jeden kleinern, der ganze Cyklus aller Werthe von ψ dieselbe abwechselnde Folge von m Stücken mit positivem T und ebensovielen mit negativem darbietet. Diese Eigenschaft hat die positive Wurzel der Gleichung

$$0=m\sqrt{\tfrac{1}{2}}-(m+1)ls-(m+2)l'ss-(m+3)l''s^3-\text{u. s. w.}$$

wo l, l', l'' u. s. w. die positiven Quadratwurzeln aus den Normen der complexen Grössen L, L', L'' u. s. w. bedeuten, oder wo

$$L=l(\cos\lambda+i\sin\lambda)$$
$$L'=l'(\cos\lambda'+i\sin\lambda')$$
$$L''=l''(\cos\lambda''+i\sin\lambda'')\ \text{u. s. w.}$$

gesetzt ist. Ich glaube jedoch, die sehr leichte Entwicklung dieses Satzes hier übergehen zu können.

Schliesslich mag noch bemerkt werden, dass bei der Beweisführung in der Abhandlung von 1799 die Betrachtung *zweier* Systeme von Linien erforderlich war, das eine die Linien wo $T=0$, das andere diejenigen wo $U=0$ enthaltend, während in unserm jetzigen Verfahren die Betrachtung Eines Systems ausgereicht hat; ich habe dazu das System der Begrenzungslinien der Flächentheile mit positivem T gewählt, es hätte aber eben so gut zu demselben Zweck die Betrachtung der Begrenzungslinien der Flächen mit positivem (oder negativem) U dienen können.

ZWEITE ABTHEILUNG.

11.

Zur numerischen Bestimmung der Wurzeln solcher algebraischen Gleichungen, die nur aus drei Gliedern bestehen, lassen sich verschiedene Methoden anwenden, die hier einer Eleganz und Bequemlichkeit fähig werden, gegen welche die mühsamen bei Gleichungen von weniger einfacher Gestalt unvermeidlichen Operationen weit zurückstehen. Solche Methoden verdienen also wohl eine besondere Darstellung, zumal da Gleichungen von jener Form häufig genug vorkommen.

Es gilt dies zunächst von der Entwicklung der Wurzeln in unendliche Reihen. In der That lässt sich *jede*, gleichviel ob reelle oder imaginäre, Wurzel einer Gleichung mit drei Gliedern durch eine convergente Reihe von einfachem Fortschreitungsgesetz ausdrücken. Ich werde jedoch *diese* Auflösungsart aus mehrern Gründen von meiner gegenwärtigen Betrachtung ganz ausschliessen, und bemerke hier nur, dass der Grad der Convergenz von dem gegenseitigen Verhalten der Coëfficienten abhängig, dass sie desto langsamer ist, je näher dies Verhalten demjenigen kommt, bei welchem die Gleichung zwei gleiche Wurzeln hat, und dass in diesem Grenzfalle selbst sie schwächer ist, als bei irgendwelcher fallenden geometrischen Progression. So bemerkenswerth auch diese Reihen in allgemeiner theoretischer Rücksicht sind, so wird man doch, abgesehen von dem Falle, wo ihre Convergenz eine sehr schnelle wird, in praktischer Beziehung immer den *indirecten* Methoden den Vorzug geben, welche in den nachfolgenden Artikeln entwickelt werden sollen.

12.

Zur Auffindung der *reellen* Wurzeln benutze ich meine im Jahre 1810 zuerst gedruckte Hülfstafel für Logarithmen von Summen und Differenzen, oder, wo eine grössere Genauigkeit verlangt wird, als Logarithmen mit fünf Zifern geben können, die ähnliche aber erweiterte Tafel von MATTHIESSEN. Ich habe ein paar specielle Anwendungen dieses Verfahrens schon früher bekannt gemacht, nemlich zur Auflösung der quadratischen Gleichungen bei der 1840 erschienenen zwanzigsten Ausgabe von VEGA's logarithmischem Handbuch, und zur Auflösung der cubischen Gleichung, welche bei der parabolischen Bewegung zur Bestimmung der wahren Anomalie dient, in Nro. 474 der Astronomischen Nachrichten. An letzterm Orte ist auch bereits die allgemeine Anwendbarkeit des Verfahrens auf alle algebraischen Gleichungen mit drei Gliedern bemerklich gemacht. Obgleich nun die Ausführung dieses ganz elementarischen Gegenstandes gar keine Schwierigkeiten hat, so wird man doch, bei der ziemlich grossen Mannigfaltigkeit der Fälle, einer übersichtlichen Sonderung derselben, und der Zusammenstellung der gebrauchfertigen Vorschriften ein paar Seiten gern eingeräumt sehen.

Anstatt jener logarithmischen Hülfstafeln kann man sich auch der gewöhnlichen logarithmisch-trigonometrischen Tafeln bedienen: allein theils sind jene im Allgemeinen für den gegenwärtigen Zweck von bequemerm Gebrauch, theils gewähren sie doppelt so grosse Genauigkeit als die letztern. Ich würde daher die Benutzung der trigonometrischen Tafeln für das in Rede stehende Geschäft auf den seltenen Fall beschränken, wo man die durch siebenzifrige Logarithmen erreichbare Genauigkeit noch zu überschreiten wünscht und dazu die bekannten zehnzifrigen Logarithmen in VLACQ's oder VEGA's Thesaurus verwenden kann. Uebrigens sind, wenn man sich der Hülfslogarithmen bedient, doppelt so viele Fälle zu unterscheiden, als wenn die trigonometrischen Logarithmen gebraucht werden. Als ein Nachtheil darf dies jedoch nicht angesehen werden: denn wenn einmal die vollständige allgemeine Classification vorliegt, ist es leicht, jedem concreten Falle sein Fach anzuweisen, und das eigentliche indirecte Geschäft ist so viel leichter auszuführen, wenn das ganze Fach nur den halben Umfang hat. Aber gerade aus jenem Grunde ist für die Auflösung durch trigonometrische Logarithmen die allgemeine Classification kürzer und bequemer darzustellen, und ich werde sie daher vorausschicken, da sodann die Classification für die andere Auflösungsform sich daraus von selbst ergibt.

13.

Die Ausführung der Methode wird, unmittelbar, nur auf Bestimmung der *positiven* Wurzeln einer vorgegebenen Gleichung gerichtet; die negativen ergeben sich, indem man dasselbe Verfahren auf diejenige Gleichung anwendet, welche aus jener durch Einführung der der ursprünglichen Unbekannten entgegengesetzten Grösse entsteht.

Die Gleichung setze ich in die Form

$$x^{m+n} \pm ex^m \pm f = 0$$

wo m, n, e, f gegebene *positive* Grössen bedeuten. Diese Form umfasst eigentlich, nach Verschiedenheit der Combination der Zeichen, vier verschiedene Fälle, wovon aber der erste, wo beidemal die oberen Zeichen gewählt werden, ausfällt, da offenbar die Gleichung

$$x^{m+n} + ex^m + f = 0$$

keine positive Wurzel haben kann. Uebrigens ist verstattet, vorauszusetzen, dass m und n (worunter ganze Zahlen verstanden werden, obwohl die Anwendbarkeit der Methode an sich davon unabhängig ist) keinen gemeinschaftlichen Divisor haben, indem auf diesen Fall jeder andere leicht zurückzuführen ist. Endlich werde ich zur Abkürzung schreiben

$$\frac{f^n}{e^{m+n}} = \lambda$$

Erste Form.

$$x^{m+n} + ex^m - f = 0$$

Indem man einen immer im ersten Quadranten zu nehmenden Winkel θ einführt, so dass

$$\frac{x^{m+n}}{f} = \sin\theta^2, \quad \frac{ex^m}{f} = \cos\theta^2$$

wird, also (I)

$$x^{m+n} = f\sin\theta^2, \quad x^m = \frac{f\cos\theta^2}{e}, \quad x^n = e\operatorname{tang}\theta^2$$

findet sich durch Elimination von x die Gleichung

$$\lambda = \frac{\sin\theta^{2m}}{\cos\theta^{2m+2n}}$$

aus welcher θ bestimmt werden muss. Man erkennt leicht, dass der zweite Theil dieser Gleichung als Function einer unbestimmten Grösse θ betrachtet, von 0 bis ∞ wächst, während θ alle Werthe von 0 bis 90^0 durchläuft, und dass es also einen, und nur einen Werth von θ gibt, der jener Gleichung Genüge leistet. Nachdem derselbe gefunden ist, erhält man x aus einer der Formeln I. Man bemerke, dass $\theta = 45^0$ wird für $\lambda = 2^n$, und dass folglich θ im ersten Octanten zu suchen ist wenn λ kleiner, im zweiten wenn λ grösser ist als 2^n.

Zweite Form.

$$x^{m+n} - ex^m - f = 0$$

Man wird hier setzen

$$fx^{-m-n} = \sin\theta^2, \quad ex^{-n} = \cos\theta^2$$

oder (I)

$$x^{m+n} = \frac{f}{\sin\theta^2}, \quad x^n = \frac{e}{\cos\theta^2}, \quad x^m = \frac{f\,\text{cotang}\,\theta^2}{e}$$

wonach also θ aus der Gleichung

$$\lambda = \frac{\sin\theta^{2n}}{\cos\theta^{2m+2n}}$$

zu bestimmen sein wird, was auf eine und nur auf eine Art geschehen kann: der Werth von x findet sich sodann durch eine der Gleichungen I. Im ersten oder zweiten Octanten liegt θ, jenachdem λ kleiner oder grösser ist als 2^m.

Dritte Form.

$$x^{m+n} - ex^m + f = 0$$

Hier wird man setzen

$$\frac{x^n}{e} = \sin\theta^2, \quad \frac{fx^{-m}}{e} = \cos\theta^2$$

oder (I)

$$x^{m+n} = f\,\text{tang}\,\theta^2, \quad x^m = \frac{f}{e\cos\theta^2}, \quad x^n = e\sin\theta^2$$

von welchen Formeln eine zur Bestimmung von x dienen wird, sobald der Werth von θ gefunden ist. Dieser ergibt sich durch Auflösung der Gleichung

$$\lambda = \cos\theta^{2n}\sin\theta^{2m}$$

Da das auf der rechten Seite stehende Glied dieser Gleichung, als Function einer unbestimmten Grösse θ betrachtet, sowohl für $\theta = 0$ als für $\theta = 90^0$ verschwindet, so muss dazwischen ein grösster Werth liegen, und da das Differential des

Logarithmen dieser Function $=(2m\,\mathrm{cotg}\,\theta - 2n\,\mathrm{tang}\,\theta)\,d\theta$ ist, so findet der grösste Werth Statt für $\theta = \theta^*$, wenn man $\sqrt{\frac{m}{n}} = \mathrm{tang}\,\theta^*$ setzt. Es wird demnach jene Function von 0 bis zu ihrem grössten Werthe, welcher offenbar

$$= \frac{m^m n^n}{(m+n)^{m+n}}$$

ist, zunehmen, und von da bis 0 abnehmen, während θ von 0 zu θ^* und von da bis 90^0 zunimmt. Der Maximumwerth ist daher jedenfalls grösser als der Werth für $\theta = 45^0$, d. i. grösser als $\frac{1}{2^{m+n}}$, den Fall ausgenommen, wo $m = n$, und also $\frac{1}{2^{m+n}}$ selbst der Maximumwerth ist.

Man schliesst hieraus, dass jenachdem λ grösser ist als

$$\frac{m^m n^n}{(m+n)^{m+n}}$$

oder kleiner, der Gleichung $\lambda = \cos\theta^{2n} \sin\theta^{2m}$ gar nicht oder durch zwei verschiedene Werthe von θ wird Genüge geleistet werden können. Im erstern Falle hat die Gleichung $x^{m+n} - ex^m + f = 0$ gar keine (positive) Wurzel, im andern zwei. In dem speciellen Falle, wo

$$\lambda = \frac{m^m n^n}{(m+n)^{m+n}}$$

ist, fallen beide Auflösungen zusammen, und die Gleichung hat zwei gleiche Wurzeln, wofür man nach Gefallen eine der drei Formeln benutzen kann

$$x^{m+n} = \frac{fm}{n}, \quad x^m = \frac{f(m+n)}{en}, \quad x^n = \frac{em}{m+n}$$

Was übrigens in dem Falle, wo zwei Auflösungen wirklich vorhanden sind, die Octanten betrifft, in welche die Werthe von θ fallen, so sieht man leicht, dass wenn λ grösser ist als $\frac{1}{2^{m+n}}$, beide Werthe von θ mit θ^* in demselben Octanten liegen, nemlich im ersten oder zweiten, jenachdem m kleiner oder grösser ist als n: ist hingegen λ kleiner als $\frac{1}{2^{m+n}}$, so wird der eine Werth von θ im ersten, der andere im zweiten Octanten zu suchen sein. In dem speciellen Falle, wo $\lambda = \frac{1}{2^{m+n}}$, ist 45^0 selbst der eine Werth von θ, und der andere liegt in demselben Octanten wie θ^*.

Es mag noch die aus dieser Zergliederung aller drei Formen sich leicht ergebende Folge bemerkt werden, dass unsere Gleichung (insofern wir annehmen, dass m und n keinen gemeinschaftlichen Divisor haben) nicht mehr als drei reelle Wurzeln haben kann, was auch aus andern Gründen bekannt ist.

14.

Die vorstehenden Vorschriften werden nun leicht in diejenigen umgeschmolzen, die der Anwendung der Hülfslogarithmen entsprechen, da diese $A = \log a$, $B = \log b$, $C = \log c$, betrachtet werden können wie die Logarithmen der Quadrate der Tangenten, Cosecanten und Secanten der von 45^0 bis 90^0 zunehmenden, oder, was dasselbe ist, wie die Logarithmen der Quadrate der Cotangenten, Secanten und Cosecanten der von 45^0 bis 0 abnehmenden Winkel, also

$$a = \operatorname{tang}\theta^2, \quad \frac{1}{b} = \sin\theta^2, \quad \frac{1}{c} = \cos\theta^2$$

für die Werthe von θ im zweiten Octanten, oder

$$\frac{1}{a} = \operatorname{tang}\theta^2, \quad \frac{1}{c} = \sin\theta^2, \quad \frac{1}{b} = \cos\theta^2$$

für die Werthe von θ im ersten Octanten.

Die vollständigen Vorschriften vereinige ich in folgendem Schema, wo eben so wie oben

$$\lambda = \frac{f^n}{e^{m+n}}$$

gesetzt ist.

Erste Form.

$$x^{m+n} + ex^m - f = 0$$

Erster Fall. $\lambda > 2^n$

$$\lambda = a^{m+n} b^n = a^m c^n = \frac{c^{m+n}}{b^m}$$

$$x^{m+n} = \frac{f}{b}, \quad x^m = \frac{f}{ec}, \quad x^n = ea$$

Zweiter Fall. $\lambda < 2^n$

$$\lambda = \frac{b^n}{a^m} = \frac{c^n}{a^{m+n}} = \frac{b^{m+n}}{c^m}$$

$$x^{m+n} = \frac{f}{c}, \quad x^m = \frac{f}{eb}, \quad x^n = \frac{e}{a}$$

Zweite Form.

$$x^{m+n} - ex^m - f = 0$$

Erster Fall. $\lambda > 2^m$

$$\lambda = a^{m+n} b^m = a^n c^m = \frac{c^{m+n}}{b^n}$$

$$x^{m+n} = fb, \quad x^m = \frac{f}{ea}, \quad x^n = ec$$

Zweiter Fall. $\lambda < 2^m$

$$\lambda = \frac{b^m}{a^n} = \frac{c^m}{a^{m+n}} = \frac{b^{m+n}}{c^n}$$

$$x^{m+n} = fc, \quad x^m = \frac{fa}{e}, \quad x^n = eb$$

Dritte Form.

$$x^{m+n} - ex^m + f = 0$$

Erster Fall. $\frac{1}{\lambda} < \frac{(m+n)^{m+n}}{m^m n^n}$

Gar keine Auflösung.

Zweiter Fall. $\frac{1}{\lambda} = \frac{(m+n)^{m+n}}{m^m n^n}$

Zwei gleiche Wurzeln, zu deren Bestimmung eine der Gleichungen

$$x^{m+n} = \frac{fm}{n}, \quad x^m = \frac{f(m+n)}{en}, \quad x^n = \frac{em}{m+n}$$

dient.

Dritter Fall. $\frac{1}{\lambda}$ grösser als $\frac{(m+n)^{m+n}}{m^m n^n}$ aber nicht grösser als 2^{m+n}, und zugleich m grösser als n.

Zwei Wurzeln, für welche

$$\frac{1}{\lambda} = a^n b^{m+n} = \frac{c^{m+n}}{a^m} = b^m c^n$$

$$x^{m+n} = fa, \quad x^m = \frac{fc}{e}, \quad x^n = \frac{e}{b}$$

Vierter Fall. Für $\frac{1}{\lambda}$ dieselben Grenzen, wie im dritten Fall, aber m kleiner als n.

Zwei Wurzeln, für welche

$$\frac{1}{\lambda} = a^m b^{m+n} = \frac{c^{m+n}}{a^n} = b^n c^m$$

$$x^{m+n} = \frac{f}{a}, \quad x^m = \frac{fb}{e}, \quad x^n = \frac{e}{c}$$

Fünfter Fall. $\frac{1}{\lambda}$ grösser als 2^{m+n}.

Zwei Wurzeln, wovon die eine durch die Formeln des dritten Falles, die andere durch die des vierten bestimmt wird.

Es mag noch bemerkt werden, dass im dritten Falle der Werth von a, welcher der einen Wurzel entspricht, kleiner als $\frac{m}{n}$, der zur andern Wurzel gehörende grösser als $\frac{m}{n}$ ist; im vierten Falle verhalten sich die beiden Werthe von a auf ähnliche Weise gegen $\frac{n}{m}$.

15.

Ueber die Anwendung dieser Vorschriften ist noch folgendes beizufügen.

Zur Bestimmung jeder Wurzel sind zwei Operationen auszuführen: zuerst aus λ den dazu gehörenden Werth von a (und damit zugleich den von b oder c) abzuleiten; sodann, aus diesem den Werth von x zu berechnen. Für jede dieser beiden Operationen kann man unter drei Formeln wählen; ich ziehe in den meisten Fällen die zuerst angesetzten vor. Bei allen diesen Rechnungen hat man es gar nicht mit den Grössen λ, a, b, c selbst, sondern nur mit ihren Logarithmen zu thun. Die erste Operation ist eine indirecte, und beruhet demnach in der Regel auf mehrern stufenweise fortschreitenden Annäherungen, wobei es bequem gefunden werden wird, zu Anfang Tafeln mit einer geringern Anzahl von Zifern zu gebrauchen. MATTHIESSENS Tafel hat bekanntlich sieben Decimalen: die meinige fünf; ENCKE und URSIN haben sie mit vier Zifern abdrucken lassen, und wenn man beim Anfange der Arbeit noch gar keine Kenntniss einer ersten groben Annäherung mitbringt, wird man es vielleicht vortheilhaft finden, einen noch kürzern Extract der Tafeln mit nur drei Zifern auf einem besondern Blättchen vor sich zu haben, etwa so:

A	B	A	B	A	B
0	0,301	1,0	0,041	2,0	0,004
0,1	0,254	1,1	0,033	2,1	0,003
0,2	0,212	1,2	0,027	2,2	0,003
0,3	0,176	1,3	0,021	2,3	0,002
0,4	0,146	1,4	0,017	2,4	0,002
0,5	0,119	1,5	0,014	2,5	0,001
0,6	0,097	1,6	0,011	2,9	0,001
0,7	0,079	1,7	0,009	3,0	0,000
0,8	0,064	1,8	0,007		
0,9	0,051	1,9	0,005		
1,0	0,041	2,0	0,004		

16.

Als Beispiel mag die Gleichung

$$x^7 + 28x^4 - 480 = 0$$

dienen, wo

$$\lambda = \frac{6750}{823543}, \quad \log\frac{1}{\lambda} = 2,0863825$$

wird. Die Gleichung hat die erste Form, mithin *eine* positive Wurzel, und gehört, da λ kleiner ist als 8, zum zweiten Fall. Die erste Operation besteht darin, dass der Gleichung $\log\frac{1}{\lambda} = 4A - 3B$ Genüge geschehe, also, wenn man die Rechnung mit drei Decimalen anfängt, dieser

$$2,086 = 4A - 3B$$

Ein flüchtiger Blick auf obige Tafel zeigt schon, dass A zwischen 0,5 und 0,6 zu suchen sei. Es wird nemlich

A	$4A - 3B$	Fehler
0,5	1,643	−0,443
0,6	2,109	+0,023

woraus sich auf einen genauern Werth 0,595 schliessen lässt. Eine neue Rechnung nach den Tafeln mit fünf Decimalen, wo also $\log\frac{1}{\lambda} = 2,08638$ zu setzen ist, gibt

A	$4A - 3B$	Fehler
0,595	2,08501	−0,00137
0,596	2,08961	+0,00323

woraus der noch genauere Werth 0,5953 erkannt wird. Endlich für sieben Decimalen hat man

A	$4A - 3B$	Fehler
0,5952	2,0859279	−0,0004546
0,5953	2,0863885	+0,0000060

Zu dem Werthe $A = 0,5953$ muss also noch die Correction $-\frac{60}{4606}$ Einheiten der vierten Decimale hinzukommen, in welcher Form ich sie beibehalte, da es, wenn zur Bestimmung von x die erste Formel

$$x^7 = \frac{f}{c}$$

gebraucht werden soll, nur darauf ankommt, den entsprechenden Werth von C zu finden. Diesen erhält man, indem man zu dem neben $A = 0{,}5953$ stehenden Werthe $C = 0{,}6935705$ die Correction $-\frac{60}{4606} \times 798$ hinzufügt, letztere wie Einheiten der siebenten Decimale betrachtet, also

$$\begin{aligned} C &= 0{,}6935695 \\ \log f &= 2{,}6812412 \\ \hline 7 \log x &= 1{,}9876717 \\ \log x &= 0{,}2839531 \\ x &= 1{,}9228841 \end{aligned}$$

Zur Auffindung der negativen Wurzeln wird man $x = -y$ schreiben und die positiven Wurzeln der Gleichung

$$y^7 - 28y^4 + 480 = 0$$

aufsuchen. Diese gehört zur dritten Form, und da $\frac{1}{\lambda} = \frac{823543}{6750}$ grösser ist als $\frac{7^7}{3^3 4^4} = \frac{823543}{6912}$, aber kleiner als $2^7 = 128$, zugleich auch m grösser ist als n, so gilt der dritte Fall, oder es finden zwei Wurzeln Statt, zu deren Ausmittlung der Gleichung

$$2{,}0863825 = 3A + 7B$$

genügt werden muss. Aus der Schlussbemerkung des 14. Art. weiss man, dass der eine Werth von A kleiner, der andere grösser sein muss als $\log\frac{4}{3} = 0{,}12494$. Auch ergeben sich die Grenzen der Werthe von A sofort aus der obigen Tafel mit dreizifrigen Logarithmen, nach welchen man erhält:

A	$3A+7B$	Fehler
0,0	2,107	+0,021
0,1	2,078	−0,008
0,2	2,084	−0,002
0,3	2,132	+0,046

Will man zur nähern Bestimmung zuerst vierzifrige Logarithmen gebrauchen, so hat man zunächst für die erste Auflösung

A	$3A+7B$	Fehler
0,05	2,0869	+0,0005
0,06	2,0847	—0,0017

Sodann ergeben die fünfzifrigen Tafeln

0,052	2,08667	+0,00029
0,053	2,08638	0

Endlich die siebenzifrigen

0,0529	2,0863943	+0,0000118
0,0530	2,0863660	—0,0000165

Hienach wird

$$A = 0{,}0529417$$
$$\log f = 2{,}6812412$$
$$7 \log y = 2{,}7341829$$
$$\log y = 0{,}3905976$$
$$-y = x = -\ 2{,}4580892$$

Für die zweite Auflösung steht die Rechnung, auf ähnliche Weise geführt, folgendermaassen:

A	$3A+7B$	Fehler
0,19	2,0843	—0,0021
0,20	2,0868	+0,0004
0,197	2,08627	—0,00011
0,198	2,08654	+0,00016
0,1975	2,0863805	—0,0000020
0,1976	2,0864082	+0,0000257

$$A = 0{,}1975072$$
$$\log f = 2{,}6812412$$
$$7 \log y = 2{,}8787484$$
$$\log y = 0{,}4112498$$
$$x = -2{,}5778036$$

Die Gleichung, welche uns hier als Beispiel gedient hat, ist absichtlich so gewählt, dass zwei ihrer Wurzeln wenig verschieden sind. In einem solchen Falle sind, wie schon oben im Art. 11 bemerkt ist, die Reihen wegen ihrer sehr langsamen Convergenz wenig brauchbar: auch bei der indirecten Auflösung ist davon wenigstens eine schwache Analogie erkennbar, indem das Fortschreiten der successiven Annäherungen bei den beiden negativen Wurzeln (welche eben die wenig ungleichen sind) etwas träger ist, als bei der positiven. Ein wesentlicher Unterschied ist aber der, dass die sehr langsame Convergenz der Reihen für sämmtliche Wurzeln eintritt, während bei dem indirecten Verfahren die, auch nur in geringem Grade fühlbare, langsamere Annäherung lediglich bei den zwei wenig verschiedenen Wurzeln vorkommt.

17.

Ganz verschieden von dem in den vorhergehenden Artikeln gelehrten Verfahren ist dasjenige, welches zur Bestimmung der imaginären Wurzeln angewandt werden muss. Im Allgemeinen ist die Bestimmung der imaginären Wurzeln auf indirectem Wege deswegen weit schwieriger, als die der reellen, weil jene aus einem unendlichen Gebiet von zwei Dimensionen herausgesucht werden müssen, diese nur aus einem Unendlichen von Einer Dimension, und gerade darum verdient ein sehr umfassender besonderer Fall, wo man jene Schwierigkeit umgehen und die Frage in dasselbe Gebiet versetzen kann, zu welchem die Aufsuchung der reellen Wurzeln gehört, eine eigne Ausführung. Einen solchen Fall bieten die Gleichungen mit drei Gliedern dar.

Da die Methode mit gleicher Leichtigkeit angewandt werden kann, die Coëfficienten der Gleichung mögen reell oder imaginär sein, so lege ich sofort die allgemeine Form der Gleichung zum Grunde

$$X = x^{m+n} + e(\cos\varepsilon + i\sin\varepsilon)x^m + f(\cos\varphi + i\sin\varphi) = 0$$

wo e und f positive Grössen bedeuten: für einen reellen, positiven oder negativen, Coëfficienten ist dann der betreffende Winkel (ε oder φ) entweder 0 oder 180^0. Die Voraussetzung, dass m und n keinen gemeinschaftlichen Divisor haben, wird ohne Beeinträchtigung der Allgemeinheit auch hier beibehalten bleiben können. Eine der Gleichung Genüge leistende imaginäre Wurzel $x = t + iu$ setzt man in die Form $r(\cos\rho + i\sin\rho)$, wobei es für unsern gegenwärtigen Zweck vortheilhafter ist, die sonst gewöhnliche Bedingung, dass r positiv sein soll, hier nicht zu machen, sondern anstatt derselben die, dass ρ immer zwischen den Grenzen 0 und 180^0 genommen werden soll. In dem Fall, wo die Coëfficienten der Gleichung beide reell sind, kann man den Umfang der Werthe von ρ noch weiter auf die Hälfte verengen: denn da bekanntlich von den imaginären Wurzeln einer solchen Gleichung je zwei zusammengehören, wie $t+iu$ und $t-iu$, so wird offenbar für die eine Wurzel jedes Paars der Werth von ρ zwischen 0 und 90^0 fallen, und man braucht durch das indirecte Verfahren nur diese zu bestimmen, indem daraus die andere von selbst folgt durch Vertauschung von ρ mit $180^0-\rho$ und von r mit $-r$.

18.

Das Wesen der Methode besteht in der Aufstellung einer Gleichung, welche bloss ρ ohne r enthält. Um dazu zu gelangen, setze man die Gleichung $X=0$ durch Division mit ihrem ersten Gliede in die Form

$$1+e(\cos\varepsilon+i\sin\varepsilon)\,x^{-n}+f(\cos\varphi+i\sin\varphi)\,x^{-m-n}=0$$

oder

$$1+er^{-n}(\cos(n\rho-\varepsilon)-i\sin(n\rho-\varepsilon))+fr^{-m-n}(\cos[(m+n)\rho-\varphi]-i\sin[(m+n)\rho-\varphi])=0$$

Da nun hier die imaginären Theile einander aufheben müssen, so hat man (I)

$$r^m=-\frac{f\sin((m+n)\rho-\varphi)}{e\sin(n\rho-\varepsilon)}$$

Auf ähnliche Art erhält man, wenn die Gleichung $X=0$ mit ihrem zweiten oder dritten Gliede dividirt, und erwägt, dass in beiden Fällen die imaginären Theile der neuen Gleichungen einander aufheben müssen, die Gleichungen

$$\left.\begin{aligned} r^{m+n}&=\frac{f\sin(m\rho+\varepsilon-\varphi)}{\sin(n\rho-\varepsilon)}\\ r^n&=-\frac{e\sin(m\rho+\varepsilon-\varphi)}{\sin((m+n)\rho-\varphi)}\end{aligned}\right\}\quad\text{(I)}$$

Man sieht, dass jede der drei Gleichungen (I) auch schon aus der Verbindung der beiden andern abgeleitet werden kann. Eliminirt man aber r aus Verbindung zweier, so erhält man (II)

$$\lambda = (-1)^{m+n} \frac{\sin(m\rho+\varepsilon-\varphi)^m \sin(n\rho-\varepsilon)^n}{\sin((m+n)\rho-\varphi)^{m+n}}$$

wo zur Abkürzung (eben so wie oben)

$$\frac{f^n}{e^{m+n}} = \lambda$$

gesetzt ist. Aus dieser Gleichung hat man die verschiedenen Werthe von ρ zu bestimmen; den Werth von r, welcher jedem Werthe von ρ entspricht, findet man sodann aus einer der Gleichungen (I), am besten aus der zweiten, rücksichtlich der absoluten Grösse, wobei jedoch in dem Falle, wo $m+n$ gerade ist, noch eine der beiden andern Gleichungen zur Entscheidung des Zeichens hinzugezogen werden muss.

19.

Die Auflösung der Gleichung II auf indirectem Wege wird man immer mit Leichtigkeit beschaffen können, wozu noch die Berücksichtigung der folgenden Bemerkungen beitragen wird.

1) Die Werthe von ρ liegen zwischen 0 und 180^0; in dem Falle, wo die Coëfficienten der vorgegebenen Gleichung reell sind, braucht man nur die halbe Anzahl nemlich die zwischen 0 und 90^0 liegenden, einzeln aufzusuchen.

2) In dem einen wie in dem andern Falle wird man zuerst das betreffende Intervall in die verschiedenen Unterabtheilungen scheiden, die sich durch die Zeichenabwechslungen in den Werthen der auf der rechten Seite der Gleichung II stehenden Function von ρ bilden. Die Uebergangswerthe von ρ können offenbar nur solche sein, wo einer der Winkel $m\rho+\varepsilon-\varphi$, $n\rho-\varepsilon$, $(m+n)\rho-\varphi$ durch 180^0 theilbar, und also jene Function selbst entweder 0 oder unendlich wird. Von jenen Unterabtheilungen bleiben dann diejenigen, in welchen der Werth der Function negativ wird, schon von selbst aus der weitern Untersuchung ausgeschlossen.

3) Falls man nicht schon auf andern Wegen genäherte Werthe von ρ erlangen kann, wird man sich das indirecte Durchsuchen der geeigneten Intervalle dadurch sehr erleichtern, dass man auf ähnliche Weise, wie aus den Beispielen des 16. Artikels zu ersehen ist, die ersten Versuche nach abgekürzten Tafeln mit wenigen Zifern ausführt, und in manchen Fällen möchte man wohl bequem fin-

den, zuerst nur die Sinuslogarithmen mit drei Zifern auf einem Blättchen etwa von Grad zu Grad verzeichnet zu diesem Zweck zu verwenden.

20.

Zu weiterer Erläuterung mag die Berechnung der imaginären Wurzeln der oben behandelten Gleichung

$$x^7+28x^4-480=0$$

als Beispiel dienen. Nach der Bezeichnung des Art. 17 haben wir hier zuvörde 99
wie oben, $m=4$, $n=3$, $e=28$, $f=480$, und sodann weiter $\varepsilon=0$, $\varphi=180^0$
Die Formeln I des Art. 18 werden demnach

$$r^4=\frac{480\sin 7\rho}{28\sin 3\rho}$$

$$r^7=-\frac{480\sin 4\rho}{\sin 3\rho}$$

$$r^3=-\frac{28\sin 4\rho}{\sin 7\rho}$$

und die Formel II

$$\frac{1}{\lambda}=\frac{823543}{6750}=\frac{\sin 7\rho^7}{\sin 3\rho^3\sin 4\rho^4}$$

aus welcher Gleichung zwei zwischen 0 und 90^0 liegende Werthe von ρ zu bestimmen sind, da die Gleichung $X=0$ neben ihren drei bereits ermittelten reellen Wurzeln noch zwei Paare zusammengehöriger imaginärer hat. Innerhalb dieser Grenzen wird $\sin 7\rho$ dreimal $=0$, nemlich für $\rho=25\frac{5}{7}$ Grad, $51\frac{3}{7}$ Grad und $77\frac{1}{7}$ Grad, wobei $\sin 7\rho^7$ jedesmal sein Zeichen ändert; $\sin 3\rho$ wird einmal $=0$ für $\rho=60^0$ gleichfalls mit Zeichenwechsel von $\sin 3\rho^3$; endlich $\sin 4\rho$ wird einmal $=0$ für $\rho=45^0$, aber ohne Zeichenwechsel für $\sin 4\rho^4$. Erwägt man nun noch, dass der Werth von $\frac{\sin 7\rho^7}{\sin 3\rho^3\sin 4\rho^4}$ für $\rho=0$ dem Grenzwerthe $\frac{7^7}{3^3 4^4}$ gleich zu setzen ist, so wird das Verhalten der Werthe jener Function in den sechs Unterabtheilungen des Zwischenraumes von 0 bis 90^0 in folgender Uebersicht zusammengefasst:

$\rho = 0$ Grad	$\frac{823543}{6912}$
	+
$25\frac{5}{7}$	0
	−
45	∞
	−
$51\frac{3}{7}$	0
	+
60	∞
	−
$77\frac{1}{7}$	0
	+
90^0	∞

Man erkennt hieraus, dass sowohl im vierten als im sechsten Zwischenraume nothwendig ein der Formel II Genüge leistender Werth von ρ liegen muss, und eines Mehrern bedarf es für unsern Zweck nicht, da schon von vorne her fest steht, dass es nur zwei solche Werthe gibt. Die Gleichung II setze ich in die Form

$$7 \log\sin 7\rho - 3\log\sin 3\rho - 4\log\sin 4\rho = S = 2{,}0863825$$

Die Auffindung des zwischen $51\frac{3}{7}$ und 60 Grad liegenden Werthes durch allmählige Annäherung vermittelst der Tafeln mit 3, 4, 5, 7 Zifern zeigt folgendes Schema:

ρ	S	Fehler
57^0	1,527	−0,559
58	2,354	+0,268
$57^0 40'$	2,0624	−0,0240
57 50	2,2057	+0,1193
$57^0 41'$	2,07658	−0,00980
57 42	2,09074	+0,00436
$57^0 41' 41''$	2,0862962	−0,0000863
57 41 42	2,0865320	+0,0001495

Hieraus $\rho = 57^0 41' 41'' 366$, und ferner nach der zweiten Formel in I,

$$\begin{array}{ll} \log\sin 4\rho & = 9{,}8891425\,n \\ \text{Compl. }\log\sin 3\rho & = 0{,}9193523 \\ \log(-480) & = 2{,}6812412\,n \\ \hline 7\log r & = 3{,}4897360 \\ \log r & = 0{,}4985337 \end{array}$$

und damit

$$x = +1{,}6843159 + 2{,}6637914\,i$$

so wie die andere dazu gehörige Wurzel

$$x = +1{,}6843159 - 2{,}6637914\,i$$

Der andere zwischen 77½ und 90° liegende Werth von ρ wird durch Anwendung von Tafeln mit drei Decimalen als zwischen 86° und 87° liegend erkannt. Die Rechnung in gleicher Gestalt wie im vorhergehenden Falle steht so

ρ	*S*	Fehler
86°	1,885	—0,201
87	2,533	+0,447
86°10′	1,9907	—0,0957
86 20	2,0946	+0,0082
86 19	2,08409	—0,00229
86 20	2,09447	+0,00809
86°19′13″	2,0863229	—0,0000596
86 19 14	2,0864970	+0,0001145

$$\rho = 86^0\,19'\,13''342$$

$$\begin{array}{ll} \log\sin 4\rho & = 9{,}4049540\,n \\ \text{Compl. }\log\sin 3\rho & = 0{,}0081108\,n \\ \log(-480) & = 2{,}6812412\,n \\ \hline 7\log r & = 2{,}0943060\,n \\ \log r & = 0{,}2991866\,n \end{array}$$

Zieht man vor, *r* positiv zu haben, so braucht man nur zugleich für ρ den um 180° vergrösserten Werth 266° 19 13″342 anzusetzen. Die Wurzel selbst ist

$$x = -0{,}1278113 - 1{,}9874234\,i$$

und die andere dazu gehörige nur im Zeichen des imaginären Theils davon verschieden.

Die sämmtlichen Wurzeln der Gleichung $x^7 + 28x^4 - 480 = 0$ sind demnach

$$\begin{array}{l} +1,9228841 \\ -2,4580892 \\ -2,5778036 \\ +1,6843159+2,6637914i \\ +1,6843159-2,6637914i \\ -0,1278113+1,9874234i \\ -0,1278113-1,9874234i \end{array}$$

Die Summe der Wurzeln $+0,0000005$ ist so genau mit dem wahren Werthe 0 übereinstimmend, wie nur von dem Gebrauch siebenzifriger Logarithmen erwartet werden durfte. In der andern Form hat man

$\log r$	ρ
0,2839531	0
0,3905976	180°
0,4112498	180
0,4985337	57 41′41″366
0,4985337	302 18 18,634
0,2991866	93 40 46,658
0,2991866	266 19 13,342

Die Summe der Logarithmen der Werthe von r findet sich $= 2,6812411$, gleichfalls befriedigend genau mit dem Logarithmen von 480 übereinstimmend.

Es wird übrigens kaum nöthig sein zu erinnern, dass die in diesem so wie die im 16. Artikel aufgestellten Rechnungen nur dazu bestimmt sind, den Gang der Arbeit nach ihren Hauptmomenten zu erläutern, keinesweges aber für die Form des kleinen Mechanismus der Operationen maassgebend sein sollen. Geübtere Rechner werden meistens vorziehen, nicht so viele Zwischenstufen anzuwenden, als in jenen Beispielen geschehen ist. Ueberhaupt wird jeder in dergleichen Arbeiten einigermaassen erfahrne die Einzelnheiten des Geschäfts leicht selbst in diejenige Gestalt bringen, die den jedesmaligen Umständen und seiner eignen individuellen Gewöhnung am meisten angemessen ist, und es kann hier nicht der Ort sein, in solche Einzelnheiten weiter einzugehen.

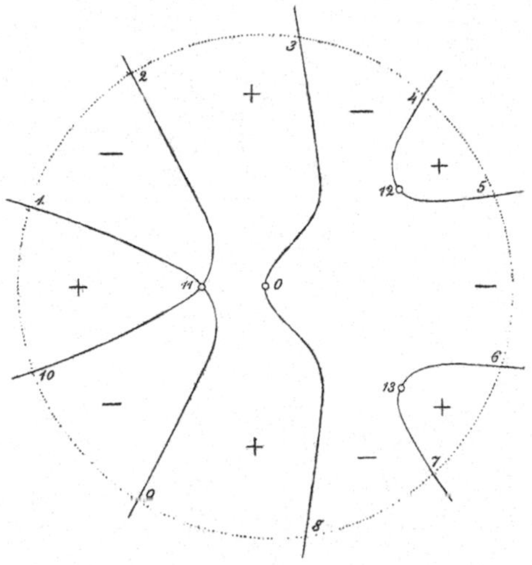

Gauss Werke Band III Seite 102.

ANZEIGEN.

Göttingische gelehrte Anzeigen. 1815 December 23.

Am 7. December wurde der Königl. Societät vom Herrn Prof. Gauss eine Vorlesung übergeben, überschrieben:

Demonstratio nova altera theorematis, omnem functionem algebraicam rationalem integram unius variabilis in factores reales primi vel secundi gradus resolvi posse.

Der hier ausgesprochene Lehrsatz, der wichtigste in der Theorie der Gleichungen, hat bekanntlich mehrere der ersten Geometer vielfältig beschäftigt. Die vornehmsten Versuche, einen vollkommen strengen Beweis davon zu geben, von d'Alembert Euler, Foncenex und Lagrange, sind von dem Verf. gegenwärtiger Abhandlung bereits in einer vor sechszehn Jahren erschienenen Schrift zusammengestellt, und einer Prüfung unterworfen. So sehr man den Scharfsinn, welcher jene Arbeiten auszeichnet, anerkennen muss, so ist doch nicht zu leugnen, dass sie alle mehr oder weniger Lücken übrig lassen, wodurch die Beweiskraft zerstört wird, und wenn gleich durch Lagrange's tiefeindringende Untersuchungen dem grössten Theile jener Mängel abgeholfen worden ist, so können doch auch die Bemühungen dieses grossen Geometers eben so wie die scharfsinnige Art, wie später Laplace diesen Gegenstand behandelt hat, gerade von dem Hauptvorwurfe, welcher alle jene versuchten Beweise trifft, nicht freigesprochen werden. Dieser besteht darin, dass man die Sache so genommen hat, als sei bloss die *Form* der Wurzeln zu bestimmen, deren *Existenz* man voraussetzte, ohne sie zu beweisen, eine Schlussart, die gerade hier bloss illusorisch, und in der That eine wahre *petitio principii* ist. Alle die erwähnten Beweise sind rein analytisch, auch den von D'ALEMBERT nicht ausgenommen, obgleich er in einer geometrischen Einkleidung erscheint, die aber für die Sache selbst ganz gleichgültig ist; und man könnte daher sich fast zu dem Schlusse verleiten lassen, als sei jene Voraussetzung, deren Unzulässigkeit übrigens den genannten Analysten selbst entgangen ist, bei einer analytischen Behandlung gar nicht zu vermeiden gewesen.

Der Verf. vorliegender Abhandlung hatte in der oben erwähnten Schrift diesen Gegenstand auf eine ganz verschiedene Art behandelt, und einen höchst einfachen neuen Beweis gegeben, welcher das Eigenthümliche hat, dass er sich zum Theil auf die Geometrie der Lage gründet, und übrigens in Ansehung der Strenge nichts zu wünschen übrig zu lassen scheint. Zugleich hatte er aber schon damals erklärt, dass er keinesweges für unmöglich halte, auf rein analytischem Wege zu einem vollkommen strengen Beweise zu gelangen, und sich die ausführliche Entwicklung seiner Ideen auf eine andere Zeit vorbehalten. Andere Beschäftigungen hatten ihn bisher von diesem Gegenstande abgezogen: die gegenwärtige Abhandlung ist bestimmt, jene Zusage zu erfüllen.

Was nun diesen neuen Beweis selbst betrifft, so steht er dem erwähnten frühern an Einfachheit und Kürze freilich sehr nach: allein dieser Umstand liegt in der Beschaffenheit der subtilen Untersuchung selbst. Immer bleibt es angenehm, neben einem höchst einfachen, aber zum Theil auf Fremdartigem beruhenden Beweise des wichtigen Lehrsatzes, noch einen zweiten zwar längern und künstlichern, aber für sich ganz selbstständigen zu besitzen. Eine Darstellung der Hauptideen des neuen Beweises, wenn sie nur einigermassen befriedigend ausfallen sollte, würde übrigens bei weitem mehr Raum einnehmen, als der Zweck dieser Blätter verstattet: wir müssen daher diejenigen, welche einen Hauptreiz der Mathematik in der vollkommenen Klarheit ihrer Wahrheiten und der höchsten Strenge ihrer Beweise finden, auf den bald erscheinenden dritten Band der Commentationen der Societät verweisen.

Göttingische gelehrte Anzeigen. 1816 März 2.

Nachdem die in diesen Anzeigen vom v. J. angezeigte Vorlesung des Herrn Prof. Gauss bereits abgedruckt war, hatte derselbe bei fortgesetzter Beschäftigung mit demselben Gegenstande das Glück, dasselbe Ziel noch auf einem ganz neuen Wege zu erreichen. Er hat hierüber am 30. Januar der königl. Societät eine kleine Abhandlung eingereicht, die die Aufschrift führt:

Theorematis de resolubilitate functionum algebraicarum integrarum in factores reales demonstratio tertia.

Die beiden frühern Beweise des wichtigsten Lehrsatzes in der Lehre von den Gleichungen unterschieden sich dadurch, dass der erstere sehr kurz und einfach, aber zum Theil auf geometrische Betrachtungen gegründet war, der andere hingegen rein analytisch aber viel complicirter, so dass es unmöglich wurde, in dem engen Raume dieser Blätter einen genügenden Auszug daraus zu geben. Dagegen ist nun der gegenwärtige dritte auf gänzlich verschiedenen Principien beruhende Beweis ebenfalls rein analytisch, übertrifft aber selbst den ersten so sehr an Einfachheit und Kürze, dass wir hier ganz füglich alles Wesentliche desselben auf wenigen Seiten mittheilen können.

Es bezeichne X die algebraische Function der unbestimmten Grösse x,

$$x^m + Ax^{m-1} + Bx^{m-2} + Cx^{m-3} + \text{u.s.w.}$$

wo die Coëfficienten A, B, C u. s. w. bestimmte reelle Grössen sind. Es seien ferner r und φ zwei neue unbestimmte Grössen, und man setze

$$r^m \cos m\varphi + Ar^{m-1}\cos(m-1)\varphi + Br^{m-2}\cos(m-2)\varphi + Cr^{m-3}\cos(m-3)\varphi + \text{u. s. w.} = t$$
$$r^m \sin m\varphi + Ar^{m-1}\sin(m-1)\varphi + Br^{m-2}\sin(m-2)\varphi + Cr^{m-3}\sin(m-3)\varphi + \text{u. s. w.} = u$$

$$mr^m \cos m\varphi + (m-1)Ar^{m-1}\cos(m-1)\varphi + (m-2)Br^{m-2}\cos(m-2)\varphi + (m-3)Cr^{m-3}\cos(m-3)\varphi + \text{u.s.w.} = t'$$
$$mr^m \sin m\varphi + (m-1)Ar^{m-1}\sin(m-1)\varphi + (m-2)Br^{m-2}\sin(m-2)\varphi + (m-3)Cr^{m-3}\sin(m-3)\varphi + \text{u.s.w.} = u'$$

$$mmr^m \cos m\varphi + (m-1)^2Ar^{m-1}\cos(m-1)\varphi + (m-2)^2Br^{m-2}\cos(m-2)\varphi + (m-3)^2Cr^{m-3}\cos(m-3)\varphi + \text{u.s.w.} = t''$$
$$mmr^m \sin m\varphi + (m-1)^2Ar^{m-1}\sin(m-1)\varphi + (m-2)^2Br^{m-2}\sin(m-2)\varphi + (m-3)^2Cr^{m-3}\sin(m-3)\varphi + \text{u.s.w.} = u''$$

$$\frac{(tt+uu)(tt''+uu'')+(tu'-ut')^2-(tt'+uu')^2}{r(tt+uu)^2} = y$$

Der Factor r kann offenbar aus dem Nenner des Ausdrucks für y weggeschafft werden, da t', u', t'', u'' durch r theilbar sind.

Es sei ferner R eine beliebige bestimmte positive Grösse, mit der einzigen Einschränkung, dass sie grösser sei als die grösste von folgenden

$$mA\sqrt{2}, \quad \sqrt{(mB\sqrt{2})}, \quad \sqrt[3]{(mC\sqrt{2})}, \quad \sqrt[4]{(mD\sqrt{2})} \text{ etc.}$$

abgesehen von dem Zeichen von A, B, C u. s. w., oder indem man alle als positiv betrachtet.

Endlich mögen noch folgende Bezeichnungen Statt finden:

$$R^m \cos 45^0 + AR^{m-1}\cos(45^0+\varphi) + BR^{m-2}\cos(45^0+2\varphi) + CR^{m-3}\cos(45^0+3\varphi) + \text{u. s. w.} = T$$
$$R^m \sin 45^0 + AR^{m-1}\sin(45^0+\varphi) + BR^{m-2}\sin(45^0+2\varphi) + CR^{m-3}\sin(45^0+3\varphi) + \text{u. s. w.} = U$$

$$mR^m \cos 45^0 + (m-1)AR^{m-1}\cos(45^0+\varphi) + (m-2)BR^{m-2}\cos(45^0+2\varphi) + (m-3)CR^{m-3}\cos(45^0+3\varphi) + \text{u.s.w.} = T'$$
$$mR^m \sin 45^0 + (m-1)AR^{m-1}\sin(45^0+\varphi) + (m-2)BR^{m-2}\sin(45^0+2\varphi) + (m-3)CR^{m-3}\sin(45^0+3\varphi) + \text{u.s.w.} = U'$$

Nach allen diesen Vorbereitungen, welche wir der bequemern Uebersicht wegen zusammengestellt haben, ergeben sich leicht nachstehende Folgerungen:

I. Die Grösse T ist nothwendig positiv, welchen Werth man auch immer der Grösse φ beilege. Dies ist leicht zu übersehen, wenn man T in folgende Form bringt:

$$\begin{aligned}
&\frac{R^{m-1}}{m\sqrt{2}}(R + mA\sqrt{2}\,.\cos(45^0+\varphi)) \\
&+\frac{R^{m-2}}{m\sqrt{2}}(RR + mB\sqrt{2}\,.\cos(45^0+2\varphi)) \\
&+\frac{R^{m-3}}{m\sqrt{2}}(R^3 + mC\sqrt{2}\,.\cos(45^0+3\varphi)) \\
&+\frac{R^{m-4}}{m\sqrt{2}}(R^4 + mD\sqrt{2}\,.\cos(45^0+4\varphi)) \\
&+\text{u. s. w.}
\end{aligned}$$

da jeder Theil einzeln genommen nothwendig positiv wird. Auf ähnliche Weise ist leicht zu beweisen, dass für jeden Werth von φ auch U, T', U' nothwendig positiv werden.

II. Für $r = R$ erhalten die Functionen t, u, t', u' der Reihe nach folgende Werthe

$$T\cos(45^0 + m\varphi) + U\sin(45^0 + m\varphi)$$
$$T\sin(45^0 + m\varphi) - U\cos(45^0 + m\varphi)$$
$$T'\cos(45^0 + m\varphi) + U'\sin(45^0 + m\varphi)$$
$$T'\sin(45^0 + m\varphi) - U'\cos(45^0 + m\varphi)$$

Hieraus folgt, dass für $r = R$, $tt + uu = TT + UU$, $tt' + uu' = TT' + UU'$ also beide nothwendig positiv werden.

III. Es kann also für keinen Werth von r, der grösser ist als jede der Grössen $mA\sqrt{2}$, $\sqrt{(mB\sqrt{2})}$, $\sqrt[3]{(mC\sqrt{2})}$ u. s. w., zugleich $t = 0$ und $u = 0$ werden.

Das Haupttheorem ist nun folgendes:

Innerhalb der Grenzen $r = 0$, $r = R$, *und* $\varphi = 0$, $\varphi = 360^0$ (*einschl.*) *gibt es gewiss Werthe für* r *und* φ, *aus denen zugleich* $t = 0$ *und* $u = 0$ *wird.*

Der Beweis davon wird auf folgende Art geführt. Wenn man annimmt, das Theorem sei nicht wahr, so folgt, dass $tt + uu$ für jede Werthe von r und φ zwischen den angegebenen Grenzen immer positiv, und folglich y immer *endlich* werden muss. Betrachten wir nur den Werth des doppelten Integrals

$$\iint y\,\mathrm{d}r\,\mathrm{d}\varphi$$

von $r = 0$ bis $r = R$, und von $\varphi = 0$ bis $\varphi = 360^0$ erstreckt, der also eine ganz bestimmte endliche Grösse haben wird. Dieser mit Ω zu bezeichnende Werth kann auf zwiefache Art gefunden werden, indem man entweder zuerst nach φ und dann nach r integrirt, oder in umgekehrter Ordnung. Beide Wege müssen nothwendig zu einerlei Resultate führen.

Nun hat man aber, wenn man r als beständig betrachtet, unbestimmt

$$\int y\,\mathrm{d}\varphi = \frac{tu' - ut'}{r(tt + uu)}$$

wie man sich leicht durch Differentiation versichern kann. Eine beständige Grösse ist bei der Integration nicht hinzuzufügen, insofern diese von $\varphi = 0$ anfangen soll, da für diesen Werth offenbar

$$\frac{tu'-ut'}{tt+uu} = 0$$

wird: und da eben dies für $\varphi = 360^0$ gilt, so ist der Werth von $\int y \mathrm{d}\varphi$, von $\varphi = 0$ bis $\varphi = 360^0$ erstreckt, $= 0$, bei jedem Werthe von r. Hieraus schliessen wir also $\Omega = 0$.

Von der andern Seite hat man, wenn man φ als beständig betrachtet, unbestimmt

$$\int y \mathrm{d}r = \frac{tt'+uu'}{tt+uu}$$

wie ebenfalls leicht durch die Differentiation nach r bestätigt wird. Auch hier ist keine beständige Grösse hinzuzusetzen, insofern die Integration von $r = 0$ anfangen soll. Das Integral $\int y \mathrm{d}r$, von $r = 0$ bis $r = R$ ausgedehnt, wird folglich nach II

$$= \frac{TT'+UU'}{TT+UU}$$

also gewiss positiv für jeden Werth von φ. Hieraus wird demnach auch Ω, d. i. der Werth des Integrals

$$\int \frac{TT'+UU'}{TT+UU} \mathrm{d}\varphi$$

von $\varphi = 0$ bis $\varphi = 360^0$ ausgedehnt, nothwendig positiv werden, welches mit dem erstern Resultate in Widerspruch steht. Die Voraussetzung war folglich unstatthaft, und dadurch ist die Wahrheit des Theorems selbst bewiesen.

Dass nun für jede Werthe von r und φ, welche zugleich $t = 0$ und $u = 0$ geben,

$$r(\cos\varphi + \sin\varphi\sqrt{-1}) \quad \text{und} \quad r(\cos\varphi - \sin\varphi\sqrt{-1})$$

Wurzeln der Gleichung $X = 0$ sind, oder dass die Function X dann entweder den Factor der zweiten Ordnung

$$xx - 2r\cos\varphi . x + rr$$

(wenn weder r noch $\sin\varphi$ verchwinden) oder den Factor der ersten Ordnung

$$x \mp r$$

(wenn entweder $\sin\varphi = 0$, also $\cos\varphi = \pm 1$, oder $r = 0$ wird) enthält, ist bekannt genug, und braucht hier nicht erst weiter entwickelt zu werden. Was von X so eben bewiesen ist, gilt nachher wieder von dem Quotienten, wenn X durch jenen Factor dividirt ist, u. s. f., woraus die vollständige Zerlegbarkeit der Function X in dergleichen Factoren erhellet.

Durch diese kurze Reihe von Schlüssen ist das eigentliche Ziel vollständig erreicht. Nicht gefordert, aber doch gewünscht werden konnte noch eine Erläuterung, in wiefern der obige Widerspruch — der unvermeidlich war, wenn man das Theorem als unwahr ansah — wegfalle, wenn man von der Wahrheit des Theorems ausgeht. Der Verf. hat darüber einige Winke gegeben, die hier nur kurz berührt werden können. Ist das Theorem wahr, so sind nicht mehr alle Werthe von y endlich; es ist folglich nicht mehr ohne weiteres verstattet, $\iint y\, dr\, d\varphi$ als eine wirkliche bestimmte Grösse anzunehmen, und man darf sich daher nicht wundern, dass der blosse blinde Mechanismus des Calcüls, auf verschiedenen Wegen widersprechende Resultate liefert. Die Analyse pflegt sehr häufig sich so zu helfen, dass sie auf Fragen, die man ihr ohne Einschränkung vorlegt, obgleich sie in gewissen Fällen ungereimt sein können, nur halbbestimmte Antworten gibt. So ist es bei der Bestimmung des Werthes des Integrals $\iint y\, dr\, d\varphi$. Soll dasselbe allgemein, von $r = k$ bis $r = l$ und von $\varphi = K$ bis $\varphi = L$ erstreckt werden, und bezeichnet man den Werth von $\frac{u}{t}$

für $r = k$, $\varphi = K$ durch θ
$r = k$, $\varphi = L$ durch θ'
$r = l$, $\varphi = K$ durch θ''
$r = l$, $\varphi = L$ durch θ'''

so geben die analytischen Operationen für jenes Integral den Ausdruck

$$\text{Arc tg}\,\theta - \text{Arc tg}\,\theta' - \text{Arc tg}\,\theta'' + \text{Arc tg}\,\theta'''$$

Das Integral hat in der That nur dann einen wahren Werth, wenn y innerhalb der angegebenen Grenzen immer endlich bleibt: dieser wahre Werth ist dann unter obigem Ausdruck allerdings begriffen, aber an sich dadurch noch nicht ganz bestimmt, da die Function Arc. tg. eine vielförmige ist, und erst aus anderweitigen (übrigens nicht schwierigen) Betrachtungen muss entschieden werden, *welche*

Werthe dieser Function im bestimmten Fall zu nehmen sind. So oft hingegen innerhalb der angegebenen Grenzen y irgendwo unendlich wird, ist eigentlich die Frage nach dem Werthe von $\iint y\, \mathrm{d}r\, \mathrm{d}\varphi$ ungereimt; unterfängt man sich, diese Ungereimtheit ignorirend, dennoch, sie zu beantworten, so darf man sich nicht befremden lassen, auf einem Wege diese, auf anderm jene Antwort zu erhalten, welche verschiedene Beantwortungen inzwischen allemal unter dem obigen halbbestimmten Ausdrucke begriffen sind.

Handschriftliche Bemerkungen.

Die *Bedingung* für R kann auch so gestellt werden, dass es grösser ist als 1 und als die absolute Summe der Grössen A, B, C etc. in $\sqrt{2}$ multiplicirt. Es sei diese absolute Summe $= \alpha A + \beta B + \gamma C + \delta D +$ etc. so dass jeder der Coëfficienten α, β, γ etc. entweder $+1$ oder -1 wird. Dann ist der positive Werth von T u. s. w. aus folgender Form klar

$$T = R^{m-1} \cos 45^\circ (R - \sqrt{2}.(\alpha A + \beta B + \gamma C + \text{etc.})) + R^{m-1}(\alpha A + A \cos(45^\circ + \varphi)) + R^{m-2}(\beta B R + B \cos(45^\circ + 2\varphi)) + \text{etc.}$$

Lehrsatz. Sind $a, b, c \ldots m, n$ die Wurzeln der Gleichung $fx = 0$, $a', b', c' \ldots m'$ die Wurzeln der Gleichung $f'x = 0$ wo $f'x = \frac{\mathrm{d}fx}{\mathrm{d}x}$, und werden durch dieselben Buchstaben die entsprechenden Punkte in plano bezeichnet, so ist, wenn man sich in $a, b, c \ldots m, n$ gleiche abstossende oder anziehende Massen denkt, die im umgekehrten Verhältniss der Entfernung wirken, in $a', b', c' \ldots m'$ Gleichgewicht.

Nachrichten von der K. Gesellschaft der Wissenschaften zu Göttingen. 1849 Juli 30.

Die in der Sitzung der Königl. Gesellschaft der Wissenschaften am 16. Julius von dem Geh. Hofr. GAUSS gehaltene Vorlesung bezog sich auf die

Theorie der algebraischen Gleichungen.

Von der ausführlichen Denkschrift, die in Kurzem im Druck erscheinen wird, geben wir hier nur folgenden Bericht.

Sie besteht aus zwei Abtheilungen, deren jede einem besondern Gegenstande gewidmet ist.

Die erste Abtheilung beschäftigt sich mit dem Grundlehrsatz der Lehre von den algebraischen Gleichungen, nemlich mit der Zerlegbarkeit jeder rationalen bruchfreien algebraischen Function Einer veränderlichen Grösse in Factoren, worüber der Verf. schon im Jahre 1799 eine Denkschrift veröffentlicht hatte unter dem Titel *Demonstratio nova theorematis, omnem functionem algebraicam rationalem integram unius variabilis in factores reales primi vel secundi gradus resolvi posse.* Diese Denkschrift hatte einen doppelten Zweck. zuerst, zu zeigen, dass die sämmtlichen bis dahin versuchten Beweise des ausgesprochenen Lehrsatzes ungenügend und illusorisch waren, und zweitens, einen vollkommen strengen neuen Beweis zu geben. Es würde unnöthig sein, auf den ersten Gegenstand noch einmal zurückzukommen: dagegen aber muss bemerkt werden, dass der Verf. jenem ersten neuen Beweise späterhin noch zwei andere hat folgen lassen, die sich im 3. Bande der *Commentationes recentiores* unserer Societät befinden, und dass ein vierter von Cauchy zuerst aufgestellt ist. Alle diese vier vollkommen strengen Beweise beruhen auf eben so vielen ungleichen Grundlagen, darin aber kommen sie überein, dass sie sämmtlich *unmittelbar* nur das Vorhandensein Eines Factors der betreffenden Function darthun. Der Strenge der Beweise geschieht hiedurch kein Eintrag. Denn es ist klar, dass nach Ablösung dieses einen Factors von der vorgegebenen Function eine ähnliche Function von niederer Ordnung zurückbleibt, auf welche der Lehrsatz aufs neue angewandt werden kann, und dass aus der fortgesetzten Wiederholung des Verfahrens zuletzt eine vollständige Zerlegung der ursprünglichen Function in Factoren der bezeichneten Art hervorgehen wird. Indessen gewinnt offenbar jede Beweisführung eine höhere Vollendung, wenn gezeigt wird, dass sie geeignet ist, das Vorhandensein sämmtlicher einzelnen Factoren auf einmal unmittelbar anschaulich zu machen. Der erste Beweis ist wirklich in diesem Falle, wie in der gedachten Denkschrift (Art. 23) bereits angedeutet, aber nicht weiter ausgeführt war. Die gegenwärtige Abhandlung gibt nun diese Erweiterung, jedoch nicht in der Gestalt eines Zusatzes zu der Denkschrift von 1799, sondern als Bestandtheil einer Umarbeitung derselben. Es wird nemlich der Beweis hier selbstständig von neuem aufgeführt, aber mit einigen wesentlichen Abänderungen im Gange, wodurch eine bedeutende Vereinfachung gewonnen ist. Verändert ist ausserdem auch die ganze Einkleidung, die bei der ältern Schrift absichtlich so gewählt war, dass alle Einmischung imaginärer Grössen gänzlich vermieden werden konnte. Da jedoch die Beweisführung sowohl ihrem *Ursprunge* als ihrem wahren Wesen nach mit der Conception der complexen Grössen im innigsten Zusammenhang steht, was auch, seitdem diese in der Wissenschaft eingebürgert ist, aufmerksamen Lesern jener Denkschrift nicht entgangen ist, so hat Verf. es für angemessen gehalten, jene erste Einkleidung jetzt fallen zu lassen, und die Argumentation auf ihr eigentliches Feld zurück zu versetzen, deren Grundbegriffe jetzt Jedermann geläufig sind, zumal da dadurch nicht bloss grössere Einfachheit sondern auch noch etwas grössere Allgemeinheit gewonnen wird.

Die zweite Abtheilung ist den algebraischen Gleichungen mit drei Gliedern gewidmet. Diese haben das Eigenthümliche, dass von den zur numerischen Auflösung der Gleichungen bestimmten Methoden einige bei jenen einer Geschmeidigkeit und Eleganz fähig werden, von der ihre Anwendung auf Gleichungen von weniger einfacher Gestalt sehr weit entfernt bleibt. Dies gilt namentlich von der

Auflösung durch unendliche Reihen, und von der indirecten Methode. Es scheint daher die Entwicklung dieser Methoden für die Gleichungen von jener Form eine besondere Ausführung um so mehr zu verdienen, da das Vorkommen solcher Gleichungen in der That ein sehr häufiges ist.

Die Auflösung durch unendliche Reihen hat jedoch der Verf. von seinem gegenwärtigen Zweck gänzlich ausgeschlossen, und nur bemerkt, dass für *jede* Wurzel einer solchen Gleichung, sei sie reell oder imaginär, eine convergente und nach einem leicht erkennbaren Gesetz fortschreitende Reihe gefunden werden kann. So schön aber auch diese Auflösungsart in allgemein theoretischer Beziehung ist, so wird man doch, wo es auf wirkliche praktische Anwendung ankommt, den indirecten Methoden in allen den Fällen den Vorzug geben, wo jene Convergenz nicht eine sehr schnelle ist.

Diese indirecten Methoden nun sind der Gegenstand der zweiten Abtheilung. Es handelt sich hier von *zwei* Methoden, denn das Verfahren, welches zur Bestimmung der imaginären Wurzeln erfordert wird, ist ganz verschieden von dem für die reellen Wurzeln anzuwendenden. Von dem letztern hat der Verf. schon bei andern Gelegenheiten ein paar Proben an besondern Fällen gegeben, und dabei zugleich die allgemeine Anwendbarkeit des Verfahrens angedeutet. Obgleich diese Generalisirung durchaus keine Schwierigkeit hat, so hat der Verf. doch geglaubt, dass man gern die gebrauchfertigen Vorschriften zusammengestellt sehen würde, zumal weil die Anzahl der dabei zu unterscheidenden und einzeln zu behandelnden Fälle nicht unbeträchtlich ist.

Die Auffindung der imaginären Wurzeln auf indirectem Wege ist (insofern nicht schon einigermassen angenäherte Werthe anderswoher bekannt sind) deswegen viel schwieriger, als die der reellen, weil jene aus einem unendlichen Gebiete von zwei Dimensionen herausgesucht werden müssen, diese nur aus einem Unendlichen von Einer Dimension. Diese Schwierigkeit lässt sich bei den Gleichungen von drei Gliedern durch einen einfachen sehr nahe liegenden aber wie es scheint sonst bisher noch nicht benutzten Kunstgriff umgehen. Auch für diese Aufgabe sind die zur Auflösung erforderlichen Vorschriften vollständig und in gebrauchfertiger Gestalt mitgetheilt.

Göttingische gelehrte Anzeigen. 1813 März 6.

Recherches mathématiques ou diverses questions non résolues ou dont la solution laisse quelque chose à désirer. Par P. L. COYTIER. *Premier mémoire contenant des observations générales sur les équations algébriques.* Paris 1813. *Chez Eberhardt.* (16 Seiten in Quart.)

Wenn wir die wortreiche, schwülstige Vorrede recht verstehen, so soll der Zweck des gegenwärtigen Aufsatzes, und anderer, die ihm noch folgen sollen, dahin gehen, allerlei nach des Verfassers Meinung usurpirte Resultate der Analyse mit den Waffen der Synthese zu bekämpfen und umzustürzen. Aus dem Ganzen der Schrift sieht man aber, dass der Verfasser eigentlich mit den Wörtern Analyse und Synthese ihm eigenthümliche Begriffe verbindet, und bei jener sich ein blosses blindes Zeichenspiel, bei dieser eine reelle anschauliche Erkenntniss denkt. Ein solches Unternehmen verdient allerdings Lob, wenn sich ein solches blindes Zeichenspiel vorfindet, das sich den Namen Analyse anmasst; bei den meisten Versuchen dieser Art aber, diesseit und jenseit des Rheins gemacht, finden wir, dass die Blindheit nicht in dem Bekämpften, sondern in dem Bekämpfenden lag. Wohin gegenwärtige Schrift zu rechnen sei, möge man aus dem Inhalt, den wir kurz anzeigen wollen, beurtheilen.

Hauptsächlich ist die vorliegende Schrift gegen die Zerlegbarkeit der algebraischen Gleichungen in einfache Factoren gerichtet (schon in diesem Ausdrucke liegt eine Unrichtigkeit, die sich freilich auch manche andere Schriftsteller haben zu Schulden kommen lassen). Der Verfasser nennt dieselbe auch öfters das Theorem von 1746, ohne Zweifel, weil D'ALEMBERT um diese Zeit zuerst den Versuch eines strengen Beweises machte. Dass dieser Beweis von D'ALEMBERT, eben so wie die Beweise von EULER, FONCENEX, LAGRANGE, keineswegs befriedige, darüber haben wir schon vor 14 Jahren an einem andern Orte unser Urtheil erklärt, und eben so müssen wir freilich, unserer Ueberzeugung nach, von LAPLACE's und LAGRANGE's spätern Arbeiten über denselben Gegenstand urtheilen. Allein in diese Beweise selbst lässt sich unser Verfasser gar nicht ein: seine Bemerkungen sind ganz anderer Art, und nicht gegen die Beweise, sondern gegen den Lehrsatz selbst gerichtet. Er behauptet nemlich (um nur bei dem einfachsten Fall einer quadratischen Gleichung $xx-2ax+b=0$ stehen zu bleiben), $x-[a+\surd(aa-b)]$ sei gar kein einfacher Factor, weil $x-[a+\surd(aa-b)]=0$ gar keine Gleichung der ersten Ordnung, sondern eine wahre quadratische Gleichung sei. Man möge vor die Wurzelgrösse das Zeichen $+$, oder das Doppelzeichen $\pm$ schreiben, immer drücke sie beide Wurzeln zugleich aus. Jede Gleichung stelle eigentlich die Relation zwischen zwei veränderlichen und einer beständigen Lineargrösse dar, die Classification der Gleichungen und die Classification der Curven nach Ordnungen müsse aufs genaueste zusammenhangen, die Gleichung $x-[a+\surd(aa-b)]=0$ als identisch mit der Gleichung $xx-2ax+b=0$ betrachtet, und also erstere so gut, wie letztere, zur zweiten Ordnung gezählt werden. Diese Behauptungen machen den Inhalt der Schrift aus, und zeigen uns nichts, als die Verworrenheit der Begriffe des Verfassers. Die gemeine Algebra kennt gar keine veränderlichen Grössen, sondern bloss unbekannte und bekannte. Das Wurzelzeichen $\surd$ hat eigentlich in der mathematischen Zeichensprache eine doppelte Bedeutung (und dies ist allerdings eine kleine Unvollkommenheit); $\surd A$ soll entweder definirt werden, *eine* Grösse, deren Quadrat $=A$, oder *die* positive Grösse, deren Quadrat $=A$, insofern A positiv ist. Es hängt von dem Analysten ab, wie er das Zeichen gebrauchen will, und ein denkender, vorsichtiger Analyst wird sich immer klar bewusst sein, und sich immer so ausdrücken, dass auch dem Leser kein Zweifel übrig bleibe, ob das Zeichen in unbestimmter oder in bestimmter Bedeutung gebraucht sei. *Gleichungen* werden, wie wir schon oben andeuteten, gar nicht in Factoren zerlegt, sondern Functionen *einer* veränderlichen Grösse. Also nicht die Gleichung $xx-2ax+b=0$, sondern die Function $xx-2ax+b$ wird in die Factoren $x-[a+\surd(aa-b)]$, $x-[a-\surd(aa-b)]$ zerlegt, und insofern man darin bloss x als veränderlich betrachtet, *nennt* man dieselben Factoren der ersten Ordnung. Immerhin mag der Verfasser, wenn er die Gleichung $xx - 2ax + b = 0$ als Ausdruck einer Curve, und a oder b als veränderlich betrachtet, den Factor $x - [a + \sqrt{(aa - b)}]$ einen Ausdruck der zweiten Ordnung nennen, er bestreitet dadurch keine *Wahrheit*, sondern nur die Schicklichkeit einer *Benennung* in einem Fall, worin man sie nicht gebraucht, und nie gebraucht hat.

Den meisten mathematischen Lesern dieser Blätter werden freilich diese Erörterungen überflüssig sein; wir glaubten aber doch die Begriffe des Verfassers etwas entwickeln zu müssen, damit Niemand sich durch den Titel der Schrift verleiten lasse, neue Aufklärungen darin zu erwarten, wozu dem Verfasser die ersten Elemente zu fehlen scheinen.

Göttingische gelehrte Anzeigen. 1833 Februar 25.

Analyse des équations déterminées par Fourier. *Première partie.* Paris 1831. *Chez Firmin Didot frères.* (XXIV und 258 S. in Quart.)

Nach dem Entwurf des Verfs. sollte dieses Werk aus zwei Abtheilungen bestehen, und die erstere ausser einer allgemeinen Uebersicht des Ganzen die beiden ersten Abschnitte, die zweite Abtheilung hingegen die fünf übrigen Abschnitte enthalten. Der Verf. wurde den Wissenschaften durch den Tod entrissen, als der Druck eben angefangen war. Indessen fand sich die ganze erste Abtheilung, die wir hier durch die Besorgung des Hrn. Navier erhalten, so gut wie vollständig ausgearbeitet vor, während der Rest von der Vollendung noch weit entfernt war: man muss dies um so mehr bedauern, da aus der allgemeinen Uebersicht hervorgeht, dass manche interessante Untersuchungen dafür bestimmt waren. Hier müssen wir, mit Uebergehung dessen, was wir zu erwarten gehabt hätten, wenn dem Verf. ein längeres Leben zu Theil geworden wäre, uns auf die Anzeige von dem einschränken, was wir wirklich erhalten haben.

Der Zweck des Werks ist, die numerische Auflösung der bestimmten algebraischen Gleichungen in einen ganz sichern und möglichst einfachen Gang zu bringen, namentlich die Anzahl der reellen und imaginären Wurzeln mit völliger Bestimmtheit auszumitteln, jene einzeln in feste Grenzen einzuschliessen und die stufenweise zu beliebiger Schärfe zu führende Annäherung zu ihren Werthen ganz methodisch anzuordnen. Die Hauptgrundlage des Ganzen bildet ein dem Verf.

eigenthümliches Theorem, welches als eine glückliche Generalisirung von DESCARTES Lehrsatz (gewöhnlich nach HARRIOT benannt) zu betrachten ist, und, dem Wesen nach, in Folgendem besteht. Es sei X eine geordnete ganze algebraische Function von x (mit lauter reellen Zahlencoëfficienten); ferner a, a' zwei beliebige bestimmte ungleiche reelle Grössen, und zwar $a'-a$ positiv; durch die Substitutionen $x = y+a$, $x = y+a'$ gehe X in die gleichfalls geordneten Functionen Y, Y' über, in welchen die Coëfficienten resp. g, g' Zeichenfolgen enthalten: der ausnahmliche Fall, wo einer oder mehrere Coëfficienten verschwinden, wird hier der Kürze wegen bei Seite gesetzt. Dies vorausgesetzt, kann die Gleichung $X = 0$ innerhalb der Grenzen $x = a$, $x = a'$ nicht mehr als $g'-g$ reelle Wurzeln enthalten, oder noch bestimmter, wenn die Anzahl der reellen Wurzeln zwischen jenen Grenzen $= \lambda$ ist, so ist allemal $g'-g-\lambda$ entweder $= 0$, oder eine gerade positive Zahl. Ist demnach die Differenz $g'-g$, welche niemals negativ sein kann, $= 0$, so gibt es zwischen jenen Grenzen gar keine reelle Wurzel; wird $g'-g = 1$, so enthalten die Grenzen eine reelle Wurzel und nicht mehr; ist endlich $g'-g = 2$, so bleibt einstweilen noch ungewiss, ob zwei reelle Wurzeln zwischen den Grenzen liegen oder gar keine. Anstatt zweier Grenzen a, a' kann man eine grössere Anzahl auf ganz ähnliche Art behandeln, und solche so wählen, dass erstlich der kleinsten eine Function Y mit blossen Zeichenwechseln, der grössten eine mit blossen Zeichenfolgen entspricht, also wenn die entsprechenden Zahlen der Zeichenfolgen der Reihe nach mit g, g', g'', g''' u. s. f. bezeichnet werden, die erste dieser Zahlen $= 0$, die letzte der Ordnungszahl der Gleichung gleich wird; und zweitens, dass sämmtliche einzelne Differenzen $g'-g$, $g''-g'$, $g'''-g''$ u. s. w. nur entweder $= 1$ oder $= 2$ werden Dadurch werden dann sämmtliche reelle Wurzeln dergestalt zwischen Grenzen eingeschlossen, dass in jedem einzelnen Intervall entweder eine liegen muss, oder zwei liegen können. Wie im letztern Fall auf ganz methodische Art, nöthigenfalls durch weitere Verengung der Grenzen zur Entscheidung gebracht wird, ob die zwei reellen Wurzeln wirklich vorhanden sind, oder fehlen, kann hier des beschränkten Raumes wegen nicht näher ausgeführt werden. Wir bemerken nur, dass so oft dieser letzte Fall eintritt, es allemal innerhalb solcher Grenzen einen Zwischenwerth gibt, für welchen in der Function Y ein Coëfficient vor dem letzten ausfällt, während der vorhergehende und folgende gleiche Zeichen haben. FOURIER nennt solche Stellen kritische: jede solche kritische

Stelle bedingt demnach das Fehlen von zwei reellen Wurzeln: wenn aber Fourier sich zugleich so ausdrückt, dass jedesmal zwei solche ausfallende reelle Wurzeln *imaginär* werden, so können wir diesen Ausdruck nicht ganz billigen, da er leicht zu einer Misdeutung Veranlassung geben könnte. In der That ist es zwar wahr, dass die Gleichung $X = 0$ *zusammen gezählt* genau so viele Paare imaginärer Wurzeln enthält, als solche Ausfälle oder kritische Stellen vorkommen: allein die Werthe aller imaginären Wurzeln sind an sich eben so bestimmte Grössen wie die reellen, und jener Ausdruck kann daher leicht so gedeutet werden, als ob jeder *bestimmten* Lücke ein *bestimmtes* Paar imaginärer Wurzeln angehörte, was jedoch nicht nur von Fourier *nicht* nachgewiesen ist, sondern so lange, als tiefer eindringende Untersuchungen diesen interessanten Punkt noch nicht in helles Licht gesetzt haben, zweifelhaft bleiben muss. Uebrigens soll hiermit nicht gesagt werden, dass Fourier selbst den Ausdruck so verstanden habe; wir möchten eher das Gegentheil annehmen, und fast vermuthen, dass er über das Dasein oder Nichtdasein eines solchen bestimmten Zusammenhanges ungewiss geblieben, und absichtlich einer offenen Erklärung über den verfänglichen Ausdruck ausgewichen sei. Ueberhaupt hat Fourier in das Wesen und die Berechnung der imaginären Wurzeln in diesem Werke sich gar nicht eingelassen, und es bleibt daher noch ein weites Feld zu bearbeiten übrig.

Einem so gewandten Grössenforscher, wie Fourier war, konnte es, einmal im Besitz jenes schönen Lehrsatzes — und nach den von Herrn Navier mitgetheilten Notizen ist jener in diesem Besitz schon seit sehr langer Zeit gewesen — nicht schwer fallen, auf demselben die Anordnung der Technik der numerischen Auflösung der Gleichungen zu begründen, und diese Entwickelung ist mit grosser Vollständigkeit und Ausführlichkeit gegeben. Geübtere Leser möchten vielleicht eine etwas gedrängtere Darstellung und die Wegschneidung mancher Wiederholungen vorziehen, dem weniger geübten werden die vielen gut gewählten und ausführlich behandelten Beispiele willkommen sein. Jedenfalls sichert dieses Werk Fourier's Namen auch in diesem Theile der Grössenlehre einen ehrenvollen Platz, den er in andern schon längst behauptet.

DISQUISITIONES GENERALES

CIRCA SERIEM INFINITAM

$$1+\frac{\alpha\beta}{1.\gamma}x+\frac{\alpha(\alpha+1)\beta(\beta+1)}{1\,.\,2\,.\,\gamma(\gamma+1)}xx+\frac{\alpha(\alpha+1)(\alpha+2)\beta(\beta+1)(\beta+2)}{1\,.\,2\,.\,3\,.\,\gamma(\gamma+1)(\gamma+2)}x^3+\text{etc.}$$

PARS PRIOR

AUCTORE

CAROLO FRIDERICO GAUSS

SOCIETATI REGIAE SCIENTIARUM TRADITA 1812. JAN. 30.

Commentationes societatis regiae scientiarum Gottingensis recentiores Vol. II.
Gottingae MDCCCXIII.

DISQUISITIONES GENERALES

CIRCA SERIEM INFINITAM

$$1+\frac{\alpha\beta}{1.\gamma}x+\frac{\alpha(\alpha+1)\beta(\beta+1)}{1\,.\,2\,.\,\gamma(\gamma+1)}xx+\frac{\alpha(\alpha+1)(\alpha+2)\beta(\beta+1)(\beta+2)}{1\,.\,2\,.\,3\,.\,\gamma(\gamma+1)(\gamma+2)}x^3+\text{ etc.}$$

PARS PRIOR.

INTRODUCTIO.

1.

Series, quam in hac commentatione perscrutari suscipimus, tamquam functio quatuor quantitatum α, β, γ, x spectari potest, quas ipsius *elementa* vocabimus, ordine suo elementum primum α, secundum β, tertium γ, quartum x distinguentes. Manifesto elementum primum cum secundo permutare licet: quodsi itaque brevitatis caussa seriem nostram hoc signo $F(\alpha,\beta,\gamma,x)$ denotamus, habebimus $F(\beta,\alpha,\gamma,x) = F(\alpha,\beta,\gamma,x)$.

2.

Tribuendo elementis α, β, γ valores determinatos, series nostra in functionem unicae variabilis x transit, quae manifesto post terminum $1-\alpha^{\text{tum}}$ vel $1-\beta^{\text{tum}}$ abrumpitur, si $\alpha-1$ vel $\beta-1$ est numerus integer negativus, in casibus reliquis vero in infinitum excurrit. In casu priori series exhibet functionem algebraicam rationalem, in posteriori autem plerumque functionem transscendentem. Elementum tertium γ debet esse neque numerus negativus integer neque $= 0$, ne ad terminos infinite magnos delabamur.

3.

Coëfficientes potestatum x^m, x^{m+1} in serie nostra sunt ut

$$1+\frac{\gamma+1}{m}+\frac{\gamma}{mm} : 1+\frac{\alpha+\beta}{m}+\frac{\alpha\beta}{mm}$$

adeoque ad rationem aequalitatis eo magis accedunt, quo maior assumitur m. Si itaque etiam elemento quarto x valor determinatus tribuitur, ab huius indole convergentia seu divergentia pendebit. Quoties scilicet ipsi x tribuitur valor realis positivus seu negativus, unitate minor, series certo, si non statim ab initio, tamen post certum intervallum, convergens erit, atque ad summam finitam ex asse determinatam perducet. Idem eveniet per valorem imaginarium ipsius x formae $a+b\sqrt{-1}$, quoties $aa+bb<1$. Contra pro valore ipsius x reali unitateque maiori, vel pro imaginario formae $a+b\sqrt{-1}$, quoties $aa+bb>1$, series si non statim tamen post certum intervallum necessario divergens erit, ita ut de ipsius *summa* sermo esse nequeat. Denique pro valore $x=1$ (seu generalius pro valore formae $a+b\sqrt{-1}$, quoties $aa+bb=1$) seriei convergentia seu divergentia ab ipsarum α, β, γ indole pendebit, de qua, atque in specie de summa seriei pro $x=1$, in Sect. tertia loquemur.

Patet itaque, quatenus functio nostra tamquam summa seriei definita sit, disquisitionem natura sua restrictam esse ad casus eos, ubi series revera convergat, adeoque quaestionem ineptam esse, quinam sit valor seriei pro valore ipsius x unitate maiori. Infra autem, inde a Sectione quarta, functionem nostram altiori principio superstruemus, quod applicationem generalissimam patiatur.

4.

Differentiatio seriei nostrae, considerando solum elementum quartum x tamquam variabile, ad functionem similem perducit, quum manifesto habeatur

$$\frac{\mathrm{d}F(\alpha,\beta,\gamma,x)}{\mathrm{d}x}=\frac{\alpha\beta}{\gamma}F(\alpha+1,\ \beta+1,\ \gamma+1,\ x)$$

Idem valet de differentiationibus repetitis.

5.

Operae pretium erit, quasdam functiones, quas ad seriem nostram reducere licet, quarumque usus in tota analysi est frequentissimus, hic apponere.

I. $$(t+u)^n = t^n F(-n, \beta, \beta, -\tfrac{u}{t})$$

ubi elementum β est arbitrarium.

II. $$(t+u)^n+(t-u)^n = 2t^n F(-\tfrac{1}{2}n, -\tfrac{1}{2}n+\tfrac{1}{2}, \tfrac{1}{2}, \tfrac{uu}{tt})$$

III. $$(t+u)^n+t^n = 2t^n F(-n, \omega, 2\omega, -\tfrac{u}{t})$$

denotante ω quantitatem infinite parvam.

IV. $$(t+u)^n-(t-u)^n = 2nt^{n-1}uF(-\tfrac{1}{2}n+\tfrac{1}{2}, -\tfrac{1}{2}n+1, \tfrac{3}{2}, \tfrac{uu}{tt})$$

V. $$(t+u)^n-t^n = nt^{n-1}uF(1-n, 1, 2, -\tfrac{u}{t})$$

VI. $$\log(1+t) = tF(1, 1, 2, -t)$$

VII. $$\log\frac{1+t}{1-t} = 2tF(\tfrac{1}{2}, 1, \tfrac{3}{2}, tt)$$

VIII. $$e^t = F(1, k, 1, \tfrac{t}{k}) = 1+tF(1, k, 2, \tfrac{t}{k}) = 1+t+\tfrac{1}{2}ttF(1, k, 3, \tfrac{t}{k}) \text{ etc.}$$

denotante e basin logarithmorum hyperbolicorum, k numerum infinite magnum.

IX. $$e^t+e^{-t} = 2F(k, k', \tfrac{1}{2}, \tfrac{tt}{4kk'})$$

denotantibus k, k' numeros infinite magnos.

X. $$e^t-e^{-t} = 2tF(k, k', \tfrac{3}{2}, \tfrac{tt}{4kk'})$$

XI. $$\sin t = tF(k, k', \tfrac{3}{2}, -\tfrac{tt}{4kk'})$$

XII. $$\cos t = F(k, k', \tfrac{1}{2}, -\tfrac{tt}{4kk'})$$

XIII. $$t = \sin t.\, F(\tfrac{1}{2}, \tfrac{1}{2}, \tfrac{3}{2}, \sin t^2)$$

XIV. $$t = \sin t.\cos t.\, F(1, 1, \tfrac{3}{2}, \sin t^2)$$

XV. $$t = \operatorname{tang} t.\, F(\tfrac{1}{2}, 1, \tfrac{3}{2}, -\operatorname{tang} t^2)$$

XVI. $$\sin nt = n\sin t.\, F(\tfrac{1}{2}n+\tfrac{1}{2}, -\tfrac{1}{2}n+\tfrac{1}{2}, \tfrac{3}{2}, \sin t^2)$$

XVII. $$\sin nt = n\sin t.\cos t.\, F(\tfrac{1}{2}n+1, -\tfrac{1}{2}n+1, \tfrac{3}{2}, \sin t^2)$$

XVIII. $$\sin nt = n\sin t.\cos t^{n-1} F(-\tfrac{1}{2}n+1, -\tfrac{1}{2}n+\tfrac{1}{2}, \tfrac{3}{2}, -\operatorname{tang} t^2)$$

XIX. $$\sin nt = n\sin t.\cos t^{-n-1} F(\tfrac{1}{2}n+1, \tfrac{1}{2}n+\tfrac{1}{2}, \tfrac{3}{2}, -\operatorname{tang} t^2)$$

XX. $$\cos nt = F(\tfrac{1}{2}n, -\tfrac{1}{2}n, \tfrac{1}{2}, \sin t^2)$$

XXI. $$\cos nt = \cos t.\, F(\tfrac{1}{2}n+\tfrac{1}{2}, -\tfrac{1}{2}n+\tfrac{1}{2}, \tfrac{1}{2}, \sin t^2)$$

XXII. $$\cos nt = \cos t^n F(-\tfrac{1}{2}n, -\tfrac{1}{2}n+\tfrac{1}{2}, \tfrac{1}{2}, -\operatorname{tang} t^2)$$

XXIII. $$\cos nt = \cos t^{-n} F(\tfrac{1}{2}n+\tfrac{1}{2}, \tfrac{1}{2}n, \tfrac{1}{2}, -\operatorname{tang} t^2)$$

6.

Functiones praecedentes sunt algebraicae atque transscendentes a logarithmis circuloque pendentes. Neutiquam vero *harum* caussa disquisitionem nostram *generalem* suscipimus, sed potius in gratiam theoriae functionum transscendentium altiorum promovendae, quarum genus amplissimum series nostra complectitur. Huc, inter infinita alia, pertinent coëfficientes ex evolutione functionis $(aa+bb-2ab\cos\varphi)^{-n}$ in seriem secundum cosinus angulorum φ, 2φ, 3φ etc. progredientem orti, de quibus *in specie* alia occasione fusius agemus. Ad formam seriei nostrae autem illi coëfficientes pluribus modis reduci possunt. Scilicet statuendo

$$(aa+bb-2ab\cos\varphi)^{-n} = \Omega = A+2A'\cos\varphi+2A''\cos 2\varphi+2A'''\cos 3\varphi+\text{ etc.}$$

habemus *primo*

$$\begin{aligned}
A &= a^{-2n}F(n, n, 1, \tfrac{bb}{aa})\\
A' &= na^{-2n-1}bF(n, n+1, 2, \tfrac{bb}{aa})\\
A'' &= \tfrac{n(n+1)}{1\,.\,2}a^{-2n-2}bbF(n, n+2, 3, \tfrac{bb}{aa})\\
A''' &= \tfrac{n(n+1)(n+2)}{1\,.\,2\,.\,3}a^{-2n-3}b^3F(n, n+3, 4, \tfrac{bb}{aa})\\
&\text{etc.}
\end{aligned}$$

Si enim $aa+bb-2ab\cos\varphi$ consideratur tamquam productum ex $a-br$ in $a-br^{-1}$ (designante r quantitatem $\cos\varphi+\sin\varphi.\sqrt{-1}$), fit Ω aequalis producto

ex a^{-2n}

$$\text{in}\quad 1+n\frac{br}{a}+\frac{n(n+1)}{1\,.\,2}\cdot\frac{bbrr}{aa}+\frac{n(n+1)(n+2)}{1\,.\,2\,.\,3}\cdot\frac{b^3r^3}{a^3}+\text{ etc.}$$

$$\text{in}\quad 1+n\frac{br^{-1}}{a}+\frac{n(n+1)}{1\,.\,2}\cdot\frac{bbr^{-2}}{aa}+\frac{n(n+1)(n+2)}{1\,.\,2\,.\,3}\cdot\frac{b^3r^{-3}}{a^3}+\text{ etc.}$$

Quod productum quum identicum esse debeat cum

$$A+A'(r+r^{-1})+A''(rr+r^{-2})+A'''(r^3+r^{-3})$$

valores supra dati sponte prodeunt.

Porro habemus *secundo*

$$A = (aa+bb)^{-n}F(\tfrac{1}{2}n,\ \tfrac{1}{2}n+\tfrac{1}{2},\ 1,\ \frac{4aabb}{(aa+bb)^2})$$

$$A' = n(aa+bb)^{-n-1}ab\,F(\tfrac{1}{2}n+\tfrac{1}{2},\ \tfrac{1}{2}n+1,\ 2,\ \frac{4aabb}{(aa+bb)^2})$$

$$A'' = \frac{n(n+1)}{1\,.\,2}(aa+bb)^{-n-2}aabb\,F(\tfrac{1}{2}n+1,\ \tfrac{1}{2}n+\tfrac{3}{2},\ 3,\ \frac{4aabb}{(aa+bb)^2})$$

$$A''' = \frac{n(n+1)(n+2)}{1\,.\,2\,.\,3}(aa+bb)^{-n-3}a^3b^3F(\tfrac{1}{2}n+\tfrac{3}{2},\ \tfrac{1}{2}n+2,\ 4,\ \frac{4aabb}{(aa+bb)^2})$$

etc.

qui valores facile deducuntur ex

$$\Omega(aa+bb)^n = 1+n(r+r^{-1})\frac{ab}{aa+bb}+\frac{n(n+1)}{1\,.\,2}(r+r^{-1})^2\frac{aabb}{(aa+bb)^2}+\text{etc.}$$

Tertio fit

$$A = (a+b)^{-2n}F(n,\ \tfrac{1}{2},\ 1,\ \frac{4ab}{(a+b)^2})$$

$$A' = n(a+b)^{-2n-2}ab\,F(n+1,\ \tfrac{3}{2},\ 3,\ \frac{4ab}{(a+b)^2})$$

$$A'' = \frac{n(n+1)}{1\,.\,2}(a+b)^{-2n-4}aabb\,F(n+2,\ \tfrac{5}{2},\ 5,\ \frac{4ab}{(a+b)^2})$$

$$A''' = \frac{n(n+1)(n+2)}{1\,.\,2\,.\,3}(a+b)^{-2n-6}a^3b^3F(n+3,\ \tfrac{7}{2},\ 7,\ \frac{4ab}{(a+b)^2})$$

etc.

Denique fit *quarto*

$$A = (a-b)^{-2n}F(n,\ \tfrac{1}{2},\ 1,\ -\frac{4ab}{(a-b)^2})$$

$$A' = n(a-b)^{-2n-2}ab\,F(n+1,\ \tfrac{3}{2},\ 3,\ -\frac{4ab}{(a-b)^2})$$

$$A'' = \frac{n(n+1)}{1\,.\,2}(a-b)^{-2n-4}aabb\,F(n+2,\ \tfrac{5}{2},\ 5,\ -\frac{4ab}{(a-b)^2})$$

$$A''' = \frac{n(n+1)(n+2)}{1\,.\,2\,.\,3}(a-b)^{2n-6}a^3b^3F(n+3,\ \tfrac{7}{2},\ 7,\ -\frac{4ab}{(a-b)^2})$$

etc.

Valores illi atque hi facile eruuntur ex

$$\Omega(a+b)^{2n} = (1-\frac{4ab\cos\tfrac{1}{2}\varphi^2}{(a+b)^2})^{-n}$$

$$= 1+n\frac{ab}{(a+b)^2}(r^{\frac{1}{2}}+r^{-\frac{1}{2}})^2+\frac{n(n+1)}{1\,.\,2}\cdot\frac{aabb}{(a+b)^4}(r^{\frac{1}{2}}+r^{-\frac{1}{2}})^4+\text{etc.}$$

$$\Omega(a-b)^{2n} = (1+\frac{4ab\sin\tfrac{1}{2}\varphi^2}{(a-b)^2})^{-n}$$

$$= 1+n\frac{ab}{(a-b)^2}(r^{\frac{1}{2}}-r^{-\frac{1}{2}})^2+\frac{n(n+1)}{1\,.\,2}\cdot\frac{aabb}{(a-b)^4}(r^{\frac{1}{2}}-r^{-\frac{1}{2}})^4+\text{etc.}$$

SECTIO PRIMA.

Relationes inter functiones contiguas.

7.

Functionem ipsi $F(\alpha, \beta, \gamma, x)$ *contiguam* vocamus, quae ex illa oritur, dum elementum primum, secundum, vel tertium unitate vel augetur vel diminuitur, manentibus tribus reliquis elementis. Functio itaque primaria $F(\alpha. \beta, \gamma, x)$ sex contiguas suppeditat, inter quarum binas ipsamque primariam aequatio persimplex linearis datur. Has aequationes, numero quindecim, hic in conspectum producimus, brevitatis gratia elementum quartum quod semper subintelligitur $= x$ omittentes, functionemque primariam simpliciter per F denotantes.

[1] $0 = (\gamma - 2\alpha - (\beta - \alpha)x)F + \alpha(1-x)F(\alpha+1, \beta, \gamma) - (\gamma - \alpha)F(\alpha - 1, \beta, \gamma)$

[2] $0 = (\beta - \alpha)F + \alpha F(\alpha+1, \beta, \gamma) - \beta F(\alpha, \beta+1, \gamma)$

[3] $0 = (\gamma - \alpha - \beta)F + \alpha(1-x)F(\alpha+1, \beta, \gamma) - (\gamma - \beta)F(\alpha, \beta - 1, \gamma)$

[4] $0 = \gamma(\alpha - (\gamma - \beta)x)F - \alpha\gamma(1-x)F(\alpha+1, \beta, \gamma) + (\gamma - \alpha)(\gamma - \beta)F(\alpha, \beta, \gamma+1)$

[5] $0 = (\gamma - \alpha - 1)F + \alpha F(\alpha+1, \beta, \gamma) - (\gamma - 1)F(\alpha, \beta, \gamma - 1)$

[6] $0 = (\gamma - \alpha - \beta)F - (\gamma - \alpha)F(\alpha - 1, \beta, \gamma) + \beta(1-x)F(\alpha, \beta+1, \gamma)$

[7] $0 = (\beta - \alpha)(1-x)F - (\gamma - \alpha)F(\alpha - 1, \beta, \gamma) + (\gamma - \beta)F(\alpha, \beta - 1, \gamma)$

[8] $0 = \gamma(1-x)F - \gamma F(\alpha - 1, \beta, \gamma) + (\gamma - \beta)xF(\alpha, \beta, \gamma+1)$

[9] $0 = (\alpha - 1 - (\gamma - \beta - 1)x)F + (\gamma - \alpha)F(\alpha - 1, \beta, \gamma) - (\gamma - 1)(1-x)F(\alpha, \beta, \gamma - 1)$

[10] $0 = (\gamma - 2\beta + (\beta - \alpha)x)F + \beta(1-x)F(\alpha, \beta+1, \gamma) - (\gamma - \beta)F(\alpha, \beta - 1, \gamma)$

[11] $0 = \gamma(\beta - (\gamma - \alpha)x)F - \beta\gamma(1-x)F(\alpha, \beta+1, \gamma) - (\gamma - \alpha)(\gamma - \beta)F(\alpha, \beta, \gamma+1)$

[12] $0 = (\gamma - \beta - 1)F + \beta F(\alpha, \beta+1, \gamma) - (\gamma - 1)F(\alpha, \beta, \gamma - 1)$

[13] $0 = \gamma(1-x)F - \gamma F(\alpha, \beta - 1, \gamma) + (\gamma - \alpha)xF(\alpha, \beta, \gamma+1)$

[14] $0 = (\beta - 1 - (\gamma - \alpha - 1)x)F + (\gamma - \beta)F(\alpha, \beta - 1, \gamma) - (\gamma - 1)(1-x)F(\alpha, \beta, \gamma - 1)$

[15] $0 = \gamma(\gamma - 1 - (2\gamma - \alpha - \beta - 1)x)F + (\gamma - \alpha)(\gamma - \beta)xF(\alpha, \beta, \gamma+1)$
$\qquad - \gamma(\gamma - 1)(1-x)F(\alpha, \beta, \gamma - 1)$

8.

Ecce iam demonstrationem harum formularum. Statuendo

$$\frac{(\alpha+1)(\alpha+2)\ldots(\alpha+m-1)\beta(\beta+1)\ldots\ldots(\beta+m-2)}{1\cdot 2\cdot 3\ldots\ldots m\cdot\gamma(\gamma+1)\ldots\ldots(\gamma+m-1)} = M$$

erit coëfficiens potestatis x^m

$$\begin{array}{ll} \text{in } F \ldots\ldots & \alpha(\beta+m-1)M \\ \text{in } F(\alpha,\beta-1,\gamma) \ldots & \alpha(\beta-1)M \\ \text{in } F(\alpha+1,\beta,\gamma) \ldots & (\alpha+m)(\beta+m-1)M \\ \text{in } F(\alpha,\beta,\gamma-1) \ldots & \frac{\alpha(\beta+m-1)(\gamma+m-1)M}{\gamma-1} \end{array}$$

coëfficiens autem potestatis x^{m-1} in $F(\alpha+1,\beta,\gamma)$, seu coëfficiens potestatis x^m in $xF(\alpha+1,\beta,\gamma)$

$$= m(\gamma+m-1)M$$

Hinc statim demanat veritas formularum 5 et 3; permutando α cum β, oritur ex 5 formula 12, atque ex his duabus per eliminationem 2. Perinde per eandem permutationem ex 3 oritur 6; ex 6 et 12 combinatis oritur 9, hinc per permutationem 14, quibus combinatis habetur 7; denique ex 2 et 6 eruitur 1, atque hinc permutando 10. Formula 8 simili modo ut supra formulae 5 et 3, e consideratione coëfficientium derivari potest (eodemque modo, si placeret, *omnes* 15 formulae erui possent), vel elegantius ex iam notis sequenti modo. Mutando in formula 5 elementum α in $\alpha-1$, atque γ in $\gamma+1$, prodit

$$0 = (\gamma-\alpha+1)F(\alpha-1,\beta,\gamma+1)+(\alpha-1)F(\alpha,\beta,\gamma+1)-\gamma F(\alpha-1,\beta,\gamma)$$

Mutando vero in formula 9 tantummodo γ in $\gamma+1$, fit

$$0 = (\alpha-1-(\gamma-\beta)x)F(\alpha,\beta,\gamma+1)+(\gamma-\alpha+1)F(\alpha-1,\beta,\gamma+1)-\gamma(1-x)F(\alpha,\beta,\gamma)$$

E subtractione harum formularum statim oritur 8, atque hinc per permutationem 13. Ex 1 et 8 prodit 4, hincque permutando 11. Denique ex 8 et 9 deducitur 15.

9.

Si $\alpha'-\alpha$, $\beta'-\beta$, $\gamma'-\gamma$, nec non $\alpha''-\alpha$, $\beta''-\beta$, $\gamma''-\gamma$ sunt numeri integri (positivi seu negativi), a functione $F(\alpha,\beta,\gamma)$ ad functionem $F(\alpha',\beta',\gamma')$, et perinde ab hac usque ad functionem $F(\alpha'',\beta'',\gamma'')$ transire licet per seriem similium functionum, ita ut quaelibet contigua sit antecedenti et consequenti, mutando scilicet primo elementum unum e.g. α continuo unitate, donec a $F(\alpha,\beta,\gamma)$ perventum sit ad $F(\alpha',\beta,\gamma)$, dein mutando elementum secundum, donec perventum sit ad $F(\alpha', \beta', \gamma)$, denique mutando elementum tertium, donec perventum sit ad $F(\alpha', \beta', \gamma')$, et perinde ab hac usque ad $F(\alpha'', \beta'', \gamma'')$. Quum itaque per art. 7 habeantur aequationes lineares inter functionem primam, secundam atque tertiam, et generaliter inter ternas quascunque consequentes huius seriei, facile perspicitur, hinc per eliminationem deduci posse aequationem linearem inter functiones $F(\alpha, \beta, \gamma)$, $F(\alpha', \beta', \gamma')$, $F(\alpha'', \beta'', \gamma'')$, ita ut generaliter loquendo e duabus functionibus, quarum tria elementa prima numeris integris differunt, quamlibet aliam functionem eadem proprietate gaudentem derivare liceat, siquidem elementum quartum idem maneat. Ceterum hic nobis sufficit, hanc veritatem insignem generaliter stabilivisse, neque hic compendiis immoramur, per quae operationes ad hunc finem necessariae quam brevissimae reddantur.

10.

Propositae sint e. g. functiones

$$F(\alpha, \beta, \gamma),\ F(\alpha+1, \beta+1, \gamma+1),\ F(\alpha+2, \beta+2, \gamma+2)$$

inter quas aequationem linearem invenire oporteat. Iungamus ipsas per functiones contiguas sequenti modo:

$$\begin{aligned}
&F(\alpha, \beta, \gamma) = F\\
&F(\alpha+1, \beta, \gamma) = F'\\
&F(\alpha+1, \beta+1, \gamma) = F''\\
&F(\alpha+1, \beta+1, \gamma+1) = F'''\\
&F(\alpha+2, \beta+1, \gamma+1) = F''''\\
&F(\alpha+2, \beta+2, \gamma+1) = F'''''\\
&F(\alpha+2, \beta+2, \gamma+2) = F''''''
\end{aligned}$$

Habemus itaque quinque aequationes lineares (e formulis 6, 13, 5 art. 7):

$$\begin{aligned}
&\text{I.}\quad 0 = (\gamma-\alpha-1)F - (\gamma-\alpha-1-\beta)F' - \beta(1-x)F''\\
&\text{II.}\quad 0 = \gamma F' - \gamma(1-x)F'' - (\gamma-\alpha-1)xF'''\\
&\text{III.}\quad 0 = \gamma F'' - (\gamma-\alpha-1)F''' - (\alpha+1)F''''\\
&\text{IV.}\quad 0 = (\gamma-\alpha-1)F''' - (\gamma-\alpha-2-\beta)F'''' - (\beta+1)(1-x)F'''''\\
&\text{V.}\quad 0 = (\gamma+1)F'''' - (\gamma+1)(1-x)F''''' - (\gamma-\alpha-1)xF''''''
\end{aligned}$$

Ex I et II prodit, eliminando F'

VI. $0=\gamma F-\gamma(1-x)F''-(\gamma-\alpha-\beta-1)xF'''$

Hinc atque ex III, eliminando F''

VII. $0=\gamma F-(\gamma-\alpha-1-\beta x)F'''-(\alpha+1)(1-x)F''''$

Porro ex IV atque V, eliminando F'''''

VIII. $0=(\gamma+1)F'''-(\gamma+1)F''''+(\beta+1)xF''''''$

Hinc atque ex VII, eliminando F'''',

IX. $0=\gamma(\gamma+1)F-(\gamma+1)(\gamma-(\alpha+\beta+1)x)F'''-(\alpha+1)(\beta+1)x(1-x)F''''''$

11.

Si omnes relationes inter ternas functiones $F(\alpha,\beta,\gamma)$, $F(\alpha+\lambda,\beta+\mu,\gamma+\nu)$, $F(\alpha+\lambda',\beta+\mu',\gamma+\nu')$, in quibus $\lambda,\mu,\nu,\lambda',\mu',\nu'$ vel $=0$ vel $=+1$ vel $=-1$, exhaurire vellemus, formularum multitudo usque ad 325 ascenderet. Haud inutilis foret talis collectio, saltem simpliciorum ex his formulis: hoc vero loco sufficiat, paucas tantummodo apposuisse, quas vel ex formulis art. 7, vel si magis placet, simili modo ut duae priores ex illis in art. 8 erutae sunt, quivis nullo negotio sibi demonstrare poterit.

[16] $$F(\alpha,\beta,\gamma)-F(\alpha,\beta,\gamma-1)=-\frac{\alpha\beta x}{\gamma(\gamma-1)}F(\alpha+1,\beta+1,\gamma+1)$$

[17] $$F(\alpha,\beta+1,\gamma)-F(\alpha,\beta,\gamma)=\frac{\alpha x}{\gamma}F(\alpha+1,\beta+1,\gamma+1)$$

[18] $$F(\alpha+1,\beta,\gamma)-F(\alpha,\beta,\gamma)=\frac{\beta x}{\gamma}F(\alpha+1,\beta+1,\gamma+1)$$

[19] $$F(\alpha,\beta+1,\gamma+1)-F(\alpha,\beta,\gamma)=\frac{\alpha(\gamma-\beta)x}{\gamma(\gamma+1)}F(\alpha+1,\beta+1,\gamma+2)$$

[20] $$F(\alpha+1,\beta,\gamma+1)-F(\alpha,\beta,\gamma)=\frac{\beta(\gamma-\alpha)x}{\gamma(\gamma+1)}F(\alpha+1,\beta+1,\gamma+2)$$

[21] $$F(\alpha-1,\beta+1,\gamma)-F(\alpha,\beta,\gamma)=\frac{(\alpha-\beta-1)x}{\gamma}F(\alpha,\beta+1,\gamma+1)$$

[22] $$F(\alpha+1,\beta-1,\gamma)-F(\alpha,\beta,\gamma)=\frac{(\beta-\alpha-1)x}{\gamma}F(\alpha+1,\beta,\gamma+1)$$

[23] $$F(\alpha-1,\beta+1,\gamma)-F(\alpha+1,\beta-1,\gamma)=\frac{(\alpha-\beta)x}{\gamma}F(\alpha+1,\beta+1,\gamma+1)$$

SECTIO SECUNDA.

Fractiones continuae.

12.

Designando

$$\frac{F(\alpha, \beta+1, \gamma+1, x)}{F(\alpha, \beta, \gamma, x)} \text{ per } G(\alpha, \beta, \gamma, x)$$

fit

$$\frac{F(\alpha+1, \beta, \gamma+1, x)}{F(\alpha, \beta, \gamma, x)} = \frac{F(\beta, \alpha+1, \gamma+1, x)}{F(\beta, \alpha, \gamma, x)} = G(\beta, \alpha, \gamma, x)$$

et proin, dividendo aequationem 19 per $F(\alpha, \beta+1, \gamma+1, x)$,

$$1 - \frac{1}{G(\alpha, \beta, \gamma, x)} = \frac{\alpha(\gamma-\beta)}{\gamma(\gamma+1)} x\, G(\beta+1, \alpha, \gamma+1, x)$$

sive

[24] $$G(\alpha, \beta, \gamma, x) = \cfrac{1}{1 - \cfrac{\alpha(\gamma-\beta)}{\gamma(\gamma+1)} x\, G(\beta+1, \alpha, \gamma+1, x)}$$

et quum perinde fiat

$$G(\beta+1, \alpha, \gamma+1, x) = \cfrac{1}{1 - \cfrac{(\beta+1)(\gamma+1-\alpha)}{(\gamma+1)(\gamma+2)} x\, G(\alpha+1, \beta+1, \gamma+2, x)}$$

etc., resultabit pro $G(\alpha, \beta, \gamma, x)$ fractio continua

[25] $$\frac{F(\alpha, \beta+1, \gamma+1, x)}{F(\alpha, \beta, \gamma, x)} = \cfrac{1}{1 - \cfrac{ax}{1 - \cfrac{bx}{1 - \cfrac{cx}{1 - \cfrac{dx}{1 - \text{etc.}}}}}}$$

ubi

$$a = \frac{\alpha(\gamma-\beta)}{\gamma(\gamma+1)} \qquad b = \frac{(\beta+1)(\gamma+1-\alpha)}{(\gamma+1)(\gamma+2)}$$

$$c = \frac{(\alpha+1)(\gamma+1-\beta)}{(\gamma+2)(\gamma+3)} \qquad d = \frac{(\beta+2)(\gamma+2-\alpha)}{(\gamma+3)(\gamma+4)}$$

$$e = \frac{(\alpha+2)(\gamma+2-\beta)}{(\gamma+4)(\gamma+5)} \qquad f = \frac{(\beta+3)(\gamma+3-\alpha)}{(\gamma+5)(\gamma+6)}$$

etc., cuius lex progressionis obvia est.

Porro ex aequationibus 17, 18, 21, 22 sequitur

[26] $$\frac{F(\alpha,\beta+1,\gamma,x)}{F(\alpha,\beta,\gamma,x)}=\cfrac{1}{1-\frac{\alpha x}{\gamma}G(\beta+1,\alpha,\gamma,x)}$$

[27] $$\frac{F(\alpha+1,\beta,\gamma,x)}{F(\alpha,\beta,\gamma,x)}=\cfrac{1}{1-\frac{\beta x}{\gamma}G(\alpha+1,\beta,\gamma,x)}$$

[28] $$\frac{F(\alpha-1,\beta+1,\gamma,x)}{F(\alpha,\beta,\gamma,x)}=\cfrac{1}{1-\frac{(\alpha-\beta-1)x}{\gamma}G(\beta+1,\alpha-1,\gamma,x)}$$

[29] $$\frac{F(\alpha+1,\beta-1,\gamma,x)}{F(\alpha,\beta,\gamma,x)}=\cfrac{1}{1-\frac{(\beta-\alpha-1)x}{\gamma}G(\alpha+1,\beta-1,\gamma,x)}$$

unde, substitutis pro functione G eius valoribus in fractionibus continuis, totidem fractiones continuae novae prodeunt.

Ceterum sponte patet, fractionem continuam in formula 25 abrumpi, si e numeris $\alpha, \beta, \gamma-\alpha, \gamma-\beta$ aliquis fuerit integer negativus, alioquin vero in infinitum excurrere.

13.

Fractiones continuae in art. praec. erutae maximi sunt momenti, asserique potest, vix ullas fractiones continuas secundum legem obviam progredientes ab analystis hactenus erutas esse, quae sub nostris tamquam casus speciales non sint contentae. Imprimis memorabilis est casus is, ubi in formula 25 statuitur $\beta=0$, unde $F(\alpha,\beta,\gamma,x)=1$, adeoque, scribendo $\gamma-1$ pro γ

[30] $$F(\alpha,1,\gamma)=1+\frac{\alpha}{\gamma}x+\frac{\alpha(\alpha+1)}{\gamma(\gamma+1)}xx+\frac{\alpha(\alpha+1)(\alpha+2)}{\gamma(\gamma+1)(\gamma+2)}x^3+\text{etc.}$$
$$=\cfrac{1}{1-\cfrac{ax}{1-\cfrac{bx}{1-\cfrac{cx}{1-\cfrac{dx}{1-\text{etc.}}}}}}$$

ubi

$$a=\frac{\alpha}{\gamma} \qquad b=\frac{\gamma-\alpha}{\gamma(\gamma+1)}$$
$$c=\frac{(\alpha+1)\gamma}{(\gamma+1)(\gamma+2)} \qquad d=\frac{2(\gamma+1-\alpha)}{(\gamma+2)(\gamma+3)}$$
$$e=\frac{(\alpha+2)(\gamma+1)}{(\gamma+3)(\gamma+4)} \qquad f=\frac{3(\gamma+2-\alpha)}{(\gamma+4)(\gamma+5)}$$
etc.

14.

Operae pretium erit, quosdam casus speciales huc adscripsisse. Ex formula I art. 5 sequitur, statuendo $t = 1$, $\beta = 1$

[31] $$(1+u)^n = \cfrac{1}{1 - \cfrac{nu}{1 + \cfrac{\frac{n+1}{2}u}{1 - \cfrac{\frac{n-1}{2.3}u}{1 + \cfrac{\frac{2(n+2)}{3.4}u}{1 - \cfrac{\frac{2(n-2)}{4.5}u}{1 + \text{etc.}}}}}}}$$

E formulis VI, VII art. 5 sequitur

[32] $$\log(1+t) = \cfrac{t}{1 + \cfrac{\frac{1}{2}t}{1 + \cfrac{\frac{1}{6}t}{1 + \cfrac{\frac{2}{6}t}{1 + \cfrac{\frac{2}{10}t}{1 + \cfrac{\frac{3}{10}t}{1 + \cfrac{\frac{3}{14}t}{1 + \text{etc.}}}}}}}}$$

[33] $$\log\frac{1+t}{1-t} = \cfrac{2t}{1 - \cfrac{\frac{1}{3}tt}{1 - \cfrac{\frac{2.2}{3.5}tt}{1 - \cfrac{\frac{3.3}{5.7}tt}{1 - \cfrac{\frac{4.4}{7.9}tt}{1 - \text{etc.}}}}}}$$

Mutando hic signa $-$ in $+$ prodit fractio continua pro arc. tang t.

Porro habemus

[34] $$e^t = \cfrac{1}{1 - \cfrac{t}{1 + \cfrac{\frac{1}{2}t}{1 - \cfrac{\frac{1}{6}t}{1 + \cfrac{\frac{1}{6}t}{1 - \cfrac{\frac{1}{10}t}{1 + \cfrac{\frac{1}{10}t}{1 - \text{etc.}}}}}}}}$$

[35]
$$t=\cfrac{\sin t\cos t}{1-\cfrac{\frac{1.2}{1.3}\sin t^2}{1-\cfrac{\frac{1.2}{3.5}\sin t^2}{1-\cfrac{\frac{3.4}{5.7}\sin t^2}{1-\cfrac{\frac{3.4}{7.9}\sin t^2}{1-\cfrac{\frac{5.6}{9.11}\sin t^2}{1-\text{etc.}}}}}}}$$

Statuendo $\alpha=3$, $\gamma=\frac{5}{2}$, e formula 30 sponte sequitur fractio continua in *Theoria motus corporum coelestium* art. 90 proposita. Ibidem duae aliae fractiones continuae prolatae sunt, quarum evolutionem hacce occasione supplere visum est. Statuendo

$$Q=1-\cfrac{\frac{5.8}{7.9}x}{1-\cfrac{\frac{1.4}{9.11}x}{1-\frac{7.10}{11.13}x\ \text{etc.}}}$$

fit l. c. $x-\xi=\dfrac{x}{1+\dfrac{2x}{35Q}}=\dfrac{xQ}{Q+\frac{2}{35}x}$, adeoque

$$\xi=\frac{\frac{2}{35}xx}{Q+\frac{2}{35}x}$$

quae est formula prior: posterior sequenti modo eruitur. Statuendo

$$R=1-\cfrac{\frac{1.4}{7.9}x}{1-\cfrac{\frac{5.8}{9.11}x}{1-\cfrac{\frac{3.6}{11.13}x}{1-\frac{7.10}{13.15}x\ \text{etc.}}}}$$

erit per formulam 25

$$\frac{1}{R}=G(\tfrac{1}{2},\tfrac{3}{2},\tfrac{7}{2},x),\quad \text{atque}\quad \frac{1}{Q}=G(\tfrac{5}{2},-\tfrac{1}{2},\tfrac{7}{2},x)$$

Hinc

$$RF(\tfrac{1}{2}, \tfrac{5}{2}, \tfrac{9}{2}, x) = F(\tfrac{1}{2}, \tfrac{3}{2}, \tfrac{7}{2}, x)$$
$$QF(\tfrac{5}{2}, \tfrac{1}{2}, \tfrac{9}{2}, x) = F(\tfrac{5}{2}, -\tfrac{1}{2}, \tfrac{7}{2}, x)$$

sive permutando elementum primum cum secundo

$$QF(\tfrac{1}{2}, \tfrac{5}{2}, \tfrac{9}{2}, x) = F(-\tfrac{1}{2}, \tfrac{5}{2}, \tfrac{7}{2}, x)$$

Sed per aequationem 21 habemus

$$F(-\tfrac{1}{2}, \tfrac{5}{2}, \tfrac{7}{2}, x) - F(\tfrac{1}{2}, \tfrac{3}{2}, \tfrac{7}{2}, x) = -\tfrac{4}{7}x F(\tfrac{1}{2}, \tfrac{5}{2}, \tfrac{9}{2}, x)$$

unde fit $Q = R - \frac{4}{7}x$, quo valore in formula supra data substituto prodit

$$\xi = \frac{\frac{2}{35}xx}{R - \frac{18}{35}x}$$

quae est formula posterior.

Statuendo in formula 30, $\alpha = \frac{m}{n}$, $x = -\gamma n t$, fit pro valore infinite magno ipsius γ

[36] $$F(\tfrac{m}{n}, 1, \gamma, -\gamma n t) = 1 - mt + m(m+n)tt - m(m+n)(m+2n)t^3 + \text{etc.}$$

$$= \cfrac{1}{1 + \cfrac{mt}{1 + \cfrac{nt}{1 + \cfrac{(m+n)t}{1 + \cfrac{2nt}{1 + \cfrac{(m+2n)t}{1 + 3nt \text{ etc.}}}}}}}$$

SECTIO TERTIA.

De summa seriei nostrae statuendo elementum quartum = 1, ubi simul quaedam aliae functiones transscendentes discutiuntur.

15.

Quoties elementa α, β, γ omnia sunt quantitates positivae, omnes coëfficientes potestatum elementi quarti x positivi evadunt: quoties vero ex illis elementis unum alterumve negativum est, saltem inde ab aliqua potestate x^m omnes coëfficientes eodem signo affecti erunt, si modo m accipitur maior quam valor absolutus elementi negativi maximi. Porro hinc sponte patet, seriei summam pro

$x=1$ finitam esse non posse, nisi coëfficientes saltem post certum terminum in infinitum decrescant, vel, ut secundum morem analystarum loquamur, nisi coëfficiens termini x^{∞} sit $=0$. Ostendemus autem, et quidem, in gratiam eorum, qui methodis rigorosis antiquorum geometrarum favent, omni rigore,

primo, coëfficientes (siquidem series non abrumpatur), in infinitum crescere, quoties fuerit $\alpha+\beta-\gamma-1$ quantitas positiva.

secundo, coëfficientes versus limitem finitum continuo convergere, quoties fuerit $\alpha+\beta-\gamma-1=0$.

tertio, coëfficientes in infinitum decrescere, quoties fuerit $\alpha+\beta-\gamma-1$ quantitas negativa.

quarto, summam seriei nostrae pro $x=1$, non obstante convergentia in casu tertio, infinitam esse, quoties fuerit $\alpha+\beta-\gamma$ quantitas positiva vel $=0$.

quinto, summam vero *finitam* esse, quoties $\alpha+\beta-\gamma$ fuerit quantitas negativa.

16.

Hanc disquisitionem generalius adaptabimus seriei infinitae M, M', M'', M''' etc. ita formatae, ut quotientes $\frac{M'}{M}, \frac{M''}{M'}, \frac{M'''}{M''}$ etc. resp. sint valores fractionis

$$\frac{t^{\lambda}+At^{\lambda-1}+Bt^{\lambda-2}+Ct^{\lambda-3}+\text{etc.}}{t^{\lambda}+at^{\lambda-1}+bt^{\lambda-2}+ct^{\lambda-3}+\text{etc.}}$$

pro $t=m$, $t=m+1$, $t=m+2$ etc. Brevitatis caussa huius fractionis numeratorem per P, denominatorem per p denotabimus: praeterea supponemus, P, p non esse identicas, sive differentias $A-a$, $B-b$, $C-c$ etc. non omnes simul evanescere.

I. Quoties e differentiis $A-a$, $B-b$, $C-c$ etc. prima quae non evanescit est positiva, assignari poterit limes aliquis l, quem simulac egressus est valor ipsius t, valores functionum P et p certo semper evadent positivi, atque $P>p$. Manifestum est, hoc evenire, si pro l accipiatur radix maxima realis aequationis $p(P-p)=0$; si vero haec aequatio nullas omnino radices reales habeat, proprietatem illam pro omnibus valoribus ipsius t locum habere. Quapropter in serie $\frac{M'}{M}, \frac{M''}{M'}, \frac{M'''}{M''}$ etc. saltem post certum intervallum (si non ab initio) omnes termini erunt positivi atque maiores unitate; quodsi itaque nullus neque $=0$ neque infinite magnus evadit, perspicuum est, *seriem* M, M', M'', M''' etc. *si non ab initio tamen post certum intervallum omnes suos terminos eodem signo affectos continuoque crescentes habituram esse.*

Eadem ratione, si e differentiis $A-a$, $B-b$, $C-c$ etc. prima quae non evanescit est negativa, series M, M', M'', M''' etc. si non ab initio tamen post certum intervallum omnes suos terminos eodem signo affectos continuoque decrescentes habebit.

II. Si iam coëfficientes A, a sunt inaequales, termini seriei M, M', M'', M''' etc. ultra omnes limites sive in infinitum vel crescent vel decrescent, prout differentia $A-a$ est positiva vel negativa: hoc ita demonstramus. Si $A-a$ est quantitas positiva, accipiatur numerus integer h ita, ut fiat $h(A-a)>1$, statuaturque $\frac{M^h}{m}=N$, $\frac{M'^h}{m+1}=N'$, $\frac{M''^h}{m+2}=N''$, $\frac{M'''^h}{m+3}=N'''$ etc., nec non $tP^h=Q$, $(t+1)p^h=q$. Tunc patet, $\frac{N'}{N}, \frac{N''}{N'}, \frac{N'''}{N''}$ etc. esse valores fractionis $\frac{Q}{q}$ ponendo $t=m$, $t=m+1$, $t=m+2$ etc., ipsas Q, q vero esse functiones algebraicas formae huius

$$Q=t^{\lambda h+1}+hAt^{\lambda h}+\text{ etc.}$$
$$q=t^{\lambda h+1}+(ha+1)t^{\lambda h}+\text{ etc.}$$

Quare quum per hyp. differentia $hA-(ha+1)$ sit quantitas positiva, termini seriei N, N', N'', N''' etc. si non ab initio tamen post certum intervallum continuo crescent (per I); hinc termini seriei mN, $(m+1)N'$, $(m+2)N''$, $(m+3)N'''$ etc. necessario ultra omnes limites crescent, et proin etiam termini seriei M, M', M'', M''' etc., quippe quorum potestates exponente h illis sunt aequales. Q.E.P.

Si $A-a$ est quantitas negativa, accipere oportet integrum h ita, ut $h(a-A)$ fiat maior quam 1, unde per ratiocinia similia termini seriei

$$mM^h,\quad (m+1)M'^h,\quad (m+2)M''^h,\quad (m+3)M'''^h\quad \text{etc.}$$

post certum intervallum continuo decrescent. Quamobrem termini seriei M^h, M'^h, M''^h etc. adeoque etiam termini huius M, M', M'', M''' etc. necessario in infinitum decrescent. Q. E. S.

III. Si vero coëfficientes primi A, a sunt aequales, termini seriei M, M', M'', M''' etc. versus limitem finitum continuo convergent, quod ita demonstramus. Supponamus primo, terminos seriei post certum intervallum continuo crescere, sive e differentiis $B-b$, $C-c$ etc. primam quae non evanescat esse positivam. Sit h integer talis, ut $h+b-B$ fiat quantitas positiva, statuamusque

$$M\left(\frac{m}{m-1}\right)^h = N, \quad M'\left(\frac{m+1}{m}\right)^h = N', \quad M''\left(\frac{m+2}{m+1}\right)^h = N'' \text{ etc.}$$

atque $(tt-1)^h P = Q$, $t^{2h} p = q$, ita ut $\frac{N'}{N}$, $\frac{N''}{N'}$ etc. sint valores fractionis $\frac{Q}{q}$ ponendo $t = m$, $t = m+1$ etc. Quum itaque habeatur

$$Q = t^{\lambda+2h} + At^{\lambda+2h-1} + (B-h)t^{\lambda+2h-2} \text{ etc.}$$
$$q = t^{\lambda+2h} + At^{\lambda+2h-1} + bt^{\lambda+2h-2} \text{ etc.}$$

atque per hyp. $B-h-b$ sit quantitas negativa, termini seriei N, N', N'', N''' etc. post certum saltem intervallum continuo decrescent, adeoque termini seriei M, M', M'', M''' etc., qui illis resp. semper sunt minores, dum continuo crescunt, tantummodo versus limitem finitum convergere possunt. Q. E. P.

Si termini seriei M, M', M'', M''' etc. post certum intervallum continuo decrescunt, accipere oportet pro h integrum talem, ut $h+B-b$ sit quantitas positiva, evinceturque per ratiocinia prorsus similia, terminos seriei

$$M\left(\frac{m-1}{m}\right)^h, \quad M'\left(\frac{m}{m+1}\right)^h, \quad M''\left(\frac{m+1}{m+2}\right)^h \text{ etc.}$$

post certum intervallum continuo crescere, unde termini seriei M, M', M'' etc., qui illis resp. semper sunt maiores, dum continuo decrescunt, necessario tantummodo versus limitem finitum decrescere possunt. Q. E. S.

IV. Denique quod attinet ad *summam* seriei, cuius termini sunt $M, M', M'' M'''$etc., in casu eo, ubi hi in infinitum decrescunt, supponamus primo, $A-a$ cadere inter 0 et -1, sive $A+1-a$ esse vel quantitatem positivam vel $=0$. Sit h integer positivus, arbitrarius in casu eo, ubi $A+1-a$ est quantitas positiva, vel talis qui reddat quantitatem $h+m+A+B-b$ positivam in casu eo ubi $A+1-a=0$. Tunc erit

$$P(t-(m+h-1)) = t^{\lambda+1} + (A+1-m-h)t^{\lambda} + (B-A(m+h-1))t^{\lambda-1} \text{ etc.}$$
$$p(t-(m+h)) = t^{\lambda+1} + (a-m-h)t^{\lambda} + (b-a(m+h))t^{\lambda-1} \text{ etc.}$$

ubi vel $A+1-m-h-(a-m-h)$ erit quantitas positiva, vel, si haec fit $=0$, saltem $B-A(m+h-1)-(b-a(m+h))$ positiva erit. Hinc (per I) pro quantitate t assignari poterit valor aliquis l, quem simulac transgressa est, valores fractionis $\frac{P(t-(m+h-1))}{p(t-(m+h))}$ semper fient positivi atque unitate maiores. Sit n integer maior quam l simulque maior quam h, sintque termini seriei M, M', M'', M''' etc. qui respondent valoribus $t=m+n$, $t=m+n+1$, $t=m+n+2$ etc., hi N, N', N'', N''' etc. Erunt itaque

$$\frac{(n+1-h)N'}{(n-h)N}, \quad \frac{(n+2-h)N''}{(n+1-h)N'}, \quad \frac{(n+3-h)N'''}{(n+2-h)N''} \text{ etc.}$$

quantitates positivae unitate maiores, unde

$$N' > \frac{(n-h)N}{n+1-h}, \quad N'' > \frac{(n-h)N}{n+2-h}, \quad N''' > \frac{(n-h)N}{n+3-h} \text{ etc.}$$

adeoque summa seriei $N+N'+N''+N'''+$ etc. maior summa seriei

$$(n-h)N\left(\frac{1}{n-h}+\frac{1}{n+1-h}+\frac{1}{n+2-h}+\frac{1}{n+3-h}+\text{ etc.}\right)$$

quotcunque termini colligantur. Sed posterior series, crescente terminorum numero in infinitum, omnes limites egreditur, quum summa seriei $1+\frac{1}{2}+\frac{1}{3}+\frac{1}{4}+$ etc. quam infinitam esse constat etiam infinita maneat, si ab initio termini $1+\frac{1}{2}+\frac{1}{3}+$etc. $+\frac{1}{n-1-h}$ rescindantur. Quare summa seriei $N+N'+N''+N'''+$ etc., adeoque etiam summa huius $M+M'+M''+M'''+$ etc., cuius pars est illa, ultra omnes limites crescit.

V. Quoties autem $A-a$ est quantitas negativa absolute maior quam unitas, summa seriei $M+M'+M''+M'''+$ etc. in infinitum continuatae certo erit finita. Sit enim h quantitas positiva minor quam $a-A-1$, demonstrabiturque per ratiocinia similia, assignari posse valorem aliquem l quantitatis t, ultra quem fractio $\frac{Pt}{p(t-h-1)}$ semper adipiscatur valores positivos unitate minores. Quodsi iam pro n accipitur numerus integer ipsis $l, m, h+1$ maior, terminique seriei M, M', M'', M''' etc., valoribus $t=n$, $t=n+1$, $t=n+2$ etc. respondentes, designantur per N, N', N'' etc., erit

$$N' < \frac{n-h-1}{n}\cdot N, \quad N'' < \frac{(n-h-1)(n-h)}{n(n+1)}\cdot N' \text{ etc.}$$

adeoque summa seriei $N+N'+N''+$ etc, quotcunque termini colligantur, minor producto ex N in summam totidem terminorum seriei

$$1+\frac{n-h-1}{n}+\frac{(n-h-1)(n-h)}{n(n+1)}+\frac{(n-h-1)(n-h)(n-h+1)}{n(n+1)(n+2)} \text{ etc.}$$

Huius vero summa pro quolibet terminorum numero facile assignari potest; est scilicet

terminus primus $\qquad = \frac{n-1}{h}-\frac{n-h-1}{h}$

summa duorum terminorum $=\frac{n-1}{h}-\frac{(n-h-1)(n-h)}{hn}$

summa trium terminorum $=\frac{n-1}{h}-\frac{(n-h-1)(n-h)(n-h+1)}{hn(n+1)}$ etc.

et quum pars altera (per II) formet seriem ultra omnes limites decrescentem, summa illa in infinitum continuata statui debet $=\frac{n-1}{h}$. Hinc $N+N'+N''$ etc. in infinitum continuata semper manebit minor quam $\frac{N(n-1)}{h}$, et proin $M+M'+M''$ etc. certo ad summam finitam converget. Q. E. D.

VI. Ut ea, quae generaliter de serie M, M', M'' etc. demonstravimus, ad coëfficientes potestatum x^m, x^{m+1}, x^{m+2} etc. in serie $F(\alpha,\beta,\gamma,x)$, applicentur, statuere oportebit $\lambda=2$, $A=\alpha+\beta$, $B=\alpha\beta$, $a=\gamma+1$, $b=\gamma$, unde quinque assertiones in art. praec. propositae sponte demanant.

17.

Disquisitio itaque de indole summae seriei $F(\alpha,\beta,\gamma,1)$ natura sua restringitur ad casum, quo $\gamma-\alpha-\beta$ est quantitas positiva, ubi illa summa semper exhibet quantitatem finitam. Praemittimus autem observationem sequentem. Si coëfficientes seriei $1+ax+bxx+cx^3+$ etc. $=S$ inde a certo termino ultra omnes limites decrescunt, productum

$$(1-x)S=1+(a-1)x+(b-a)xx+(c-b)x^3+\text{ etc.}$$

pro $x=1$ statuere oportet $=0$, etiamsi summa ipsius seriei S infinite magna evadat. Quoniam enim collectis duobus terminis summa fit $=a$, collectis tribus $=b$, collectis quatuor $=c$ etc., limes summae in infinitum continuatae est $=0$. Quoties itaque $\gamma-\alpha-\beta$ est quantitas positiva, statuere oportet $(1-x)F(\alpha,\beta,\gamma-1,x)=0$ pro $x=1$, unde per aequationem 15 art. 7 habebimus

$$0=\gamma(\alpha+\beta-\gamma)F(\alpha,\beta,\gamma,1)+(\gamma-\alpha)(\gamma-\beta)F(\alpha,\beta,\gamma+1,1),\text{ sive}$$

[37] $$F(\alpha,\beta,\gamma,1)=\frac{(\gamma-\alpha)(\gamma-\beta)}{\gamma(\gamma-\alpha-\beta)}F(\alpha,\beta,\gamma+1,1)$$

Quare quum perinde fiat

$$F(\alpha,\beta,\gamma+1,1)=\frac{(\gamma+1-\alpha)(\gamma+1-\beta)}{(\gamma+1)(\gamma+1-\alpha-\beta)}F(\alpha,\beta,\gamma+2,1)$$

$$F(\alpha,\beta,\gamma+2,1)=\frac{(\gamma+2-\alpha)(\gamma+2-\beta)}{(\gamma+2)(\gamma+2-\alpha-\beta)}F(\alpha,\beta,\gamma+3,1)$$

et sic porro, erit generaliter, k denotante integrum positivum quemcunque

$$F(\alpha.\beta,\gamma,1) \text{ aequalis producto ex } F(\alpha,\beta,\gamma+k,1)$$

in $(\gamma-\alpha)(\gamma+1-\alpha)(\gamma+2-\alpha)\ldots.(\gamma+k-1-\alpha)$

in $(\gamma-\beta)(\gamma+1-\beta)(\gamma+2-\beta)\ldots.(\gamma+k-1-\beta)$

diviso per productum

ex $\gamma(\gamma+1)(\gamma+2)\ldots.(\gamma+k-1)$

in $(\gamma-\alpha-\beta)(\gamma+1-\alpha-\beta)(\gamma+2-\alpha-\beta)\ldots(\gamma+k-1-\alpha-\beta)$

18.

Introducamus abhinc sequentem notationem:

[38] $$\Pi(k,z) = \frac{1\,.\,2\,.\,3\,.\ldots.\,k}{(z+1)(z+2)(z+3)\ldots.(z+k)}k^z$$

ubi k natura sua subintelligitur designare integrum positivum, qua restrictione $\Pi(k,z)$ exhibet functionem duarum quantitatum k, z prorsus determinatam. Hoc modo facile intelligetur, theorema in fine art. praec. propositum ita exhiberi posse

[39] $$F(\alpha,\beta,\gamma,1) = \frac{\Pi(k,\gamma-1).\Pi(k,\gamma-\alpha-\beta-1)}{\Pi(k,\gamma-\alpha-1).\Pi(k,\gamma-\beta-1)}.F(\alpha,\beta,\gamma+k,1)$$

19.

Operae pretium erit, indolem functionis $\Pi(k,z)$ accuratius perpendere. Quoties z est integer negativus, functio manifesto valorem infinite magnum obtinet, simulac ipsi k tribuitur valor satis magnus. Pro valoribus integris ipsius z non negativis autem habemus

$$\Pi(k,0) = 1$$

$$\Pi(k,1) = \frac{1}{1+\frac{1}{k}}$$

$$\Pi(k,2) = \frac{1\,.\,2}{(1+\frac{1}{k})(1+\frac{2}{k})}$$

$$\Pi(k,3) = \frac{1\,.\,2\,.\,3}{(1+\frac{1}{k})(1+\frac{2}{k})(1+\frac{3}{k})}$$

etc. sive generaliter

[40] $$\Pi(k,z) = \frac{1\,.\,2\,.\,3\,\ldots\ldots\,z\cdot}{(1+\frac{1}{k})(1+\frac{2}{k})(1+\frac{3}{k})\ldots.(1+\frac{z}{k})}$$

Generaliter autem pro *quovis* valore ipsius z habemus

[41] $$\Pi(k,z+1)=\Pi(k,z)\,\frac{1+z}{1+\frac{1+z}{k}}$$

[42] $$\Pi(k+1,z)=\Pi(k,z)\left\{\frac{(1+\frac{1}{k})^{z+1}}{1+\frac{1+z}{k}}\right\}$$

adeoque, quum $\Pi(1,z)=\frac{1}{z+1}$,

[43] $$\Pi(k,z)=\frac{1}{z+1}\cdot\frac{2^{z+1}}{1^z.(2+z)}\cdot\frac{3^{z+1}}{2^z(3+z)}\cdot\frac{4^{z+1}}{3^z(4+z)}\cdots\frac{k^{z+1}}{(k-1)^z(k+z)}$$

20.

Imprimis vero attentione dignus est *limes*, ad quem pro valore dato ipsius z functio $\Pi(k,z)$ continuo converget, dum k in infinitum crescit. Sit primo h valor finitus ipsius k maior quam z, patetque, si k transire supponatur ex h in $h+1$, logarithmum ipsius $\Pi(k,z)$ accipere incrementum, quod per seriem convergentem sequentem exprimatur

$$\frac{z(1+z)}{2(h+1)^2}+\frac{z(1-zz)}{3(h+1)^3}+\frac{z(1+z^3)}{4(h+1)^4}+\frac{z(1-z^4)}{5(h+1)^5}+\text{etc.}$$

Si itaque k e valore h transit in $h+n$, logarithmus ipsius $\Pi(k,z)$ accipiet incrementum

$$\begin{aligned}&\tfrac{1}{2}z(1+z)\Big(\frac{1}{(h+1)^2}+\frac{1}{(h+2)^2}+\frac{1}{(h+3)^2}+\text{etc.}+\frac{1}{(h+n)^2}\Big)\\&+\tfrac{1}{3}z(1-zz)\Big(\frac{1}{(h+1)^3}+\frac{1}{(h+2)^3}+\frac{1}{(h+3)^3}+\text{etc.}+\frac{1}{(h+n)^3}\Big)\\&+\tfrac{1}{4}z(1+z^3)\Big(\frac{1}{(h+1)^4}+\frac{1}{(h+2)^4}+\frac{1}{(h+3)^4}+\text{etc.}+\frac{1}{(h+n)^4}\Big)\\&+\text{etc.}\end{aligned}$$

quod semper finitum manere, etiamsi n in infinitum crescat, facile demonstrari potest. Quare nisi iam in $\Pi(h,z)$ factor infinitus affuerit, i. e nisi z sit numerus integer negativus, limes ipsius $\Pi(k,z)$ pro $k=\infty$ certo erit quantitas finita. Manifesto itaque $\Pi(\infty,z)$ tantummodo a z pendet, sive functionem ipsius z ex asse determinatam exhibet, quae abhinc simpliciter per Πz denotabitur. Definimus itaque functionem Πz per valorem producti

$$\frac{1\;.\;2\;.\;3\;.\,.\,.\,.\,.\;k\;.\;k^z}{(z+1)(z+2)(z+3)\,.\,.\,.\,.\,(z+k)}$$

pro $k = \infty$, aut si mavis per limitem producti infiniti

$$\frac{1}{z+1} \cdot \frac{2^{z+1}}{1^z(2+z)} \cdot \frac{3^{z+1}}{2^z(3+z)} \cdot \frac{4^{z+1}}{3^z(4+z)} \text{ etc.}$$

21.

Ex aequatione 41 statim sequitur aequatio fundamentalis

[44] $$\Pi(z+1) = (z+1)\Pi z$$

unde generaliter, designante n integrum positivum quemcunque

[45] $$\Pi(z+n) = (z+1)(z+2)(z+3)\ldots\ldots(z+n)\Pi z$$

Pro valore integro negativo ipsius z erit valor functionis Πz infinite magnus; pro valoribus integris non negativis habemus

$$\Pi 0 = 1$$
$$\Pi 1 = 1$$
$$\Pi 2 = 2$$
$$\Pi 3 = 6$$
$$\Pi 4 = 24 \text{ etc.}$$

atque generaliter

[46] $$\Pi z = 1.2.3\ldots.z$$

Sed male haec proprietas functionis nostrae tamquam ipsius definitio venditaretur, quippe quae natura sua ad valores integros restringitur, et praeter functionem nostram infinitis aliis (e. g. $\cos 2\pi z.\Pi z$, $\cos\pi z^{2n}\Pi z$ etc., denotante π semiperipheriam circuli, cuius radius $= 1$) communis est.

22.

Functio $\Pi(k, z)$, etiamsi generalior videatur quam Πz, tamen abhinc nobis superflua erit, quum facile ad posteriorem reducatur. Colligitur enim e combinatione aequationum 38, 45, 46

[47] $$\Pi(k, z) = \frac{k^z \Pi k.\Pi z}{\Pi(k+z)}$$

Ceterum nexus harum functionum cum iis, quas clar. KRAMP *facultates nu-*

mericas nominavit, per se obvius est. Scilicet facultas numerica, quam hic auctor per $a^{b|c}$ designat, in signis nostris est

$$=\frac{c^b b^{\frac{a}{c}-1}\Pi b}{\Pi(b,\frac{a}{c}-1)}=\frac{c^b\Pi(\frac{a}{c}+b-1)}{\Pi(\frac{a}{c}-1)}$$

Sed consultius videtur, functionem *unius* variabilis in analysin introducere, quam functionem trium variabilium, praesertim quum hanc ad illam reducere liceat.

23.

Continuitas functionis Πz interrumpitur, quoties ipsius valor fit infinite magnus, i. e. pro valoribus integris negativis ipsius z. Erit itaque illa positiva a $z=-1$ usque ad $z=\infty$, et quum pro utroque limite Πz obtineat valorem infinite magnum, inter ipsos dabitur valor minimus, quem esse $=0{,}8856024$ atque respondere valori $z=0{,}4616321$ invenimus. Inter limites $z=-1$ et $z=-2$, valor functionis Πz fit negativus, inter $z=-2$ atque $z=-3$ iterum positivus et sic porro, uti ex aequ. 44 sponte sequitur. Porro patet, si omnes valores functionis Πz inter limites arbitrarios unitate differentes e. g. a $z=0$ usque ad $z=1$ pro notis habere liceat, valorem functionis pro quovis alio valore reali ipsius z adiumento aequationis 45 facile inde deduci posse. Ad hunc finem construximus *tabulam*, ad calcem huius sectionis annexam, quae ad figuras viginti exhibet logarithmos briggicos functionis Πz, pro $z=0$ usque ad $z=1$ per singulas partes centesimas summa cura computatos, ubi tamen monendum, figuram ultimam vigesimam interdum una duabusve unitatibus erroneam esse posse.

24.

Quum limes functionis $F(\alpha,\beta,\gamma+k,1)$, crescente k in infinitum, manifesto sit unitas, aequatio 39 transit in hanc

[48] $$F(\alpha,\beta,\gamma,1)=\frac{\Pi(\gamma-1).\Pi(\gamma-\alpha-\beta-1)}{\Pi(\gamma-\alpha-1).\Pi(\gamma-\beta-1)}$$

quae formula exhibet solutionem completam quaestionis, quae obiectum huius sectionis constituit. Sponte hinc sequuntur aequationes elegantes:

[49] $$F(\alpha,\beta,\gamma,1) = F(-\alpha,-\beta,\gamma-\alpha-\beta,1)$$
[50] $$F(\alpha,\beta,\gamma,1).F(-\alpha,\beta,\gamma-\alpha,1) = 1$$
[51] $$F(\alpha,\beta,\gamma,1).F(\alpha,-\beta,\gamma-\beta,1) = 1$$

in quarum prima γ, in secunda $\gamma-\beta$, in tertia $\gamma-\alpha$ debet esse quantitas positiva.

25.

Applicemus formulam 48 ad quasdam ex aequationibus art. 5. Formula XIII, statuendo $t = 90^0 = \frac{1}{2}\pi$, fit $\frac{1}{2}\pi = F(\frac{1}{2},\frac{1}{2},\frac{3}{2},1)$, sive aequivalet aequationi notae

$$\tfrac{1}{2}\pi = 1+\frac{1.1}{2.3}+\frac{1.1.3}{2.4.5}+\frac{1.1.3.5}{2.4.6.7}+\text{ etc.}$$

Quare quum per formulam 48 habeatur $F(\frac{1}{2},\frac{1}{2},\frac{3}{2},1) = \frac{\Pi\frac{1}{2}.\Pi(-\frac{1}{2})}{\Pi 0.\Pi 0}$, atque sit $\Pi 0 = 1$, $\Pi\frac{1}{2} = \frac{1}{2}\Pi(-\frac{1}{2})$, fit $\pi = (\Pi(-\frac{1}{2}))^2$ sive

[52] $$\Pi(-\tfrac{1}{2}) = \sqrt{\pi}$$
[53] $$\Pi\tfrac{1}{2} = \tfrac{1}{2}\sqrt{\pi}$$

Formula XVI art. 5, quae aequivalet aequationi notae

$$\sin nt = n\sin t-\frac{n(nn-1)}{2.3}\sin t^3+\frac{n(nn-1)(nn-9)}{2.3.4.5}\sin t^5-\text{ etc.}$$

atque generaliter pro quovis valore ipsius n locum habet, si modo t limites -90^0 et $+90^0$ non transgrediatur, dat pro $t = \frac{1}{2}\pi$

$$\sin\frac{n\pi}{2} = \frac{n\Pi\frac{1}{2}.\Pi(-\frac{1}{2})}{\Pi(-\frac{1}{2}n).\Pi\frac{1}{2}n}$$

unde deducitur formula elegans

$$\Pi\tfrac{1}{2}n.\Pi(-\tfrac{1}{2}n) = \frac{\frac{1}{2}n\pi}{\sin\frac{1}{2}n\pi},$$ sive statuendo $n = 2z$

[54] $$\Pi(-z).\Pi(+z) = \frac{z\pi}{\sin z\pi}$$
[55] $$\Pi(-z).\Pi(z-1) = \frac{\pi}{\sin z\pi}$$

nec non scribendo $z+\frac{1}{2}$ pro z

[56] $$\Pi(-\tfrac{1}{2}+z).\Pi(-\tfrac{1}{2}-z) = \frac{\pi}{\cos z\pi}$$

E combinatione formulae 54 cum definitione functionis Π sequitur, $\frac{z\pi}{\sin z\pi}$ esse limitem producti infiniti

$$\frac{(1\;.\;2\;.\;3\;.\;4\ldots.k)^2}{(1-zz)(4-zz)(9-zz)\ldots.(kk-zz)}$$

crescente k in infinitum, adeoque

$$\sin z\pi = z\pi(1-zz)(1-\tfrac{zz}{4})(1-\tfrac{zz}{9}) \text{ etc. in inf.}$$

similique modo ex 56 deducitur

$$\cos z\pi = (1-4zz)(1-\tfrac{4zz}{9})(1-\tfrac{4zz}{25}) \text{ etc. in inf.}$$

formulae notissimae, quae ab analystis per methodos prorsus diversas erui solent.

26.

Designante n numerum integrum, valor expressionis

$$\frac{n^{nz}\Pi(k,z).\Pi(k,z-\frac{1}{n}).\Pi(k,z-\frac{2}{n})\ldots.\Pi(k,z-\frac{n-1}{n})}{\Pi(nk,nz)}$$

rite collectus invenitur

$$=\frac{(1.2.3\ldots.k)^n n^{nk}}{1.2.3\ldots.nk.k^{\frac{1}{2}(n-1)}}$$

adeoque a z est independens, sive idem manebit, quicunque valor ipsi z tribuatur. Exhiberi poterit itaque, quoniam $\Pi(k,0)=\Pi(nk,0)=1$, per productum

$$\Pi(k,-\tfrac{1}{n}).\Pi(k,-\tfrac{2}{n}).\Pi(k,-\tfrac{3}{n})\ldots.\Pi(k,-\tfrac{n-1}{n})$$

Crescente igitur k in infinitum, nanciscimur

$$\frac{n^{nz}\Pi z.\Pi(z-\frac{1}{n}).\Pi(z-\frac{2}{n})\ldots\Pi(z-\frac{n-1}{n})}{\Pi nz}=\Pi(-\tfrac{1}{n}).\Pi(-\tfrac{2}{n}).\Pi(-\tfrac{3}{n})\ldots.\Pi(-\tfrac{n-1}{n})$$

Productum ad dextram, in se ipsum ordine factorum inverso multiplicatum, producit, per form. 55,

$$\frac{\pi}{\sin\frac{1}{n}\pi}.\frac{\pi}{\sin\frac{2}{n}\pi}.\frac{\pi}{\sin\frac{3}{n}\pi}\ldots.\frac{\pi}{\sin\frac{n-1}{n}\pi}=\frac{(2\pi)^{n-1}}{n}$$

Unde habemus theorema elegans

[57] $$\frac{n^{nz}\Pi z.\Pi(z-\frac{1}{n}).\Pi(z-\frac{2}{n})\ldots\Pi(z-\frac{n-1}{n})}{\Pi nz} = \frac{(2\pi)^{\frac{1}{2}(n-1)}}{\sqrt{n}}$$

27.

Integrale $\int x^{\lambda-1}(1-x^{\mu})^{\nu}\mathrm{d}x$, ita acceptum, ut evanescat pro $x=0$, exprimitur per seriem sequentem, siquidem λ, μ sunt quantitates positivae:

$$\frac{x^{\lambda}}{\lambda}-\frac{\nu x^{\mu+\lambda}}{\mu+\lambda}+\frac{\nu(\nu-1)x^{2\mu+\lambda}}{1.2.(2\mu+\lambda)}-\text{etc.}=\frac{x^{\lambda}}{\lambda}F(-\nu,\frac{\lambda}{\mu},\frac{\lambda}{\mu}+1,x^{\mu})$$

Hinc ipsius valor pro $x=1$ erit

$$=\frac{\Pi\frac{\lambda}{\mu}.\Pi\nu}{\lambda\Pi(\frac{\lambda}{\mu}+\nu)}.$$

Ex hoc theoremate omnes relationes, quas ill. EULER olim multo labore evolvit, sponte demanant. Ita e. g. statuendo

$$\int\frac{\mathrm{d}x}{\sqrt{(1-x^4)}}=A,\qquad \int\frac{xx\mathrm{d}x}{\sqrt{(1-x^4)}}=B$$

erit $A=\frac{\Pi\frac{1}{4}.\Pi(-\frac{1}{2})}{\Pi(-\frac{1}{4})}$, $B=\frac{\Pi\frac{3}{4}.\Pi(-\frac{1}{2})}{3\Pi\frac{1}{4}}=\frac{\Pi(-\frac{1}{4}).\Pi(-\frac{1}{2})}{4\Pi\frac{1}{4}}$, adeoque $AB=\frac{1}{4}\pi$. Simul hinc sequitur, quoniam $\Pi\frac{1}{4}.\Pi(-\frac{1}{4})=\frac{\frac{1}{4}\pi}{\sin\frac{1}{4}\pi}=\frac{\pi}{\sqrt{8}}$,

$$\Pi\tfrac{1}{4}=\sqrt[4]{(\tfrac{1}{8}\pi AA)}=\sqrt[4]{\frac{\pi^3}{128BB}},\qquad \Pi(-\tfrac{1}{4})=\sqrt[4]{\frac{\pi^3}{8AA}}=\sqrt[4]{(2\pi BB)}$$

Valor numericus ipsius A, computante STIRLING, habetur $=1{,}3110287771\ 4605987$, valor ipsius B, secundum eundem auctorem, $=0{,}5990701173\ 6779611$, ex nostro calculo, artificio peculiari innixo, $=0{,}5990701173\ 6779610372$.

Generaliter facile ostendi potest, valorem functionis Πz, si z sit quantitas rationalis $=\frac{m}{\mu}$, denotantibus m, μ integros, ex $\mu-1$ valoribus determinatis talium integralium pro $x=1$ deduci posse, et quidem permultis modis diversis. Accipiendo enim pro λ numerum integrum atque pro ν fractionem, cuius denominator $=\mu$, valor illius integralis semper reducitur ad tres Πz, ubi z est fractio cum denominatore $=\mu$; quodvis vero huiusmodi Πz vel ad $\Pi(-\frac{1}{\mu})$, vel ad $\Pi(-\frac{2}{\mu})$, vel ad $\Pi(-\frac{3}{\mu})$ etc. vel ad $\Pi(-\frac{\mu-1}{\mu})$ reduci potest per formulam 45, siquidem z revera est fractio; si enim z est integer, Πz per se constat. Ex illis vero integralium valoribus, generaliter loquendo, quodvis $\Pi(-\frac{m}{\mu})$, si $m<\mu$, per eliminationem erui potest*). Quin adeo semissis talium integralium sufficiet, si formulam 54 simul in auxilium vocamus. Ita e. g. statuendo

$$\int\frac{dx}{\sqrt[5]{(1-x^5)}}=C,\ \int\frac{dx}{\sqrt[5]{(1-x^5)^2}}=D,\ \int\frac{dx}{\sqrt[5]{(1-x^5)^3}}=E,\ \int\frac{dx}{\sqrt[5]{(1-x^5)^4}}=F,\quad\text{erit}$$

$$C=\Pi\tfrac{1}{5}.\Pi(-\tfrac{1}{5}),\quad D=\frac{\Pi\frac{1}{5}.\Pi(-\frac{2}{5})}{\Pi(-\frac{1}{5})},\quad E=\frac{\Pi\frac{1}{5}.\Pi(-\frac{3}{5})}{\Pi(-\frac{2}{5})},\quad F=\frac{\Pi\frac{1}{5}.\Pi(-\frac{4}{5})}{\Pi(-\frac{3}{5})}$$

Hinc propter $\Pi\frac{1}{5}=\frac{1}{5}\Pi(-\frac{4}{5})$, habemus

$$\Pi(-\tfrac{1}{5})=\sqrt[5]{\frac{5C^4}{DEF}},\quad \Pi(-\tfrac{2}{5})=\sqrt[5]{\frac{25C^3D^3}{EEFF}},\quad \Pi(-\tfrac{3}{5})=\sqrt[5]{\frac{125CCDDEE}{F^3}},$$

$$\Pi(-\tfrac{4}{5})=\sqrt[5]{(625\,CDEF)}$$

Formulae 54, 55 adhuc suppeditant

$$C=\frac{\pi}{\sin\frac{1}{5}\pi},\quad \frac{D}{F}=\frac{\sin\frac{1}{5}\pi}{\sin\frac{2}{5}\pi}$$

ita ut duo integralia D, E, vel E et F sufficiant, ad omnes valores $\Pi(-\frac{1}{5})$, $\Pi(-\frac{2}{5})$ etc. computandos.

28.

Statuendo $y=\nu x$, atque $\mu=1$, $\frac{\Pi\lambda.\Pi\nu}{\lambda\Pi(\lambda+\nu)}$ erit valor integralis $\int\frac{y^{\lambda-1}(1-\frac{y}{\nu})^\nu dy}{\nu^\lambda}$ ab $y=0$ usque ad $y=\nu$, sive valor integralis $\int y^{\lambda-1}(1-\frac{y}{\nu})^\nu dy$ inter eosdem limites $=\frac{\nu^\lambda\Pi\lambda.\Pi\nu}{\lambda\Pi(\lambda+\nu)}=\frac{\Pi(\nu,\lambda)}{\lambda}$ (form. 47), siquidem ν denotet integrum. Iam crescente ν in infinitum, limes ipsius $\Pi(\nu,\lambda)$ erit $=\Pi\lambda$, limes ipsius $(1-\frac{y}{\nu})^\nu$ autem e^{-y}, denotante e basin logarithmorum hyperbolicorum. Quamobrem si λ est positiva, $\frac{\Pi\lambda}{\lambda}$ sive $\Pi(\lambda-1)$ exprimet integrale $\int y^{\lambda-1}e^{-y}dy$ ab $y=0$ usque ad $y=\infty$, sive scribendo λ pro $\lambda-1$, $\Pi\lambda$ est valor integralis $\int y^\lambda e^{-y}dy$ ab $y=0$ usque ad $y=\infty$, si $\lambda+1$ est quantitas positiva.

Generalius statuendo $y=z^\alpha$, $\alpha\lambda+\alpha-1=\beta$, transit $\int y^\lambda e^{-y}dy$ in $\int\alpha z^\beta e^{-z^\alpha}dz$, quod itaque inter limites $z=0$ atque $z=\infty$ sumtum exprimetur per $\Pi(\frac{\beta+1}{\alpha}-1)$

sive

Valor integralis $\int z^\beta e^{-z^\alpha}dz$, a $z=0$ usque ad $z=\infty$ fit $=\frac{\Pi(\frac{\beta+1}{\alpha}-1)}{\alpha}=\frac{\Pi\frac{\beta+1}{\alpha}}{\beta+1}$ si modo α atque $\beta+1$ sunt quantitates positivae (si utraque est negativa, in-

*) Haec eliminatio, si pro quantitatibus ipsis logarithmos introducimus, aequationibus tantummodo linearibus applicanda erit.

tegrale per $-\frac{\Pi\frac{\beta+1}{\alpha}}{\beta+1}$ exprimetur). Ita e. g. pro $\beta = 0$, $\alpha = 2$, valor integralis $\int e^{-zz}dz$ invenitur $= \Pi\frac{1}{2} = \frac{1}{2}\sqrt{\pi}$.

29.

Ill. EULER pro summa logarithmorum $\log 1 + \log 2 + \log 3 + \text{etc.} + \log z$ eruit seriem $(z+\frac{1}{2})\log z - z + \frac{1}{2}\log 2\pi + \frac{\mathfrak{A}}{1.2z} - \frac{\mathfrak{B}}{3.4z^3} + \frac{\mathfrak{C}}{5.6z^5} - \text{etc.}$ ubi $\mathfrak{A} = \frac{1}{6}$, $\mathfrak{B} = \frac{1}{30}$, $\mathfrak{C} = \frac{1}{42}$ etc. sunt numeri BERNOULLIANI. Per hanc itaque seriem exprimitur $\log\Pi z$; etiamsi enim primo aspectu haec conclusio ad valores integros restricta videatur, tamen rem propius contemplando invenietur, evolutionem ab EULERO adhibitam (Instit. Calc. Diff. Cap. VI. 159) saltem ad valores positivos fractos eodem iure applicari posse, quo ad integros: supponit enim tantummodo, functionem ipsius z, in seriem evolvendam, esse talem, ut ipsius diminutio, si z transeat in $z-1$, exhiberi possit per theorema TAYLORI, simulque ut eadem diminutio sit $= \log z$. Conditio prior innititur *continuitati* functionis, adeoque locum non habet pro valoribus negativis ipsius z, ad quos proin seriem illam extendere non licet: conditio posterior autem functioni $\log\Pi z$ generaliter competit sine restrictione ad valores integros ipsius z. Statuemus itaque

[58] $\log\Pi z = (z+\frac{1}{2})\log z - z + \frac{1}{2}\log 2\pi + \frac{\mathfrak{A}}{1.2z} - \frac{\mathfrak{B}}{3.4z^3} + \frac{\mathfrak{C}}{5.6z^5} - \frac{\mathfrak{D}}{7.8z^7} + \text{etc.}$

Quum hinc quoque habeatur

$$\log\Pi 2z = (2z+\tfrac{1}{2})\log 2z - 2z + \tfrac{1}{2}\log 2\pi + \frac{\mathfrak{A}}{1.2.2z} - \frac{\mathfrak{B}}{3.4.8z^3} + \frac{\mathfrak{C}}{5.6.32z^5} - \frac{\mathfrak{D}}{7.8.128z^7} + \text{etc.}$$

atque per formulam 57, statuendo $n = 2$,

$\log\Pi(z-\frac{1}{2}) = \log\Pi 2z - \log\Pi z - (2z+\frac{1}{2})\log 2 + \frac{1}{2}\log 2\pi$, fit

[59] $\log\Pi(z-\frac{1}{2}) = z\log z - z + \frac{1}{2}\log 2\pi - \frac{\mathfrak{A}}{1.2.2z} + \frac{7\mathfrak{B}}{3.4.8z^3} - \frac{31\mathfrak{C}}{5.6.32z^5} + \frac{127\mathfrak{D}}{7.8.128z^7} - \text{etc.}$

Hae duae series pro valoribus magnis ipsius z ab initio satis promte convergunt, ita ut summam approximatam commode satisque exacte colligere liceat: attamen probe notandum est, pro quovis valore dato ipsius z, quantumvis magno, praecisionem limitatam tantummodo obtineri posse, quum numeri BERNOULLIANI seriem hypergeometricam constituant, adeoque series illae, si modo satis longe extendantur, certo e convergentibus divergentes evadant. Ceterum negari nequit, theoriam talium serierum divergentium adhuc quibusdam difficultatibus premi, de quibus forsan alia occasione pluribus commentabimur.

30.

E formula 38 sequitur

$$\frac{\Pi(k, z+\omega)}{\Pi(k, z)} = \frac{z+1}{z+1+\omega}\cdot\frac{z+2}{z+2+\omega}\cdot\frac{z+3}{z+3+\omega}\cdots\frac{z+k}{z+k+\omega}\cdot k^\omega$$

unde sumtis logarithmis, in series infinitas evolutis, prodit

[60] $$\log\Pi(k, z+\omega) = \log\Pi(k, z)$$
$$+\omega\left(\log k - \frac{1}{z+1} - \frac{1}{z+2} - \frac{1}{z+3} - \text{etc.} - \frac{1}{z+k}\right)$$
$$+\tfrac{1}{2}\omega\omega\left(\frac{1}{(z+1)^2} + \frac{1}{(z+2)^2} + \frac{1}{(z+3)^2} + \text{etc.} + \frac{1}{(z+k)^2}\right)$$
$$-\tfrac{1}{3}\omega^3\left(\frac{1}{(z+1)^3} + \frac{1}{(z+2)^3} + \frac{1}{(z+3)^3} + \text{etc.} + \frac{1}{(z+k)^3}\right)$$
$$+ \text{etc. in inf.}$$

Series, hic in ω multiplicata, quae, si magis placet, ita etiam exhiberi potest,

$$-\frac{1}{z+1}+\log 2-\frac{1}{z+2}+\log\tfrac{3}{2}-\frac{1}{z+3}+\log\tfrac{4}{3}-\frac{1}{z+4}+\log\tfrac{5}{4}-\text{etc.}+\log\frac{k}{k-1}-\frac{1}{z+k}$$

e terminorum multitudine finita constat, crescente autem k in infinitum, ad limitem certum converget, qui novam functionum transscendentium speciem nobis sistit, in posterum per Ψz denotandam.

Designando porro summas serierum sequentium, in *infinitum* extensarum,

$$\frac{1}{(z+1)^2}+\frac{1}{(z+2)^2}+\frac{1}{(z+3)^2}+\text{etc.}$$
$$\frac{1}{(z+1)^3}+\frac{1}{(z+2)^3}+\frac{1}{(z+3)^3}+\text{etc.}$$
$$\frac{1}{(z+1)^4}+\frac{1}{(z+2)^4}+\frac{1}{(z+3)^4}+\text{etc.}$$
etc.

resp. per P, Q, R etc. (pro quibus signa functionalia introducere minus necessarium videtur), habebimus

[61] $$\log\Pi(z+\omega) = \log\Pi z+\omega\Psi z+\tfrac{1}{2}\omega\omega P-\tfrac{1}{3}\omega^3 Q+\tfrac{1}{4}\omega^4 R-\text{etc.}$$

Manifesto functio Ψz erit functio derivata prima functionis $\log\Pi z$, adeoque

[62] $$\frac{d\Pi z}{dz} = \Pi z.\Psi z$$

Perinde erit $P = \frac{d\Psi z}{dz}$, $Q = -\frac{dd\Psi z}{2dz^2}$, $R = +\frac{d^3\Psi z}{2.3dz^3}$ etc.

31.

Functio Ψz aeque fere memorabilis est atque functio Πz, quapropter insigniores relationes ad illam spectantes hic colligemus. E differentiatione aequationis 44 fit

[63] $$\Psi(z+1) = \Psi z + \frac{1}{z+1}$$

unde

[64] $$\Psi(z+n) = \Psi z + \frac{1}{z+1} + \frac{1}{z+2} + \frac{1}{z+3} + \text{etc.} + \frac{1}{z+n}$$

Huius adiumento a valoribus minoribus ipsius z ad maiores progredi, vel a maioribus ad minores regredi licet: pro valoribus maioribus positivis ipsius z functionis valores numerici satis commode per formulas sequentes e differentiatione aequationum 58, 59 oriundas computantur, de quibus tamen eadem sunt tenenda, quae in art. 29 circa formulas 58 et 59 monuimus:

[65] $$\Psi z = \log z + \frac{1}{2z} - \frac{\mathfrak{A}}{2zz} + \frac{\mathfrak{B}}{4z^4} - \frac{\mathfrak{C}}{6z^6} + \text{etc.}$$

[66] $$\Psi(z-\tfrac{1}{2}) = \log z + \frac{\mathfrak{A}}{2.2zz} - \frac{7\mathfrak{B}}{4.8z^4} + \frac{31\mathfrak{C}}{6.32z^6} - \text{etc.}$$

Ita pro $z = 10$ computavimus

$$\Psi z = 2,3517525890\ 6672110764\ 743$$

unde regredimur ad

$$\Psi 0 = -0,5772156649\ 0153286060\ 653$$ *)

Pro valore integro positivo ipsius z fit generaliter

[67] $$\Psi z = \Psi 0 + 1 + \tfrac{1}{2} + \tfrac{1}{3} + \text{etc.} + \frac{1}{z}$$

Pro valore integro negativo autem manifesto Ψz fit quantitas infinite magna.

*) Quum hic valor inde a figura vigesima discrepet ab eo quem computavit clar. Mascheroni in Adnotat. ad Euleri *Calculum Integr.*, adhortatus sum Fridericum Bernhardum Gothofredum Nicolai, iuvenem in calculo indefessum, ut computum illum repeteret ulteriusque extenderet. Invenit itaque per calculum duplicem, scilicet descendens tum a $z = 50$ tum a $z = 100$,

$$\Psi 0 = -0,5772156649\ 0153286060\ 6512090082\ 4024310421$$

Eidem calculatori exercitatissimo etiam debetur tabulae ad finem huius Sectionis annexae pars altera, exhibens valores functionis Ψz ad 18 figuras (quarum ultima haud certa), pro omnibus valoribus ipsius z a 0 usque ad 1 per singulas partes centesimas. Ceterum methodi, per quas utraque tabula constructa est, innituntur partim theorematibus quae hic traduntur, partim calculi artificiis singularibus, quae alia occasione proferemus.

32.

Formula 55 nobis suppeditat $\log\Pi(-z)+\log\Pi(z-1)=\log\pi-\log\sin z\pi$, unde fit per differentiationem

[68] $$\Psi(-z)-\Psi(z-1)=\pi\,\text{cotang}\,z\pi$$

Et quum e definitione functionis Ψ generaliter habeatur

[69] $$\Psi x-\Psi y=-\frac{1}{x+1}+\frac{1}{y+1}-\frac{1}{x+2}+\frac{1}{y+2}-\frac{1}{x+3}+\text{etc.}$$

oritur series nota

$$\pi\,\text{cotang}\,z\pi=\frac{1}{z}-\frac{1}{1-z}+\frac{1}{1+z}-\frac{1}{2-z}+\frac{1}{2+z}-\frac{1}{3-z}+\text{etc.}$$

Simili modo e differentiatione formulae 57 prodit

[70] $$\Psi z+\Psi(z-\tfrac{1}{n})+\Psi(z-\tfrac{2}{n})+\text{etc.}+\Psi(z-\tfrac{n-1}{n})=n\Psi nz-n\log n$$

adeoque statuendo $z=0$

[71] $$\Psi(-\tfrac{1}{n})+\Psi(-\tfrac{2}{n})+\Psi(-\tfrac{3}{n})+\text{etc.}+\Psi(-\tfrac{n-1}{n})=(n-1)\Psi 0-n\log n$$

Ita e. g. habetur

$$\Psi(-\tfrac{1}{2})=\Psi 0-2\log 2=-1,9635100260\ 2142347944\ 099, \text{ unde porro}$$
$$\Psi\tfrac{1}{2}=+0,0364899739\ 7857652055\ 901.$$

33.

Sicuti in art. praec. $\Psi(-\frac{1}{2})$ ad $\Psi 0$ et logarithmum reduximus, ita generaliter $\Psi(-\frac{m}{n})$, designantibus m, n integros, quorum minor m, ad $\Psi 0$ et logarithmos reducemus. Statuamus $\frac{2\pi}{n}=\omega$, sitque φ alicui angulorum ω, 2ω, 3ω . . . $(n-1)\omega$ aequalis; unde $1=\cos n\varphi=\cos 2n\varphi=\cos 3n\varphi$ etc., $\cos\varphi=\cos(n+1)\varphi=\cos(n+2)\varphi$ etc., $\cos 2\varphi=\cos(n+2)\varphi$ etc., nec non $\cos\varphi+\cos 2\varphi+\cos 3\varphi+\text{etc.}+\cos(n-1)\varphi+1=0$. Habemus itaque

$$\cos\varphi.\Psi\frac{1-n}{n}=-n\cos\varphi+\cos\varphi.\log 2-\frac{n}{n+1}\cos(n+1)\varphi+\cos\varphi.\log\tfrac{3}{2}-\text{etc.}$$
$$\cos 2\varphi.\Psi\frac{2-n}{n}=-\frac{n}{2}\cos 2\varphi+\cos 2\varphi.\log 2-\frac{n}{n+2}\cos(n+2)\varphi+\cos 2\varphi.\log\tfrac{3}{2}-\text{etc.}$$
$$\cos 3\varphi.\Psi\frac{3-n}{n}=-\frac{n}{3}\cos 3\varphi+\cos 3\varphi.\log 2-\frac{n}{n+3}\cos(n+3)\varphi+\cos 3\varphi.\log\tfrac{3}{2}-\text{etc.}$$

etc. usque ad

$$\cos(n-1)\varphi.\Psi(-\tfrac{1}{n}) = -\tfrac{n}{n-1}\cos(n-1)\varphi + \cos(n-1)\varphi.\log 2 - \tfrac{n}{2n-1}\cos(2n-1)\varphi$$
$$+\cos(n-1)\varphi.\log\tfrac{3}{2} - \text{etc.}$$
$$\Psi 0 = -\tfrac{n}{n}\cos n\varphi + \log 2 - \tfrac{n}{2n}\cos 2n\varphi + \log\tfrac{3}{2} - \text{etc.}$$

atque per *summationem*

$$\cos\varphi.\Psi\tfrac{1-n}{n} + \cos 2\varphi.\Psi\tfrac{2-n}{n} + \cos 3\varphi.\Psi\tfrac{3-n}{n} + \text{etc.} + \cos(n-1)\varphi.\Psi(-\tfrac{1}{n}) + \Psi 0$$
$$= -n(\cos\varphi + \tfrac{1}{2}\cos 2\varphi + \tfrac{1}{3}\cos 3\varphi + \tfrac{1}{4}\cos 4\varphi + \text{etc. in infin.})$$

Sed habetur generaliter, pro valore ipsius x unitate non maiori,

$$\log(1-2x\cos\varphi + xx) = -2(x\cos\varphi + \tfrac{1}{2}xx\cos 2\varphi + \tfrac{1}{3}x^3\cos 3\varphi + \text{etc.})$$

quae quidem series facile sequitur ex evolutione $\log(1-rx)+\log(1-\frac{x}{r})$, denotante r quantitatem $\cos\varphi+\sqrt{-1}.\sin\varphi$. Hinc fit aequatio praecedens

[72] $$\cos\varphi.\Psi\tfrac{1-n}{n} + \cos 2\varphi.\Psi\tfrac{2-n}{n} + \cos 3\varphi.\Psi\tfrac{3-n}{n} + \text{etc.} + \cos(n-1)\varphi.\Psi(-\tfrac{1}{n})$$
$$= -\Psi 0 + \tfrac{1}{2}n\log(2-2\cos\varphi)$$

Statuatur in hac aequatione deinceps $\varphi = \omega$, $\varphi = 2\omega$, $\varphi = 3\omega$ etc. usque ad $\varphi = (n-1)\omega$, multiplicentur singulae hae aequationes ordine suo per $\cos m\omega$, $\cos 2m\omega$, $\cos 3m\omega$ etc. usque ad $\cos(n-1)m\omega$, productorumque aggregato adiiciatur aequatio 71

$$\Psi\tfrac{1-n}{n} + \Psi\tfrac{2-n}{n} + \Psi\tfrac{3-n}{n} + \text{etc.} + \Psi(-\tfrac{1}{n}) = (n-1)\Psi 0 - n\log n$$

Quodsi iam perpenditur, esse

$$1 + \cos m\omega.\cos k\omega + \cos 2m\omega.\cos 2k\omega + \cos 3m\omega.\cos 3k\omega$$
$$+ \text{etc.} + \cos(n-1)m\omega.\cos(n-1)k\omega = 0$$

denotante k aliquem numerorum $1, 2, 3 \ldots. (n-1)$ exceptis his duobus m atque $n-m$, pro quibus summa illa fit $=\frac{1}{2}n$, patebit, ex summatione illarum aequationum prodire, post divisionem per $\frac{n}{2}$,

[73] $$\Psi(-\tfrac{m}{n}) + \Psi(-\tfrac{n-m}{m}) =$$
$$2\Psi 0 - 2\log n + \cos m\omega.\log(2-2\cos\omega) + \cos 2m\omega.\log(2-2\cos 2\omega)$$
$$+\cos 3m\omega.\log(2-2\cos 3\omega) + \text{etc.} + \cos(n-1)m\omega.\log(2-2\cos(n-1)\omega)$$

Manifesto terminus ultimus huius aequationis fit $=\cos m\omega.\log(2-2\cos\omega)$, penultimus $=\cos 2m\omega.\log(2-2\cos 2\omega)$ etc., ita ut bini termini semper sint aequales, excepto, si n est par, termino singulari $\cos\frac{n}{2}.m\omega\log(2-2\cos\frac{n}{2}\omega)$, qui fit $=+2\log 2$ pro m pari, vel $=-2\log 2$ pro m impari. Combinando iam cum aequatione 73 hanc

$$\Psi(-\tfrac{m}{n})-\Psi(-\tfrac{n-m}{n})=\pi\operatorname{cotang}\tfrac{m}{n}\pi$$

habemus, pro valore impari ipsius n, siquidem m est integer positivus minor quam n

[74] $$\Psi(-\tfrac{m}{n})=\Psi 0+\tfrac{1}{2}\pi\operatorname{cotang}\tfrac{m\pi}{n}-\log n+\cos\tfrac{2m\pi}{n}.\log(2-2\cos\tfrac{2\pi}{n})$$
$$+\cos\tfrac{4m\pi}{n}.\log(2-2\cos\tfrac{4\pi}{n})+\cos\tfrac{6m\pi}{n}.\log(2-2\cos\tfrac{6\pi}{n})+\text{ etc.}$$
$$+\cos\tfrac{(n-1)m\pi}{n}.\log(2-2\cos\tfrac{(n-1)\pi}{n})$$

Pro valore pari ipsius n autem

[75] $$\Psi(-\tfrac{m}{n})=\Psi 0+\tfrac{1}{2}\pi\operatorname{cotang}\tfrac{m\pi}{n}-\log n+\cos\tfrac{2m\pi}{n}\log(2-2\cos\tfrac{2\pi}{n})$$
$$+\cos\tfrac{4m\pi}{n}\log(2-2\cos\tfrac{4\pi}{n})+\text{ etc. }+\cos\tfrac{(n-2)m\pi}{n}\log(2-2\cos\tfrac{(n-2)\pi}{n})$$
$$\pm\log 2$$

ubi signum superius valet pro m pari, inferius pro impari. Ita e. g. invenitur

$$\Psi(-\tfrac{1}{4})=\Psi 0+\tfrac{1}{2}\pi-3\log 2,\qquad \Psi(-\tfrac{3}{4})=\Psi 0-\tfrac{1}{2}\pi-3\log 2$$
$$\Psi(-\tfrac{1}{3})=\Psi 0+\tfrac{1}{2}\pi\sqrt{\tfrac{1}{3}}-\tfrac{3}{2}\log 3,\qquad \Psi(-\tfrac{2}{3})=\Psi 0-\tfrac{1}{2}\pi\sqrt{\tfrac{1}{3}}-\tfrac{3}{2}\log 3$$

Ceterum combinatis his aequationibus cum aequatione 64 sponte patet, Ψz generaliter pro *quovis valore rationali* ipsius z, positivo seu negativo per $\Psi 0$ atque logarithmos determinari posse, quod theorema sane maxime est memorabile.

34.

Quum, per art. 28, $\Pi\lambda$ sit valor integralis $\int y^\lambda e^{-y}dy$, ab $y=0$ usque ad $y=\infty$, siquidem $\lambda+1$ est quantitas positiva, fit differentiando secundum λ

$$\frac{d\Pi\lambda}{d\lambda}=\frac{d\int y^\lambda e^{-y}dy}{d\lambda}=\int y^\lambda e^{-y}\log y\,dy$$

sive

[76] $$\Pi\lambda.\Psi\lambda=\int y^\lambda e^{-y}\log y.dy,\quad \text{ab } y=0 \text{ usque ad } y=\infty$$

Generalius statuendo $y = z^\alpha$, $\alpha\lambda + \alpha - 1 = \beta$, valor integralis $\int z^\beta e^{-z^\alpha} \log z \, dz$, a $z = 0$ usque ad $z = \infty$, fit

$$= \frac{1}{\alpha\alpha}\Pi(\frac{\beta+1}{\alpha}-1).\Psi(\frac{\beta+1}{\alpha}-1) = \frac{1}{\alpha(\beta+1)}\Pi\frac{\beta+1}{\alpha}.\Psi\frac{\beta+1}{\alpha} - \frac{1}{(\beta+1)^2}\Pi\frac{\beta+1}{\alpha}$$

siquidem simul $\beta+1$ atque α sunt quantitates positivae, vel aequalis eidem quantitati cum signo opposito, si utraque $\beta+1$, α est negativa.

35.

At non solum productum $\Pi\lambda.\Psi\lambda$, verum etiam ipsa functio $\Psi\lambda$ per integrale determinatum exhiberi potest. Designante k integrum positivum, patet valorem integralis $\int\frac{x^\lambda - x^{\lambda+k}}{1-x}.dx$, ab $x = 0$ usque ad $x = 1$ esse

$$= \frac{1}{\lambda+1} + \frac{1}{\lambda+2} + \frac{1}{\lambda+3} + \text{etc.} + \frac{1}{\lambda+k}$$

Porro quum valor integralis $\int(\frac{1}{1-x} - \frac{kx^{k-1}}{1-x^k})dx$ generaliter sit $=$ Const. $+ \log\frac{1-x^k}{1-x}$, idem inter limites $x = 0$ atque $x = 1$ erit $= \log k$, unde patet, valorem integralis $S = \int(\frac{1-x^\lambda+x^{\lambda+k}}{1-x} - \frac{kx^{k-1}}{1-x^k})dx$ inter eosdem limites esse

$$= \log k - \frac{1}{\lambda+1} - \frac{1}{\lambda+2} - \frac{1}{\lambda+3} - \text{etc.} - \frac{1}{\lambda+k}$$

quam expressionem denotabimus per Ω. Discerpamus integrale S in duas partes

$$\int(\frac{1-x^\lambda}{1-x})dx + \int(\frac{x^{\lambda+k}}{1-x} - \frac{kx^{k-1}}{1-x^k})dx$$

Pars prima $\int\frac{1-x^\lambda}{1-x}.dx$, statuendo $x = y^k$ mutatur in

$$\int\frac{ky^{k-1} - ky^{\lambda k+k-1}}{1-y^k}dy$$

unde sponte patet, illius valorem ab $x = 0$ usque ad $x = 1$, aequalem esse valori integralis

$$\int\frac{kx^{k-1} - kx^{\lambda k+k-1}}{1-x^k}dx$$

inter eosdem limites, quum manifesto literam y sub hac restrictione in x mutare liceat. Hinc fit integrale S, inter eosdem limites

$$= \int(\frac{x^{\lambda+k}}{1-x} - \frac{kx^{\lambda k+k-1}}{1-x^k})dx$$

Hoc vero integrale, statuendo $x^k = z$, transit in

$$\int\left(\frac{z^{\frac{\lambda+1}{k}}}{k(1-z)^{\frac{1}{k}}}-\frac{z^\lambda}{1-z}\right)dz$$

quod itaque inter limites $z=0$ atque $z=1$ sumtum aequale est ipsi Ω. Sed crescente k in infinitum, limes ipsius Ω est $\Psi\lambda$, limes ipsius $\frac{\lambda+1}{k}$ est 0, limes ipsius $k(1-z)^{\frac{1}{k}}$ vero est $\log\frac{1}{z}$ sive $-\log z$. Quare habemus

[77] $$\Psi\lambda=\int\left(\frac{1}{\log\frac{1}{z}}-\frac{z^\lambda}{1-z}\right)dz=\int\left(-\frac{1}{\log z}-\frac{z^\lambda}{1-z}\right)dz$$

a $z=0$ usque ad $z=1$.

36.

Integralia determinata, per quae supra expressae sunt functiones $\Pi\lambda$, $\Pi\lambda.\Psi\lambda$, restringere oportuit ad valores ipsius λ tales, ut $\lambda+1$ evadat quantitas positiva: haec restrictio ex ipsa deductione demanavit, reveraque facile perspicitur, pro aliis valoribus ipsius λ illa integralia semper fieri infinita, etiamsi functiones $\Pi\lambda$, $\Pi\lambda.\Psi\lambda$ finitae manere possint. Veritati formula 77 certo eadem conditio subesse debet, ut $\lambda+1$ sit quantitas positiva (alioquin enim integrale certo infinitum evadit, etiamsi functio $\Psi\lambda$ maneat finita): sed deductio formulae primo aspectu generalis nullique restrictioni obnoxia esse videtur. Sed propius attendenti facile patebit, ipsi analysi, per quam formula eruta est, hanc restrictionem iam inesse. Scilicet tacite supposuimus, integrale $\int\frac{1-x^\lambda}{1-x}dx$ cui aequale $\int\frac{kx^{k-1}-kx^{\lambda k+k-1}}{1-x^k}dx$ substituimus, habere valorem *finitum*, quae conditio requirit, ut $\lambda+1$ sit quantitas positiva. Ex analysi nostra quidem sequitur, haec duo integralia semper esse aequalia, si hoc extendatur ab $x=0$ usque ad $x=1-\omega$, illud ab $x=0$ usque ad $x=(1-\omega)^k$, quantumvis parva sit quantitas ω, modo non sit $=0$: sed hoc non obstante in casu eo, ubi $\lambda+1$ non est quantitas positiva, duo integralia ab $x=0$ usque ad *eundem* terminum $x=1-\omega$ extensa neutiquam ad aequalitatem convergunt, sed potius tunc ipsorum differentia, decrescente ω in infinitum, in infinitum crescet. Hocce exemplum monstrat, quanta circumspicientia opus sit in tractandis quantitatibus infinitis, quae in ratiociniis analyticis nostro iudicio eatenus tantum sunt admittendae, quatenus ad theoriam limitum reduci possunt.

37.

Statuendo in formula 77, $z = e^{-u}$, patet, illam etiam ita exhiberi posse

$$\Psi\lambda = -\int\left(\frac{e^{-u}}{u} - \frac{e^{-u\lambda-u}}{1-e^{-u}}\right)du, \quad \text{ab } u = \infty \text{ usque ad } u = 0, \text{ i. e.}$$

[78] $$\Psi\lambda = \int\left(\frac{e^{-u}}{u} - \frac{e^{-\lambda u}}{e^u - 1}\right)du, \quad \text{ab } u = 0 \text{ usque ad } u = \infty.$$

(Perinde valor ipsius $\Pi\lambda$ in art. 28 allatus, mutatur statuendo $e^{-y} = \upsilon$, in sequentem

$$\Pi\lambda = \int\left(\log\frac{1}{\upsilon}\right)^\lambda d\upsilon, \quad \text{a } \upsilon = 0 \text{ usque ad } \upsilon = 1)$$

Porro patet e formula 77, esse

[79] $$\Psi\lambda - \Psi\mu = \int\frac{z^\mu - z^\lambda}{1-z}dz, \quad \text{a } z = 0 \text{ usque ad } z = 1$$

ubi praeter $\lambda+1$ etiam $\mu+1$ debet esse quantitas positiva.

Statuendo in eadem formula 77, $z = u^\alpha$, designante α quantitatem positivam, fit

$$\Psi\lambda = \int\left(-\frac{u^{\alpha-1}}{\log u} - \frac{\alpha u^{\alpha\lambda+\alpha-1}}{1-u^\alpha}\right)du, \quad \text{ab } u = 0 \text{ usque ad } u = 1$$

et quum perinde statui possit, pro valore positivo ipsius β,

$$\Psi\lambda = \int\left(-\frac{u^{\beta-1}}{\log u} - \frac{\beta u^{\beta\lambda+\beta-1}}{1-u^\beta}\right)du$$

patet, fieri

$$0 = \int\left(\frac{u^{\alpha-1} - u^{\beta-1}}{\log u} + \frac{\alpha u^{\alpha\lambda+\alpha-1}}{1-u^\alpha} - \frac{\beta u^{\beta\lambda+\beta-1}}{1-u^\beta}\right)du$$

sive

$$\int\frac{u^{\alpha-1} - u^{\beta-1}}{\log u}du = \int\left(\frac{\beta u^{\beta\lambda+\beta-1}}{1-u^\beta} - \frac{\alpha u^{\alpha\lambda+\alpha-1}}{1-u^\alpha}\right)du$$

integralibus semper ab $u = 0$ usque ad $u = 1$ extensis. Sed ponendo $\lambda = 0$, integrale posterius *indefinite* assignari potest; est scilicet $= \log\frac{1-u^\alpha}{1-u^\beta}$, si evanescere debet pro $u = 0$; quare quum pro $u = 1$ statuere oporteat $\frac{1-u^\alpha}{1-u^\beta} = \frac{\alpha}{\beta}$, erit integrale $\log\frac{\alpha}{\beta} = \int\frac{u^{\alpha-1} - u^{\beta-1}}{\log u}du$, ab $u = 0$ usque ad $u = 1$, quod theorema olim ab ill. EULER per alias methodos erutum est.

z	$\log \Pi z$	Ψz
0.00	0.0000000000 0000000000	0.5772156649 01532861
0.01	9.9975287306 5869172624	0.5608854578 68674498
0.02	9.9951278719 8879034144	0.5447893104 56179789
0.03	9.9927964208 8883589748	0.5289210872 85430502
0.04	9.9905334004 0842900595	0.5132748789 16830312
0.05	9.9883378587 9012046216	0.4978449912 99870371
0.06	9.9862088685 5581945437	0.4826259358 14825705
0.07	9.9841455256 3523567773	0.4676124198 67553632
0.08	9.9821469485 3403172902	0.4527993380 01712885
0.09	9.9802122775 3951136603	0.4381817634 95334764
0.10	9.9783406739 6180754713	0.4237549404 11076796
0.11	9.9765313194 0866250820	0.4095142760 71694248
0.12	9.9747834150 9201128963	0.3954553339 34292807
0.13	9.9730961811 6469083029	0.3815738268 38792064
0.14	9.9714688560 8569966779	0.3678656106 07749546
0.15	9.9699006960 1252903489	0.3543266779 76279272
0.16	9.9683909742 1917527943	0.3409531528 32261794
0.17	9.9669389805 3852656982	0.3277412847 48392299
0.18	9.9655440208 2789424567	0.3146874437 88860621
0.19	9.9642054164 5653136262	0.3017881155 74610030
0.20	9.9629225038 1404835193	0.2890398965 92188296
0.21	9.9616946338 3869862929	0.2764394897 32192051
0.22	9.9605211715 6456577252	0.2639837000 44220200
0.23	9.9594014956 8673884734	0.2516694306 96100107
0.24	9.9583349981 4361387302	0.2394936791 25936794
0.25	9.9573210837 1550754011	0.2274535333 76265408
0.26	9.9563591696 3881435774	0.2155461686 00265182
0.27	9.9554486852 3498063412	0.2037688437 30623157
0.28	9.9545890715 5360828076	0.1921188983 02221732
0.29	9.9537797810 2903856417	0.1805937494 20369178
0.30	9.9530202771 4980077695	0.1691908888 66799656
0.31	9.9523100341 4034352140	0.1579078803 36141874
0.32	9.9516485366 5449703876	0.1467423567 95996017
0.33	9.9510352794 8014390879	0.1356920179 64169332
0.34	9.9504697672 5460261315	0.1247546278 97003946
0.35	9.9499515141 9025401627	0.1139280126 83088296
0.36	9.9494800438 0996487612	0.1032100582 36977615
0.37	9.9490548886 9188515282	0.0925987081 87861259
0.38	9.9486755902 2321722697	0.0820919618 58406487
0.39	9.9483416983 6257525751	0.0716878723 29281510
0.40	9.9480527714 1057187897	0.0613845445 85116146
0.41	9.9478083757 8828733374	0.0511801337 37897756
0.42	9.9476080858 2329302469	0.0410728433 24024375
0.43	9.9474514835 4291742066	0.0310609236 71447052
0.44	9.9473381584 7445730981	0.0211426703 33530475
0.45	9.9472677074 5205163055	0.0113164225 86445845
0.46	9.9472397344 2994856529	0.0015805619 87083418
0.47	9.9472538503 0190930853	+ 0.0080664890 11364893
0.48	9.9473096727 2650396072	0.0176262683 88849468
0.49	9.9474068259 5806639475	0.0271002758 35486201
0.50	9.9475449406 8308573196	0.0364899739 78576520

z	$\log \Pi z$	Ψz
0.50	9.9475449406 8308573196	+0.0364899739 78576520
0.51	9.9477236538 6182228429	0.0457967895 61914496
0.52	9.9479426085 7494550351	0.0550221145 79551622
0.53	9.9482014538 7500065798	0.0641673073 66077154
0.54	9.9484998446 4251966174	0.0732336936 45365776
0.55	9.9488374414 4659973817	0.0822225675 39644344
0.56	9.9492139104 0978143536	0.0911351925 40635189
0.57	9.9496289230 7706494873	0.0999728024 44444623
0.58	9.9500821562 8891076887	0.1087366022 51781439
0.59	9.9505732920 5807738191	0.1174277690 35011042
0.60	9.9511020174 5015512544	0.1260474527 73476253
0.61	9.9516680244 6766136244	0.1345967771 58445210
0.62	9.9522710099 3756789859	0.1430768403 68980212
0.63	9.9529106754 0213704917	0.1514887158 19958383
0.64	9.9535867270 1294797674	0.1598334528 83415463
0.65	9.9542988754 2799988466	0.1681120775 84327804
0.66	9.9550468357 1178337730	0.1763255932 71894293
0.67	9.9558303272 3821579829	0.1844749812 67329607
0.68	9.9566490735 9634064632	0.1925612014 89132418
0.69	9.9575028024 9869525351	0.2005851930 56747012
0.70	9.9583912456 9225480685	0.2085478748 73493948
0.71	9.9593141388 7186450668	0.2164501461 89604789
0.72	9.9602712215 9607519880	0.2242928871 46157521
0.73	9.9612622372 0530119641	0.2320769593 00672792
0.74	9.9622869327 4222223320	0.2398032061 35096466
0.75	9.9633450588 7435456829	0.2474724535 46861164
0.76	9.9644363698 1871920339	0.2550855103 23688336
0.77	9.9655606232 6853798084	0.2626431686 02762795
0.78	9.9667175803 2189101417	0.2701462043 14883540
0.79	9.9679070054 1227146665	0.2775953776 14168016
0.80	9.9691286662 4097614416	0.2849914332 93861542
0.81	9.9703823337 1127271250	0.2923351011 88779580
0.82	9.9716677818 6428658993	0.2996270965 64887544
0.83	9.9729847878 1655271065	0.3068681204 96501033
0.84	9.9743331316 9917940601	0.3140588602 31568639
0.85	9.9757125965 9857361442	0.3211999895 45479708
0.86	9.9771229684 9867851092	0.3282921690 83820641
0.87	9.9785640362 2467644771	0.3353360466 94485409
0.88	9.9800355913 8811182162	0.3423322577 49528903
0.89	9.9815374283 3339013630	0.3492814254 57135499
0.90	9.9830693440 8561111078	0.3561841611 64059720
0.91	9.9846311382 9969520321	0.3630410646 48881123
0.92	9.9862226132 1076437381	0.3698527244 06401469
0.93	9.9878435735 8573930651	0.3766197179 23498793
0.94	9.9894938266 7611664682	0.3833426119 46740214
0.95	9.9911731821 7189109803	0.3900219627 42043086
0.96	9.9928814521 5658844947	0.3966583163 46662402
0.97	9.9946184510 6337679375	0.4032522088 13771306
0.98	9.9963839956 3222432515	0.4098041664 49890838
0.99	9.9981779048 6807320161	0.4163147060 45414956
1.00	0.0000000000 0000000000	0.4227843350 98467139

METHODUS NOVA

INTEGRALIUM VALORES

PER APPROXIMATIONEM INVENIENDI

AUCTORE

CAROLO FRIDERICO GAUSS

SOCIETATI REGIAE SCIENTIARUM EXHIBITA 1814. SEPT. 16.

Commentationes societatis regiae scientiarum Gottingensis recentiores. Vol. III.
Gottingae MDCCCXVI.

METHODUS NOVA

INTEGRALIUM VALORES

PER APPROXIMATIONEM INVENIENDI.

1.

Inter methodos ad determinationem numericam approximatam integralium propositas insignem tenent locum regulae, quas praeeunte summo Newton evolutas dedit Cotes. Scilicet si requiritur valor integralis $\int y\, dx$ ab $x=g$ usque ad $x=h$ sumendus, valores ipsius y pro his valoribus extremis ipsius x et pro quotcunque aliis intermediis a primo ad ultimum incrementis aequalibus progredientibus, multiplicandi sunt per certos coëfficientes numericos, quo facto productorum aggregatum in $h-g$ ductum integrale quaesitum suppeditabit, eo maiore praecisione, quo plures termini in hac operatione adhibentur. Quum principia huius methodi, quae a geometris rarius quam par est in usum vocari videtur, nusquam quod sciam plenius explicata sint, pauca de his praemittere ab instituto nostro haud alienum erit.

2.

Sit $n+1$ multitudo terminorum, quos in usum vocare placuit, statuamusque $h-g=\Delta$, ita ut valores ipsius x sint g, $g+\frac{\Delta}{n}$, $g+\frac{2\Delta}{n}$, $g+\frac{3\Delta}{n}$ etc. usque ad $g+\Delta$, respondeantque iisdem resp. valores ipsius y hi A, A', A'', A''' etc. usque ad $A^{(n)}$: denique ponatur indefinite $x=g+\Delta t$, ita ut y etiam spectari possit tamquam functio ipsius t. Designemus per Y functionem sequentem

$$A.\frac{(nt-1)(nt-2)(nt-3)\ldots\ldots(nt-n)}{(-1)\ (-2).(-3)\ldots\ldots\ (-n)}$$
$$+A'.\frac{nt.(nt-2).(nt-3)\ldots\ldots(nt-n)}{1.(-1)\ (-2)\ldots\ldots(1-n)}$$
$$+A''.\frac{nt.(nt-1).(nt-3)\ldots\ldots(nt-n)}{2.\ 1.\ (-1)\ldots\ldots(2-n)}$$
$$+A'''.\frac{nt.(nt-1).(nt-2)\ldots\ldots(nt-n)}{3.\ 2.\ 1\ \ldots\ldots(3-n)}$$
$$+\text{ etc.}$$
$$+A^{(n)}.\frac{nt(nt-1).(nt-2)\ldots\ldots(nt-n+1)}{n.(n-1)\ (n-2)\ldots\ldots\ 1}$$

sive $\Sigma\frac{A^{(\mu)}T^{(\mu)}}{M^{(\mu)}}$, ubi repraesentante μ singulos integros $0, 1, 2, 3\ldots n$,

$$T^{(\mu)}=\frac{nt(nt-1)(nt-2)(nt-3)\ldots\ldots(nt-n)}{nt-\mu}$$

$M^{(\mu)}$ valor ipsius T pro $nt=\mu$.

Manifestum erit, Y exhibere functionem algebraicam integram ipsius t ordinis n, atque eius valores pro singulis $n+1$ valoribus ipsius t, puta $0, \frac{1}{n}, \frac{2}{n}, \frac{3}{n}\ldots\ldots 1$ aequales esse valoribus ipsius y. Porro patet, si Y' sit functio alia integra pro iisdem valoribus cum y conspirans, $Y'-Y$ pro iisdem evanescere, adeoque per factores $t, t-\frac{1}{n}, t-\frac{2}{n}, t-\frac{3}{n}\ldots\ldots t-1$ et proin etiam per eorum productum (quod est ordinis $n+1$) divisibilem esse, unde patet, Y', nisi prorsus identica sit cum Y, certo ad altiorem ordinem ascendere debere, sive Y ex omnibus functionibus integris ordinem n haud egredientibus unicam esse, quae pro illis $n+1$ valoribus cum y conspiret. Quodsi itaque y, in seriem secundum potestates ipsius t progredientem evoluta, ante terminum qui implicat t^{n+1} omnino abrumpitur, cum Y identica erit: si vero saltem tam cito convergit, ut terminos sequentes spernere liceat, functio Y inter limites $t=0$, $t=1$ sive $x=g$, $x=h$ ipsius y vice fungi poterit.

3.

Iam integrale nostrum $\int y\,\mathrm{d}x$ transit in $\Delta\int y\,\mathrm{d}t$ a $t=0$ usque ad $t=1$ sumendum, cuius loco per ea, quae modo monuimus, adoptabimus $\Delta\int Y\mathrm{d}t$. Evolvendo itaque $T^{(\mu)}$ in

$$\alpha t^n+\beta t^{n-1}+\gamma t^{n-2}+\delta t^{n-3}+\text{ etc.}$$

erit $\int T^{(\mu)}\mathrm{d}t$, a $t=0$ usque ad $t=1$,

$$= \frac{\alpha}{n+1} + \frac{\beta}{n} + \frac{\gamma}{n-1} + \frac{\delta}{n-2} + \text{etc.}$$

qua quantitate posita $= M^{(\mu)}R^{(\mu)}$, erit integrale quaesitum

$$= \Delta(AR + A'R' + A''R'' + A'''R''' + \text{etc.} + A^{(n)}R^{(n)})$$

Exempli caussa apponemus computum coëfficientis R'' pro $n = 5$. Fit hic

$$T'' = 5^5t^5 - 13.5^4t^4 + 59.5^3t^3 - 107.5^2tt + 60.5.t$$
$$M'' = 2 \times 1 \times (-1) \times (-2) \times (-3) = -12$$

Hinc $-12R'' = \frac{3125}{6} - 1625 + \frac{7375}{4} - \frac{2675}{3} + 150 = -\frac{25}{12}$, adeoque $R'' = \frac{25}{144}$.

Computus aliquanto brevior evadit, statuendo $2t - 1 = u$. Tunc fit

$$T^{(\mu)} = \frac{(nu+n)(nu+n-2)(nu+n-4)\ldots(nu-n+4)(nu-n+2)(nu-n)}{2^n(nu+n-2\mu)}$$

Ponamus

$$\frac{(nnuu-nn).(nnuu-(n-2)^2).(nnuu-(n-4)^2).(nnuu-(n-6)^2)\ldots}{nnuu-(n-2\mu)^2} = U^{(\mu)}$$

ubi numerator desinere debet in $\ldots(nnuu-9)(nnuu-1)$, si n est impar, vel in $\ldots(nnuu-4)nu$, si n est par, eritque

$$T^{(\mu)} = \frac{(nu-n+2\mu)\,U^{(\mu)}}{2^n}$$

Iam integrale $\int T^{(\mu)}dt$ a $t = 0$ usque ad $t = 1$ acceptum aequale est integrali

$$\int \tfrac{1}{2}\, T^{(\mu)}du = \int \frac{nu\,U^{(\mu)}du}{2^{n+1}} + \int \frac{(2\mu-n)\,U^{(\mu)}du}{2^{n+1}}$$

ab $u = -1$ usque ad $u = +1$.

Statuendo itaque

$$U^{(\mu)} = \alpha u^{n-1} + \beta u^{n-3} + \gamma u^{n-5} + \delta u^{n-7} + \text{etc.}$$

(sponte enim patet, potestates u^{n-2}, u^{n-4}, u^{n-6} etc. abesse), integralis pars $\int \frac{nu\,U^{(n)}du}{2^{n+1}}$ evanescet pro valore impari ipsius n, pars altera $\int \frac{(2\mu-n)\,U^{(\mu)}du}{2^{n+1}}$ vero pro valore pari, unde integrale $\int T^{(\mu)}dt$ fiet pro n pari

$$= \frac{n}{2^n}\left(\frac{\alpha}{n+1} + \frac{\beta}{n-1} + \frac{\gamma}{n-3} + \frac{\delta}{n-5} + \text{etc.}\right)$$

pro n impari autem

$$= \frac{2\mu-n}{2^n}\left(\frac{\alpha}{n}+\frac{\beta}{n-2}+\frac{\gamma}{n-4}+\frac{\delta}{n-6}+\text{etc.}\right)$$

In exemplo nostro habetur

$$U'' = (25uu-25)(25uu-9) = 625u^4 - 850uu + 225\text{, adeoque}$$
$$-12R'' = -\tfrac{1}{32}(125-\tfrac{850}{3}+225) = -\tfrac{25}{12}\text{ ut supra.}$$

Observare convenit, fieri $U^{(n-\mu)} = U^{(\mu)}$, adeoque $\int T^{(n-\mu)}\mathrm{d}t = \pm\int T^{(\mu)}\mathrm{d}t$, signo superiore valente pro n pari, inferiore pro impari. Quare quum facile perspiciatur, perinde haberi $M^{(n-\mu)} = \pm M^{(\mu)}$, semper erit $R^{(n-\mu)} = R^{(\mu)}$, sive e coëfficientibus $R, R', R'' \ldots . R^{(n)}$ ultimus primo aequalis, penultimus secundo et sic porro.

4.

Valores numericos horum coëfficientium a Cotesio usque ad $n = 10$ computatos ex *Harmonia Mensurarum* huc adscribimus.

Pro $n = 1$ sive terminis duobus.

$R = R' = \frac{1}{2}$

Pro $n = 2$ sive terminis tribus.

$R = R'' = \frac{1}{6}$, $R' = \frac{2}{3}$

Pro $n = 3$ sive terminis quatuor.

$R = R''' = \frac{1}{8}$, $R' = R'' = \frac{3}{8}$

Pro $n = 4$ sive terminis quinque.

$R = R'''' = \frac{7}{90}$, $R' = R''' = \frac{16}{45}$, $R'' = \frac{2}{15}$

Pro $n = 5$ sive terminis sex.

$R = R^{\mathrm{V}} = \frac{19}{288}$, $R' = R'''' = \frac{25}{96}$, $R'' = R''' = \frac{25}{144}$

Pro $n = 6$ sive terminis septem.

$R = R^{\mathrm{VI}} = \frac{41}{840}$, $R' = R^{\mathrm{V}} = \frac{9}{35}$, $R'' = R^{\mathrm{IV}} = \frac{9}{280}$, $R''' = \frac{34}{105}$

Pro $n = 7$ sive terminis octo.

$R = R^{\mathrm{VII}} = \frac{751}{17280}$, $R' = R^{\mathrm{VI}} = \frac{3577}{17280}$, $R'' = R^{\mathrm{V}} = \frac{49}{640}$, $R''' = R'''' = \frac{2989}{17280}$

Pro $n = 8$ sive terminis novem.

$R = R^{\mathrm{VIII}} = \frac{989}{28350}$, $R' = R^{\mathrm{VII}} = \frac{2944}{14175}$, $R'' = R^{\mathrm{VI}} = -\frac{464}{14175}$, $R''' = R^{\mathrm{V}} = \frac{5248}{14175}$,
$R^{\mathrm{IV}} = -\frac{454}{2835}$

Pro $n = 9$ sive terminis decem.

$$R = R^{\mathrm{IX}} = \tfrac{2857}{89600},\ R' = R^{\mathrm{VIII}} = \tfrac{15741}{89600},\ R'' = R^{\mathrm{VII}} = \tfrac{27}{2240},\ R''' = R^{\mathrm{VI}} = \tfrac{1209}{5600},$$
$$R^{\mathrm{IV}} = R^{\mathrm{V}} = \tfrac{2889}{44800}$$

Pro $n = 10$ sive terminis undecim.

$$R = R^{\mathrm{X}} = \tfrac{16067}{598752},\ R' = R^{\mathrm{IX}} = \tfrac{26575}{149688},\ R'' = R^{\mathrm{VIII}} = -\tfrac{16175}{199584},$$
$$R''' = R^{\mathrm{VII}} = \tfrac{5675}{12474},\ R^{\mathrm{IV}} = R^{\mathrm{VI}} = -\tfrac{4825}{11088},\ R^{\mathrm{V}} = \tfrac{17807}{24948}.$$

5.

Quum formula $\Delta(AR + A'R' + A'R' + A''R'' + \text{etc.} + A^{(n)}R^{(n)})$ integrale $\int y\,\mathrm{d}x$ ab $x = g$ usque ad $x = g + \Delta$, sive integrale $\Delta\int y\,\mathrm{d}t$ a $t = 0$ usque ad $t = 1$ exacte quidem exhibeat, quoties y in seriem evoluta potestatem t^n non transscendit, sed approximate tantum, quoties y ultra progreditur, superest, ut errorem, quem inducunt termini proxime sequentes, assignare doceamus. Designemus generaliter per $k^{(m)}$ differentiam inter valorem verum integralis $\int t^m\,\mathrm{d}t$ a $t = 0$ usque ad $t = 1$, atque valorem ex formula prodeuntem, ita ut sit

$$k = 1 - R - R' - R'' - R''' - \text{etc.} - R^{(n)}$$
$$k' = \tfrac{1}{2} - \tfrac{1}{n}(R' + 2R'' + 3R''' + \text{etc.} + nR^{(n)})$$
$$k'' = \tfrac{1}{3} - \tfrac{1}{nn}(R' + 4R'' + 9R''' + \text{etc.} + nnR^{(n)})$$
$$k''' = \tfrac{1}{4} - \tfrac{1}{n^3}(R' + 8R'' + 27R''' + \text{etc.}\ n^3R^{(n)})$$

etc. Patet igitur, si y evolvatur in seriem

$$K + K't + K''tt + K'''t^3 + \text{etc.}$$

differentiam inter valorem verum integralis $\int y\,\mathrm{d}t$ atque valorem approximatum formulae exprimi per

$$Kk + K'k' + K''k'' + K'''k''' + \text{etc.}$$

Sed manifesto k, k', k'' etc. usque ad $k^{(n)}$ sponte fiunt $= 0$: correctio itaque formulae approximatae erit

$$K^{(n+1)}k^{(n+1)} + K^{(n+2)}k^{(n+2)} + K^{(n+3)}k^{(n+3)} + \text{etc.}$$

Indolem quantitatum $k^{(n+1)}, k^{(n+2)}$ etc. infra accuratius perscrutabimur; hic sufficiat, valores numericos primae aut secundae, pro singulis valoribus ipsius n, apposuisse, ut gradus praecisionis, quam formula approximata affert, inde aestimari possit.

Pro $n = 1$ habemus $k'' = -\frac{1}{6}$, $k''' = -\frac{1}{4}$, $k'''' = -\frac{3}{10}$
Pro $n = 2$ invenimus $k''' = 0$, $k'''' = -\frac{1}{120}$, $k^{\mathrm{V}} = -\frac{1}{48}$
Pro $n = 3$ fit $k'''' = -\frac{1}{270}$, $k^{\mathrm{V}} = -\frac{1}{108}$
Pro $n = 4 \ldots k^{\mathrm{V}} = 0$, $k^{\mathrm{VI}} = -\frac{1}{2688}$, $k^{\mathrm{VII}} = -\frac{1}{768}$
Pro $n = 5 \ldots k^{\mathrm{VI}} = -\frac{11}{52300}$, $k^{\mathrm{VII}} = -\frac{11}{15000}$
Pro $n = 6 \ldots k^{\mathrm{VII}} = 0$, $k^{\mathrm{VIII}} = -\frac{1}{38880}$, $k^{\mathrm{IX}} = -\frac{1}{8640}$
Pro $n = 7 \ldots k^{\mathrm{VIII}} = -\frac{167}{105888410}$, $k^{\mathrm{IX}} = -\frac{167}{23552980}$
Pro $n = 8 \ldots k^{\mathrm{IX}} = 0$, $k^{\mathrm{X}} = -\frac{37}{173661504}$, $k^{\mathrm{XI}} = -\frac{37}{31145728}$
Pro $n = 9 \ldots k^{\mathrm{X}} = -\frac{865}{6313351908}$, $k^{\mathrm{XI}} = -\frac{865}{114791256}$
Pro $n = 10 \ldots k^{\mathrm{XI}} = 0$, $k^{\mathrm{XII}} = -\frac{26927}{1365000000000}$, $k^{\mathrm{XIII}} = -\frac{26927}{21000000000}$

Pro valore pari ipsius n ubique hic fieri animadvertimus $k^{(n+1)} = 0$, ac praeterea $k^{(n+3)} = \frac{n+3}{2} k^{(n+2)}$; pro valore impari ipsius n autem ubique prodit $k^{(n+2)} = \frac{n+2}{2} k^{(n+1)}$. Ratio horum eventuum facile e considerationibus sequentibus depromitur.

Designemus generaliter per $l^{(m)}$ differentiam inter valorem verum huius integralis $\int (t - \frac{1}{2})^m \mathrm{d}t$ a $t = 0$ usque ad $t = 1$, atque valorem eum, quem formula approximata profert, ita ut habeatur

$$l^{(m)} = \int (t - \tfrac{1}{2})^m \mathrm{d}t - [(-\tfrac{1}{2})^m R + (\tfrac{1}{n} - \tfrac{1}{2})^m R' + (\tfrac{2}{n} - \tfrac{1}{2})^m R'' + (\tfrac{3}{n} - \tfrac{1}{2})^m R''' + \text{etc.}$$
$$+ (\tfrac{1}{2} - \tfrac{1}{n})^m R^{(n-1)} + (\tfrac{1}{2})^m R^{(n)}]$$

integrali a $t = 0$ usque ad $t = 1$ accepto. Manifesto pro valore impari ipsius m evanescet tum valor verus integralis tum valor approximatus: erit itaque $l' = 0$, $l''' = 0$, $l^{\mathrm{V}} = 0$, $l^{\mathrm{VII}} = 0$ etc. sive generaliter $l^{(m)} = 0$ pro valore impari ipsius m. Pro valore pari autem ipsius m, formulae tribuimus formam hancce

$$l^{(m)} = \frac{1}{2^m (m+1)} - \frac{2}{n^m} ((\tfrac{1}{2} n)^m R + (\tfrac{1}{2} n - 1)^m R' + (\tfrac{1}{2} n - 2)^m R'' + \text{etc.}$$
$$+ 2^m R^{(\frac{1}{2} n - 2)} + R^{(\frac{1}{2} n - 1)})$$

si simul fuerit n par; vel hanc

$$l^{(m)} = \frac{1}{2^m} (\frac{1}{m+1} - \frac{2}{n^m} (n^m R + (n-2)^m R' + (n-4)^m R'' + \text{etc.}$$
$$+ 3^m R^{(\frac{1}{2} n - \frac{3}{2})} + R^{(\frac{1}{2} n - \frac{1}{2})}))$$

si simul fuerit n impar.

Si igitur per evolutionem ipsius y in seriem secundum potestates ipsius $t-\frac{1}{2}$ progredientem prodit

$$y = L + L'(t-\tfrac{1}{2}) + L''(t-\tfrac{1}{2})^2 + L'''(t-\tfrac{1}{2})^3 + \text{etc.}$$

correctio valori approximato integralis $\int y\,\mathrm{d}t$ a $t=0$ usque ad $t=1$ applicanda erit

$$Ll + L''l'' + L''''l'''' + L^{\text{VI}}l^{\text{VI}} + \text{etc.}$$

aut potius, quum $l^{(m)}$ necessario evanescat pro valore quovis integro ipsius m haud maiori quam n, correctio erit

$$L^{(n+2)}l^{(n+2)} + L^{(n+4)}l^{(n+4)} + L^{(n+6)}l^{(n+6)} + \text{etc.}$$

pro n pari, vel

$$L^{(n+1)}l^{(n+1)} + L^{(n+3)}l^{(n+3)} + L^{(n+5)}l^{(n+5)} + \text{etc.}$$

pro n impari.

Facillime iam correctiones $l^{(m)}$ ad $k^{(m)}$ reducuntur et vice versa. Quum enim habeatur

$$(t-\tfrac{1}{2})^m = t^m - \tfrac{1}{2}m.t^{m-1} + \tfrac{1}{4}.\frac{m(m-1)}{1.2}t^{m-2} + \text{etc.}$$

erit

$$l^{(m)} = k^{(m)} - \tfrac{1}{2}mk^{(m-1)} + \tfrac{1}{4}.\frac{m(m-1)}{1.2}k^{(m-2)} + \text{etc.}$$

Et perinde fit

$$k^{(m)} = l^{(m)} + \tfrac{1}{2}ml^{(m-1)} + \tfrac{1}{4}.\frac{m(m-1)}{1.2}l^{(m-1)} + \text{etc.}$$

Ex posteriori formula eiicientur termini, ubi l afficitur indice impari: utraque autem continuanda est tantummodo usque ad indicem $n+1$ (inclus.). Manifesto itaque habebimus

pro n pari

$$k^{(n+1)} = 0$$
$$k^{(n+2)} = l^{(n+2)}$$
$$k^{(n+3)} = \frac{n+3}{2}.l^{(n+2)}$$

pro n impari

$$k^{(n+1)} = l^{(n+1)}$$
$$k^{(n+2)} = \frac{n+2}{2}.l^{(n+1)}$$

unde demanant observationes supra indicatae

6.

Generaliter itaque loquendo praestabit, in applicanda methodo Cotesiana ipsi n tribuere valorem parem, seu terminorum multitudinem imparem in usum vocare. Perparum scilicet praecisio augebitur, si loco valoris paris ipsius n ad imparem proxime maiorem ascendamus, quum error maneat eiusdem ordinis, licet coëfficiente aliquantulum minori affectus. Contra ascendendo a valore impari ipsius n ad parem proxime sequentem, error duobus ordinibus promovebitur, insuperque coëfficiens notabilius imminutus praecisionem augebit. Ita si quinque termini adhibentur, sive pro $n = 4$, error proxime exprimitur per $-\frac{1}{2688}K^6$ vel per $-\frac{1}{2688}L^6$; si statuitur $n = 5$, error erit proxime $-\frac{11}{52500}K^6$ vel $-\frac{11}{52500}L^6$, adeoque ne ad semissem quidem prioris depressus: contra faciendo $n = 6$, error fit proxime $= -\frac{1}{38880}K^8$ vel $= -\frac{1}{38880}L^8$, praecisioque tanto magis aucta, quo citius series, in quam functio evolvitur, iam per se convergit.

7.

Postquam haecce circa methodum Cotesii praemisimus, ad disquisitionem generalem progredimur, abiiciendo conditionem, ut valores ipsius x progressione arithmetica procedant. Problema itaque aggredimur, determinare valorem integralis $\int y\,dx$ inter limites datos ex aliquot valoribus datis ipsius y, vel exacte vel quam proxime. Supponamus, integrale sumendum esse ab $x = g$ usque ad $x = g + \Delta$, introducamusque loco ipsius x aliam variabilem $t = \frac{x-g}{\Delta}$, ita ut integrale $\Delta\int y\,dt$ a $t = 0$ usque ad $t = 1$ investigare oporteat. Respondeant $n+1$ valores dati ipsius y hi $A, A', A'', A''' \ldots . A^{(n)}$ valoribus ipsius t inaequalibus his $a, a', a'', a''' \ldots . a^{(n)}$, designemusque per Y functionem algebraicam integram ordinis n hancce:

$$\begin{aligned} & A\,\frac{(t-a')(t-a'')(t-a''')\ldots.(t-a^{(n)})}{(a-a')(a-a'')(a-a''')\ldots.(a-a^{(n)})} \\ & + A'\,\frac{(t-a)(t-a'')(t-a''')\ldots.(t-a^{(n)})}{(a'-a)(a'-a'')(a'-a''')\ldots.(a'-a^{(n)})} \\ & + A''\,\frac{(t-a)(t-a')(t-a''')\ldots.(t-a^{(n)})}{(a''-a)(a''-a')(a''-a''')\ldots.(a''-a^{(n)})} \\ & + \text{etc.} \\ & + A^{(n)}\,\frac{(t-a)(t-a')(t-a'')\ldots.(t-a^{(n-1)})}{(a^{(n)}-a)(a^{(n)}-a')(a^{(n)}-a'')\ldots.(a^{(n)}-a^{(n-1)})} \end{aligned}$$

Manifesto valores huius functionis, si t alicui quantitatum $a, a', a'', a''' \ldots . a^{(m)}$ aequalis ponitur, coincidunt cum valoribus respondentibus functionis y, unde perinde ut in art. 2. concludimus, Y cum y identicam esse, quoties y quoque sit functio algebraica integra ordinem n non transscendens, aut saltem ipsius y vice fungi posse, si y in seriem secundum potestates ipsius t progredientem conversa tantam convergentiam exhibeat, ut terminos altiorum ordinum negligere liceat.

8.

Iam ad eruendum integrale $\int Y\mathrm{d}t$ singulas partes ipsius Y consideremus. Designemus productum,

$$(t-a)(t-a')(t-a'')(t-a''')\ldots(t-a^{(n)})$$

per T, fiatque per evolutionem huius producti

$$T = t^{n+1}+\alpha t^{n}+\alpha' t^{n-1}+\alpha'' t^{n-2}+\text{ etc. }+\alpha^{(n)}$$

Numerator fractionis, per quam, in parte prima ipsius Y, multiplicata est A, fit $=\frac{T}{t-a}$; numeratores in partibus sequentibus perinde sunt $\frac{T}{t-a'}$, $\frac{T}{t-a''}$, $\frac{T}{t-a'''}$ etc. Denominatores vero nihil aliud sunt, nisi valores determinati horum numeratorum, si resp. statuitur $t=a$, $t=a'$, $t=a''$, $t=a'''$ etc.: denotemus hos denominatores resp. per M, M', M'', M''' etc., ita ut sit

$$Y=\frac{AT}{M(t-a)}+\frac{A'T}{M'(t-a')}+\frac{A''T}{M''(t-a'')}+\text{ etc. }+\frac{A^{(n)}T}{M^{(n)}(t-a^{(n)})}$$

Quum fiat $T=0$, pro $t=a$, habemus aequationem identicam

$$a^{n+1}+\alpha a^{n}+\alpha' a^{n-1}+\alpha'' a^{n-2}+\text{ etc. }+\alpha^{(n)}=0$$

adeoque

$$T=t^{n+1}-a^{n+1}+\alpha(t^{n}-a^{n})+\alpha'(t^{n-1}-a^{n-1})+\alpha''(t^{n-2}-a^{n-2})+\text{ etc.}$$
$$+\alpha^{(n-1)}(t-a)$$

Hinc dividendo per $t-a$ fit

$$\begin{aligned}\frac{T}{t-a}=t^{n}&+at^{n-1}+aat^{n-2}+a^{3}t^{n-3}+\text{ etc. }+a^{n}\\ &+\alpha t^{n-1}+\alpha a t^{(n-2)}+\alpha a a t^{n-3}+\text{ etc. }+\alpha a^{n-1}\\ &\qquad+\alpha' t^{n-2}+\alpha' a t^{n-3}+\text{ etc. }+\alpha' a^{n-2}\\ &\qquad\qquad+\alpha'' t^{n-3}+\text{ etc. }+\alpha'' a^{n-3}\\ &\qquad\qquad\qquad+\text{ etc. etc.}\\ &\qquad\qquad\qquad\qquad+\alpha^{(n-1)}\end{aligned}$$

Valor huius functionis pro $t = a$ colligitur

$$= (n+1)a^n + n\alpha a^{n-1} + (n-1)\alpha' a^{n-2} + (n-2)\alpha'' a^{n-3} + \text{etc.} + \alpha^{(n-1)}$$

Hinc M aequalis valori ipsius $\frac{\mathrm{d}T}{\mathrm{d}t}$ pro $t = a$, uti etiam aliunde constat. Perinde M', M'', M''', etc. erunt valores ipsius $\frac{\mathrm{d}T}{\mathrm{d}t}$ pro $t = a'$, $t = a''$, $t = a'''$ etc.

Porro invenimus valorem integralis $\int \frac{T\mathrm{d}t}{t-a}$, a $t = 0$ usque ad $t = 1$,

$$\begin{aligned}
= \frac{1}{n+1} + \frac{a}{n} + \frac{aa}{n-1} + \frac{a^3}{n-2} + \text{etc.} + a^n& \\
+ \frac{\alpha}{n} + \frac{\alpha a}{n-1} + \frac{\alpha aa}{n-2} + \text{etc.} + \alpha a^{n-1}& \\
+ \frac{\alpha'}{n-1} + \frac{\alpha' a}{n-2} + \text{etc.} + \alpha' a^{n-2}& \\
+ \frac{\alpha''}{n-2} + \text{etc.} + \alpha'' a^{n-3}& \\
+ \text{etc. etc.}& \\
+ \alpha^{(n-1)}&
\end{aligned}$$

quos terminos ordine sequenti disponemus:

$$\begin{aligned}
&a^n + \alpha a^{n-1} + \alpha' a^{n-2} + \alpha'' a^{n-3} + \text{etc.} + \alpha^{(n-1)} \\
&+ \tfrac{1}{2}(a^{n-1} + \alpha a^{n-2} + \alpha' a^{n-3} + \text{etc.} + \alpha^{(n-2)}) \\
&+ \tfrac{1}{3}(a^{n-2} + \alpha a^{n-3} + \alpha' a^{n-4} + \text{etc.} + \alpha^{(n-3)}) \\
&+ \tfrac{1}{4}(a^{n-3} + \alpha a^{n-4} + \alpha' a^{n-5} + \text{etc.} + \alpha^{(n-4)}) \\
&+ \text{etc.} \\
&+ \frac{1}{n-1}(aa + \alpha a + \alpha') \\
&+ \frac{1}{n}(a + \alpha) \\
&+ \frac{1}{n+1}
\end{aligned}$$

Sed manifesto eadem quantitas prodit, si in producto e multiplicatione functionis T in seriem infinitam

$$t^{-1} + \tfrac{1}{2}t^{-2} + \tfrac{1}{3}t^{-3} + \tfrac{1}{4}t^{-4} \text{ etc.}$$

orto, reiectis omnibus terminis, qui implicant potestates ipsius t exponentibus negativis (sive brevius, in producti parte ea, quae est functio integra ipsius t) pro t scribitur a. Supponamus itaque, fieri *)

$$T(t^{-1} + \tfrac{1}{2}t^{-2} + \tfrac{1}{3}t^{-3} + \tfrac{1}{4}t^{-4} + \text{etc.}) = T' + T''$$

---

*) Vix opus erit monere, characteres T, T', T'' alio sensu hic accipi, quam in art. 2.

ita ut T' sit functio integra ipsius t in hoc producto contenta, T'' vero pars altera, scilicet series descendens in infinitumque excurrens. Quo facto valor integralis $\int\frac{T\mathrm{d}t}{t-a}$ a $t=0$ usque ad $t=1$ aequalis erit valori functionis T' pro $t=a$. Quodsi itaque valores determinatos functionis

$$\frac{T'}{(\frac{\mathrm{d}T}{\mathrm{d}t})}$$

pro $t=a$, $t=a'$, $t=a''$, $t=a'''$ etc. usque ad $t=a^{(n)}$ resp. per R, R', R'', $R'''\ldots. R^{(n)}$ denotamus, integrale $\int Y\mathrm{d}t$ a $t=0$ usque ad $t=1$ fiet

$$=RA+R'A'+R''A''+\text{etc.}+R^{(n)}A^{(n)}$$

quod per Δ multiplicatum exhibebit valorem vel verum vel approximatum integralis $\int y\mathrm{d}x$ ab $x=g$ usque ad $x=g+\Delta$.

9.

Hae operationes aliquanto facilius perficiuntur, si loco indeterminatae t introducitur alia $u=2t-1$. Scribimus quoque brevitatis caussa $b=2a-1$, $b'=2a'-1$, $b''=2a''-1$ etc. Transeat T, substituto pro t valore $\frac{1}{2}u+\frac{1}{2}$, in $\frac{U}{2^{n+1}}$, sive sit

$$U=(u-b)(u-b')(u-b'')\ldots.(u-b^n)$$

Erit itaque $\frac{\mathrm{d}T}{\mathrm{d}t}=\frac{1}{2^n}\cdot\frac{\mathrm{d}U}{\mathrm{d}u}$, adeoque M, M', M'' etc. valores determinati ipsius $\frac{1}{2^n}\cdot\frac{\mathrm{d}U}{\mathrm{d}u}$, si deinceps statuitur $u=b$, $u=b'$, $u=b''$ etc.

Quum series $t^{-1}+\frac{1}{2}t^{-2}+\frac{1}{3}t^{-3}+\frac{1}{4}t^{-4}+$ etc. nihil aliud sit quam $\log.\frac{1}{1-t^{-1}}=\log\frac{1+u^{-1}}{1-u^{-1}}$: per substitutionem $t=\frac{1}{2}u+\frac{1}{2}$ necessario transibit in $2u^{-1}+\frac{2}{3}u^{-3}+\frac{2}{5}u^{-5}+\frac{2}{7}u^{-7}+$ etc. Quodsi itaque statuimus

$$U(u^{-1}+\tfrac{1}{3}u^{-3}+\tfrac{1}{5}u^{-5}+\tfrac{1}{7}u^{-7}+\text{etc.})=U'+U''$$

ita ut U' sit functio integra ipsius u in hoc producto contenta, U'' vero pars altera, puta series descendens infinita, patet esse

$$T'+T''=\frac{1}{2^n}(U'+U'')$$

Sed manifesto T', tamquam functio integra ipsius t, per substitutionem $t=\frac{1}{2}u+\frac{1}{2}$ necessario functionem integram ipsius u producet: contra T'', quae non continet nisi potestates negativas ipsius t, per eandem substitutionem tantummodo potestates negativas ipsius u gignet. Quam ob rem U' nihil aliud erit quam $2^n T'$ per hanc substitutionem transformata, ac perinde U'' producta erit ex $2^n T''$. Nihil itaque intererit, sive in $\frac{T'}{\left(\frac{dT}{dt}\right)}$ substituamus $t = a,$, sive in $\frac{U'}{\left(\frac{dU}{du}\right)}$ faciamus $u = b$, unde colligimus, R, R', R'', R''' etc. etiam esse valores determinatos functionis $\frac{U'}{\left(\frac{dU}{du}\right)}$ pro $u = b$, $u = b'$, $u = b''$, $u = b'''$ etc.

10.

Antequam ulterius progrediamur, haecce praecepta per exemplum illustrabimus. Sit $n = 5$, statuamusque $a = 0$, $a' = \frac{1}{5}$, $a'' = \frac{2}{5}$, $a''' = \frac{3}{5}$, $a'''' = \frac{4}{5}$, $a''''' = 1$. Hinc fit

$$T = t^6 - 3t^5 + \tfrac{17}{5}t^4 - \tfrac{9}{5}t^3 + \tfrac{274}{625}tt - \tfrac{24}{625}t$$

Multiplicando per $t^{-1} + \frac{1}{2}t^{-2} + \frac{1}{3}t^{-3} + \frac{1}{4}t^{-4} +$ etc. obtinemus

$$T' = t^5 - \tfrac{5}{2}t^4 + \tfrac{67}{30}t^3 - \tfrac{17}{20}tt + \tfrac{913}{7500}t - \tfrac{19}{7500}$$

Valores itaque coëfficientium $R, R', R'', R''', R'''', R'''''$ exprimuntur per functionem fractam

$$\frac{t^5 - \frac{5}{2}t^4 + \frac{67}{30}t^3 - \frac{17}{20}tt + \frac{913}{7500}t - \frac{19}{7500}}{6t^5 - 15t^4 + \frac{68}{5}t^3 - \frac{27}{5}tt + \frac{548}{625}t - \frac{24}{625}}$$

in qua pro t deinceps substituendi sunt valores $0, \frac{1}{5}, \frac{2}{5}, \frac{3}{5}, \frac{4}{5}, 1$. Aliquanto brevior est methodus altera, quae suppeditat $b = -1$, $b' = -\frac{3}{5}$, $b'' = -\frac{1}{5}$, $b''' = \frac{1}{5}$, $b'''' = \frac{3}{5}$, $b''''' = 1$

$$U = u^6 - \tfrac{7}{5}u^4 + \tfrac{259}{625}uu - \tfrac{9}{625}$$
$$U' = u^5 - \tfrac{16}{15}u^3 + \tfrac{277}{1875}u$$

unde $R. R'. R''$ etc. erunt valores functionis fractae

$$\frac{u^4 - \frac{16}{15}uu + \frac{277}{1875}}{6u^4 - \frac{28}{5}uu + \frac{518}{625}}$$

pro $u = -1$, $u = -\frac{3}{5}$, $u = -\frac{1}{5}$ etc. Utraque methodus eosdem numeros profert, quos in art. 4. ex Harmonia Mensurarum tradidimus. Ceterum in casu tali, qualem hocce exemplum sistit, ubi a, a', a'' etc. sunt quantitates rationales, valores denominatoris $\frac{dT}{dt}$ commodius in forma primitiva computantur, puta $(a-a')(a-a'').(a-a''')\ldots(a-a^{(n)})$ pro $t = a$ ac perinde de reliquis. Idem valet de denominatore $\frac{dU}{du}$, qui pro $u = b$ fit $= (b-b')(b-b'')(b-b''')\ldots(b-b^{(n)})$.

11.

Quoties a, a', a'' etc. vel ex parte vel omnes sunt irrationales, utilis erit transformatio functionis fractae, ex qua numeros R, R', R'' etc. derivamus, in functionem integram: principia talis transformationis, quum in libris algebraicis non inveniantur, hoc loco breviter explicabimus. Propositis scilicet tribus functionibus integris Z, ζ, ζ' indeterminatae z, quaeritur functio integra, quae fractae $\frac{Z}{\zeta}$ vice fungi possit, quatenus pro z accipitur radix quaecunque aequationis $\zeta' = 0$. Supponemus autem, ζ pro nullo horum valorum ipsius z evanescere, sive quod eodem redit, ζ atque ζ' nullum divisorem communem indeterminatum implicare. Exponentes potestatum altissimarum ipsius z in ζ atque ζ' per k, k' denotabimus.

Dividatur sueto more ζ per ζ', donec residui ordo infra k' depressus sit; statuatur residuum $= \frac{\zeta''}{\lambda}$, eiusque ordo $= k''$, ita ut $\frac{1}{\lambda} z^{k''}$ sit residui terminus altissimus; divisionis quotientem ponemus $= \frac{p}{\lambda}$. Perinde ex divisione functionis ζ' per ζ'' prodeat residuum $\frac{\zeta'''}{\lambda'}$ ordinis k''', quotiens $\frac{p'}{\lambda'}$; dein rursus e divisione functionis ζ'' per ζ''' prodeat residuum $\frac{\zeta''''}{\lambda''}$ ordinis k'''' atque quotiens $\frac{p''}{\lambda''}$ et sic porro, donec in serie functionum ζ'', ζ''', ζ'''' etc., quae singulae terminum suum altissimum coëfficiente 1 affectum habebunt, perveniatur ad $\zeta^{(m)} = 1$. Hoc tandem evenire debere facile perspicitur, quum quaelibet functionum ζ, ζ' ζ'', ζ''' etc. cum praecedenti divisorem communem indeterminatum habere nequeat, adeoque certo divisio absque residuo fieri nequeat, quamdiu divisor fuerit ordinis maioris quam 0. Habebimus igitur seriem aequationum

$$\begin{aligned}
\zeta'' &= \lambda\zeta - p\zeta' \\
\zeta''' &= \lambda'\zeta' - p'\zeta'' \\
\zeta'''' &= \lambda''\zeta'' - p''\zeta''' \\
\zeta''''' &= \lambda'''\zeta''' - p'''\zeta''''
\end{aligned}$$

etc. usque ad

$$\zeta^{(m)} = \lambda^{(m-2)}\zeta^{(m-2)} - p^{(m-2)}\zeta^{(m-1)}$$

ubi ζ'', ζ''', ζ'''' .... $\zeta^{(m)}$ sunt functiones integrae ipsius z ordinis k'', k''', k'''' .... $k^{(m)}$; numeri k', k'', k''' .... $k^{(m)}$ continuo decrescentes usque ad ultimum $k^{(m)} = 0$; p, p', p'', p''' etc. quoque functiones integrae ipsius z ordinis $k - k'$, $k' - k''$, $k'' - k'''$, $k''' - k''''$ etc. (excepto casu, ubi $k < k'$, in quo manifesto statui debet $p = 0$).

His ita praeparatis formamus *secundam* seriem functionum integrarum ipsius z, puta η, η', η'', η''' .... $\eta^{(m)}$. Et quidem statuemus $\eta = 1$, $\eta' = 0$, reliquas vero singulas e binis praecedentibus per eandem legem derivamus, per quam functiones $\zeta, \zeta', \zeta'', \zeta'''$ etc. inter se nexae sunt, scilicet per aequationes

$$\begin{aligned}
\eta'' &= \lambda\eta \quad -p\eta' \\
\eta''' &= \lambda'\eta' \quad -p'\eta'' \\
\eta'''' &= \lambda''\eta'' \quad -p''\eta''' \\
\eta''''' &= \lambda'''\eta''' - p'''\eta'''' \text{ etc. usque ad} \\
\eta^{(m)} &= \lambda^{(m-2)}\eta^{(m-2)} - p^{(m-2)}\eta^{(m-1)}
\end{aligned}$$

Manifesto $\eta'' = \lambda$ hic est ordinis 0; $\eta''' = -\lambda p'$ ordinis $k' - k''$, et perinde sequentes η'''', η''''' etc. resp. ordinis $k' - k'''$, $k' - k''''$ etc., ita ut ultima $\eta^{(m)}$ ascendat ad ordinem $k' - k^{(m-1)}$.

Porro consideremus *tertiam* functionum seriem, $\zeta - \zeta\eta$, $\zeta' - \zeta\eta'$, $\zeta'' - \zeta\eta''$, $\zeta''' - \zeta\eta'''$ etc., inter cuius terminos quosvis ternos consequentes manifesto similis relatio intercedet, scilicet

$$\begin{aligned}
\zeta'' - \zeta\eta'' &= \lambda(\zeta - \zeta\eta) \quad - p(\zeta' - \zeta\eta') \\
\zeta''' - \zeta\eta''' &= \lambda'(\zeta' - \zeta\eta') \quad - p'(\zeta'' - \zeta\eta'') \\
\zeta'''' - \zeta\eta'''' &= \lambda''(\zeta'' - \zeta\eta'') - p''(\zeta''' - \zeta\eta''')
\end{aligned}$$

Iam prima harum functionum fit $= 0$, secunda $= \zeta'$: hinc facile colligitur, singulas per ζ' divisibiles fore.

Hinc autem nullo negotio sequitur, loco fractionis $\frac{Z}{\zeta}$ adoptari posse functionem integram $Z\eta^{(m)}$, quatenus quidem ipsi z non tribuantur alii valores nisi qui sint radices aequationis $\zeta' = 0$: manifesto enim differentia $\frac{Z(1-\zeta\eta^{(m)})}{\zeta}$ pro tali valore ipsius z necessario evanescit, quum $1 - \zeta\eta^{(m)} = \zeta^{(m)} - \zeta\eta^{(m)}$ per ζ' sit divisibilis.

Loco functionis $Z\eta^{(m)}$ etiam adoptari poterit eius residuum ex divisione per ζ' ortum, cuius ordo erit inferior ordine functionis ζ'.

Ceterum hocce residuum commodius per algorithmum sequentem immediate eruere licet. Formentur aequationes sequentes

$$\begin{aligned}
Z &= q'\zeta' \quad + Z' \\
Z' &= q''\zeta'' \quad + Z'' \\
Z'' &= q'''\zeta''' + Z''' \\
Z''' &= q''''\zeta'''' + Z'''' \text{ etc. usque ad} \\
Z^{(m-1)} &= q^{(m)}\zeta^{(m)} + Z^{(m)}
\end{aligned}$$

scilicet deinceps dividendo Z per ζ', dein residuum primae divisionis Z' per ζ'', tum residuum secundae divisionis per ζ''' ac sic porro. Quum residuum semper ad ordinem inferiorem pertineat quam divisor, ordo functionum Z', Z'', Z''', Z''''etc. erit resp. inferior quam k', k'', k''', k'''' etc.; ultima vero $Z^{(m)}$ necessario fit $= 0$, quum divisor $\zeta^{(m)}$ sit $= 1$. Habemus itaque

$$Z = q'\zeta' + q''\zeta'' + q'''\zeta''' + q''''\zeta'''' + \text{etc.} + q^{(m)}\zeta^{(m)}$$

Quatenus autem pro z solae radices aequationis $\zeta' = 0$ accipiuntur, fit $\zeta' = 0$, $\zeta'' = \zeta\eta''$, $\zeta''' = \zeta\eta'''$, $\zeta'''' = \zeta\eta''''$ etc., unde sub eadem restrictione erit

$$\frac{Z}{\zeta} = q''\eta'' + q'''\eta''' + q''''\eta'''' + \text{etc.} + q^{(m)}\eta^{(m)}$$

Ordo vero huius expressionis necessario erit infra k': quum enim ordo quotientium q'', q''', q'''' etc. esse debeat infra $k' - k''$, $k'' - k'''$, $k''' - k''''$ etc., ordo singularum partium $q''\eta''$, $q'''\eta'''$, $q''''\eta''''$ etc. erit infra $k' - k''$, $k' - k'''$, $k' - k''''$ etc.

Denique adhuc observamus, si forte inter valores indeterminatae z, quos in fractione $\frac{Z}{\zeta}$ substituere oporteat, rationales cum irrationalibus mixti reperiantur, magis e re fore, illos ab his separare atque hos solos in aequatione $\zeta' = 0$ comprehendere. Pro rationalibus enim valoribus calculi compendio opus non erit; pro irrationalibus autem calculus tanto simplicior erit, quo minor fuerit gradus functionis integrae, ad quam fractam reducere licet.

12.

Ecce nunc exemplum transformationis in art. praec explicatae. Proposita sit functio fracta

$$\frac{z^6 - \frac{50}{39}z^4 + \frac{283}{715}zz - \frac{256}{15015}}{7z^6 - \frac{105}{13}z^4 + \frac{315}{143}zz - \frac{35}{429}}$$

in qua z indefinite repraesentat radices aequationis

$$z^7 - \frac{21}{13}z^5 + \frac{105}{143}z^3 - \frac{35}{429}z = 0$$

Si hic omnes septem radices complecti vellemus, ad functionem integram sexti ordinis delaberemur. Manifesto autem pro valore rationali $z = 0$ computus fractionis obvius est, datque valorem $\frac{256}{1225}$: quapropter seposita hac radice in aequatione sexti gradus subsistemus:

$$z^6 - \tfrac{21}{13}z^4 + \tfrac{105}{143}zz - \tfrac{35}{429} = 0$$

quo pacto facile praevidemus orturam esse functionem integram quarti ordinis. Iam ex applicatione praeceptorum praecedentium prodeunt sequentia:

$$\begin{array}{ll}
\zeta = 7z^6 - \tfrac{105}{13}z^4 + \tfrac{315}{143}zz - \tfrac{35}{429} & \\
\zeta' = z^6 - \tfrac{21}{13}z^4 + \tfrac{105}{143}zz - \tfrac{35}{429} & \\
\zeta'' = z^4 - \tfrac{10}{11}zz + \tfrac{5}{33} & \\
\zeta''' = zz - \tfrac{3}{7} & \\
\zeta'''' = 1 & \\
\lambda = \tfrac{13}{42} & p = \tfrac{13}{6} \\
\lambda' = -\tfrac{4719}{280} & p' = -\tfrac{4719}{280}zz + \tfrac{3333}{280} \\
\lambda'' = -\tfrac{147}{8} & p'' = -\tfrac{147}{8}zz + \tfrac{777}{88} \\
\eta = 1 & \\
\eta' = 0 & \\
\eta'' = \tfrac{13}{42} & \\
\eta''' = \tfrac{20449}{3920}zz - \tfrac{14443}{3920} & \\
\eta'''' = \tfrac{61347}{640}z^4 - \tfrac{127413}{1120}zz + \tfrac{120263}{4480} & \\
Z = z^6 - \tfrac{50}{39}z^4 + \tfrac{283}{715}zz - \tfrac{256}{15015}; & q' = 1 \\
Z' = \tfrac{1}{3}z^4 - \tfrac{22}{65}zz + \tfrac{323}{5005} & q'' = \tfrac{1}{3} \\
Z'' = -\tfrac{76}{2145}zz + \tfrac{632}{45045} & q''' = -\tfrac{76}{2145} \\
Z''' = -\tfrac{4}{3465} & q'''' = -\tfrac{4}{3465}
\end{array}$$

Hinc tandem derivatur functio integra fractioni propositae aequivalens:

$$-\tfrac{1859}{16800}z^4 - \tfrac{1573}{29400}zz + \tfrac{7947}{39200}$$

13.

Ad determinandum gradum praecisionis, qua formula nostra integralis $RA + R'A' + R''A'' +$ etc. $+ R^{(n)}A^{(n)}$ gaudet, statuamus generaliter

$$Ra^m + R'a'^m + R''a''^m + \text{etc.} + R^{(n)}a^{(n)m} = \frac{1}{m+1} - k^{(m)}$$

ita ut $k^{(m)}$ sit differentia inter integralis $\int t^m \mathrm{d}t$ a $t = 0$ usque ad $t = 1$ sumti valorem verum atque approximatum. Habebimus itaque, singulis fractionibus in series evolutis,

$$\frac{R}{t-a}+\frac{R'}{t-a'}+\frac{R''}{t-a''}+\text{etc.}+\frac{R^{(n)}}{t-a^{(n)}}$$
$$=(1-k)t^{-1}+(\tfrac{1}{2}-k')t^{-2}+(\tfrac{1}{3}-k'')t^{-3}+(\tfrac{1}{4}-k''')t^{-4}+\text{etc.}$$
$$=t^{-1}+\tfrac{1}{2}t^{-2}+\tfrac{1}{3}t^{-3}+\tfrac{1}{4}t^{-4}+\text{etc.}-\Theta$$

si statuimus

$$\Theta=kt^{-1}+k't^{-2}+k''t^{-3}+k'''t^{-4}+\text{etc.}$$

sive potius (quum iam sciamus, k, k', k'', k''' etc. usque ad $k^{(n)}$ sponte evanescere debere)

$$\Theta=k^{(n+1)}t^{-(n+2)}+k^{(n+2)}t^{-(n+3)}+k^{(n+3)}t^{-(n+4)}+\text{etc.}$$

Multiplicando per T fit

$$T\left(\frac{R}{t-a}+\frac{R'}{t-a'}+\frac{R''}{t-a''}+\text{etc.}+\frac{R^{(n)}}{t-a^{(n)}}\right)=T'+T''-T\Theta$$

Pars prior huius aequationis est functio integra ipsius t ordinis n, eiusque valores determinati pro $t=a$, $t=a'$, $t=a''$ etc. resp. fiunt MR, $M'R'$, $M''R''$ etc.: quapropter, quum eadem valeant de functione T', uti ex ipso modo numeros R, R', R'' etc. determinandi perspicuum est, necessario illa pars prior aequationis identica esse debet cum T', adeoque $T''=T\Theta$. Oritur itaque Θ ex evolutione fractionis $\frac{T''}{T}$, quo pacto coëfficientes $k^{(n+1)}$, $k^{(n+2)}$ etc. quousque libet determinari poterunt. Quibus inventis correctio valoris nostri approximati integralis $\int y\,dt$ erit

$$=k^{(n+1)}K^{(n+1)}+k^{(n+2)}K^{(n+2)}+\text{etc.}$$

si series, in quam evolvitur y, est

$$y=K+K't+K''tt+K'''t^3+\text{etc.}$$

14.

Si magis placet, correctionem exprimere per coëfficientes seriei secundum potestates ipsius $t-\frac{1}{2}$ progredientis

$$y=L+L'(t-\tfrac{1}{2})+L''(t-\tfrac{1}{2})^2+L'''(t-\tfrac{1}{2})^3+\text{etc.}$$

illa erit

$$= l^{(n+1)}L^{(n+1)} + l^{(n+2)}L^{(n+2)} + l^{(n+3)}L^{(n+3)} + \text{etc.}$$

si generaliter per $l^{(m)}$ exprimimus correctionem valoris approximati integralis $\int(t-\frac{1}{2})^m \mathrm{d}t$. Hae correctiones $l^{(m)}$ cum correctionibus $k^{(m)}$ nexae erunt per aequationem

$$l^{(m)} = k^{(m)} - \tfrac{1}{2}mk^{(m-1)} + \tfrac{1}{4}\cdot\frac{m.m-1}{1.2}k^{(m-2)} - \tfrac{1}{8}\cdot\frac{m.m-1.m-2}{1.2.3}k^{(m-3)} + \text{etc.}$$

Quo vero illas independenter eruere possimus, perpendamus, functionem Θ per substitutionem $t = \frac{1}{2}u + \frac{1}{2}$ transire in

$$\begin{aligned}
&2k(u^{-1} - u^{-2} + u^{-3} - u^{-4} + \text{etc.})\\
+\;&4k'(u^{-2} - 2u^{-3} + 3u^{-4} - 4u^{-5} + \text{etc.})\\
+\;&8k''(u^{-3} - 3u^{-4} + 6u^{-5} - 10u^{-6} + \text{etc.})\\
+\;&16k'''(u^{-4} - 4u^{-5} + 10u^{-6} - 20u^{-7} + \text{etc.})\\
+\;&\text{etc.}
\end{aligned}$$

sive in

$$\begin{aligned}
&2ku^{-1} + 4(k' - \tfrac{1}{2})u^{-2} + 8(k'' - \tfrac{1}{2}.2k' + \tfrac{1}{4}k)u^{-3}\\
&+16(k''' - \tfrac{1}{2}.3k'' + \tfrac{1}{4}.3k' - \tfrac{1}{8}k)u^{-4} + \text{etc.}
\end{aligned}$$

sive in

$$2lu^{-1} + 4l'u^{-2} + 8l''u^{-3} + 16l'''u^{-4} + \text{etc.}$$

sive denique, quum a priori sciamus, l, l', l'', l''' etc. usque ad $l^{(n)}$ sponte evanescere, in

$$2^{n+2}l^{(n+1)}u^{-(n+2)} + 2^{n+3}l^{(n+2)}u^{-(n+3)} + 2^{n+4}l^{(n+4)}u^{-(n+4)} + \text{etc.}$$

At $\Theta = \frac{T''}{T}$; quare quum T, T'' per substitutionem $t = \frac{1}{2}u + \frac{1}{2}$ transeant in $\frac{U}{2^{n+1}}$, $\frac{U''}{2^n}$, (art. 9), functio Θ per eandem substitutionem transibit in $\frac{2U''}{U}$. Quodsi itaque seriem ex evolutione fractionis $\frac{U''}{U}$ oriundam per Ω designamus, erit

$$\Omega = 2^{n+1}l^{(n+1)}u^{-(n+2)} + 2^{n+2}l^{(n+2)}u^{-(n+3)} + 2^{n+3}l^{(n+3)}u^{-(n+4)} + \text{etc.}$$

quo pacto coëfficientes $l^{(n+1)}$, $l^{(n+2)}$ etc. quousque lubet erui poterunt.

Ita in exemplo art. 10 invenimus

$$\begin{aligned}
U'' &= -\tfrac{176}{13125}u^{-1} - \tfrac{304}{28125}u^{-3} - \tfrac{2576}{309375}u^{-5} - \text{etc.}\\
\Omega &= -\tfrac{176}{13125}u^{-7} - \tfrac{832}{28125}u^{-9} - \tfrac{189856}{4296875}u^{-11} - \text{etc.}
\end{aligned}$$

adeoque correctio valoris approximati integralis

$$= -\tfrac{11}{52500}L^{\mathrm{VI}} - \tfrac{13}{112500}L^{\mathrm{VIII}} - \tfrac{5933}{137500000}L^{\mathrm{X}} - \text{etc.}$$

15.

Coëfficiens $K^{(m)}$ functionis y in seriem evolutae fit, per theorema TAYLORI, aequalis valori ipsius

$$\frac{1}{1.2.3....m}\cdot\frac{d^m y}{dt^m} \quad \text{sive} \quad \frac{\Delta^m}{1.2.3....m}\cdot\frac{d^m y}{dx^m}$$

pro $t = 0$ sive $x = g$; perinde coëfficiens $L^{(m)}$ est valor eiusdem expressionis pro $t = \frac{1}{2}$ sive $u = 0$ sive $x = g + \frac{1}{2}\Delta$: utrique coëfficienti *ordinem* m tribuemus. Generaliter itaque loquendo integratio nostra usque ad ordinem n inclus. exacta erit, quicunque valores pro $a, a', a'' \ldots . a^{(n)}$ accipiantur. Attamen hinc nihil obstat, quominus pro valoribus harum quantitatum scite electis praecisio ad altiorem gradum evehatur. Ita iam supra vidimus, in methodo COTESII i. e. pro $a = 0$, $a = \frac{1}{n}$, $a'' = \frac{2}{n}$, $a''' = \frac{3}{n}$ etc. praecisionem sponte ad ordinem $n+1$ inclus. extendi, quoties n sit numerus par. Generaliter patet, si valores a, a', a'', a''' etc. ita fuerint electi, ut in functione T'' vel U'' ab initio excidat terminus unus pluresve, praecisionem totidem gradibus ultra ordinem n promotum iri, quot termini exciderint. Hinc facile colligitur, quum multitudo quantitatum quas eligere conceditur sit $n+1$, per idoneam earum determinationem praecisionem semper ad ordinem $2n+1$ inclus. evehi posse, quo pacto adiumento $n+1$ terminorum eundem praecisionis ordinem assequi licebit, ad quem attingendum $2n+1$ vel $2n+2$ terminos in usum vocare oporteret, si COTESII methodum sequeremur.

16.

Totum hoc negotium in eo vertitur, ut pro quovis valore dato ipsius n functionem T eruamus formae $t^{n+1} + \alpha t^n + \alpha' t^{n-1} + \alpha'' t^{n-2}$ etc. itaque comparatam, ut in producto

$$T(t^{-1} + \tfrac{1}{2}t^{-2} + \tfrac{1}{3}t^{-3} + \tfrac{1}{4}t^{-4} + \text{etc.})$$

evoluto potestates $t^{-1}, t^{-2}, t^{-3} \ldots . t^{-(n+1)}$ omnes nanciscantur coëfficientem 0; aut si magis placet, functionem U formae $u^{n+1} + \beta u^n + \beta' u^{n-1} + \beta'' u^{n-2} +$ etc., cuius productum per $u^{-1} + \frac{1}{3}u^{-3} + \frac{1}{5}u^{-5} + \frac{1}{7}u^{-7} +$ etc. liberum evadat a potestatibus u^{-1}, u^{-2}, u^{-3}, u^{-4}.... $u^{-(n+1)}$. Modus posterior aliquanto simplicior erit: quum enim facile perspiciatur, coëfficientes ipsius U, ut conditioni praescriptae satisfiat, alternatim evanescere debere, sive statui $\mathfrak{b} = 0$, $\mathfrak{b}'' = 0$, $\mathfrak{b}'''' = 0$ etc., laboris dimidia fere pars iam absoluta censenda erit. Evolvamus casus quosdam simpliciores.

I. Pro $n = 0$, coëfficiens unicus ipsius t^{-1} in producto

$$(t+\alpha)(t^{-1}+\tfrac{1}{2}t^{-2}+\tfrac{1}{3}t^{-3}+\text{ etc.})$$

evanescere debet. Qui quum fiat $=\tfrac{1}{2}+\alpha$, habemus $\alpha = -\tfrac{1}{2}$, sive $T = t-\tfrac{1}{2}$. Perinde $U = u$.

II. Pro $n = 1$, determinatio ipsius T pendet a duabus aequationibus

$$0 = \tfrac{1}{3}+\tfrac{1}{2}\alpha+\alpha'$$
$$0 = \tfrac{1}{4}+\tfrac{1}{3}\alpha+\tfrac{1}{2}\alpha'$$

unde deducimus $\alpha = -1$, $\alpha' = +\tfrac{1}{6}$, sive $T = tt-t+\tfrac{1}{6}$. Determinatio functionis U unicam aequationem affert

$$0 = \tfrac{1}{3}+\mathfrak{b}'$$

unde $\mathfrak{b}' = -\tfrac{1}{3}$, sive $U = uu-\tfrac{1}{3}$.

III. Pro $n = 2$, functio T determinatur adiumento trium aequationum

$$0 = \tfrac{1}{4}+\tfrac{1}{3}\alpha+\tfrac{1}{2}\alpha'+\alpha''$$
$$0 = \tfrac{1}{5}+\tfrac{1}{4}\alpha+\tfrac{1}{3}\alpha'+\tfrac{1}{2}\alpha''$$
$$0 = \tfrac{1}{6}+\tfrac{1}{5}\alpha+\tfrac{1}{4}\alpha'+\tfrac{1}{3}\alpha''$$

unde nanciscimur $\alpha = -\tfrac{3}{2}$, $\alpha' = \tfrac{3}{5}$, $\alpha'' = -\tfrac{1}{20}$, adeoque $T = t^3-\tfrac{3}{2}tt+\tfrac{3}{5}t-\tfrac{1}{20}$. Ad determinandam U unica aequatio sufficit

$$0 = \tfrac{1}{5}+\tfrac{1}{3}\mathfrak{b}'$$

unde $\mathfrak{b}' = -\tfrac{3}{5}$ sive $U = u^3-\tfrac{3}{5}u$.

Attamen hunc modum, qui calculos continuo molestiores adducit, hic ulterius non persequemur, sed ad fontem genuinum solutionis generalis progrediemur.

17.

Proposita fractione continua

$$\varphi = \cfrac{v}{w + \cfrac{v'}{w' + \cfrac{v''}{w'' + \cfrac{v'''}{w''' + \text{etc.}}}}}$$

constat, fractiones continuo magis appropinquantes inveniri per algorithmum sequentem. Formentur duae quantitatum series, V, V', V'', V''' etc., W, W', W'', W''' etc. per hasce formulas

$$\begin{array}{ll}
V = 0 & W = 1 \\
V' = v & W' = wW \\
V'' = w'V' + v'V & W'' = w'W' + v'W \\
V''' = w''V'' + v''V' & W''' = w''W'' + v''W' \\
V'''' = w'''V''' + v'''V'' & W'''' = w'''W''' + v'''W''
\end{array}$$

etc. eritque

$$\frac{V}{W} = 0$$

$$\frac{V'}{W'} = \frac{v}{w}$$

$$\frac{V''}{W''} = \cfrac{v}{w + \cfrac{v'}{w'}}$$

$$\frac{V'''}{W'''} = \cfrac{v}{w + \cfrac{v'}{w' + \cfrac{v''}{w''}}}$$

et sic porro. Praeterea constat, vel facile ex ipsis aequationibus praecedentibus confirmatur, esse

$$\begin{array}{l}
VW' - V'W = -v \\
V'W'' - V''W' = +vv' \\
V''W''' - V'''W'' = -vv'v'' \\
V'''W'''' - V''''W''' = +vv'v''v'''
\end{array}$$

etc. Hinc perspicuum est, seriei

$$\frac{v}{WW'} - \frac{vv'}{W'W''} + \frac{vv'v''}{W''W'''} - \frac{vv'v''v'''}{W'''W''''} + \text{etc.}$$

terminum primum esse $= \frac{V'}{W'}$

summam duorum terminorum primorum $= \frac{V''}{W''}$

summam trium terminorum primorum $= \frac{V'''}{W'''}$

summam quatuor terminorum primorum $= \frac{V''''}{W''''}$

et sic porro; quocirca series ipsa vel in infinitum vel usque dum abrumpatur continuata ipsam fractionem continuam φ exprimet. Simul hinc habetur differentia inter φ atque singulas fractiones appropinquantes $\frac{V'}{W'}, \frac{V''}{W''}, \frac{V'''}{W'''}$ etc.

E formula 33 art. 14 *Disquisitionum generalium circa seriem infinitam* mutando t in $\frac{1}{u}$, facile obtinemus transformationem seriei

$$\varphi = u^{-1} + \tfrac{1}{3}u^{-3} + \tfrac{1}{5}u^{-5} + \tfrac{1}{7}u^{-7} + \text{etc.}$$

in fractionem continuam sequentem

$$\cfrac{1}{u - \cfrac{\frac{1}{3}}{u - \cfrac{\frac{2.2}{3.5}}{u - \cfrac{\frac{3.3}{5.7}}{u - \cfrac{\frac{4.4}{7.9}}{u - \text{etc.}}}}}}$$

ita ut habeatur

$$v = 1,\ v' = -\tfrac{1}{3},\ v'' = -\tfrac{4}{15},\ v''' = -\tfrac{9}{35},\ v'''' = -\tfrac{16}{63} \text{ etc.}$$
$$w = w' = w'' = w''' = w'''' \text{ etc.} = u.$$

Hinc pro V, V', V'', V''' etc. W, W', W'', W''' etc. nanciscimur valores sequentes

$V = 0,$ $\qquad W = 1$

$V' = 1,$ $\qquad W' = u$

$V'' = u,$ $\qquad W'' = uu - \frac{1}{3}$

$V''' = uu - \frac{4}{15},$ $\qquad W''' = u^3 - \frac{3}{5}u$

$V'''' = u^3 - \frac{11}{21}u,$ $\qquad W'''' = u^4 - \frac{6}{7}uu + \frac{3}{35}$

$V^{\text{v}} = u^4 - \frac{7}{9}uu + \frac{64}{945}.$ $\qquad W^{\text{v}} = u^5 - \frac{10}{9}u^3 + \frac{5}{21}u$

$V^{\text{vI}} = u^5 - \frac{34}{33}u^3 + \frac{1}{5}u,$ $\qquad W^{\text{vI}} = u^6 - \frac{15}{11}u^4 + \frac{5}{11}uu - \frac{5}{231}$

$V^{\text{vII}} = u^6 - \frac{50}{39}u^4 + \frac{283}{715}uu - \frac{256}{15015},$ $\qquad W^{\text{vII}} = u^7 - \frac{21}{13}u^5 + \frac{105}{143}u^3 - \frac{35}{429}u$ etc

Leviattentione adhibita elucet, singulas V, V', V'', V''' etc. W, W', W'', W''' etc. fieri functiones integras indeterminatae u; terminum altissimum in $V^{(m)}$ fieri u^{m-1}, potestatesque u^{m-2}, u^{m-4}, u^{m-6} etc. abesse; terminum altissimum vero in $W^{(m)}$ fieri u^m, atque abesse potestates u^{m-1}, u^{m-3}, u^{m-5} etc. Per ea autem, quae supra demonstravimus, erit

$$\varphi = \frac{1}{WW'} + \frac{1}{3W'W''} + \frac{2.2}{3.3.5W''W'''} + \frac{2.2.3.3}{3.3.5.5.7W'''W''''} + \frac{2.2.3.3.4.4}{3.3.5.5.7.7.9W''''W'''''} + \text{etc.}$$

ac proin generaliter

$$\varphi - \frac{V^{(m)}}{W^{(m)}} = \frac{2.2.3.3\ldots\ldots m.m}{3.3.5.5\ldots.(2m-1)(2m+1)W^{(m)}W^{(m+1)}}$$
$$+ \frac{2.2.3.3\ldots\ldots(m+1)(m+1)}{3.3.5.5\ldots\ldots(2m+1)(2m+3)W^{(m+1)}W^{(m+2)}}$$
$$+ \text{etc.}$$

Si igitur $\varphi - \frac{V^{(m)}}{W^{(m)}}$ in seriem descendentem convertitur, eius terminus primus erit

$$= \frac{2.2.3.3\ldots.m.mu^{-(2m+1)}}{3.3.5.5\ldots.(2m-1)(2m+1)}$$

Productum vero $\varphi W^{(m)}$ compositum erit e functione integra $V^{(m)}$ atque serie infinita, cuius terminus primus

$$= \frac{2.2.3.3\ldots\ldots mmu^{-(m+1)}}{3.3.5.5\ldots\ldots(2m-1)(2m+1)}$$

Hinc igitur sponte inventa est functio U ordinis $n+1$, quae conditioni in art. praec. stabilitae satisfacit, scilicet ut productum φU liberum evadat a potestatibus u^{-1}, u^{-2}, $u^{-3}\ldots.u^{-(n+1)}$. Scilicet non est alia quam $W^{(n+1)}$, simulque patet, U' aequalem fieri ipsi $V^{(m+1)}$, nec non terminum primum ipsius U'' esse

$$= \frac{2.2.3.3\ldots\ldots(n+1)(n+1)}{3.3.5.5\ldots\ldots(2n+1)(2n+3)} \cdot u^{-(n+2)}$$

Quodsi igitur pro $b, b', b''\ldots.b^{(n)}$ accipiuntur radices aequationis $W^{(n+1)} = 0$, valoresque coëfficientium $R, R', R''\ldots.R^{(n)}$ per praecepta supra tradita eruuntur, formula nostra integralis praecisione gaudebit ad ordinem $2n+1$ ascendente, eiusque correctio exprimetur proxime per

$$\frac{1}{2^{2n+2}} \cdot \frac{2.2.3.3\ldots\ldots(n+1)(n+1)}{3.3.5.5\ldots\ldots(2n+1)(2n+3)} L^{(2n+2)} = \frac{1.1.2.2.3.3\ldots\ldots(n+1)(n+1)}{2.6.6.10.10.14\ldots\ldots(4n+2)(4n+6)} L^{(2n+2)}$$

18.

Disquisitiones art. praec. functiones idoneas U pro singulis valoribus numeri n invenire quidem docent, sed successive tantum, dum a valoribus minoribus ad maiores transeundum est. Facile autem animadvertimus, has functiones generaliter exprimi per

$$u^{n+1} - \frac{(n+1)n}{2.(2n+1)} u^{n-1} + \frac{(n+1)n(n-1)(n-2)}{2.4(2n+1)(2n-1)} u^{n-3} - \frac{(n+1)n(n-1)(n-2)(n-3)(n-4)}{2.4.6.(2n+1)(2n-1)(2n-3)} u^{n-5}$$
$$+ \text{ etc.}$$

sive etiam, si characteristica F ad normam commentationis supra citatae utimur, per

$$u^{n+1} F(-\tfrac{1}{2}n,\ -\tfrac{1}{2}(n+1),\ -(n+\tfrac{1}{2}),\ u^{-2})$$

Haecce inductio facile in demonstrationem rigorosam convertitur per methodum vulgo notam, aut, si ita videtur, adiumento formulae 19 in comment. cit. Functio U, si magis placet, etiam ordine terminorum inverso, exprimi potest per

$$\pm \frac{3.5.7\ldots.(n+1)}{(n+3)(n+5)\ldots.(2n+1)} \cdot uF(-\tfrac{1}{2}n,\ \tfrac{1}{2}(n+3),\ \tfrac{3}{2},\ uu)$$

pro n pari, valente signo superiori vel inferiori, prout $\frac{1}{2}n$ par est vel impar aut per

$$\pm \frac{1.3.5\ldots.n}{(n+2)(n+4)\ldots.(2n+1)} F(-\tfrac{1}{2}(n+1),\ \tfrac{1}{2}n+1,\ \tfrac{1}{2},\ uu)$$

pro n impari, valente signo superiori vel inferiori, prout $\frac{1}{2}(n+1)$ par est vel impar.

Functio U' expressionem generalem aeque simplicem non admittit: facile tamen ex ipsa genesi quantitatum V, V', V'' etc. colligitur, terminum ultimum ipsius U' pro n pari fieri

$$= \pm \frac{2.2.4.4.6.6\ldots..n.n}{3.5.7.9.11.13\ldots..(2n-1)(2n+1)}$$

signo superiori vel inferiori valente, prout $\frac{1}{2}n$ par est vel impar.

Functio $U'' = \varphi W^{(n+1)} - V^{(n+1)}$, cuius terminum primum iam in art. praec. assignare docuimus, etiam per algorithmum recurrentem evolvi potest, quum manifesto generaliter habeatur

$$\varphi W'' - V'' = w'(\varphi W' - V') + v'(\varphi W - V)$$
$$\varphi W''' - V''' = w''(\varphi W'' - V'') + v''(\varphi W' - V')$$
$$\varphi W'''' - V'''' = w'''(\varphi W''' - V''') + v'''(\varphi W'' - V'')$$

etc. adeoque eo quem tractamus casu

$$\varphi W^{(m+2)} - V^{(m+2)} = u(\varphi W^{(m+1)} - V^{(m+1)}) - \frac{(m+1)^2}{(2m-1)(2m+1)}(\varphi W^{(m)} - V^{(m)})$$

Ita invenimus

$$\begin{aligned}
\varphi W - V &= u^{-1} + \tfrac{1}{3}u^{-3} + \tfrac{1}{5}u^{-5} + \tfrac{1}{7}u^{-7} + \text{etc.}\\
\varphi W' - V' &= \tfrac{1}{3}u^{-2} + \tfrac{1}{5}u^{-4} + \tfrac{1}{7}u^{-6} + \tfrac{1}{9}u^{-8} + \text{etc.}\\
\varphi W'' - V'' &= \tfrac{4}{45}u^{-3} + \tfrac{8}{105}u^{-5} + \tfrac{4}{63}u^{-7} + \tfrac{112}{2079}u^{-9} + \text{etc.}\\
\varphi W''' - V''' &= \tfrac{4}{175}u^{-4} + \tfrac{8}{315}u^{-6} + \tfrac{4}{165}u^{-8} + \tfrac{16}{715}u^{-10} + \text{etc.}
\end{aligned}$$

etc. quas series ita quoque exhibere licet

$$\begin{aligned}
\varphi W - V &= u^{-1}\left(1 + \frac{1.2}{2.3}u^{-2} + \frac{1.2.3.4}{2.4.3.5}u^{-4} + \frac{1.2.3.4.5.6}{2.4.6.3.5.7}u^{-6} + \text{etc.}\right)\\
\varphi W' - V' &= \tfrac{1}{3}u^{-2}\left(1 + \frac{2.3}{2.5}u^{-4} + \frac{2.3.4.5}{2.4.5.7}u^{-4} + \frac{2.3.4.5.6.7}{2.4.6.5.7.9}u^{-6} + \text{etc.}\right)\\
\varphi W'' - V'' &= \tfrac{4}{45}u^{-3}\left(1 + \frac{3.4}{2.7}u^{-2} + \frac{3.4.5.6}{2.4.7.9}u^{-4} + \frac{3.4.5.6.7.8}{2.4.6.7.9.11}u^{-6} + \text{etc.}\right)\\
\varphi W''' - V''' &= \tfrac{4}{175}u^{-4}\left(1 + \frac{4.5}{2.9}u^{-2} + \frac{4.5.6.7}{2.4.9.11}u^{-4} + \frac{4.5.6.7.8.9}{2.4.6.9.11.13}u^{-6} + \text{etc.}\right)
\end{aligned}$$

etc. Hanc inductionem sequentes habebimus generaliter

$$U'' = \varphi W^{(n+1)} - V^{(n+1)} \text{ aequalem producto ex}$$

$$\frac{2.2.3.3.4.4\ldots\ldots(n+1).(n+1)}{3.3.5.5.7.7.9\ldots\ldots(2n+1)(2n+3)}u^{-(n+2)}$$

in seriem infinitam

$$1 + \frac{(n+2)(n+3)}{2(2n+5)}u^{-2} + \frac{(n+2)(n+3)(n+4)(n+5)}{2.4.(2n+5)(2n+7)}u^{-4} + \text{etc.}$$

aut si magis placet in $F(\tfrac{1}{2}n+1,\ \tfrac{1}{2}n+\tfrac{3}{2},\ n+\tfrac{5}{2},\ u^{-2})$. Haec quoque inductio facillime ad plenam certitudinem evehitur vel per methodum vulgo notam vel adiumento formulae 19 in commentatione saepius citatae.

19.

Quum sufficiat, functionum T, U alterutram nosse, posterioris determinationem tamquam simpliciorem praetulimus. Quae quemadmodum evolutioni seriei $u^{-1} + \tfrac{1}{3}u^{-3} + \tfrac{1}{5}u^{-5} +$ etc. in fractionem continuam innixa est, per ratiocinia similia ex evolutione seriei $t^{-1} + \tfrac{1}{2}t^{-2} + \tfrac{1}{3}t^{-3} + \tfrac{1}{4}t^{-4} +$ etc. in fractionem continuam

$$\cfrac{1}{t-\cfrac{\frac{1}{2}}{1-\cfrac{\frac{1}{6}}{t-\cfrac{\frac{2}{6}}{1-\cfrac{\frac{2}{10}}{t-\cfrac{\frac{3}{10}}{1-\text{etc.}}}}}}}$$

derivare potuissemus algorithmum ad determinandam functionem T pro valoribus successivis numeri n. Ad eandem vero conclusionem pervenimus perpendendo, T nihil aliud esse quam $\frac{U}{2^{n+1}}$ seu $\frac{W^{(n+1)}}{2^{n+1}}$, si pro u scribitur $2t-1$, quo pacto functiones successive pro T adoptandae habebuntur per algorithmum sequentem:

$$\begin{aligned}
W &= 1 \\
\tfrac{1}{2}W' &= t-\tfrac{1}{2} \\
\tfrac{1}{4}W'' &= (t-\tfrac{1}{2}).\tfrac{1}{2}W' - \tfrac{1.1}{2.6}W \quad = tt-t+\tfrac{1}{6} \\
\tfrac{1}{8}W''' &= (t-\tfrac{1}{2}).\tfrac{1}{4}W'' - \tfrac{2.2}{6.10}.\tfrac{1}{2}W' = t^3-\tfrac{3}{2}tt+\tfrac{3}{5}t-\tfrac{1}{20} \\
\tfrac{1}{16}W'''' &= (t-\tfrac{1}{2}).\tfrac{1}{8}W''' - \tfrac{3.3}{10.14}.\tfrac{1}{4}W'' = t^4-2t^3+\tfrac{9}{7}tt-\tfrac{2}{7}t+\tfrac{1}{70}
\end{aligned}$$

etc. Per inductionem hinc resultat generaliter

$$T = t^{n+1} - \frac{(n+1)^2}{1.(2n+2)}t^n + \frac{(n+1)^2.nn}{1.2.(2n+2)(2n+1)}t^{n-1} - \frac{(n+1)^2.nn.(n-1)^2}{1.2.3.(2n+2)(2n+1).2n}t^{n-2} + \text{etc.}$$

sive $T = t^{n+1}F(-(n+1),\ -(n+1),\ -2(n+1),\ t^{-1})$, cui inductioni facile est demonstrationis vim conciliare. Si magis arridet, T ordine terminorum inverso etiam per

$$\pm\frac{1.2.3.4\,.....\,(n+1)}{2.6.10.14\,.....\,(4n+2)}F(n+2,\ -(n+1),\ 1,\ t)$$

exprimi potest, ubi signum superius valet pro n impari, inferius pro pari. Simili denique modo generaliter T'' aequalis invenitur producto ex

$$\frac{1.1.2.2.3.3\,.....\,(n+1).(n+1)}{2.6.6.10.10.14\,.....\,(4n+2).(4n+6)}t^{-(n+2)}$$

in seriem infinitam

$$1 + \frac{(n+2)^2}{1.(2n+4)}t^{-1} + \frac{(n+2)^2(n+3)^2}{1.2.(2n+4)(2n+5)}t^{-2} + \frac{(n+2)^2.(n+3)^2(n+4)^2}{1.2.3.(2n+4)(2n+5)(2n+6)}t^{-3} + \text{etc.}$$

sive in $F(n+2,\ n+2,\ 2n+4,\ t^{-1})$

20.

Quum in functione U potestates u^n, u^{n-2}, u^{n-4} etc. absint, e radicibus aequationis $U = 0$ binae semper erunt magnitudine aequales signis oppositae, quibus pro valore pari ipsius n adhuc associare oportet radicem singularem 0. Inventis radicibus, valores coëfficientium R, R', R'' etc. secundum methodum art. 11 habebuntur per functionem integram ipsius u, quae pro valore impari ipsius n erit formae

$$\gamma u^{n-1} + \gamma' u^{n-3} + \gamma'' u^{n-5} + \text{etc.}$$

pro valore pari autem, si excluditur coëfficiens radici $u = 0$ respondens, formae

$$\gamma u^{n-2} + \gamma' u^{n-4} + \gamma'' u^{n-6} + \text{etc.}$$

Exemplum art. 12 ipsam hanc reductionem exhibet pro $n = 6$. Manifesto igitur valoribus oppositis ipsius u semper respondent coëfficientes aequales. Ceterum in casu eo, ubi n est par, coëfficiens radici $u = 0$ respondens facile generaliter a priori assignari potest. Habebitur hic coëfficiens, si in $\frac{U'}{(\frac{\mathrm{d}U}{\mathrm{d}u})}$ substituitur $u = 0$. Valorem numeratoris U' pro $u = 0$ iam in art. 18 tradidimus, valor denominatoris autem ibinde erit

$$= \pm \frac{3.5.7\ldots\ldots(n+1)}{(n+3)(n+5)\ldots\ldots(2n+1)} = \pm \frac{3.3.5.5.7.7\ldots\ldots(n+1)(n+1)}{3.5.7.9.11\ldots\ldots(2n+1)}$$

adeoque coëfficiens quaesitus

$$= \left(\frac{2.4.6.8\ldots\ldots n}{3.5.7.9\ldots\ldots(n+1)}\right)^2$$

21.

Functio integra ipsius u coëfficientes R, R', R'' etc. repraesentans in eo quem hic tractamus casu etiam independenter a methodo generali art. 11 erui potest sequenti modo. Differentiando aequationem

$$\varphi - \frac{U'}{U} = \frac{U''}{U}$$

substituendo dein $\frac{\mathrm{d}\varphi}{\mathrm{d}u} = \frac{1}{1-uu}$, ac multiplicando per $UU(uu-1)$, obtinemus

$$(uu-1)\,U'\frac{\mathrm{d}U}{\mathrm{d}u} - U\left(\frac{\mathrm{d}U'}{\mathrm{d}u}.(uu-1) + U\right) = (uu-1)\,UU\frac{\mathrm{d}(\frac{U''}{U})}{\mathrm{d}u}$$

Termini huius aequationis ad laevam manifesto constituunt functionem integram ipsius u: itaque necessario in parte ad dextram coëfficientes potestatum ipsius u cum exponentibus negativis sese destruere debent.

Sed $\frac{\mathrm{d}\frac{U''}{U}}{\mathrm{d}u}$ producit seriem infinitam incipientem a termino

$$-\left(\frac{1.2.3.4\ldots\ldots(n+1)}{1.3.5.7\ldots\ldots(2n+1)}\right)^2 u^{-(2n+4)}$$

qua igitur per $(uu-1)UU$ multiplicata nihil aliud prodire poterit nisi quantitas constans

$$-\left(\frac{1.2.3.4\ldots\ldots(n+1)}{1.3.5.7\ldots\ldots(2n+1)}\right)^2$$

Hinc colligimus*)

$$(uu-1)U'\frac{\mathrm{d}U}{\mathrm{d}u}+\left(\frac{1.2.3.4\ldots\ldots(n+1)}{1.3.5.7\ldots\ldots(2n+1)}\right)^2$$

divisibilem esse per U, quamobrem functioni fractae $\frac{U'}{\left(\frac{\mathrm{d}U}{\mathrm{d}u}\right)}$, quae coëfficientes R, R', R'' etc. suggerit, aequivalebit functio integra

$$-\left(\frac{1.3.5.7\ldots\ldots(2n+1)}{1.2.3.4\ldots\ldots(n+1)}U'\right)^2.(uu-1)$$

Loco huius functionis, quae est ordinis $2n+2$, manifestoque solas potestates pares ipsius u implicat, adoptari poterit residuum ex eius divisione per U ortum, quod erit ordinis n, seu $n-1$, prout n par est seu impar. Si vero in casu priori coëfficientem eum, qui respondet radici $u=0$, excludere malumus, loco illius functionis eius residuum ex divisione per $\frac{U}{u}$ ortum adoptabimus, quod tantummodo ad ordinem $n-2$ ascendet.

22.

Ut praesto sint, quae ad applicationem methodi hucusque expositae requiruntur, adiungere visum est, pro valoribus successivis numeri n, valores numericos tum quantitatum a, a', a'' etc., tum coëfficientium R, R', R'' etc. ad sedecim figuras computatos, una cum horum logarithmis ad decem figuras.

*) Simul hinc petitur demonstratio, quod U cum $\frac{\mathrm{d}U}{\mathrm{d}u}$ divisorem indeterminatum communem habere nequit, neque adeo aequatio $U=0$ radices *aequales*.

I. *Terminus unus*, $n = 0$.

$U = u$, $U' = 1$, $T = t - \frac{1}{2}$, $T' = 1$.

$a = 0,5$

$R = 1$

Correctio formulae integralis proxime $= \frac{1}{12} L''$.

II. *Termini duo*, $n = 1$.

$U = uu - \frac{1}{3}$, $U' = u$

$T = tt - t + \frac{1}{6}$, $T' = t - \frac{1}{2}$

$a = 0,2113248654\ 051871$

$a' = 0,7886751345\ 948129$

$R = R' = \frac{1}{2}$

Correctio proxime $= \frac{1}{180} L''''$

III. *Termini tres*, $n = 2$.

$U = u^3 - \frac{3}{5} u$, $U' = uu - \frac{4}{15}$

$T = t^3 - \frac{3}{2} tt + \frac{3}{5} t - \frac{1}{20}$, $T' = tt - t + \frac{11}{60}$

$a = 0,1127016653\ 792583$

$a' = 0,5$

$a'' = 1,8872983346\ 207417$

$R = R'' = \frac{5}{18}$

$R' = \frac{4}{9}$

Correctio proxime $= \frac{1}{2800} L^{\text{VI}}$.

IV. *Termini quatuor*, $n = 3$.

$U = u^4 - \frac{6}{7} uu + \frac{3}{35}$

$U' = u^3 - \frac{11}{21} u$

$T = t^4 - 2t^3 + \frac{9}{7} tt - \frac{2}{7} t + \frac{1}{70}$

$T' = t^3 - \frac{3}{2} tt + \frac{13}{21} t - \frac{5}{84}$

$a = 0,0694318442\ 029754$

$a' = 0,3300094782\ 075677$

$a'' = 0,6699905217\ 924323$

$a''' = 0,9305681557\ 970246$

$R = R''' = 0,1739274225\ 687284$ log. $= 9,2403680612$

$R' = R'' = 0,3260725774\ 312716$ log. $= 9,5133142764$

Horum coëfficientium expressio generalis $-\frac{35}{144} uu + \frac{17}{48}$

Correctio proxime $= \frac{1}{441000} L^{\text{VIII}}$

V. *Termini quinque*, $n = 4$.

$$U = u^5 - \tfrac{10}{9}u^3 + \tfrac{5}{21}u$$
$$U' = u^4 - \tfrac{7}{9}uu + \tfrac{64}{945}$$
$$T = t^5 - \tfrac{5}{2}t^4 + \tfrac{20}{9}t^3 - \tfrac{5}{6}tt + \tfrac{5}{42}t - \tfrac{1}{252}$$
$$T' = t^4 - 2t^3 + \tfrac{47}{36}tt - \tfrac{11}{36}t + \tfrac{137}{75600}$$

$a = 0{,}0469100770\ 306680$

$a' = 0{,}2307653449\ 471585$

$a'' = 0{,}5$

$a''' = 0{,}7692346550\ 528415$

$a'''' = 0{,}9530899229\ 693320$

$R = R'''' = 0{,}1184634425\ 280945$ log. $= 9{,}0735843490$

$R' = R''' = 0{,}2393143352\ 496832$ $\quad 9{,}3789687142$

$R'' = \tfrac{64}{225} = 0{,}2844444444\ 444444$ $\quad 9{,}4539974559$

Expressio generalis horum coëfficientium, excluso R'',

$$-\tfrac{91}{400}uu + \tfrac{1039}{3600}$$

Correctio proxime $= \tfrac{1}{698544}L^{\mathrm{X}}$

VI. *Termini sex*, $n = 5$.

$$U = u^6 - \tfrac{15}{11}u^4 + \tfrac{5}{11}uu - \tfrac{5}{231}$$
$$U' = u^5 - \tfrac{34}{33}u^3 + \tfrac{1}{5}u$$
$$T = t^6 - 3t^5 + \tfrac{75}{22}t^4 - \tfrac{20}{11}t^3 + \tfrac{5}{11}tt - \tfrac{1}{22}t + \tfrac{1}{924}$$
$$T' = t^5 - \tfrac{5}{2}t^4 + \tfrac{74}{33}t^3 - \tfrac{19}{22}tt + \tfrac{29}{220}t - \tfrac{7}{1320}$$

$a = 0{,}0337652428\ 984240$

$a' = 0{,}1693953067\ 668678$

$a'' = 0{,}3806904069\ 584015$

$a''' = 0{,}6193095930\ 415985$

$a'''' = 0{,}8306046932\ 331322$

$a''''' = 0{,}9662347571\ 015760$

$R = R''''' = 0{,}0856622461\ 895852$ log. $= 8{,}9327894580$

$R' = R'''' = 0{,}1803807865\ 240693$ $\quad 9{,}2561902763$

$R'' = R''' = 0{,}2339569672\ 863455$ $\quad 9{,}3691359831$

Coëfficientium expressio generalis

$$-\tfrac{77}{800}u^4 - \tfrac{7}{75}uu + \tfrac{23}{96}$$

Correctio proxime $= \tfrac{1}{110990088}L^{\mathrm{XII}}$

VII. *Termini septem*, $n = 6$.

$$U = u^7 - \tfrac{21}{13}u^5 + \tfrac{105}{143}u^3 - \tfrac{35}{429}u$$

$$U' = u^6 - \tfrac{50}{39}u^4 + \tfrac{283}{715}uu - \tfrac{256}{15015}$$

$$T = t^7 - \tfrac{7}{2}t^6 + \tfrac{63}{13}t^5 - \tfrac{175}{52}t^4 + \tfrac{175}{143}t^3 - \tfrac{63}{286}tt + \tfrac{7}{429}t - \tfrac{1}{3432}$$

$$T' = t^6 - 3t^5 + \tfrac{535}{156}t^4 - \tfrac{145}{78}t^3 + \tfrac{1377}{2860}tt - \tfrac{223}{4290}t + \tfrac{323}{240240}$$

$a = 0,0254460438\ 286202$

$a' = 0,1292344072\ 003028$

$a'' = 0,2970774243\ 113015$

$a''' = 0,5$

$a'''' = 0,7029225756\ 886985$

$a''''' = 0,8707655927\ 996972$

$a'''''' = 0,9745539561\ 713798$

$R = R''''''$	$= 0,0647424830\ 844348$	log. $= 8,8111893529$
$R' = R'''''$	$= 0,1398526957\ 446384$	$9,1456708421$
$R'' = R''''$	$= 0,1909150252\ 525595$	$9,2808401093$
$R''' = \tfrac{256}{1225}$	$= 0,2089795918\ 367347$	$9,3201038766$

Horum coëfficientium, R''' excluso, expressio generalis

$$-\tfrac{1859}{16800}u^4 - \tfrac{1573}{29400}uu + \tfrac{7947}{39200}$$

Correctio proxime $= \frac{1}{176679360}L^{XIV}$

23.

Coronidis loco methodi nostrae efficaciam ob oculos ponemus computando valorem integralis

$$\int \frac{dx}{\log x}$$

ab $x = 100000$ usque ad $x = 200000$.

I. Ex termino uno habemus $\Delta RA = 8390,394608$

II. Ex terminis duobus fit ...
$\Delta RA = 4271,810097$
$\Delta R'A' = 4134,144502$
Summa $= 8405,954599$

III. Ex terminis tribus ......
$\Delta RA = 2390.572772$
$\Delta R'A' = 3729,064270$
$\Delta R''A'' = 2286,599733$
Summa $= 8406,236775$

IV. Ex terminis quatuor.....

$$\begin{cases} \Delta RA = 1501,957053 \\ \Delta R'A' = 2763,769240 \\ \Delta R''A'' = 2711,454637 \\ \Delta R'''A''' = 1429,062040 \\ \text{Summa} = 8406,242970 \end{cases}$$

V. Ex terminis quinque .....

$$\begin{cases} \Delta RA = 1024,879445 \\ \Delta R'A' = 2041,833335 \\ \Delta R''A'' = 2386,601133 \\ \Delta R'''A''' = 1980,509616 \\ \Delta R''''A'''' = 972,419588 \\ \text{Summa} = 8406,243117 \end{cases}$$

VI. Ex terminis sex ....

$$\begin{cases} \Delta RA = 741,912854 \\ \Delta R'A' = 1545,757256 \\ \Delta R''A'' = 1976,737668 \\ \Delta R'''A''' = 1950,466223 \\ \Delta R''''A'''' = 1488,588550 \\ \Delta R^{\text{v}}A^{\text{v}} = 702,780570 \\ \text{Summa} = 8406,243121 \end{cases}$$

VII. Ex terminis septem.....

$$\begin{cases} \Delta RA = 561,1213804 \\ \Delta R'A' = 1202,0551998 \\ \Delta R''A'' = 1621,6290819 \\ \Delta R'''A''' = 1753,4212406 \\ \Delta R''''A'''' = 1584,9790252 \\ \Delta R^{\text{v}}A^{\text{v}} = 1152,0681116 \\ \Delta R^{\text{vi}}A^{\text{vi}} = 530,9690816 \\ \text{Summa} = 8406,2431211 \end{cases}$$

E calculis clar. Bessel valor eiusdem integralis inventus est $= 8406,24312$.

ANZEIGEN.

Göttingische gelehrte Anzeigen. 1812 Februar 10.

Die logarithmischen und Kreisfunctionen, als die einfachsten Arten der transscendenten Functionen, sind diejenigen, womit sich die Analysten am meisten beschäftigt haben. Sie verdienten diese Ehre sowohl wegen ihres steten Eingreifens in fast alle mathematische Untersuchungen, theoretische und practische, als wegen des fast unerschöpflichen Reichthums an interessanten Wahrheiten, den ihre Theorie darbietet. Weit weniger sind bisher andere transscendente Functionen bearbeitet, die sich auf jene nicht zurückführen lassen, sondern als eigne höhere Gattungen betrachtet werden müssen, die nur in speciellen Fällen mit jenen zusammenhängen. Und doch sind manche solcher Functionen nicht minder fruchtbar an interessanten Relationen, und daher dem, welcher die Analyse um ihrer selbst willen ehrt, nicht minder wichtig; so wie ihr häufiges Vorkommen bei mancherlei andern Untersuchungen sie dem empfehlen muss, der gern erst nach practischem Nutzen fragt. Professor Gauss hat sich mit Untersuchungen über dergleichen höhere transscendente Functionen schon seit vielen Jahren beschäftigt, deren weit ausgedehnte Resultate das Gesagte bestätigen. Einen, verhältnissmässig freilich nur sehr kleinen, Theil derselben, der gleichsam als Einleitung zu einer künftig zu liefernden Reihe von Abhandlungen angesehen werden kann, hat er am 30. Januar unter der Aufschrift

Disquisitiones generales circa seriem infinitam

$$1+\frac{\alpha.\beta}{1.\gamma}x+\frac{\alpha.\alpha+1.\beta.\beta+1}{1.2.\gamma.\gamma+1}xx+\frac{\alpha.\alpha+1.\alpha+2.\beta.\beta+1.\beta+2}{1.2.3.\gamma.\gamma+1.\gamma+2}x^3+\text{etc.}$$

Pars prior,

als eine Vorlesung der königl. Gesellschaft der Wissenschaften übergeben, woraus wir hier die Hauptmomente des Inhalts anzeigen wollen.

Die transscendenten Functionen haben ihre wahre Quelle allemal. offen liegend oder versteckt, im Unendlichen. Die Operationen des Integrirens, der Summationen unendlicher Reihen, der Entwickelung unendlicher Producte, ins Unendliche fortlaufender continuirlicher Brüche, oder überhaupt die Annäherung an eine Grenze durch Operationen, die nach bestimmten Gesetzen ohne Ende fortgesetzt werden — diess ist der eigentliche Boden, auf welchem die transscendenten Functionen erzeugt werden, oder wenn man lieber sich eines andern Bildes bedienen will, diess sind die eigentlichen Wege, auf welchen man dazu gelangt. Zu *einem* Ziele führen gewöhnlich mehrere solcher Wege: die Umstände und die Zwecke, welche man sich vorsetzt, müssen bestimmen, welchen man zuerst oder vorzugsweise wählen will. Die Reihe, welche den Gegenstand gegenwärtiger Abhandlung ausmacht, ist von einer sehr umfassenden Allgemeinheit. Sie stellt, je nachdem die Grössen α, β, γ (welche nebst x der Verfasser durch die Benennungen erstes, zweites, drittes, viertes *Element* unterscheidet, so wie er, Kürze halber, die ganze durch die Reihe dargestellte Function mit den Zeichen $F(\alpha, \beta, \gamma, x)$ bezeichnet) so oder anders bestimmt werden, algebraische, logarithmische, trigonometrische oder höhere transscendente Functionen dar, und man kann behaupten, dass bisher kaum irgend eine transscendente Function von den Analysten untersucht sei, die sich nicht auf diese Reihe zurückführen liesse. Eine grosse Menge von Wahrheiten, welche in Beziehung auf solche schon in Betrachtung gezogene Functionen schon aufgefunden sind, lassen sich aus der allgemeinen Natur der durch unsere Reihen dargestellten Function ableiten, und schon um desswillen würden Untersuchungen darüber die Aufmerksamkeit der Geometer verdienen, obwohl diess nur als Nebensache, und die Eröffnung des Zuganges zu neuen Wahrheiten als Hauptzweck zu betrachten ist. Gegenwärtige Abhandlung enthalt nur erst die Hälfte von den allgemeinen Untersuchungen des Verfassers, deren zu grosser Umfang eine Theilung nothwendig machte. Hier gilt eben die Reihe selbst als Ursprung der transscendenten Functionen, welche in dem weitern Verfolg der Arbeit aus einer allgemeiner anwendbaren Quelle werden abgeleitet, und aus einem höheren Gesichtspunkte betrachtet werden. Die erstere Erzeugung macht, ihrer Natur nach, die Einschränkung auf die Fälle nothwendig, wo die Reihe convergirt, also wo das vierte Element x, positiv oder negativ, den Werth 1 nicht überschreitet: die andere Erzeugungsart wird diese Beschränkung wegräumen. Allein eben die erstere Erzeugungsart führt schon zu einer Menge merkwürdiger Wahrheiten auf einem bequemern und gleichsam mehr elementarischen Wege, und desswegen hat der Verf. damit den Anfang gemacht.

Diese erste Hälfte der Untersuchungen zerfällt in drei Abschnitte, welchen einige allgemeine Bemerkungen voraus geschickt sind. Um eine Probe von der ausgedehnten Anwendbarkeit der Reihe zu geben, sind auf dieselbe zuvörderst 23 verschiedene Reihenentwickelungen algebraischer, logarithmischer und trigonometrischer Functionen zurück geführt, so wie, als ein Beispiel höherer transcendenter Functionen, die Coëfficienten der aus der Entwickelung von $(aa+bb-2ab\cos\varphi)^n$ entspringenden, nach den Cosinus der Vielfachen von φ fortschreitenden, Reihe, und zwar letztere auf drei verschiedene Arten.

Der *erste Abschnitt* beschäftigt sich mit den Relationen zwischen solchen Reihen von der obigen Form, in welchen die Werthe eines der drei ersten Elemente um eine Einheit verschieden, die Werthe der drei übrigen hingegen gleich sind. Dergleichen Reihen nennt der Verf. *series contiguae*, im Deutschen könnte man sie etwa *verwandte Reihen* nennen. Jeder Reihe $F(\alpha, \beta, \gamma, x)$ stehen also sechs verwandte zur Seite, nämlich $F(\alpha+1, \beta, \gamma, x)$, $F(\alpha-1, \beta, \gamma, x)$, $F(\alpha, \beta+1, \gamma, x)$, $F(\alpha, \beta-1, \gamma, x)$, $F(\alpha, \beta, \gamma+1, x)$. $F(\alpha, \beta, \gamma-1, x)$, und es wird hier gezeigt, dass es zwischen der ersten und je zweien der verwandten eine lineare Gleichung gibt. Funfzehn Gleichungen entspringen auf diese Weise. Es folgt hieraus das wichtige Theorem, dass, wenn $\alpha'-\alpha$, $\alpha''-\alpha$, $\beta'-\beta$, $\beta''-\beta$, $\gamma'-\gamma$, $\gamma''-\gamma$, ganze Zahlen sind, auch zwischen $F(\alpha, \beta, \gamma, x)$. $F(\alpha', \beta', \gamma', x)$, $F(\alpha'', \beta'', \gamma'', x)$, eine lineare Gleichung Statt findet, und also, allgemein zu reden, aus den Werthen zweier dieser Functionen der Werth der dritten abgeleitet werden kann. Einige der einfachsten oder sonst merkwürdigen Fälle hat der Verf. hier noch besonders zusammengestellt.

Der *zweite Abschnitt* gibt Verwandlungen in continuirliche Brüche, und zwar für die Quotienten

$$\frac{F(\alpha, \beta+1, \gamma+1, x)}{F(\alpha, \beta, \gamma, x)}, \quad \frac{F(\alpha, \beta+1, \gamma, x)}{F(\alpha, \beta, \gamma, x)}, \quad \frac{F(\alpha-1, \beta+1, \gamma, x)}{F(\alpha, \beta, \gamma, x)}$$

auf welche sich noch drei andere durch die offenbar verstattete Vertauschung der beiden ersten Elemente zurück führen lassen. Von diesen Lehrsätzen sind fast alle bisher bekannte Entwickelungen in continuirliche Brüche nur specielle Fälle.

Vorzüglich merkwürdig ist der Fall, wo man in der zweiten Entwickelung $\beta = 0$ setzt. Es folgt daraus ein Lehrsatz, welchen wir seiner umfassenden Anwendbarkeit wegen hier beifügen. Die Function $F(\alpha, 1, \gamma, x)$ oder, was einerlei ist, die Reihe

$$1 + \frac{\alpha}{\gamma}x + \frac{\alpha.\alpha+1}{\gamma.\gamma+1}xx + \frac{\alpha.\alpha+1.\alpha+2}{\gamma.\gamma+1.\gamma+2}x^3 + \text{ etc.}$$

gibt den continuirlichen Bruch

$$\cfrac{1}{1-\cfrac{ax}{1-\cfrac{bx}{1-\cfrac{cx}{1-\cfrac{dx}{1-\text{ etc.}}}}}}$$

wo die Coëfficienten a, b, c, d etc. nach folgendem Gesetze fortschreiten:

$$a = \frac{\alpha}{\gamma} \qquad b = \frac{\gamma-\alpha}{\gamma(\gamma+1)}$$

$$c = \frac{(\alpha+1)\gamma}{(\gamma+1)(\gamma+2)} \qquad d = \frac{2(\gamma+1-\alpha)}{(\gamma+2)(\gamma+3)}$$

$$e = \frac{(\alpha+2)(\gamma+1)}{(\gamma+3)(\gamma+4)} \qquad f = \frac{3(\gamma+2-\alpha)}{(\gamma+4)(\gamma+5)} \text{ u.s.f.}$$

Hiernach lassen sich z. B. die Potenz eines Binomium, die Reihen für $\log(1+x)$, $\log\frac{1+x}{1-x}$, für Exponentialgrössen, für den Bogen durch die Tangente oder durch den Sinus u. a. in unendliche continuirliche Brüche verwandeln. Auch beruhen hierauf die in der *Theoria motus corporum coelestium* gegebenen Verwandlungen in solche Brüche, deren Beweise hier von dem Verfasser nachgeholt werden.

Bei weitem den grössten Theil der Abhandlung nimmt der *dritte Abschnitt* ein, in welchem von dem Werthe der Reihe gehandelt wird, wenn man das vierte Element $= 1$ setzt. Nachdem zuvörderst mit geometrischer Schärfe bewiesen, dass die Reihe für $x = 1$ nur dann zu einer endlichen Summe convergire, wenn $\gamma - \alpha - \beta$ eine positive Grösse ist, führt der Verf. diese Summe, oder $F(\alpha, \beta, \gamma, 1)$ auf den Ausdruck $\frac{\Pi(\gamma-1).\Pi(\gamma-\alpha-\beta-1)}{\Pi(\gamma-\alpha-1).\Pi(\gamma-\beta-1)}$ zurück, wo die Charakteristik Π eine eigene Art transcendenter Functionen andeutet, deren Erzeugung der Verf. auf ein unendliches Product gründet. Diese in der ganzen Analyse höchst wichtige Function ist im Grunde nichts anders als EULERS inexplicable Function

$$\Pi z = 1.2.3.4.\dots.z$$

allein *diese* Erzeugungsart oder Definition ist, nach des Verf. Urtheil, durchaus unstatthaft, da sie nur für ganze positive Werthe von z einen klaren Sinn hat. Die vom Verf. gewählte Begründungsart ist allgemein anwendbar, und gibt selbst bei imaginären Werthen von z einen eben so klaren Sinn, wie bei reellen, und man läuft dabei durchaus keine Gefahr, auf solche Paradoxen und Widersprüche zu gerathen, wie ehedem Hr. Kramp bei seinen numerischen Facultäten, die sich, wie man leicht zeigen kann, auf obige Function zurückführen lassen, aber zur Aufnahme in die Analyse weniger geeignet scheinen, als diese, da jene von drei Grössen abhängig sind, diese nur von Einer abhängt, und doch als eben so allgemein betrachtet werden muss. Der Verf. wünscht dieser transscendenten Function Πz in der Analyse das Bürgerrecht gegeben zu sehen, wozu vielleicht die Wahl eines eigenen Namens für dieselbe am beförderlichsten sein würde: das Recht dazu mag demjenigen vorbehalten bleiben, der die wichtigsten Entdeckungen in der Theorie dieser der Anstrengungen der Geometer sehr würdigen Function machen wird. Hier ist von dem Verf. bereits eine bedeutende Anzahl merkwürdiger, sie betreffender, Theoreme zusammen gestellt, wovon ein Theil als neu zu betrachten ist. Der Raum verstattet uns nicht, in das Detail derselben hier einzugehen: nur das eine heben wir davon aus, dass der Werth des Integrals $\int x^{\lambda-1}(1-x^{\mu})^{\nu}\,dx$ von $x=0$ bis $x=1$ leicht auf die Function Π zurückgeführt werden kann, und dass alle die von Euler für dergleichen Integrale zum Theil mühsam gefundenen Relationen sich mit grösster Leichtigkeit aus den allgemeinen Eigenschaften jener Functionen ableiten lassen, so wie umgekehrt allemal Πz, wenn z eine Rationalgrösse ist, sich durch einige solche bestimmte Integrale darstellen lässt.

Nicht weniger merkwürdig ist die aus der Differentiation von Πz entspringende, gleichfalls transscendente, Function, oder vielmehr

$$\frac{d\log \Pi z}{dz} = \frac{d\Pi z}{\Pi z . dz}$$

welche der Verfasser mit Ψz bezeichnet hat, und die gleichfalls eine besondere *Benennung* verdiente. Von den zahlreichen merkwürdigen Eigenschaften dieser Function, welche in der Abhandlung aufgestellt sind, führen wir hier nur die Eine an, dass allgemein $\Psi z - \Psi 0$, wenn z eine rationale Grösse ist, auf Logarithmen und Kreisfunctionen zurückgeführt werden kann; $\Psi 0$ selbst aber ist die bekannte, von Euler und Andern untersuchte, Zahl $0{,}5772156649\ldots$ negativ genommen, welche der Verfasser hier, nach einer von ihm selbst geführten Rechnung, auf 23 Decimalen mittheilt, wovon die letzten von MASCHERONIs Bestimmung etwas abweichen. Uebrigens hängen sowohl Πz, als Ψz. mit mehreren merkwürdigen Integralen für bestimmte Werthe der veränderlichen Grösse zusammen.

Diesem dritten Abschnitte ist noch eine unter der Aufsicht des Professors GAUSS von Hrn. NICOLAI mit grösster Sorgfalt berechnete Tafel für $\log \Pi z$ und für Ψz beigefügt, worin das Argument z durch alle einzelnen Hunderttheile von 0 bis 1 fortschreitet; aus der Theorie dieser Functionen ist klar, dass man auf diese Werthe von z alle andere leicht zurück führen kann.

Göttingische gelehrte Anzeigen. 1814 September 26.

Der königl. Societät wurde am 16. September von dem Prof. GAUSS eine Vorlesung eingereicht überschrieben:

Methodus nova integralium valores per approximationem inveniendi.

Unter den verschiedenen Methoden zur genäherten Bestimmung der Integrale, oder wie es in der Sprache der ältern Analysten hiess, zur genäherten Quadratur krummliniger Figuren, ist die NEWTON-COTESische, welche sich auf die Interpolationsmethode gründet, eine der brauchbarsten. NEWTON hatte eine Auflösung der Aufgabe gegeben, durch eine beliebige Anzahl gegebener Punkte eine parabolische Curve zu ziehen, deren immer leicht ausführbare Quadratur dann näherungsweise die Stelle der Quadratur der eigentlich vorgegebenen durch jene Punkte gehenden Curve vertreten kann, und zwar desto genauer, je mehr Punkte man in Anwendung bringt. NEWTON hatte es indessen bei dieser allgemeinen Andeutung bewenden lassen und nur gleichsam beispielsweise für den Fall von vier in gleichen Zwischenräumen liegenden Ordinaten A, B, C, D den genäherten Flächenraum zwischen der ersten und letzten, wenn deren Entfernung $= R$ ist, durch $(\frac{1}{8}A+\frac{3}{8}B+\frac{3}{8}C+\frac{1}{8}D)R$ angeführt. COTES, welcher für sich, und noch ehe NEWTONS Schrift *Methodus differentialis* erschienen war, schon im Jahre 1707 ähnliche Untersuchungen angestellt hatte, wurde durch die zierliche Form, in welcher NEWTON das Endresultat in obigem Beispiele dargestellt hatte (*pulcherrima et utilissima regula* nennt es COTES) bewogen, diese Vorschriften weiter und bis auf den Fall von 11 Ordinaten auszudehnen. Immer erscheint so der verlangte Flächenraum in der Gestalt des Products der Basis, oder der Entfernung der äussersten Ordinaten, in die Summe der durch bestimmte Zahlcoëfficienten multiplicirten Ordinaten, und zwar haben zwei gleich weit vom Anfang und Ende abliegende Ordinaten allemal gleiche Coëfficienten. Diese Quadraturcoëfficienten bis zu dem Fall von 11 Ordinaten gibt COTES am Schluss der Abhandlung *de methodo differentiali*, welche einen Theil der *Harmonia mensurarum* ausmacht, ohne sich über das Verfahren, wodurch er sie berechnet hat, weiter zu erklären. Vielleicht hat man es dieser anspruchlosen Kürze, womit bloss das Endresultat dargestellt ist, zuzuschreiben, dass diese schöne und zweckmässige Methode von den Analysten weniger gekannt und benutzt zu sein scheint, als sie es verdient.

Bei dieser Methode liegt durchaus die Voraussetzung gleicher Abstände zwischen den Ordinaten zum Grunde. Allerdings scheint beim ersten Anblick diese Voraussetzung am einfachsten und natürlichsten zu sein, und es war noch nicht in Frage gekommen, ob es nicht demungeachtet noch vortheilhafter sein könne, Ordinaten in ungleichen Abständen zum Grunde zu legen. Um diese Frage zu entscheiden, musste zuerst die Theorie der Quadraturcoëfficienten in unbeschränkter Allgemeinheit entwickelt, und der Grad der Genauigkeit des Resultats bestimmt werden. Es zeigte sich, dass die Bedingungen, wovon dieser Grad der Genauigkeit abhängt, von der Art sind, dass man dieselbe durch zweckmässig gewählte Ordinaten in ungleichen Abständen allerdings verdoppeln kann, so dass man mit einer beliebigen Anzahl gehörig gewählter Ordinaten eben so weit reicht, als mit der doppelten Anzahl von Ordinaten in gleichen Abständen. Diese Untersuchungen, nebst der vollständigen Theorie der zweckmässigsten Auswahl der Ordinaten, der dabei anzuwendenden Quadraturcoëfficienten und der Bestimmung des Grades der Genauigkeit, welchen dieses Verfahren gewährt, machen den Hauptinhalt der vorliegenden Abhandlung aus.

Aus der kurzen Entwickelung der Theorie der COTESischen Quadraturcoëfficienten, welche der Verf. vorausschicken zu müssen glaubte, berühren wir hier nur dasjenige, was den Grad der Genauigkeit betrifft, welchen die dadurch gefundenen genäherten Integrale haben. Vor allen muss hier bemerkt werden, dass die Anwendbarkeit dieser Methode, eben so wie das Interpoliren, auf der Voraussetzung beruhe, dass die Ordinaten innerhalb des zu quadrirenden Raumes sich durch eine convergirende Reihe darstellen lassen. Es sei x die Absscisse, y die Ordinate, und das Integral $\int y\,\mathrm{d}x$ werde von $x=g$ bis $x=h$ verlangt. Man führe statt x eine andere veränderliche Grösse ein, indem man etwa $x=g+(h-g)t$, oder auch $x=\frac{1}{2}(g+h)+\frac{1}{2}(h-g)u$ setzt. Hier muss also y sich durch Reihen wie

$$\alpha+\alpha' t+\alpha'' tt+\alpha''' t^3+\text{etc.}$$

oder

$$\beta+\beta' u+\beta'' uu+\beta''' u^3+\text{etc.}$$

darstellen lassen, die convergiren, jene, wenigstens so lange t, diese so lange u nicht grösser wird als 1. Man mag daher Kürze wegen den Coëfficienten α' und β' die Ordnung 1, den Coëfficienten α'' und β'' die Ordnung 2 u.s.w. beilegen. Diess vorausgesetzt, wird gezeigt, dass die Fehler, denen man sich bei der Cotesischen Methode aussetzt, zwar immer von einer höhern Ordnung werden, je grösser die Anzahl der zum Grunde gelegten Werthe von y ist, jedoch so, dass eine ungerade Anzahl und die zunächst grössere gerade Anzahl immer Fehler von einerlei Ordnung hervorbringen. So ist für drei Ordinaten der Fehler sehr nahe $=\frac{1}{120}(h-g)\alpha''''$, für vier Ordinaten nahe $=\frac{1}{270}(h-g)\alpha''''$; sodann für fünf Ordinaten nahe $=\frac{1}{2688}(h-g)\alpha^{\mathrm{VI}}$ und für sechs Ordinaten nahe $=\frac{11}{52500}(h-g)\alpha^{\mathrm{VI}}$ u.s.f. Man sieht hieraus, dass es im Allgemeinen vortheilhaft sein wird, bei Anwendung der Cotesischen Methode eine ungerade Anzahl von Ordinaten zu benutzen.

Der Verf. geht hierauf zu der allgemeinen Untersuchung über, wo die Einschränkung, dass die Ordinaten gleiche Abstände von einander haben, wegfällt. Sind hier A, A', A'' u.s.w. die Werthe von y, die entsprechenden Werthe von t hingegen a, a', a'' u.s.w., oder b, b', b'' u.s.w. die entsprechenden Werthe von u, und ihre Anzahl $n+1$, so wird das genäherte Integral wiederum die Gestalt haben

$$(h-g)(RA+R'A'+R''A''+\text{etc.})$$

wo R, R', R'' u.s.w. Zahlcoëfficienten sind, die unabhängig von der Function y bloss durch a, a', a'' u.s.w., oder durch b, b', b'' u.s.w. bestimmt werden. Die Untersuchungen des Verf. geben für diese Bestimmung folgendes Resultat. Es sei

$$T=(t-a)(t-a')(t-a'')\ldots.$$

Aus der Multiplication dieser ganzen Function von t, welche auf die Ordnung $n+1$ steigt, in die unendliche Reihe, welche den Logarithmen von $\frac{t}{t-1}$ vorstellt, nemlich

$$t^{-1}+\tfrac{1}{2}t^{-2}+\tfrac{1}{3}t^{-3}+\text{ etc.}$$

ergebe sich das Product $T'+T''$, so dass T' die darin enthaltene ganze Function von t bezeichnet, so wie T'' die übrige mit negativen Potenzen von t ins Unendliche fortlaufende Reihe. Diess vorausgesetzt, ergeben sich die Quadraturcoëfficienten R, R', R'' u. s. w., wenn man in $\frac{T'\mathrm{d}t}{\mathrm{d}T}$ für t der Reihe nach die Werthe a, a', a'' u. s. w. substituirt. Auf eine ähnliche und noch etwas bequemere Art leitet man jene Coëfficienten aus b, b', b'' u. s. w. ab, indem man die Function

$$(u-b)(u-b')(u-b'')\ldots.$$

durch U, ihr Product in die unendliche Reihe

$$u^{-1}+\tfrac{1}{3}u^{-3}+\tfrac{1}{5}u^{-5}+\text{ etc.}$$

durch $U'+U''$ bezeichnet (so dass U' die darin enthaltene ganze Function von u vorstellt), und dann in $\frac{U'\mathrm{d}u}{\mathrm{d}U}$ für u der Reihe nach die Werthe b, b', b'' u. s. w. substituirt. Statt der gebrochenen Functionen $\frac{T'\mathrm{d}t}{\mathrm{d}T}, \frac{U'\mathrm{d}u}{\mathrm{d}U}$ lassen sich auch ganze Functionen von t und u finden, welche die Stelle von jenen vertreten können, und für deren Bestimmung der Verf. eine allgemeine Methode entwickelt.

Der Grad der Genauigkeit der Integrationsformel hängt nun von der Beschaffenheit der Reihe T'' oder U'' ab. Im Allgemeinen ist der Fehler zwar von der Ordnung $n+1$; allein wenn von den ersten Gliedern jener Reihen einige ausfallen, so wird der Fehler von einer höhern Ordnung, so dass wenn T'' erst mit der Potenz t^{-m} oder U'' mit der Potenz u^{-m} anfängt, der Fehler von der Ordnung $n+m$ wird.

Hieraus ergab sich nun, dass in so fern die Werthe a, a', a'' u. s. w., oder b, b', b'' u. s. w. willkürlich gewählt werden können, diese sich so bestimmen lassen müssen, dass die ersten $n+1$ Glieder von T'' oder U'' wirklich ausfallen, wovon die Folge sein wird, dass der Fehler der Integrationsformel auf die Ordnung $2n+2$ kommt. Die Untersuchung schreitet demnach zu der Bestimmung derjenigen Functionen T und U, für jeden Werth von n, fort, wodurch der angegebenen Bedingung Genüge geleistet wird. Der beschränkte Raum erlaubt uns nicht, in das Einzelne dieser Untersuchung hier einzugehen: wir bemerken also hier nur, dass diese Functionen ein sehr einfaches Fortschreitungsgesetz befolgen, und in genauem Zusammenhange stehen mit der Entwicklung der Reihen

$$t^{-1}+\tfrac{1}{2}t^{-2}+\tfrac{1}{3}t^{-3}+\tfrac{1}{4}t^{-4}+\text{ etc.}$$
$$u^{-1}+\tfrac{1}{3}u^{-3}+\tfrac{1}{5}u^{-5}+\tfrac{1}{7}u^{-7}+\text{ etc.}$$

in continuirliche Brüche, die der Verf. in einer frühern Abhandlung [*Disquisitiones generales circa seriem infinitam* $1+\frac{\alpha.\beta}{1.\gamma}x+$ *etc.*] gegeben hat. — Offenbar gibt demnächst die Auflösung der Gleichung $T=0$ oder $U=0$ die Werthe von a, a', a'' u.s.w. oder b, b', b'' u.s.w., und die Werthe der Quadraturcoëfficienten werden nach den allgemeinen Regeln bestimmt, die in diesem Falle noch besondere Vereinfachungen vertragen. Uebrigens werden allerdings in den meisten Fällen sowohl die Werthe von $a. a', a''$ u.s.w. als die Quadraturcoëfficienten Irrationalgrössen. Diess ist indess an sich sehr gleichgültig, sobald nur ihre numerischen Werthe ein für allemal mit einem angemessenen Grad von Genauigkeit berechnet sind. Ist diess der Fall, so wird die Anwendung dieser Methode auf irgend eine Anzahl von Ordinaten wenig oder gar nicht mehr Mühe machen, als die Anwendung der Cotesischen Methode auf eine eben so grosse Anzahl, da hingegen letztere auf eine doppelt so grosse Anzahl angewandt werden müsste, um ungefähr dieselbe Genauigkeit des Resultats zu geben, wie erstere.

Um für die Anwendung dieser neuen Methode nichts zu wünschen übrig zu lassen, hat der Verf. noch die numerischen Werthe von a, a', a'' u.s.w., so wie von R, R', R'' u.s.w., auf 16 Decimalen berechnet, mitgetheilt, zugleich mit den Briggischen Logarithmen der letztern auf 10 Decimalen, alles bis zu dem Fall von sieben Ordinaten. In diesem letzten Fall wird der Fehler der Integrationsformel nahe $=\frac{1}{1766793360}\alpha^{\text{XIV}}$, woraus man abnehmen kann, dass in den meisten in der Ausübung vorkommenden Fällen schon eine geringere Anzahl zureichen wird. Um die Anwendung der Vorschriften und ihre verhältnissmässige Schärfe noch mehr zu versinnlichen, ist als Beispiel die Berechnung von $\int\frac{dx}{\log x}$ von $x=100000$ bis $x=200000$ beigefügt, wo schon bei der Anwendung von vier Werthen der Fehler nur $\frac{1}{560000000}$ des Ganzen ist, und bei einer grössern Anzahl sich in den unvermeidlichen Fehlern verliert, die selbst die grössern Logarithmentafeln noch übrig lassen.

NACHLASS.

DETERMINATIO SERIEI NOSTRAE

PER AEQUATIONEM DIFFERENTIALEM SECUNDI ORDINIS.

38.

Statuendo brevitatis causa $F(\alpha, \beta, \gamma, x) = P$, habemus per art. 4

$$\frac{\mathrm{d}P}{\mathrm{d}x} = \frac{\alpha\beta}{\gamma}F(\alpha+1, \beta+1, \gamma+1, x)$$

atque hinc differentiando denuo

$$\frac{\mathrm{dd}P}{\mathrm{d}x^2} = \frac{\alpha\beta(\alpha+1)(\beta+1)}{\gamma(\gamma+1)}F(\alpha+2, \beta+2, \gamma+2, x)$$

Hinc aequatio IX art. 10 suppeditat

[80] $$0 = \alpha\beta P - (\gamma - (\alpha+\beta+1)x)\frac{\mathrm{d}P}{\mathrm{d}x} - (x - xx)\frac{\mathrm{dd}P}{\mathrm{d}x^2}$$

Haecce aequatio differentio-differentialis tamquam definitio exactior functionis nostrae considerari potest; sed quoniam $P = F(\alpha, \beta, \gamma, x)$ non est integrale completum sed particulare tantum (quod constantes non accesserunt), adiicere oportet conditionem, ut P incipiat a valore 1 pro $x = 0$ simulque pro eodem valore ipsius x supponatur $\frac{\mathrm{d}P}{\mathrm{d}x} = \frac{\alpha\beta}{\gamma}$ atque $\frac{\mathrm{dd}P}{\mathrm{d}x^2} = \frac{\alpha\beta(\alpha+1)(\beta+1)}{\gamma(\gamma+1)}$.

Ita pro quovis valore ipsius x, ad quem a valore $x = 0$ per gradus continuos transiisti, ita tamen, ut valorem $x = 1$, pro quo $x - xx = 0$, non attigeris, P erit quantitas perfecte determinata; sed manifesto *hoc modo* ad valores reales ipsius x positivos unitate majores pervenire nequis nisi transeundo per valores imaginarios, quod quum infinitis modis diversis absque continuitatis praejudicio fieri possit, hinc nondum liquet, annon eidem valori ipsius x plures, quin adeo infinite multi valores discreti ipsius P respondeant, sicuti in pluribus functionibus transscendentibus magis notis evenire constat. Sed de hoc argumento in posterum fusius loqui nobis reservamus, quum hoc loco casus is potissimum, ubi x accipitur infra vel saltem non ultra unitatem positivam, atque P aequalis summae seriei $F(\alpha, \beta, \gamma, x)$ tractetur.

39.

Scribendo in aequatione 80, $1-y$ pro x, transit ea in hanc

$$0 = \alpha\beta P - (\alpha+\beta+1-\gamma-(\alpha+\beta+1)y)\frac{dP}{dy} - (y-yy)\frac{ddP}{dy^2}$$

quae habet formam similem ut illa. Hinc statim prodit aliud integrale particulare

$$P = F(\alpha, \beta, \alpha+\beta+1-\gamma, y) = F(\alpha, \beta, \alpha+\beta+1-\gamma, 1-x)$$

unde per principia nota sequitur integrale completum aequationis 80,

[81] $$P = MF(\alpha, \beta, \gamma, x) + NF(\alpha, \beta, \alpha+\beta+1-\gamma, 1-x)$$

denotantibus M, N constantes arbitrarias.

Ceterum obiter hic observamus, ad formam aequationis 80 facile reduci posse aequationem generaliorem

$$0 = AP + (B+Cy)\frac{dP}{dy} + (D+Ey+Fyy)\frac{ddP}{dy^2}$$

Sunto enim radices aequationis $0 = D+Ey+Fyy$ hae, $y=a$, $y=b$, sive $D+Ey+Fyy$ indefinite aequalis producto $F(y-a)(y-b)$ patetque statuendo $\frac{y-a}{b-a} = x$ atque determinando α, β, γ ita ut fiat

$$\alpha\beta = \frac{A}{F}, \quad \alpha+\beta+1 = \frac{C}{F}, \quad \gamma = -\frac{B+aC}{F(b-a)}$$

illam transire in aequationem 80.

40.

Adiumento aequationis differentialis 80 eruere licet complura theoremata maxime memorabilia circa seriem nostram, tum generalia tum magis specialia, neque dubitamus, quin multa plura atque graviora adhuc lateant, ulterioribus curis servata. Quae hactenus nobis revelare contigit, hic in conspectum producemus.

Statuamus $P = (1-x)^{\mu} P'$, eritque

$$\frac{dP}{dx} = -\mu(1-x)^{\mu-1} P' + (1-x)^{\mu} \frac{dP'}{dx}$$
$$\frac{ddP}{dx^2} = \mu(\mu-1)(1-x)^{\mu-2} P' - 2\mu(1-x)^{\mu-1}\frac{dP'}{dx} + (1-x)^{\mu}\frac{ddP'}{dx^2}$$

Quibus valoribus in aequatione 80 substitutis prodit dividendo per $(1-x)^{\mu-1}$

$$0 = P'\{\alpha\beta(1-x) + (\gamma-(\alpha+\beta+1)x)\mu - x(\mu\mu-\mu)\}$$
$$-\frac{dP'}{dx}\{(\gamma-(\alpha+\beta+1)x) - 2\mu x\}(1-x) - \frac{ddP'}{dx^2}\{x-xx\}(1-x)$$

Determinemus μ ita, ut multiplicator ipsius P' per $1-x$ divisibilis evadat, quod fiet vel statuendo $\mu = 0$ vel $\mu = \gamma-\alpha-\beta$. Suppositio prior nihil novi doceret, sed valor posterior substitutus producit

$$0 = P'\{\alpha\beta - \alpha\gamma - \beta\gamma + \gamma\gamma\} - \frac{dP'}{dx}\{\gamma-(2\gamma-\alpha-\beta+1)x\} - \frac{ddP'}{dx^2}\{x-xx\}$$

sive

$$0 = P'(\gamma-\alpha)(\gamma-\beta) - \frac{dP'}{dx}\{\gamma-((\gamma-\alpha)+(\gamma-\beta)+1)x\} - \frac{ddP'}{dx^2}(x-xx)$$

quae prorsus eandem formam habet ut aequatio 80. Quare quum pro $x = 0$, manifesto fiat $P' = 1$ atque $\frac{dP'}{dx} = \frac{\alpha\beta}{\gamma} - \mu = \frac{(\gamma-\alpha)(\gamma-\beta)}{\gamma}$, patet ipsius integrale esse $P' = F(\gamma-\alpha, \gamma-\beta, \gamma, x)$, ita ut generaliter habeatur

[82] $$F(\gamma-\alpha, \gamma-\beta, \gamma, x) = (1-x)^{\alpha+\beta-\gamma} F(\alpha, \beta, \gamma, x)$$

Hinc petenda est transformatio seriei

$$1 + \frac{2.8}{9}x + \frac{3.8.10}{9.11}xx + \frac{4.8.10.12}{9.11.13}x^3 + \text{etc.} = F(2, 4, \tfrac{9}{2}, x)$$

in

$$(1-x)^{-\frac{3}{2}}(1 + \frac{1.5}{2.9}x + \frac{1.3.5.7}{2.4.9.11}xx + \text{etc.}) = (1-x)^{-\frac{3}{2}} F(\tfrac{5}{2}, \tfrac{1}{2}, \tfrac{9}{2}, x)$$

quam in Ephemeridibus Astronomicis Berolinensibus 1814 p. 257 [Zusatz zu Art. 90 und 100 der Theoria motus] sine demonstratione indicaveramus.

41.

Statuamus porro $P = x^{\mu} P'$, ita ut fiat

$$\frac{dP}{dx} = \mu x^{\mu-1} P' + x^{\mu}\frac{dP'}{dx}$$
$$\frac{ddP}{dx^2} = (\mu\mu-\mu)x^{\mu-2} P' + 2\mu x^{\mu-1}\frac{dP'}{dx} + x^{\mu}\frac{ddP'}{dx^2}$$

quibus valoribus in 80 substitutis, fit dividendo per $x^{\mu-1}$

$$\begin{aligned}0 = & P'\{\alpha\beta x-(\gamma-(\alpha+\beta+1)x)\mu-(1-x)(\mu\mu-\mu)\}\\ & -\frac{dP'}{dx}\{\gamma-(\alpha+\beta+1)x+2\mu(1-x)\}x\\ & -\frac{ddP'}{dx^2}(xx-x^3)\end{aligned}$$

Multiplicator ipsius P' in hac formula fit divisibilis per x statuendo $\mu = 0$ vel $\mu = 1-\gamma$; valor posterior producit

$$\begin{aligned}0 = & P'(\alpha\beta+\alpha+\beta+1-2\gamma-\alpha\gamma-\beta\gamma+\gamma\gamma)\\ & -\frac{dP'}{dx}(2-\gamma-(\alpha+\beta+3-2\gamma)x)\\ & -\frac{ddP'}{dx^2}(x-xx)\end{aligned}$$

Comparando hanc aequationem cum 80, cuius forma prorsus similis est, patet quae illic fuerant P, α, β, γ hic esse $P', \alpha+1-\gamma, \beta+1-\gamma, 2-\gamma$: quare quum illius integrale completum assignaverimus, manifestum est, P' contentam fore sub formula

$$\begin{aligned}P' = & MF(\alpha+1-\gamma, \beta+1-\gamma, 2-\gamma, x)\\ & +NF(\alpha+1-\gamma, \beta+1-\gamma, \alpha+\beta+1-\gamma, 1-x)\end{aligned}$$

denotantibus M, N quantitates constantes, sive

[83] $$\begin{aligned}F(\alpha, \beta, \gamma, x) = & Mx^{1-\gamma}F(\alpha+1-\gamma, \beta+1-\gamma, 2-\gamma, x)\\ & +Nx^{1-\gamma}F(\alpha+1-\gamma, \beta+1-\gamma, \alpha+\beta+1-\gamma, 1-x)\end{aligned}$$

ubi constantes M, N ab elementis α, β, γ pendebunt.

42.

Ex aequatione 82 sequitur

$$F(\alpha+1-\gamma, \beta+1-\gamma, 2-\gamma, x) = (1-x)^{\gamma-\alpha-\beta}F(1-\alpha, 1-\beta, 2-\gamma, x)$$
$$F(\alpha+1-\gamma, \beta+1-\gamma, \alpha+\beta+1-\gamma, 1-x) = x^{\gamma-1}F(\alpha, \beta, \alpha+\beta+1-\gamma, 1-x)$$

unde statuendo

$$\frac{1}{N} = f(\alpha, \beta, \gamma), \quad -\frac{M}{N} = g(\alpha, \beta, \gamma)$$

aequatio 83 fit

$$F(\alpha, \beta, \alpha+\beta+1-\gamma, 1-x)$$
$$= f(\alpha, \beta, \gamma) F(\alpha, \beta, \gamma, x)$$
$$+ g(\alpha, \beta, \gamma)(1-x)^{\gamma-\alpha-\beta} x^{1-\gamma} F(1-\alpha, 1-\beta, 2-\gamma, x)$$

Eidem aequationi adiumento formulae 82 hanc quoque formam tribuere licet

$$x^{1-\gamma} F(\alpha+1-\gamma, \beta+1-\gamma, \alpha+\beta+1-\gamma, 1-x) =$$
$$f(\alpha, \beta, \gamma)(1-x)^{\gamma-\alpha-\beta} F(\gamma-\alpha, \gamma-\beta, \gamma, x) + g(\alpha, \beta, \gamma) x^{1-\gamma} F(\alpha+1-\gamma, \beta+1-\gamma, 2-\gamma, x)$$

sive dividendo per $x^{1-\gamma}$, mutandoque resp. α, β, γ in $\alpha+1-\gamma$, $\beta+1-\gamma$, $2-\gamma$

$$F(\alpha, \beta, \alpha+\beta+1-\gamma, 1-x)$$
$$= g(\alpha+1-\gamma, \beta+1-\gamma, 2-\gamma) F(\alpha, \beta, \gamma, x)$$
$$+ f(\alpha+1-\gamma, \beta+1-\gamma, 2-\gamma)(1-x)^{\gamma-\alpha-\beta} x^{1-\gamma} F(1-\alpha, 1-\beta, 2-\gamma, x)$$

Quae quum identica esse debeat cum formula praecedenti, habemus

$$g(\alpha, \beta, \gamma) = f(\alpha+1-\gamma, \beta+1-\gamma, 2-\gamma)$$

itaque

[84] $$F(\alpha, \beta, \alpha+\beta+1-\gamma, 1-x)$$
$$= f(\alpha, \beta, \gamma) F(\alpha, \beta, \gamma, x)$$
$$+ f(\alpha+1-\gamma, \beta+1-\gamma, 2-\gamma)(1-x)^{\gamma-\alpha-\beta} x^{1-\gamma} F(1-\alpha, 1-\beta, 2-\gamma, x)$$

43.

Iam ut indolem functionis $f(\alpha, \beta, \gamma)$ eruamus, statuamus $x = 0$. Tunc patet, esse $F(\alpha, \beta, \gamma, x) = 1$. $x^{1-\gamma} = 0$, quoties quidem $1-\gamma$ fuerit quantitas positiva. Sed per aequationem 48 habemus

$$F(\alpha, \beta, \alpha+\beta+1-\gamma, 1) = \frac{\Pi(\alpha+\beta-\gamma)\Pi(-\gamma)}{\Pi(\alpha-\gamma)\Pi(\beta-\gamma)}$$

Quare sub eadem restrictione demonstratum est, fieri

[85] $$f(\alpha, \beta, \gamma) = \frac{\Pi(\alpha+\beta-\gamma)\Pi(-\gamma)}{\Pi(\alpha-\gamma)\Pi(\beta-\gamma)}$$

Hanc vero formulam generalem esse, ita demonstramus.

Differentiando aequationem 84 provenit

$$
\begin{aligned}
&-\frac{\alpha\beta}{\alpha+\beta+1-\gamma}F(\alpha+1,\beta+1,\alpha+\beta+2-\gamma,1-x)\\
&=\frac{\alpha\beta}{\gamma}f(\alpha,\beta,\gamma)F(\alpha+1,\beta+1,\gamma+1,x)\\
&+f(\alpha+1-\gamma,\beta+1-\gamma,2-\gamma)(1-x)^{\gamma-\alpha-\beta-1}x^{-\gamma}\{((1-\gamma)(1-x)-(\gamma-\alpha-\beta)x)F(1-\alpha,1-\beta,2-\gamma,x)\\
&\qquad+\frac{(1-\alpha)(1-\beta)}{2-\gamma}(x-xx)F(2-\alpha,2-\beta,3-\gamma,x)\}
\end{aligned}
$$

Sed per formulam IX art. 10 fit mutando α, β, γ in $-\alpha, -\beta, 1-\gamma$

$$
\begin{aligned}
(1-\gamma)(2-\gamma)F(-\alpha,-\beta,1-\gamma,x)&=(2-\gamma)(1-\gamma+(\alpha+\beta-1)x)F(1-\alpha,1-\beta,2-\gamma,x)\\
&+(1-\alpha)(1-\beta)(x-xx)F(2-\alpha,2-\beta,3-\gamma,x)
\end{aligned}
$$

unde aequatio praecedens transit in hanc

$$
\begin{aligned}
&F(\alpha+1,\beta+1,\alpha+\beta+2-\gamma,1-x)\\
&=-\frac{\alpha+\beta+1-\gamma}{\gamma}f(\alpha,\beta,\gamma)F(\alpha+1,\beta+1,\gamma+1,x)\\
&-\frac{(\alpha+\beta+1-\gamma)(1-\gamma)}{\alpha\beta}f(\alpha+1-\gamma,\beta+1-\gamma,2-\gamma)(1-x)^{\gamma-\alpha-\beta-1}x^{-\gamma}F(-\alpha,-\beta,1-\gamma,x)
\end{aligned}
$$

Mutando autem in aequatione 84, α, β, γ in $\alpha+1, \beta+1, \gamma+1$ fit

$$
\begin{aligned}
&F(\alpha+1,\beta+1,\alpha+\beta+2-\gamma,1-x)\\
&\quad=f(\alpha+1,\beta+1,\gamma+1)F(\alpha+1,\beta+1,\gamma+1,x)\\
&\quad+f(\alpha+1-\gamma,\beta+1-\gamma,1-\gamma)(1-x)^{\gamma-\alpha-\beta-1}x^{-\gamma}F(-\alpha,-\beta,1-\gamma,x)
\end{aligned}
$$

Quare quum facile perspiciatur, has duas aequationes identicas esse debere, fit generaliter

$$f(\alpha+1,\beta+1,\gamma+1)=\frac{\alpha+\beta+1-\gamma}{-\gamma}f(\alpha,\beta,\gamma)$$

sive mutando α, β, γ in $\alpha-1, \beta-1, \gamma-1$

$$
\begin{aligned}
f(\alpha,\beta,\gamma)&=\frac{\alpha+\beta-\gamma}{1-\gamma}f(\alpha-1,\beta-1,\gamma-1)\\
&=\frac{\alpha+\beta-\gamma.\alpha+\beta-\gamma-1}{1-\gamma.2-\gamma}f(\alpha-2,\beta-2,\gamma-2)
\end{aligned}
$$

etc. unde facile concluditur, esse generaliter pro quovis valore integro ipsius k

$$f(\alpha,\beta,\gamma)=\frac{\Pi(\alpha+\beta-\gamma)\Pi(-\gamma)}{\Pi(\alpha+\beta-\gamma-k)\Pi(k-\gamma)}.f(\alpha-k,\beta-k,\gamma-k)$$

Sed quoties $1-(\gamma-k)$ sive $k+1-\gamma$ est quantitas positiva, demonstravimus esse (formula 85)

$$f(\alpha-k, \beta-k, \gamma-k)=\frac{\Pi(\alpha+\beta-\gamma-k)\Pi(k-\gamma)}{\Pi(\alpha-\gamma)\Pi(\beta-\gamma)}$$

Quare quum k, quidquid sit γ, semper accipi possit tantus, ut $k+1-\gamma$ evadat quantitas positiva, erit *generaliter*

$$f(\alpha, \beta, \gamma)=\frac{\Pi(\alpha+\beta-\gamma)\Pi(-\gamma)}{\Pi(\alpha-\gamma)\Pi(\beta-\gamma)}$$

et proin

$$f(\alpha+1-\gamma, \beta+1-\gamma, 2-\gamma)=\frac{\Pi(\alpha+\beta-\gamma)\Pi(\gamma-2)}{\Pi(\alpha-1)\Pi(\beta-1)}$$

ita ut formula nostra fiat

[86] $F(\alpha, \beta, \alpha+\beta+1-\gamma, 1-x)$

$$=\frac{\Pi(\alpha+\beta-\gamma)\Pi(-\gamma)}{\Pi(\alpha-\gamma)\Pi(\beta-\gamma)}F(\alpha, \beta, \gamma, x)$$
$$+\frac{\Pi(\alpha+\beta-\gamma)\Pi(\gamma-2)}{\Pi(\alpha-1)\Pi(\beta-1)}x^{1-\gamma}(1-x)^{\gamma-\alpha-\beta}F(1-\alpha, 1-\beta, 2-\gamma, x)$$

sive mutata γ in $\alpha+\beta+1-\gamma$

[87] $F(\alpha, \beta, \gamma, 1-x)$

$$=\frac{\Pi(\gamma-1)\Pi(\gamma-\alpha-\beta-1)}{\Pi(\gamma-\alpha-1)\Pi(\gamma-\beta-1)}F(\alpha, \beta, \alpha+\beta+1-\gamma, x)$$
$$+\frac{\Pi(\gamma-1)\Pi(\alpha+\beta-\gamma-1)}{\Pi(\alpha-1)\Pi(\beta-1)}x^{\gamma-\alpha-\beta}(1-x)^{1-\gamma}F(1-\alpha, 1-\beta, \gamma+1-\alpha-\beta, x)$$

Si magis placet, scribere licet
in formula 86

pro $(1-x)^{\gamma-\alpha-\beta}F(1-\alpha, 1-\beta, 2-\gamma, x) \ldots\ldots F(\alpha+1-\gamma, \beta+1-\gamma, 2-\gamma, x)$

in formula 87

pro $(1-x)^{1-\gamma}F(1-\alpha, 1-\beta, \gamma+1-\alpha-\beta, x) \ldots\ldots F(\gamma-\alpha, \gamma-\beta, \gamma+1-\alpha-\beta, x)$

44.

Quoties itaque elemento quarto in aliqua serie sub forma nostra contenta valor tribuitur inter 0,5 et 1, convergentiae lentiori per formulas praecedentes remedium affertur, quippe quae illam in duas alias series similes dispescunt eo citius convergentes, quo tardius illa convergebat. Sed excipere oportet casus speciales, ubi haec transformatio non succedit, quoties scilicet in serie transformanda differentia inter elementum tertium summamque duorum elementorum primorum fit numerus integer. Si enim in formula 86 γ est $= 0$ vel aequalis numero negativo integro, manifesto $F(\alpha, \beta, \gamma, x)$ fit series inepta (art. 2) atque factor $\Pi(\gamma - 2)$ infinitus; si vero γ est integer positivus unitate major $F(1-\alpha, 1-\beta, 2-\gamma, x)$ atque $F(\alpha+1-\gamma, \beta+1-\gamma, 2-\gamma, x)$ fiunt series ineptae et $\Pi(-\gamma)$ infinitus; denique si $\gamma = 1$ duae series transformatae $F(\alpha, \beta, \gamma, x)$ atque $F(1-\alpha, 1-\beta, 2-\gamma, x)$ vel $F(\alpha+1-\gamma, \beta+1-\gamma, 2-\gamma, x)$, quae ideo cum $F(\alpha, \beta, \gamma, x)$ identica evadit, hocce quidem incommodo non laborant, sed nihilominus transformatio nullius est usus, quum utraque series transformata per coëfficientem infinitum $\Pi(-1)$ multiplicata sit. Operae itaque pretium erit ostendere, quomodo in his quoque casibus convergentia lentior in citiorem mutari possit.

45.

Sit k numerus integer positivus (sive etiam $= 0$) designemusque $k+1$ primos terminos seriei $F(\alpha, \beta, \gamma, x)$ per X. Terminus sequens erit

$$= \frac{\alpha.\alpha+1.\alpha+2\ldots.\alpha+k.\beta.\beta+1.\beta+2\ldots.\beta+k}{1\,.\,2\,.\,3\ldots.k+1.\gamma.\gamma+1.\gamma+2\ldots.\gamma+k} x^{k+1}$$

qui etiam ita exhiberi potest

$$\frac{\Pi(\gamma-1)}{\Pi(\alpha-1)\Pi(\beta-1)} \cdot \frac{\Pi(\alpha+k)\Pi(\beta+k)}{\Pi(k+1)\Pi(\gamma+k)} x^{k+1}$$

similique modo termini sequentes. Hinc colligitur

I. $\frac{\Pi(\alpha+\beta-\gamma)(\Pi(-\gamma)}{\Pi(\alpha-\gamma)\Pi(\beta-\gamma)} . F(\alpha, \beta, \gamma, x)$ exprimi posse per

$$\frac{\Pi(\alpha+\beta-\gamma)\Pi(-\gamma)}{\Pi(\alpha-\gamma)\Pi(\beta-\gamma)} . X + \frac{\Pi(\alpha+\beta-\gamma)\Pi(-\gamma)\Pi(\gamma-1)}{\Pi(\alpha-1)\Pi(\beta-1)\Pi(\alpha-\gamma)\Pi(\beta-\gamma)} \Sigma\left\{\frac{\Pi(\alpha+k+t)\Pi(\beta+k+t)}{\Pi(k+t+1)\Pi(\gamma+k+t)} x^{k+1+t}\right\}$$

si pro t omnes valores $0, 1, 2, 3$ etc in infinitum substitui concipiuntur.

Simili modo $F(\alpha+1-\gamma, \beta+1-\gamma, 2-\gamma, x)$ exprimi potest per

$$\frac{\Pi(1-\gamma)}{\Pi(\alpha-\gamma)\Pi(\beta-\gamma)} \Sigma\left(\frac{\Pi(\alpha-\gamma+t)\Pi(\beta-\gamma+t)}{\Pi t\, \Pi(1-\gamma+t)} x^t\right)$$

t perinde ut ante determinato, adeoque quum sit $\Pi(1-\gamma) = (1-\gamma)\Pi(-\gamma)$ atque $\Pi(\gamma-1) = -(1-\gamma)\Pi(\gamma-2)$, patet esse

II. $$\frac{\Pi(\alpha+\beta-\gamma)\Pi(\gamma-2)}{\Pi(\alpha-1)\Pi(\beta-1)}x^{1-\gamma}F(\alpha+1-\gamma,\ \beta+1-\gamma,\ 2-\gamma,\ x)$$
$$=-\frac{\Pi(\alpha+\beta-\gamma)\Pi(-\gamma)\Pi(\gamma-1)}{\Pi(\alpha-1)\Pi(\beta-1)\Pi(\alpha-\gamma)\Pi(\beta-\gamma)}\Sigma\left\{\frac{\Pi(\alpha-\gamma+t)\Pi(\beta-\gamma+t)}{\Pi t\,\Pi(1-\gamma+t)}x^{1+t-\gamma}\right\}$$

Hinc formula 86 etiam ita exhiberi potest:

$$F(\alpha,\ \beta,\ \alpha+\beta+1-\gamma,\ 1-x)$$
$$=\frac{\Pi(\alpha+\beta-\gamma)\Pi(-\gamma)}{\Pi(\alpha-\gamma)\Pi(\beta-\gamma)}X$$
$$+\frac{\Pi(\alpha+\beta-\gamma)\Pi(-\gamma)\Pi(\gamma-1)}{\Pi(\alpha-1)\Pi(\beta-1)\Pi(\alpha-\gamma)\Pi(\beta-\gamma)}\Sigma\left\{\frac{\Pi(\alpha+k+t)\Pi(\beta+k+t)}{\Pi(k+t+1)\Pi(\gamma+k+t)}x^{k+1+t}-\frac{\Pi(\alpha-\gamma+t)\Pi(\beta-\gamma+t)}{\Pi(t-\gamma+1)\Pi t}x^{1+t-\gamma}\right\}$$

Haecce expressio protinus ostendit, singulas differentias, quae sunt sub signo Σ, fieri $=0$, si supponatur $\gamma=-k$, sed quum hic simul fiat $\Pi(\gamma-1)$ quantitas infinite magna, productum finitum evadere posse patet. Cuius valorem ut per quantitates finitas exprimamus, statuamus primo $\gamma+k=\omega$, unde fit

$$\Pi(\gamma-1).\gamma.(\gamma+1)(\gamma+2)\ldots.(\gamma+k-1)\omega=\Pi\omega$$

sive

$$\Pi(\gamma-1)=\frac{\Pi\omega}{\omega(\omega-1)(\omega-2)\ldots.(\omega-k)}$$

Rei summa vertitur itaque in eo, ut videamus, quid fiat

$$\frac{1}{\omega}\left\{\frac{\Pi(\alpha-\gamma+t+\omega)\Pi(\beta-\gamma+t+\omega)}{\Pi(t-\gamma+1+\omega)\Pi(t+\omega)}x^{1+t-\gamma+\omega}-\frac{\Pi(\alpha-\gamma+t)\Pi(\beta-\gamma+t)}{\Pi(t-\gamma+1)\Pi t}x^{1+t-\gamma}\right\}$$

si ω in infinitum decrescat. Per principia nota autem hinc resultat

$$-\frac{dU}{d\gamma}$$

si brevitatis caussa statuimus

$$\frac{\Pi(\alpha-\gamma+t)\Pi(\beta-\gamma+t)}{\Pi(t-\gamma+1)\Pi(t-k-\gamma)}x^{1+t-\gamma}=U$$

solamque γ tamquam variabilem spectamus. Sed hinc fit

$$\frac{dU}{U d\gamma}=-\Psi(\alpha-\gamma+t)-\Psi(\beta-\gamma+t)+\Psi(t-\gamma+1)+\Psi(t-k-\gamma)-\log x$$

Hinc colligitur pro $\gamma=-k$

[88] $F(\alpha, \beta, \alpha+\beta+1+k, 1-x)$

$$= \frac{\Pi(\alpha+\beta+k)\Pi k}{\Pi(\alpha+k)\Pi(\beta+k)} X$$

$$+ \frac{\Pi(\alpha+\beta+k)\Pi k}{\Pi(\alpha-1)\Pi(\beta-1)\Pi(\alpha+k)\Pi(\beta+k)(-1)(-2)\ldots(-k)} \Sigma \{(\log x$$

$$+\Psi(\alpha+t+k)+\Psi(\beta+t+k)-\Psi(t+k+1)-\Psi t) \frac{\Pi(\alpha+t+k)\Pi(\beta+t+k)}{\Pi(t+k+1)\Pi t} x^{1+t+k}\}$$

$$= \frac{\Pi(\alpha+\beta+k)\Pi k}{\Pi(\alpha+k)\Pi(\beta+k)} X \pm \frac{\Pi(\alpha+\beta+k) x^{1+k}}{\Pi(\alpha-1)\Pi(\beta-1)\Pi(k+1)} Y$$

ubi

$$Y = \{\log x + \Psi(\alpha+k)+\Psi(\beta+k)-\Psi(k+1)-\Psi(0)\} F(\alpha+k+1, \beta+k+1, k+2, x)$$

$$+A \frac{\alpha+k+1.\beta+k+1}{1.k+2} x$$

$$+(A+B) \frac{\alpha+k+1.\alpha+k+2.\beta+k+1.\beta+k+2}{1 \;.\; 2 \;.\; k+2 \;.\; k+3} xx$$

$$+(A+B+C) \frac{\alpha+k+1.\alpha+k+2.\alpha+k+3.\beta+k+1.\beta+k+2.\beta+k+3}{1 \;.\; 2 \;.\; 3 \;.\; k+2 \;.\; k+3 \;.\; k+4} x^3$$

$$+ \text{ etc.}$$

atque

$$A = \frac{1}{\alpha+k+1} + \frac{1}{\beta+k+1} - \frac{1}{k+2} - 1$$

$$B = \frac{1}{\alpha+k+2} + \frac{1}{\beta+k+2} - \frac{1}{k+3} - \tfrac{1}{2}$$

$$C = \frac{1}{\alpha+k+3} + \frac{1}{\beta+k+3} - \frac{1}{k+4} - \tfrac{1}{3},$$

etc.

signumque superius vel inferius accipiendum est, prout k est numerus par vel impar.

46.

Hoc itaque modo $F(\alpha, \beta, \alpha+\beta+1-\gamma, 1-x)$ transmutatur, si γ est 0 vel integer negativus. Casum $\gamma = +1$ prorsus simili modo tractare possumus, sive brevius statuere possumus in ratiociniis praecedentidus $k = -1$, unde X prorsus evanescit atque obtinemus:

[89] $F(\alpha, \beta, \alpha+\beta, 1-x)$

$$= -\frac{\Pi(\alpha+\beta-1)}{\Pi(\alpha-1)\Pi(\beta-1)}\{\log x+\Psi(\alpha-1)+\Psi(\beta-1)-2\Psi(0)\}F(\alpha, \beta, 1, x)$$
$$-\frac{\Pi(\alpha+\beta-1)}{\Pi(\alpha-1)\Pi(\beta-1)}\Big\{A\frac{\alpha.\beta}{1}x$$
$$+(A+B)\frac{\alpha.\alpha+1.\beta.\beta+1}{1\,.\,2\,.\,1\,.\,2}xx$$
$$+(A+B+C)\frac{\alpha.\alpha+1.\alpha+2.\beta.\beta+1.\beta+2}{1\,.\,2\,.\,3\,.\,1\,.\,2\,.\,3}x^3$$
$$+\text{ etc.}\Big\}$$

ubi

$$A = \frac{1}{\alpha}+\frac{1}{\beta}-2,\quad B = \frac{1}{\alpha+1}+\frac{1}{\beta+1}-\frac{2}{2}.\quad C = \frac{1}{\alpha+2}+\frac{1}{\beta+2}-\frac{2}{3}, \text{ etc.}$$

Ita e. g. pro $\alpha = \frac{1}{2}$, $\beta = \frac{1}{2}$ obtinemus (cfr. form. 52, 71)

[90] $F(\frac{1}{2}, \frac{1}{2}, 1, 1-x)$

$$= -\frac{1}{\pi}\log\tfrac{1}{16}x\,.\,F(\tfrac{1}{2}, \tfrac{1}{2}, 1, x)$$
$$-\frac{1}{\pi}\Big\{2\,.\,\frac{1.1}{2.2}x+(2+\tfrac{1}{3})\frac{1.1.3.3}{2.2.4.4}xx+(2+\tfrac{1}{3}+\tfrac{2}{15})\frac{1.1.3.3.5.5}{2.2.4.4.6.6}x^3$$
$$+(2+\frac{4}{3.4}+\frac{4}{5.6}+\frac{4}{7.8})\frac{1.1.3.3.5.5.7\;7}{2.2.4.4.6.6.8.8}x^4+\text{ etc.}\Big\}$$
$$= -\frac{1}{\pi}\Big\{\log\tfrac{1}{16}x\,F(\tfrac{1}{2}, \tfrac{1}{2}, 1, x)+\tfrac{1}{2}x+\tfrac{21}{64}xx+\tfrac{185}{768}x^3+\tfrac{18655}{98304}x^4$$
$$+\tfrac{102501}{655360}x^5+\tfrac{1394239}{10485760}x^6+\text{ etc.}\Big\}$$

Denique casum tertium, ubi γ est integer positivus unitate maior, seorsim tractare haud necesse est, quum sit

$$F(\alpha, \beta, \alpha+\beta+1-\gamma, 1-x) = x^{\gamma-1}F(\alpha+1-\gamma, \beta+1-\gamma, \alpha+\beta+1-\gamma, 1-x)$$

transformatioque seriei $F(\alpha+1-\gamma, \beta+1-\gamma, \alpha+\beta+1-\gamma, 1-x)$ pro $\gamma>1$ ad casum primum sponte reducatur.

47.

Transimus ad alias transformationes, inter quas primum locum obtineat substitutio $x = \frac{y}{y-1}$. Hinc fit $\mathrm{d}x = -\frac{\mathrm{d}y}{(y-1)^2}$, adeoque

$$\frac{\mathrm{d}P}{\mathrm{d}x} = -\frac{\mathrm{d}P}{\mathrm{d}y}(1-y)^2, \text{ differentiando denuo fit}$$
$$\mathrm{d}\frac{\mathrm{d}P}{\mathrm{d}x} = -(1-y)^2\mathrm{d}\frac{\mathrm{d}P}{\mathrm{d}y}+2(1-y)\mathrm{d}P, \text{ adeoque}$$
$$\frac{\mathrm{dd}P}{\mathrm{d}x^2} = +(1-y)^4\frac{\mathrm{dd}P}{\mathrm{d}y^2}-2(1-y)^3\frac{\mathrm{d}P}{\mathrm{d}y}$$

Quibus valoribus substitutis transit aequatio 80 in hanc

$$0 = \alpha\beta P + (1-y)(\gamma + (\alpha+\beta-1-\gamma)y)\frac{dP}{dy} + (1-y)(y-yy)\frac{ddP}{dy^2}$$

Ut vero obtineamus aequationem ipsi 80 similem, statuamus $P = (1-y)^\mu P'$, unde

$$\frac{dP}{dy} = -\mu(1-y)^{\mu-1}P' + (1-y)^\mu \frac{dP'}{dy}$$
$$\frac{ddP}{dy^2} = (\mu\mu-\mu)(1-y)^{\mu-2}P' - 2\mu(1-y)^{\mu-1}\frac{dP'}{dy} + (1-y)^\mu \frac{ddP'}{dy^2}$$

Quibus substitutis fit post divisionem per $(1-y)^\mu$

$$\begin{aligned} 0 = & P'\{\alpha\beta - \mu(\gamma + (\alpha+\beta-1-\gamma)y + y(\mu\mu-\mu)\} \\ & + \frac{dP'}{dy}\{\gamma + (\alpha+\beta-1-\gamma)y - 2\mu y\}(1-y) \\ & + \frac{ddP'}{dy^2}\{y-yy\}(1-y) \end{aligned}$$

Determinemus μ ita, ut multiplicator ipsius P' per $1-y$ divisibilis evadat, quod fiet statuendo vel $\mu = \alpha$ vel $\mu = \beta$. Valor prior mutat aequationem praecedentem in hanc

$$0 = \alpha(\beta-\gamma)P' + (\gamma - (\gamma+\alpha+1-\beta)y)\frac{dP'}{dy} + (y-yy)\frac{ddP'}{dy^2}$$

sive

$$0 = \alpha(\gamma-\beta)P' - (\gamma - (\gamma-\beta+\alpha+1)y)\frac{dP'}{dy} - (y-yy)\frac{ddP'}{dy^2}$$

cui ita satisfaciendum est, ut fiat pro $y = 0$, $P' = 1$ atque $\frac{dP'}{dy} = \frac{\alpha(\gamma-\beta)}{\gamma}$. Hinc autem deducitur $P' = F(\alpha, \gamma-\beta, \gamma, y)$ adeoque habetur

[91] $F(\alpha, \beta, \gamma, x) = (1-y)^\alpha F(\alpha, \gamma-\beta, \gamma, y) = (1-x)^{-\alpha} F(\alpha, \gamma-\beta, \gamma, -\frac{x}{1-x})$

Si pro μ valorem alterum β adoptavissemus, prodiisset prorsus simili modo

[92] $$F(\alpha, \beta, \gamma, x) = (1-x)^{-\beta} F(\beta, \gamma-\alpha, \gamma, -\frac{x}{1-x})$$

quae formula quoque e praecedenti per solam permutationem elementorum α, β sponte sequitur. Adiumento formulae modo inventae valores serierum nostrarum pro valoribus negativis elementi quarti semper ad valores similium serierum pro valoribus positivis elementi quarti interque 0 et 1 sitis reducitur, quum fiat

$$F(\alpha, \beta, \gamma, -x) = (1+x)^{-\alpha} F(\alpha, \gamma-\beta, \gamma, \frac{x}{1+x})$$

48.

Operae pretium erit ostendere, quomodo adiumento transformationum 82,91 omnes formulae in art. 5 collectae perfacile e solo theoremate binomiali deduci possint. Protinus enim inde sequuntur formulae I—IV. Formulae VI—IX hinc sponte sequuntur, si e^x spectatur tamquam limes potestatis $(1+\frac{x}{i})^i$ vel $(1-\frac{x}{i})^{-i}$, atque $\log x$ tamquam limes ipsius $i(x^{\frac{1}{i}}-1)$, crescente i in infinitum. Porro ex

$$\cos n\varphi+\sqrt{-1}.\sin n\varphi = (\cos\varphi+\sqrt{-1}.\sin\varphi)^n$$
$$\cos n\varphi-\sqrt{-1}.\sin n\varphi = (\cos\varphi-\sqrt{-1}.\sin\varphi)^n$$

sequitur per subtractionem et additionem formula XVIII et XXII atque hinc per formulam 82 statim XIX et XXIII; hinc rursus per formulam 91 deducuntur XVI, XVII, XX et XXI. Statuendo t pro nt atque n infinitum ex XVI et XX sequuntur XI et XII; statuendo vero n infinite parvum ex XVI—XVIII sequuntur XIII—XV.

49.

Ex substitutione $x=\frac{1}{y}$ simili modo evadit

$$0 = \alpha\beta P-(\alpha+\beta-1-(\gamma-2)y)y\frac{dP}{dy}+(yy-y^3)\frac{ddP}{dy^2}$$

Statuendo dein $P=y^\mu P'$, fit

$$\text{I.}\quad 0 = P'(\alpha\beta-\mu(\alpha+\beta-1)+\mu(\gamma-2)y+(\mu\mu-\mu)(1-y))$$
$$-\frac{dP'}{dy}(\alpha+\beta-1-(\gamma-2)y-2\mu(1-y))y$$
$$+(yy-y^3)\frac{ddP'}{dy^2}$$

Ut multiplicator ipsius P' per y divisibilis evadat, statui debet vel $\mu=\alpha$ vel $\mu=\beta$; valor prior producit

$$\text{II.}\quad 0 = P'\alpha(\gamma-\alpha-1)-\frac{dP'}{dy}(\beta-\alpha-1-(\gamma-2\alpha-2)y)+(y-yy)\frac{ddP'}{dy^2}$$

cuius integrale *particulare* fit

$$P' = F(\alpha, \alpha+1-\gamma, \alpha+1-\beta, y)$$

Satisfit igitur aequationi I per integrale particulare

$$P = y^\alpha F(\alpha, \alpha+1-\gamma, \alpha+1-\beta, y)$$

et perinde valor alter $\mu = \beta$ suppeditat alterum integrale particulare

$$P = y^\beta F(\beta, \beta+1-\gamma, \beta+1-\alpha, y)$$

unde integrale completum habetur

$$P = Ay^\alpha F(\alpha, \alpha+1-\gamma, \alpha+1-\beta, y) + By^\beta F(\beta, \beta+1-\gamma, \beta+1-\alpha, y)$$

designantibus A, B constantes, quae vero non sunt arbitrariae sed penitus determinatae, quum P non sit integrale completum aequationis 80, sed particulare tantum. At ne determinatio valorum constantium A, B in ambages inutiles nos deducat, eandem aequationem alio modo per ea, quae iam evolvimus, deducemus.

Statuendo in aequatione 91 $-\frac{x}{1-x} = 1-z$, mutandoque in aequat. 86 β in $\gamma-\beta$, γ in $\alpha+1-\beta$, x in z, colligetur

$$(1-x)^\alpha F(\alpha, \beta, \gamma, x) = \frac{\Pi(\gamma-1)\Pi(\beta-\alpha-1)}{\Pi(\gamma-\alpha-1)\Pi(\beta-1)} F(\alpha, \gamma-\beta, \alpha+1-\beta, z) + \frac{\Pi(\gamma-1)\Pi(\alpha-\beta-1)}{\Pi(\alpha-1)\Pi(\gamma-\beta-1)} z^{\beta-\alpha} F(\beta, \gamma-\alpha, \beta+1-\alpha, z)$$

Sed per aequatt. 91, 92

$$F(\alpha, \gamma-\beta, \alpha+1-\beta, z) = (1-z)^{-\alpha} F(\alpha, \alpha+1-\gamma, \alpha+1-\beta, -\tfrac{z}{1-z})$$
$$F(\beta, \gamma-\alpha, \beta+1-\alpha, z) = (1-z)^{-\beta} F(\beta, \beta+1-\gamma, \beta+1-\alpha, -\tfrac{z}{1-z})$$

His substitutis, nec non $z = \frac{1}{1-x}$, $1-z = -\frac{x}{1-x}$, $-\frac{z}{1-z} = \frac{1}{x}$, habemus

[93] $$F(\alpha, \beta, \gamma, x) = \frac{\Pi(\gamma-1)\Pi(\beta-\alpha-1)}{\Pi(\gamma-\alpha-1)\Pi(\beta-1)}(-x)^{-\alpha} F(\alpha, \alpha+1-\gamma, \alpha+1-\beta, \tfrac{1}{x}) + \frac{\Pi(\gamma-1)\Pi(\alpha-\beta-1)}{\Pi(\alpha-1)\Pi(\gamma-\beta-1)}(-x)^{-\beta} F(\beta, \beta+1-\gamma, \beta+1-\alpha, \tfrac{1}{x})$$

quae convenit cum aequatione supra inventa, si statuatur

$$A = \frac{\Pi(\gamma-1)\Pi(\beta-\alpha-1)}{\Pi(\gamma-\alpha-1)\Pi(\beta-1)}(-1)^\alpha$$
$$B = \frac{\Pi(\gamma-1)\Pi(\alpha-\beta-1)}{\Pi(\alpha-1)\Pi(\gamma-\beta-1)}(-1)^\beta$$

ubi notandum, esse

$$(-1)^{\alpha} = \cos \alpha k\pi + \sqrt{-1} . \sin \alpha k\pi$$
$$(-1)^{\mathfrak{b}} = \cos \mathfrak{b} k\pi + \sqrt{-1} . \sin \mathfrak{b} k\pi$$

designante k indefinite integrum imparem quemcunque.

50.

Per aequationem 93 valor functionis nostrae pro valoribus elementi quarti unitate maioribus ad casum eum reducitur, ubi elementum quartum unitate minus est. Simul patet, valoribus elementi quarti *negativis*, unitate maioribus, semper unum valorem realem functionis F respondere, positivis vero tunc tantum respondere posse valorem realem functionis, si α et $\mathfrak{b}$ sint vel integri vel fractiones rationales, quarum denominatores sint impares; in casibus reliquis $F(\alpha, \mathfrak{b}, \gamma, x)$ pro valore positivo ipsius x unitate maiore tantummodo valores imaginarios admittit.

51.

Relationes inter plures functiones F hactenus evolutae omnes lineares fuerunt: adiicimus aliam diversi generis. Sit

$$P = F(\alpha, \mathfrak{b}, \gamma, x)$$
$$Q = x^{1-\gamma} F(\alpha+1-\gamma, \mathfrak{b}+1-\gamma, 2-\gamma, x)$$
$$R = F(\alpha, \mathfrak{b}, \alpha+\mathfrak{b}+1-\gamma, 1-x)$$

ita ut $P, Q. R$ sint tria integralia particularia aequationis 80, sive sit

I. $\qquad 0 = \alpha\mathfrak{b}P - (\gamma-(\alpha+\mathfrak{b}+1)x)\frac{\mathrm{d}P}{\mathrm{d}x} - (x-xx)\frac{\mathrm{d}\mathrm{d}P}{\mathrm{d}x^2}$

II. $\qquad 0 = \alpha\mathfrak{b}Q - (\gamma-(\alpha+\mathfrak{b}+1)x)\frac{\mathrm{d}Q}{\mathrm{d}x} - (x-xx)\frac{\mathrm{d}\mathrm{d}Q}{\mathrm{d}x^2}$

III. $\qquad 0 = \alpha\mathfrak{b}R - (\gamma-(\alpha+\mathfrak{b}+1)x)\frac{\mathrm{d}R}{\mathrm{d}x} - (x-xx)\frac{\mathrm{d}\mathrm{d}R}{\mathrm{d}x^2}$

Multiplicando aequationem primam per Q, secundam per P, fit subtrahendo

$$0 = (\gamma-(\alpha+\mathfrak{b}+1)x)\frac{Q\,\mathrm{d}P - P\,\mathrm{d}Q}{\mathrm{d}x} + (x-xx)\frac{Q\,\mathrm{d}\mathrm{d}P - P\,\mathrm{d}\mathrm{d}Q}{\mathrm{d}x^2}$$

Haec vero aequatio per $x^{\gamma-1}(1-x)^{\alpha+\mathfrak{b}-\gamma}$ multiplicata integrabilis evadit atque suppeditat

[94] $$A = x^\gamma(1-x)^{\alpha+\beta+1-\gamma}\frac{Q\,\mathrm{d}P - P\,\mathrm{d}Q}{\mathrm{d}x}$$

Prorsus simili modo habetur

[95] $$B = x^\gamma(1-x)^{\alpha+\beta+1-\gamma}\frac{R\,\mathrm{d}Q - Q\,\mathrm{d}R}{\mathrm{d}x}$$

[96] $$C = x^\gamma(1-x)^{\alpha+\beta+1-\gamma}\frac{R\,\mathrm{d}P - P\,\mathrm{d}R}{\mathrm{d}x}$$

Constantes A, B, C facile determinantur per methodum sequentem.

Pro $x = 0$, fit $P = 1$; porro $x^\gamma Q = xF(\alpha+1-\gamma, \beta+1-\gamma, 2-\gamma, x)$ fit $= 0$ pro $x = 0$; ipsius differentiale autem per $\mathrm{d}x$ divisum, puta $\gamma x^{\gamma-1}Q + x^\gamma\frac{\mathrm{d}Q}{\mathrm{d}x}$ fit $= 1$; hinc colligitur $\frac{x^\gamma\,\mathrm{d}Q}{\mathrm{d}x} = 1-\gamma$ pro $x = 0$, adeoque

$$A = \gamma - 1$$

Ut vero etiam B et C determinemus, resumamus aequationem

$$R = f(\alpha, \beta, \gamma)P + f(\alpha+1-\gamma, \beta+1-\gamma, 2-\gamma)Q$$

quae differentiata dat

$$\frac{\mathrm{d}R}{\mathrm{d}x} = f(\alpha, \beta, \gamma)\frac{\mathrm{d}P}{\mathrm{d}x} + f(\alpha+1-\gamma, \beta+1-\gamma, 2-\gamma)\frac{\mathrm{d}Q}{\mathrm{d}x}$$

Multiplicando primam per $\frac{\mathrm{d}Q}{\mathrm{d}x}$, secundam per Q, fit subtrahendo

$$\frac{Q\,\mathrm{d}R - R\,\mathrm{d}Q}{\mathrm{d}x} = f(\alpha, \beta, \gamma)\frac{Q\,\mathrm{d}P - P\,\mathrm{d}Q}{\mathrm{d}x} \quad \text{adeoque}$$

$$B = (1-\gamma)f(\alpha, \beta, \gamma) = \frac{\Pi(\alpha+\beta-\gamma)\Pi(1-\gamma)}{\Pi(\alpha-\gamma)\Pi(\beta-\gamma)}$$

Similiter multiplicata aequatione priore per $\frac{\mathrm{d}P}{\mathrm{d}x}$, posteriore per P, subtractio dat

$$\frac{R\,\mathrm{d}P - P\,\mathrm{d}R}{\mathrm{d}x} = f(\alpha+1-\gamma, \beta+1-\gamma, 2-\gamma)\frac{Q\,\mathrm{d}P - P\,\mathrm{d}Q}{\mathrm{d}x}$$

adeoque

$$C = (\gamma-1)f(\alpha+1-\gamma, \beta+1-\gamma, 2-\gamma) = \frac{\Pi(\alpha+\beta-\gamma)\Pi(\gamma-1)}{\Pi(\alpha-1)\Pi(\beta-1)}$$

Si magis placet, hae tres aequationes etiam ita exhiberi possunt, ut functiones derivatae $\frac{\mathrm{d}P}{\mathrm{d}x}, \frac{\mathrm{d}Q}{\mathrm{d}x}, \frac{\mathrm{d}R}{\mathrm{d}x}$ per functiones finitas exprimantur; ita e. g. fit formula 96

[97] $$\frac{1}{\gamma}F(\alpha, \beta, \alpha+\beta+1-\gamma, 1-x)F(\alpha+1, \beta+1, \gamma+1, x)$$
$$+\frac{1}{\alpha+\beta+1-\gamma}F(\alpha+1, \beta+1, \alpha+\beta+2-\gamma, 1-x)F(\alpha, \beta, \gamma, x)$$
$$= \frac{\Pi(\alpha+\beta-\gamma)\Pi(\gamma-1)}{\Pi\alpha\Pi\beta}x^{-\gamma}(1-x)^{\gamma-\alpha-\beta-1}$$

52.

Denotando functionem $F(-\alpha, -\beta, 1-\gamma, x)$ per S, erit
$$0 = \alpha\beta S-(1-\gamma+(\alpha+\beta-1)x)\frac{dS}{dx}-(x-xx)\frac{ddS}{dx^2}$$
Combinata hac aequatione cum I art. praec. fit
$$0 = \alpha\beta\left(\frac{SdP+PdS}{dx}\right)-(1-2x)\frac{dP}{dx}\cdot\frac{dS}{dx}-(x-xx)\frac{dSddP+dPddS}{dx^2}$$
quae est integrabilis atque suppeditat
$$\text{Const.} = \alpha\beta PS-(x-xx)\frac{dP}{dx}\cdot\frac{dS}{dx}$$
Valor quantitatis constantis sponte demanat $= \alpha\beta$ ex $x = 0$. Si formam finitam mavis, habes

[98] $$F(\alpha, \beta, \gamma, x)F(-\alpha, -\beta, 1-\gamma, x)$$
$$-\frac{\alpha\beta}{\gamma-\gamma\gamma}(x-xx)F(\alpha+1, \beta+1, \gamma+1, x)F(1-\alpha, 1-\beta, 2-\gamma, x) = 1$$

Transformando hic singulas quatuor functiones secundum formulam 82 ac dein scribendo $\gamma-\alpha$, $\gamma-\beta$ pro α, β, habebis

[99] $$(1-x)F(\alpha, \beta, \gamma, x)F(1-\alpha, 1-\beta, 1-\gamma, x)$$
$$-\frac{\gamma-\alpha.\gamma-\beta}{\gamma-\gamma\gamma}xF(\alpha, \beta, \gamma+1, x)F(1-\alpha, 1-\beta, 2-\gamma, x) = 1$$

Quaedam theoremata specialia.

53.

Relationes omnes quas hactenus eruimus eatenus sunt generalissimae, quod elementa α, β, γ nullis circumscribuntur conditionibus. Praeterea autem plures alias invenimus, quae conditiones speciales inter elementa α, β, γ supponunt: multo vero plures sine dubio adhuc latent, easque ipsas quas hic trademus fortasse ex altioribus principiis derivare in posterum licebit.

Statuamus primo in aequ. 80, $x = \frac{4y}{(1+y)^2}$ unde

$$dx = dy.\frac{4(1-y)}{(1+y)^3}$$

adeoque

$$\frac{dP}{dx} = \frac{dP}{dy}\cdot\frac{(1+y)^3}{4(1-y)}$$

$$\frac{ddP}{dx} = d\frac{dP}{dy}\cdot\frac{(1+y)^3}{4(1-y)} + \frac{dP}{dy}\cdot\frac{(2-y)(1+y)^2}{2(1-y)^2}dy$$

$$\frac{ddP}{dx^2} = \frac{ddP}{dy^2}\cdot\frac{(1+y)^6}{16(1-y)^2} + \frac{(2-y)(1+y)^5}{8(1-y)^3}\cdot\frac{dP}{dy}$$

Hinc fit aequatio illa

$$\begin{aligned} 0 &= \alpha\beta P \\ &-(\gamma(1+y)^2 - 4(\alpha+\beta+1)y)\frac{1+y}{4(1-y)}\cdot\frac{dP}{dy} \\ &-\frac{ddP}{dy^2}\cdot\frac{y(1+y)^2}{4} - \frac{y(2-y)(1+y)}{2(1-y)}\cdot\frac{dP}{dy} \end{aligned}$$

sive

$$\begin{aligned} 0 &= 4\alpha\beta(1-y)P \\ &-(\gamma(1+y)^2 - 4(\alpha+\beta+1)y - 2y(2-y)(1+y))\frac{dP}{dy} \\ &-(y-yy)(1+y)^2\frac{ddP}{dy^2} \end{aligned}$$

$$\begin{aligned} 0 &= 4\alpha\beta(1-y)P \\ &-(1+y)(\gamma-(4\alpha+4\beta-2\gamma)y+(\gamma-2)yy)\frac{dP}{dy} \\ &-(1+y)^2(y-yy)\frac{ddP}{dy^2} \end{aligned}$$

Statuendo $P = (1+y)^{2\alpha}Q$, hinc deducitur

I. $$\begin{aligned} 0 &= 2\alpha(2\beta-\gamma+(2\alpha+1-\gamma)y)Q \\ &-(\gamma-(4\beta-2\gamma)y+(\gamma-4\alpha-2)yy)\frac{dQ}{dy} \\ &-(y-yy)(1+y)\frac{ddQ}{dy^2} \end{aligned}$$

Iam supponendo esse $\beta = \alpha+\frac{1}{2}$, haec aequatio induit formam sequentem

$$\begin{aligned} 0 &= 2\alpha(2\alpha+1-\gamma)Q \\ &-(\gamma-(4\alpha+2-\gamma)y)\frac{dQ}{dy} \\ &-(y-yy)\frac{ddQ}{dy^2} \end{aligned}$$

cuius integrale est

$$Q = F(2\alpha, 2\alpha+1-\gamma, \gamma, y)$$

ita ut resultet

[100] $$(1+y)^{2\alpha}F(2\alpha, 2\alpha+1-\gamma, \gamma, y) = F(\alpha, \alpha+\tfrac{1}{2}, \gamma, \tfrac{4y}{(1+y)^2})$$

54.

Si loco relationis $\beta = \alpha+\frac{1}{2}$, hanc adoptamus $\gamma = 2\beta$, aequatio I art. praec. fit

$$\begin{aligned} 0 &= 2\alpha(2\alpha+1-2\beta)yQ \\ &-(2\beta-(4\alpha+2-2\beta)yy)\frac{dQ}{dy} \\ &-y(1-yy)\frac{ddQ}{dy^2} \end{aligned}$$

Iam statuendo $yy = z$, fit

$$\frac{dQ}{dy} = 2y\frac{dQ}{dz}$$

$$\frac{ddQ}{dy^2} = 4yy\frac{ddQ}{dz^2}+\frac{2dQ}{dz} \quad \text{adeoque}$$

$$\begin{aligned} 0 &= \alpha(\alpha+\tfrac{1}{2}-\beta)Q \\ &-(\beta+\tfrac{1}{2}-(2\alpha+\tfrac{3}{2}-\beta)z)\frac{dQ}{dz} \\ &-(z-zz)\frac{ddQ}{dz^2} \end{aligned}$$

cuius integrale quum sit

$$Q = F(\alpha, \alpha+\tfrac{1}{2}-\beta, \beta+\tfrac{1}{2}, z)$$

habemus

[101] $$(1+y)^{2\alpha}F(\alpha, \alpha+\tfrac{1}{2}-\beta, \beta+\tfrac{1}{2}, yy) = F(\alpha, \beta, 2\beta, \tfrac{4y}{(1+y)^2})$$

55.

Statuamus secundo $x = 4y-4yy$, unde

$$dx = 4dy(1-2y)$$

$$\frac{dP}{dx} = \frac{dP}{dy}\cdot\frac{1}{4(1-2y)}$$

$$\frac{ddP}{dx^2} = \frac{ddP}{dy^2}\cdot\frac{1}{16(1-2y)^2}+\frac{dP}{dy}\cdot\frac{1}{8(1-2y)^3}$$

unde aequatio 80 fit

$$0 = 4\alpha\beta P$$
$$-(\gamma-(4\alpha+4\beta+2)y+(4\alpha+4\beta+2)yy)\frac{1}{(1-2y)}\cdot\frac{dP}{dy}$$
$$-(y-yy)\frac{ddP}{dy^2}$$

Ut in membro secundo fractionem auferre liceat, statuere oportet $\gamma = \alpha+\beta+\frac{1}{2}$, unde prodibit

$$0 = 4\alpha\beta P$$
$$-(\alpha+\beta+\tfrac{1}{2}-(2\alpha+2\beta+1)y)\frac{dP}{dy}$$
$$-(y-yy)\frac{ddP}{dy^2}$$

cuius integrale est

$$P = F(2\alpha, 2\beta, \alpha+\beta+\tfrac{1}{2}, y)$$

unde habemus

[102] $$F(\alpha, \beta, \alpha+\beta+\tfrac{1}{2}, 4y-4yy) = F(2\alpha, 2\beta, \alpha+\beta+\tfrac{1}{2}, y)$$

Si in hac aequatione y mutaremus in $1-y$, prodiret inde

$$F(\alpha, \beta, \alpha+\beta+\tfrac{1}{2}, 4y-4yy) = F(2\alpha, 2\beta, \alpha+\beta+\tfrac{1}{2}, 1-y)$$

unde sequi videtur paradoxon

$$F(2\alpha, 2\beta, \alpha+\beta+\tfrac{1}{2}, y) = F(2\alpha, 2\beta, \alpha+\beta+\tfrac{1}{2}, 1-y)$$

quae aequatio certo est falsa. Quod ut solvamus, meminisse oportet, quod probe distinguendum est inter duas significationes characteristicae F, quatenus scilicet *vel* repraesentat functionem, cuius indoles exprimitur per aequationem differentialem 80, *vel* solam summam seriei infinitae. Posterior, quamdiu elementum quartum inter -1 et $+1$ situm est, semper exhibet quantitatem ex asse determinatam, sed cavendum est, ne hos limites excedas, quum alioquin nulla prorsus significatio supersit. Prior vero significatio repraesentat functionem generalem, quae quidem secundum legem continuitatis semper mutatur, si elementum quartum fluxu continuo mutatur, sive ipsi valores reales sive imaginarios tribuas, si modo semper valores 0 et 1 evites. Hinc patet, in posteriori sensu functionem pro aequalibus elementi quarti valoribus (transitu seu potius reditu per quantitates imaginarias facto) valores inaequales adipisci posse, e quibus is quem *series* F

repraesentat unicus tantum est, adeoque neutiquam est contradictorium, quod, dum *aliquis* valor functionis $F(\alpha, \beta, \alpha+\beta+\frac{1}{2}, 4y-4yy)$ est aequalis ipsi $F(2\alpha, 2\beta, \alpha+\beta+\frac{1}{2}, y)$, *alius* valor fit $=F(2\alpha, 2\beta, \alpha+\beta+\frac{1}{2}, 1-y)$ foretque aeque absurdum, hinc aequalitatem horum valorum concludere, ac si ex Arc. $\sin\frac{1}{2} = 30^0$, Arc. $\sin\frac{1}{2} = 150^0$ concluderes $30^0 = 150^0$ — Si vero characteristicam F accipimus in significatione minus generali, scilicet, ut tantummodo repraesentet summam seriei F, ratiocinia ea, per quae aequationem 102 eruimus, necessario supponunt, y tantummodo eousque a valore 0 crescere, donec evaserit $x=1$, i. e. usque ad $y=\frac{1}{2}$. In hoc ipso puncto autem *continuitas* seriei $P=F(\alpha, \beta, \alpha+\beta+\frac{1}{2}, 4y-4yy)$ interrumperetur, quum manifesto $\frac{dP}{dy}$ e valore positivo (finito) subito ad negativum saliat. Itaque in hac significatione aequatio 102 extensionem ultra limites $y=\frac{1}{2}-\sqrt{\frac{1}{2}}$ usque ad $y=\frac{1}{2}$ non patitur. Si mavis, eandem aequationem ita quoque exhibere potes

$$[103] \qquad F(\alpha, \beta, \alpha+\beta+\tfrac{1}{2}, x) = F(2\alpha, 2\beta, \alpha+\beta+\tfrac{1}{2}, \tfrac{1-\sqrt{1-x}}{2})$$

sive ita

$$[104] \qquad F(\alpha, \beta, \alpha+\beta+\tfrac{1}{2}, 1-x) = F(2\alpha, 2\beta, \alpha+\beta+\tfrac{1}{2}, \tfrac{1-\sqrt{x}}{2})$$

unde tamquam corollarium sequitur (formula 48)

$$[105] \qquad F(2\alpha, 2\beta, \alpha+\beta+\tfrac{1}{2}, \tfrac{1}{2}) = \frac{\Pi(\alpha+\beta-\frac{1}{2})\Pi(-\frac{1}{2})}{\Pi(\alpha-\frac{1}{2})\Pi(\beta-\frac{1}{2})} = \frac{\Pi(\alpha+\beta-\frac{1}{2})\sqrt{\pi}}{\Pi(\alpha-\frac{1}{2})\Pi(\beta-\frac{1}{2})}$$

56.

Ex applicatione formulae 87 ad aequationem 104 sequitur

$$[106] \quad F(2\alpha, 2\beta, \alpha+\beta+\tfrac{1}{2}, \tfrac{1-\sqrt{x}}{2}) = AF(\alpha, \beta, \tfrac{1}{2}, x) + B\sqrt{x}\,.\,F(\alpha+\tfrac{1}{2}, \beta+\tfrac{1}{2}, \tfrac{3}{2}, x)$$

unde patet, seriem

$$F(2\alpha, 2\beta, \alpha+\beta+\tfrac{1}{2}, \tfrac{1-t}{2})$$

exhiberi posse per seriem

$$A+Bt+A\frac{\alpha\,.\,\beta}{1\,.\,\frac{1}{2}}\,.\,tt+B\frac{\alpha+\frac{1}{2}\,.\,\beta+\frac{1}{2}}{1\,.\,\frac{3}{2}}t^3+A\frac{\alpha\,.\,\alpha+1\,.\,\beta\,.\,\beta+1}{1\,.\,2\,.\,\frac{1}{2}\,.\,\frac{3}{2}}t^4+\text{ etc.}$$

statuendo brevitatis caussa

$$A = \frac{\Pi(\alpha+\beta-\frac{1}{2})\Pi(-\frac{1}{2})}{\Pi(\alpha-\frac{1}{2})\Pi(\beta-\frac{1}{2})}, \quad B = \frac{\Pi(\alpha+\beta-\frac{1}{2})\Pi(-\frac{3}{2})}{\Pi(\alpha-1)\Pi(\beta-1)}$$

Hinc colligere licet, esse

[107] $$F(2\alpha, 2\beta, \alpha+\beta+\tfrac{1}{2}, \tfrac{1+\sqrt{x}}{2}) = AF(\alpha, \beta, \tfrac{1}{2}, x) - B\sqrt{x}.F(\alpha+\tfrac{1}{2}, \beta+\tfrac{1}{2}, \tfrac{3}{2}, x)$$

Quodsi cui haec conclusio haud satis legitima videatur, (quam tamen extra omne dubium collocare haud difficile foret) ad eandem aequationem sequenti modo pervenire possemus. Ex aequatione 87 fit

$$F(2\alpha, 2\beta, \alpha+\beta+\tfrac{1}{2}, \tfrac{1+\sqrt{x}}{2}) = CF(2\alpha, 2\beta, \alpha+\beta+\tfrac{1}{2}, \tfrac{1-\sqrt{x}}{2})$$
$$+D(\tfrac{1-x}{4})^{\frac{1}{2}-\alpha-\beta}F(1-2\alpha, 1-2\beta, \tfrac{3}{2}-\alpha-\beta, \tfrac{1-\sqrt{x}}{2})$$

statuendo brevitatis caussa

$$C = \frac{\Pi(\alpha+\beta-\frac{1}{2})\Pi(-\frac{1}{2}-\alpha-\beta)}{\Pi(\alpha-\beta-\frac{1}{2})\Pi(\beta-\alpha-\frac{1}{2})}, \quad D = \frac{\Pi(\alpha+\beta-\frac{1}{2})\Pi(\alpha+\beta-\frac{3}{2})}{\Pi(2\alpha-1)\Pi(2\beta-1)}$$

Ex aequatione 104 autem facile deducitur

$$F(1-2\alpha, 1-2\beta, \tfrac{3}{2}-\alpha-\beta, \tfrac{1-\sqrt{x}}{2}) = F(\tfrac{1}{2}-\alpha, \tfrac{1}{2}-\beta, \tfrac{3}{2}-\alpha-\beta, 1-x)$$
$$= EF(\tfrac{1}{2}-\alpha, \tfrac{1}{2}-\beta, \tfrac{1}{2}, x) + G\sqrt{x}.F(1-\alpha, 1-\beta, \tfrac{3}{2}, x)$$

statuendo brevitatis caussa

$$E = \frac{\Pi(\frac{1}{2}-\alpha-\beta)\Pi(-\frac{1}{2})}{\Pi(-\alpha)\Pi(-\beta)}, \quad G = \frac{\Pi(\frac{1}{2}-\alpha-\beta)\Pi(-\frac{3}{2})}{\Pi(-\frac{1}{2}-\alpha)\Pi(-\frac{1}{2}-\beta)}$$

Hinc rursus sequitur per aequationem 82

$$F(1-2\alpha, 1-2\beta, \tfrac{3}{2}-\alpha-\beta, \tfrac{1-\sqrt{x}}{2})$$
$$= E(1-x)^{\alpha+\beta-\frac{1}{2}}F(\alpha, \beta, \tfrac{1}{2}, x) + G\sqrt{x}.(1-x)^{\alpha+\beta-\frac{1}{2}}F(\alpha+\tfrac{1}{2}, \beta+\tfrac{1}{2}, \tfrac{3}{2}, x)$$

His substitutis colligitur statuendo

$$AC+DE2^{2\alpha+2\beta-1} = M, \quad BC+DG2^{2\alpha+2\beta-1} = N$$

$$F(2\alpha, 2\beta, \alpha+\beta+\tfrac{1}{2}, \tfrac{1+\sqrt{x}}{2}) = MF(\alpha, \beta, \tfrac{1}{2}, x) + N\sqrt{x}.F(\alpha+\tfrac{1}{2}, \beta+\tfrac{1}{2}, \tfrac{3}{2}, x)$$

cuius *forma* convenit cum aequatione 107. Iam possemus quidem e sola natura functionis Π derivare $M = A$, $N = -B$, quum per aequ. 55, 56 facile demonstretur, esse

$$C = \frac{\cos(\alpha-\beta)\pi}{\cos(\alpha+\beta)\pi}, \quad \frac{DE2^{2\alpha+2\beta-1}}{A} = -\frac{2\sin\alpha\pi\sin\beta\pi}{\cos(\alpha+\beta)\pi}, \quad \frac{DG2^{2\alpha+2\beta-1}}{B} = -\frac{2\cos\alpha\pi\cos\beta\pi}{\cos(\alpha+\beta)\pi}$$

sed hoc labore ne opus quidem est. Patet enim, statuendo $x = 0$, fieri debere

$$M = F(2\alpha, 2\beta, \alpha+\beta+\tfrac{1}{2}, \tfrac{1}{2}) = A$$

differentiando vero illam aequationem prodit

$$\begin{aligned} & x^{-\frac{1}{2}}\frac{\alpha\beta}{\alpha+\beta+\frac{1}{2}}F(2\alpha+1, 2\beta+1, \alpha+\beta+\tfrac{3}{2}, \tfrac{1+\sqrt{x}}{2}) \\ & = 2\alpha\beta M F(\alpha+1, \beta+1, \tfrac{3}{2}, x) \\ & \quad +\tfrac{4}{3}(\alpha+\tfrac{1}{2})(\beta+\tfrac{1}{2})N\sqrt{x}.F(\alpha+\tfrac{3}{2}, \beta+\tfrac{3}{2}, \tfrac{5}{2}, x)+\tfrac{1}{2}Nx^{-\frac{1}{2}}F(\alpha+\tfrac{1}{2}, \beta+\tfrac{1}{2}, \tfrac{3}{2}, x) \end{aligned}$$

unde statuendo $x = 0$ prodit

$$\begin{aligned} N & = \frac{2\alpha\beta}{\alpha+\beta+\frac{1}{2}}F(2\alpha+1, 2\beta+1, \alpha+\beta+\tfrac{3}{2}, \tfrac{1}{2}) \\ & = \frac{2\alpha\beta}{\alpha+\beta+\frac{1}{2}}\cdot\frac{\Pi(\alpha+\beta+\frac{1}{2})\Pi(-\frac{1}{2})}{\Pi\alpha\Pi\beta} \\ & = \frac{\Pi(\alpha+\beta-\frac{1}{2})\Pi(-\frac{3}{2})}{\Pi(\alpha-1)\Pi(\beta-1)} = -B \end{aligned}$$

57.

E combinatione aequationum 106, 107 habemus itaque

$$\begin{aligned} [108] \quad & 2AF(\alpha, \beta, \tfrac{1}{2}, x) \\ & = F(2\alpha, 2\beta, \alpha+\beta+\tfrac{1}{2}, \tfrac{1-\sqrt{x}}{2})+F(2\alpha, 2\beta, \alpha+\beta+\tfrac{1}{2}, \tfrac{1+\sqrt{x}}{2}) \end{aligned}$$

$$\begin{aligned} [109] \quad & 2B\sqrt{x}.F(\alpha+\tfrac{1}{2}, \beta+\tfrac{1}{2}, \tfrac{3}{2}, x) \\ & = F(2\alpha, 2\beta, \alpha+\beta+\tfrac{1}{2}, \tfrac{1-\sqrt{x}}{2})-F(2\alpha, 2\beta, \alpha+\beta+\tfrac{1}{2}, \tfrac{1+\sqrt{x}}{2}) \end{aligned}$$

Mutando in aequatione 109 α in $\alpha-\frac{1}{2}$, β in $\beta-\frac{1}{2}$, facile videbis, inde prodire

$$\begin{aligned} [110] \quad & \frac{\alpha-\frac{1}{2}.\beta-\frac{1}{2}}{\alpha+\beta-\frac{1}{2}}A\sqrt{x}.F(\alpha, \beta, \tfrac{3}{2}, x) \\ & = F(2\alpha-1, 2\beta-1, \alpha+\beta-\tfrac{1}{2}, \tfrac{1+\sqrt{x}}{2})-F(2\alpha-1, 2\beta-1, \alpha+\beta-\tfrac{1}{2}, \tfrac{1-\sqrt{x}}{2}) \end{aligned}$$

BEMERKUNGEN.

In der Handschrift bildet die *Determinatio seriei nostrae per aequationem differentialem etc.* den zweiten Theil einer Abhandlung, die den Titel führt, '*Disquisitiones generales circa functiones a serie infinita* $1+\frac{\alpha.\beta}{1.\gamma}x+$ etc. *pendentes auctore* CAROLO FRIEDERICO GAUSS *societati regiae traditae Nov.* 1811.' Der erste Theil ist nach einer weitern Ausführung der Einzelheiten in die 1812 Jan. 30 veröffentlichte bekannte Abhandlung übergegangen. Dabei sind aus 27 Artikel 37 geworden, und die 65 numerirten Gleichungen bis zu 79 vermehrt. An jene schliessen sich die Nummern der Artikel und Gleichungen des zweiten Theils in der Handschrift an, zur Bequemlichkeit des Lesers hat man sie aber nach denen der veröffentlichten Abhandlung sich fortsetzen lassen und auch auf diese die vorkommenden Citate bezogen.

Das Handexemplar der gedruckten Abhandlung *Disqu. gen. circa seriem etc.* enthält zu Art. 28 die Aufzeichnung

Die beste Definition von Π *ist dass* $\Pi m = \int_{-\infty}^{+\infty} e^{(m+1)x}\, e^{-e^x}\, dx$

ferner die Gleichung 58 auch noch in dieser Form

[58] $$\log \Pi z = (z+\tfrac{1}{2})\log z - z + \tfrac{1}{2}\log 2\pi + \tfrac{1}{6}.\tfrac{1}{2}P + \tfrac{1}{8}.\tfrac{2}{3}Q + \tfrac{1}{10}.\tfrac{3}{4}R + \tfrac{1}{12}.\tfrac{4}{5}S + \text{etc.}$$

die unmittelbar aus 61, 62 und 57 abgeleitet werden kann.

In einem Notizbuche ist mit Hülfe der Gleichung 58 unter der EULER'schen Form der Werth von $\log \Pi(10+i)$ und daraus der von $\log \Pi i$ zu $9{,}7173075 - 17^{\circ}16'57''693\, i$ und $\Pi i = \cdot + 0{,}4980156 - 0{,}1549496\, i$ berechnet (nach dem Jahre 1847).

Der Art. 48 ist hier so wiedergegeben, wie er nach vielfachen Durchstreichungen von Worten und ganzen Sätzen in der Handschrift gelesen werden muss; nach Absicht des Verfassers dürften aber wohl noch die Worte '*e solo theoremate binomiali*' fortzulassen sein.

SCHERING.

ANZEIGEN.

Göttingische gelehrte Anzeigen. 1815 Juli 1.

Der Königl. Societät ist durch Hrn. Prof. Gauss eine handschriftliche Abhandlung des Hrn. Prof. Pfaff in Halle vorgelegt, überschrieben:

Methodus generalis, aequationes differentiarum partialium, nec non aequationes differentiales vulgares, utrasque primi ordinis, inter quotcunque variabiles, complete integrandi.

Die Lehre von den partiellen Differentialgleichungen des ersten Grades verdankt bekanntlich Lagrange zwei wichtige Erweiterungen, nemlich die allgemeine Integration derselben, wenn sie entweder, bei einer beliebigen Anzahl veränderlicher Grössen, die partiellen Differentialquotienten bloss linearisch enthalten, oder ohne Einschränkung in Rücksicht der Form, wenn der veränderlichen Grössen nur drei sind. Ueber diese beiden Fälle war man eigentlich bisher noch nicht hinausgegangen, und das von Lagrange bei den partiellen Differentialgleichungen dreier veränderlicher Grössen angewandte Verfahren würde bei einer grössern Anzahl besondere Schwierigkeiten haben. Wir haben es daher als eine merkwürdige Bereicherung der Integralrechnung anzusehen, dass es dem scharfsinnigen Verfasser der vorliegenden Abhandlung gelungen ist, die allgemeine Integration der partiellen Differentialgleichungen des ersten Grades für *jede* Anzahl von veränderlichen Grössen zu finden. Er hat bei dieser Untersuchung einen eigenthümlichen Weg gewählt, und sie an einen andern nicht weniger interessanten Zweig der Integralrechnung angeknüpft, nemlich an die Lehre von den gewöhnlichen Differentialgleichungen (des ersten Grades) zwischen mehr als zwei veränderlichen Grössen, deren wahre Natur bekanntlich erst Monge uns kennen gelehrt hat, obwohl die Integration derselben von diesem Geometer nur für die einfachsten Fälle vollendet ist. Von dieser Gattung von Differentialgleichungen giebt Hr. Pfaff die allgemeine Integration, und die der partiellen Differentialgleichungen erscheint dann nur als ein besonderer Fall von jener. Bei diesen Untersuchungen wird die allgemeine Integration der Differentialgleichungen von jedem Grade zwischen zwei veränderlichen Grössen *vorausgesetzt*, welches ganz in der Ordnung ist, eben so wie man in den höhern Theilen der Mathematik die allgemeine Auflösung der algebraischen Gleichungen postulirt.

Wir glauben den Freunden der höhern Mathematik einen angenehmen Dienst zu erweisen, wenn wir sie durch gegenwärtige Anzeige in den Besitz dieser schönen Erweiterung der Integralrechnung setzen. Freilich würde ein Auszug aus der 144 Quartseiten starken Abhandlung, in welchem wir dem Verfasser Schritt für Schritt folgen und nichts Wesentliches übergehen wollten, die Grenzen des uns vergönnten Raumes weit überschreiten. Wir wollen daher versuchen, indem wir uns bloss an die *Sache* halten, in einer etwas veränderten Darstellung das Wesentliche so herauszuheben, dass Kenner sich dasselbe vollkommen aneignen können.

Als die Hauptoperation des ganzen Geschäfts muss angesehen werden die Reduction eines Differentialausdrucks

$$\Omega = p\,\mathrm{d}x + p'\mathrm{d}x' + p''\mathrm{d}x'' + \text{etc.} + p^{(n-1)}\mathrm{d}x^{(n-1)}$$

wo jeder der Coëfficienten p, p', p'' u. s. w. Function der veränderlichen Grössen x, x', x'' u. s. w. ist auf die Form

$$\Omega = \lambda(q\,\mathrm{d}y + q'\mathrm{d}y' + q''\mathrm{d}y'' + \text{etc.} + q^{(n-2)}\mathrm{d}y^{(n-2)})$$

so dass λ, y, y', y'' u. s. f. Functionen von x, x', x'' u. s. w. seien, hingegen q, q', q'' u.s.f. Functionen von y, y', y'' u. s. w., und dass die Anzahl der letztern veränderlichen Grössen um eine kleiner sei, als die Anzahl der veränderlichen Grössen x, x', x'' u.s.f.

Diese Verwandlung, welche wir Kürze halber mit (I) bezeichnen wollen, beschränkt sich auf den Fall, wo n eine gerade Zahl ist; wir werden weiter unten entwickeln, wie sie ausgeführt werden müsse, und sie, um die Uebersicht nicht zu stören, hier einstweilen voraussetzen.

In dem Fall, wo n eine ungerade Zahl ist, würde die Verwandlung I nur unter speciellen Bedingungen zwischen den Coëfficienten $p, p', p'' \ldots$ möglich sein; allgemein aber lässt sich in diesem Falle Ω auf die Form

$$p^{*}\mathrm{d}x + \lambda(q\,\mathrm{d}y + q'\mathrm{d}y' + q''\mathrm{d}y'' + \text{ etc. } + q^{(n-3)}\mathrm{d}y^{(n-3)})$$

bringen. Man sehe nemlich einstweilen x in Ω als constant an, und verwandle unter dieser Voraussetzung nach (I)

$$p'\mathrm{d}x' + p''\mathrm{d}x'' + p'''\mathrm{d}x''' + \text{ etc. } + p^{(n-1)}\,\mathrm{d}x^{(n-1)}$$

wo nunmehr die Anzahl der veränderlichen Grössen $x', x'', x''' \ldots$ gerade sein wird, in

$$\lambda(q\,\mathrm{d}y + q'\mathrm{d}y' + q''\mathrm{d}y'' + \text{ etc. } + q^{(n-3)}\,\mathrm{d}y^{(n-3)}) = \lambda\Omega'$$

Hier werden also q, q', q'' u. s. w. Functionen von y, y', y'' u. s. w. sein, diese hingegen, eben so wie λ, Functionen von $x, x', x'', x''' \ldots$, von welchen Grössen jedoch die erste x als constant behandelt werden muss, um aus der Entwickelung von $\lambda\Omega'$

$$p'\mathrm{d}x' + p''\mathrm{d}x'' + p'''\mathrm{d}x''' + \text{ etc.}$$

zu erhalten. Das Glied, welches noch hinzukommt, wenn bei jener Entwicklung auch x als veränderlich betrachtet wird, ist

$$= (q \cdot \frac{\mathrm{d}y}{\mathrm{d}x} + q' \cdot \frac{\mathrm{d}y'}{\mathrm{d}x} + q'' \cdot \frac{\mathrm{d}y''}{\mathrm{d}x} + \text{ etc.})\,\lambda\,\mathrm{d}x$$

Man hat daher, um die obige Form zu erhalten, nur

$$p^{*} = p - \lambda(q \cdot \frac{\mathrm{d}y}{\mathrm{d}x} + q' \cdot \frac{\mathrm{d}y'}{\mathrm{d}x} + q'' \cdot \frac{\mathrm{d}y''}{\mathrm{d}x} + \text{ etc.})$$

zu setzen. Diese Verwandlung von Ω in $p^{*}\mathrm{d}x + \lambda\Omega'$, welche auf ungerade Werthe von n beschränkt ist, wollen wir mit II bezeichnen. Offenbar kann dieselbe Reduction abermals auf Ω' angewandt und

$$\begin{aligned}\Omega' &= q^{*}\mathrm{d}y + \lambda'(r\,\mathrm{d}z + r'\mathrm{d}z' + r''\mathrm{d}z'' + \text{ etc. } + r^{(n-5)}\,\mathrm{d}z^{(n-5)}) \\ &= q^{*}\mathrm{d}y + \lambda'\Omega''\end{aligned}$$

gesetzt werden, und so abermals $\Omega'' = r^* \mathrm{d}z + \lambda''\Omega'''$ bis man zuletzt auf einen Ausdruck kommt, der bloss Eine veränderliche Grösse enthält. Dadurch ist also Ω auf die Form

$$p^* \mathrm{d}x + \lambda q^* \mathrm{d}y + \lambda\lambda' r^* \mathrm{d}z + \text{ etc.}$$

gebracht, oder auf die Form

$$P \mathrm{d}x + Q \mathrm{d}y + R \mathrm{d}z + \text{ etc.}$$

wo die Anzahl der veränderlichen Grössen x, y, z u. s. w. $= \frac{1}{2}(n+1)$, und wo die sämmtlichen n Grössen y, z u. s. w. P, Q, R u. s. w. Functionen von x, x', x'' u. s. w. sein werden. Diess Reductionsverfahren mag durch III bezeichnet werden.

Wendet man diess Verfahren III in dem Fall, wo ursprünglich eine gerade Anzahl veränderlicher Grössen vorgegeben war, auf den durch die Reduction I erhaltenen Ausdruck

$$q \mathrm{d}y + q' \mathrm{d}y' + q'' \mathrm{d}y'' + \text{ etc.}$$

an, so kommt dadurch

$$\Omega = p \mathrm{d}x + p' \mathrm{d}x' + p'' \mathrm{d}x'' + \text{ etc. } + p^{(n-1)} \mathrm{d}x^{(n-1)} \text{ in die Form}$$

$$Q \mathrm{d}y + R \mathrm{d}z + \text{ etc.}$$

so dass die Anzahl der veränderlichen Grössen y, z u. s. w. $= \frac{1}{2}n$ wird, und alle n Grössen Q, R u. s. f. y, z u. s. f. Functionen von x, x', x'' u. s. w. werden. Diese Reduction werde mit IV bezeichnet.

Diese allgemeine Transformabilität der Differentialausdrücke nach III und IV ist ein eben so neuer als merkwürdiger Lehrsatz, der sich zwar in der Abhandlung des Hrn Pfaff nicht ausdrücklich ausgesprochen findet, aber sich leicht aus den dortigen Untersuchungen folgern lässt.

Es lassen sich nun daraus die Auflösungen der im Eingange dieser Anzeige erwähnten Aufgaben mit Leichtigkeit ableiten.

1) Um die Differentialgleichung

$$0 = p \mathrm{d}x + p' \mathrm{d}x' + p'' \mathrm{d}x'' + \text{ etc.}$$

oder

$$0 = \Omega$$

zu integriren, wo p, p', p'' u. s. w. gegebne Functionen der n veränderlichen Grössen x, x', x'' u. s. w. sind, wird man, wenn n gerade ist nach IV

$$\Omega = Q\mathrm{d}y + R\mathrm{d}z + S\mathrm{d}u + \text{etc.}$$

machen, wo Q, y, R, z, S, u u. s. w. zusammen n gegebne Functionen von x, x', x'' sein werden. Die Differentialgleichung

$$0 = Q\mathrm{d}y + R\mathrm{d}z + S\mathrm{d}u + \text{etc.}$$

wird also der vorgegebnen gleichgeltend und ihre allgemeinste Integration in folgendem System von $\frac{1}{2}n$ Gleichungen enthalten sein:

$$0 = \varphi(y, z, u \text{ etc.}), \quad \frac{1}{Q} \cdot \frac{\mathrm{d}\varphi(y, z, u \ldots)}{\mathrm{d}y} = \frac{1}{R} \cdot \frac{\mathrm{d}\varphi(y, z, u \ldots)}{\mathrm{d}z} = \frac{1}{S} \cdot \frac{\mathrm{d}\varphi(y, z, u \ldots)}{\mathrm{d}u} = \text{etc.}$$

wo φ eine willkürliche Function vorstellt, und die Differentialquotienten, wie sich von selbst versteht, *partielle* sind. In so fern vermittelst der Gleichung $0 = \varphi(y, z, u \text{ etc.})$ die Grösse y sich durch die übrigen bestimmen lässt, kann man die Auflösung auch durch folgende Gleichungen darstellen:

$$y = \psi(z, u \ldots .)$$
$$\frac{\mathrm{d}\psi(z, u \ldots .)}{\mathrm{d}z} = -\frac{R}{Q}$$
$$\frac{\mathrm{d}\psi(z, u \ldots .)}{\mathrm{d}u} = -\frac{S}{Q}$$
u. s. f.

Genau genommen wäre indessen diese Auflösung weniger allgemein, da die willkürliche Function $\varphi(y, z, u \ldots .)$ auch solche unter sich begreift, in welchen y nicht mit vorkommt.

2) Zur Integration derselben Differentialgleichung in dem Falle, wo n ungerade ist, wird man Ω nach III in folgende Form setzen

$$\Omega = P\mathrm{d}x + Q\mathrm{d}y + R\mathrm{d}z + \text{etc.}$$

wo P, Q, y, R, z u. s. w. zusammen n gegebne Functionen von x, x', x'' u. s. w. sein werden. Die allgemeinste Integration der Differentialgleichung $\Omega = 0$ beruhet dann auf folgendem System von $\frac{1}{2}(n+1)$ Gleichungen:

$$0 = \varphi(x, y, z \ldots), \quad \frac{1}{P} \cdot \frac{\mathrm{d}\varphi(x, y, z \ldots)}{\mathrm{d}x} = \frac{1}{Q} \cdot \frac{\mathrm{d}\varphi(x, y, z \ldots)}{\mathrm{d}y} = \frac{1}{R} \cdot \frac{\mathrm{d}\varphi(x, y, z \ldots)}{\mathrm{d}z} = \text{etc.}$$

3) Die allgemeine Integration einer gegebnen partiellen Differentialgleichung des ersten Grades, d. i. einer endlichen Gleichung zwischen den partiellen Differentialquotienten

$$\frac{dx}{dx'} = p', \quad \frac{dx}{dx''} = p'', \quad \frac{dx}{dx'''} = p''', \text{ u. s. f.}$$

und x, x', x'', x''' u. s. w. (wo x eine erst zu bestimmende Function der m veränderlichen Grössen x', x'', x''' u. s. w. vorstellt) ist nichts anders, als die allgemeine Integration der gewöhnlichen Differentialgleichung

$$0 = -dx + p'dx' + p''dx'' + p'''dx''' + \text{ etc.}$$

Da nemlich vermöge jener endlichen Gleichung eine der Grössen p', p'', p''' u. s. w. z. B. p' als Function der übrigen p'', p''' u. s. w. und x, x', x'', x''' u. s. w. dargestellt werden kann, so ist die eben angegebne Differentialgleichung als eine zwischen den $2m$ veränderlichen Grössen x, x', x'' u. s. w. p'', p''' u. s. w. zu betrachten, in welcher die Differentiale dp'', dp''' u. s. w. mit dem Coëfficienten 0 behaftet sind. Um also die Integration auszuführen, wird man den Differentialausdruck

$$-dx + p'dx' + p''dx'' + p'''dx''' + \text{ etc.}$$

auf die Form

$$Q dy + R dz + S du + \text{ etc.}$$

bringen, wo die $2m$ Grössen Q, y, R, z, S, u u. s. w. bekannte Functionen von $x, x', x'' \ldots . p'', p''' \ldots .$ sein werden. Die Integration ist sodann in demselben System von Gleichungen wie oben (1) enthalten, und wenn man sich aus ihnen p'', p''' u. s. w. eliminirt denkt, bleibt Eine endliche Gleichung zwischen x, x', x'', x''' etc. zurück. Die *wirkliche* Elimination kann freilich nur ausgeführt werden, in so fern für φ *bestimmte* Functionen angenommen werden; allein dieser Umstand beruhet auf der Natur des Problems und nicht auf der Unvollkommenheit der Analyse, welche, so lange sie beim Allgemeinen stehen bleibt, die Auflösung nur in jener Form geben kann.

Uebrigens sieht man von selbst, dass auf ähnliche Art die Integration *mehrerer* neben einander bestehender partieller Differentialgleichungen in unsrer Gewalt ist.

Es bleibt uns jetzt nichts weiter übrig, als nur noch eine allgemeine Methode für die oben mit (I) bezeichnete Transformation anzugeben. Was für Functionen von x, x', x'' u. s. w. auch immer für y, y', y'' u. s. w. angenommen werden, so ist klar, dass, wenigstens allgemein zu reden, durch Elimination die Grössen x', x'', x''' u. s. w. sich als Functionen von x, y, y', y'' u. s. w. werden darstellen lassen, deren Differentiation $n-1$ Gleichungen hervorbringen wird:

$$\begin{aligned} dx' &= \xi' dx + \alpha' dy + \beta' dy' + \gamma' dy'' + \text{etc.} \\ dx'' &= \xi'' dx + \alpha'' dy + \beta'' dy' + \gamma'' dy'' + \text{etc.} \\ dx''' &= \xi''' dx + \alpha''' dy + \beta''' dy' + \gamma''' dy'' + \text{etc.} \quad \text{u.s.w.} \end{aligned}$$

Hier sind also die Coëfficienten ξ', ξ'', ξ''' u. s. w. $\alpha', \alpha'', \alpha'''$ u. s. w. Functionen von x, y, y', y'' u. s. w., und in dieser Beziehung werden wir ihre partiellen Differentialquotienten nach x durch Einschliessung in Klammern unterscheiden: offenbar können jene Grössen auch als Functionen von x, x', x'', x''' u. s. w. angesehen werden, in welcher Beziehung wir den partiellen Differentialquotienten nach x ohne Klammer schreiben wollen, so dass $\left(\frac{d\xi'}{dx}\right)$ wohl von $\frac{d\xi'}{dx}$ unterschieden werden muss. Dasselbe gilt von $\left(\frac{dp}{dx}\right)$ und $\frac{dp}{dx}$ u. s. w. Damit nun Ω nach Substitution jener Werthe von dx', dx'', dx''' u. s. w. die vorgeschriebene Form erhalte, muss offenbar *erstlich* dx herausfallen, also folgende Bedingungsgleichung [1] Statt finden:

$$0 = p + p'\xi' + p''\xi'' + p'''\xi''' + \text{etc.}$$

Ferner sollen die Coëfficienten von dy, dy', dy'' u. s. w. nemlich

$$\begin{aligned} p'\alpha' + p''\alpha'' + p'''\alpha''' + \text{etc.} &= A \\ p'\beta' + p''\beta'' + p'''\beta''' + \text{etc.} &= B \\ p'\gamma' + p''\gamma'' + p'''\gamma''' + \text{etc.} &= C, \quad \text{u.s.w.} \end{aligned}$$

die Form $\lambda q, \lambda q', \lambda q''$ u. s. w. erhalten, so dass q, q', q'' u. s. w. bloss Functionen von y, y', y'' u. s. w. werden; damit diess geschehe, müssen wir *zweitens* haben [2]:

$$\frac{1}{A}\cdot\left(\frac{dA}{dx}\right) = \frac{1}{B}\cdot\left(\frac{dB}{dx}\right) = \frac{1}{C}\cdot\left(\frac{dC}{dx}\right) \text{etc.} = \frac{1}{\lambda}\cdot\left(\frac{d\lambda}{dx}\right)$$

Nun ist aber

$$\begin{aligned} \left(\frac{dA}{dx}\right) = \; & p'\left(\frac{d\alpha'}{dx}\right) + p''\left(\frac{d\alpha''}{dx}\right) + p'''\left(\frac{d\alpha'''}{dx}\right) + \text{etc.} \\ & + \alpha'\left(\frac{dp'}{dx}\right) + \alpha''\left(\frac{dp''}{dx}\right) + \alpha'''\left(\frac{dp'''}{dx}\right) + \text{etc.} \end{aligned}$$

Substituirt man hier

$$\left(\frac{d\alpha'}{dx}\right) = \frac{d\xi'}{dy}, \quad \left(\frac{d\alpha''}{dx}\right) = \frac{d\xi''}{dy}. \text{ etc.}$$

und subtrahirt

$$0 = \frac{dp}{dy} + \xi'.\frac{dp'}{dy} + \xi''.\frac{dp''}{dy} + \text{etc.}$$
$$+ p'.\frac{d\xi'}{dy} + p''.\frac{d\xi''}{dy} + \text{etc.}$$

welche Gleichung entsteht, wenn man [1] nach y differentiirt, so wird

$$\left(\frac{dA}{dx}\right) = \begin{cases} \quad + \alpha'.\left(\frac{dp'}{dx}\right) + \alpha''.\left(\frac{dp''}{dx}\right) + \text{etc.} \\ -\frac{dp}{dy} - \xi'.\frac{dp'}{dy} - \xi''.\frac{dp''}{dy} - \text{etc.} \end{cases}$$

Da man nun ferner hat

$$\left(\frac{dp'}{dx}\right) = \frac{dp'}{dx} + \xi'.\frac{dp'}{dx'} + \xi''.\frac{dp'}{dx''} + \text{etc.}$$
$$\left(\frac{dp''}{dx}\right) = \frac{dp''}{dx} + \xi'.\frac{dp''}{dx'} + \xi''\frac{dp''}{dx''} + \text{etc., u. s. w.}$$
$$\frac{dp}{dy} = \alpha'.\frac{dp}{dx'} + \alpha''.\frac{dp}{dx''} + \alpha'''.\frac{dp}{dx'''} + \text{etc.}$$
$$\frac{dp'}{dy} = \alpha'.\frac{dp'}{dx'} + \alpha''.\frac{dp'}{dx''} + \alpha'''\frac{dp'}{dx'''} + \text{etc., u. s. w.}$$

so wird nach diesen Substitutionen

$$\left(\frac{dA}{dx}\right) = k'\alpha' + k''\alpha'' + k'''\alpha''' + \text{etc.}$$

werden, wo

$$k' = (1,0) \quad * \quad + (1,2)\xi'' + (1,3)\xi''' + \text{etc.}$$
$$k'' = (2,0) + (2,1)\xi' \quad * \quad + (2,3)\xi''' + \text{etc.}$$
$$k''' = (3,0) + (3,1)\xi' + (3,2)\xi'' - \quad * \quad + \text{etc.}$$

u. s. w. wenn man Kürze halber allgemein

$$\frac{dp^{(\mu)}}{dx^{(\nu)}} - \frac{dp^{(\nu)}}{dx^{(\mu)}}$$

durch (μ, ν) bezeichnet, so dass allgemein $(\mu, \mu) = 0$, und $(\nu, \mu) = -(\mu. \nu)$ wird. Ferner sieht man leicht, dass auch

$$\left(\frac{dB}{dx}\right) = k'\beta' + k''\beta'' + k'''\beta''' + \text{etc.}$$
$$\left(\frac{dC}{dx}\right) = k'\gamma' + k''\gamma'' + k'''\gamma''' + \text{etc.}$$

u. s. w. wird, und dass folglich den Gleichungen [2] werde Genüge geleistet werden, wenn k', k'', k''' u. s. w. resp. den Grössen p', p'', p''' u. s. w. proportional werden. Setzt man übrigens noch

$$k = \quad * \quad + (0,1)\xi' + (0,2)\xi'' + (0,3)\xi''' + \text{etc.}$$

so hat man die identische Gleichung

$$0 = k + k'\xi' + k''\xi'' + k'''\xi''' + \text{etc.}$$

aus welcher mit [1] verbunden leicht gefolgert wird, dass auch k der Grösse p proportional sein muss; diese letztere Proportionalität kann die Stelle der Gleichung [1] vertreten. Mit Hülfe der $n-1$ Gleichungen

$$\frac{k}{p} = \frac{k'}{p'} = \frac{k''}{p''} = \frac{k'''}{p'''} = \text{u. s. w.}$$

können nun die bisher unbekannten Functionen ξ', ξ'', ξ''' u. s. w., deren Anzahl gleichfalls $n-1$ ist, bestimmt werden; jedoch zeigt eine nähere Betrachtung, dass diese Bestimmung nur für gerade Werthe von n ausführbar ist; für ungerade n wird allemal, sobald die Grössen ξ', ξ'', ξ''' u. s. w. bis auf eine eliminirt sind, diese von selbst herausfallen und bloss eine *Bedingungsgleichung* zwischen p, p', p'' u. s. w. übrig bleiben. In diesem Umstande liegt der Grund, warum die Verwandlung (I) auf gerade Werthe von n beschränkt werden muss.

Die Bedingungen der Verwandlung I sind also jetzt darauf zurückgeführt, dass die partiellen Differentialquotienten $\left(\frac{dx'}{dx}\right)$, $\left(\frac{dx''}{dx}\right)$, $\left(\frac{dx'''}{dx}\right)$ u. s. w., in so fern x', x'', x''' u. s. w. als Functionen von x, y, y', y'' u. s. w. betrachtet werden, die jetzt als bekannte Functionen von x, x', x'' u. s. w. dargestellten Werthe ξ', ξ'', ξ''' u. s. w. erhalten. Diess lässt sich auch so ausdrücken: In so fern y, y', y'' u. s. w. als constant und also x', x'', x''' u. s. w. bloss als Functionen der veränderlichen Grösse x betrachtet werden, muss folgenden $n-1$ Differentialgleichungen Genüge geleistet werden

$$dx' = \xi' dx, \quad dx'' = \xi'' dx, \quad dx''' = \xi''' dx, \quad \text{u. s. w.}$$

oder wenn man die ursprünglichen Gleichungen vorzieht, aus deren Combination diese eigentlich entstanden waren, folgenden:

$$\begin{aligned}
& * \quad + \frac{(0,1)}{p}.\mathrm{d}x' + \frac{(0,2)}{p}.\mathrm{d}x'' + \frac{(0,3)}{p}\,\mathrm{d}x''' + \text{etc.}\\
= {} & \frac{(1,0)}{p'}.\mathrm{d}x \quad * \quad + \frac{(1,2)}{p'}.\mathrm{d}x'' + \frac{(1,3)}{p'}\,\mathrm{d}x''' + \text{etc.}\\
= {} & \frac{(2,0)}{p''}.\mathrm{d}x + \frac{(2,1)}{p''}.\mathrm{d}x' \quad * \quad + \frac{(2,3)}{p''}.\mathrm{d}x''' + \text{etc.}\\
= {} & \text{u. s. w.}
\end{aligned}$$

Die Integration dieser Gleichungen gehört aber in das Gebiet der gewöhnlichen Integralrechnung, und wird hier vorausgesetzt; sie wird, allgemein zu reden, $n-1$ von einander unabhängige Constanten enthalten H, H', H'', H''' u. s. w., die als gegebne Functionen von x', x'', x''' u. s. w. erscheinen, so dass man $n-1$ endliche Gleichungen erhält

$$H = X, \quad H' = X', \quad H'' = X'', \quad \text{u. s. w.}$$

wenn X, X', X'' u. s. w. diese Functionen vorstellen. Es erhellt also aus dieser Analyse, dass den vorgeschriebenen Bedingungen Genüge geleistet sein wird, wenn man eben diese Functionen für y, y', y'' u. s. w. wählt, oder

$$y = X, \quad y' = X', \quad y'' = X'', \quad \text{u. s. w.}$$

setzt.

Eine Bemerkung wollen wir hier noch beifügen. Wir haben mit Vorbedacht gesetzt, dass die Integration, *allgemein zu reden*, $n-1$ von einander unabhängige Constanten gebe. In speciellen Fällen nemlich, d. i. wenn die Coefficienten p, p', p'' u. s. w. so beschaffen sind, dass obige $n-1$ Differentialgleichungen nicht von einander unabhängig sind, sondern eine schon aus Combination der übrigen abgeleitet werden kann, gilt diess nicht mehr: hier wird auch die Bestimmung von ξ', ξ'', ξ''' u. s. w. durch Elimination nicht mehr ausführbar sein. Dieser Fall müsste eigentlich als Ausnahme besonders behandelt werden; wir begnügen uns indessen hier um so mehr mit einer *kurzen Andeutung*, wie man sich dabei verhalten könne, da der Verf. ihn nicht berührt hat. Man braucht nemlich an die Stelle der einen von obigen Differentialgleichungen, die schon in den andern enthalten ist, nur irgend eine andere willkürliche in diesen noch nicht enthaltene linearische Gleichung zwischen $\mathrm{d}x, \mathrm{d}x', \mathrm{d}x''$ u. s. w. zu setzen, um das vorige anwenden zu können. Am bequemsten wird es immer sein, eines von diesen Differentialien $= 0$ zu setzen, oder eine von den veränderlichen Grössen x, x', x'' u. s. w.

als constant zu behandeln, z. B. x, wenn nicht zufällig $dx = 0$ schon aus den vorhandenen Gleichungen folgt. In diesem Fall wird eine von den Integralgleichungen sein

$$H = x$$

und wenn man $y = x$ setzt, so lässt sich zeigen, dass in dem verwandelten Ausdrucke von Ω allemal von selbst $q = 0$ wird.

BEMERKUNGEN ÜBER LOGARITHMENTAFELN.

Monatliche Correspondenz, herausg. vom Freih. v. Zach. 1802 Nov.

2.

Zu dem S. 497 des vorigen Heftes gegebenen Verzeichniss aller Druckfehler der Stereotype-Ausgabe der Callet'schen logarithm. Tafeln hat Dr. Gauss die Güte gehabt, noch folgende Errata anzuzeigen:

Log. Sin. de Seconde en Seconde 4^0 15′ 5″ sin 8.8690096 lies 8.8700096
4 15 6 sin 8.8690379 — 8.8700379

Log. Sin. de 10 *en* 10 *Secondes* Arc 21^0 27′ 20″ lies 21^0 27′ 30″.

Für 33^0 unten statt 59 Deg. lies 56 Deg. (nur in einigen Abdrücken).

Göttingische gelehrte Anzeigen. 1811 Mai 25.

Logarithmische Tafeln für die Zahlen, Sinus und Tangenten, neu geordnet von Moritz von Prasse, *ordentlichem Professor der Mathematik zu Leipzig.* 80 Seiten in Octav. Leipzig. In Commission bei P. J. Besson.

Diese Tafeln enthalten dasselbe, was die beliebten kleinen Tafeln von Lalande haben, nemlich die Logarithmen aller Zahlen bis 10000, und die Logarithmen der Sinus und Tangenten für alle einzelnen Minuten des Quadranten; alles auf fünf Decimalen. Allein Hr. v. Prasse hat dieses bei einem nicht viel grössern Format auf den dritten Theil der Seitenzahl reducirt, indem er die bei den grössern Tafeln übliche Einrichtung anwandte, immer je zehn Logarithmen in Eine Zeile, und die ersten Ziffern nur Einmal anzusetzen, wobei aber alle Differenzen haben wegbleiben müssen. Es scheint also hierdurch an Bequemlichkeit wieder verloren zu gehen, was an Kürze gewonnen wird. Da indessen hierüber nur nach wirklichem Gebrauche geurtheilt werden kann, so hat Rec., der sich an die kleinen Lalande'schen Tafeln gewöhnt hat, diese eine Zeitlang bei Seite gelegt, und sich der vorliegenden zu bedienen versucht. Er hat gefunden, dass jene kleinen Unbequemlichkeiten von dem Vortheile, viel weniger blättern zu müssen, bei den Logarithmen der Zahlen, die hier auf 31, bei Lalande auf 111 Seiten stehen, merklich überwogen werden, und er bedient sich daher dieser neuen Tafeln gern. Nicht so hat er es bei den trigonometrischen Tafeln gefunden, die hier 40, bei Lalande 90 Seiten einnehmen, besonders desswegen, weil bei Hrn. v. Prasse die Bogen von 0 bis 90 Grad fortlaufen, und daher die Sinus und Tangenten von den Cosinus und Cotangenten getrennt sind. Diess ist um so beschwerlicher, da die Fälle so sehr häufig sind, wo man z. B. von einem Bogen den Sinus und Cosinus zugleich nöthig hat, oder wo man, ohne den Bogen selbst zu brauchen, aus dem Sinus oder der Tangente den Cosinus verlangt. Hier würde er also allemal die Lalande'schen Tafeln vorziehen, und er hätte gewünscht, dass Hr. v. Prasse lieber jede Seite noch einmal in der Mitte durch eine Horizontallinie getheilt hätte, um jene unangenehme Trennung zu vermeiden, wobei die Zusammendrängung in den kleinen Raum doch hätte Statt finden können.

Ausserdem unterscheiden sich diese Tafeln noch dadurch, dass allemal die letzte Ziffer eines jeden Logarithmen, wenn sie vergrössert worden ist, mit einer andern Schrift gesetzt ist. Hr. v. P. glaubt dadurch grössere Genauigkeit bei den Rechnungen befördern zu können. Allein da man doch meistens in der Ausübung nur mit Logarithmen zu rechnen hat, die interpolirt werden müssen, so kann man nicht ohne Beschwerde auf jenen Umstand Rücksicht nehmen, und so oft man glaubt, dass die nur auf eine halbe Einheit in der fünften Decimale zuverlässigen Logarithmen nicht genug genaue Resultate geben können, so thut man besser, grössere Tafeln mit sechs oder sieben Decimalen anzuwenden. Rec. kann daher diese Einrichtung, die, allgemein zu reden, allerdings die Genauigkeit der

Rechnung zu *verdoppeln* dienen kann, nicht für sehr nützlich anerkennen, zumal da die Cursivzahlen neben den andern dem Auge unangenehm, und hin und wieder nicht scharf genug sind. Sonst ist der Druck nett; nur werden diejenigen, die dergleichen Tafeln viel brauchen, stärkeres Papier wünschen.

Göttingische gelehrte Anzeigen. 1814 December 19.

Tables logarithmiques pour les nombres, les sinus et les tangentes, disposées dans un nouvel ordre par M. de Prasse, *professeur des mathématiques à Berlin* (zu Leipzig) *corrigées et précédées d'une introduction traduite de l'allemand et accompagnée de notes et d'un avertissement par* M. Halma 1814. Paris. 80 Seiten. Preis Ein Frank.

Ein neuer Abdruck der geschmeidigen von Prasse'schen Tafeln, welche wir in diesen Blättern [1811 Mai 25] angezeigt haben. Unser dortiges Urtheil über die von dem französischen Herausgeber unverändert beibehaltene Anordnung der Tafeln haben wir durch einen drei Jahre länger fortgesetzten Gebrauch derselben in allen Stücken bestätigt gefunden. In Ansehung der Schönheit des Drucks und Papiers scheint uns die Französische Ausgabe der Deutschen eher nachzustehen; doch sind mehrere Druckfehler der letztern hier berichtigt. Wenn man übrigens bei einem Werke dieser Art, das der verstorbene von Prasse gewiss nicht Gewinnes halber, sondern zum Dienste der Wissenschaft auf seine Kosten unternahm, auch nicht weiter untersuchen will, in wie fern Hr. Halma zu einem neuen Abdrucke berechtigt war, so kann man doch nicht umhin, sich zu wundern, dass derselbe, aus Besorgniss seinerseits wieder nachgedruckt zu werden, die einzelnen Exemplare mit seinem Namenszuge bezeichnet hat, und die Nachdrucker gerichtlich zu belangen droht.

Monatliche Correspondenz, herausg. vom Freih. v. Zach. 1812. Nov.

Tafel zur bequemern Berechnung des Logarithmen der Summe oder Differenz zweier Grössen, welche selbst nur durch ihre Logarithmen gegeben sind. Von Herrn Prof. Gauss.

Je weiter sich beständig die Geschäfte der rechnenden Astronomen ausdehnen, desto wichtiger wird ihnen jede, wenn auch an sich nur kleine Erleichterung derselben. Die *Monatliche Correspondenz* hat sich hierin schon vielfältige Verdienste erworben, indem sie mancherlei Tafeln aufgenommen hat, deren kleiner Umfang nicht verstattete, sie besonders herauszugeben. Ich lege daher gern in derselben eine kleine Tafel nieder, die freilich nicht eigentlich astronomisch ist, aber besonders doch den rechnenden Astronomen willkommen sein wird, und die etwa in Zukunft sehr zweckmässig mit einem neuen Abdruck der kleinen La Lande'schen Tafeln verbunden werden könnte. Das Geschäft, was sie erleichtern soll, kommt bei astronomischen Rechnungen alle Augenblick vor; es erfordert sonst ein dreimaliges, oder wenn man eine leichte Verwandlung anwendet, doch nothwendig ein zweimaliges Aufschlagen in den Logarithmen-Tafeln, was hier auf ein einziges gebracht wird. Die Idee dazu hat Leonelli, so viel ich weiss, zuerst angegeben; allein seine Meinung war, eine solche Tafel für Rechnungen mit 14 Decimalen zu construiren, und gerade dies kann ich nicht zweckmässig finden. Sie würde bei einer solchen Ausdehnung einen grossen Folioband füllen, ihre Berechnung würde eine ungeheuere Arbeit und Zeit erfordern, und sie würde fast nie von Nutzen, und immer nur von wenig Nutzen sein, da so scharfe Rechnungen so selten — in der eigentlichen practischen Astronomie nie — vorkommen, dass die verhältnissmässig doch nur kleine Erleichterung die Construction, ja nicht einmal den Ankauf einer solchen Tafel belohnen würde. Ich habe diese Tafel zu meinem eigenen Gebrauch für Rechnungen mit 5 Decimalen, die in der Ausübung die häufigsten sind, schon vor vielen Jahren construirt, und die, wenn auch *jedesmal* kleine, doch wenn sie viele Tausendmale wiederkehrt, sehr erhebliche Erleichterung, hat mir die darauf gewandte Mühe bereits reichlich ersetzt. Es wäre zu wünschen, dass jemand sich der Arbeit unterzöge, eine ähnliche Tafel in 10 oder 100 mal so grosser Ausdehnung für Rechnungen mit 7 Decimalen zu construiren, die als ein sehr schätzbares Supplement den gewöhnlichen Logarithmen-Tafeln beigefügt werden könnte.

Die Einrichtung der aus drei Columnen bestehenden Tafel ist sehr einfach. Die erste Columne A geht von 0 bis 2 durch alle Tausendtheile, von da bis 3, 4 durch alle Hunderttheile, und von 3, 4 bis 5, 0 durch alle Zehntheile; mit 5, 0 kann die Tafel für 5 Decimalen als geschlossen angesehen werden, da die zweite Columne für diesen und für grössere Werthe von A verschwindet, und die Zahlen der dritten Columne denen der ersten gleich werden. Setzt man eine Zahl der ersten Columne $A = \log m$, so ist in der zweiten Columne $B = \log(1+\frac{1}{m})$ und in der dritten Columne $C = \log(1+m)$, so dass immer $C = A + B$. Man kann also auch die Zahlen der drei Columnen als die doppelten Logarithmen der Tangenten, Cosecanten und Secanten der Winkel von 45^0 bis 90^0 betrachten. Die Anwendung davon ist nun folgende:

I. *Aus den Logarithmen zweier Grössen a, b den Logarithmen der Summe zu finden.*

Es sei $\log a$ der grössere Logarithm., man gehe mit $\log a - \log b$ in die Columne A ein, und nehme daneben entweder aus der zweiten Columne B, oder aus der dritten Columne C. Man hat dann

$$\log(a+b) = \log a + B$$

oder

$$\log(a+b) = \log b + C$$

II. *Aus den Logarithmen zweier Grössen a, b den Logarithmen der Differenz zu finden.*

Erstens, ist die Differenz der Logarithmen $\log a - \log b$ grösser als 0,30103, so suche man dieselbe in C, wodurch man hat

$$\log(a-b) = \log a - B$$

oder

$$\log(a-b) = \log b + A$$

Zweitens, ist $\log a - \log b$ kleiner als 0,30103, so suche man es in B, wodurch wird

$$\log(a-b) = \log a - C$$

oder

$$\log(a-b) = \log b - A$$

Es gibt daher bei jeder Aufgabe zwei Auflösungsarten; man thut aber wohl, sich an eine bestimmte zu gewöhnen, um sich den Gebrauch der Tafel desto leichter mechanisch zu machen. Mir ist dies bei der jedesmal zuerst angesetzten Manier am bequemsten gefallen.

Beispiele:

I. Aus $\log a = 0{,}36173$ und $\log b = 0{,}23045$ den Logarithmen der Summe zu finden, sucht man 0,13128 in A, wobei man findet

B	0,24033	C	0,37161
$\log a$	0,36173	$\log b$	0,23045
$\log(a+b)$ ..	0,60206		0,60206

II. Aus $\log a = 0{,}89042$, und $\log b = 0{,}24797$ den Logarithm. der Differenz zu finden. Da $\log a - \log b = 0{,}64245$ grösser als 0,30103, so sucht man es in der Columne C, woneben man findet

B	0,11227	A	0,53018
$\log a$	0,89042	$\log b$	0,24797
$\log(a-b)$ ..	0,77815		0,77815

III. Aus $\log a = 0{,}25042$, $\log b = 0{,}19033$ den Logarithmen der Differenz zu finden. Hier gibt $\log a - \log b = 0{,}06009$ in B aufgesucht

C	0,88871	A	0,82862
$\log a$	0,25042	$\log b$	0,19033
$\log(a-b)$ ..	9,36171		9,36171

Göttingische gelehrte Anzeigen. 1817 October 4.

Abgekürzte Logarithmisch-Trigonometrische Tafeln, mit neuen Zusätzen zur Abkürzung und Erleichterung trigonometrischer Rechnungen, herausgegeben von Joh. Pasquich, *Director der Königl. Ofner Sternwarte.* Leipzig. In der Weidmannschen Buchhandlung 1817. XXXII und 228 Seiten in Octav. (Auch mit Lateinischem Titel.)

Kleinere logarithmische Tafeln, mit fünf Decimalen, sind bei denjenigen, die viel mit Zahlenrechnungen zu verkehren haben, besonders bei den Astronomen, sehr beliebt, weil in der That die Fälle, wo sie ausreichen, häufig, ja die häufigeren, sind, und durch ein bequemes Format und eine mässige Grösse die Arbeit sehr erleichtert wird. Die kleinen netten LALANDE'schen und die PRASSE'schen Tafeln sind in Jedermanns Händen; bei letztern ist das Zusammendrängen in einen kleinen Raum so weit wie möglich getrieben, zum Theil aber allerdings auf Kosten der Bequemlichkeit. Die Herausgabe der vorliegenden auch nur auf fünf Stellen gehenden Tafeln ist, wie in der Vorrede berichtet wird, durch den von GAUSS in der monatlichen Correspondenz 1812 geäusserten Wunsch veranlasst, dass die daselbst zuerst abgedruckte Tafel zur bequemen Berechnung der Logarithmen der Summen und Differenzen einer neuen Ausgabe der LALANDE'schen Tafeln einverleibt werden möchte. Der neue Abdruck dieser Hülfstafel in gegenwärtiger Sammlung wird denjenigen angenehm sein, denen der erste Abdruck nicht zu Gebote stand, oder denen der Gebrauch derselben in der M. C. zu beschwerlich war. Ausserdem zeichnet sich diese Sammlung noch durch eine neue von Hrn. PASQUICH berechnete den trigonometrischen Tafeln beigefügte Hülfstafel aus, deren wir unten mit mehrern erwähnen werden.

Die Logarithmen der Zahlen gehen, wie bei LALANDE und VON PRASSE bis 10000, und sind, so wie bei jenen, hier in ihrer natürlichen Ordnung gedruckt. Doch vermisst man ungern ein Paar Erleichterungsmittel, welche bei den LALANDE'schen Tafeln Statt finden; es sind nemlich theils die *Differenzen* nicht beigefügt, theils die untersten Logarithmen jeder Spalte oben in der nächstfolgenden nicht wiederholt. In den PRASSE'schen Tafeln findet man zwar diese Bequemlichkeit auch nicht, allein dort werden sie durch den kleinen Raum der Tafel mehr als ersetzt, da jene auf 24 Seiten eben dasselbe liefern, was bei PASQUICH auf 56 Seiten eines beträchtlich grössern Formats steht. Dies scheinen zwar nur Kleinigkeiten, und sie sind es auch für alle, die nur dann und wann einmal Logarithmen aufzuschlagen haben, aber nicht für solche, die Logarithmen-Tafeln beständig zur Hand haben müssen.

In den trigonometrischen Tafeln enthält immer jede Seite zur linken die Logarithmen der Sinus, Cosinus, Tangenten und Cotangenten, und zwar so, dass je drei Seiten zwei Grade fassen. Diese Einrichtung, welche durch das gewählte Format und die Schrift herbeigeführt wurde, scheint uns etwas unbequem;

wir hätten entweder ein kleineres Format, immer mit einem halben Grad auf der Seite, oder ein etwas weniges längeres mit kleinerer Schrift, so dass ein ganzer Grad auf die Seite gekommen wäre (wie in SHERVINS Tafeln) vorgezogen. Von diesen Logarithmen sind immer nur die vier, drei oder zwei letzten Ziffern, so lange die vorgehenden ungeändert bleiben, abgedruckt, wodurch dem Copiisten, dem Setzer und dem Corrector die Arbeit erleichtert wurde, und die Tafeln ein reinlicheres Ansehen erhalten: dem ungeachtet können wir diese Einrichtung bei Tafeln, die zum täglichen Gebrauch bestimmt sind, nicht unbedingt billigen, da das Auge immer die, wenn auch nur kleine, Mühe hat, in der Columne erst in die Höhe zu gehen, und die übrigen Ziffern zu finden. Die Differenzen der Logarithmen findet man hier sogleich mit 60 dividirt; eine Einrichtung, welche auch in einigen andern Tafeln gewählt ist, in der Absicht, das Interpoliren zu erleichtern. Ob diese Erleichterung wirklich Statt findet, oder nicht, wird von der Gewöhnung des Rechners abhängen. Rec. findet in dieser Beziehung die LALANDEschen Tafeln, wo die ganzen Differenzen angesetzt sind, wenigstens nicht unbequemer. Bei der Kleinheit der Zahlen, mit denen zu operiren ist, macht ein etwas geübter Rechner die zum Behuf des Interpolirens nöthigen Operationen leicht im Kopfe, und findet fast immer diesen oder jenen Local-Vortheil zu benutzen Gelegenheit. Dabei hat man noch die angenehme Gewissheit, sein Interpolations-Resultat so scharf zu erhalten, als es möglich ist; bei der von Hrn. PASQUICH gewählten Einrichtung hingegen ist, allgemein zu reden, der Fehler des Interpolirens etwas grösser, welches indessen ausführlicher zu entwickeln hier nicht der Ort ist.

Die Seite zur rechten enthält bei den trigonometrischen Tafeln die Quadrate der Sinus, Cosinus, Tangenten und Cotangenten, welche zur Erleichterung des Interpolirens dienen sollen, wenn man aus dem Logarithmen eines Sinus, Cosinus, einer Tangente oder Cotangente den Logarithmen einer der drei andern trigonometrischen Functionen verlangt, ohne den Bogen selbst nöthig zu haben. Diese Operation kömmt allerdings äusserst häufig vor, und das gewöhnliche Verfahren erfordert beim Interpoliren eine Multiplication und eine Division, wo mit Hrn. PASQUICH's Hülfstafel eine Multiplication ausreicht. Es ist nemlich, für das Interpoliren hinreichend genau,

$$\Delta \log \cos\varphi \;=\; -\operatorname{tang}\varphi^2 . \Delta \log \sin\varphi$$
$$\Delta \log \operatorname{tang}\varphi = -\Delta \log \operatorname{cotang}\varphi = (1+\operatorname{tang}\varphi^2) . \Delta \log \sin\varphi$$
$$\Delta \log \sin\varphi \;=\; -\operatorname{cotang}\varphi^2 . \Delta \log \cos\varphi$$
$$\Delta \log \operatorname{tang}\varphi = -\Delta \log \operatorname{cotang}\varphi = -(1+\operatorname{cotang}\varphi^2) . \Delta \log \cos\varphi$$
$$\Delta \log \sin\varphi \;=\; \cos\varphi^2 . \Delta \log \operatorname{tang}\varphi = -\cos\varphi^2 . \Delta \log \operatorname{cotang}\varphi$$
$$\Delta \log \cos\varphi \;=\; -\sin\varphi^2 . \Delta \log \operatorname{tang}\varphi = \sin\varphi^2 . \Delta \log \operatorname{cotang}\varphi$$

Inzwischen muss Rec. gestehen, dass er dem ungeachtet das gewöhnliche Verfahren zum Interpoliren nicht bloss eben so bequem, sondern sogar bequemer findet. Theils wird es immer erst einige Mühe kosten, sich die obigen sechs Formeln so mechanisch zu machen, dass man sie ohne alles Besinnen oder ohne ein besonderes Blatt neben sich zu legen, richtig anwendet; theils ist es beschwerlich, den Multiplications-Factor erst auf der andern Seite aufzusuchen, oder vielmehr zusammen zu suchen, da die oben erwähnte Trennung der ersten und letzten Ziffern auch hier beim Abdruck gewählt ist; endlich hat man bei dem gewöhnlichen Verfahren es immer nur mit kleinen Zahlen zu thun, mit denen man leicht im Kopf rechnet, da hingegen die Quadrate in Pasquich's Tafeln mit fünf Decimalen angesetzt sind, die man freilich nicht alle braucht, aber die gerade deswegen, wie jeder erfahrne Rechner weiss, störend sind. Ausserdem können wir hier nicht unerwähnt lassen, dass das gewöhnliche Verfahren, allgemein zu reden, *schärfer* ist, als diese künstlichere Interpolation (die Gründe dieser Behauptung, von der man vielleicht bei einer weniger genauen Prüfung gerade das Gegentheil glauben könnte, würden für diesen Ort zu weitläuftig sein). Wir begnügen uns das Gesagte bloss durch ein Beispiel zu erläutern. Soll zu $\log\cos\varphi = 9{,}92478$ der $\log\operatorname{tang}\varphi$ gesucht werden, so findet man den Proportionaltheil aus Pasquich's Tafel durch die Berechnung von $4\times(1+2{,}4170) = 13{,}668$ oder am nächsten $= 14$, also $\log\operatorname{tang}\varphi = 9{,}80850$, während die gewöhnliche Methode den Proportionaltheil eben so bequem durch die Entwicklung von $\frac{4\times 28}{9} = 12\frac{4}{9}$, am nächsten $= 12$, und den gesuchten Logarithmen $= 9{,}80848$ gibt. In diesem Beispiele ist auch das Resultat der gewöhnlichen Methode das schärfere; in andern Fällen kann auch das umgekehrte Verhältniss Statt finden, aber im Durchschnitt wird der Vortheil in dieser Beziehung auf Seiten des gewöhnlichen Verfahrens sein. Uebrigens wollen wir nicht in Abrede stellen, dass dieser Theil der Tafel, wenn auch das Interpoliren nicht dadurch gewinnt, doch zuweilen für andere Zwecke angenehm sein könne; allein die Bequemlichkeit logarithmischer Handtafeln, die man zum täglichen Gebrauch bestimmt, verliert natürlich in demselben Verhältniss, als ihr Umfang vergrössert wird. Wir bemerken noch, dass in dem ersten Grade die trigonometrischen Logarithmen von 10 zu 10 Secunden bis 56 Minuten, und in den vier letzten Minuten von 20 zu 20 Secunden angesetzt sind.

Die Gaussische Tafel für die Logarithmen der Summen und Differenzen ist ganz unverändert abgedruckt. Inconsequent scheint es uns aber zu sein, wenn der Verf. in der Einleitung den Nutzen einer ähnlichen Tafel mit sieben Decimalen in Zweifel zieht. Ist anders eine solche Tafel zweckmässig eingerichtet, so ist ihr Nutzen bei scharfen Rechnungen gerade eben so gross, als der Nutzen der hier wieder abgedruckten Tafeln bei Rechnungen mit fünf Decimalen: bei den kleinern Tafeln, eben so wie bei den grössern, wird der dadurch zu erhaltende Zeitgewinn natürlich nur solchen Personen fühlbar, die *viel* zu rechnen haben. Wir haben jetzt bald die Erscheinung einer solchen grössern Tafel, von einer geschickten Hand berechnet, zu erwarten.

Göttingische gelehrte Anzeigen. 1819 Januar 30.

[E. A. Matthiessen.] *Tafel zur bequemern Berechnung des Logarithmen der Summe oder Differenz zweier Grössen, welche selbst nur durch ihre Logarithmen gegeben sind.* Altona 1818. Bei J. F. Hammerich. Einleitung 33 S. Die Tafeln 212 S. in Quart. (Titel und Einleitung auch in lateinischer Sprache.)

Bei etwas ausgedehnten Rechnungen ist jede Abkürzung schätzbar; auch solche Hülfsmittel, die bei einer einmaligen Anwendung nur einen kleinen Vortheil gewähren, werden durch oft wiederkehrende Benutzung wichtig. Ein solches Erleichterungsmittel ist eine im Jahr 1812 in der monatlichen Correspondenz zuerst gegebene Hülfstafel, um aus den Logarithmen zweier Grössen unmittelbar die Logarithmen ihrer Summe oder Differenz abzuleiten: man erreicht dadurch mit Einem Aufschlagen, wozu man sonst ein dreimaliges oder wenigstens zweimaliges nöthig hätte. Im Besitz einer solchen Tafel wird man mit Vortheil manche

Formeln in ihrer ursprünglichen Gestalt beibehalten können, denen man sonst wohl, durch Einführung von Hülfswinkeln, eine zur Rechnung bequemere Form zu geben sucht. Die erwähnte Tafel war nur für Rechnungen mit fünf Decimalen bestimmt: eben weil solche Rechnungen am häufigsten vorkommen, lag dies Bedürfniss am nächsten. Der bei Bekanntmachung derselben geäusserte Wunsch, dass jemand sich der Mühe unterziehen möchte, eine ähnliche Tafel in grösserm Umfange und mit sieben Decimalen zu berechnen, hat die vorliegenden Tafeln veranlasst, deren Verfasser, Hr. Mathiessen, sich durch diese mühsame Arbeit ein Recht auf den Dank aller derer erworben hat, die viel mit logarithmischen Rechnungen zu thun haben. Die Vorrede gibt Nachricht von der Methode, deren sich der Verfasser zur Berechnung bedient hat, und von seiner lobenswerthen Sorgfalt, die Tafel auch in der letzten Ziffer durchgehends zuverlässig zu machen. Bei Tafeln dieser Art ist auch die äussere Einrichtung keinesweges gleichgültig. Der Verf. hatte anfangs eine Anordnung im Sinn, deren Zweck war, die Tafel in den möglich kleinsten Raum zusammenzudrängen. Allein da die ganze Bestimmung der Tafel nur dahin geht, die Rechnungen zu *erleichtern*, so würde jene ganz verfehlt werden, wenn die Anordnung der Tafel zu künstlich wäre, und eine beschwerliche Aufmerksamkeit erforderte. Der Verf. entschloss sich daher bei reiferer Ueberlegung mit Recht, jene wenn gleich sinnreiche Anordnung bei Seite zu setzen, und statt derselben eine einfachere zu wählen, obgleich der Umfang des Bandes dadurch beträchtlich vergrössert wurde. Vielleicht wird mancher, der die Tafeln gebraucht, mit uns wünschen, dass der Verf. hierin lieber noch etwas weiter gegangen wäre, und die Columne B und C jede vollständig hätte abdrucken lassen, deren vier letzte, beiden gemeinschaftliche, Ziffern nur einmal dastehen. Der Ueberblick würde dadurch noch bequemer geworden sein, und das Format wäre auch dadurch nicht vergrössert, wenn etwas kleinere Schrift gewählt wäre, welches ohne Nachtheil, vielleicht selbst mit Vortheil für das gefällige Ansehen, hätte geschehen können. Auch die fast zu strenge Oekonomie mit den Ziffern, wo in der Regel nur die vierte abgedruckt ist, so lange die vorhergehenden ungeändert bleiben, und mit den Proportionaltheilen, die immer nur Einmal angesetzt sind, und also zuweilen ein Zurück- oder Vorausblättern nöthig machen, thut der Bequemlichkeit einigen Eintrag. Endlich hätten wir gewünscht, dass der letzte Theil der Tafel S. 212 in einer zehnmal grössern Ausdehnung gegeben wäre, um die zweiten Differenzen unmerklich zu machen; es wäre dazu nur Eine Seite mehr erforderlich gewesen. Alle diese Bemerkungen, die zum Theil mit auf individueller Gewöhnung beruhen mögen, sollen das Verdienstliche dieser Arbeit keinesweges schmälern, welches gewiss von allen anerkannt wird, die von derselben Gebrauch zu machen Gelegenheit nehmen werden.

Astronomische Nachrichten, herausg. v. Schumacher. Nr. 24. Beilage 2. 1822 Dec.

Gauss an Schumacher.

Göttingen 1822. Nov. 25.

— — Den von Herrn Professor Encke geäusserten Wunsch Logarithmentafeln mit 6 Ziffern betreffend, habe ich schon öfters gehegt, und Sie werden sich gewiss vielfältigen Dank erwerben, wenn Sie solche veranlassten. Alles, was Herr Encke über das Aeussere und Innere sagt, unterschreibe ich als meine eigene Meinung, nur die Proportionaltheile scheinen mir überflüssig, und alles Ueberflüssige schadet dem leichten übersichtlichen Gebrauch. Bei solchen Dingen hängt freilich manches von individueller Gewöhnung ab; indessen wenn einige, die Gebrauch von Tafeln machen, anders gewöhnt sind als ich, so sind doch auch wohl andere eben so gewöhnt; und daher berühre ich noch einen Umstand, nemlich die Abänderung der 4ten Ziffer für die Logarithmentafeln. Sie kennen die Einrichtung, die in dieser Beziehung in Callet's Tafeln gemacht ist, und einige haben dies als eine Verbesserung betrachtet. Ich gestehe, dass ich der entgegengesetzten Meinung bin, und die *regelmässige* Abtheilung von 5 zu 5 Zeilen durch horizontale Striche, wie sie in Sherwin's und andern Tafeln ist, für etwas, bei häufigem Gebrauche *viel* wesentlicheres und bequemeres halte, daher ich mich der Callet'schen Logarithmen auch niemals bedienen mag. Bei meiner vieljährigen Praxis weiss ich auch nicht einen einzigen Fall, wo der Gebrauch der Sherwin'schen Tafeln mich bei der 4ten Ziffer zu einem Rechnungsfehler verleitet hätte, daher ich auch auf die Sternchen bei Vega und andern Tafeln gar keinen Werth lege, und des bessern Papiers und der schönern Ziffern wegen, mich lieber an die Sherwin'schen halte. Wer auf solche Warnungszeichen einen Werth setzt, kann sich leicht in seinem Exemplare an den betreffenden Stellen rothe oder grüne Punkte machen. —

Göttingische gelehrte Anzeigen. 1828 Januar 19.

Table of logarithms of the natural numbers, from 1 *to* 108000, *by* CHARLES BABBAGE. *Stereotyped. London. Printed for J. Mawman.* 1827. 202 S. gr. 8.

Dieser neue Abdruck der Logarithmentafeln zeichnet sich vor andern durch eine geflissentlichere Beachtung kleiner Nebenumstände aus. Wer nur von Zeit zu Zeit einmal veranlasst wird, einige Logarithmen in den Tafeln aufzusuchen, verlangt von ihnen hauptsächlich nur möglich grösste Correctheit. Allein für andere, denen die Tafeln ein tägliches Arbeitsgeräth sind, bleiben auch die geringfügigsten Umstände, die auf die Bequemlichkeit des Gebrauchs Einfluss haben können, nicht mehr gleichgültig. Farbe, Stärke und Schönheit des Papiers; Format; Grösse, Schärfe und gefälliger Schnitt der Typen: Beschaffenheit der Druckerschwärze; Anordnung der Zahlen, um das was man sucht ohne Ermüdung des Auges schnell und sicher zu finden; Vorhandensein von allem, was man braucht, aber auch Abwesenheit von allem, was man nicht brauchen mag, und was sonst die leichte Uebersicht nur stören würde, alle diese Umstände erhalten eine gewisse Wichtigkeit bei einem Geschäfte, welches man täglich hundert mal wiederholt. Freilich hängt dabei manches von der Individualität des Rechnenden und von seiner Gewohnheit ab, so dass nicht wohl Eine Ausgabe allen am besten gefallen kann; dem Kurzsichtigen ist ein grosses Format beschwerlich, und er zieht kleinere Typen vor, während es sich bei dem Weitsichtigen umgekehrt verhält; der weniger geübte Rechner legt einen Werth auf diesen oder jenen Zusatz, welchen der geübtere, der mehrere Theile der Operationen ohne Anstrengung im Kopf macht, lieber wegwünscht, weil alles Ueberflüssige nur störend wirkt. Inzwischen gibt es doch auch allgemeingültige Regeln. Der Herausgeber der vorliegenden Tafeln hat in der Vorrede ein Dutzend solcher Vorschriften zusammengestellt, die er aus der Vergleichung vieler Logarithmentafeln abgeleitet hat, und die meistens sogleich von selbst einleuchten obwohl einige davon nur unter Einschränkungen anzuerkennen sein möchten.

Was die gegenwärtige Ausgabe der Logarithmentafeln am meisten von andern unterscheidet, ist, dass sie auf farbiges (gelbes) Papier abgedruckt ist: man gewöhnt sich daran bald, und findet es, besonders zum Gebrauche bei Licht, angenehmer als weisses. Die Anordnung ist im Wesentlichen die gewöhnliche. Nach einem Wechsel der dritten Ziffer ist für die übrigen Logarithmen in derselben Zeile die vierte Ziffer mit andern Typen, etwa halb so gross wie die übrigen, gesetzt. Für Ref., der überhaupt auf solche Warnungszeichen wenig Werth setzt, haben diese Typen, auch nach einem Gebrauch von ein paar Monaten, noch nicht das fremdartig Störende verloren, und er würde den in Vega's Tafel gebrauchten Sternchen, oder den Punkten, die in die bessern Exemplare von Taylor's Tafeln eingedruckt sind, den Vorzug geben. Sternchen hat der Herausgeber desswegen nicht gebrauchen wollen, weil sonst die Columnen zu breit geworden, und dann für die Verwandlung der Zahlen, als Secunden betrachtet, in Grade, Minuten und Secunden kein Raum geblieben wäre. Referent würde diese Verwandlungscolumne (eben so eingerichtet, wie man sie aus Callet's Tafeln kennt) gern entbehrt haben; ein geübter Rechner wird nicht, einer so leicht selbst im Kopfe zu machenden Verwandlung wegen, erst die Tafeln aufblättern; zweckmässig ist es aber, dass der Herausgeber diese Columnen wenigstens durch eine starke Linie von der Logarithmentafel geschieden hat. Endlich ist der Fall wo die letzte Ziffer eine Vergrösserung erlitten hat, (weil der weiter fortlaufende Logarithm als achte Ziffer 5 oder eine grössere gehabt haben würde) durch einen unter diese siebente Ziffer gesetzten Punkt ausgezeichnet; diese Einrichtung ist wenigstens besser, als die von Prasse gewählte, durch Typen von anderer Form; doch behalten auch so einige Ziffern noch etwas unangenehm Fremdartiges, was nach unserer schon bei Anzeige der Prasse'schen Tafeln in diesen Blättern [1811 Mai 25] erwähnten Ansicht durch den Nutzen nicht aufgewogen wird.

Uebrigens lassen Typen und Papier bei dieser Ausgabe der Logarithmentafeln nichts zu wünschen übrig, und auf die Correctheit ist die ausgezeichnetste Sorgfalt verwandt. Bei einer Ausgabe, wo auf die kleinen die Bequemlichkeit des Gebrauchs angehenden Umstände so viel Sorgfalt verwandt ist, fällt die spärliche Ansetzung der Proportionaltheile auf; häufig muss man, um diejenigen zu finden, die man eben braucht, voraus- oder zurückblättern.

Göttingische gelehrte Anzeigen. 1831 März 31.

Tabulae logarithmicae et trigonometricae notis septem decimalibus expressae. In forma minima. Purgatae ab erroribus praecedentium tabularum cura F. K. HASSLER. New York. G. C. und H. Carvill.

Diese transatlantische Ausgabe der Logarithmentafeln zeichnet sich durch eine ganz vorzügliche Nettigkeit des stereotypisch ausgeführten Drucks aus. Sie enthält, durchgehends auf sieben Decimalstellen, die Logarithmen der Zahlen bis 100000, die Logarithmen der Sinus, Tangenten, Cosinus und Cotangenten im ersten Grade durch alle Secunden, in den beiden folgenden von zehn zu zehn Secunden, und für alle übrigen Grade des Quadranten von dreissig zu dreissig Secunden. Ausserdem die natürlichen Sinus und Tangenten durchgehends von dreissig zu dreissig Secunden. Und diess alles in dem Raum von 312 Seiten in klein Octav oder gross Duodez. Eine solche Zusammendrängung war freilich nur durch sehr kleine Typen zu erreichen, welche, bei aller Schönheit, doch wohl für die meisten nicht kurzsichtigen Augen zum täglichen Gebrauch fast zu klein sein möchten. Auf die Correctheit scheint eine ganz besondere Sorgfalt gewandt zu sein, wenigstens ist uns bei dem eine Zeitlang versuchten häufigen Gebrauch gar kein Druckfehler aufgestossen.

VEGA und HÜLSSE. Sammlung mathematischer Tafeln. 1840.

Auflösung quadratischer Gleichungen in der Form, dass nicht die Coëfficienten der Gleichung selbst, sondern deren Logarithmen gegeben sind, und dass man auch nicht ihre Wurzeln selbst (oder eine derselben), sondern vielmehr deren Logarithmen zu anderweitiger Benutzung nöthig hat.

Die Ausführung dieses Geschäfts, bloss mit Hülfe der gewöhnlichen Logarithmentafeln, erfordert nothwendig ein vierfaches Aufschlagen in denselben; man reicht mit einem zweifachen Aufschlagen aus, wenn man entweder die trigonometrischen Logarithmentafeln oder die Tafeln für Logarithmen von Summen und

Differenzen benutzt; man reicht mit einem einfachen Aufschlagen aus, wenn letztere Tafel, wie hier, durch die Zusatzcolumnen D, E und F erweitert ist.

Die vierte Columne, D, enthält $B+C$, die fünfte, E, enthält $A+C$, die sechste, F, enthält $B-A$. Nehmen wir an, dass die Zahlen selbst, denen die Logarithmen A, B, C zugehören, beziehungsweise a, b, c sind, so enthielte also die vierte Columne die Logarithmen von bc, die fünfte die von ac, die sechste die von $\frac{b}{a}$.

Es mag noch darauf aufmerksam gemacht werden, dass die Logarithmen in der sechsten Columne F, welche bis zu $A = 0{,}208$ positiv sind, von $A = 0{,}209$ an negativ werden (S. 640); es ist ziemlich gleichgültig, ob sie in dieser negativen Form oder, wie hier, durch ihre Complemente angesetzt werden; also könnte z. B. für $A = 0{,}367$ unter F stehen $-0{,}21180$ oder, wie hier, $9{,}78820$.

Für die Anwendung dieser Zusatzcolumnen auf die Auflösung der quadratischen Gleichung

$$pxx + qx + r = 0$$

selbst müssen vier verschiedene Fälle unterschieden werden, nemlich

I. p und r haben gleiche Zeichen und $\frac{qq}{pr}$ ist nicht kleiner als 4;
II. p und r haben gleiche Zeichen und $\frac{qq}{pr}$ ist kleiner als 4;
III. p und r haben entgegengesetzte Zeichen und $-\frac{pr}{qq}$ ist grösser als 2;
IV. p und r haben entgegengesetzte Zeichen und $-\frac{pr}{qq}$ ist kleiner als 2.

Der Fall, wo $-\frac{pr}{qq} = 2$ ist, kann sowohl zu III. als zu IV. gezählt werden.

Im Falle II. sind die Wurzeln imaginär, in den übrigen erhält man jede der beiden Wurzeln auf eine doppelte Art. Durch folgendes Schema ist alles leicht zu übersehen, wobei

$$\frac{q}{p} = h, \quad \frac{r}{q} = g$$

gesetzt ist, theils zur Abkürzung, theils weil die Rechnung wirklich in dieser Form am bequemsten geführt wird.

		Erste Wurzel.	*Zweite Wurzel.*
I.	$+\frac{h}{g} = bc = d$	$-\frac{h}{b} = -gc$	$-gb = -\frac{h}{c}$
II.	$+\frac{h}{g} < 4$	Imaginär.	Imaginär.
III.	$-\frac{g}{h} = ac = e$	$+ha = -\frac{g}{c}$	$+\frac{g}{a} = -hc$
IV.	$-\frac{g}{h} = \frac{b}{a} = f$	$+\frac{h}{a} = -\frac{g}{b}$	$+ga = -hb$

Die Beweise der Vorschriften wird sich jeder leicht selbst entwickeln können. Ein Beispiel des Gebrauchs mag zum Ueberfluss noch hergesetzt werden.

Es sei gegeben $\log p = 0{,}69897$
$\log q = 0{,}84510$
$\log r = 0{,}77815\,\mathrm{n}$
Also $\log h = 0{,}14613$
$\log g = 9{,}93305\,\mathrm{n}$
$\log(-\frac{g}{h}) = 9{,}78692$

Man sieht sogleich, dass hier der Fall IV. statt findet und also 9,78692 in der sechsten Columne unter $B-A$ oder F zu suchen sein wird. Was von der Tafel (S. 643) hier nöthig wäre ist nur Folgendes:

A	B	$B-A$ oder F
0,367	0,15520	9,78820
0,368	0,15489	9,78689

Zu $F = 9{,}78692$ gehört also

$A = 0{,}36798 = \log a$, woraus $\log\frac{h}{a} = 9{,}77815$, $\log ga = 0{,}30103\,\mathrm{n}$ oder
$B = 0{,}15490 = \log b$, woraus $\log(-\frac{g}{b}) = 9{,}77815$, $\log(-hb) = 0{,}30103\,\mathrm{n}$.

Astronomische Nachrichten. Nr. 756. 1851. Mai 2.

Einige Bemerkungen zu VEGA's *Thesaurus Logarithmorum*, *von Herrn Geheimen Hofrath* GAUSS.

Der *Thesaurus Logarithmorum* von VEGA ist bekanntlich seinem grössten Theile nach ein neuer Abdruck der grössern VLACQ'schen Logarithmentafeln. In der Vorrede führt VEGA eine nicht unbeträchtliche Anzahl von Fehlern im Original an, die er verbessert hat, mit dem Zusatz, dass er ausser diesen noch eine sehr grosse Menge von Unrichtigkeiten an der letzten Ziffer der Logarithmen berichtigt habe, zu dem Betrage von einer, zwei, drei, vier Einheiten. Mit gleicher Sorgfalt seien auch die neu hinzugekommenen Tafeln (namentlich also die in den beiden ersten Graden für alle einzelnen Secunden angegebenen Logarithmen der trigonometrischen Grössen) berechnet, geprüft und berichtigt. VEGA scheint nun mit der Hoffnung sich geschmeichelt zu haben, dass auf diese Weise seine Tafeln fast fehlerfrei geworden seien, und verspricht, um zu *vollkommen* fehlerfreien Tafeln zu gelangen, für die erste Anzeige jedes etwa noch stehen gebliebenen Fehlers, der zu falscher Rechnung Anlass geben könne (*pro sphalmatibus calculum turbantibus*) eine Prämie von einem Ducaten zu bezahlen. Ob diese vom 1sten October 1794 datirte Ausgelobung jemals Folge gehabt hat, ist mir nicht bekannt.

Es ist mir zweifelhaft, ob VEGA sich ganz klar gemacht habe, was für Fehler als möglicher Weise zu falschen Rechnungen Anlass gebend betrachtet werden sollten. Für alle Tafeln, welche bestimmt sind, theoretisch feststehende irrationale Grössen darzustellen, gilt bekanntlich der Grundsatz, dass die Tabulargrösse dem wahren Werthe allemal so nahe kommen soll, als bei der gewählten Anzahl von Decimalstellen möglich ist, und es darf folglich die Abweichung niemals mehr als eine halbe Einheit der letzten Decimale betragen. Jeder Verstoss gegen diese strenge Norm ist ein Fehler, der möglicherweise einen sich auf die strenge Uebereinstimmung verlassenden Rechner zu einem unrichtigen Resultate verleiten kann. Lässt man diese strenge Auslegung fahren, und mischt in sein Urtheil eine Rücksicht auf *Erheblichkeit* der Unrichtigkeit ein, so verirrt sich die Entscheidung in das Gebiet der Willkühr. Der schon vorhin erwähnte Umstand, dass VEGA selbst von Correctionen an den VLACQ'schen Tafeln spricht, die nur eine Einheit in der letzten Stelle betrugen, und dass er vollkommene Fehlerfreiheit wie sein Ziel bezeichnet, scheint allerdings darauf hinzudeuten, dass er die strenge Auslegung im Sinne gehabt. Auch habe ich den ersten Theil des Thesaurus, der die Logarithmen der laufenden ganzen Zahlen enthält, bei sehr vielen gelegentlich gemachten Vergleichungen mit mehrstelligen Bestimmungen immer sehr correct gefunden.

Es sind seit jener Zeit bei mehrern andern logarithmischen Tafeln, in der Absicht ihre Correctheit zu vervollständigen, ähnliche Ausbietungen von Preisen für die erste Anzeige von Fehlern in den Zahlen gemacht: ich weiss jedoch nicht, ob dieselben einen Erfolg gemacht haben, mit Ausnahme des bei Tauchnitz in Leipzig 1847 von KÖHLER herausgegebenen logarithmisch-trigonometrischen Handbuchs. Der Verleger dieser Tafeln versprach bei dem ersten Erscheinen, für die erste binnen einer gesetzten Frist eingesandte Anzeige eines jeden Fehlers, welcher falsche Resultate veranlassen könne, einen Louisd'or zu bezahlen, und nach einem gedruckten Bericht vom 1. Juli 1848 ist diese Prämie für vier zur Anzeige gebrachte Fehler wirklich ausgezahlt. Was nun dabei eine ehrende Erwähnung verdient, ist der Umstand, dass dem einen dieser Fehler jene Qualification nur unter Anerkennung obiger strengen Auslegung zugesprochen werden konnte. Es war nemlich der Logarithm von 103000, welcher, auf 12 Stellen genau,

$$= 5{,}012837224705$$

ist, in den ersten Abdrücken mit acht Ziffern

$$= 5{,}01283723$$

angesetzt, während die principmässig abgekürzte Zahl 5,01283722 ist. Es ist zu wünschen, dass in künftig vorkommenden ähnlichen Fällen, diese Entscheidung als Präcedenz respectirt werde.

Bekannte sich VEGA zu derselben strengen Auslegung, so hätte es ihm leicht gehen mögen, wie dem König Shiram, dessen Kornkammern nicht ausreichten, dem Erfinder des Schachspiels die ihm zugesagte Belohnung zu gewähren.

Dass die von VEGA ausgebotene Belohnung, unter jener Voraussetzung, ihm theuer zu stehen kommen konnte, lässt sich schon, ohne alles Nachrechnen, aus einem Umstande erkennen, der leicht zu bestätigen, jedoch meines Wissens anderweit noch nirgends zur Sprache gebracht ist. Dieser Umstand besteht darin, dass in der Tafel für die Logarithmen der trigonometrischen Grössen die Zahlen der Sinuscolumne fast ohne Ausnahme*) der Summe der Zahlen der Cosinuscolumne und der Tangentencolumne genau gleich sind. Da alle diese Zahlen nur abgekürzte Werthe der irrationalen genauen Grössen sind, so ist klar, dass bei streng richtiger Abkürzung jene Gleichheit nicht Statt finden wird, in allen den Fällen, wo die Abweichungen von den genauen Werthen in der zweiten und dritten Columne gleiche Zeichen haben, und ihre Summe mehr als eine halbe Einheit der letzten Decimale beträgt. Man übersieht leicht, dass bei einer grossen

*) Ich habe grosse Strecken der Tafel in dieser Beziehung prüfen lassen: allein unter Tausenden von Fällen ist nur eine einzige Ausnahme gefunden, nemlich bei dem Bogen 27°54'0". Ich kann jedoch diese Ausnahme, sowie etwanige andere, wenn dergl. noch hie und da vorkommen sollten, nur einem Versehen, und nicht einem Vorsatze zuschreiben.

Menge von Fällen dieser Ausnahmefall durchschnittlich einmal unter vieren vorkommen wird, was sich bei wirklicher Abzählung in solchen siebenziffrigen Tafeln, wo auf die Richtigkeit der letzten Ziffer mit Sorgfalt gehalten ist, bestätigt findet. (Es hat z. B. eine solche Abzählung in den erwähnten Köhler'schen Tafeln an den 900 einzelnen Minuten von $30^0 0'$ bis $44^0 59'$ genau 225 solcher Fälle ergeben, welche vollkommene Uebereinstimmung allerdings für zufällig zu halten ist). Vega's Thesaurus enthält die Logarithmen der Sinus, Cosinus und Tangenten von 22680 Bogen. Unter der Voraussetzung also, dass alle Zahlen in zweien dieser Columnen scharf nach dem Princip abgekürzt seien, wird man, mit einer geringen Unsicherheit im Mehr oder Weniger, in der dritten Columne 5670 Logarithmen erwarten dürfen, die um eine Einheit unrichtig angesetzt sind. Für den Preis von so vielen Ducaten würden wohl befähigte Personen zur vollständigen Neurechnung bereit gewesen sein.

Welche zwei Columnen die ursprünglichen sind, wird man aus der Vergleichung mit anderweitigen auf mehr als zehn Stellen zuverlässigen Bestimmungen erkennen können, schon an wenigen Bögen und mit Gewissheit, wenn die Voraussetzung der strengen Richtigkeit der ursprünglichen Columnen zutrifft, im entgegengesetzten Fall aber an einer etwas beträchtlichern Menge wenigstens mit überwiegender Wahrscheinlichkeit.

Einiges hiezu dienliche findet man schon fertig vor am Schluss der Decimaltafeln, welche Hobert und Ideler 1799 geliefert haben, und die zwar nur mit sieben Ziffern abgedruckt sind, aber in der Handschrift auf doppelt so viele vollendet waren. Es werden daselbst 138 fehlerhafte Logarithmen des Vega'schen Thesaurus angezeigt, von denen 127, um genau gesetzmässig zu werden, einer Correction von einer Einheit in der zehnten Stelle bedürfen, 10 einer Correction von zwei Einheiten, und eine drei Einheiten. Von den 127 fallen 49 auf Sinus, 35 auf Cosinus und 43 auf Tangenten; die übrigen 11 Correctionen, von 2 oder 3 Einheiten, beziehen sich blos auf Tangenten. Die betreffenden Bögen sind die mit 27 Minuten messbaren, und die nicht mit angeführten sind diejenigen, wo die Logarithmen keiner Correctionen bedurften. Es hätten übrigens diese Vergleichungen auch ohne die Hobert-Ideler'schen handschriftlichen Tafeln gemacht werden können, da die allgemein verbreiteten Callet'schen Tafeln die Logarithmen der Sinus und Cosinus auf 14 Ziffern für alle Tausendtheile des Quadranten enthalten. Wenn man aus diesen auch noch das Nöthige für alle Bögen unter zwei Grad entlehnt, die durch 5′24″ aber nicht durch 27′ messbar sind, so gewinnt man die Vergleichung VEGA'scher Logarithmen von 118 Bögen mit schärfern Bestimmungen, wovon die Resultate in folgendem Abriss (I) zusammengestellt sind:

	Sin.	Cos.	Tang.
0	65	75	54
1	53	43	53
2			10
3			1

Die Bedeutung dieser Zahlen, z. B. der in der letzten Columne ist, dass unter 118 Tangenten-Logarithmen 54 richtig angesetzt sind, 53 einer Correction von einer Einheit in der zehnten Stelle bedürfen, 10 einer Correction von zwei Einheiten, und einer der Correction von drei Einheiten. Es folgt hieraus schon entschieden, dass *keine* Columne der VEGA'schen Tafel durchaus richtig angesetzt ist, und mit überwiegender Wahrscheinlichkeit, dass die Tangenten-Logarithmen die abgeleiteten sind, durch die einfache Subtraction der Zahlen der Cosinuscolumne von denen der Sinuscolumne.

Die Verfasser der erwähnten Decimaltafeln hätten übrigens doppelt so viele Vergleichungen aus ihrer Handschrift geben können. Man kann sich aber eine noch viel grössere Ausbeute verschaffen, wenn man die höchst schätzbare Tafel von BRIGG's (in der nach dessen Tode von GELLIBRAND 1633 herausgegebenen Trigonometria Britannica) benutzt, welche die Logarithmen der Sinus und Cosinus für alle Hunderttheile der gewöhnlichen Grade auf 14 Ziffern liefert, und aus welcher CALLET die oben erwähnten Zahlen entlehnt hat. Sie enthält das Material, um VEGA's Tafeln bei 1060 Bögen, also zusammen 3180 Logarithmen, prüfen zu können. Ich selbst habe mich jedoch darauf beschränkt, diese Prüfung an 81 Bögen oder an 243 Logarithmen, von 14°0′ bis 18°0′ vorzunehmen, wovon das Resultat hier folgt (II):

	Sin.	Cos.	Tang.
0	29	56	36
1	52	25	42
2			3

Wirft man die Gruppen (I) und (II) zusammen, so jedoch, dass man die beiden gemeinschaftlichen Bögen nur einmal in Rechnung bringt, so erhält man für 190 Bögen folgende Ausbeute (III):

	Sin.	Cos.	Tang.
0	89	126	87
1	101	64	90
2			12
3			1

Will man diese Zahlen zu einer Abschätzung des Verhältnisses zwischen den richtigen und unrichtigen Logarithmen anwenden, so muss man erst noch einen kleinen Abzug machen. Es ist in (I) der Logarithm des Sinus von 45° zweimal gezählt, nemlich zugleich auch als log cos 45°; es ist ferner in der Tangentencolumne auch der Logarithm der Tangente von 45° mitgezählt, der doch rational ist. Dasselbe gilt von (III) und man muss daher, zu obigem Zweck, das Resultat davon so aussprechen, dass unter 568 geprüften irrationalen Logarithmen 301 sich als richtig, und 267 als unrichtig ausgewiesen haben. Dürfte man dies Verhältniss als durchschnittlich zutreffend betrachten, so würden unter den 68038 irrationalen Logarithmen des Vega'schen Thesaurus (indem man, wie billig die Cotangenten nicht mitzählt) nach der Wahrscheinlichkeit etwa 31983 fehlerhafte anzunehmen sein.

Wahrscheinlich ist aber diese Zahl noch bedeutend zu klein. Ich finde in meinen Papieren die vor längerer Zeit und zu andern Zwecken auf 14 Ziffern gemachte Berechnung der trigonometrischen Logarithmen für ein paar Gruppen von Bögen, die nicht sprungsweise, sondern in denselben Intervallen wie die Vega'schen Tafeln, fortschreiten, woraus wenigstens hervorgeht, dass obiges Resultat (III) noch keinen richtigen Maassstab für die Ungenauigkeit dieser Tafeln abgibt. Während bei jenen 190 Bögen kein einziger Fall vorkommt, wo der Logarithm eines Sinus oder eines Cosinus um mehr als *eine* Einheit verbessert werden müsste, sind solche Fälle gar nicht selten bei denjenigen Bögen, die *nicht* in der Trigonometria Britannica vorkommen, und wo also das zur Vergleichung nöthige erst durch besondere Rechnung herbeigeschafft werden muss. Ich füge daher die Resultate jener Rechnungen hier bei, da sie dazu dienen können, unserer Vorstellung von dem Grade der Ungenauigkeit der Zahlen in Vega's Thesaurus eine festere Haltung zu geben.

Die Vergleichung der Zahlen im Thesaurus bei den 21 Bögen von 15°38′20″ bis 15°41′40″ mit den schärfer berechneten hat ergeben (IV):

	Sin.	Cos.	Tang.
0	4	12	1
1	9	8	8
2	6	1	6
3	2		4
4			2

Die Fälle, wo die grössten Abweichungen vorkommen, sind:

15°40′20″, wo die Correctionen +3, —1, +4
15 41 30, wo folgende +3, 0, +4

an die Logarithmen des Sinus, des Cosinus und der Tangente angebracht werden müssen.

Ebenso hat die Vergleichung der Vega's chen Zahlen bei den 93 Bögen, von 1°19′52″ bis 1°21′24″ mit schärferer Rechnung folgende ergeben (V):

	Sin.	Cos.	Tang.
0	38	30	17
1	39	56	41
2	15	7	22
3	1		11
4			2

Die grössten Abweichungen finden Statt bei den Bögen 1°20′10″ und 1°20′15″; und die nöthigen Correctionen betragen bei ersterm —2, +1, —4, bei dem andern —2, +2, —4.

Die Gruppen IV und V haben nicht gleichen Ursprung, da die Zahlen des Thesaurus zu der Gruppe IV aus Vlacq's Trigonometria Artificialis genommen sind, die andern hingegen zu den neu hinzugekommenen gehören, welche unter Vega's Leitung und Aufsicht von dem Lieutenant Dorfmund berechnet sind. Nach obigen Abrissen erscheinen die letztern wie etwas weniger ungenau als die erstern, wiewohl die Gruppe IV zu wenig zahlreich ist, um ein sicheres Urtheil zu begründen. Jedenfalls folgt aus dem Zusammenwerfen beider Gruppen eine Schätzung für die Totalungenauigkeit der Tafeln, die eher etwas zu günstig sein wird, als umgekehrt. Aus dieser Vereinigung folgt, für 114 Bögen (VI):

	Sin.	Cos.	Tang.
0	42	42	18
1	48	64	49
2	21	8	28
3	3		15
4			4

Es sind also hier unter 342 Logarithmen nur 102, die keiner Verbesserung bedürfen, gegen 240 ungenaue. Nach diesem Verhältniss würde man unter den 68038 irrationalen Logarithmen 47746 ungenaue erwarten können.

Die Summe der Quadrate der Abweichungen findet sich für die Sinus 159, für die Cosinus 96, für die Tangenten 360. Als mittlern Fehler mag man also annehmen für die Sinus 1,18, für die Cosinus 0,92, für die Tangenten 1,78. Man kann hienach nicht zweifeln, dass die Tangenten-Logarithmen die abgeleiteten sind.

Dass die Zahlen der Cosinuscolumne weniger ungenau sind, als die der Sinuscolumne, rührt wohl ohne Zweifel wenigstens theilweise, daher, dass bei den erstern die zur Ausfüllung erforderlichen Interpolationsmethoden einfacher ausfallen, möglicherweise können indess noch andere Ursachen mitgewirkt haben, worüber sich nur unsichere Vermuthungen aufstellen lassen würden.

NACHLASS.

THEORIA INTERPOLATIONIS

METHODO NOVA TRACTATA.

1.

Problema. *Invenire summam seriei*

$$\frac{a^n}{(a-b)(a-c)(a-d)(a-e)\ldots}+\frac{b^n}{(b-a)(b-c)(b-d)(b-e)\ldots}$$
$$+\frac{c^n}{(c-a)(c-b)(c-d)(c-e)\ldots}+\frac{d^n}{(d-a)(d-b)(d-c)(d-e)\ldots}$$
$$+\frac{e^n}{(e-a)(e-b)(e-c)(e-d)\ldots}+\text{etc.}$$

ubi a. b, c, d, e *sunt* m *quantitates diversae*, *atque* n *numerus integer quicunque positivus*, *negativus sive etiam* 0.

Solutio. Faciendo brevitatis caussa

$$\frac{1}{(a-b)(a-c)(a-d)(a-e)\ldots}=\alpha$$
$$\frac{1}{(b-a)(b-c)(b-d)(b-e)\ldots}=\beta$$
$$\frac{1}{(c-a)(c-b)(c-d)(c-e)\ldots}=\gamma$$
$$\frac{1}{(d-a)(d-b)(d-c)(d-e)\ldots}=\delta,\ \text{etc.}$$

ita ut summa quaesita, quam per S^n denotabimus fiat $=\alpha a^n+\beta b^n+\gamma c^n+\delta d^n+$etc.: manifestum est, si x exprimat quantitatem indeterminatam, ex evolutione aggregati

$$P = \frac{\alpha}{1-ax} + \frac{\beta}{1-bx} + \frac{\gamma}{1-cx} + \frac{\delta}{1-dx} + \text{etc.}$$

in seriem secundum potestates ipsius x ascendentem, prodire

$$S^0 + S^1 x + S^2 xx + S^3 x^3 + \text{etc. in infin.}$$

Statuatur $(1-ax)(1-bx)(1-cx)(1-dx)\ldots = Q$, eritque Q functio integra indeterminatae x, ad ordinem m^{tum} ascendens; PQ autem fiet functio integra ordinis $m-1^{\text{ti}}$ puta $=$

$$\begin{aligned}&\alpha(1-bx)(1-cx)(1-dx)\ldots\\ &+\beta(1-ax)(1-cx)(1-dx)\ldots\\ &+\gamma(1-ax)(1-bx)(1-dx)\ldots\\ &+\delta(1-ax)(1-bx)(1-cx)\ldots\\ &+\text{etc.}\end{aligned}$$

Qua propius considerata, patebit, per substitutionem $x = \frac{1}{a}$ omnes partes praeter primam evanescere, hanc vero abire in

$$\alpha\left(1-\frac{b}{a}\right)\left(1-\frac{c}{a}\right)\left(1-\frac{d}{a}\right)\ldots = \frac{1}{a^{m-1}}$$

Simili modo per substitutionem $x = \frac{1}{b}$ evanescent omnes partes praeter secundam, quae fit $= \frac{1}{b^{m-1}}$. Perinde per substitutiones $x = \frac{1}{c}$, $x = \frac{1}{d}$ etc. transit PQ in $\frac{1}{c^{m-1}}$, $\frac{1}{d^{m-1}}$ etc. Hinc vero sequitur, $PQ - x^{m-1}$ per omnes has substitutiones valorem 0 obtinere, quod fieri nequit, nisi fuerit identice $= 0$, sive $PQ = x^{m-1}$; alioquin enim aequatio $PQ - x^{m-1} = 0$, quae non maioris quam $m-1^{\text{ti}}$ ordinis est, m radices diversas $\frac{1}{a}, \frac{1}{b}, \frac{1}{c}, \frac{1}{d}\ldots$ haberet.

Iam sit

$$Q = 1 - Ax + Bxx - Cx^3 + Dx^4 - \text{etc.}$$

nempe A summa quantitatum $a, b, c, d\ldots$; B summa productorum e binis; C summa productorum e ternis etc., patetque, quum ex evolutione fractionis $\frac{x^{m-1}}{Q} = P$ prodire debeat

$$S^0 + S^1 x + S^2 xx + S^3 x^3 + \text{etc.}$$

primo: esse debere $S^0 = 0$, $S^1 = 0$, $S^2 = 0$ etc. usque ad $S^{m-2} = 0$*), tunc

*) Haecce solutionis pars iam ab ill. EULERO tradita est, per methodum a nostra aliquantum discrepantem. *Inst. Calc. Integr.* T. II pag. 432.

vero fieri $S^{m-1} = 1$, $S^m = A$, tandemque terminos ulteriores tamquam membra seriei recurrentis per legem sequentem determinari:

$$\begin{aligned} S^m &= A \\ S^{m+1} &= AS^m - BS^{m-1} &&= AA - B \\ S^{m+2} &= AS^{m+1} - BS^m + CS^{m-1} &&= A^3 - 2BA + C \\ \text{etc.} \end{aligned}$$

Facile quidem hinc colligitur S^{m+1} esse $= aa + bb + cc + \ldots + B$ sive summam quadratorum cum summa omnium productorum e binis diversis quantitatum $a, b, c, d \ldots$; sed quo clarius perspiciatur, quonam modo termini sequentes ex elementis $a, b, c, d \ldots$ formentur, observamus $\frac{1}{Q}$ esse productum e seriebus

$$\begin{aligned} &1 + ax + aaxx + a^3x^3 + \text{etc.} \\ &1 + bx + bbxx + b^3x^3 + \text{etc} \\ &1 + cx + ccxx + c^3x^3 + \text{etc.} \\ &1 + dx + ddxx + d^3x^3 + \text{etc.} \\ &\text{etc.} \end{aligned}$$

Hoc vero productum est $= \Sigma a^\lambda b^\mu c^\nu \ldots \times x^{\lambda+\mu+\nu\ldots}$, ubi exponentibus $\lambda, \mu, \nu \ldots$ omnes valores integri a 0 usque in infin. tribuendi omnibusque quibus fieri potest modis combinandi sunt. Quocirca ut in serie, in quam $\frac{1}{Q}$ evolvitur, eius termini, qui continet x^{n+1-m}, coëfficientem obtineamus, numerum $n+1-m$ omnibus quibus fieri potest modis in n partes integras $\lambda + \mu + \nu + \ldots$ (inter quas etiam pars 0 admittitur) discerpere oportet, omnibus quoque permutationibus harum partium permissis; atque tunc singula producta $a^\lambda b^\mu c^\nu \ldots$ in summam colligere, quae erit coëfficiens quaesitus, simulque $= S^n$. Levi attentione adhibita patebit, huic regulae prorsus aequivalere sequentem: Ex m quantitatibus $a, b, c, d \ldots$ omnes combinationes $n+1-m$ elementorum colligendae, admissis repetitionibus, et singulae tamquam producta considerandae, quorum aggregatum erit $= S^n$. Quare erit ut supra S^{m+1} summa omnium productorum e binis quantitatum $a, b, c, d \ldots$ tum diversis tum identicis; S^{m+2} summa omnium productorum e ternis diversis seu identicis etc.

Nihil iam superest, nisi ut summam progressionis nostrae pro valoribus negativis ipsius n definire doceamus. Ad quem finem partem primam summae S^{-n} puta $\frac{a^{-n}}{(a-b)(a-c)(a-d)\ldots}$ sub hanc formam ponemus

$$\pm\frac{1}{abcd\ldots}\times\frac{\left(\frac{1}{a}\right)^{m+n-2}}{\left(\frac{1}{a}-\frac{1}{b}\right)\left(\frac{1}{a}-\frac{1}{c}\right)\left(\frac{1}{a}-\frac{1}{d}\right)\ldots}$$

ubi signum superius vel inferius adoptandum est, prout m impar est vel par, similisque transformatio etiam ad partes reliquas applicari poterit. Quamobrem si per characterem T designetur expressio, quae perinde ex $\frac{1}{a}, \frac{1}{b}, \frac{1}{c}, \frac{1}{d}\ldots$ oritur, ut S ex $a, b, c, d\ldots$, manifesto fiet $S^{-n}=\pm\frac{T^{m+n-2}}{abcd\ldots}$. Hoc itaque modo hic casus ad praecedentem reductus est, fitque

$$S^{-1}=\pm\frac{1}{abcd\ldots},\quad S^{-2}=\pm\frac{\frac{1}{a}+\frac{1}{b}+\frac{1}{c}+\frac{1}{d}+\ldots}{abcd\ldots},$$

S^{-3} aequalis producto ex $\pm\frac{1}{abcd\ldots}$ in summam omnium productorum e binis quantitatum $\frac{1}{a}, \frac{1}{b}, \frac{1}{c}, \frac{1}{d}\ldots$ diversis aut identicis etc.

2.

Applicabimus disquisitionem praecedentem ad eum casum, ubi quantitatibus a, b, c, d valores imaginarii tribuuntur: hac ratione ad quasdam insignes relationes perfacile perveniemus, quae alia methodo tractatae maiores difficultates obiicerent. Sit E basis logarithmorum naturalium, i quantitas imaginaria $\sqrt{-1}$; consideremus loco quantitatum realium $a, b, c\ldots$ imaginarias $E^{ia}, E^{ib}, E^{ic}, E^{id}\ldots$ et $E^{-ia}, E^{-ib}, E^{-ic}, E^{-id}\ldots$, statuamusque

$$\begin{aligned}&\frac{E^{ina}}{(E^{ia}-E^{ib})(E^{ia}-E^{ic})(E^{ia}-E^{id})\ldots}\\&+\frac{E^{inb}}{(E^{ib}-E^{ia})(E^{ib}-E^{ic})(E^{ib}-E^{id})\ldots}\\&+\frac{E^{inc}}{(E^{ic}-E^{ia})(E^{ic}-E^{ib})(E^{ic}-E^{id})\ldots}\\&+\frac{E^{ind}}{(E^{id}-E^{ia})(E^{id}-E^{ib})(E^{id}-E^{ic})\ldots}+\text{etc.}=S^n,\ \text{atque}\end{aligned}$$

$$\begin{aligned}&\frac{E^{-ina}}{(E^{-ia}-E^{-ib})(E^{-ia}-E^{-ic})(E^{-ia}-E^{-id})\ldots}\\&+\frac{E^{-inb}}{(E^{-ib}-E^{-ia})(E^{-ib}-E^{-ic})(E^{-ib}-E^{-id})\ldots}\\&+\frac{E^{-inc}}{(E^{-ic}-E^{-ia})(E^{-ic}-E^{-ib})(E^{-ic}-E^{-id})\ldots}\\&+\frac{E^{-ind}}{(E^{-id}-E^{-ia})(E^{-id}-E^{-ib})(E^{-id}-E^{-ic})\ldots}+\text{etc.}=T^n\end{aligned}$$

Designando itaque multitudinem quantitatum $a, b, c, d\ldots$ per m, erunt $S^0, S^1, S^2 \ldots S^{m-2}$, nec non $T^0, T^1, T^2 \ldots T^{m-2}$ omnes $= 0$; porro $S^{m-1} = T^{m-1} = 1$; S^m summa quantitatum $E^{ia}, E^{ib}, E^{ic}, E^{id}\ldots$; S^{m+1} summa productorum omnium e binis diversis seu identicis; S^{m+2} summa productorum e ternis etc.; et perinde valores summarum T^m, T^{m+1}, T^{m+2} etc. e quantitatibus $E^{-ia}, E^{-ib}, E^{-ic}, E^{-id}\ldots$ formandi erunt.

Iam quum constet, esse $E^{ix}+E^{-ix} = 2\cos x$, $E^{ix}-E^{-ix} = 2i\sin x$, facile perspicietur, valorem expressionis $\frac{1}{2}(S^n+T^n)$, qui pro $n = 0, 1, 2\ldots m-2$ fit $= 0$, pro $n = m-1$ autem $= 1$, pro $n = m$ fieri

$$= \cos a + \cos b + \cos c + \cos d \ldots$$

similiterque fieri $\frac{1}{2}(S^{m+1}+T^{m+1})$ summam cosinuum omnium angulorum, qui oriuntur addendo *binos* ex his a, b, c, d.. diversos seu identicos; $\frac{1}{2}(S^{m+2}+T^{m+2})$ summam cosinuum omnium angulorum, qui oriuntur addendo ex iisdem *ternos* etc. Perinde erit $\frac{S^n-T^n}{2i} = 0$ pro $n = 0, 1, 2\ldots m-1$; porro $= \sin a + \sin b + \sin c + \sin d + \ldots$ pro $n = m$; et similiter $\frac{S^{m+1}-T^{m+1}}{2i}$ erit summa sinuum omnium angulorum, qui oriuntur addendo ex his $a, b, c, d\ldots$ binos diversos seu identicos; $\frac{S^{m+2}-T^{m+2}}{2i}$ summa sinuum omnium angulorum, qui oriuntur ex iisdem, ternos combinando etc.

Summarum S^n, T^n partes nunc propius considerabimus. Est

$$E^{ia}-E^{ib} = E^{\frac{1}{2}i(a+b)}(E^{\frac{1}{2}i(a-b)}-E^{\frac{1}{2}i(b-a)}) = 2iE^{\frac{1}{2}i(a+b)}\sin\tfrac{1}{2}(a-b)$$

perinde

$$E^{ia}-E^{ic} = 2iE^{\frac{1}{2}i(a+c)}\sin\tfrac{1}{2}(a-c) \text{ etc.}$$

Quamobrem in S^n partis primae denominator fit

$$= (2i)^{m-1}E^{\frac{1}{2}i(b+c+d\ldots+(m-1)a)}\sin\tfrac{1}{2}(a-b)\sin\tfrac{1}{2}(a-c)\sin\tfrac{1}{2}(a-d)\ldots$$

statuendoque $a+b+c+d+\ldots = s$, haec pars ipsa

$$= \frac{E^{i((n+1-\frac{1}{2}m)a-\frac{1}{2}s)}}{(2i)^{m-1}\sin\frac{1}{2}(a-b)\sin\frac{1}{2}(a-c)\sin\frac{1}{2}(a-d)\ldots}$$

Simili modo habetur

$$E^{-ia}-E^{-ib} = -2iE^{-\frac{1}{2}i(a+b)}\sin\tfrac{1}{2}(a-b)$$

unde tandem pars prima summae T^n provenit

$$= \frac{\pm E^{-i((n+1-\frac{1}{2}m)a-\frac{1}{2}s)}}{(2i)^{m-1}\sin\frac{1}{2}(a-b)\sin\frac{1}{2}(a-c)\sin\frac{1}{2}(a-d)\ldots}$$

ubi signum superius vel inferius valet, prout m impar est vel par. Quam cum parte prima summae S^n addendo, sive ab eadem subtrahendo, concludimus fieri *primo* pro valore impari ipsius m partem primam summae $\frac{1}{2}(S^n+T^n)$

$$= \frac{\cos((n+1-\frac{1}{2}m)a-\frac{1}{2}s)}{(2i)^{m-1}\sin\frac{1}{2}(a-b)\sin\frac{1}{2}(a-c)\sin\frac{1}{2}(a-d)\ldots}$$

partem primam summae $\frac{S^n-T^n}{2i}$

$$= \frac{\sin((n+1-\frac{1}{2}m)a-\frac{1}{2}s)}{(2i)^{m-1}\sin\frac{1}{2}(a-b)\sin\frac{1}{2}(a-c)\sin\frac{1}{2}(a-d)\ldots}$$

secundo pro valore pari ipsius m partem primam summae $\frac{1}{2}(S^n+T^n)$

$$= \frac{\sin((n+1-\frac{1}{2}m)a-\frac{1}{2}s)}{2^{m-1}i^{m-2}\sin\frac{1}{2}(a-b)\sin\frac{1}{2}(a-c)\sin\frac{1}{2}(a-d)\ldots}$$

partem primam summae $\frac{S^n-T^n}{2i}$

$$= \frac{-\cos((n+1-\frac{1}{2}m)a-\frac{1}{2}s)}{2^{m-1}i^{m-2}\sin\frac{1}{2}(a-b)\sin\frac{1}{2}(a-c)\sin\frac{1}{2}(a-d)\ldots}$$

Manifesto partes sequentes expressionum $\frac{1}{2}(S^n+T^n)$, $\frac{S^n-T^n}{2i}$ primae prorsus analogae erunt, atque inde per solam commutationem characteris a cum $b, c, d\ldots$ orientur. Iam designando per k angulum arbitrarium ponendoque $n+1-\frac{1}{2}m=\lambda$, adiumento formularum

$$\cos(\lambda a+k) = \cos(k+\tfrac{1}{2}s)\cos(\lambda a-\tfrac{1}{2}s) - \sin(k+\tfrac{1}{2}s)\sin(\lambda a-\tfrac{1}{2}s)$$
$$\sin(\lambda a+k) = \cos(k+\tfrac{1}{2}s)\sin(\lambda a-\tfrac{1}{2}s) + \sin(k+\tfrac{1}{2}s)\cos(\lambda a-\tfrac{1}{2}s)$$

haud difficile perveniemus ad summationem serierum sequentium

$$\begin{aligned}&\frac{\cos(\lambda a+k)}{\sin\frac{1}{2}(a-b)\sin\frac{1}{2}(a-c)\sin\frac{1}{2}(a-d)\ldots}\\ &+\frac{\cos(\lambda b+k)}{\sin\frac{1}{2}(b-a)\sin\frac{1}{2}(b-c)\sin\frac{1}{2}(b-d)\ldots}\\ &+\frac{\cos(\lambda c+k)}{\sin\frac{1}{2}(c-a)\sin\frac{1}{2}(c-b)\sin\frac{1}{2}(c-d)\ldots}\\ &+\frac{\cos(\lambda d+k)}{\sin\frac{1}{2}(d-a)\sin\frac{1}{2}(d-b)\sin\frac{1}{2}(d-c)\ldots}+\text{etc.} = U^\lambda\end{aligned}$$

atque

$$\frac{\sin(\lambda a+k)}{\sin\frac{1}{2}(a-b)\sin\frac{1}{2}(a-c)\sin\frac{1}{2}(a-d)\ldots}$$
$$+\frac{\sin(\lambda b+k)}{\sin\frac{1}{2}(b-a)\sin\frac{1}{2}(b-c)\sin\frac{1}{2}(b-d)\ldots}$$
$$+\frac{\sin(\lambda c+k)}{\sin\frac{1}{2}(c-a)\sin\frac{1}{2}(c-b)\sin\frac{1}{2}(c-d)\ldots}$$
$$+\frac{\sin(\lambda d+k)}{\sin\frac{1}{2}(d-a)\sin\frac{1}{2}(d-b)\sin\frac{1}{2}(d-c)\ldots}+\text{etc.}=V^\lambda$$

Casus primus, si m est impar.

In hoc casu λ debet esse non numerus integer sed fractione $\frac{1}{2}$ affectus sive numeri imparis semissis. Ad valores *negativos* ipsius λ non opus est respicere, quum habeatur $\cos(-\lambda a+k)=\cos(\lambda a-k)$ atque $\sin(-\lambda a+k)=-\sin(\lambda a-k)$, adeoque summatio pro valore negativo e summatione pro opposito positivo per solam mutationem ipsius k in $-k$ sponte demanat: haec observatio manifesto etiam in casu sequenti valebit. Iam patet facile, pro $n=0, 1, \ldots m-2$, sive pro $\lambda=-\frac{1}{2}m+1, -\frac{1}{2}m+2, \ldots \frac{1}{2}m-1$, sive ut valores negativos omittamus, pro $\lambda=\frac{1}{2}, \frac{3}{2}, \frac{5}{2}\ldots\frac{1}{2}m-1$ fieri tum $U^\lambda=0$, tum $V^\lambda=0$; porro

$$U^{\frac{1}{2}m}=(2i)^{m-1}\cos(\tfrac{1}{2}s+k),\qquad V^{\frac{1}{2}m}=(2i)^{m-1}\sin(\tfrac{1}{2}s+k)$$
$$U^{\frac{1}{2}m+1}=(2i)^{m-1}\{\cos(\tfrac{1}{2}s+k+a)+\cos(\tfrac{1}{2}s+k+b)+\cos(\tfrac{1}{2}s+k+c)+\cos(\tfrac{1}{2}s+k+d)+\text{etc.}\}$$
$$V^{\frac{1}{2}m+1}=(2i)^{m-1}\{\sin(\tfrac{1}{2}s+k+a)+\sin(\tfrac{1}{2}s+k+b)+\sin(\tfrac{1}{2}s+k+c)+\sin(\tfrac{1}{2}s+k+d)+\text{etc.}\}$$

$U^{\frac{1}{2}m+2}$ vel $V^{\frac{1}{2}m+2}$ aequalem producto ex $(2i)^{m-1}$ in summam cosinuum vel sinuum omnium angulorum, qui oriuntur addendo $\frac{1}{2}s+k$ cum binis angulorum $a, b, c, d \ldots$ diversis seu identicis; $U^{\frac{1}{2}m+3}$ vel $V^{\frac{1}{2}m+3}$ aequalem producto ex $(2i)^{m-1}$ in summam cosinuum vel sinuum omnium angulorum, qui oriuntur addendo $\frac{1}{2}s+k$ cum ternis ex iisdem etc. Ceterum vix opus erit admonere, potestatem quantitatis imaginariae i cum exponente pariter pari fieri $=+1$, cum impariter pari $=-1$.

Casus secundus, si m est par.

In hoc casu λ debet esse numerus integer, fitque pro $\lambda=0, 1, 2\ldots\frac{1}{2}m-1$ tum $U^\lambda=0$, tum $V^\lambda=0$. Porro erit

$$U^{\frac{1}{2}m} \quad = 2^{m-1} i^{m-2} \sin(\tfrac{1}{2}s+k),$$
$$V^{\frac{1}{2}m} \quad = -2^{m-1} i^{m-2} \cos(\tfrac{1}{2}s+k);$$
$$U^{\frac{1}{2}m+1} = 2^{m-1} i^{m-2} \{\sin(\tfrac{1}{2}s+k+a)+\sin(\tfrac{1}{2}s+k+b)+\sin(\tfrac{1}{2}s+k+c) + \sin(\tfrac{1}{2}s+k+d)+ \text{etc.}\}$$
$$V^{\frac{1}{2}m+1} = -2^{m-1} i^{m-2} \{\cos(\tfrac{1}{2}s+k+a)+\cos(\tfrac{1}{2}s+k+b)+\cos(\tfrac{1}{2}s+k+c) + \cos(\tfrac{1}{2}s+k+d)+ \text{etc.}\}$$

$U^{\frac{1}{2}m+2}$, $U^{\frac{1}{2}m+3}$ etc. aequalis producto ex $2^{m-1} i^{m-2}$ in summam sinuum omnium angulorum, qui oriuntur addendo $\frac{1}{2}s+k$ cum binis, ternis etc. angulorum $a, b, c\ldots.$ diversis seu identicis; $V^{\frac{1}{2}m+2}$, $U^{\frac{1}{2}m+3}$ etc. aequalis producto ex $-2^{m-1} i^{m-2}$ in summam cosinuum omnium angulorum, qui oriuntur addendo $\frac{1}{2}s+k$ cum binis, ternis etc. eorundem angulorum.

3.

Sit X functio indeterminatae x huius formae

$$\alpha+\beta x+\gamma xx+\delta x^3+ \text{etc.}$$

quae non excurrat in infinitum, sed abrumpatur, neque ultra terminum, qui continet x^{m-1} egrediatur, ita ut multitudo coëfficientium non sit maior quam m. Tunc si pro m valoribus diversis ipsius x, puta $a, b, c, d\ldots$ valores correspondentes ipsius X sunt cogniti, puta $= A, B, C, D\ldots$ ex his valor ipsius X valori alicui alii ipsius x respondens sequenti modo concinne eruetur. Sit t valor novus ipsius x, atque T valor respondens ipsius X, ita ut sequentes $m+1$ aequationes locum habeant

$$A = \alpha+\beta a+\gamma aa+\delta a^3+\ldots$$
$$B = \alpha+\beta b+\gamma bb+\delta b^3+\ldots$$
$$C = \alpha+\beta c+\gamma cc+\delta c^3+\ldots$$
$$D = \alpha+\beta d+\gamma dd+\delta d^3+\ldots$$
etc.
$$T = \alpha+\beta t+\gamma tt+\delta t^3+\ldots$$

Multiplicentur hae aequationes resp. per

$$\frac{1}{(a-b)(a-c)(a-d)\ldots.(a-t)}$$

$$\frac{1}{(b-a)(b-c)(b-d)\ldots.(b-t)}$$

$$\frac{1}{(c-a)(c-b)(c-d)\ldots.(c-t)}$$

$$\frac{1}{(d-a)(d-b)(d-c)\ldots.(d-t)}$$

etc.

$$\frac{1}{(t-a)(t-b)(t-c)\ldots.}$$

prodeatque inde per productorum additionem

$$\begin{aligned}&\frac{A}{(a-b)(a-c)(a-d)\ldots(a-t)}\\&+\frac{B}{(b-a)(b-c)(b-d)\ldots(b-t)}\\&+\frac{C}{(c-a)(c-b)(c-d)\ldots(c-t)}\\&+\frac{D}{(d-a)(d-b)(d-c)\ldots(d-t)}\\&+\text{etc.}\\&+\frac{T}{(t-a)(t-b)(t-c)(t-d)\ldots}=W\end{aligned}$$

Tunc ex art. 1, ubi m idem denotabat, quod hic nobis est $m+1$, facile concludetur, fieri $W=0$; quamobrem multiplicando per $(t-a)(t-b)(t-c)\ldots$ prodit

$$\begin{aligned}T=\;&\frac{(t-b)(t-c)(t-d)\ldots}{(a-b)(a-c)(a-d)\ldots}A\\&+\frac{(t-a)(t-c)(t-d)\ldots}{(b-a)(b-c)(b-d)\ldots}B\\&+\frac{(t-a)(t-b)(t-d)\ldots}{(c-a)(c-b)(c-d)\ldots}C\\&+\frac{(t-a)(t-b)(t-c)\ldots}{(d-a)(d-b)(d-c)\ldots}D\\&+\text{etc.}\end{aligned}$$

4.

Formula in art. praec. inventa, ita comparata est, ut sponte sine omni calculo pateat, si pro t quantitatum a, b, c, d. aliqua in illa substituatur, valorem respondentem A, B, C, D.. inde prodire. Neque hoc solo respectu sese commendat: certo enim ad usum practicum longe commodissima est, saltem quoties unicus tantum valor ipsius X e valoribus datis computandus est. Quando plures sunt eruendi, transformatio sequens formulae nostrae nonnunquam praeferri poterit

$$T = A + (t-a)\left(\frac{A}{a-b} + \frac{B}{b-a}\right)$$
$$+ (t-a)(t-b)\left(\frac{A}{(a-b)(a-c)} + \frac{B}{(b-a)(b-c)} + \frac{C}{(c-a)(c-b)}\right)$$
$$+ (t-a)(t-b)(t-c)\left(\frac{A}{(a-b)(a-c)(a-d)} + \frac{B}{(b-a)(b-c)(b-d)}\right.$$
$$\left. + \frac{C}{(c-a)(c-b)(c-d)} + \frac{D}{(d-a)(d-b)(d-c)}\right)$$
$$+ \text{etc.}$$

(quae ex formula art. 3 facillime derivatur, si in hac multitudo quantitatum $a, b, c, d \ldots$ ab una a ad duas a, b, inde ad tres a, b, c etc. successive increscere concipitur et quisque valor ipsius T hoc modo oriens a sequenti subtrahitur). Ponantur coëfficientes

$$\frac{A}{a-b} + \frac{B}{(b-a)}, \quad \frac{A}{(a-b)(a-c)} + \frac{B}{(b-a)(b-c)} + \frac{C}{(c-a)(c-b)} \text{ etc.} = A', \; A'' \text{ etc.}$$

porro designetur per B', B'' etc. id, quod fit ex A', A'' etc. si pro $a, b, c \ldots$ resp. scribitur $b, c, d \ldots$ atque pro $A, B, C \ldots$ resp. $B, C, D \ldots$; similiter designetur per C', C'' etc. id quod fit ex A', A'' etc., si pro $a, b, c \ldots$ resp. substituitur $c, d, e \ldots$ et pro $A, B, C \ldots$ resp. $C, D, E \ldots$ et sic porro. Tunc habebimus

$$A' = \frac{A-B}{a-b}, \quad B' = \frac{B-C}{b-c}, \quad C' = \frac{C-D}{c-d} \ldots$$
$$A'' = \frac{A'-B'}{a-c}, \quad B'' = \frac{B'-C'}{b-d}, \quad C'' = \frac{C'-D'}{c-e} \ldots$$
$$A''' = \frac{A''-B''}{a-d}, \quad B''' = \frac{B''-C''}{b-e}, \quad C''' = \frac{C''-D''}{c-f} \ldots$$
$$\text{etc.}$$

atque

$$T = A + A'(t-a) + A''(t-a)(t-b) + A'''(t-a)(t-b)(t-c) + \ldots$$

Multitudo quantitatum A', B', C' etc. hic computandarum erit $m-1$, multitudo quantitatum A'', B'', C'' etc. erit $m-2$ et sic porro.

5.

Sequens quoque mutatio formulae art. 3 non sine fructu in usum vocari poterit. Sit $\mathfrak{X}$ functio integra arbitraria indeterminatae x, neque tamen alterioris quam $m-1^{\text{ti}}$ ordinis; atque $\mathfrak{A}, \mathfrak{B}, \mathfrak{C}, \mathfrak{D} \ldots \mathfrak{T}$ eius valores pro $x = a, b, c, d \ldots t$ resp. Tunc per art. 1 erit

$$\begin{aligned} 0 = & \frac{\mathfrak{A}}{(a-b)(a-c)(a-d)\ldots(a-t)} \\ & + \frac{\mathfrak{B}}{(b-a)(b-c)(b-d)\ldots(b-t)} \\ & + \frac{\mathfrak{C}}{(c-a)(c-b)(c-d)\ldots(c-t)} \\ & + \frac{\mathfrak{D}}{(d-a)(d-b)(d-c)\ldots(d-t)} \\ & + \text{etc.} \\ & + \frac{\mathfrak{T}}{(t-a)(t-b)(t-c)(t-d)\ldots} \end{aligned}$$

Hinc facile deducitur

$$\begin{aligned} T = & \mathfrak{T} \\ & + \frac{(t-b)(t-c)(t-d)\ldots}{(a-b)(a-c)(a-d)\ldots}(A-\mathfrak{A}) \\ & + \frac{(t-a)(t-c)(t-d)\ldots}{(b-a)(b-c)(b-d)\ldots}(B-\mathfrak{B}) \\ & + \frac{(t-a)(t-b)(t-d)\ldots}{(c-a)(c-b)(c-d)\ldots}(C-\mathfrak{C}) \\ & + \frac{(t-a)(t-b)(t-c)\ldots}{(d-a)(d-b)(d-c)\ldots}(D-\mathfrak{D}) \\ & + \text{etc.} \end{aligned}$$

Quodsi functio $\mathfrak{X}$ ita eligitur, ut valores functionis X hi A, B, C, D .. prope per illam repraesententur, hoc lucramur, ut coëfficientes $\frac{(t-b)(t-c)(t-d)\ldots}{(a-b)(a-c)(a-d)\ldots}$ etc. per quantitates parvas multiplicandi sint. Potest etiam pro $\mathfrak{X}$ quantitas constans assumi, e. g. una ex his $A, B, C, D \ldots$; in quo casu pars una e valore ipsius T excidet. Aut ita determinari potest $\mathfrak{X}$, ut duae pluresve harum quantitatum per $\mathfrak{X}$ repraesententur, in quo casu totidem partes ex T excident.

6.

Quae praecedunt, suppositioni innituntur, functionem X ultra potestatem x^{m-1} non egredi, sive differentiam m^{tam} una cum superioribus evanescere, in quo casu methodus interpolationis rigorose vera est. Si vero illa suppositio locum non habet, interpolatio eo tantummodo tendit, ut loco functionis X functio *simplicissima* eruatur, per quam valoribus propositis $A, B, C, D \ldots$ satisfiat. Iam ut errorem, qui a neglectis differentiis superioribus nascitur, diiudicare possimus, sint termini in X post potestatem x^{m-1} hi $\mu x^m + \nu x^{m+1} +$ etc. Erit itaque in art. 3 non $W = 0$, sed ut ex art. 1 sequitur, $W = \mu + \nu(a+b+c+d+\ldots+t) +$ etc. Hinc valori ipsius T illic tradito adhuc adiici debet

$$(t-a)(t-b)(t-c)(t-d)\ldots \times \{\mu + \nu(a+b+c+d+\ldots+t) + \text{etc.}\}$$

7.

Casus in praxi maxime frequens est, ubi $a, b, c, d\ldots$ progressionem arithmeticam constituunt. Ponendo intervallum $= 1$, ita ut sit $b = a+1$, $c = a+2$ etc., formula art. 4 fit

$$\begin{aligned} T = {} & A \\ & + (t-1)(B-A) \\ & + (t-1)(t-2)\left(\tfrac{C-2B+A}{2}\right) \\ & + (t-1)(t-2)(t-3)\left(\tfrac{D-3C+3B-A}{6}\right) \\ & + \text{etc.} \end{aligned}$$

sive

$$T = A + A'(t-1) + A''(t-1)(t-2) + A'''(t-1)(t-2)(t-3) + \ldots$$

ubi A', A'', A''' etc. computantur per algorithmum sequentem

$$\begin{array}{lll} A' = B - A, & B' = C - B, & C' = D - C \text{ etc.} \\ 2A'' = B' - A', & 2B'' = C' - B', & 2C'' = D' - C' \text{ etc.} \\ 3A''' = B'' - A'', & 3B''' = C'' - B'', & 3C''' = D'' - C'' \text{ etc.} \end{array}$$

etc., quae formula cum vulgata interpolationis formula per differentias omnino convenit.

8.

Si pro satis multis valoribus ipsius x in serie arithmetica progredientibus a, $a+1$, $a+2\ldots$ valores respondentes functionis X cogniti sunt, ut seriem m valorum successivorum ipsius x ad lubitum eligere liceat ad computum ipsius T: quaestio oritur, *quosnam* valores ad hunc finem praeferre maxime praestet, siquidem plures quam m adhibere sive ultra differentiam $m-1^{\text{tam}}$ egredi nolimus?

Manifesto hoc ita est decidendum, ut error a differentia m^{ti} ordinis oriundus fiat quam minimus; hic vero error fit

$$= (t-a)(t-a-1)(t-a-2)\ldots(t-a-m+1)\frac{\Delta}{1.2.3\ldots m}$$

si adhibentur termini ad $x = a,\ a+1,\ a+2, \ldots a+m-1$ pertinentes, vel

$$= (t-a-1)(t-a-2)(t-a-3)\ldots(t-a-m)\frac{\Delta}{1.2.3\ldots m}$$

si adhibentur termini ad $x = a+1,\ a+2,\ a+3, \ldots a+m$ pertinentes, vel

$$= (t-a+1)(t-a)(t-a-1)\ldots(t-a-m+2)\frac{\Delta}{1.2.3\ldots m}$$

si adhibentur termini ad $x = a-1,\ a,\ a+1, \ldots a+m-2$ pertinentes, designando per Δ differentiam ordinis m^{ti}, quae siquidem ad differentias superiorum ordinum non respicitur, hic tamquam constans considerari potest. Quodsi igitur m termini ad $x = a,\ a+1,\ a+2, \ldots a+m-1$ pertinentes maxime idonei sunt, ex illis tribus expressionibus prima debet esse minima adeoque sine respectu signi $t-a <$ vel saltem non $> t-a-m$, necnon $t-a+1 >$ vel saltem non $< t-a-m+1$. Ex conditione priore facile deducitur, $t-a-m$ esse debere quantitatem negativam inter $-\frac{1}{2}m$ et $-\infty$ sitam, unde $t-a$ iacebit inter $+\frac{1}{2}m$ et $-\infty$; ex conditione posteriore autem erit $t-a+1$ quantitas positiva atque inter $\frac{1}{2}m$ et $+\infty$ sita; quare $t-a$ iacebit inter $\frac{1}{2}m-1$ et $\frac{1}{2}m$. Hinc sequitur, si m fuerit numerus par, valores ad interpolationem adhibendos ita eligendos esse, ut prior semissis ab una parte, posterior ab altera termini quaesiti iaceant; si autem m fuerit impar, termini ii sunt eligendi, quorum medius quaesito iaceat quam proximus. Quoties in hoc casu t est exacte medius inter duos valores consecutivos ipsius x, respectu erroris a neglecta differentia m^{ti} ordinis generaliter loquendo nihil intererit, sive terminus quaesito praecedens sive sequens pro medio adhibendorum adoptetur.

9.

Exempla. I. Invenire oporteat log. sin $24^0 30'$, si logarithmi sinuum per singulos gradus habentur, ita ut differentiae quartae et superiores negligantur. In hoc itaque casu secundum praecepta art. praec. adhibebimus logarithmos sinuum arcuum 23^0, 24^0, 25^0, 26^0, quibus per A, B, C, D designatis provenit per formulam art. 3 logarithmus quaesitus

$$= -\tfrac{1}{16}A + \tfrac{9}{16}B + \tfrac{9}{16}C - \tfrac{1}{16}D$$

cuius valor numericus ex

$$A = 9{,}5918780$$
$$B = 9{,}6093133$$
$$C = 9{,}6259483$$
$$D = 9{,}6418420$$

eruitur 9,6177271.5; tabulae dant 9,6177270.

Quodsi hic loco log. sin 23^0, logarithmum sin $27^0 = E = 9{,}6570468$ adhibuissemus, formula

$$+\tfrac{5}{16}B + \tfrac{15}{16}C - \tfrac{5}{16}D + \tfrac{1}{16}E$$

dedisset 9,6177267.375.

Formula art. praec. pro hoc casu dat errorem ex neglecta differentia quarta Δ oriundum $= \tfrac{3}{128}\Delta$, si A, B, C, D, contra $= -\tfrac{5}{128}\Delta$, si B, C, D, E adhibentur; qui error valori calculato adiiciendus est. In exemplo nostro habetur $\Delta = -0{,}0000066$; correctio hinc calculata utrumque computum cum tabulis conciliat.

II. Sit tempus novilunii 16 Junii 1806 e longitudinibus solis et lunae pro singulis diebus computandum, ita ut differentiarum usque ad quartam incl. ratio habeatur. Habentur in ephemeridibus Parisiensibus pro meridie vero loci sequentes

	longit. solis	longit. lunae
1806 Junii 14	$82^0 39' 12''$	$53^0 19' 15''$
15	83 36 30	67 29 43
16	84 33 48	81 59 52
17	85 31 7	96 44 9
18	86 28 24	111 35 30

Sunt hic valores dati ipsius x differentiae inter longitudinem solis et lunae, valores respondentes ipsius X tempora, quae inde a meridie 16 Junii numerabuntur; quaeriturque valor ipsius X valori $x = 0$ respondens. Fit igitur

$$\begin{array}{llll}
a = -29^0 19' 57'' & = -105596'' & A = -2 \\
b = -16\ \ 6\ 47 & = -\ \ 58007 & B = -1 \\
c = -\ \ 2\ 33\ 56 & = -\ \ \ \ 9236 & C = \ \ 0 \\
d = +11\ 13\ \ 2 & = +\ \ 40382 & D = +1 \\
e = +25\ \ 7\ \ 6 & = +\ \ 90426 & E = +2 \\
t = \ \ \ \ \ \ 0 & &
\end{array}$$

Hinc computatur

$$\frac{(t-b)(t-c)(t-d)(t-e)}{(a-b)(a-c)(a-d)(a-e)} = +0{,}0149084$$

$$\frac{(t-a)(t-c)(t-d)(t-e)}{(b-a)(b-c)(b-d)(b-e)} = -0{,}1050660$$

$$\frac{(t-a)(t-b)(t-d)(t-e)}{(c-a)(c-b)(c-d)(c-e)} = +0{,}9624567$$

$$\frac{(t-a)(t-b)(t-c)(t-e)}{(d-a)(d-b)(d-c)(d-e)} = +0{,}1434435$$

$$\frac{(t-a)(t-b)(t-c)(t-d)}{(e-a)(e-b)(e-c)(e-d)} = -0{,}0157429$$

His coëfficientibus*) per $-2, -1, 0, 1, 2$ resp. multiplicatis, productorum summa fit $= +0{,}1872069$; quare novilunium erit 16 Junii, $4^h 29' 34'' 7$ temp. ver. Paris. sive $4^h 29' 41'' 4$ temp. med.; Connaissance des tems habet $4^h 27' 42''$.

10

Sit X functio arcus indeterminati x huius formae

$$\alpha + \alpha' \cos x + \alpha'' \cos 2x + \alpha''' \cos 3x + \text{etc.}$$
$$+ 6' \sin x + 6'' \sin 2x + 6''' \sin 3x + \text{etc.}$$

quae non excurrat in infinitum, sed cum $\cos mx$ et $\sin mx$ abrumpatur, ita ut multitudo coëfficientium (incognitorum) sit $2m+1$. Pro totidem valoribus diversis ipsius x, puta a, b, c, d etc. dati sint valores respondentes functionis X, puta $A, B, C, D \ldots$ (Ceterum valores ipsius x, quorum differentia est peripheria integra sive eius multiplum, manifesto hic pro diversis haberi neqûeunt). Ex his datis quaeritur formula pro valore T, quem functio X pro quocunque alio valore ipsius x, puta t nanciscitur. Habentur itaque $2m+2$ aequationes

*) Confirmationi calculi inservit observatio ex art. 5 sine negotio derivanda, summam harum coëfficientium esse debere $= 1$.

$$A = \alpha + \alpha' \cos a + \alpha'' \cos 2\,a + \alpha''' \cos 3\,a + \text{ etc.}$$
$$+ \mathfrak{b}' \sin a + \mathfrak{b}'' \sin 2\,a + \mathfrak{b}''' \sin 3\,a + \text{ etc.}$$

$$B = \alpha + \alpha' \cos b + \alpha'' \cos 2\,b + \alpha''' \cos 3\,b + \text{ etc.}$$
$$+ \mathfrak{b}' \sin b + \mathfrak{b}'' \sin 2\,b + \mathfrak{b}''' \sin 3\,b + \text{ etc.}$$

$$C = \alpha + \alpha' \cos c + \alpha'' \cos 2\,c + \alpha''' \cos 3\,c + \text{ etc.}$$
$$+ \mathfrak{b}' \sin c + \mathfrak{b}'' \sin 2\,c + \mathfrak{b}''' \sin 3\,c + \text{ etc.}$$

$$D = \alpha + \alpha' \cos d + \alpha'' \cos 2\,d + \alpha''' \cos 3\,d + \text{ etc.}$$
$$+ \mathfrak{b}' \sin d + \mathfrak{b}'' \sin 2\,d + \mathfrak{b}''' \sin 3\,d + \text{ etc.}$$

etc.

$$T = \alpha + \alpha' \cos t + \alpha'' \cos 2\,t + \alpha''' \cos 3\,t + \text{ etc.}$$
$$+ \mathfrak{b}' \sin t + \mathfrak{b}'' \sin 2\,t + \mathfrak{b}''' \sin 3\,t + \text{ etc.}$$

Multiplicando has aequationes resp. per

$$\frac{1}{\sin\tfrac12(a-b)\sin\tfrac12(a-c)\sin\tfrac12(a-d)\ldots\sin\tfrac12(a-t)}$$

$$\frac{1}{\sin\tfrac12(b-a)\sin\tfrac12(b-c)\sin\tfrac12(b-d)\ldots\sin\tfrac12(b-t)}$$

$$\frac{1}{\sin\tfrac12(c-a)\sin\tfrac12(c-b)\sin\tfrac12(c-d)\ldots\sin\tfrac12(c-t)}$$

$$\frac{1}{\sin\tfrac12(d-a)\sin\tfrac12(d-b)\sin\tfrac12(d-c)\ldots\sin\tfrac12(d-t)}$$

etc.

$$\frac{1}{\sin\tfrac12(t-a)\sin\tfrac12(t-b)\sin\tfrac12(t-c)\sin\tfrac12(t-d)\ldots}$$

addendoque producta prodeat

$$\frac{A}{\sin\tfrac12(a-b)\sin\tfrac12(a-c)\sin\tfrac12(a-d)\ldots\sin\tfrac12(a-t)}$$
$$+\frac{B}{\sin\tfrac12(b-a)\sin\tfrac12(b-c)\sin\tfrac12(b-d)\ldots\sin\tfrac12(b-t)}$$
$$+\frac{C}{\sin\tfrac12(c-a)\sin\tfrac12(c-b)\sin\tfrac12(c-d)\ldots\sin\tfrac12(c-t)}$$
$$+\frac{D}{\sin\tfrac12(d-a)\sin\tfrac12(d-b)\sin\tfrac12(d-c)\ldots\sin\tfrac12(d-t)}$$
$$+ \text{ etc.}$$
$$+\frac{T}{\sin\tfrac12(t-a)\sin\tfrac12(t-b)\sin\tfrac12(t-c)\sin\tfrac12(t-d)\ldots} = W$$

Tunc ex art. 2, ubi m idem erat, quod hic est $2m+2$, adeoque casus secundus locum habet, fit $W=0$; quamobrem multiplicando per

$$\sin\tfrac{1}{2}(t-a)\sin\tfrac{1}{2}(t-b)\sin\tfrac{1}{2}(t-c)\sin\tfrac{1}{2}(t-d)\ldots$$

prodit

$$\begin{aligned} T = {} & \frac{\sin\frac{1}{2}(t-b)\sin\frac{1}{2}(t-c)\sin\frac{1}{2}(t-d)\ldots.}{\sin\frac{1}{2}(a-b)\sin\frac{1}{2}(a-c)\sin\frac{1}{2}(a-d)\ldots.}A \\ & +\frac{\sin\frac{1}{2}(t-a)\sin\frac{1}{2}(t-c)\sin\frac{1}{2}(t-d)\ldots.}{\sin\frac{1}{2}(b-a)\sin\frac{1}{2}(b-c)\sin\frac{1}{2}(b-d)\ldots.}B \\ & +\frac{\sin\frac{1}{2}(t-a)\sin\frac{1}{2}(t-b)\sin\frac{1}{2}(t-d)\ldots.}{\sin\frac{1}{2}(c-a)\sin\frac{1}{2}(c-b)\sin\frac{1}{2}(c-d)\ldots.}C \\ & +\frac{\sin\frac{1}{2}(t-a)\sin\frac{1}{2}(t-b)\sin\frac{1}{2}(t-c)\ldots.}{\sin\frac{1}{2}(d-a)\sin\frac{1}{2}(d-b)\sin\frac{1}{2}(d-c)\ldots.}D \\ & +\text{ etc.} \end{aligned}$$

Quum haec formula indefinite pro valore quocunque ipsius t locum habeat, manifestum est, si producta sinuum in numeratoribus in cosinus sinusque arcuum multiplicium evolvantur, id quod provenit cum

$$\begin{aligned} &\alpha+\alpha'\cos t+\alpha''\cos 2t+\alpha'''\cos 3t+\text{ etc.} \\ &+\beta'\sin t+\beta''\sin 2t+\beta'''\sin 3t+\text{ etc.} \end{aligned}$$

identicum esse debere, unde coëfficientes α, α', β', α'', β'' etc. innotescent. Ceterum formula pro T, ut hic exhibita est, ita est comparata, ut sponte et sine calculo pateat, substitutis pro t resp. a, b, c, d etc. valoribus propositis A, B, C, D etc. probe satisfieri.

11.

Si multitudo valorum datorum A, B, C, D etc. unitate minor esset, quam supposuimus, puta $=2m$, hi non sufficient ad determinationem $2m+1$ coëfficientium incognitorum, nisi inter eos relatio aliqua cognita fuerit. In hoc itaque casu expressio generalis pro T aliter exhiberi nequit, nisi ita, ut constantem incognitam implicet. Ratiocinia art. praec. hic adhiberi non possunt, quoniam summatio $W=0$, ex art. 2 petita, suppositioni innixa est, multitudinem quantitatum $A, B \ldots T$ esse parem. Formula quidem in art. praec. pro T inventa valoribus A, B etc. generaliter satisfacit, sive horum multitudo par sit sive impar: sed levi attentione perspicitur, ex evolutione productorum e sinubus prodire, in nostro casu, expressionem propositae non similem, sed huius formae

$$\mathfrak{A}\cos\tfrac{1}{2}t+\mathfrak{A}'\cos\tfrac{3}{2}t+\mathfrak{A}''\cos\tfrac{5}{2}t+\text{ etc.}$$
$$+\mathfrak{B}\sin\tfrac{1}{2}t+\mathfrak{B}'\sin\tfrac{3}{2}t+\mathfrak{B}''\sin\tfrac{5}{2}t+\text{ etc.}$$

Quamobrem pro hoc casu viam aliam ingredi oportebit.

Multiplicetur X per $\cos(\tfrac{1}{2}x+k)$, proditque, si termini ultimi in X statuuntur $\alpha^m\cos mx+\beta^m\sin mx$

$$\alpha\cos(\tfrac{1}{2}x+k)+\tfrac{1}{2}\alpha'\cos(\tfrac{3}{2}x+k)+\tfrac{1}{2}\alpha''\cos(\tfrac{5}{2}x+k)+\ldots\ldots$$
$$+\tfrac{1}{2}\alpha^m\cos((m+\tfrac{1}{2})x+k)$$
$$+\tfrac{1}{2}\alpha'\cos(\tfrac{1}{2}x-k)+\tfrac{1}{2}\alpha''\cos(\tfrac{3}{2}x-k)+\tfrac{1}{2}\alpha'''\cos(\tfrac{5}{2}x-k)+\ldots\ldots$$
$$+\tfrac{1}{2}\alpha^m\cos((m-\tfrac{1}{2})x-k)$$
$$+\tfrac{1}{2}\beta'\sin(\tfrac{3}{2}x+k)+\tfrac{1}{2}\beta''\sin(\tfrac{5}{2}x+k)+\ldots\ldots$$
$$+\tfrac{1}{2}\beta^m\sin((m+\tfrac{1}{2})x+k)$$
$$+\tfrac{1}{2}\beta'\sin(\tfrac{1}{2}x-k)+\tfrac{1}{2}\beta''\sin(\tfrac{3}{2}x-k)+\tfrac{1}{2}\beta'''\sin(\tfrac{5}{2}x-k)+\ldots\ldots$$
$$+\tfrac{1}{2}\beta^m\sin((m-\tfrac{1}{2})x-k)$$

Iam si in hac expressione pro x successive substituitur $a, b, c, d \ldots . t$, quod inde provenit resp. per

$$\frac{1}{\sin\tfrac{1}{2}(a-b)\sin\tfrac{1}{2}(a-c)\sin\tfrac{1}{2}(a-d)\ldots\ldots\sin\tfrac{1}{2}(a-t)}$$
$$\frac{1}{\sin\tfrac{1}{2}(b-a)\sin\tfrac{1}{2}(b-c)\sin\tfrac{1}{2}(b-d)\ldots\ldots\sin\tfrac{1}{2}(b-t)}$$
$$\frac{1}{\sin\tfrac{1}{2}(c-a)\sin\tfrac{1}{2}(c-b)\sin\tfrac{1}{2}(c-d)\ldots\ldots\sin\tfrac{1}{2}(c-t)}$$
$$\frac{1}{\sin\tfrac{1}{2}(d-a)\sin\tfrac{1}{2}(d-b)\sin\tfrac{1}{2}(d-c)\ldots\ldots\sin\tfrac{1}{2}(d-t)}$$
etc.
$$\frac{1}{\sin\tfrac{1}{2}(t-a)\sin\tfrac{1}{2}(t-b)\sin\tfrac{1}{2}(t-c)\sin\tfrac{1}{2}(t-d)\ldots\ldots}$$

multiplicatur, productorumque aggregatum $=W$ ponitur: ex iis, quae in art. 2, (in casu priori, ubi m idem erat, quod hic est $2m+1$) tradidimus, facile sequitur, haberi

$$W=\tfrac{1}{2}(2i)^{2m}\alpha^m\cos(\tfrac{1}{2}(a+b+c+d+\ldots+t)+k)$$
$$+\tfrac{1}{2}(2i)^{2m}\beta^m\sin(\tfrac{1}{2}(a+b+c+d+\ldots+t)+k)$$

Ex altera vero parte erit

$$W = \frac{A\cos(\frac{1}{2}a+k)}{\sin\frac{1}{2}(a-b)\sin\frac{1}{2}(a-c)\sin\frac{1}{2}(a-d)\ldots\sin\frac{1}{2}(a-t)}$$
$$+\frac{B\cos(\frac{1}{2}b+k)}{\sin\frac{1}{2}(b-a)\sin\frac{1}{2}(b-c)\sin\frac{1}{2}(b-d)\ldots\sin\frac{1}{2}(b-t)}$$
$$+\frac{C\cos(\frac{1}{2}c+k)}{\sin\frac{1}{2}(c-a)\sin\frac{1}{2}(c-b)\sin\frac{1}{2}(c-d)\ldots\sin\frac{1}{2}(c-t)}$$
$$+\frac{D\cos(\frac{1}{2}d+k)}{\sin\frac{1}{2}(d-a)\sin\frac{1}{2}(d-b)\sin\frac{1}{2}(d-c)\ldots\sin\frac{1}{2}(d-t)}$$
$$+\text{ etc.}$$
$$+\frac{T\cos(\frac{1}{2}t+k)}{\sin\frac{1}{2}(t-a)\sin\frac{1}{2}(t-b)\sin\frac{1}{2}(t-c)\sin\frac{1}{2}(t-d)\ldots}$$

Quodsi iam quantitatem k, quae prorsus arbitraria est, $= -\frac{1}{2}t$ ponimus, summam autem $a+b+c+d+\ldots = s$ (exclusa t), prodit, multiplicando per $\sin\frac{1}{2}(t-a)\sin\frac{1}{2}(t-b)\sin\frac{1}{2}(t-c)\sin\frac{1}{2}(t-d)\ldots$

$$T = \frac{\sin\frac{1}{2}(t-b)\sin\frac{1}{2}(t-c)\sin\frac{1}{2}(t-d)\ldots}{\sin\frac{1}{2}(a-b)\sin\frac{1}{2}(a-c)\sin\frac{1}{2}(a-d)\ldots}A\cos\tfrac{1}{2}(t-a)$$
$$+\frac{\sin\frac{1}{2}(t-a)\sin\frac{1}{2}(t-c)\sin\frac{1}{2}(t-d)\ldots}{\sin\frac{1}{2}(b-a)\sin\frac{1}{2}(b-c)\sin\frac{1}{2}(b-d)\ldots}B\cos\tfrac{1}{2}(t-b)$$
$$+\frac{\sin\frac{1}{2}(t-a)\sin\frac{1}{2}(t-b)\sin\frac{1}{2}(t-d)\ldots}{\sin\frac{1}{2}(c-a)\sin\frac{1}{2}(c-b)\sin\frac{1}{2}(c-d)\ldots}C\cos\tfrac{1}{2}(t-c)$$
$$+\frac{\sin\frac{1}{2}(t-a)\sin\frac{1}{2}(t-b)\sin\frac{1}{2}(t-c)\ldots}{\sin\frac{1}{2}(d-a)\sin\frac{1}{2}(d-b)\sin\frac{1}{2}(d-c)\ldots}D\cos\tfrac{1}{2}(t-d)$$
$$+\text{ etc.}$$
$$+2^{2m-1}i^{2m}\sin\tfrac{1}{2}(t-a)\sin\tfrac{1}{2}(t-b)\sin\tfrac{1}{2}(t-c)\sin\tfrac{1}{2}(t-d)\ldots$$
$$\times\{\alpha^m\cos\tfrac{1}{2}s+\beta^m\sin\tfrac{1}{2}s\}$$

Circa hanc formulam quasdam adhuc annotationes adiicimus

I. Est $i^{2m} = +1$, vel -1, prout m par est vel impar.

II. Quum formula indefinite pro quovis valore ipsius t valeat, necessario, evolutis sinuum productis in sinus et cosinus arcuum multiplicium, cum formula pro X, si pro x scribitur t, identica erit, i. e. cum

$$\alpha+\alpha'\cos t+\alpha''\cos 2t+\text{ etc.}$$
$$+\beta'\sin t+\beta''\sin 2t+\text{ etc.}$$

III. Determinantur itaque omnes coëfficientes α, α', β', α'', β'' etc. per quantitates cognitas, atque unicam incognitam $\alpha^m\cos\frac{1}{2}s+\beta^m\sin\frac{1}{2}s$, quamobrem, si qua inter illos relatio insuper datur, omnes ex asse facile poterunt assignari.

IV. Quodsi autem tantummodo expressio eiusdem formae ut

$$\begin{aligned}\alpha+\alpha'\cos t+\alpha''\cos 2t+\text{ etc.}\\ +\beta'\sin t+\beta''\sin 2t+\text{ etc.}\end{aligned}$$

quaeritur (sive cum hac identica sit, sive non), per quam valores propositi A, B, C, D etc. repraesententur, si pro t resp. a, b, c, d etc. substituitur: quantitas $\alpha^m\cos\frac{1}{2}s+\beta^m\sin\frac{1}{2}s$ ex incognita *arbitraria* evadit, quam si placet etiam $=0$ statuere licebit; reveraque formula nostra pro T ita comparata est, ut absque calculo sponte pateat, hacce eam proprietate praeditam esse.

12.

Operae pretium erit, transformationem ei analogam, quam in art. 4 explicavimus, etiam ad formulas art. 10 et art. praec., si ibi $\alpha^m\cos\frac{1}{2}s+\beta^m\sin\frac{1}{2}s=0$ ponitur, applicare, quo pacto hos duos casus diversos sub formula unica comprehendere licebit. Crescat itaque multitudo quantitatum $a, b, c, d\ldots$ successive ab una a, ad duas a, b, deinde ad tres a, b, c etc.; evolvatur alternis vicibus per artt. 10 et 11 valor, quem t pro singulis his suppositionibus nanciscitur, tandem quisque valor a proxime sequente subtrahatur, sequenti modo:

$$A$$

$$\frac{\sin\frac{1}{2}(t-b)}{\sin\frac{1}{2}(a-b)}A\cos\tfrac{1}{2}(t-a)+\frac{\sin\frac{1}{2}(t-a)}{\sin\frac{1}{2}(b-a)}B\cos\tfrac{1}{2}(t-b)$$

$$\frac{\sin\frac{1}{2}(t-b)\sin\frac{1}{2}(t-c)}{\sin\frac{1}{2}(a-b)\sin\frac{1}{2}(a-c)}A+\frac{\sin\frac{1}{2}(t-a)\sin\frac{1}{2}(t-c)}{\sin\frac{1}{2}(b-a)\sin\frac{1}{2}(b-c)}B+\frac{\sin\frac{1}{2}(t-a)\sin\frac{1}{2}(t-b)}{\sin\frac{1}{2}(c-a)\sin\frac{1}{2}(c-b)}C$$

etc.

Hic differentia inter valorem primum et secundum fit

$$=\sin\tfrac{1}{2}(t-a)\cos\tfrac{1}{2}(t-b)\left\{\frac{A}{\sin\frac{1}{2}(a-b)}+\frac{B}{\sin\frac{1}{2}(b-a)}\right\}$$

Differentia inter valorem secundum et tertium

$$=\sin\tfrac{1}{2}(t-a)\sin\tfrac{1}{2}(t-b)\left\{\frac{A\cos\frac{1}{2}(a-c)}{\sin\frac{1}{2}(a-b)\sin\frac{1}{2}(a-c)}+\frac{B\cos\frac{1}{2}(b-c)}{\sin\frac{1}{2}(b-a)\sin\frac{1}{2}(b-c)}+\frac{C}{\sin\frac{1}{2}(c-a)\sin\frac{1}{2}(c-b)}\right\}$$

Quae operatio si ultra continuatur, facile emergit lex generalis. Scilicet statuendo

$$A' = \frac{A}{\sin\frac{1}{2}(a-b)} + \frac{B}{\sin\frac{1}{2}(b-a)}$$

$$A'' = \frac{A\cos\frac{1}{2}(a-c)}{\sin\frac{1}{2}(a-b)\sin\frac{1}{2}(a-c)} + \frac{B\cos\frac{1}{2}(b-c)}{\sin\frac{1}{2}(b-a)\sin\frac{1}{2}(b-c)} + \frac{C}{\sin\frac{1}{2}(c-a)\sin\frac{1}{2}(c-b)}$$

$$A''' = \frac{A}{\sin\frac{1}{2}(a-b)\sin\frac{1}{2}(a-c)\sin\frac{1}{2}(a-d)} + \frac{B}{\sin\frac{1}{2}(b-a)\sin\frac{1}{2}(b-c)\sin\frac{1}{2}(b-d)}$$
$$+ \frac{C}{\sin\frac{1}{2}(c-a)\sin\frac{1}{2}(c-b)\sin\frac{1}{2}(c-d)} + \frac{D}{\sin\frac{1}{2}(d-a)\sin\frac{1}{2}(d-b)\sin\frac{1}{2}(d-c)}$$

$$A'''' = \frac{A\cos\frac{1}{2}(a-e)}{\sin\frac{1}{2}(a-b)\sin\frac{1}{2}(a-c)\sin\frac{1}{2}(a-d)\sin\frac{1}{2}(a-e)}$$
$$+ \frac{B\cos\frac{1}{2}(b-e)}{\sin\frac{1}{2}(b-a)\sin\frac{1}{2}(b-c)\sin\frac{1}{2}(b-d)\sin\frac{1}{2}(b-e)}$$
$$+ \frac{C\cos\frac{1}{2}(c-e)}{\sin\frac{1}{2}(c-a)\sin\frac{1}{2}(c-b)\sin\frac{1}{2}(c-d)\sin\frac{1}{2}(c-e)}$$
$$+ \frac{D\cos\frac{1}{2}(d-e)}{\sin\frac{1}{2}(d-a)\sin\frac{1}{2}(d-b)\sin\frac{1}{2}(d-c)\sin\frac{1}{2}(d-e)}$$
$$+ \frac{E}{\sin\frac{1}{2}(e-a)\sin\frac{1}{2}(e-b)\sin\frac{1}{2}(e-c)\sin\frac{1}{2}(e-d)}$$

etc. fiet

$$\begin{aligned} T = A &+ A'\sin\tfrac{1}{2}(t-a)\cos\tfrac{1}{2}(t-b) \\ &+ A''\sin\tfrac{1}{2}(t-a)\sin\tfrac{1}{2}(t-b) \\ &+ A'''\sin\tfrac{1}{2}(t-a)\sin\tfrac{1}{2}(t-b)\sin\tfrac{1}{2}(t-c)\cos\tfrac{1}{2}(t-d) \\ &+ A''''\sin\tfrac{1}{2}(t-a)\sin\tfrac{1}{2}(t-b)\sin\tfrac{1}{2}(t-c)\sin\tfrac{1}{2}(t-d) \\ &+ A^{\mathrm{v}}\sin\tfrac{1}{2}(t-a)\sin\tfrac{1}{2}(t-b)\sin\tfrac{1}{2}(t-c)\sin\tfrac{1}{2}(t-d)\sin\tfrac{1}{2}(t-e)\cos\tfrac{1}{2}(t-f) \\ &+ A^{\mathrm{vi}}\sin\tfrac{1}{2}(t-a)\sin\tfrac{1}{2}(t-b)\sin\tfrac{1}{2}(t-c)\sin\tfrac{1}{2}(t-d)\sin\tfrac{1}{2}(t-e)\sin\tfrac{1}{2}(t-f) \\ &+ \text{etc.} \end{aligned}$$

quae progressio ad totidem terminos continuanda est, quot valores functionis X dati sunt.

Coëfficientes A', A'', A''', A'''' etc. etiam per algorithmum sequentem computari possunt. Designetur per B', B'', B''', B'''' etc. id quod illi resp. fiunt, si

$$a,\ A,\ b,\ B,\ c,\ C,\ d,\ D \text{ etc.}$$

resp. mutantur in

$$b,\ B,\ c,\ C,\ d,\ D,\ e,\ E \text{ etc.}$$

Porro transeant

$$A', A'', A''', A'''' \text{ etc. in } C', C'', C''', C'''' \text{ etc. vel in } D', D'', D''', D'''' \text{ etc. etc.}$$

si

$$a,\ A,\ b,\ B,\ c,\ C,\ d,\ D \text{ etc.}$$

resp. mutantur in

$$c,\ C,\ d,\ D,\ e,\ E,\ f,\ F \text{ etc.}$$

vel in

$$d,\ D,\ e,\ E,\ f,\ F,\ g,\ G \text{ etc.}$$

etc.

Tunc erit

$$A' = \frac{A-B}{\sin\frac{1}{2}(a-b)},\quad B' = \frac{B-C}{\sin\frac{1}{2}(b-c)}\quad C' = \frac{C-D}{\sin\frac{1}{2}(c-d)} \text{ etc.}$$

$$A'' = \frac{A'\cos\frac{1}{2}(a-c)-B'}{\sin\frac{1}{2}(a-c)},\qquad B'' = \frac{B'\cos\frac{1}{2}(b-d)-C'}{\sin\frac{1}{2}(b-d)} \text{ etc.}$$

$$A''' = \frac{A''\cos\frac{1}{2}(a-c)+A'\sin\frac{1}{2}(a-c)-B''}{\sin\frac{1}{2}(a-d)},\qquad B''' = \frac{B''\cos\frac{1}{2}(b-d)+B'\sin\frac{1}{2}(b-d)-C''}{\sin\frac{1}{2}(b-e)} \text{ etc.}$$

$$A'''' = \frac{A'''\cos\frac{1}{2}(a-e)-B'''}{\sin\frac{1}{2}(a-e)},\qquad B'''' = \frac{B'''\cos\frac{1}{2}(b-f)-C'''}{\sin\frac{1}{2}(b-f)} \text{ etc.}$$

$$A^{\text{v}} = \frac{A''''\cos\frac{1}{2}(a-e)+A'''\sin\frac{1}{2}(a-e)-B''''}{\sin\frac{1}{2}(a-f)},\qquad B^{\text{v}} = \frac{B''''\cos\frac{1}{2}(b-f)+B'''\sin\frac{1}{2}(b-f)-C''''}{\sin\frac{1}{2}(b-g)} \text{ etc.}$$

$$A^{\text{vi}} = \frac{A^{\text{v}}\cos\frac{1}{2}(a-g)-B^{\text{v}}}{\sin\frac{1}{2}(a-g)},\qquad B^{\text{vi}} = \frac{B^{\text{v}}\cos\frac{1}{2}(b-h)-C^{\text{v}}}{\sin\frac{1}{2}(a-h)} \text{ etc.}$$

etc.

Lex formationis hic satis obvia est, si modo observetur, numeratores in valoribus pro A'', A''', A'''', A^{v}, A^{vi} etc. (valor pro A' ab hac regula excipiendus est) alternis vicibus e duabus vel tribus partibus constare.

13.

THEOREMA. *Si X est functio arcus x formae (F)*

$$\alpha+\alpha'\cos x+\alpha''\cos 2x+\alpha'''\cos 3x+\text{ etc.}$$
$$+\beta'\sin x+\beta''\sin 2x+\beta'''\sin 3x+\text{ etc.}$$

vel huius formae (G)

$$\gamma\cos\tfrac{1}{2}x+\gamma'\cos\tfrac{3}{2}x+\gamma''\cos\tfrac{5}{2}x+\text{ etc.}$$
$$+\delta\sin\tfrac{1}{2}x+\delta'\sin\tfrac{3}{2}x+\delta''\sin\tfrac{5}{2}x+\text{ etc.}$$

positoque $x=a$, valor functionis X fit $=0$: erit X divisibilis per $\sin\frac{1}{2}(x-a)$, quotiensque in casu priore formae G, in posteriore formae F.

Demonstratio. Casus prior. Si in functione X pro quavis parte $\cos nx$ substituitur $\cos nx-\cos na$, pro quavis parte $\sin nx$ autem $\sin nx-\sin na$, denique pro α, $\alpha - \alpha$ sive 0, manifestum est, partes determinatas hoc modo adiunctas, mutuo se tollere adeoque functionem X hoc modo non variari. Singulae vero partes ipsius X nunc per $\sin\frac{1}{2}(x-a)$ divisibiles erunt, puta

$$\frac{\cos nx - \cos na}{\sin\frac{1}{2}(x-a)} = -2\sin((n-\tfrac{1}{2})x+\tfrac{1}{2}a) -2\sin((n-\tfrac{3}{2})x+\tfrac{3}{2}a) -2\sin((n-\tfrac{5}{2})x+\tfrac{5}{2}a) - \text{etc.} -2\sin((\tfrac{1}{2}x+(n-\tfrac{1}{2})a)$$

$$\frac{\sin nx - \sin na}{\sin\frac{1}{2}(x-a)} = +2\cos((n-\tfrac{1}{2})x+\tfrac{1}{2}a) +2\cos((n-\tfrac{3}{2})x+\tfrac{3}{2}a) +2\cos((n-\tfrac{5}{2})x-\tfrac{5}{2}a) + \text{etc.} +2\cos(\tfrac{1}{2}x+(n-\tfrac{1}{2})a)$$

Uterque coëfficiens manifesto ad formam G reduci potest, quamobrem etiam tota X per $\sin\frac{1}{2}(x-a)$ divisibilis, quotiensque ad formam G reducibilis est. Q. E. D.

Casus posterior. Si in functione X pro quavis parte $\cos nx$ (designante iam n non ut ante integrum, sed integri imparis semissem) substituitur $\cos nx - \cos\frac{1}{2}(x-a)\cos na$, pro quavis parte $\sin nx$ autem $\sin nx - \cos\frac{1}{2}(x-a)\sin na$, manifestum est, partes, quae hoc modo functioni X accedunt, mutuo se tollere, adeoque X non variari. Singulae autem partes ipsius X nunc per $\sin\frac{1}{2}(x-a)$ divisibiles erunt, puta

$$\frac{\cos nx - \cos\frac{1}{2}(x-a)\cos na}{\sin\frac{1}{2}(x-a)} = -2\sin((n-\tfrac{1}{2})x+\tfrac{1}{2}a) -2\sin((n-\tfrac{3}{2})x+\tfrac{3}{2}a) -2\sin((n-\tfrac{5}{2})x+\tfrac{5}{2}a) - \text{etc.} -2\sin(x+(n-1)a) - \sin na$$

$$\frac{\sin nx - \cos\frac{1}{2}(x-a)\sin na}{\sin\frac{1}{2}(x-a)} = +2\cos((n-\tfrac{1}{2})x+\tfrac{1}{2}a) +2\cos((n-\tfrac{3}{2})x+\tfrac{3}{2}a) +2\cos((n-\tfrac{5}{2})x+\tfrac{5}{2}a) + \text{etc.} +2\cos(x+(n-1)a) + \cos na$$

ut per multiplicationem facile confirmatur. Uterque quotiens est formae F. Quamobrem functio tota X per $\sin\frac{1}{2}(x-a)$ divisibilis, quotiensque ad formam F reducibilis erit. Q. E. D.

14.

THEOREMA. *Si functio X formae F vel G pro pluribus valoribus diversis*) ipsius x, puta a, b, c, d etc. fit $= 0$, per productum*

$$\sin\tfrac{1}{2}(x-a)\sin\tfrac{1}{2}(x-b)\sin\tfrac{1}{2}(x-c)\sin\tfrac{1}{2}(x-d)\ldots.$$

divisibilis, quotiensque vel eiusdem formae erit ut X vel diversae, prout multitudo valorum $a, b, c, d\ldots.$ par est vel impar.

Demonstr. Ponatur $X = X'\sin\frac{1}{2}(x-a)$, sitque M valor ipsius X' pro $x = b$. Hinc $M\sin\frac{1}{2}(b-a)$ erit valor ipsius X pro $x = b$, qui quum esse debeat $= 0$, necessario erit $M = 0$. Quare X' divisibilis erit per $\sin\frac{1}{2}(x-b)$ et simili ratione quotiens hinc oriundus per $\sin\frac{1}{2}(x-c)$, et sic porro. Quare X divisibilis erit per productum

$$\sin\tfrac{1}{2}(x-a)\sin\tfrac{1}{2}(x-b)\sin\tfrac{1}{2}(x-c)\sin\tfrac{1}{2}(x-d)\ldots \text{ Q. E. D.}$$

Altera theorematis pars tam obvia est, ut demonstratione opus non sit.

Ceterum aeque obvium est theorema inversum, si X per productum

$$\sin\tfrac{1}{2}(x-a)\sin\tfrac{1}{2}(x-b)\sin\tfrac{1}{2}(x-c)\sin\tfrac{1}{2}(x-d)\ldots.$$

divisibilis sit, ipsius valorem fieri $= 0$, si ipsi x aliquis valorum a, b, c, d etc. tribuatur.

15.

Ex theoremate praec. sequitur, si functionis X, formae F, valores pro $x = a, b, c, d$ etc. resp. sint A, B, C, D etc., quamvis aliam similem functionem arcus x, quae iisdem valoribus satisfaciat, sub formula $X+PY$ contentam esse debere, ubi per P designamus productum

$$\sin\tfrac{1}{2}(x-a)\sin\tfrac{1}{2}(x-b)\sin\tfrac{1}{2}(x-c)\sin\tfrac{1}{2}(x-d) \text{ etc.}$$

per Y autem functionem indefinitam arcus x, quae sit vel formae F vel formae

*) Adiecta eadem restrictione, quam in art. 10 exhibuimus.

G, prout multitudo valorum a, b, c, d etc., quam per μ designabimus, par est vel impar. Iam observamus:

I. In artt. 10, 11, 12 eruere docuimus functionem X ordinis m^{ti} (i.e ultra $\cos mx$ et $\sin mx$ non progredientem), quae μ valoribus propositis A, B, C, D etc. satisfaciat, ita ut m sit $= \frac{1}{2}\mu - \frac{1}{2}$, vel $\frac{1}{2}\mu$, prout μ impar est vel par. Productum P manifesto est ordinis $\frac{1}{2}\mu^{ti}$. Quando itaque μ impar est, adeoque Y vel ordinis $\frac{1}{2}^{ti}$ vel altioris, erit PY ordinis ad minimum $\frac{1}{2}\mu + \frac{1}{2}^{ti}$ adeoque ordinis altioris quam X, unde colligitur, functiones alias quam X, quae iisdem valoribus propositis satisfaciant, non dari, nisi ordinis altioris. Quando vero μ est par, PY tunc tantummodo fit ordinis $\frac{1}{2}\mu^{ti}$, si pro Y accipitur quantitas definita; quare in hoc casu infinite multae quidem functiones similis formae et ordinis ut X dantur, quae iisdem valoribus satisfaciunt, omnes autem sub forma $X + hP$ comprehensae erunt, designante h quantitatem definitam. Eaedem conclusiones ex methodo, per quam in artt. 10, 11 functionem X derivavimus, sponte sequuntur.

II. Vice versa autem, si quae functio X' aliunde innotuisset, quae omnibus quidem valoribus propositis A, B, C, D etc. satisfacit, sed ad altiorem quam opus est ordinem ascendit, functionem Y ita determinare licebit, ut $X' + PY$ ad ordinem $\frac{1}{2}\mu - \frac{1}{2}^{tum}$ vel $\frac{1}{2}\mu^{tum}$ (prout μ impar est vel par) deprimatur. Sint termini summi in X', $K\cos nx + L\sin nx$; in P, $k\cos\frac{1}{2}\mu x + l\sin\frac{1}{2}\mu x$, accipianturque pro terminis summis in Y hi

$$\rho = -\frac{2(Kk+Ll)}{kk+ll}\cos(n-\tfrac{1}{2}\mu)x + \frac{2(Kl-Lk)}{kk+ll}\sin(n-\tfrac{1}{2}\mu)x$$

Hinc calculo facto invenietur, coëfficientes ipsorum $\cos nx$ et $\sin nx$ in $X' + PY$ fieri $= 0$, siquidem fuerit $n > \frac{1}{2}\mu$; similique modo ex terminis summis functionis evolutae $X' + P\rho$ (qui erunt ordinis $n - 1^{ti}$) definientur termini proxime inferiores in Y (ordinis $n - \frac{1}{2}\mu - 1^{ti}$). Haec operatio eousque repetenda erit, donec $X' + PY$ depressa sit ad ordinem non altiorem quam $\frac{1}{2}\mu$, adeoque ad ordinem $\frac{1}{2}\mu - \frac{1}{2}^{tum}$, quando μ impar est, ad ordinem $\frac{1}{2}\mu^{tum}$, quando μ par est. Ulterius hanc depressionem non patere, nullo negotio perspicitur.

III. In casu itaque priore (quando μ impar est) hoc modo necessario ad eandem functionem X perveniemus, quam per methodum supra traditam e valoribus datis A, B, C, D etc. eruissemus. In casu posteriore autem methodus modo exposita suppeditat functionem, quae quidem eiusdem ordinis erit, cuius est functio, per methodum art. 12, sive per methodum art. 11, si terminus ultimus

$= 0$ ponitur, oriunda, attamen ab hac diversa esse potest. Sit functio illa X'', haec X'''; adeoque $X''' = X'' + hP$, designante h quantitatem definitam. Ponamus terminos summos in X'' esse $K'\cos\frac{1}{2}\mu x + L'\sin\frac{1}{2}\mu x$; in X''' autem $K''\cos\frac{1}{2}\mu x + L''\sin\frac{1}{2}\mu x$, ita ut sit $K'' = K' + hk$, $L'' = L' + hl$. Iam non difficile est, ex art. 11 vel ex art. 12 demonstrare, si aggregatum $a + b + c + d +$ etc. designetur per s, esse $K''\cos\frac{1}{2}s + L''\sin\frac{1}{2}s = 0$, unde deducitur

$$h = -\frac{K'\cos\frac{1}{2}s + L'\sin\frac{1}{2}s}{k\cos\frac{1}{2}s + l\sin\frac{1}{2}s}$$
$$K'' = \frac{K'l - L'k}{k\cos\frac{1}{2}s + l\sin\frac{1}{2}s}\sin\frac{1}{2}s$$
$$L'' = -\frac{K'l - L'k}{k\cos\frac{1}{2}s + l\sin\frac{1}{2}s}\cos\frac{1}{2}s$$

Haud difficilius demonstratur, esse

$$k = \pm\frac{\cos\frac{1}{2}s}{2^{\mu-1}}, \qquad l = \pm\frac{\sin\frac{1}{2}s}{2^{\mu-1}}$$

ubi signum superius valet, quando $\frac{1}{2}\mu$ est par, inferius, quando est impar. Quare in valoribus modo traditis pro K'' et L'' denominator fit $= \pm\frac{1}{2^{\mu-1}}$ adeoque

$$K'' = (K'\sin\frac{1}{2}s - L'\cos\frac{1}{2}s)\sin\frac{1}{2}s$$
$$L'' = -(K'\sin\frac{1}{2}s - L'\cos\frac{1}{2}s)\cos\frac{1}{2}s$$

16.

Hactenus tales functiones consideravimus, in quibus tum cosinus tum sinus adsunt: saepissime vero aut hi aut illi absunt, quae functionum genera seorsim tractare conveniet. Utrumque quidem casum ad casum generalem hucusque consideratum reducere liceret; attamen etiam magis e re esse videtur, hanc disquisitionem ad problema art. 3 reducere.

Primo, si constat, omnes coëfficientes $\mathfrak{b}'$, $\mathfrak{b}''$, $\mathfrak{b}'''$ etc. in functione X (art. 10) esse $= 0$, multitudo incognitarum ad $m+1$ diminuitur, et proin pro tot valoribus diversis ipsius x valores respondentes functionis X novisse sufficit. Quoniam vero in hoc casu valor functionis X non mutatur, si pro x substituitur $-x$, manifestum est, non solum tales valores ipsius x, quorum differentia peripheriae vel multiplo peripheriae aequalis est. sed tales quoque, quorum summa est 0 vel peripheriae vel multiplo peripheriae aequalis, pro diversis non esse habendos. Aut generaliter, ut duos valores ipsius x pro diversis habere liceat, cosinus inaequales habere debent. Quibus ita intellectis sint $m+1$ valores dati functionis X hi A, B, C, D etc., valoribus ipsius x his a, b, c, d etc. respondentes, quaeriturque expressio generalis pro valore T, quem functio pro $x = 0$ adipiscitur. Quum functionem X in casu nostro etiam sub formam

$$\gamma + \gamma' \cos x + \gamma''(\cos x)^2 + \gamma'''(\cos x)^3 + \text{etc.} + \gamma^m (\cos x)^m$$

reducere liceat, habebimus per art. 3

$$\begin{aligned} T = & \frac{(\cos t - \cos b)(\cos t - \cos c)(\cos t - \cos d)\ldots}{(\cos a - \cos b)(\cos a - \cos c)(\cos a - \cos d)\ldots} A \\ & + \frac{(\cos t - \cos a)(\cos t - \cos c)(\cos t - \cos d)\ldots}{(\cos b - \cos a)(\cos b - \cos c)(\cos b - \cos d)\ldots} B \\ & + \frac{(\cos t - \cos a)(\cos t - \cos b)(\cos t - \cos d)\ldots}{(\cos c - \cos a)(\cos c - \cos b)(\cos c - \cos d)\ldots} C \\ & + \frac{(\cos t - \cos a)(\cos t - \cos b)(\cos t - \cos c)\ldots}{(\cos d - \cos a)(\cos d - \cos b)(\cos d - \cos c)\ldots} D \\ & + \text{etc.} \end{aligned}$$

Secundo, si omnes coëfficientes $\alpha, \alpha', \alpha'', \alpha'''$ etc. evanescunt, multitudo incognitarum erit m, sufficitque adeo, valores functionis X pro totidem valoribus diversis ipsius x novisse. Quum valor functionis X pro $x = -t$ ex valore pro $x = +t$ sponte sequatur (per solam mutationem signi in oppositum), etiam hic tales valores pro diversis haberi nequeunt, unde facile colligitur, hic perinde ut in casu praec. eos tantummodo valores ipsius x pro diversis agnosci, quorum cosinus sunt inaequales. Praeterea quum valor functionis X pro $x = 0, 180^0, 360^0$ etc. et generaliter pro tali valore ipsius x, cuius sinus est $= 0$, sponte fiat $= 0$, adeoque iam ex natura problematis datus sit, talem valorem inter m datos non numerari supponimus. Iam quum constet, esse

$$\frac{\sin nx}{\sin x} = 2\cos(n-1)x + 2\cos(n-3)x + 2\cos(n-5)x + \ldots + 2\cos x$$

pro valore pari ipsius n, atque

$$= 2\cos(n-1)x + 2\cos(n-3)x + 2\cos(n-5)x + \ldots + 2\cos 2x + 1$$

pro valore impari ipsius n, facile concluditur $\frac{X}{\sin x}$ ad formam

$$\delta + \delta' \cos x + \delta''(\cos x)^2 + \delta'''(\cos x)^3 + \text{etc.} + \delta^{m-1}(\cos x)^{m-1}$$

reduci posse, adeoque, quum valores functionis $\frac{X}{\sin x}$ pro $x = a, b, c, d\ldots$ fiant $= \frac{A}{\sin a}, \frac{B}{\sin b}, \frac{C}{\sin c}, \frac{D}{\sin d}, \ldots$, haberi per eundem art. 3

$$\begin{aligned} T = & \frac{\sin t(\cos t-\cos b)(\cos t-\cos c)(\cos t-\cos d)\ldots}{\sin a(\cos a-\cos b)(\cos a-\cos c)(\cos a-\cos d)\ldots}A \\ & + \frac{\sin t(\cos t-\cos a)(\cos t-\cos c)(\cos t-\cos d)\ldots}{\sin b(\cos b-\cos a)(\cos b-\cos c)(\cos b-\cos d)\ldots}B \\ & + \frac{\sin t(\cos t-\cos a)(\cos t-\cos b)(\cos t-\cos d)\ldots}{\sin c(\cos c-\cos a)(\cos c-\cos b)(\cos c-\cos d)\ldots}C \\ & + \frac{\sin t(\cos t-\cos a)(\cos t-\cos b)(\cos t-\cos c)\ldots}{\sin d(\cos d-\cos a)(\cos d-\cos b)(\cos d-\cos c)\ldots}D \\ & + \text{etc.} \end{aligned}$$

Ceterum in utroque casu formula pro T cum functione X identica erit, mutando t in x, quoniam illa indefinite pro valore quocunque ipsius t valet.

17.

E principiis algebraicis facile conclusio petitur, si, pro casu priore art. praec. productum

$$(\cos t-\cos a)(\cos t-\cos b)(\cos t-\cos c)(\cos t-\cos d) \text{ etc.}$$

pro posteriore autem productum

$$\sin t(\cos t-\cos a)(\cos t-\cos b)(\cos t-\cos c)(\cos t-\cos d) \text{ etc.}$$

per P designetur, quamvis functionem ipsi X similem, quae iisdem valoribus A, B, C, D etc. pro $x = a, b, c, d$ etc. satisfacit, necessario sub forma $X+PY$ contentam esse debere, ubi Y est functio indefinita arcus x formae

$$\gamma+\gamma'\cos x+\gamma''\cos 2x+\gamma'''\cos 3x+\text{etc.}$$

Theorema inversum, scilicet quamlibet functionem sub forma $X+PY$ contentam illis valoribus satisfacere, sponte patet. Porro manifestum est, productum P esse ordinis $m+1^{\text{ti}}$, adeoque proxime altioris quam X; quamobrem alia functio ipsi X similis quae iisdem valoribus satisfaciat non datur, nisi ex ordine altiore quam X.

Vice versa, si quae functio X', ipsi X similis quidem, sed altioris ordinis, aliunde innotuit, quae valoribus datis A, B, C, D etc. satisfacit, functionem Y, eius quam tradidimus formae, ita determinare licet, ut $X'+PY$ ad ordinem

m^{tum} deprimatur, unde necessario functio X ipsa, quae e valoribus A, B, C, D etc. per methodum art. praec. eruitur, prodire debebit. Quum methodus terminum summum functionis Y atque inde deinceps inferiores evolvendi, tamquam casus specialis e methodo in art. 15, II tradita peti possit, non opus est, huic rei hic diutius inhaerere.

18.

Omnes disquisitiones praecedentes superstructae sunt conditioni, X esse progressionem cum cosinu sinuque arcus mx abruptam. Quae conditio si locum non habet, tot valores ipsius X, quot cognitos esse hactenus assumsimus, manifesto non sufficiunt ad determinationem completam, expressioque pro T in variis quos consideravimus casibus tradita, correctione opus habebit, a coëfficientibus sequentibus in X pendente et per summationes artt. 1 et 2 facile assignabili. Quodsi autem series X, sive in infinitum excurrat sive uspiam abrumpatur, tantopere convergit, ut partes post $\cos mx$ et $\sin mx$ sequentes pro evanescentibus haberi possint, etiam illam correctionem negligere licebit, adeoque valorem T saltem proxime verum nacti erimus. Quomodocunque vero haec se habeant, T certo functionem verae similem simplicissimam exhibet, per quam omnibus valoribus propositis satisfieri potest.

19.

Imprimis frequens, maximaque adeo attentione dignus est casus iste, ubi valores arcus x, pro quibus valores functionis X dati sunt, progressionem arithmeticam constituunt, in qua terminorum differentia aequalis est coëfficienti, ex divisione peripheriae integrae in totidem partes quot sunt termini orto, ita ut si progressio ultra terminum postremum continuaretur, termini primi peripheria integra aucti rursus deinceps prodituri essent. Postquam itaque disquisitionis generalis praecipua momenta in praecedentibus absolvimus, huncce casum, ubi termini dati quasi *periodum* completam constituunt, coronidis loco seorsim copiosius tractabimus. Antequam vero hanc disquisitionem ipsam aggrediamur, duo lemmata erunt praemittenda.

LEMMA PRIMUM. *Si arcus a, b, c, d etc., quorum multitudo est μ, constituunt progressionem arithmeticam, in qua terminorum differentia $b-a=c-b=d-c$ etc. est $=\frac{360^\circ}{\mu}$, productum ex μ factoribus $P=$*

$$\sin\tfrac{1}{2}(t-a)\sin\tfrac{1}{2}(t-b)\sin\tfrac{1}{2}(t-c)\sin\tfrac{1}{2}(t-d) \text{ etc.}$$

fit $=\mp\frac{\sin\frac{1}{2}\mu(t-a)}{2^{\mu-1}}$, *ubi signum superius vel inferius valet, prout* μ *par est vel impar.*

Demonstr. Potest quidem hoc theorema facile ex alio ab ill. EULERO in *Introd. in Anal. Infin.* I, §. 240 tradito derivari; ne quid vero hic desiderari videatur, demonstrationem aliam paucis hic explicabimus.

I. Si productum P primo ponitur sub formam

$$\cos\tfrac{1}{2}(t-a-180^0)\cos\tfrac{1}{2}(t-b-180^0)\cos\tfrac{1}{2}(t-c-180^0)\cos\tfrac{1}{2}(t-d-180^0)\ldots$$

atque tunc secundum algorithmum sinuum notum in aggregatum cosinuum evolvitur, facile perspicietur, inde prodire functionem vel formae F vel formae G (art. 13) ad ordinem $\frac{1}{2}\mu^{\text{tum}}$ ascendentem, terminumque *summum* fieri

$$\begin{aligned}
&= \tfrac{1}{2^{\mu-1}}\cos\tfrac{1}{2}(\mu t-a-b-c-d-\text{ etc. }-\mu\times 180^0)\\
&= \tfrac{1}{2^{\mu-1}}\cos(\tfrac{1}{2}\mu(t-a-360^0)+90^0)\\
&= -\tfrac{1}{2^{\mu-1}}\sin\tfrac{1}{2}\mu(t-a-360^0)\\
&= -\tfrac{1}{2^{\mu-1}}\sin\tfrac{1}{2}\mu(t-a)\cos\mu\times 180^0\\
&= \mp\tfrac{1}{2^{\mu-1}}\sin\tfrac{1}{2}\mu(t-a)
\end{aligned}$$

signo superiore pro valore pari ipsius μ valente, inferiore pro impari.

II. Quum $\sin\frac{1}{2}\mu(t-a)$ fiat $=0$, si ipsi t aliquis valorum a, b, c, d etc. tribuitur, per theorema art. 14 erit $\sin\frac{1}{2}\mu(t-a)$ per productum P divisibilis; quotiens autem necessario erit quantitas definita $=h$, quoniam $\sin\frac{1}{2}\mu(t-a)$ et P eiusdem sunt ordinis. Manifesto autem (per I) ex aequatione $P=\frac{1}{h}\sin\frac{1}{2}\mu(t-a)$ sequitur esse $h=\mp 2^{\mu-1}$, adeoque $P=\mp\frac{\sin\frac{1}{2}\mu(t-a)}{2^{\mu-1}}$ Q. E. D.

LEMMA SECUNDUM. *Si arcus* $a, b, c, d\ldots$ *eodem modo se habent, ut in lemmate primo, productum ex* μ *factoribus*

$$(\cos t-\cos a)(\cos t-\cos b)(\cos t-\cos c)(\cos t-\cos d)\ldots$$

fit $=\frac{\cos\mu t-\cos\mu a}{2^{\mu-1}}$

Demonstr. Quum fiat

$$\cos t - \cos a = 2\sin\tfrac{1}{2}(t-a)\sin\tfrac{1}{2}(-t-a)$$
$$\cos t - \cos b = 2\sin\tfrac{1}{2}(t-b)\sin\tfrac{1}{2}(-t-b)$$
$$\cos t - \cos c = 2\sin\tfrac{1}{2}(t-c)\sin\tfrac{1}{2}(-t-c)$$
$$\cos t - \cos d = 2\sin\tfrac{1}{2}(t-d)\sin\tfrac{1}{2}(-t-d)$$
etc.

productum ex his factoribus fit, per lemma primum

$$= 2^{\mu} \times \mp \frac{\sin\frac{1}{2}\mu(t-a)}{2^{\mu-1}} \times \mp \frac{\sin\frac{1}{2}\mu(-t-a)}{2^{\mu-1}}$$
$$= \frac{\sin\frac{1}{2}\mu(t-a)\sin\frac{1}{2}\mu(-t-a)}{2^{\mu-2}} = \frac{\cos\mu t - \cos\mu a}{2^{\mu-1}} \quad \text{Q. E. D.}$$

Quum habeatur

$$\sin\tfrac{1}{2}\mu(t-a) = -\sin\tfrac{1}{2}\mu(t-b) = \sin\tfrac{1}{2}\mu(t-c) = -\sin\tfrac{1}{2}\mu(t-d) \text{ etc.}$$

nec non $\cos\mu a = \cos\mu b = \cos\mu c = \cos\mu d$ etc.: manifestum est, productum in lemmate primo fieri etiam

$$= \pm \frac{\sin\frac{1}{2}\mu(t-b)}{2^{\mu-1}} = \mp \frac{\sin\frac{1}{2}\mu(t-c)}{2^{\mu-1}} = \pm \frac{\sin\frac{1}{2}\mu(t-d)}{2^{\mu-1}} \text{ etc.}$$

nec non productum in lemmate secundo fieri etiam

$$= \frac{\cos\mu t - \cos\mu b}{2^{\mu-1}} = \frac{\cos\mu t - \cos\mu c}{2^{\mu-1}} = \frac{\cos\mu t - \cos\mu d}{2^{\mu-1}} \text{ etc.}$$

20.

Consideremus primo casum generalem art. 10, ubi X est formae

$$\alpha + \alpha'\cos x + \alpha''\cos 2x + \alpha'''\cos 3x + \ldots + \alpha^{(m)}\cos mx$$
$$+ \beta'\sin x + \beta''\sin 2x + \beta'''\sin 3x + \ldots + \beta^{(m)}\sin mx$$

atque $\mu = 2m+1$. Hic igitur erit

$$\sin\tfrac{1}{2}(t-b)\sin\tfrac{1}{2}(t-c)\sin\tfrac{1}{2}(t-d)\ldots = \frac{\sin\frac{1}{2}\mu(t-a)}{2^{\mu-1}\sin\frac{1}{2}(t-a)}$$
$$= \frac{1}{2^{\mu-1}}(1 + 2\cos(t-a) + 2\cos 2(t-a) + 2\cos 3(t-a) + \ldots + 2\cos m(t-a))$$

unde substituendo a pro t

$$\sin\tfrac{1}{2}(a-b)\sin\tfrac{1}{2}(a-c)\sin\tfrac{1}{2}(a-d)\ldots = \frac{\mu}{2^{\mu-1}}$$

Hinc in formula art. 10 pro T, fit coëfficiens ipsius A

$$= \frac{1}{\mu}(1+2\cos(t-a)+2\cos 2(t-a)+2\cos 3(t-a)+\ldots+2\cos m(t-a))$$

Simili modo fit

$$\sin\tfrac{1}{2}(t-a)\sin\tfrac{1}{2}(t-c)\sin\tfrac{1}{2}(t-d)\ldots = -\frac{\sin\frac{1}{2}\mu(t-b)}{2^{\mu-1}\sin\frac{1}{2}(t-b)}$$

$$= -\frac{1}{2^{\mu-1}}(1+2\cos(t-b)+2\cos 2(t-b)+2\cos 3(t-b)+\ldots+2\cos m(t-b))$$

atque

$$\sin\tfrac{1}{2}(b-a)\sin\tfrac{1}{2}(b-c)\sin\tfrac{1}{2}(b-d)\ldots = -\frac{\mu}{2^{\mu-1}}$$

Hinc coëfficiens ipsius B in formula pro T fit

$$= \frac{1}{\mu}(1+2\cos(t-b)+2\cos 2(t-b)+2\cos 3(t-b)+\ldots+2\cos m(t-b))$$

Prorsus similes erunt coëfficientes ipsorum C, D etc., unde tandem concluditur, fieri

$$\begin{aligned}
T = {} & \frac{1}{\mu}(A+B+C+D+\ldots) \\
& +\frac{2}{\mu}(A\cos a+B\cos b+C\cos c+D\cos d+\ldots)\cos t \\
& +\frac{2}{\mu}(A\sin a+B\sin b+C\sin c+D\sin d+\ldots)\sin t \\
& +\frac{2}{\mu}(A\cos 2a+B\cos 2b+C\cos 2c+D\cos 2d+\ldots)\cos 2t \\
& +\frac{2}{\mu}(A\sin 2a+B\sin 2b+C\sin 2c+D\sin 2d+\ldots)\sin 2t \\
& + \text{etc.} \\
& +\frac{2}{\mu}(A\cos ma+B\cos mb+C\cos mc+D\cos md+\ldots)\cos mt \\
& +\frac{2}{\mu}(A\sin ma+B\sin mb+C\sin mc+D\sin md+\ldots)\sin mt
\end{aligned}$$

Quum haec formula cum

$$\alpha+\alpha'\cos t+\beta'\sin t+\alpha''\cos 2t+\beta''\sin 2t+\text{ etc. }+\alpha^{(m)}\cos mt+\beta^{(m)}\sin mt$$

identica esse debeat, valores coëfficientium α, α', β', α'', β'' etc. hinc protinus habentur.

21

Si progressio pro X cum terminis $\cos mx$ et $\sin mx$ non abrumpitur, sive in infinitum excurrat, sive finita sit, valor pro T in art. praec. inventus incompletus erit, itemque valores singulorum coëfficientium α. α', $\mathfrak{b}'$, α'', $\mathfrak{b}''$ etc. ibi traditi correctione opus habebunt. Haec autem commodius per methodum sequentem quam per summationem art. 2 determinatur. Ante omnia observamus, esse

$$\cos na + \cos nb + \cos nc + \cos nd + \ldots = \mu \cos na$$
$$\sin na + \sin nb + \sin nc + \sin nd + \ldots = \mu \sin na$$

quoties n est integer per μ divisibilis; contra

$$\cos na + \cos nb + \cos nc + \cos nd + \ldots = 0$$
$$\sin na + \sin nb + \sin nc + \sin nd + \ldots = 0$$

quoties n est integer per μ non divisibilis. Pro casu priore res per se clara est; pro posteriore sit summa prima $= P$, secunda $= Q$, unde facile deducitur

$$P \cos n(b-a) - Q \sin n(b-a) = P$$
$$P \sin n(b-a) + Q \cos n(b-a) = Q$$

Multiplicando aequationem primam per $\cos n(b-a) - 1$, secundam per $\sin n(b-a)$, fit addendo delendoque quae mutuo se destruunt

$$2P(1-\cos n(b-a)) = 0$$

Similiter multiplicando aequationem primam per $\sin n(b-a)$, secundam per $1-\cos n(b-a)$, provenit addendo

$$2Q(1-\cos n(b-a)) = 0$$

Iam pro casu quidem priore (ubi n per μ divisibilis est, et proin $\cos n(b-a) = 1$) hae aequationes identicae sunt, pro posteriore autem (ubi n per μ non est divisibilis, adeoque $\cos n(b-a) = \cos \frac{n}{\mu} \times 360^0$ non potest esse $= 1$) consistere nequeunt, nisi fuerit $P = 0$ et $Q = 0$.

Iam ponamus, post terminos $\alpha^m \cos mx + \mathfrak{b}^m \sin mx$ in expressione functionis X sequi

$$\alpha^{m+1} \cos(m+1)x + \alpha^{m+2} \cos(m+2)x + \text{etc}$$
$$+ \mathfrak{b}^{m+1} \sin(m+1)x + \mathfrak{b}^{m+2} \sin(m+2)x + \text{etc.}$$

valorem vero (incompletum), in suppositione, has partes non adesse, pro T' in art. praec. inventum, esse

$$\gamma + \gamma' \cos t + \gamma'' \cos 2t + \gamma''' \cos 3t + \ldots + \gamma^m \cos mt$$
$$+ \delta' \sin t + \delta'' \sin 2t + \delta''' \sin 3t + \ldots + \delta^m \sin mt$$

ita ut habeatur $\gamma = \frac{1}{\mu}(A + B + C + D + \text{etc.})$ etc. Substituantur pro A, B, C, D etc. valores sui, puta

$$A = \alpha + \alpha' \cos a + \alpha'' \cos 2a + \ldots + \alpha^m \cos ma + \alpha^{m+1} \cos(m+1)a \ldots$$
$$+ \beta' \sin a + \beta'' \sin 2a + \ldots + \beta^m \sin ma + \beta^{m+1} \sin(m+1)a \ldots$$
etc.

fietque (per summationem modo traditam)

$$\gamma = \alpha + \alpha^{\mu} \cos \mu a + \alpha^{2\mu} \cos 2\mu a + \alpha^{3\mu} \cos 3\mu a + \text{etc.}$$
$$+ \beta^{\mu} \sin \mu a + \beta^{2\mu} \sin 2\mu a + \beta^{3\mu} \sin 3\mu a + \text{etc.}$$

$$\gamma' = \alpha' + (\alpha^{\mu-1} + \alpha^{\mu+1}) \cos \mu a + (\alpha^{2\mu-1} + \alpha^{2\mu+1}) \cos 2\mu a + \text{etc.}$$
$$+ (\beta^{\mu-1} + \beta^{\mu+1}) \sin \mu a + (\beta^{2\mu-1} + \beta^{2\mu+1}) \sin 2\mu a + \text{etc.}$$

$$\delta' = \beta' - (\beta^{\mu-1} - \beta^{\mu+1}) \cos \mu a - (\beta^{2\mu-1} - \beta^{2\mu+1}) \cos 2\mu a - \text{etc.}$$
$$- (\alpha^{\mu-1} - \alpha^{\mu+1}) \sin \mu a - (\alpha^{2\mu-1} - \alpha^{2\mu+1}) \sin 2\mu a - \text{etc.}$$

$$\gamma'' = \alpha'' + (\alpha^{\mu-2} + \alpha^{\mu+2}) \cos \mu a + (\alpha^{2\mu-2} + \alpha^{2\mu+2}) \cos 2\mu \alpha + \text{etc.}$$
$$+ (\beta^{\mu-2} + \beta^{\mu+2}) \sin \mu a + (\beta^{2\mu-2} + \beta^{2\mu+2}) \sin 2\mu \alpha + \text{etc.}$$

$$\delta'' = \beta'' - (\beta^{\mu-2} - \beta^{\mu+2}) \cos \mu a - (\beta^{2\mu-2} - \beta^{2\mu+2}) \cos 2\mu a - \text{etc.}$$
$$- (\alpha^{\mu-2} - \alpha^{\mu+2}) \sin \mu a - (\alpha^{2\mu-2} - \alpha^{2\mu+2}) \sin 2\mu a - \text{etc.}$$

etc. usque ad

$$\gamma^m = \alpha^m + (\alpha^{\mu-m} + \alpha^{\mu+m}) \cos \mu a + (\alpha^{2\mu-m} + \alpha^{2\mu+m}) \cos 2\mu a + \text{etc.}$$
$$+ (\beta^{\mu-m} + \beta^{\mu+m}) \sin \mu a + (\beta^{2\mu-m} + \beta^{2\mu+m}) \sin 2\mu a + \text{etc.}$$

$$\delta^m = \beta^m - (\beta^{\mu-m} - \beta^{\mu+m}) \cos \mu a - (\beta^{2\mu-m} - \beta^{2\mu+m}) \cos 2\mu a - \text{etc.}$$
$$- (\alpha^{\mu-m} - \alpha^{\mu+m}) \sin \mu a - (\alpha^{2\mu-m} - \alpha^{2\mu+m}) \sin 2\mu a - \text{etc.}$$

Si itaque progressio tantopere convergit, ut α^{m+1}, β^{m+1}, α^{m+2}, β^{m+2} etc. negligi possint, valores γ, γ', δ' etc. pro veris α, α', β' etc. accipere licebit.

22.

Transimus ad casum alterum art. 11, ubi progressio X quidem eadem manet ut in art. 20, multitudo valorum datorum autem unitate minor est, quam multitudo coëfficientium incognitorum, puta $= 2m = \mu$. Hic habetur

$$\cos\tfrac{1}{2}(t-a)\sin\tfrac{1}{2}(t-b)\sin\tfrac{1}{2}(t-c)\sin\tfrac{1}{2}(t-d)\ldots$$
$$=-\frac{\sin\frac{1}{2}\mu(t-a)\cos\frac{1}{2}(t-a)}{2^{\mu-1}\sin\frac{1}{2}(t-a)}$$
$$=-\frac{\cos\frac{1}{2}(t-a)}{2^{\mu-2}}(\cos\tfrac{1}{2}(t-a)+\cos\tfrac{3}{2}(t-a)+\cos\tfrac{5}{2}(t-a)+\ldots+\cos\tfrac{\mu-1}{2}(t-a))$$
$$=-\frac{1}{2^{\mu-1}}(1+2\cos(t-a)+2\cos2(t-a)+2\cos3(t-a)+\ldots+2\cos(m-1)(t-a)$$
$$+\cos m(t-a))$$

Quare in formula art. 11 pro T coëfficiens ipsius A fit

$$=\frac{1}{\mu}(1+2\cos(t-a)+2\cos2(t-a)+2\cos3(t-a)+\ldots$$
$$+2\cos(m-1)(t-a)+\cos m(t-a))$$

Et prorsus similes expressiones (mutato tantummodo a in b, c, d etc.) pro coëfficientibus ipsorum B, C, D etc. inveniuntur. Denique pars ultima ipsius T

$$2^{2m-1}i^{2m}\sin\tfrac{1}{2}(t-a)\sin\tfrac{1}{2}(t-b)\sin\tfrac{1}{2}(t-c)\sin\tfrac{1}{2}(t-d)\ldots\times\{\alpha^m\cos\tfrac{1}{2}s+\beta^m\sin\tfrac{1}{2}s\}$$

fit

$$=-i^{2m}\sin m(t-a)\{\alpha^m\cos(ma+(2m-1)90^0)+\beta^m\sin(ma+(2m-1)90^0)\}$$
$$=-\sin m(t-a)(\alpha^m\sin ma-\beta^m\cos ma)$$

Hinc tandem colligitur

$$\begin{aligned}T=&\tfrac{1}{\mu}(A+B+C+D+\text{etc.})\\&+\tfrac{2}{\mu}(A\cos a+B\cos b+C\cos c+D\cos d+\text{etc.})\cos t\\&+\tfrac{2}{\mu}(A\sin a+B\sin b+C\sin c+D\sin d+\text{etc.})\sin t\\&+\tfrac{2}{\mu}(A\cos2a+B\cos2b+C\cos2c+D\cos2d+\text{etc.})\cos2t\\&+\tfrac{2}{\mu}(A\sin2a+B\sin2b+C\sin2c+D\sin2d+\text{etc.})\sin2t\\&+\text{etc.}\\&+\tfrac{1}{\mu}(A\cos ma+B\cos mb+C\cos mc+D\cos md+\text{etc.})\cos mt\\&+\tfrac{1}{\mu}(A\sin ma+B\sin mb+C\sin mc+D\sin md+\text{etc.})\sin mt\\&+(\alpha^m\sin ma-\beta^m\cos ma)(\sin ma\cos mt-\cos ma\sin mt)\end{aligned}$$

Quae expressio, si, rescissa parte ultima, per

$$\gamma+\gamma'\cos t+\gamma''\cos2t+\text{etc.}+\gamma^m\cos mt$$
$$+\delta'\sin t+\delta''\sin2t+\text{etc.}+\delta^m\sin mt$$

exhibetur, omnes coëfficientes $\gamma, \gamma', \delta', \gamma'', \delta''$ etc. praecise eosdem valores habere patet, ut in art. praec., ubi erat $\mu = 2m+1$, exceptis duobus ultimis γ^m, δ^m, qui illic duplo erant maiores. Porro liquet, omnes coëfficientes $\alpha, \alpha', \alpha'' \ldots \alpha^{m-1}, \mathfrak{b}', \mathfrak{b}'' \ldots \mathfrak{b}^{m-1}$ illis $\gamma, \gamma', \gamma'' \ldots \gamma^{m-1}, \delta', \delta'' \ldots \delta^{m-1}$ resp. aequales adeoque cognitos fieri, inter ultimos $\alpha^m, \mathfrak{b}^m$ autem haberi aequationes

$$\alpha^m = \gamma^m + (\alpha^m \sin ma - \mathfrak{b}^m \cos ma)\sin ma$$
$$\mathfrak{b}^m = \delta^m - (\alpha^m \sin ma - \mathfrak{b}^m \cos ma)\cos ma$$

quae tamen (ut ex natura problematis praevidere licebat) non sufficiunt ad determinationem completam coëfficientium $\alpha^m, \mathfrak{b}^m$. Scilicet quum fiat

$$\cos ma = -\cos mb = \cos mc = -\cos md \text{ etc.}$$

atque $$\sin ma = -\sin mb = \sin mc = -\sin md \text{ etc.}$$

adeoque $$\gamma^m = \frac{\cos ma}{\mu}(A - B + C - D + \text{ etc.})$$
$$\delta^m = \frac{\sin ma}{\mu}(A - B + C - D + \text{ etc.})$$

facile perspicitur, utramque aequationem contentam esse sub unica

$$\alpha^m \cos ma + \mathfrak{b}^m \sin ma = \frac{1}{\mu}(A - B + C - D + \text{ etc.})$$

Aliam itaque insuper relationem inter α^m et $\mathfrak{b}^m$ datam esse oportet, ut utrumque coëfficientem penitus assignare liceat.

23.

Si progressio X cum $\cos mx$ et $\sin mx$ non abrumpitur, valor ipsius T in art. praec. inventus incompletus erit, coëfficientesque γ, γ', δ' etc. a veris $\alpha, \alpha', \mathfrak{b}'$ etc. diversi erunt. Et quidem facile perspicitur, si coëfficientes terminorum sequentium in X per eosdem characteres denotentur, quibus in art. 21 usi sumus, pro γ, γ', δ' etc. usque ad $\gamma^{m-1}, \delta^{m-1}$ prorsus eosdem valores prodire, quos illic eruimus; duos ultimos autem fieri

$$\gamma^m = \tfrac{1}{2}\alpha^m + \tfrac{1}{2}(\alpha^m + \alpha^{3m})\cos\mu a + \tfrac{1}{2}(\alpha^{3m} + \alpha^{5m})\cos 2\mu a + \text{ etc.}$$
$$+ \tfrac{1}{2}(\mathfrak{b}^m + \mathfrak{b}^{3m})\sin\mu a + \tfrac{1}{2}(\mathfrak{b}^{3m} + \mathfrak{b}^{5m})\sin 2\mu a + \text{ etc.}$$

$$\delta^m = \tfrac{1}{2}\mathfrak{b}^m - \tfrac{1}{2}(\mathfrak{b}^m - \mathfrak{b}^{3m})\cos\mu a - \tfrac{1}{2}(\mathfrak{b}^{3m} - \mathfrak{b}^{5m})\cos 2\mu a - \text{ etc.}$$
$$- \tfrac{1}{2}(\alpha^m - \alpha^{3m})\sin\mu a - \tfrac{1}{2}(\alpha^{3m} - \alpha^{5m})\sin 2\mu a - \text{ etc.}$$

In hoc itaque casu coëfficientes γ, γ', δ', γ'', δ'' . . . γ^{m-1}, δ^{m-1} pro veris α, α', β', α'', β'' . . . α^{m-1}, β^{m-1} adoptare licet, quatenus sequentes α^{m+1}, β^{m+1} etc. negligi possunt; ad ultimos vero γ^m, δ^m nisi ipsi pro negligendis haberi possunt, haec conclusio non est extendenda.

24.

Per disquisitionem inde ab art. 20 traditam eo pervenimus, ut propositis μ valoribus functionis X arcus indeterminati x, periodum completam formantibus, functionem $(X') =$

$$\gamma + \gamma'\cos x + \gamma''\cos 2x + \ldots + \gamma^m \cos mx$$
$$+ \delta'\sin x + \delta''\sin 2x + \ldots + \delta^m \sin mx$$

quae illis omnibus satisfaciat, assignare possimus, ita, ut numerus m, ordinem huius functionis exprimens sit vel $= \frac{1}{2}\mu - \frac{1}{2}$ vel $= \frac{1}{2}\mu$, prout μ impar est vel par. Ex artt. 15, 19 concluditur, quamvis aliam similem functionem, quae iisdem valoribus satisfacit, sub forma $X' + Y\sin\frac{1}{2}\mu(x-a)$ contentam esse debere, ubi Y functionem indefinitam arcus x exhibet formae G vel F (art. 13), prout μ impar est vel par. In casu priore praeter X' functio alia similis non datur, iisdem valoribus satisfaciens, nisi ex ordine altiore, unde X' cum X identica erit, si constat X ordinem m^{tum} non egredi. In casu posteriore autem infinitae quidem aliae similes functiones ordinis m^{ti} iisdem valoribus satisfaciunt, omnes tamen in eo convenient, quod sub forma $X' + h\sin m(x-a)$ contenti erunt, designante h quantitatem definitam: quamobrem, si constat X ordinem m^{tum} non egredi, saltem X et X' aliter quam in coëfficientibus ipsorum $\cos mx$ et $\sin mx$ non discrepabunt; in functione X' autem inter hos coëfficientes aequatio $\gamma^m \sin ma - \delta^m \cos ma = 0$ locum habebit. Porro patet, si qua functio X'' similis formae ut X', quae iisdem valoribus satisfaciat, aliunde constet, iisdem satisfieri per functionem quamcunque $X'' + Y\sin\frac{1}{2}\mu(x-a)$, atque Y ita determinari posse, ut haec functio ordinem m^{tum} non egrediatur. Ad hunc finem observamus, si qua pars ipsius Y exhibeatur per $K\cos(\varkappa x + k)$, designante K coëfficientem definitum, k arcum definitum, $\varkappa$ numerum vel integrum vel fractione $\frac{1}{2}$ affectum (prout μ par vel impar) — ad quam formam singulae partes reduci possunt, si cosinus et sinus eiusdem arcus contrahuntur — pars respondens producti $Y\sin\frac{1}{2}\mu(x-a)$ exhibebitur per

$$\tfrac{1}{2}K\sin((\varkappa+\tfrac{1}{2}\mu)x+k-\tfrac{1}{2}\mu a)-\tfrac{1}{2}K\sin((\varkappa-\tfrac{1}{2}\mu)x+k+\tfrac{1}{2}\mu a)$$

sive quod eodem redit per

$$L\sin(\lambda x+l)-L\sin((\lambda-\mu)x+l+\mu a)$$

designante λ integrum. Quocirca in X'' pro quavis parte $L\sin(\lambda x+l)$ substituere licebit hanc $L\sin((\lambda-\mu)x+l+\mu a)$ et simili ratione pro hac rursus $L\sin((\lambda-2\mu)x+l+2\mu a)$ porroque $L\sin((\lambda-3\mu)x+l+3\mu a)$ etc. Ut similis conclusio ad cosinus extendatur, sufficit observatio, cosinus pro sinubus prodire, si modo pro l scribatur $l+90^0$. Hinc colligitur, si in X'' occurrat terminus $L\cos\lambda x$, designante λ integrum maiorem quam $\frac{1}{2}\mu$, qui proin sub formam $\lambda=\nu\mu\pm\lambda'$ poni potest, ita ut ν sit integer atque λ' non maior quam $\frac{1}{2}\mu$, pro isto termino substitui posse

$$L\cos(\pm\lambda'x+\nu\mu a)=L\cos\nu\mu a\cos\lambda'x\mp L\sin\nu\mu a\sin\lambda'x$$

et similiter pro termino tali $L\sin\lambda x$ substitui poterit

$$L\sin(\pm\lambda'x+\nu\mu a)=L\sin\nu\mu a\cos\lambda'x\pm L\cos\nu\mu a\sin\lambda'x$$

Hoc modo manifesto functio X'' deprimetur ad aliam, ordinis certo non maioris quam $\frac{1}{2}\mu^{\text{ti}}$.

Per hanc itaque operationem X'' semper transibit in ipsam X', quoties μ impar est; in casu altero autem, ubi μ par est, certo in functionem talem, quae tantummodo in coëfficientibus ipsorum $\cos mx$ et $\sin mx$ a functione X' diversa esse potest. Ut ex illis coëfficientibus coëfficientes respondentes in X' deducantur, methodus generalis art. 15 adhiberi potest, ex qua sine negotio sequitur, si in illa functione termini ultimi sint $K\cos mx+L\sin mx$, pro his substitui debere, ut functio X' prodeat,

$$(K\cos ma+L\sin ma)\cos ma\cos mx$$
$$+(K\cos ma+L\sin ma)\sin ma\sin mx$$

Hi termini fiunt $=K\cos mx+L\sin mx$, si inter K et L aequatio $K\sin ma=L\cos ma$ locum habet, ut per calculum facile confirmatur: tunc igitur illa functio cum X' omnino iam identica est.

25.

Si functio X cum terminis $\cos mx$, $\sin mx$ non abrumpitur, sed ulterius excurrit, coëfficientesque terminorum sequentium adhuc nimis considerabiles sunt, ita ut ipsos negligere non liceat, coëfficientes γ, γ', δ' etc. in functione X', quae μ valoribus functionis X periodum completam formantibus, pro $x = a, b, c, d$ etc. satisfacit, notabiliter a coëfficientibus respondentibus α, α', β' etc. discrepabunt. Quodsi itaque pro periodo $x = a, b, c, d$ etc. periodum aliam μ terminorum, puta pro $x = a', b', c', d'$ etc. simili modo tractamus, functionemque m^{ti} ordinis, his novis valoribus functionis X satisfacientem evolvimus, et perinde ut X' per expressionem

$$\begin{aligned}\gamma + \gamma' \cos x + \gamma'' \cos 2x + \ldots + \gamma^m \cos mx\\ + \delta' \sin x + \delta'' \sin 2x + \ldots + \delta^m \sin mx\end{aligned}$$

exhibemus: pro coëfficientibus γ, γ', δ' etc. iam valores nanciscemur, ab iis, quos ante invenimus, notabiliter diversos. Hinc intelligitur, quo pacto hos coëfficientes tamquam *variabiles* spectare liceat, et quidem, quum ex artt. 21, 23 singulos perinde per arcum $\mu a'$ determinari pateat, ut valores priores per arcum μa, singuli coëfficientes considerari poterunt tamquam functiones arcus indeterminati y, similiter ut X est functio arcus x. Iam supponamus, $\mu\nu = \pi$ valores functionis X periodum integram formantes, pro

$$x = a, a', a'', \ldots b, b', b'', \ldots c, c', c'', \ldots d, d', d'' \ldots \text{etc.}$$

cognitos esse, ita ut sit

$$a' = a + \tfrac{1}{\pi} 360^0 \qquad a'' = a + \tfrac{2}{\pi} 360^0 \text{ etc.}$$

$$b = a + \tfrac{\nu}{\pi} 360^0 = a + \tfrac{1}{\mu} 360^0, \quad b' = a + \tfrac{\nu+1}{\pi} 360^0 = a' + \tfrac{1}{\mu} 360^0 \text{ etc.}$$

$$c = a + \tfrac{2\nu}{\pi} 360^0 = a + \tfrac{2}{\mu} 360^0 \text{ etc.}$$

patetque, hanc periodum π terminorum in ν periodos μ terminorum pro

$$\begin{aligned}x &= a, \ b, \ c, \ d \text{ etc.}\\ x &= a', \ b', \ c', \ d' \text{ etc.}\\ x &= a'', \ b'', \ c'', \ d'' \text{ etc.}\\ &\text{etc.}\end{aligned}$$

discerpi posse. Quodsi itaque eo quo docuimus modo pro singulis periodis functio

X' evolvitur, nanciscimur ν valores singulorum coëfficientium γ, γ', δ' etc., qui hisce deinceps valoribus ipsius y respondent

$$y = \mu a, \quad y = \mu a' = \mu a + \frac{1}{\nu}360^0, \quad y = \mu a'' = \mu a + \frac{2}{\nu}360^0 \text{ etc.}$$

adeoque periodos completas ν terminorum formant. Quocirca, per methodum nostram, singuli coëfficientes γ, γ', δ' etc. per expressionem talem

$$\begin{array}{l} \varepsilon + \varepsilon' \cos y + \varepsilon'' \cos 2y + \ldots + \varepsilon^n \cos ny \\ + \zeta' \sin y + \zeta'' \sin 2y + \ldots + \zeta^n \sin ny \end{array}$$

exhiberi poterunt, ita ut sit n vel $= \frac{1}{2}\nu - \frac{1}{2}$ vel $= \frac{1}{2}\nu$, prout ν impar est vel par. Manifestum est, talem expressionem eundem valorem ex substitutione $y = \mu b$, μc, μd etc. obtinere, quem obtinet ex $y = \mu a$; nec non eundem ex $y = \mu b'$, $\mu c'$, $\mu d'$ etc, quem obtinet ex $y = \mu a'$ et sic porro. Quamobrem si in

$$\begin{array}{l} \gamma + \gamma' \cos x + \gamma'' \cos 2x + \text{ etc.} \\ + \delta' \sin x + \delta'' \sin 2x + \text{ etc.} \end{array}$$

pro singulis coëfficientibus γ, γ', δ' etc. hae functiones arcus indeterminati y substituuntur, prodibit functio Z, duos arcus x, y involvens, transibitque Z in eam functionem X', quae e periodo prima deducta est, si pro y aliquis valorum μa, μb, μc, μd etc. substituitur; si vero pro y aliquis valorum $\mu a'$, $\mu b'$, $\mu c'$, $\mu d'$ etc. accipitur, transibit Z in eam functionem, quae eruta est e periodo secunda. Hinc tandem colligitur, si in Z pro y statim scribatur μx, ita ut functio solius x prodeat (X''), hanc ita comparatam fore, ut pro omnibus π valoribus ipsius x, valoribus propositis functionis X satisfaciat.

26.

Si methodus artt. 20. 22 ad omnes π valores propositos immediate sine praevia discerptione in ν periodos minores applicata esset, prodiisset functio (X''') ordinis $\frac{1}{2}\pi - \frac{1}{2}^{\text{ti}}$ vel $\frac{1}{2}\pi^{\text{ti}}$, prout π impar vel par, quam cum functione X'' iam comparabimus. Quum haec posterior, si rite reducta est, manifesto ad ordinem $\mu n + m^{\text{tum}}$ ascendat, tres casus distinguemus.

I. Quando tum μ tum ν est impar, erit $\mu n + m = \frac{1}{2}\mu\nu - \frac{1}{2} = \frac{1}{2}\pi - \frac{1}{2}$. unde patet, X'' cum X''' prorsus identicam esse debere.

II. Quando μ par est, ν impar. fit $\mu n + m = \frac{1}{2}\mu\nu = \frac{1}{2}\pi$, adeoque X'' eiusdem ordinis ut X'''. Sufficit itaque utriusque functionis terminos ultimos comparare. Haud difficile perspicitur, hos terminos ultimos in X'' prodire unice ex terminis $\gamma^m \cos mx + \delta^m \sin mx$. et quidem ex iis terminis coëfficientium γ^m, δ^m, qui continent $\cos ny$ et $\sin ny$ sive $\cos \mu nx$ et $\sin \mu nx$. Sint hi termini

$$\text{in } \gamma^m \ldots\ k\cos\mu nx + l\sin\mu nx$$
$$\text{in } \delta^m \ldots\ k'\cos\mu nx + l'\sin\mu nx$$

produceturque hinc in X''

$$(k\cos\mu nx + l\sin\mu nx)\cos mx + (k'\cos\mu nx + l'\sin\mu nx)\sin mx$$

unde prodeunt termini ordinis $\mu n + m^{\text{ti}}$ sequentes

$$\tfrac{1}{2}(k-l')\cos(\mu n+m)x + \tfrac{1}{2}(l+k')\sin(\mu n+m)x$$

Iam haud difficile quidem *ex formatione coëfficientium* demonstrari potest, esse

$$(k-l')\sin(\mu n+m)a = (l+k')\cos(\mu n+m)a$$

praeferimus tamen methodum sequentem, quae concinnior videtur. Ex art. 24 sequitur, esse

$$\gamma^m \sin\tfrac{1}{2}y - \delta^m\cos\tfrac{1}{2}y = 0$$

tum si pro y substituitur μa, atque pro γ^m, δ^m valores ex periodo prima deducti; *tum* si pro y substituitur $\mu a'$, atque pro γ^m, δ^m valores ex periodo secunda deducti etc. Quodsi itaque pro γ^m, δ^m expressiones, quae erutae sunt indefinitae substituuntur, ita ut $\gamma^m\sin\frac{1}{2}y - \delta^m\cos\frac{1}{2}y$ fiat functio arcus y formae G ad ordinem $n+\frac{1}{2} = \frac{1}{2}\nu$ ascendens, haec pro omnibus ν valoribus ipsius y his μa, $\mu a'$, $\mu a''$ etc. fiet $= 0$, adeoque per art. 14 per

$$\sin\tfrac{1}{2}(y-\mu a)\sin\tfrac{1}{2}(y-\mu a')\sin\tfrac{1}{2}(y-\mu a'')\text{ etc.}$$

divisibilis, hinc etiam per $\sin\frac{1}{2}\nu(y-\mu a)$ et proin formae $h\sin\frac{1}{2}\nu(y-\mu a)$, ita ut h sit quantitas definita. Quamobrem termini ultimi functionis $\gamma^m\sin\frac{1}{2}y - \delta^m\cos\frac{1}{2}y$ evolutae esse debebunt

$$-h\sin\tfrac{1}{2}\pi a\cos\tfrac{1}{2}\nu y + h\cos\tfrac{1}{2}\pi a\sin\tfrac{1}{2}\nu y$$

omnes vero antecedentes evanescere: illos vero fieri patet

$$= -\tfrac{1}{2}(l+k')\cos(n+\tfrac{1}{2})y + \tfrac{1}{2}(k-l')\sin(n+\tfrac{1}{2})y$$

Quocirca erit $\quad \tfrac{1}{2}(k-l') = h\cos\tfrac{1}{2}\pi a = h\cos\tfrac{1}{2}(\mu n+m)a$

$$\tfrac{1}{2}(l+k') = h\sin\tfrac{1}{2}\pi a = h\sin\tfrac{1}{2}(\mu n+m)a \quad \text{Q. E. D.}$$

Haec vero aequatio ipsissimum erit criterium coëfficientium ultimorum functionis X''', ut in art. 24 ostentum est: quare in hoc quoque casu functio X'' cum X''' prorsus identica erit.

III. Quando ν par est, fit $\mu n+m = \tfrac{1}{2}\pi+m$, adeoque X'' ordinis altioris quam X'''. Facile autem perspicitur, omnes terminos in X'', qui ordinem $\tfrac{1}{2}\pi^{\text{tum}}$ transcendunt, provenire unice ex iis terminis singulorum coëfficientium γ', δ', γ'', δ'' etc., qui continent $\cos ny$ et $\sin ny$ sive $\cos\mu nx$ et $\sin\mu nx$. Sint hi termini, in expressione pro coëfficiente aliquo γ^λ vel δ^λ $k\cos\mu nx + l\sin\mu nx$, ex quibus producitur in X''

$$(k\cos\mu nx + l\sin\mu nx)\cos\lambda x \quad \text{in casu primo}$$
$$\text{vel } (k\cos\mu nx + l\sin\mu nx)\sin\lambda x \quad \text{in casu secundo}$$

unde

$$\tfrac{1}{2}k\cos(\mu n+\lambda)x + \tfrac{1}{2}l\sin(\mu n+\lambda)x$$
$$+\tfrac{1}{2}k\cos(\mu n-\lambda)x + \tfrac{1}{2}l\sin(\mu n-\lambda)x$$

in casu primo atque

$$-\tfrac{1}{2}l\cos(\mu n+\lambda)x + \tfrac{1}{2}k\sin(\mu n+\lambda)x$$
$$+\tfrac{1}{2}l\cos(\mu n-\lambda)x - \tfrac{1}{2}k\sin(\mu n-\lambda)x$$

in casu secundo. Per art. 24 autem substituere oportet pro $\cos(\mu n+\lambda)x$ sive $\cos(\tfrac{1}{2}\pi+\lambda)x$, $\cos\pi a\cos(\tfrac{1}{2}\pi-\lambda)x + \sin\pi a\sin(\tfrac{1}{2}\pi-\lambda)x$; atque pro $\sin(\mu n+\lambda)x$ sive $\sin(\tfrac{1}{2}\pi+\lambda)x$, $\sin\pi a\cos(\tfrac{1}{2}\pi-\lambda)x - \cos\pi a\sin(\tfrac{1}{2}\pi-\lambda)x$. Quare habebimus in casu primo

$$\tfrac{1}{2}(k+k\cos\pi a+l\sin\pi a)\cos(\tfrac{1}{2}\pi-\lambda)x$$
$$+\tfrac{1}{2}(l+k\sin\pi a-l\cos\pi a)\sin(\tfrac{1}{2}\pi-\lambda)x$$

in casu secundo autem

$$\tfrac{1}{2}(l-l\cos\pi a+k\sin\pi a)\cos(\tfrac{1}{2}\pi-\lambda)x$$
$$-\tfrac{1}{2}(k+l\sin\pi a+k\cos\pi a)\sin(\tfrac{1}{2}\pi-\lambda)x$$

Sed ex aequatione $k\sin\frac{1}{2}\pi a = l\cos\frac{1}{2}\pi a$, quae in utroque casu inter k et l locum habere debet (art. 24), nullo negotio deducitur

$$\tfrac{1}{2}(k + k\cos\pi a + l\sin\pi a) = k$$
$$\tfrac{1}{2}(l + k\sin\pi a - l\cos\pi a) = l$$

Hinc tandem colligitur, pro iis partibus in X'', quae ex terminis ultimis

$$k\cos ny + l\sin ny$$

cuiusvis coëfficientis γ^λ vel δ^λ producerentur, designante λ indicem maiorem quam 0, statim substitui posse

$$k\cos(\tfrac{1}{2}\pi - \lambda)x + l\sin(\tfrac{1}{2}\pi - \lambda)x \text{ in casu priore vel}$$
$$l\cos(\tfrac{1}{2}\pi - \lambda)x - k\sin(\tfrac{1}{2}\pi - \lambda)x \text{ in casu posteriore}$$

Hoc modo loco functionis X'', quae ad ordinem $\frac{1}{2}\pi + m^{\text{tum}}$ ascenderet, aliam X'''' nanciscimur, quae ordinem $\frac{1}{2}\pi^{\text{tum}}$ non egreditur. Nihil itaque superest, nisi ut coëfficientes cosinus et sinus arcus $\frac{1}{2}\pi x$, qui manifesto in hac functione iidem manserunt ut in X'', cum coëfficientibus respondentibus in X''' comparemus. Levi attentione autem perspicitur, hosce terminos unice produci ex coëfficiente primo γ, et quidem ex ultimis eius terminis; qui si per $k\cos ny + l\sin ny$ exhibentur, illi erunt $k\cos\frac{1}{2}\pi x + l\sin\frac{1}{2}\pi x$, adeoque necessario identici cum respondentibus in X'''. Hinc itaque colligitur, functionem X'''', quae per praecepta modo tradita loco functionis X'' obtinetur, cum functione X''' prorsus identicam fieri.

27.

Pro eo itaque casu, ubi multitudo valorum propositorum functionis X, periodum integram formantium, numerus compositus est $= \pi = \mu\nu$, per partitionem illius periodi in ν periodos μ terminorum eandem functionem cunctis valoribus datis satisfacientem eruere in artt. 25, 26 didicimus, quae per applicationem immediatam theoriae generalis ad periodum totam prodiret: illam vero methodum calculi mechanici taedium magis minuere, praxis tentantem docebit. Nulla iam amplius explicatione opus erit, quomodo illa partitio adhuc ulterius extendi et ad eum casum applicari possit, ubi multitudo omnium valorum propositorum numerus e tribus pluribusve factoribus compositus est, e. g. si numerus μ

rursus esset compositus, in quo casu manifesto quaevis periodus μ terminorum in plures periodos minores subdividi potest. Ceterum ex pluribus aliis annotationibus applicationi practicae inservientibus hic sequentes tantummodo attingemus. Valores talium aggregatorum

$$A\cos\lambda a + B\cos\lambda b + C\cos\lambda c + D\cos\lambda d + \text{etc.} = p$$
$$A\sin\lambda a + B\sin\lambda b + C\sin\lambda c + D\sin\lambda d + \text{etc.} = q$$

(ubi ut in praecedentibus, supponimus $b - a = c - b = d - c$ etc. $= \frac{1}{\mu}360^0 = \Delta$) saepius, siquidem nondum est $a = 0$, commodius determinantur per formulas

$$A + B\cos\lambda\Delta + C\cos 2\lambda\Delta + D\cos 3\lambda\Delta + \text{etc.} = P$$
$$B\sin\lambda\Delta + C\sin 2\lambda\Delta + D\sin 3\lambda\Delta + \text{etc.} = Q$$

$p = P\cos a - Q\sin a$, $q = P\sin a + Q\cos a$, sive etiam faciendo $\frac{Q}{P} = \operatorname{tang}\varphi$, atque $\frac{P}{\cos\varphi} = \frac{Q}{\sin\varphi} = R$, per has $p = R\cos(\varphi + a)$, $q = R\sin(\varphi + a)$.

28.

Exemplum. In commercio literario a clar. barone DE ZACH edito, vol. X p. 188 invenitur tabula, limitem borealem et australem zodiaci *Palladis* exhibens. Utriusque limites declinatio tamquam functio periodica ascensionis rectae spectatur, quae in tabula illa per singulos quinque gradus progreditur. Ad illustrationem disquisitionum praecedentium applicationem ad limitem borealem hic faciemus, cuius itaque declinatio nobis erit X, ascensio recta x. Excerpimus ex tabula illa periodum sequentem 12 terminorum

x	X	
0^0	$6^0 48'$ Bor.	$= + 408'$
30	1 29	+ 89
60	1 6 Austr. ..	— 66
90	0 10 Bor.....	+ 10
120	5 38	+ 338
150	13 27	+ 807
180	20 38	+1238
210	25 11	+1511
240	26 23	+1583
270	24 22	+1462
300	19 43	+1183
330	13 24	+ 804

Distribuamus hanc periodum primo in tres periodos quaternorum terminorum

$a = 0^0$	$A = +408$	$a' = 30^0$	$A' = +89$	$a'' = 60^0$	$A'' = -66$
$b = 90^0$	$B = +10$	$b' = 120^0$	$B' = +338$	$b'' = 150^0$	$B'' = +807$
$c = 180^0$	$C = +1238$	$c' = 210^0$	$C' = +1511$	$c'' = 240^0$	$C'' = +1583$
$d = 270^0$	$D = +1462$	$d' = 300^0$	$D' = +1183$	$d'' = 330^0$	$D'' = +804$

In formula

$$X' = \gamma + \gamma'\cos x + \gamma''\cos 2x$$
$$+\delta'\sin x + \delta''\sin 2x$$

fit itaque

$$\gamma = \tfrac{1}{4}(A+B+C+D) = 779',5$$
$$\gamma' = \tfrac{1}{2}(A\cos a + B\cos b + C\cos c + D\cos d) = \tfrac{1}{2}(A-C) = -415',0$$
$$\delta' = \tfrac{1}{2}(A\sin a + B\sin b + C\sin c + D\sin d) = \tfrac{1}{2}(B-D) = -726',0$$
$$\gamma'' = \tfrac{1}{4}(A\cos 2a + B\cos 2b + C\cos 2c + D\cos 2d) = \tfrac{1}{4}(A-B+C-D)$$
$$= +43',5$$
$$\delta'' = \tfrac{1}{4}(A\sin 2a + B\sin 2b + C\sin 2c + D\sin 2d) = 0$$

et similiter pro periodo secunda ac tertia. Hoc modo emergit

Pro periodo	ubi $y = 4x$	γ	γ'	δ'	γ''	δ''
prima	0^0	$+779,5$	$-415,0$	$-726,0$	$+43,5$	0
secunda	120^0	$+780,2$	$-404,5$	$-721,4$	$+9,9$	$+17,1$
tertia	240^0	$+782,0$	$-413,5$	$-713,3$	$+11,7$	$-20,3$

Hic porro exhibetur γ per formulam

$$\tfrac{1}{3}(779',5 + 780,2 + 782,0)$$
$$+\tfrac{2}{3}(779,5 + 780,2\cos 120^0 + 782,0\cos 240^0)\cos 4x$$
$$+\tfrac{2}{3}(780,2\sin 120^0 + 782,0\sin 240^0)\sin 4x$$

sive per

$$780,6 - 1,1\cos 4x - 1,0\sin 4x, \text{ et perinde}$$
$$\gamma' \text{ per } -411,0 - 4,0\cos 4x + 5,2\sin 4x$$
$$\delta' \text{ per } -720,2 - 5,8\cos 4x - 4,7\sin 4x$$
$$\gamma'' \text{ per } +21,7 + 21,8\cos 4x - 1,1\sin 4x$$
$$\delta'' \text{ per } -1,1 + 1,1\cos 4x + 21,6\sin 4x$$

Quibus valoribus in X' substitutis prodit formula 12 valores propositos exhibens

$$\begin{aligned}
&+780,6\\
&-411,0\cos x\;-720,2\sin x\\
&+\;43,4\cos 2x-\;\;2,2\sin 2x\\
&-\;\;4,3\cos 3x+\;\;5,5\sin 3x\\
&-\;\;1,1\cos 4x-\;\;1,0\sin 4x\\
&+\;\;0,3\cos 5x-\;\;0,3\sin 5x\\
&+\;\;0,1\cos 6x
\end{aligned}$$

Distribuamus secundo eandem periodum in quatuor periodos ternorum terminorum, quibus singulis itaque per formulam primi ordinis

$$X' = \gamma + \gamma' \cos x + \delta' \sin x$$

satisfaciendum erit. Hic invenitur

Pro periodo	ubi $y = 3x$	γ	γ'	δ'
prima	0^0	$+776,3$	$-368,3$	$-718,8$
secunda	90^0	$+786,0$	$-414,5$	$-676,0$
tertia	180^0	$+785,0$	$-453,0$	$-721,1$
quarta	270^0	$+775,0$	$-408,2$	$-765,0$

unde deducuntur formulae, sub quibus γ, γ', δ' exhibentur sequentes:

$$\begin{aligned}
&\gamma \ldots\ldots +780,6-\;\;4,3\cos 3x+\;\;5,5\sin 3x+0,1\cos 6x\\
&\gamma' \ldots\ldots -411,0+42,3\cos 3x-\;\;3,2\sin 3x+0,3\cos 6x\\
&\delta' \ldots\ldots -720,2+\;\;1,2\cos 3x+44,5\sin 3x+0,3\cos 6x
\end{aligned}$$

His valoribus in $\gamma + \gamma' \cos x + \delta' \sin x$ substitutis, partibusque ultimis in γ, γ', δ', quae $\cos 6x$ continent, secundum praecepta art. 26 tractatis, prorsus eadem formula eruitur, ad quam supra pervenimus.

29.

Supersunt casus, ubi in functione X vel cosinus vel sinus soli adsunt, quos in artt. 16, 17 generaliter tractavimus. Supponemus, ut in praecc., datam esse periodum μ terminorum, puta $X = A, B, C, D$ etc. pro $x = a, b, c, d$ etc. Duo vero casus hic probe distinguendi sunt. Aliter enim tractari debet

1mo casus, ubi a est complementum alicuius valorum sequentium b, c, d etc. ad 360^0 vel ad 0 vel ad multiplum peripheriae. Sit hic terminus $a + \frac{k}{\mu} 360^0$, atque $a+\frac{k}{\mu}360^0+a=l\times 360^0$, sive $a=(\mu l-k)\frac{180}{\mu}$. Quare in hoc casu a per $\frac{180}{\mu}$ divisibilis erit, adeoque $\sin\mu a=0$; porro habetur $b=(\mu l-k+2)\frac{180^0}{\mu}$, atque $\sin\mu b=0$, et perinde de sequentibus c, d etc. Supponendo itaque, a esse minorem quam $\frac{360^0}{\mu}$, sed non negativum (quod permissum est, quum ab omnibus a, b, c, d etc. multiplum proxime minus totius peripheriae subtrahere et ex residuis minimum, quod proprietate illa praeditum erit pro periodi initio accipere liceat), erit vel $a=0$, atque $b=\frac{1}{\mu}360^0$, $c=\frac{2}{\mu}360^0$, $d=\frac{3}{\mu}360^0$ etc.; vel $a=\frac{1}{\mu}180^0$, $b=\frac{3}{\mu}180^0$, $c=\frac{5}{\mu}180^0$, $d=\frac{7}{\mu}180^0$ etc.

aliter 2do casus, ubi non est complementum ullius valorum sequentium b, c, d etc. ad 360^0 vel 0 vel multiplum peripheriae. Hic a non erit divisibilis per $\frac{180^0}{\mu}$, adeoque $\sin\mu a=\sin\mu b=\sin\mu c=\sin\mu d$ etc. non $=0$.

In casu posteriore methodus generalis art. 16 statim applicari potest. In priore autem ex valoribus a, b, c, d etc. (quos infra 360^0 reductos esse supponimus), omnes antea reiicere oportet, qui sunt majores quam 180^0, quippe quorum complementa ad 360^0 inter reliquos reperiuntur; insuperque, quando adsunt, valores 0 et 180^0, si in functione X sinus soli occurrunt: sed quoniam applicatio methodi generalis hac ratione minus concinna evaderet, hunc casum alio modo infra absolvemus. Initium iam ab illo casu faciemus, ubi $\sin\mu a$ non est $=0$.

30.

Sit primo X functio formae

$$\alpha+\alpha'\cos x+\alpha''\cos 2x+\alpha'''\cos 3x+\ldots+\alpha^n\cos nx$$

unde esse debebit $\mu=n+1$. Hic habetur per lemma secundum art. 19

$$(\cos t-\cos b)(\cos t-\cos c)(\cos t-\cos d)\text{ etc.}=\frac{1}{2^{\mu-1}}\times\frac{\cos\mu t-\cos\mu a}{\cos t-\cos a}$$
$$=\frac{1}{2^{\mu-1}\sin a}\{\sin\mu a+2\sin(\mu-1)a\cos t+2\sin(\mu-2)a\cos 2t+\text{etc.}+2\sin a\cos(\mu-1)t\}$$

Facile scilicet confirmatur, productum ex aggregato secundae partis huius aequationis per $\cos t-\cos a$ fieri $=\sin a(\cos\mu t-\cos\mu a)$. Quare fit quoque, scribendo a pro t

$$(\cos a-\cos b)(\cos a-\cos c)(\cos a-\cos d)\text{ etc.}=\frac{1}{2^{\mu-1}\sin a}\{\sin\mu a+2\sin(\mu-1)a\cos a$$
$$+2\sin(\mu-2)a\cos 2a+\text{etc.}+2\sin a\cos(\mu-1)a\}$$

Aggregatum in hac expressione fit $=\mu\sin\mu a$, ut inde manifestum est, quod

$$\begin{aligned} \text{terminus secundus} &= \sin\mu a + \sin(\mu-2)a \\ \text{ultimus} &= \sin\mu a - \sin(\mu-2)a \\ \text{porro terminus tertius} &= \sin\mu a + \sin(\mu-4)a \\ \text{terminus penultimus} &= \sin\mu a - \sin(\mu-4)a \\ \text{etc.} \end{aligned}$$

Hinc colligitur, coëfficientem ipsius A in formula art. 16 pro T fieri

$$\frac{1}{\mu\sin\mu a}\{\sin\mu a + 2\sin(\mu-1)a\cos t + 2\sin(\mu-2)a\cos 2t + \text{etc.} + 2\sin a\sin(\mu-1)t\}$$

Prorsus similes expressiones proveniunt pro coëfficientibus ipsorum B, C, D etc., mutando tantummodo a in b, c, d etc. Quamobrem statuendo

$$\varepsilon = \frac{1}{\mu}(A+B+C+D+\text{etc.})$$
$$\varepsilon' = \frac{2}{\mu\sin\mu a}\{A\sin(\mu-1)a + B\sin(\mu-1)b + C\sin(\mu-1)c + D\sin(\mu-1)d + \text{etc.}\}$$
$$\varepsilon'' = \frac{2}{\mu\sin\mu a}\{A\sin(\mu-2)a + B\sin(\mu-2)b + C\sin(\mu-2)c + D\sin(\mu-2)d + \text{etc.}\}$$
$$\varepsilon''' = \frac{2}{\mu\sin\mu a}\{A\sin(\mu-3)a + B\sin(\mu-3)b + C\sin(\mu-3)c + D\sin(\mu-3)d + \text{etc.}\}$$
etc.
$$\varepsilon^n = \frac{2}{\mu\sin\mu a}(A\sin a + B\sin b + C\sin c + D\sin d + \text{etc.})$$

erit

$$T = \varepsilon + \varepsilon'\cos t + \varepsilon''\cos 2t + \varepsilon'''\cos 3t + \text{etc.} + \varepsilon^n\cos nt$$

Quum haec formula generaliter pro valore quocunque ipsius t valere debeat, necessario cum X identica fiet, mutata t in x, adeoque coëfficientes ε, ε', ε'' etc. ipsis α', α', α'' etc. resp. aequales.

31.

Quum per praecepta supra explicata functio X' formae

$$\begin{aligned} &\gamma + \gamma'\cos x + \gamma''\cos 2x + \ldots + \gamma^m\cos mx \\ &+ \delta'\sin x + \delta''\sin 2x + \ldots + \delta^m\sin mx \end{aligned}$$

quae omnibus μ valoribus propositis satisfaciat, et in qua sit $m = \frac{1}{2}\mu - \frac{1}{2}$ vel $\frac{1}{2}\mu$, prout μ impar est vel par: operae pretium est, hanc functionem cum functione modo inventa

$$\varepsilon + \varepsilon'\cos x + \varepsilon''\cos 2x + \varepsilon'''\cos 3x + \ldots + \varepsilon^{\mu-1}\cos(\mu-1)x$$

comparare, quam per X'' exprimemus. Comparando valores coëfficientium $\gamma, \gamma', \delta', \gamma'', \delta''$ etc. in artt. 20, 22 traditos cum valoribus coëfficientium $\varepsilon, \varepsilon', \varepsilon''$ etc. modo inventis, invenitur

$$\begin{aligned}
\varepsilon &= \gamma \\
\varepsilon' &= \gamma' - \delta' \operatorname{cotang} \mu a, & \varepsilon^{\mu-1} &= \delta' \operatorname{cosec} \mu a \\
\varepsilon'' &= \gamma'' - \delta'' \operatorname{cotang} \mu a, & \varepsilon^{\mu-2} &= \delta'' \operatorname{cosec} \mu a \\
\varepsilon''' &= \gamma''' - \delta''' \operatorname{cotang} \mu a, & \varepsilon^{\mu-3} &= \delta''' \operatorname{cosec} \mu a \\
&\text{etc. usque ad} \\
(\tfrac{1}{2})\varepsilon^m &= \gamma^m - \delta^m \operatorname{cotang} \mu a, & (\tfrac{1}{2})\varepsilon^{\mu-m} &= \delta^m \operatorname{cosec} \mu a
\end{aligned}$$

Factor $\frac{1}{2}$ ipsis ε^m et $\varepsilon^{\mu-m}$ praepositus tunc tantummodo valet quando μ par est, omittique debet, quando μ est impar. Quo pacto, in casu posteriore, ubi $\mu - m = m + 1$ manifesto omnes μ coëfficientes $\varepsilon, \varepsilon', \varepsilon''$ etc. per γ, γ', δ' etc. determinati sunt; in priore vero, ubi $m = \mu - m$, pro coëfficiente $\varepsilon^{\frac{1}{2}\mu}$ valores duos $2\gamma^{\frac{1}{2}\mu} - 2\delta^{\frac{1}{2}\mu} \cot \mu a$, $2\delta^{\frac{1}{2}\mu} \operatorname{cosec} \mu a$ habemus, quorum aequalitatem ex aequatione $\gamma^{\frac{1}{2}\mu} \sin \frac{1}{2}\mu a = \delta^{\frac{1}{2}\mu} \cos \frac{1}{2}\mu a$ facile perspicere, et pro quibus igitur etiam hunc $\gamma^{\frac{1}{2}\mu} - \delta^{\frac{1}{2}\mu} \operatorname{cotg} \mu a + \delta^{\frac{1}{2}\mu} \operatorname{cosec} \mu a$ adoptare possumus.

Hinc facile deducitur, esse in utroque casu

$$\begin{aligned}
&X'' - (X' - \delta' \sin x - \delta'' \sin 2x - \delta''' \sin 3x - \text{etc.} - \delta^m \sin m x) \\
&= -\operatorname{cotg} \mu a (\delta' \cos x + \delta'' \cos 2x + \delta''' \cos 3x + \ldots + \delta^m \cos m x) \\
&\quad + \operatorname{cosec} \mu a (\delta' \cos(\mu - 1)x + \delta'' \cos(\mu - 2)x + \ldots + \delta^m \cos(\mu - m)x)
\end{aligned}$$

Hinc patet, X'' ex X' deduci, si pro quovis termino $\delta^\lambda \sin \lambda x$ substituatur

$$-\operatorname{cotg} \mu a \, \delta^\lambda \cos \lambda x + \operatorname{cosec} \mu a \, \delta^\lambda \cos(\mu - \lambda) x$$

sive

$$\frac{-\delta^\lambda \cos \mu a \cos \lambda x + \delta^\lambda \cos(\mu - \lambda) x}{\sin \mu a}$$

cuius praecepti comparationem cum iis, quae in art. 24 explicata sunt, lectoribus linquimus.

32.

Si functio X cum $\cos n x$ non abrumpitur, sed ulterius excurrit, terminis sequentibus per $\alpha^\mu \cos \mu x + \alpha^{\mu+1} \cos(\mu + 1)x +$ etc. expressis, habebimus

$$\varepsilon = \alpha + \alpha^{\mu}\cos\mu a + \alpha^{2\mu}\cos 2\mu a + \text{etc.}$$

$$\varepsilon' = \frac{1}{\sin\mu a}\{\alpha'\sin\mu a + \alpha^{\mu+1}\sin 2\mu a + \alpha^{2\mu+1}\sin 3\mu a + \text{etc.}$$
$$-\alpha^{2\mu-1}\sin\mu a - \alpha^{3\mu-1}\sin 2\mu a - \alpha^{4\mu-1}\sin 3\mu a - \text{etc.}\}$$

$$\varepsilon'' = \frac{1}{\sin\mu a}\{\alpha''\sin\mu a + \alpha^{\mu+2}\sin 2\mu a + \alpha^{2\mu+2}\sin 3\mu + \text{etc.}$$
$$-\alpha^{2\mu-2}\sin\mu a - \alpha^{3\mu-2}\sin 2\mu a - \alpha^{4\mu-2}\sin 3\mu a - \text{etc.}\}$$

etc.

$$\varepsilon^{\mu-1} = \frac{1}{\sin\mu a}\{\alpha^{\mu-1}\sin\mu a + \alpha^{2\mu-1}\sin 2\mu a + \alpha^{3\mu-1}\sin 3\mu a + \text{etc.}$$
$$-\alpha^{\mu+1}\sin\mu a - \alpha^{2\mu+1}\sin 2\mu a - \alpha^{3\mu+1}\sin 3\mu a - \text{etc.}\}$$

ex quibus formulis iudicari potest, quatenus differentiam coëfficientium ε, ε', ε'' etc. a veris α, α', α'' etc. negligere liceat. In hoc itaque casu functio X″ non erit X ipsa, cum qua tamen in eo convenit, quod omnibus μ valoribus propositis satisfacit. Omnes autem similes functiones his valoribus satisfacientes sub forma $X'' + Y(\cos\mu x - \cos\mu a)$ contenti erunt, designante Y functionem indefinitam arcus x eiusdem formae ut X, scilicet a sinubus liberam. Functio X″ erit unica ordinis $\mu - 1^{\text{ti}}$: quaevis alia similis valoribus datis satisfaciens ad ordinem altiorem ascendet. Quodsi talis functio X‴ aliunde constaret, omnes similes functiones per quos valores dati repraesentantur, in hac quoque forma $X''' + Y(\cos\mu x - \cos\mu a)$ contenti erunt, poteritque Y ita determinari, ut functio ad ordinem $\mu - 1^{\text{tum}}$ depressa prodeat, quae erit ipsa X″. Methodus vero facillima ad hunc finem videtur esse, si primo ex X‴ derivetur X′ per art. 24 atque hinc X″ per art. 31. Sit itaque terminus quicunque in X‴ $L\cos\lambda x$, ponaturque $\lambda = k\mu + \lambda'$, ita ut sit $\lambda' < \mu$ atque k integer. Tunc per art. 24 pro illo termino scribi debebit in X′

$$L\cos k\mu a\cos\lambda' x - L\sin k\mu a\sin\lambda' x, \quad \text{si } \lambda' < \tfrac{1}{2}\mu, \text{ neque vero } \lambda' = 0$$
$$L\cos(k+1)\mu a\cos(\mu - \lambda')x + L\sin(k+1)\mu a\sin(\mu - \lambda')x, \quad \text{si } \lambda' > \tfrac{1}{2}\mu$$
$$L\cos\tfrac{1}{2}\mu a\cos(k+\tfrac{1}{2})\mu a\cos\tfrac{1}{2}\mu x + L\sin\tfrac{1}{2}\mu a\cos(k+\tfrac{1}{2})\mu a\sin\tfrac{1}{2}\mu x, \quad \text{si } \lambda' = \tfrac{1}{2}\mu$$

Hinc autem prodit in X″, per art. praec. in casu primo

$$L\cos k\mu a\cos\lambda' x + L\sin k\mu a\,\text{cotang}\,\mu a\cos\lambda' x - L\sin k\mu a\,\text{cosec}\,\mu a\cos(\mu - \lambda')x$$

in casu secundo

$$L\cos(k+1)\mu a\cos(\mu-\lambda')x - L\sin(k+1)\mu a\,\text{cotg}\,\mu a\cos(\mu-\lambda')x$$
$$+ L\sin(k+1)\mu a\,\text{cosec}\,\mu a\cos\lambda' x$$

in casu tertio

$$L\cos\tfrac{1}{2}\mu a\cos(k+\tfrac{1}{2})\mu a\cos\tfrac{1}{2}\mu x - L\sin\tfrac{1}{2}\mu a\cos(k+\tfrac{1}{2})\mu a\operatorname{cotg}\mu a\cos\tfrac{1}{2}\mu x$$
$$+ L\sin\tfrac{1}{2}\mu a\cos(k+\tfrac{1}{2})\mu a\operatorname{cosec}\mu a\cos\tfrac{1}{2}\mu x$$

quae expressio in omnibus tribus casibus reducitur ad

$$\frac{L\sin(k+1)\mu a\cos\lambda' x - L\sin k\mu a\cos(\mu-\lambda')x}{\sin\mu a}$$

Quoties autem $\lambda' = 0$, habemus in X' simpliciter $L\cos k\mu a$, qui terminus sine variatione in X'' retinetur.

33.

Sit secundo X functio formae

$$\mathfrak{б}'\sin x + \mathfrak{б}''\sin 2x + \mathfrak{б}'''\sin 3x + \text{etc.} + \mathfrak{б}^n\sin nx$$

unde esse debebit $\mu = n$. Hic fit, ex art. 30, coëfficiens ipsius A in formula secunda art. 16 pro T

$$= \frac{1}{\mu\sin\mu a}\times\frac{\sin t}{\sin a}(\sin\mu a + 2\sin(\mu-1)a\cos t + 2\sin(\mu-2)a\cos 2t + \text{etc.}$$
$$+ 2\sin a\cos(\mu-1)t)$$
$$= \frac{1}{\mu\sin\mu a}(2\cos(\mu-1)a\sin t + 2\cos(\mu-2)a\sin 2t + 2\cos(\mu-3)a\sin 3t + \text{etc.}$$
$$+ 2\cos a\sin(\mu-1)t + \sin\mu t)$$

Prorsus similes expressiones pro coëfficientibus ipsorum B, C, D etc. prodeunt, mutato tantummodo arcu a in b, c, d etc. Quamobrem faciendo

$$\zeta' = \frac{2}{\mu\sin\mu a}\{A\cos(\mu-1)a + B\cos(\mu-1)b + C\cos(\mu-1)c + D\cos(\mu-1)d + \text{etc.}\}$$
$$\zeta'' = \frac{2}{\mu\sin\mu a}\{A\cos(\mu-2)a + B\cos(\mu-2)b + C\cos(\mu-2)c + D\cos(\mu-2)d + \text{etc.}\}$$
$$\zeta''' = \frac{2}{\mu\sin\mu a}\{A\cos(\mu-3)a + B\cos(\mu-3)b + C\cos(\mu-3)c + D\cos(\mu-3)d + \text{etc.}\}$$

etc.

$$\zeta^{\mu-1} = \frac{2}{\mu\sin\mu a}\{A\cos a + B\cos b + C\cos c + D\cos d + \text{etc.}\}$$
$$\zeta^{\mu} = \frac{1}{\mu\sin\mu a}\{A + B + C + D + \text{etc.}\}$$

erit

$$T = \zeta'\sin t + \zeta''\sin 2t + \zeta'''\sin 3t + \text{etc.} + \zeta^{\mu}\sin\mu t$$

Quum haec formula generaliter pro valore quocunque ipsius t valeat, necessario cum X identica erit, mutando t in x, unde coëfficientes $\zeta', \zeta'', \zeta'''$ etc. ipsis $\beta', \beta'', \beta'''$ etc. resp. aequales erunt.

34.

Si ut in art. 31 omnibus valoribus propositis per functionem talem

$$\begin{aligned}X' = \gamma + \gamma'\cos x + \gamma''\cos 2x + \text{etc.} + \gamma^m \cos mx \\ + \delta'\sin x + \delta''\sin 2x + \text{etc.} + \delta^m \sin mx\end{aligned}$$

satisfactum est, existente $m = \frac{1}{2}\mu - \frac{1}{2}$ vel $= \frac{1}{2}\mu$, prout μ impar vel par est, comparatio huius functionis cum hac

$$X'' = \zeta'\sin x + \zeta''\sin 2x + \zeta'''\sin 3x + \text{etc.} + \zeta^\mu \sin\mu x$$

quam in art. praec. eruimus, hasce aequationes suppeditant:

$$\begin{aligned}
&& \zeta^\mu &= \gamma \operatorname{cosec}\mu a \\
\zeta' &= \delta' + \gamma' \operatorname{cotg}\mu a, & \zeta^{\mu-1} &= \gamma' \operatorname{cosec}\mu a \\
\zeta'' &= \delta'' + \gamma'' \operatorname{cotg}\mu a, & \zeta^{\mu-2} &= \gamma'' \operatorname{cosec}\mu a \\
\zeta''' &= \delta''' + \gamma''' \operatorname{cotg}\mu a, & \zeta^{\mu-3} &= \gamma''' \operatorname{cosec}\mu a \\
&\text{etc. usque ad} && \\
(\tfrac{1}{2})\zeta^m &= \delta^m + \gamma^m \operatorname{cotg}\mu a, & (\tfrac{1}{2})\zeta^{\mu-m} &= \gamma^m \operatorname{cosec}\mu a
\end{aligned}$$

ubi factor $\frac{1}{2}$ coëfficientibus $\zeta^m, \zeta^{\mu-m}$ praepositus pro eo tantum casu valet, ubi μ par est, pro altero vero, ubi μ impar est, omitti debet. In casu itaque posteriore ubi $\mu - m = m + 1$, pro quovis coëfficiente ζ', ζ'' etc. valorem unum per $\gamma, \gamma', \gamma''$ etc. et δ', δ'' etc. habemus; in priore vero, ubi $\mu - m = m$, pro coëfficiente $\zeta^{\frac{1}{2}\mu}$ duos aequales, pro quibus etiam valor $\delta^{\frac{1}{2}\mu} + \gamma^{\frac{1}{2}\mu}\operatorname{cotg}\mu a + \gamma^{\frac{1}{2}\mu}\operatorname{cosec}\mu a$ adoptari potest. Hinc colligitur

$$\begin{aligned}X'' = X' - \gamma - \gamma'\cos x - \gamma''\cos 2x - \text{etc.} - \gamma^m \cos mx \\ + \operatorname{cotg}\mu a(\gamma'\sin x + \gamma''\sin 2x + \gamma'''\sin 3x + \text{etc.} + \gamma^m \sin mx) \\ + \operatorname{cosec}\mu a(\gamma\sin\mu x + \gamma'\sin(\mu-1)x + \gamma''\sin(\mu-2)x + \text{etc.} + \gamma^{\mu-m}\sin(\mu-m)x)\end{aligned}$$

Quamobrem ex X producitur X'', scribendo pro γ, $\gamma\operatorname{cosec}\mu a \sin\mu x = \frac{\gamma\sin\mu x}{\sin\mu a}$ et, pro quovis termino $\gamma^\lambda \cos\lambda x$

$$\gamma^\lambda \operatorname{cotg} \mu a \sin \lambda x + \gamma^\lambda \operatorname{cosec} \mu a \sin(\mu - \lambda) x \quad \text{sive} \quad \frac{\gamma^\lambda \cos \mu a \sin \lambda x + \gamma^\lambda \sin(\mu - \lambda) x}{\sin \mu a}$$

quod praeceptum lectores cum iis, quae in art. 24 tradidimus, ipsi comparent.

35.

Si functio X cum $\sin nx$ non abrumpitur, sed ulterius excurrit, terminis sequentibus per $\delta^{\mu+1}\sin(\mu+1)x + \delta^{\mu+2}\sin(\mu+2)x$ etc. expressis, habebimus:

$$\zeta' = \frac{1}{\sin \mu a}\{\delta' \sin \mu a + \delta^{\mu+1}\sin 2\mu a + \delta^{2\mu+1}\sin 3\mu a + \text{etc.}$$
$$+ \delta^{2\mu-1}\sin \mu a + \delta^{3\mu-1}\sin 2\mu a + \delta^{4\mu-1}\sin 3\mu a + \text{etc.}\}$$

$$\zeta'' = \frac{1}{\sin \mu a}\{\delta'' \sin \mu a + \delta^{\mu+2}\sin 2\mu a + \delta^{2\mu+2}\sin 3\mu a + \text{etc.}$$
$$+ \delta^{2\mu-2}\sin \mu a + \delta^{3\mu-2}\sin 2\mu a + \delta^{4\mu-2}\sin 3\mu a + \text{etc.}\}$$

$$\zeta''' = \frac{1}{\sin \mu a}\{\delta''' \sin \mu a + \delta^{\mu+3}\sin 2\mu a + \delta^{2\mu+3}\sin 3\mu a + \text{etc.}$$
$$+ \delta^{2\mu-3}\sin \mu a + \delta^{3\mu-3}\sin 2\mu a + \delta^{4\mu-3}\sin 3\mu a + \text{etc.}\}$$

etc. Pro coëfficiente ultimo autem

$$\zeta^\mu = \frac{1}{\sin \mu a}(\delta^\mu \sin \mu a + \delta^{2\mu}\sin 2\mu a + \delta^{3\mu}\sin 3\mu a + \text{etc.})$$

Hae formulae ostendunt, quatenus differentia inter X et X'' negligi possit. Haec posterior formula simplicissima erit inter omnes similes, per quas μ valoribus propositis satisfit; hae vero omnes in formula $X'' + Y \sin x(\cos \mu x - \cos \mu a)$ contentae erunt, designante Y, ut in art. 32 functionem indefinitam arcus x a sinubus liberam. Et generaliter, si X''' est functio quaecunque eiusdem formae ut X, i. e. solos sinus continens, per quam μ valoribus datis satisfit, formula $X''' + Y \sin x(\cos \mu x - \cos \mu a)$ omnes huiusmodi functiones continebit, quae si Y rite determinatur, ad ordinem μ^{tum} deprimi potest, quo pacto necessario functio X'' ipsa prodire debet. Prorsus simili modo ut in art. 32 regula generalis sequens ad hunc finem eruitur: Pro quovis termino in X''' tali $L \sin \lambda x$, ubi λ est maior quam μ, substituere oportet in X'', faciendo $\lambda = k\mu + \lambda'$, ita ut $k\mu$ sit multiplum ipsius μ proxime minus quam λ adeoque λ' inter limites 1 et μ incl. situs, terminos

$$L \frac{\sin(k+1)\mu a}{\sin \mu a} \sin \lambda' x + L \frac{\sin k \mu a}{\sin \mu a} \sin(\mu - \lambda') x$$

qui, quoties fit $\lambda' = \mu$, ad unum $L \frac{\sin \lambda a}{\sin \mu a} \sin \mu x$ reducuntur.

36.

Transformationes in art. praec. atque in art. 32 traditae concinnius ex theoremate quodam generali deduci possunt, quod quum per se quoque satis elegans sit, paucis hic adhuc attingemus.

THEOREMA. *Designantibus* $\lambda, \lambda', \lambda''$ *numeros integros quoscunque*, μ *numerum integrum, qui differentias inter illos*, $\lambda'-\lambda,\ \lambda''-\lambda',\ \lambda-\lambda''$ *metitur* (*e. g. unitatem*), x *arcum indefinitum*, a *arcum definitum: functiones*

$$P = \sin(\lambda'-\lambda'')a\cos\lambda x + \sin(\lambda''-\lambda)a\cos\lambda' x + \sin(\lambda-\lambda')a\cos\lambda'' x$$
$$Q = \sin(\lambda'-\lambda'')a\sin\lambda x + \sin(\lambda''-\lambda)a\sin\lambda' x + \sin(\lambda-\lambda')a\cos\lambda'' x$$

per $\cos\mu x - \cos\mu a$ *erunt divisibiles.*

Demonstr. Quando λ per μ divisibilis est, ideoque etiam λ', λ'' per μ divisibiles erunt, facile confirmatur, valorem ipsarum P, Q, si substituatur $x = a$, esse identice $= 0$; quare P non mutabitur, si pro

$\cos\lambda x$	substituitur	$\cos\lambda x - \cos\lambda a$
$\cos\lambda' x$		$\cos\lambda' x - \cos\lambda' a$
$\cos\lambda'' x$		$\cos\lambda'' x - \cos\lambda'' a$

neque Q, si pro

$\sin\lambda x$	substituitur	$\sin\lambda x - \frac{\sin\lambda a\sin\mu x}{\sin\mu a}$
$\sin\lambda' x$		$\sin\lambda' x - \frac{\sin\lambda' a\sin\mu x}{\sin\mu a}$
$\sin\lambda'' x$		$\sin\lambda'' x - \frac{\sin\lambda'' a\sin\mu x}{\sin\mu a}$

Sed hae sex expressiones per $\cos\mu x - \cos\mu a$ divisibiles sunt, quod pro valore positivo ipsius λ de prima et quarta ostendisse sufficit. Scilicet facile per multiplicationem confirmatur, esse

$$\sin\mu a(\cos\lambda x - \cos\lambda a)$$
$$= (\cos\mu x - \cos\mu a)\{2\sin\mu a\cos(\lambda-\mu)x + 2\sin 2\mu a\cos(\lambda-2\mu)x$$
$$+ 2\sin 3\mu a\cos(\lambda-3\mu)x + \text{etc.} + 2\sin(\lambda-\mu)a\cos\mu x + \sin\lambda a\}$$

$$\sin\mu a\sin\lambda x - \sin\lambda a\sin\mu x$$
$$= (\cos\mu x - \cos\mu a)\{2\sin\mu a\sin(\lambda-\mu)x + 2\sin 2\mu a\sin(\lambda-2\mu)x$$
$$+ 2\sin 3\mu a\sin(\lambda-3\mu)x + \text{etc.} + 2\sin(\lambda-\mu)a\sin\mu x\}$$

Casus, ubi λ est negativus, ad hunc sponte reducitur. Hinc patet, functiones

P, Q ex partibus per $\cos\mu x - \cos\mu a$ divisibiles compositas, ideoque ipsas quoque per hunc divisorem divisibiles esse.

II. Quando λ per μ non est divisibilis, sit l numerus integer arbitrarius per μ divisibilis, ponaturque $\lambda = l + \theta$, $\lambda' = l' + \theta$, $\lambda'' = l'' + \theta$, unde etiam l', l'' per μ divisibiles erunt. Iam patet, si ponatur

$$\sin(l' - l'')a\cos lx + \sin(l'' - l)a\cos l'x + \sin(l - l')a\cos l''x = P'$$
$$\sin(l' - l'')a\sin lx + \sin(l'' - l)a\sin l'x + \sin(l - l')a\sin l''x = Q'$$

fieri

$$P = P'\cos\theta x - \theta'\sin\theta x, \quad Q = P'\sin\theta x + Q'\cos\theta x,$$

atque functiones P', Q', quippe quae sub casum primum iam absolutum pertinent, per $\cos\mu x - \cos\mu a$ divisibiles: hinc manifesto etiam P et Q per $\cos\mu x - \cos\mu a$ divisibiles erunt. Q. E. D. Ceterum demonstratio casus primi ita perfecta est, ut non sine quibusdam explicationibus applicari possit, quoties $\sin\mu a = 0$; tunc vero fit $P = 0$, $Q = 0$, ita ut demonstratione omnino non opus sit.

Quodsi itaque ponitur $\lambda - \lambda' = k\mu$, $\lambda - \lambda'' = (k+1)\mu$, patet, per $\cos\mu x - \cos\mu a$ divisibiles esse

$$\sin\mu a\cos\lambda x - \sin(k+1)\mu a\cos\lambda' x + \sin k\mu a\cos(\lambda' - \mu)x$$
$$\sin\mu a\sin\lambda x - \sin(k+1)\mu a\sin\lambda' x + \sin k\mu a\sin(\lambda' - \mu)x$$

adeoque etiam

$$\cos\lambda x - \frac{\sin(k+1)\mu a\cos\lambda' x - \sin k\mu a\cos(\mu - \lambda')x}{\sin\mu a}$$
$$\sin\lambda x - \frac{\sin(k+1)\mu a\sin\lambda' x + \sin k\mu a\sin(\mu - \lambda')x}{\sin\mu a}$$

unde ratio substitutionum in artt. 32, 35 statim elucet: quotiens enim ex divisione posteriore e solis sinubus constabit, adeoque manifesto denuo per $\sin x$ divisibilis erit.

37.

In artt. 30—36 supposuimus, $\sin\mu a$ non esse $= 0$: superest itaque, ut easdem disquisitiones pro eo casu resumamus, ubi $\sin\mu a = 0$. Hic statim supponemus, esse $a = 0$, vel $a = \frac{180^\circ}{\mu}$.

Sit primo X functio formae

$$\gamma+\gamma'\cos x+\gamma''\cos 2x+\text{ etc. }+\gamma^n\cos nx$$

adeoque multitudo coëfficientium incognitorum $=1+n$. Iam scimus, ex omnibus valoribus propositis functionis X eos reiici debere, qui respondent valori ipsius maiori quam 180^0: quatuor itaque casus hic sunt distinguendi:

1) quando μ par, atque $a=0$, erit 180^0 valor $\frac{1}{2}\mu+1^{\text{tus}}$ ipsius x; quare quum sequentes reiici debeant, remanent valores $\frac{1}{2}\mu+1$. Hinc esse debebit $n=\frac{1}{2}\mu$.

2) quando μ par, atque $a=\frac{180^0}{\mu}$, valor $\frac{1}{2}\mu^{\text{tus}}$ ipsius x erit $180^0-\frac{180^0}{\mu}$; sequentes, qui fiunt maiores quam 180^0, reiiciendi sunt. Hinc esse debebit $n=\frac{1}{2}\mu-1$.

3) quando μ impar est, atque $a=0$, fit valor $\frac{1}{2}\mu+\frac{1}{2}^{\text{tus}}=180^0-\frac{180^0}{\mu}$, et

4) quando μ impar est, atque $a=\frac{180^0}{\mu}$, fit valor $\frac{1}{2}\mu+\frac{1}{2}^{\text{tus}}=180^0$: sequentes in utroque casu reiici debent, adeoque erit $n=\frac{1}{2}\mu-\frac{1}{2}$.

Iam quoniam methodus in praecc. adhibita ad casum praesentem, ubi pars valorum datorum a periodo completa antea rescindenda esset, non sine quibusdam ambagibus applicari posset, methodum sequentem praeferimus.

Si per praecepta artt. 20, 22 functio formae

$$\gamma+\gamma'\cos x+\gamma''\cos 2x+\text{ etc. }+\gamma^m\cos mx$$
$$+\delta'\sin x+\delta''\sin 2x+\text{ etc. }+\delta^m\sin mx$$

investigatur, per quam omnibus μ valoribus datis satisfit. et in qua $m=\frac{1}{2}\mu-\frac{1}{2}$ vel $=\frac{1}{2}\mu$, prout μ impar est vel par, coëfficientes δ', δ'', δ''' etc. sponte fient $=0$. Nullo enim negotio patet, in expressione tali

$$A\sin\lambda a+B\sin\lambda b+C\sin\lambda c+D\sin\lambda d+\text{ etc.}$$

fieri vel partem primam $=0$, atque ultimam $=-B\sin\lambda b$, penultimam $=-C\sin\lambda c$, antepenultimam $=-D\sin\lambda d$ etc. puta quando $a=0$; vel ultimam $=-A\sin\lambda a$, penultimam $=-B\sin\lambda b$, antepenultimam $=-C\sin\lambda c$ etc., quando $a=\frac{180^0}{\mu}$, quum pro talibus valoribus ipsius x, quorum alter alterius complementum ad 360^0 est, valores functionis X aequales sint. Quamobrem functio

$$X'=\gamma+\gamma'\cos x+\gamma''\cos 2x+\text{ etc }+\gamma^m\cos mx$$

in qua coëfficientes $\gamma, \gamma', \gamma''$ etc. determinantur per formulas

$$\gamma = \frac{1}{\mu}(A+B+C+D+\text{etc.})$$
$$\gamma' = \frac{2}{\mu}(A\cos a + B\cos b + C\cos c + D\cos d + \text{etc.})$$
$$\gamma'' = \frac{2}{\mu}(A\cos 2a + B\cos 2b + C\cos 2c + D\cos 2d + \text{etc.})$$

etc. ultimus autem, quando μ par est atque adeo $m = \frac{1}{2}\mu$, per hanc

$$\gamma^m = \frac{1}{\mu}(A\cos ma + B\cos mb + C\cos mc + D\cos md + \text{etc.})$$

necessario cum functione X identica erit, siquidem haec non est gradus altioris quam supra definivimus. Namque in casibus 3 et 4 X est ordinis $\frac{1}{2}\mu - \frac{1}{2}^{\text{ti}}$, i. e. eiusdem ut X' et proin per art. 24 cum X' identica. In casu primo X est eiusdem ordinis ut X' et in casu secundo non maioris, quare tum hic tum illic omnes termini saltem usque ad ordinem $\frac{1}{2}\mu - 1^{\text{tum}}$ in utraque functione convenient (art. 24). Terminos ordinis $\frac{1}{2}\mu^{\text{ti}}$ in his functionibus quoque convenire debere. inde per eundem art. 24 patet, quod in X aequatio conditionalis $K\sin ma = L\cos ma$ locum habet; scilicet fit $L = 0$, atque in casu primo $\sin ma = 0$, in secundo, ubi X ad ordinem $\frac{1}{2}\mu - 1$ tantummodo ascendit, $K = 0$. Ceterum in casu secundo X' ordinis altioris esse videtur quam X, sed in hoc casu terminus ordinis $\frac{1}{2}\mu^{\text{ti}}$ in X' quoque evanescit, quum fiat

$$\gamma^{\frac{1}{2}\mu} = \frac{1}{\mu}(A\cos 90^0 + B\cos 270^0 + C\cos 450^0 + D\cos 630^0 + \text{etc.}) = 0$$

ita ut in hoc quoque casu X' revera sit ordinis $m - 1^{\text{ti}}$ sive $\frac{1}{2}\mu - 1^{\text{ti}}$.

38.

Si functio X cum termino $\cos nx$ non abrumpitur, sed ulterius excurrit: denotatis terminis sequentibus per $\alpha^{n+1}\cos(n+1)x + \alpha^{n+2}\cos(n+2)x + \text{etc.}$ erit per artt. 21, 23

$$\gamma = \alpha \pm \alpha^{\mu} + \alpha^{2\mu} \pm \text{etc.}$$
$$\gamma' = \alpha' \pm \alpha^{\mu-1} \pm \alpha^{\mu+1} + \alpha^{2\mu-1} + \alpha^{2\mu+1} \pm \text{etc.}$$
$$\gamma'' = \alpha'' \pm \alpha^{\mu-2} \pm \alpha^{\mu+2} + \alpha^{2\mu-2} + \alpha^{2\mu+2} \pm \text{etc.}$$
$$\gamma''' = \alpha''' \pm \alpha^{\mu-3} \pm \alpha^{\mu+3} + \alpha^{2\mu-3} + \alpha^{2\mu+3} \pm \text{etc.}$$

et sic porro usque ad ultimum γ^m, quando μ impar est, vel ad penultimum γ^{m-1}, quando μ par est; signum inferius hic valet, quoties $a = \frac{180^0}{\mu}$, adeoque in casu 2 et 4. superius in casu 1 et 2; denique pro ultimo habebitur in casu primo

$$\gamma^m = \alpha^m + \alpha^{3m} + \alpha^{5m} + \text{ etc.}$$

in casu secundo autem $\gamma^m = 0$. Hae aequationes ostendunt, quatenus differentiam inter functiones X et X' negligere permissum esse possit. Haec posterior functio inter omnes, quae μ valoribus propositis satisfaciunt, simplicissima erit, quae omnes sub forma $X' + Y\sin(\frac{1}{2}\mu x - \frac{1}{2}\mu a)$ contenti erunt, quae in casu 1 et 3 ad $X' + Y\sin\frac{1}{2}\mu x$, in casibus 2 et 4 vero ad $X' + Y\cos\frac{1}{2}\mu x$ reducitur. Manifesto autem, si haec expressio eiusdem formae esse debet ut X i. e. a sinubus libera, Y esse debet

in casu primo formae $g\sin x \; + g'\sin 2x + g''\sin 3x + \text{ etc.}$
in casu secundo formae $g \; + g'\cos x \; + g''\cos 2x + \text{ etc.}$
in casu tertio formae $g\sin\frac{1}{2}x + g'\sin\frac{3}{2}x + g''\sin\frac{5}{2}x + \text{ etc.}$
in casu quarto formae $g\cos\frac{1}{2}x + g'\cos\frac{3}{2}x + g''\cos\frac{5}{2}x + \text{ etc.}$

Et generalius, designante X'' functionem quamcunque ipsi X similem, quae μ valoribus propositis satisfacit, omnes huiusmodi formae sub formula $X'' + Y\sin\frac{1}{2}\mu x$ vel $X'' + Y\cos\frac{1}{2}\mu x$ contentae erunt, ubi Y functionem indefinitam eius, quam modo docuimus formae designat. Hoc ita perficere licet, ut sic functio ad ordinem $\frac{1}{2}\mu$, $\frac{1}{2}\mu - 1$, $\frac{1}{2}\mu - \frac{1}{2}$, $\frac{1}{2}\mu - \frac{1}{2}$ depressa prodeat, quae manifesto cum X' identica erit. Regula autem generalis pro reductione talis functionis X'' ad X' ex art. 24 facile deducitur. Pro quovis termino $L\cos\lambda x$ in X'' substitui debet in X', facto $\lambda = k\mu \pm \lambda'$, ita ut λ' non sit maior quam $\frac{1}{2}\mu$, terminus $\pm L\cos\lambda' x$, ubi signum inferius accipiendum est, quoties simul $a = \frac{180°}{\mu}$ atque k par, superius in casibus reliquis; denique quoties in casu secundo, i. e. pro $a = \frac{180°}{\mu}$ et valore pari ipsius μ, evadit $\lambda' = \frac{1}{2}\mu$, pro $L\cos\lambda x$ statim poni debet 0 in X', sive terminus ille omnino negligi.

39.

Si secundo functio X est formae

$$\beta'\sin x + \beta''\sin 2x + \beta'''\sin 3x + \text{ etc. } + \beta^n \sin nx$$

adeoque multitudo coëfficientium incognitorum $= n$, etiam multitudo valorum datorum, subductis superfluis, esse debebit $=n$, ut ad coëfficientium determinationem completam sufficiant. Iam quum ut superflui in hoc casu reiiciendi sint valores functionis X ii, qui respondent valori ipsius x maiori quam 180^0 nec non valori 0 et 180^0, habebimus pro quatuor casibus supra distinctis:

1. quando μ par, $a=0$, erit $n=\frac{1}{2}\mu-1$
2. quando μ par, $a=\frac{180^0}{\mu}$, erit $n=\frac{1}{2}\mu$
3. quando μ impar, $a=0$, erit $n=\frac{1}{2}\mu-\frac{1}{2}$
4. quando μ impar, $a=\frac{180^0}{\mu}$, erit $n=\frac{1}{2}\mu-\frac{1}{2}$

Iam prorsus simili modo ut in art. 37, in functione

$$\begin{gathered}\gamma+\gamma'\cos x+\gamma''\cos 2x+\text{ etc. }+\gamma^m\cos mx\\ +\delta'\sin x+\delta''\sin 2x+\text{ etc. }+\delta^m\sin mx\end{gathered}$$

ad normam artt. 20, 22 eruta, quae omnibus μ valoribus satisfacit, et in qua m vel $=\frac{1}{2}\mu-\frac{1}{2}$, vel $=\frac{1}{2}\mu$, coëfficientes $\gamma, \gamma', \gamma''$ etc. sponte evanescent. Quum enim in serie A, B, C, D etc. vel termini ultimi ordine retrogrado in casu praesenti vel fiant $=-B, -C, -D$ etc. vel $=-A, -B, -C$ etc., prout $a=0$, vel $=\frac{180^0}{\mu}$, insuperque pro illo casu $A=0$, manifesto

$$A\cos\lambda a+B\cos\lambda b+C\cos\lambda c+D\cos\lambda d+\text{ etc.}$$

pro quovis valore ipsius x erit $=0$. Quamobrem functio $X'=$

$$\delta'\sin x+\delta''\sin 2x+\delta'''\sin 3x+\text{ etc. }+\delta^m\sin mx$$

in qua coëfficientes $\delta', \delta'', \delta'''$ etc. determinantur per aequationes

$$\begin{aligned}\delta' &= \tfrac{2}{\mu}(A\sin a+B\sin b+C\sin c+D\sin d+\text{ etc.})\\ \delta'' &= \tfrac{2}{\mu}(A\sin 2a+B\sin 2b+C\sin 2c+D\sin 2d+\text{ etc.})\\ \delta''' &= \tfrac{2}{\mu}(A\sin 3a+B\sin 3b+C\sin 3c+D\sin 3d+\text{ etc.})\end{aligned}$$

etc., ultimus autem, quando μ par est, adeoque $m=\frac{1}{2}\mu$, per hanc

$$\delta^m=\tfrac{1}{\mu}(A\sin ma+B\sin mb+C\sin mc+D\sin md+\text{ etc.})$$

necessario cum X identica erit, quod eodem modo, ut in art. 37, facile demonstratur. Ceterum functio X' in casu primo, ubi $a=0$, μ par, revera ad ordinem $\frac{1}{2}\mu-1$ tantum ascendit. quum fiat

$$\begin{aligned}\delta^m &= \tfrac{1}{\mu}(A\sin 0 + B\sin 180^0 + C\sin 360^0 + D\sin 540^0 + \text{etc.})\\ &= 0\end{aligned}$$

40.

Si functio X non est ordinis n^{ti}, ut supposuimus, sed ulterius excurrit, aequationes sequentes docebunt, quomodo differentia inter X' et X a coëfficientibus sequentibus pendeat (v. artt. 21, 23)

$$\begin{aligned}\delta' &= 6' \mp 6^{\mu-1} \pm 6^{\mu+1} - 6^{2\mu-1} + 6^{2\mu+1} \mp \text{etc.}\\ \delta'' &= 6'' \mp 6^{\mu-2} \pm 6^{\mu+2} - 6^{2\mu-2} + 6^{2\mu+2} \mp \text{etc.}\\ \delta''' &= 6''' \mp 6^{\mu-3} \pm 6^{\mu+3} - 6^{2\mu-3} + 6^{2\mu+3} \mp \text{etc.}\end{aligned}$$

et sic porro usque ad ultimum δ^m vel penultimum δ^{m-1}, prout μ impar est vel par; signa superiora hic valent, quando $a = 0$, inferiora, quando $a = \frac{180^0}{\mu}$: denique pro ultimo habetur in casu (1) $\delta^m = 0$, in casu (2) vero $\delta^m = 6^m - 6^{3m} + 6^{5m} - 6^{7m} + \text{etc.}$ Omnes functiones periodicae, per quas μ valoribus propositis satisfit, et ex quibus X' est simplicissima, sub forma $X' + Y\sin(\frac{1}{2}\mu x - \frac{1}{2}\mu a)$ sive generalius sub forma $X'' + Y\sin(\frac{1}{2}\mu x - \frac{1}{2}\mu a)$ contentae erunt, designante X'' functionem talem quamcunque, quae formula pro casu 1 et 3 ad $X'' + Y\sin\frac{1}{2}\mu x$, pro casu 2 et 4 autem ad $X'' + Y\cos\frac{1}{2}\mu x$ reducitur; Y vero, siquidem alias functiones non consideramus, nisi quae ipsi X sunt similes, i. e. e solis sinubus compositae, necessario debet esse:

in casu 1	formae	$g + g'\cos x + g''\cos 2x + \text{etc.}$
in casu 2	formae	$g\sin x + g'\sin 2x + g''\sin 3x + \text{etc.}$
in casu 3	formae	$g\cos\frac{1}{2}x + g'\cos\frac{3}{2}x + g''\cos\frac{5}{2}x + \text{etc.}$
in casu 4	formae	$g\sin\frac{1}{2}x + g'\sin\frac{3}{2}x + g''\sin\frac{5}{2}x + \text{etc.}$

Functionem Y hic ita determinare licebit, ut prodeat functio ad ordinem $\frac{1}{2}\mu-1$, $\frac{1}{2}\mu$, $\frac{1}{2}\mu-\frac{1}{2}$, $\frac{1}{2}\mu-\frac{1}{2}$ depressa, quae cum X' necessario identica erit. Pro reductione functionis X'' ad X' regula generalis sequens habetur:

Quivis terminus in X'' talis $L\sin\lambda x = L\sin(k\mu \pm \lambda')x$, transmutetur aut in $\pm L\sin\lambda' x$ (quoties $a = 0$, vel k par), aut in $\mp L\sin\lambda' x$ (quoties nec $a = 0$, nec k par. i. e. quoties simul $a = \frac{180^0}{\mu}$ atque k impar): denique quoties in casu primo i. e. pro $a = 0$, et valore pari ipsius μ evadit $\lambda' = \frac{1}{2}\mu$, terminus $L\sin\lambda x$ omnino destruatur.

41.

Quum omnes casus speciales in artt. 29—40 considerati ad casum generalem in artt. 20—28 absolute reducti sint, omnia artificia, per quae in hoc casu calculus abbreviatur qualia in artt. 25, 26, 27 explicavimus, etiam ad illos applicari poterunt. Quamobrem non opus erit, huic disquisitioni immorari, cui sequens exemplum ad artt. 39, 40 pertinens, finem imponet.

Aequatio centri pro novo planeta *Iunone*, adhibita excentricitate 0,254236, calculata est per methodum indirectam per singulos denos gradus, ut sequitur

Anomalia media $= x$		Aequatio Centri $= X$ — +	
0°	360°	0	0
10	350	3° 50′ 38″30	13838″30
20	340	7 38 21,47	27501,47
30	330	11 20 8,79	40808,79
40	320	14 52 48,06	53568,06
50	310	18 12 49,21	65569,21
60	300	21 16 17,02	76577,02
70	290	23 58 42,92	86322,92
80	280	26 14 55,85	94495,85
90	270	27 58 52,36	100732,36
100	260	29 3 28,13	104608,13
110	250	29 20 33,68	105633,68
120	240	28 41 2,10	103262,10
130	230	26 55 22,77	96922,77
140	220	23 55 2,70	86102,70
150	210	19 35 0,79	70500,79
160	200	13 57 40,52	50260,52
170	190	7 16 58,33	26218,33
180	180	0	0

Discerpimus hanc periodum 36 terminorum in sex minores senorum terminorum; valores seni functionis X in singulis periodis contenti exhibebuntur per formulam talem

$$\gamma + \gamma'\cos x + \gamma''\cos 2x + \gamma'''\cos 3x$$
$$+ \delta'\sin x + \delta''\sin 2x + \delta'''\sin 3x$$

ubi pro coëfficientibus γ, γ', δ' etc. valores sequentes invenimus:

Periodus	$y = 6x$	γ	γ'	γ''	γ'''	δ'	δ''	δ'''
prima	0°	0	0	0	0	−103830,165	+15406,638	0
secunda	60	+56″205	−217″757	+761″671	−1528,825	−103937,346	+15841,387	−882,667
tertia	120	+56,115	−217,467	+760,805	−1527,397	−104151,314	+16709,402	−2645,530
quarta	180	0	0	0	0	−104258,100	+17142,684	−3525,740
quinta	240	−56,115	−217,467	−760,805	+1527,397	−104151,314	+16709,402	−2645,530
sexta	300	−56,205	−217,757	−761,671	+1528,825	−103937,346	+15841,387	−882,667

Singuli coëfficientes γ, γ', γ'', γ''', δ', δ'', δ''' rursus sub formam talem

$$\varepsilon + \varepsilon' \cos 6x + \varepsilon'' \cos 12x + \varepsilon''' \cos 18x$$
$$+ \zeta' \sin 6x + \zeta'' \sin 12x + \zeta''' \sin 18x$$

reducentur: nullo vero negotio perspicitur, pro quatuor prioribus evanescere debere ε, ε', ε'', ε'''; et pro tribus posterioribus, ζ', ζ'', ζ'''. Hoc modo invenitur

$$\gamma = + \quad 64'',848 \sin 6x + 0'',052 \sin 12x$$
$$\gamma' = - \quad 251'',277 \sin 6x - 0'',167 \sin 12x$$
$$\gamma'' = + \quad 879'',002 \sin 6x + 0'',500 \sin 12x$$
$$\gamma''' = -1764'',511 \sin 6x - 0'',824 \sin 12x$$
$$\delta' = -104044'',264 + 213'',968 \cos 6x + 0'',132 \cos 12x + 0'',000 \cos 18x$$
$$\delta'' = + \ 16275'',150 - 868'',020 \cos 6x - 0'',489 \cos 12x - 0'',003 \cos 18x$$
$$\delta''' = - \quad 1763'',689 + 1762'',868 \cos 6x + 0'',819 \cos 12x + 0'',002 \cos 18x$$

His valoribus pro γ, γ' etc. substitutis, praeceptisque art. praecc. observatis, prodit functio sequens pro aequatione centri, in qua singuli coëfficientes intra centesimam minuti secundi partem exacti sunt.

$-104044''264 \sin x$	$-1''643 \sin 9x$
$+16275,150 \sin 2x$	$+0,494 \sin 10x$
$-3527,378 \sin 3x$	$-0,149 \sin 11x$
$+873,511 \sin 4x$	$+0,052 \sin 12x$
$-232,622 \sin 5x$	$-0,017 \sin 13x$
$+64,848 \sin 6x$	$+0,006 \sin 14x$
$-18,655 \sin 7x$	$-0,004 \sin 15x$
$+5,491 \sin 8x$	$+0,003 \sin 16x$

Hoc modo manifesto calculus ita se habet, ac si pro arcu x alius $x' = x - a$ introduceretur. Saepenumero etiam calculus magnopere sublevari potest, si pro functione X alia $X - \mathfrak{X}$ adhibetur, ubi pro $\mathfrak{X}$ functio quaelibet ipsi X similis assumi potest, modo ordinem $\frac{1}{2}\mu - \frac{1}{2}^{\text{tum}}$ pro valore impari vel ordinem $\frac{1}{2}\mu^{\text{tum}}$ pro valore pari ipsius μ non egrediatur, et in casu posteriori coëfficientes terminorum $\cos\frac{1}{2}\mu x$ et $\sin\frac{1}{2}\mu x$ (siquidem eo ascendit) teneant debitam rationem $(\cos\frac{1}{2}\mu a : \sin\frac{1}{2}\mu a)$. Manifestum est, si valores functionis $\mathfrak{X}$ pro $x = a, b, c, d$ etc. sint resp. $\mathfrak{A}$, $\mathfrak{B}$, $\mathfrak{C}$, $\mathfrak{D}$ etc., fore valores functionis $X - \mathfrak{X}$ pro iisdem valoribus resp. $A - \mathfrak{A}$, $B - \mathfrak{B}$, $C - \mathfrak{C}$, $D - \mathfrak{D}$ etc.; si porro functio Z hisce valoribus satisfaciens per praecepta praecedentia investigatur, functio $\mathfrak{X} + Z$ identica erit cum ea, quae ex applicatione directa horum praeceptorum ad valores ipsius functionis X prodiret. Semper autem functionem $\mathfrak{X}$ ita determinare oportet, ut valores propositi functionis X prope per illam exhibeantur, quo pacto quantitates $A - \mathfrak{A}$, $B - \mathfrak{B}$, $C - \mathfrak{C}$, $D - \mathfrak{D}$ etc. parvae et ad calculum magis tractabiles evadent. Ceterum pro $\mathfrak{X}$ etiam quantitas constans assumi potest, e. g. haec $\frac{1}{\mu}(A + B + C + D + \text{etc.})$, quae functionis quaesitae partem invariabilem constituit.

BEMERKUNGEN.

Die vorliegende Abhandlung über Interpolation ist die wiederholte Ausarbeitung einer Untersuchung, von welcher ein früherer Entwurf im October 1805 begonnen zu sein scheint. Sie enthält die Methoden, die bei der Berechnung der Ausdrücke für die durch Störungskräfte hervorgebrachten Aenderungen der Elemente einer Planetenbahn vielfach angewandt worden sind. Dieser Ausmittelung der Störungen steht ein anderes Verfahren zur Seite, das direct die Werthe der Bahnelemente für einzelne Zeitpunkte ergibt und das, wie aus den im vorgefundenen handschriftlichen Nachlasse aufgezeichneten schliesslichen Formeln hervorgeht, auf folgenden Principien beruht.

Bilden die Werthe des Arguments, für welche die Werthe der Function gegeben sind, eine arithmetische Reihe, und hat man ein Argument x eingeführt, das bei jenen Werthen wie die ganzen Zahlen fortschreitet, bezeichnet die gegebenen Werthe mit fx, führt deren aufeinanderfolgende Differenzenreihen ein:

$$f(x+1)-fx=f^1(x+\tfrac{1}{2}),\quad f^1(x+\tfrac{1}{2})-f^1(x-\tfrac{1}{2})=f^2x,\quad f^2(x+1)-f^2x=f^3(x+\tfrac{1}{2})\ \text{u. s. f.}$$

ferner deren mit beliebigen Anfangsgliedern beginnende Summenreihen $f^{-1}(x+\frac{1}{2})$, $f^{-2}x$, $f^{-3}(x+\frac{1}{2})$ u. s. f. für welche

$$fx=f^{-1}(x+\tfrac{1}{2})-f^{-1}(x-\tfrac{1}{2}),\quad f^{-1}(x+\tfrac{1}{2})=f^{-2}(x+1)-f^{-2}x\ \ \text{u. s. f.}$$

endlich die Mittelwerthe der aufeinander folgenden Glieder der so entstandenen Reihen nemlich

$$\ldots f^{-1}x=\tfrac{1}{2}f^{-1}(x+\tfrac{1}{2})+\tfrac{1}{2}f^{-1}(x-\tfrac{1}{2}),\quad f(x+\tfrac{1}{2})=\tfrac{1}{2}f(x+1)+\tfrac{1}{2}fx,\quad f^1x=\tfrac{1}{2}f^1(x+\tfrac{1}{2})+\tfrac{1}{2}f^1(x-\tfrac{1}{2})\ldots$$

also in übersichtlicher Anordnung zusammengestellt folgendes System von gegebenen und daraus zunächst berechneten Werthen

M. W.	II. Summe.	M. W.	I. Summe	gegeb. W.	M.W.	I. Differ.	M. W.	II. Differ.	M.W.
	·	·		·		·	·	·	
·			·		·	·			·
	$f^{-2}(x-1)$	$f^{-1}(x-1)$		$f(x-1)$			$f^{1}(x-1)$	$f^{2}(x-1)$	
· $f^{-2}(x-\frac{1}{2})$			$f^{-1}(x-\frac{1}{2})$		$f(x-\frac{1}{2})$	$f^{1}(x-\frac{1}{2})$			$f^{2}(x-\frac{1}{2})$ ·
	$f^{-2}x$	$f^{-1}x$		fx			$f^{1}x$	$f^{2}x$	
· $f^{-2}(x+\frac{1}{2})$			$f^{-1}(x+\frac{1}{2})$		$f(x+\frac{1}{2})$	$f^{1}(x+\frac{1}{2})$			$f^{2}(x+\frac{1}{2})$ ·
	$f^{-2}(x+1)$	$f^{-1}(x+1)$		$f(x+1)$			$f^{1}(x+1)$	$f^{2}(x+1)$	
·			·		·	·			·
	·	·		·		·	·	·	

so gibt Art. 4, wenn man 1^s^ für t, a, b, c, d, e . . resp. $x+t$, x, $x+1$, $x-1$, $x+2$, $x-2$ 2^s^ für t, a, b, c, d, e . . resp. $x+t$, x, $x-1$, $x+1$, $x-2$, $x+2$ . . . setzt, 3^s^ aus den entsprechenden Seiten der beiden so erhaltenen Gleichungen die halbe Summe bildet, 4^s^ aus denselben Gleichungen, nachdem zuvor in der zweiten $x+1$ und $t-1$ resp. für x und t gesetzt ist, die halbe Summe bildet und 5^s^ in der zuletzt erhaltenen Gleichung $t=\frac{1}{2}$ macht, folgende Gleichungen für die durch Interpolatation zu bestimmenden Werthe $\varphi(x+t)$ und $\varphi(x+\frac{1}{2})$ derjenigen Function φx, die bei jedem ganzzahligen Werthe von x der gegebenen Grösse fx gleich wird:

$$\varphi(x+t) = fx + t.f^{1}(x+\tfrac{1}{2}) + \frac{t.t-1}{1.2}f^{2}x + \frac{t.t-1.t+1}{1.2.3}f^{3}(x+\tfrac{1}{2}) + \ldots$$
$$+ \frac{\Pi(t+n-1)}{\Pi 2n.\Pi(t-n-1)}f^{2n}x + \frac{\Pi(t+n)}{\Pi(2n+1).\Pi(t-n-1)}f^{2n+1}(x+\tfrac{1}{2}) \ldots$$

$$\varphi(x+t) = fx + t.f^{1}(x-\tfrac{1}{2}) + \frac{t.t+1}{1.2}f^{2}x + \frac{t.t+1.t-1}{1.2.3}f^{3}(x-\tfrac{1}{2}) + \ldots$$
$$+ \frac{\Pi(t+n)}{\Pi 2n.\Pi(t-n)}f^{2n}x + \frac{\Pi(t+n)}{\Pi(2n+1).\Pi(t-n-1)}f^{2n+1}(x-\tfrac{1}{2}) \ldots$$

$$\varphi(x+t) = fx + t.f^{1}x + \frac{t.t}{1.2}f^{2}x + \frac{t.t-1.t+1}{1,2.3}f^{3}x + \ldots$$
$$+ \frac{\Pi(t+n-1)}{\Pi 2n.\Pi(t-n)}tf^{2n}x + \frac{\Pi(t+n)}{\Pi(2n+1)\Pi(t-n-1)}f^{2n+1}x + \ldots$$

$$\varphi(x+t) = f(x+\tfrac{1}{2}) + (t-\tfrac{1}{2})f^{1}(x+\tfrac{1}{2}) + \frac{t.t-1}{1.2}f^{2}(x+\tfrac{1}{2}) + \frac{t.t-1}{1.2}(t-\tfrac{1}{2})f^{3}(x+\tfrac{1}{2}) + \ldots$$
$$+ \frac{\Pi(t+n-1)}{\Pi 2n.\Pi(t-n-1)}f^{2n}(x+\tfrac{1}{2}) + \frac{\Pi(t+n-1)}{\Pi(2n+1).\Pi(t-n-1)}(t-\tfrac{1}{2})f^{2n+1}(x+\tfrac{1}{2}) + \ldots$$

$$\varphi(x+\tfrac{1}{2}) = f(x+\tfrac{1}{2}) - \tfrac{1}{8}f^{2}(x+\tfrac{1}{2}) + \tfrac{3}{128}f^{4}(x+\tfrac{1}{2}) - \tfrac{5}{1024}f^{6}(x+\tfrac{1}{2}) + \tfrac{35}{32768}f^{8}(x+\tfrac{1}{2}) \ldots$$
$$+ (-1)^{n}\frac{\Pi 2n}{\Pi n.\Pi n}2^{-4n}\, f^{2n}(x+\tfrac{1}{2}) + \ldots$$

Die Coëfficienten von f^{m} in der dritten, vierten und fünften Gleichung sind gleich den Coëfficienten von $(2i\sin\omega)^{m}$ in den Reihenentwickelungen resp. für $\cos 2t\omega + i\frac{\sin 2t\omega}{\cos\omega}$, $\frac{\cos(2t-1)\omega}{\cos\omega} + i\sin(2t-1)\omega$ und $\frac{1}{\cos\omega}$ nach Potenzen der Grösse $2i\sin\omega$.

Setzt man nun

$$\Phi(x+\tfrac{1}{2}) = f^{-1}(x+\tfrac{1}{2}) + \tfrac{1}{24}f^{1}(x+\tfrac{1}{2}) - \tfrac{17}{5760}f^{3}(x+\tfrac{1}{2}) + \tfrac{367}{967680}f^{5}(x+\tfrac{1}{2}) - \tfrac{27859}{464486400}f^{7}(x+\tfrac{1}{2}) + \tfrac{1295803}{122624409600}f^{9}(x+\tfrac{1}{2}) - \,..$$

$$\Phi x = f^{-1}x - \tfrac{1}{12}f^{1}x + \tfrac{11}{720}f^{3}x - \tfrac{191}{60480}f^{5}x + \tfrac{2497}{3628800}f^{7}x - \tfrac{14797}{95800320}f^{9}x + \tfrac{92427157}{2615348736000}f^{11}x - \ldots$$

$$\Psi x = f^{-2}x + \tfrac{1}{12}fx - \tfrac{1}{240}f^{2}x + \tfrac{31}{60480}f^{4}x - \tfrac{289}{3628800}f^{6}x + \tfrac{317}{22809600}f^{8}x - \,..$$

$$\Psi(x+\tfrac{1}{2}) = f^{-2}(x+\tfrac{1}{2}) - \tfrac{1}{24}f(x+\tfrac{1}{2}) + \tfrac{17}{1920}f^{2}(x+\tfrac{1}{2}) - \tfrac{367}{193536}f^{4}(x+\tfrac{1}{2}) + \cdot - \,..$$

indem man als Coëfficienten von f^m in diesen vier Gleichungen die Coëfficienten nimmt, die bei den Entwicklungen resp. für $\frac{1}{2i\omega}$, $\frac{1}{2i\omega\cos\omega}$, $-\frac{1}{4\omega\omega}$, $-\frac{1}{4\omega\omega\cos\omega}$ noch Potenzen von $2i\sin\omega$ entstehen, so sind $\Phi(x+\frac{1}{2})$, Φx, Ψx, $\Psi(x+\frac{1}{2})$ die besonderen Werthe solcher Functionen $\Phi(x+t)$, $\Psi(x+t)$, für welche die Gleichungen

$$\Phi(x+t) - \Phi(x+t_0) = \int_{t_0}^{t}\varphi(x+t)\,dt), \qquad \Psi(x+t) - \Psi(x+t_1) = \int_{t_1}^{t}\Phi(x+t)\,dt$$

Statt haben, sie werden also bestimmten Integralen von $\varphi(x+t)\,dt$ und $\varphi(x+t).dt.dt$ gleich, wenn man die Anfangswerthe der Summenreihen $f^{-1}(x-\frac{1}{2})$, $f^{-1}(x+\frac{1}{2})\,..$, $f^{-2}x$, $f^{-2}(x+1)\,..$ auf geeignete Weise ausgewählt.

Die Ableitung der Reihen für Φ und Ψ aus der dritten und vierten der obigen Gleichungen für $\varphi(x+t)$ erhält man unmittelbar, wenn man die Integrationen so ausführt, dass zunächst die Ausdrücke für $\Phi(x+\frac{1}{2}) - \Phi(x-\frac{1}{2})$, $\Phi(x+1) - \Phi x$, $\Psi(x+1) - 2\Psi x + \Psi(x-1)$ und $\Psi(x+\frac{3}{2}) - 2\Psi(x+\frac{1}{2}) + \Psi(x-\frac{1}{2})$ entstehen.

SCHERING.

DETERMINATIO ATTRACTIONIS

QUAM IN PUNCTUM QUODVIS POSITIONIS DATAE

EXERCERET PLANETA SI EIUS MASSA

PER TOTAM ORBITAM

RATIONE TEMPORIS QUO SINGULAE PARTES DESCRIBUNTUR

UNIFORMITER ESSET DISPERTITA

AUCTORE

CAROLO FRIDERICO GAUSS

SOCIETATI REGIAE SCIENTIARUM EXHIBITA 1818. IAN. 17.

Commentationes societatis regiae scientiarum Gottingensis recentiores. Vol. IV.
Gottingae MDCCCXVIII.

DETERMINATIO ATTRACTIONIS
QUAM IN PUNCTUM QUODVIS POSITIONIS DATAE
EXERCERET PLANETA SI EIUS MASSA
PER TOTAM ORBITAM
RATIONE TEMPORIS QUO SINGULAE PARTES DESCRIBUNTUR
UNIFORMITER ESSET DISPERTITA.

1.

Variationes saeculares, quas elementa orbitae planetariae a perturbatione alius planetae patiuntur, ab huius positione in orbita sunt independentes, atque eaedem forent, sive planeta perturbans in orbita elliptica secundum Kepleri leges incedat, sive ipsius massa per orbitam eatenus aequabiliter dispertita concipiatur, ut orbitae partibus, alias aequali temporis intervallo descriptis, iam aequales massae partes tribuantur, siquidem tempora revolutionum planetae perturbati et perturbantis non sint commensurabilia. Theorema hoc elegans, si a nemine hucusque disertis verbis propositum est, saltem perfacile ex astronomiae physicae principiis demonstratur. Problema itaque se offert tum per se, tum propter plura artificia, quae eius solutio requirit, attentione perdignum: attractionem orbitae planetariae, aut si mavis, annuli elliptici, cuius crassities infinite parva, atque secundum legem modo explicatam variabilis, in punctum quodlibet positione datum exacte determinare.

2.

Denotando excentricitatem orbitae per e, atque puncti cuiusvis in ipsa anomaliam excentricam per E, huius elemento $\mathrm{d}E$ respondebit elementum anomaliae mediae $(1-e\cos E)\,\mathrm{d}E$; quamobrem elementum massae ei orbitae portiunculae, cui respondent illa elementa, tribuendum, erit ad massam integram, quam pro unitate accipiemus, ut $(1-e\cos E)\,\mathrm{d}E$ ad 2π, exprimente π semicircumferentiam circuli pro radio 1. Statuendo itaque distantiam puncti attracti a puncto orbitae $= \rho$, attractio ab orbitae elemento producta erit

$$= \frac{(1-e\cos E)\,\mathrm{d}E}{2\pi\rho\rho}$$

Designabimus semiaxem maiorem per a, semiaxem minorem per b, atque illum tamquam lineam abscissarum, centrumque ellipsis tamquam initium adoptabimus. Hinc erit $aa - bb = aaee$, abscissa puncti orbitae $= a\cos E$, ordinata $= b\sin E$. Denique distantiam puncti attracti a plano orbitae denotabimus per C, atque coordinatas reliquas axi maiori et minori parallelas per A et B. His ita praeparatis, attractio elementi orbitae decomponetur in duas axi maiori et minori parallelas atque tertiam plano orbitae normalem, puta

$$\frac{(A - a\cos E)(1-e\cos E)\,\mathrm{d}E}{2\pi\rho^3} = \mathrm{d}\xi$$

$$\frac{(B - b\sin E)(1-e\cos E)\,\mathrm{d}E}{2\pi\rho^3} = \mathrm{d}\eta$$

$$\frac{C(1-e\cos E)\,\mathrm{d}E}{2\pi\rho^3} = \mathrm{d}\zeta$$

ubi $\rho = \sqrt{((A - a\cos E)^2 + (B - b\sin E)^2 + CC)}$.

Integratis hisce differentialibus ab $E = 0$ usque ad $E = 360^0$, prodibunt attractiones partiales ξ, η, ζ secundum directiones, directionibus coordinatarum oppositas, e quibus attractio integra composita erit, et quas per methodum notam ad quaslibet alias directiones referre licebit.

3.

Rei summa iam in eo versatur, ut introducta loco ipsius E alia variabili, quantitas radicalis in formam simpliciorem redigatur. Ad hunc finem statuemus

$$\cos E = \frac{\alpha + \alpha'\cos T + \alpha''\sin T}{\gamma + \gamma'\cos T + \gamma''\sin T}, \qquad \sin E = \frac{6 + 6'\cos T + 6''\sin T}{\gamma + \gamma'\cos T + \gamma''\sin T}$$

ubi autem novem coëfficientes α, α', α'' etc. manifesto non sunt penitus arbitrarii, sed certis conditionibus satisfacere debent, quas ante omnia perscrutari oportet. Primo observamus, substitutionem eandem manere, si omnes coëfficientes per eundem factorem multiplicentur, ita ut absque generalitatis detrimento uni ex ipsis valorem determinatum tribuere, e. g. statuere liceret $\gamma = 1$: attamen concinnitatis caussa omnes novem aliquantisper indefiniti maneant. Porro monemus, excludi debere valores tales, ubi $\alpha, \alpha', \alpha''$ vel β, β', β'' ipsis $\gamma, \gamma', \gamma''$ resp. proportionales essent: alioquin enim E haud amplius indeterminata maneret. Nequeunt igitur $\gamma'\alpha''-\gamma''\alpha'$, $\gamma''\alpha-\gamma\alpha''$, $\gamma\alpha'-\gamma'\alpha$ simul evanescere.

Manifesto coëfficientes $\alpha, \alpha', \alpha''$ etc. ita comparati esse debent, ut fiat indefinite

$$\left.\begin{array}{l}(\alpha+\alpha'\cos T+\alpha''\sin T)^2\\ +(\beta+\beta'\cos T+\beta''\sin T)^2\\ -(\gamma+\gamma'\cos T+\gamma''\sin T)^2\end{array}\right\}=0$$

unde necessario haec functio habere debet formam

$$k(\cos T^2+\sin T^2-1)$$

Hinc colligimus sex aequationes conditionales

$$\left.\begin{array}{l}-\alpha\alpha-\beta\beta+\gamma\gamma=k\\ -\alpha'\alpha'-\beta'\beta'+\gamma'\gamma'=-k\\ -\alpha''\alpha''-\beta''\beta''+\gamma''\gamma''=-k\\ -\alpha'\alpha''-\beta'\beta''+\gamma'\gamma''=0\\ -\alpha''\alpha-\beta''\beta+\gamma''\gamma=0\\ -\alpha\alpha'-\beta\beta'+\gamma\gamma'=0\end{array}\right\}\text{(I)}$$

Ab his aequationibus pendent plures aliae, quas evolvere operae pretium erit. Statuendo brevitatis caussa

$$\alpha\beta'\gamma''+\alpha'\beta''\gamma+\alpha''\beta\gamma'-\alpha\beta''\gamma'-\alpha'\beta\gamma''-\alpha''\beta'\gamma=\varepsilon\,.\,.\,.\,.\,.\,.\,.\,.\,\text{(II)}$$

e combinatione aequationum (I) facile derivantur novem sequentes:

$$\left.\begin{array}{l}\varepsilon\alpha=-k(\beta'\gamma''-\gamma'\beta'')\\ \varepsilon\beta=-k(\gamma'\alpha''-\alpha'\gamma'')\\ \varepsilon\gamma=+k(\alpha'\beta''-\beta'\alpha'')\\ \varepsilon\alpha'=+k(\beta''\gamma-\gamma''\beta)\\ \varepsilon\beta'=+k(\gamma''\alpha-\alpha''\gamma)\\ \varepsilon\gamma'=-k(\alpha''\beta-\beta''\alpha)\\ \varepsilon\alpha''=+k(\beta\gamma'-\gamma\beta')\\ \varepsilon\beta''=+k(\gamma\alpha'-\alpha\gamma')\\ \varepsilon\gamma''=-k(\alpha\beta'-\beta\alpha')\end{array}\right\}\text{(III)}$$

E tribus primis harum aequationum rursus deducimus hanc:

$$\varepsilon\alpha(\beta'\gamma''-\gamma'\beta'')+\varepsilon\beta(\gamma'\alpha''-\alpha'\gamma'')+\varepsilon\gamma(\alpha'\beta''-\beta'\alpha'')$$
$$=-k(\beta'\gamma''-\gamma'\beta'')^2-k(\gamma'\alpha''-\alpha'\gamma'')^2+k(\alpha'\beta''-\beta'\alpha'')^2$$

cui aequivalens est haec:

$$\varepsilon\varepsilon = k(-\alpha'\alpha'-\beta'\beta'+\gamma'\gamma')(-\alpha''\alpha''-\beta''\beta''+\gamma''\gamma'')-k(-\alpha'\alpha''-\beta'\beta''+\gamma'\gamma'')^2$$

quae adiumento aequationum 2, 3, 4 in (I) mutatur in hanc:

$$\varepsilon\varepsilon = k^3 \ldots\ldots\ldots\ldots \text{(IV)}$$

Aeque facile ex aequationibus (I) derivantur hae:

$$\left.\begin{aligned}
(\beta'\gamma''-\gamma'\beta'')^2 &= -k(k-\alpha'\alpha'-\alpha''\alpha'')\\
(\gamma'\alpha''-\alpha'\gamma'')^2 &= -k(k-\beta'\beta'-\beta''\beta'')\\
(\alpha'\beta''-\beta'\alpha'')^2 &= +k(k+\gamma'\gamma'+\gamma''\gamma'')\\
(\beta''\gamma-\gamma''\beta)^2 &= +k(k+\alpha\alpha-\alpha''\alpha'')\\
(\gamma''\alpha-\alpha''\gamma)^2 &= +k(k+\beta\beta-\beta''\beta'')\\
(\alpha''\beta-\beta''\alpha)^2 &= -k(k-\gamma\gamma+\gamma''\gamma'')\\
(\beta\gamma'-\gamma\beta')^2 &= +k(k+\alpha\alpha-\alpha'\alpha')\\
(\gamma\alpha'-\alpha\gamma')^2 &= +k(k+\beta\beta-\beta'\beta')\\
(\alpha\beta'-\beta\alpha')^2 &= -k(k-\gamma\gamma+\gamma'\gamma')
\end{aligned}\right\}\ \text{(V)}$$

Exempli caussa evolutionem primae adscribimus, ad cuius instar reliquae facile formabuntur. Aequationes 4, 2, 3 in (I) scilicet suppeditant

$$(\gamma'\gamma''-\beta'\beta'')^2-(\gamma'\gamma'-\beta'\beta')(\gamma''\gamma''-\beta''\beta'')=\alpha'\alpha'\alpha''\alpha''-(\alpha'\alpha'-k)(\alpha''\alpha''-k)$$

quae aequatio evoluta protinus ipsam primam in (V) sistit.

Ex his aequationibus (V) concludimus, valorem $k=0$ in disquisitione nostra haud admissibilem esse; hinc enim omnes novem quantitates $\beta'\gamma''-\gamma'\beta''$ etc. necessario evanescerent, i. e. coëfficientes α, α', α'' tum ipsis β, β', β'', tum ipsis γ, γ', γ'' proportionales evaderent. Hinc etiam, propter aequationem IV, quantitas ε evanescere nequit; quamobrem k necessario debet esse quantitas positiva, siquidem omnes coëfficientes α, α', α'' etc. debent esse reales. Combinatis tribus aequationibus primis in (III) cum tribus primis in (V), hae novae prodeunt, quae manifesto a valore ipsius k non evanescente pendent:

$$\left.\begin{aligned} \alpha\alpha-\alpha'\alpha'-\alpha''\alpha'' &= -k \\ \beta\beta-\beta'\beta'-\beta''\beta'' &= -k \\ \gamma\gamma-\gamma'\gamma'-\gamma''\gamma'' &= +k \end{aligned}\right\} \text{(VI)}$$

Combinatio reliquarum easdem produceret. His denique adiungimus tres sequentes:

$$\left.\begin{aligned} \beta\gamma-\beta'\gamma'-\beta''\gamma'' &= 0 \\ \gamma\alpha-\gamma'\alpha'-\gamma''\alpha'' &= 0 \\ \alpha\beta-\alpha'\beta'-\alpha''\beta'' &= 0 \end{aligned}\right\} \text{(VII)}$$

quae facile ex aequationibus III derivantur; e. g. secunda, quinta et octava suppeditant:

$$\varepsilon\beta\gamma-\varepsilon\beta'\gamma'-\varepsilon\beta''\gamma'' = -k\gamma(\gamma'\alpha''-\alpha'\gamma'')-k\gamma'(\gamma''\alpha-\alpha''\gamma)-k\gamma''(\gamma\alpha'-\alpha\gamma') = 0$$

Manifesto hae quoque aequationes ab exclusione valoris $k=0$ sunt dependentes*).

Quoniam, ut iam supra monuimus, omnes coëfficientes α, α', α'' etc. per eundem factorem multiplicare licet, unde valor ipsius k per quadratum eiusdem factoris multiplicatus prodibit abhinc semper supponemus

$$k = 1$$

quo pacto necessario quoque erit vel $\varepsilon=+1$ vel $\varepsilon=-1$. Patet itaque novem coëfficientes α, α', α'' etc., inter quos sex aequationes conditionales adsunt, ad tres quantitates ab invicem independentes reducibiles esse debere, quod quidem commodissime per tres angulos sequenti modo efficitur:

$$\begin{aligned} \alpha &= \cos L \operatorname{tang} N \\ \beta &= \sin L \operatorname{tang} N \\ \gamma &= \sec N \\ \alpha' &= \cos L \cos M \sec N \pm \sin L \sin M \\ \beta' &= \sin L \cos M \sec N \mp \cos L \sin M \\ \gamma' &= \cos M \operatorname{tang} N \\ \alpha'' &= \cos L \sin M \sec N \mp \sin L \cos M \\ \beta'' &= \sin L \sin M \sec N \pm \cos L \cos M \\ \gamma'' &= \sin M \operatorname{tang} N \end{aligned}$$

*) Forsan haud superfluum erit monere, nos analysin praecedentem consulto elegisse atque alii derivationi relationum III—VII praetulisse, quae quamquam aliquantulum elegantior videretur, tamen, accurate examinata, quibusdam dubiis obnoxia inventa est, quae non sine ambagibus removere licuisset.

ubi signorum ambiguorum superiora referuntur ad casum $\varepsilon = +1$, inferiora ad casum $\varepsilon = -1$. Attamen tractatio analytica ad maximam partem elegantius sine usu horum angulorum absolvitur. Ceterum haud difficile foret, significationem geometricam tum horum angulorum, tum reliquarum quantitatum auxiliarium in hac disquisitione occurrentium assignare; hanc vero interpretationem ad institutum nostrum haud necessariam lectori perito explicandam linquimus.

4.

Si iam in expressione distantiae ρ pro $\cos E$ et $\sin E$ valores supra assumti substituuntur, illa in hanc formam transibit:

$$\rho = \frac{\sqrt{(G + G'\cos T^2 + G''\sin T^2 + 2H\cos T\sin T + 2H'\sin T + 2H''\cos T)}}{\gamma + \gamma'\cos T + \gamma''\sin T}$$

ubi coëfficientes $\alpha, \alpha', \alpha''$ etc. ita determinabimus, ut salvis sex aequationibus conditionalibus

$$\left.\begin{array}{l} -\alpha\alpha - \mathfrak{b}\mathfrak{b} + \gamma\gamma = 1 \\ -\alpha'\alpha' - \mathfrak{b}'\mathfrak{b}' + \gamma'\gamma' = -1 \\ -\alpha''\alpha'' - \mathfrak{b}''\mathfrak{b}'' + \gamma''\gamma'' = -1 \\ -\alpha'\alpha'' - \mathfrak{b}'\mathfrak{b}'' + \gamma'\gamma'' = 0 \\ -\alpha''\alpha - \mathfrak{b}''\mathfrak{b} + \gamma''\gamma = 0 \\ -\alpha\alpha' - \mathfrak{b}\mathfrak{b}' + \gamma\gamma' = 0 \end{array}\right\} [1]$$

adeoque etiam reliquis inde demanantibus, fiat

$$H = 0, \quad H' = 0, \quad H'' = 0$$

quo pacto problema generaliter loquendo erit determinatum. Quodsi itaque denominatorem ipsius ρ per t denotamus, transire debet functio trium quantitatum t, $t\cos E$, $t\sin E$ haec

$$(AA + BB + CC)tt + aa(t\cos E)^2 + bb(t\sin E)^2 - 2aAt.t\cos E - 2bBt.t\sin E$$

per substitutionem

$$\begin{aligned} t\cos E &= \alpha + \alpha'\cos T + \alpha''\sin T \\ t\sin E &= \mathfrak{b} + \mathfrak{b}'\cos T + \mathfrak{b}''\sin T \\ t &= \gamma + \gamma'\cos T + \gamma''\sin T \end{aligned}$$

in

$$G + G'\cos T^2 + G''\sin T^2$$

Manifesto hoc idem est, ac si dicas, functionem trium indeterminatarum x, y, z hanc (W)

$$aaxx + bbyy + (AA + BB + CC)zz - 2aAxz - 2bByz$$

per substitutionem

$$\begin{aligned} x &= \alpha u + \alpha' u' + \alpha'' u'' \\ y &= \beta u + \beta' u' + \beta'' u'' \\ z &= \gamma u + \gamma' u' + \gamma'' u'' \end{aligned}$$

in functionem indeterminatarum u, u', u'' hanc

$$Guu + G'u'u' + G''u''u''$$

transire debere. At quum ex his formulis, adiumento aequationum [1], facile sequatur

$$\begin{aligned} u &= -\alpha x - \beta y + \gamma z \\ u' &= \alpha' x + \beta' y - \gamma' z \\ u'' &= \alpha'' x + \beta'' y - \gamma'' z \end{aligned}$$

manifesto functio W identica esse debebit cum hac

$$G(-\alpha x - \beta y + \gamma z)^2 + G'(\alpha' x + \beta' y - \gamma' z)^2 + G''(\alpha'' x + \beta'' y - \gamma'' z)^2$$

unde habemus sex aequationes

$$\left.\begin{aligned} aa &= G\alpha\alpha + G'\alpha'\alpha' + G''\alpha''\alpha'' \\ bb &= G\beta\beta + G'\beta'\beta' + G''\beta''\beta'' \\ AA + BB + CC &= G\gamma\gamma + G'\gamma'\gamma' + G''\gamma''\gamma'' \\ bB &= G\beta\gamma + G'\beta'\gamma' + G''\beta''\gamma'' \\ aA &= G\gamma\alpha + G'\gamma'\alpha' + G''\gamma''\alpha'' \\ 0 &= G\alpha\beta + G'\alpha'\beta' + G''\alpha''\beta'' \end{aligned}\right\} \quad [2]$$

Ex his duodecim aequationibus [1] et [2] incognitas nostras $G, G', G'', \alpha, \alpha', \alpha''$ etc., determinare oportebit.

5.

E combinatione aequationum [1] et [2] facile derivantur sequentes:

$$-\alpha aa+\gamma aA=\alpha G$$
$$-\beta bb+\gamma bB=\beta G$$
$$\gamma(AA+BB+CC)-\alpha aA-\beta bB=\gamma G$$

unde fit porro

$$\alpha=\frac{\gamma aA}{aa+G}\dots\dots\dots\dots\dots\dots [3]$$
$$\beta=\frac{\gamma bB}{bb+G}\dots\dots\dots\dots\dots\dots [4]$$
$$AA+BB+CC-\frac{aaAA}{aa+G}-\frac{bbBB}{bb+G}=G$$

Ultimam sic quoque exhibere possumus

$$\frac{AA}{aa+G}+\frac{BB}{bb+G}+\frac{CC}{G}=1\dots\dots [5]$$

Perinde e combinatione aequationum [1] et [2] deducimus

$$\alpha'aa-\gamma'aA=\alpha'G'$$
$$\beta'bb-\gamma'bB=\beta'G'$$
$$-\gamma'(AA+BB+CC)+\alpha'aA+\beta'bB=\gamma'G'$$

atque hinc

$$\alpha'=\frac{\gamma'aA}{aa-G'}\dots\dots\dots\dots\dots\dots [6]$$
$$\beta'=\frac{\gamma'bB}{bb-G'}\dots\dots\dots\dots\dots\dots [7]$$
$$\frac{AA}{aa-G'}+\frac{BB}{bb-G'}-\frac{CC}{G'}=1\dots\dots [8]$$

et prorsus simili modo

$$\alpha''=\frac{\gamma''aA}{aa-G''}\dots\dots\dots\dots\dots\dots [9]$$
$$\beta''=\frac{\gamma''bB}{bb-G''}\dots\dots\dots\dots\dots\dots [10]$$
$$\frac{AA}{aa-G''}+\frac{BB}{bb-G''}-\frac{CC}{G''}=1\dots\dots [11]$$

Patet itaque, G, $-G'$, $-G''$ esse radices aequationis

$$\frac{AA}{aa+x}+\frac{BB}{bb+x}+\frac{CC}{x}=1\dots\dots [12]$$

quae rite evoluta ita se habet

$$x^3-(AA+BB+CC-aa-bb)xx+(aabb-aaBB-aaCC-bbAA-bbCC)x$$
$$-aabbCC=0 \ldots\ldots\ldots\ldots\ldots\ [13]$$

6.

Iam de indole huius aequationis cubicae sequentia sunt notanda.

I. Ex aequationis termino ultimo $-aabbCC$ concluditur, eam certe habere radicem unam realem, et quidem vel positivam, vel, si $C=0$, cifrae aequalem. Denotemus hanc radicem realem non negativam per g.

II. Subtrahendo ab aequatione 12, ita exhibita

$$x=\frac{AAx}{aa+x}+\frac{BBx}{bb+x}+CC$$

hanc:

$$g=\frac{AAg}{aa+g}+\frac{BBg}{bb+g}+CC$$

et dividendo per $x-g$, oritur nova, duas reliquas radices complectens

$$1=\frac{aaAA}{(aa+x)(aa+g)}+\frac{bbBB}{(bb+x)(bb+g)}$$

quae rite ordinata et soluta suppeditat [14]

$$2x=\frac{aaAA}{aa+g}+\frac{bbBB}{bb+g}-aa-bb\pm\sqrt{\left(\left(aa-bb-\frac{aaAA}{aa+g}+\frac{bbBB}{bb+g}\right)^2+\frac{4aabbAABB}{(aa+g)(bb+g)}\right)}$$

Haec expressio, quum quantitas sub signo radicali natura sua sit positiva, vel saltem non negativa, monstrat, etiam duas reliquas radices semper fieri reales.

III. Subtrahendo autem ab invicem aequationes istas sic exhibitas

$$gx=\frac{AAgx}{aa+x}+\frac{BBgx}{bb+x}+gCC$$
$$gx=\frac{AAgx}{aa+g}+\frac{BBgx}{bb+g}+xCC$$

et dividendo per $g-x$, prodit aequatio duas reliquas radices continens in hacce forma:

$$0=\frac{AAgx}{(aa+g)(aa+x)}+\frac{BBgx}{(bb+g)(bb+x)}+CC$$

cui manifesto, si g est quantitas positiva, per valorem positivum ipsius x satisfieri nequit. Unde concludimus, aequationem nostram cubicam radices positivas plures quam unam habere non posse.

IV. Quoties itaque 0 non est inter radices aequationis nostrae, aderunt necessario radix una positiva cum duabus negativis. Quoties vero $C = 0$, adeoque 0 una radicum, reliquas complectetur aequatio

$$xx-(AA+BB-aa-bb)x+aabb-aaBB-bbAA = 0$$

unde hae radices exprimentur per

$$\tfrac{1}{2}(AA+BB-aa-bb)\pm\tfrac{1}{2}\sqrt{((AA-BB-aa+bb)^2+4AABB)}$$

Tres casus hic iterum distinguere oportebit.

Primo si terminus ultimus $aabb-aaBB-bbAA$ est positivus (i. e. si punctum attractum in plano ellipsis attrahentis *intra* curvam iacet), ambae radices, quum reales esse debeant, eodem signo affectae erunt, adeoque quum simul positivae esse nequeant necessario erunt negativae. Ceterum hoc etiam independenter ab iis, quae iam demonstrata sunt, inde concludi potest, quod coëfficiens medius, quem ita exhibere licet

$$(aabb-aaBB-bbAA)(\frac{1}{aa}+\frac{1}{bb})+\frac{bbAA}{aa}+\frac{aaBB}{bb}$$

manifesto in hoc casu sit positivus.

Secundo, si terminus ultimus est negativus, sive punctum attractum in plano ellipsis *extra* curvam situm, necessario altera radix positiva erit, altera negativa.

Tertio autem, si terminus ultimus ipse evanesceret, sive punctum attractum in ipsa ellipsis circumferentia iaceret, etiam radix secunda fieret $= 0$, atque tertia

$$= -\frac{bbAA}{aa}-\frac{aaBB}{bb}$$

i. e. negativa. Ceterum hunc casum, physice impossibilem, et in quo attractio ipsa infinite magna evaderet, a disquisitione nostra, hocce saltem loco, excludemus.

7.

Ad determinandos coëfficientes $\gamma, \gamma', \gamma''$, ex aequationibus 1, 3, 4, 6, 7, 9, 10 invenimus

$$\left.\begin{aligned}\gamma &= \frac{1}{\sqrt{(1-(\frac{aA}{aa+G})^2-(\frac{bB}{bb+G})^2)}}\\ \gamma' &= \frac{1}{\sqrt{((\frac{aA}{aa-G'})^2+(\frac{bB}{bb-G'})^2-1)}}\\ \gamma'' &= \frac{1}{\sqrt{((\frac{aA}{aa-G''})^2+(\frac{bB}{bb-G''})^2-1)}}\end{aligned}\right\}\quad [15]$$

Ex his aequationibus rite cum 5, 8, 11 combinatis etiam sequitur:

$$\left.\begin{aligned}\gamma &= \sqrt{\frac{G}{(\frac{AG}{aa+G})^2+(\frac{BG}{bb+G})^2+CC}}\\ \gamma' &= \sqrt{\frac{G'}{(\frac{AG'}{aa-G'})^2+(\frac{BG'}{bb-G'})^2+CC}}\\ \gamma'' &= \sqrt{\frac{G''}{(\frac{AG''}{aa-G''})^2+(\frac{BG''}{bb-G''})^2+CC}}\end{aligned}\right\}\quad [16]$$

Hae posteriores expressiones ostendunt, nullam quantitatum G, G', G'' negativam esse posse, siquidem γ, γ', γ'' debent esse reales.

In casu itaque eo, ubi non est $C = 0$, necessario G aequalis statui debet radici positivae aequationis B, patetque adeo, $-G'$ aequalem esse debere alteri radici negativae, atque $-G''$ aequalem alteri*); utram vero radicem pro $-G'$, utram pro $-G''$ adoptemus, prorsus arbitrarium erit.

Quoties $C = 0$, punctumque attractum intra curvam situm, duas radices negativas aequationis 13 necessario pro $-G'$ et $-G''$ adoptare et proin $G = 0$ statuere oportet. Quoniam vero in hoc casu formula prima in 16 fit indeterminata, formulam primam in 15 eius loco retinebimus, quae suppeditat

$$\gamma = \frac{1}{\sqrt{(1-\frac{AA}{aa}-\frac{BB}{bb})}}$$

Quoties autem pro $C = 0$ punctum attractum extra ellipsin iacet, aequa-

*) Proprie quidem ex analysi praecedenti tantummodo sequitur, $-G'$ et $-G''$ satisfacere debere aequationi 13, unde dubium esse videtur, annon liceat, utramque $-G'$ et $-G''$ *eidem* radici negativae aequalem ponere, prorsus neglecta radice tertia. Sed facile perspicietur, siquidem aequationis radix secunda et tertia sint inaequales, ex $-G' = -G''$ sequi $\gamma' = \gamma''$, $\alpha' = \alpha''$, $\beta' = \beta''$, et proin $-\alpha'\alpha''-\beta'\beta''+\gamma'\gamma'' = -\alpha'\alpha'-\beta'\beta'+\gamma'\gamma' = 1$, quod aequationi quartae in [1] est contrarium. Conf. quae infra de casu duarum radicum aequalium aequationis 13 dicentur.

tionis 13 radix positiva statuenda est $= G$, atque vel negativa $= -G'$, et $G'' = 0$,, vel radix negativa $= -G''$, et $G' = 0$; coëfficientem γ'' vel γ' vero inveniemus per formulam

$$\frac{1}{\sqrt{\left(\frac{AA}{aa}+\frac{BB}{bb}-1\right)}}$$

Ceterum in casu iam excluso, ubi punctum attractum in ipsa circumferentia ellipsis situm supponeretur, coëfficientes γ et γ', vel γ et γ'' evaderent infiniti, quod indicat, transformationem nostram ad hunc casum omnino non esse applicabilem.

8.

Quamquam formulae 15, 16 ad determinationem coëfficientium $\gamma, \gamma', \gamma''$ sufficere possent tamen etiam elegantiores assignare licet. Ad hunc finem multiplicabimus aequationem [5] per $aabb - GG$, unde prodit, levi reductione facta,

$$\frac{aaAA(bb+G)}{aa+G} - AAG + \frac{bbBB(aa+G)}{bb+G} - BBG + \frac{aabbCC}{G} - CCG = aabb - GG$$

Sed e natura aequationis cubicae fit

summa radicum $G - G' - G'' = AA + BB + CC - aa - bb$
productum radicum $GG'G'' = aabbCC$

Hinc aequatio praecedens transit in sequentem:

$$\frac{aaAA(bb+G)}{aa+G} + \frac{bbBB(aa+G)}{bb+G} + G'G'' - G(G - G' - G'' + aa + bb) = aabb - GG$$

quam etiam sic exhibere licet

$$\frac{aaAA(bb+G)}{aa+G} + \frac{bbBB(aa+G)}{bb+G} - (aa+G)(bb+G) + (G+G')(G+G'') = 0$$

Hinc valor coëfficientis γ e formula prima in [15] transmutatur in sequentem:

$$\gamma = \sqrt{\frac{(aa+G)(bb+G)}{(G+G')(G+G'')}} \quad \ldots\ldots\ldots [17]$$

Per analysin prorsus similem invenitur

$$\gamma' = \sqrt{\frac{(aa-G')(bb-G')}{(G+G')(G''-G')}} \quad \ldots\ldots\ldots [18]$$

$$\gamma'' = \sqrt{\frac{(aa-G'')(bb-G'')}{(G+G'')(G'-G'')}} \quad \ldots\ldots\ldots [19]$$

Postquam coëfficientes $\gamma, \gamma', \gamma''$ inventi sunt, reliqui $\alpha, \beta, \alpha', \beta', \alpha'', \beta''$ inde per formulas 3, 4, 6, 7, 9, 10 derivabuntur.

9.

Signa expressionum radicalium, per quas $\gamma, \gamma', \gamma''$ determinavimus, ad lubitum accipi posse facile perspicitur. Operae autem pretium est, inquirere, quomodo signum quantitatis ε cum signis istis nexum sit. Ad hunc finem consideremus aequationem tertiam in III art. 3.

$$\varepsilon\gamma = \alpha'\beta'' - \beta'\alpha''$$

quae per formulas 6, 7, 9, 10 transmutatur in hanc:

$$\varepsilon\gamma = \frac{abAB\gamma'\gamma''}{(aa-G')(bb-G'')} - \frac{abAB\gamma'\gamma''}{(aa-G'')(bb-G')}$$
$$= \frac{ab(aa-bb)AB(G''-G')\gamma'\gamma''}{(aa-G')(aa-G'')(bb-G')(bb-G'')}$$

Sed e consideratione aequationis 13 facile deducimus

$$(aa+G)(aa-G')(aa-G'') = aa(aa-bb)AA$$
$$(bb+G)(bb-G')(bb-G'') = -bb(aa-bb)BB$$

Hinc aequatio praecedens fit

$$\varepsilon\gamma = \frac{(aa+G)(bb+G)(G'-G'')\gamma'\gamma''}{ab(aa-bb)AB}$$

quae combinata cum aequatione 17 suppeditat

$$\gamma\gamma'\gamma'' = \frac{\varepsilon ab(aa-bb)AB}{(G+G')(G+G'')(G'-G'')}$$

Hinc patet, si pro $-G'$ electa sit aequationis cubicae radix negativa absolute maior, simulque coëfficientes $\gamma, \gamma', \gamma''$ omnes positive accepti sint, ε idem signum nancisci, quod habet AB, idemque evenire, si his quatuor conditionibus, vel omnibus vel duabus ex ipsis, contraria acta sint, oppositum vero, si uni vel tribus conditionibus adversatus fueris. Ceterum sequentes adhuc relationes notare convenit, e praecedentibus facile derivandas:

$$\alpha\alpha'\alpha'' = \frac{\varepsilon aab AAB}{(G+G')(G+G'')(G'-G'')}$$
$$\beta\beta'\beta'' = -\frac{\varepsilon abb ABB}{(G+G')(G+G'')(G'-G'')}$$
$$\alpha\beta = \frac{ab AB}{(G+G')(G+G'')}$$
$$\alpha'\beta' = -\frac{ab AB}{(G+G')(G'-G'')}$$
$$\alpha''\beta'' = \frac{ab AB}{(G+G'')(G'-G'')}$$

10.

Formulae nostrae quibusdam casibus indeterminatae fieri possunt, quos seorsim considerare oportet. Ac primo quidem discutiemus casum eum, ubi aequationis cubicae radices negativae $-G'$, $-G''$ aequales fiunt, unde, per formulas 18, 19, coëfficientes γ, γ'' valores infinitos nancisci videntur, qui autem revera sunt indeterminati.

Statuendo in formula 14, $g = G$, patet, ut duo valores ipsius x, i. e. ut $-G'$ et $-G''$ fiant aequales, necessario esse debere

$$AB = 0, \quad aa - bb - \frac{aaAA}{aa+G} + \frac{bbBB}{bb+G} = 0$$

Hinc facile intelligitur, quum $aa - bb$ natura sua sit vel quantitas positiva, vel $= 0$, esse debere

$$B = 0$$
$$aa - bb = \frac{aaAA}{aa+G}, \quad \text{sive} \quad aa + G = \frac{aaAA}{aa-bb}$$

Substituendo hos valores in aequatione 14, fit

$$G' = G'' = bb$$

Substituendo porro valorem $x = -bb$ in aequatione cubica 13, prodit

$$(aa-bb)(CC+bb) = bbAA$$

Quoties haec aequatio conditionalis simul cum aequatione $B = 0$ locum habet, casus, quem hic tractamus, adducitur. Et quum fiat

$$G = \frac{aaAA}{aa-bb} - aa = \frac{aaCC}{bb}$$

formula 17 suppeditat

$$\gamma = \sqrt{\frac{aabbAA}{(aa-bb)(aaCC+b^4)}} = \sqrt{\frac{aaCC+aabb}{aaCC+b^4}}$$

ac dein formulae 3, 4

$$\alpha = \frac{\gamma(aa-bb)}{aA} = \frac{\gamma bbA}{a(CC+bb)} = \sqrt{\frac{bb(aa-bb)}{aaCC+b^4}} = \sqrt{\frac{b^4AA}{(CC+bb)(aaCC+b^4)}}$$
$$\beta = 0$$

Valores coëfficientium γ', γ'' per formulas 18, 19 in hoc casu indeterminati manent, atque sic etiam valores coëfficientium reliquorum α', β', α'', β''. Nihilominus per unum horum coëfficientium omnes quinque reliqui exprimi possunt, e.g. fit per formulam 6

$$\alpha' = \frac{\gamma' aA}{aa-bb}$$

ac dein

$$\beta' = \sqrt{(1-\alpha'\alpha'+\gamma'\gamma')},\ \gamma'' = \sqrt{(\gamma\gamma-1-\gamma'\gamma')},\ \alpha'' = \frac{\gamma'' aA}{aa-bb},\ \beta'' = \sqrt{(1-\alpha''\alpha''+\gamma''\gamma'')}$$

Sed concinnius hoc ita perficitur. Ex

$$\gamma\gamma = 1+\alpha\alpha,\quad \alpha\alpha' = \gamma\gamma',\quad 1 = \alpha'\alpha'+\beta'\beta'-\gamma'\gamma'$$

sequitur

$$\beta'\beta'+\frac{\gamma'\gamma'}{\alpha\alpha} = 1-\alpha'\alpha'+\frac{\gamma\gamma\gamma'\gamma'}{\alpha\alpha} = 1$$

Quapropter statuere possumus

$$\beta' = \cos f,\quad \gamma' = \alpha \sin f,\quad \alpha' = \gamma \sin f$$

Dein vero e formulis

$$\varepsilon\alpha'' = \beta\gamma'-\gamma\beta',\quad \varepsilon\beta'' = \gamma\alpha'-\alpha\gamma',\quad \varepsilon\gamma'' = \beta\alpha'-\alpha\beta',\quad \varepsilon\varepsilon = 1$$

invenimus

$$\alpha'' = -\varepsilon\gamma\cos f,\quad \beta'' = \varepsilon\sin f,\quad \gamma'' = -\varepsilon\alpha\cos f$$

Valor anguli f hic arbitrarius est, nec non pro lubitu statui poterit vel $\varepsilon = +1$ vel $\varepsilon = -1$.

11.

Si G', G'' sunt inaequales, valores coëfficientium γ, γ', γ'' per formulas 17, 18, 19 indeterminati esse nequeunt, sed quoties aliqua quantitatum

$aa - G'$, $bb - G'$, $aa - G''$, $bb - G''$ evanescit, valor coëfficientis α', β', α'', γ'' per formulam 6, 7, 9, 10 resp. indeterminatus manere primo aspectu videtur, quod tamen secus se habere levis attentio docebit.

Supponumus e. g., esse $aa - G' = 0$, fietque, per aequationem 18, $\gamma' = 0$, nec non per aequationem 7, $\beta' = 0$ (siquidem non fuerit simul $aa = bb$) unde necessario esse debet $\alpha' = \pm 1$. Si vero simul $aa = bb$, formula, quae praecedit sextam in art. 5, suppeditat $\alpha' A + \beta' B = 0$, quae aequatio cum $\alpha'\alpha' + \beta'\beta' = 1$ iuncta, producit

$$\alpha' = \frac{B}{\sqrt{(AA+BB)}}, \quad \beta' = \frac{-A}{\sqrt{(AA+BB)}}$$

Hae expressiones manifesto indeterminatae esse nequeunt, nisi simul fuerit $A = 0$, $B = 0$; tunc vero ad casum in art. praec. iam consideratum delaberemur.

12.

Postquam duodecim quantitates G, G', G'', α, α', α'', β, β', β'', γ, γ', γ'' complete determinare docuimus, ad evolutionem differentialis $\mathrm{d}E$ progredimur. Statuamus

$$t = \gamma + \gamma' \cos T + \gamma'' \sin T \quad \ldots\ldots\ldots [20]$$

ita ut fiat

$$t \cos E = \alpha + \alpha' \cos T + \alpha'' \sin T \quad \ldots\ldots\ldots [21]$$
$$t \sin E = \beta + \beta' \cos T + \beta'' \sin T \quad \ldots\ldots\ldots [22]$$

Hinc deducimus

$$t\mathrm{d}E = \cos E \mathrm{d}.t\sin E - \sin E \mathrm{d}.t\cos E$$
$$= \cos E(\beta'' \cos T - \beta' \sin T)\mathrm{d}T - \sin E(\alpha'' \cos T - \alpha' \sin T)\mathrm{d}T$$

adeoque

$$tt\mathrm{d}E = (\alpha\beta'' - \alpha''\beta)\cos T\mathrm{d}T + (\alpha'\beta - \beta'\alpha)\sin T\mathrm{d}T + (\alpha'\beta'' - \beta'\alpha'')\mathrm{d}T$$
$$= \varepsilon\gamma' \cos T\mathrm{d}T + \varepsilon\gamma'' \sin T\mathrm{d}T + \varepsilon\gamma\mathrm{d}T = \varepsilon t\mathrm{d}T$$

sive

$$t\mathrm{d}E = \varepsilon\mathrm{d}T \quad \ldots\ldots\ldots [23]$$

Observare convenit, quantitatem t natura sua semper positivam esse, si coëfficiens γ sit positivus, vel semper negativam, si γ sit negativus. Quum enim sit $(\gamma' \cos T + \gamma'' \sin T)^2 + (\gamma'' \cos T - \gamma' \sin T)^2 = \gamma'\gamma' + \gamma''\gamma'' = \gamma\gamma - 1$, erit semper

$\gamma'\cos T+\gamma''\sin T$, sine respectu signi, minor quam γ. Hinc concludimus, quoties $\varepsilon\gamma$ sit quantitas positiva, variabiles E et T semper simul crescere; quoties autem $\varepsilon\gamma$ sit quantitas negativa, necessario alteram variabilem semper decrescere, dum altera augeatur.

13.

Nexus inter variabiles E et T adhuc melius illustratur per ratiocinia sequentia. Statuendo $\sqrt{(\gamma\gamma-1)}=\delta$, ita ut fiat $\delta\delta=\alpha\alpha+\beta\beta=\gamma'\gamma'+\gamma''\gamma''$ ex aequationibus 20, 21, 22 deducimus

$$\begin{aligned}&t(\delta+\alpha\cos E+\beta\sin E)\\&\quad=\gamma\delta+\alpha\alpha+\beta\beta+(\gamma'\delta+\alpha\alpha'+\beta\beta')\cos T+(\gamma''\delta+\alpha\alpha''+\beta\beta'')\sin T\\&\quad=(\gamma+\delta)(\delta+\gamma'\cos T+\gamma''\sin T)\end{aligned}$$

Perinde ex aequationibus 21, 22 sequitur

$$t(\alpha\sin E-\beta\cos E)=\varepsilon(\gamma'\sin T-\gamma''\cos T)$$

Hae aequationes, statuendo

$$\frac{\alpha}{\delta}=\cos L,\quad \frac{\beta}{\delta}=\sin L,\quad \frac{\gamma'}{\delta}=\cos M,\quad \frac{\gamma''}{\delta}=\sin M$$

nanciscuntur formam sequentem:

$$\begin{aligned}t(1+\cos(E-L))&=(\gamma+\delta)(1+\cos(T-M))\\ t\sin(E-L)&=\varepsilon\sin(T-M)\end{aligned}$$

unde fit per divisionem, propter $(\gamma+\delta)(\gamma-\delta)=1$,

$$\begin{aligned}\operatorname{tang}\tfrac{1}{2}(E-L)&=\varepsilon(\gamma-\delta)\operatorname{tang}\tfrac{1}{2}(T-M)\\ \operatorname{tang}\tfrac{1}{2}(T-M)&=\varepsilon(\gamma+\delta)\operatorname{tang}\tfrac{1}{2}(E-L)\end{aligned}$$

Hinc non solum eadem conclusio derivatur, ad quam in fine art. praec deducti sumus, sed insuper etiam patet, si valor ipsius E crescat 360 gradibus, valorem ipsius T tantundem vel crescere vel diminui, prout $\varepsilon\gamma$ sit vel quantitas positiva vel negativa. Ceterum statuendo $\delta=\operatorname{tang}N$, $\gamma=\sec N$, manifesto erit

$$\gamma-\delta=\operatorname{tang}(45^0-\tfrac{1}{2}N),\quad \gamma+\delta=\operatorname{tang}(45^0+\tfrac{1}{2}N)$$

14.

E combinatione aequationum 20, 21, 22 cum aequationibus art. 5 obtinemus:

$$at(A - a\cos E) = \alpha G - \alpha' G'\cos T - \alpha'' G''\sin T$$
$$bt(B - b\sin E) = \beta G - \beta' G'\cos T - \beta'' G''\sin T$$

Statuendo itaque brevitatis gratia

$$(\alpha G - \alpha' G'\cos T - \alpha'' G''\sin T)(\gamma - e\alpha + (\gamma' - e\alpha')\cos T + (\gamma'' - e\alpha'')\sin T) = aX$$
$$(\beta G - \beta' G'\cos T - \beta'' G''\sin T)(\gamma - e\alpha + (\gamma' - e\alpha')\cos T + (\gamma'' - e\alpha'')\sin T) = bY$$
$$C(\gamma + \gamma'\cos T + \gamma''\sin T)(\gamma - e\alpha + (\gamma' - e\alpha')\cos T + (\gamma'' - e\alpha'')\sin T) = Z$$

fit

$$d\xi = \frac{\varepsilon X dT}{2\pi t^3 \rho^3}, \quad d\eta = \frac{\varepsilon Y dT}{2\pi t^3 \rho^3}, \quad d\zeta = \frac{\varepsilon Z dT}{2\pi t^3 \rho^3}$$

Sed habetur

$$t\rho = \pm\sqrt{(G + G'\cos T^2 + G''\sin T^2)}$$

signo superiore vel inferiore valente, prout t est quantitas positiva vel negativa (ρ enim natura sua semper positive accipitur), i. e. prout coëfficiens γ est positivus vel negativus. Hinc

$$\frac{\varepsilon dT}{2\pi t^3 \rho^3} = \pm \frac{dT}{2\pi(G + G'\cos T^2 + G''\sin T^2)^{\frac{3}{2}}}$$

ubi signum ambiguum a signo quantitatis $\gamma\varepsilon$ pendet.

Ut iam valores ipsarum ξ, η, ζ obtineamus, integrationes differentialium exsequi oportet, a valore ipsius T, cui respondet $E = 0$, usque ad valorem, cui respondet $E = 360^0$, sive etiam (quod manifesto eodem redit) a valore ipsius T, cui respondet valor arbitrarius ipsius E, usque ad valorem, cui respondet valor ipsius E auctus 360^0; licebit itaque integrare a $T = 0$ usque ad $T = 360^0$, quoties $\varepsilon\gamma$ est quantitas positiva, vel a $T = 360^0$ usque ad $T = 0$, quoties $\varepsilon\gamma$ est negativa. Manifesto itaque, independenter a signo ipsius $\varepsilon\gamma$, erit:

$$\xi = \int \frac{X dT}{2\pi(G + G'\cos T^2 + G''\sin T^2)^{\frac{3}{2}}}$$
$$\eta = \int \frac{Y dT}{2\pi(G + G'\cos T^2 + G''\sin T^2)^{\frac{3}{2}}}$$
$$\zeta = \int \frac{Z dT}{2\pi(G + G'\cos T^2 + G''\sin T^2)^{\frac{3}{2}}}$$

integrationibus a $T = 0$ usque ad $T = 360^0$ extensis.

15.

Nullo negotio perspicitur, integralia

$$\int \frac{\cos T \mathrm{d} T}{(G+G'\cos T^2+G''\sin T^2)^{\frac{3}{2}}}$$
$$\int \frac{\sin T \mathrm{d} T}{(G+G'\cos T^2+G''\sin T^2)^{\frac{3}{2}}}$$
$$\int \frac{\cos T \sin T \mathrm{d} T}{(G+G'\cos T^2+G''\sin T^2)^{\frac{3}{2}}}$$

a $T=180^0$ usque ad $T=360^0$ extensa obtinere valores aequales iis, quos nanciscantur, si a $T=0$ usque ad $T=180^0$ extendantur, sed signis oppositis affectos; quapropter ista integralia a $T=0$ usque ad $T=360^0$ extensa manifesto fiunt $=0$. Hinc colligimus, esse

$$\xi = \int \frac{((\gamma-e\alpha)\alpha G-(\gamma'-e\alpha')\alpha' G'\cos T^2-(\gamma''-e\alpha'')\alpha'' G''\sin T^2)\mathrm{d} T}{2\pi a(G+G'\cos T^2+G''\sin T^2)^{\frac{3}{2}}}$$
$$\eta = \int \frac{((\gamma-e\alpha)\beta G-(\gamma'-e\alpha')\beta' G'\cos T^2-(\gamma''-e\alpha'')\beta'' G''\sin T^2)\mathrm{d} T}{2\pi b(G+G'\cos T^2+G''\sin T^2)^{\frac{3}{2}}}$$
$$\zeta = \int \frac{((\gamma-e\alpha)\gamma+(\gamma'-e\alpha')\gamma'\cos T^2+(\gamma''-e\alpha'')\gamma''\sin T^2)\, C\mathrm{d} T}{2\pi(G+G'\cos T^2+G''\sin T^2)^{\frac{3}{2}}}$$

integralibus a $T=0$ usque ad $T=360^0$ extensis. Quodsi itaque valores integralium, eadem extensione acceptorum,

$$\int \frac{\cos T^2 \mathrm{d} T}{2\pi((G+G')\cos T^2+(G+G'')\sin T^2)^{\frac{3}{2}}}$$
$$\int \frac{\sin T^2 \mathrm{d} T}{2\pi((G+G')\cos T^2+(G+G'')\sin T^2)^{\frac{3}{2}}}$$

per P, Q denotamus, erit

$$a\xi = ((\gamma-e\alpha)\alpha G-(\gamma'-e\alpha')\alpha' G')P+((\gamma-e\alpha)\alpha G-(\gamma''-e\alpha'')\alpha'' G'')Q$$
$$b\eta = ((\gamma-e\alpha)\beta G-(\gamma'-e\alpha')\beta' G')P+((\gamma-e\alpha)\beta G-(\gamma''-e\alpha'')\beta'' G'')Q$$
$$\zeta = ((\gamma-e\alpha)\gamma+(\gamma'-e\alpha')\gamma')\, CP+((\gamma-e\alpha)\gamma+(\gamma''-e\alpha'')\gamma'')\, CQ$$

quo pacto problema nostrum complete solutum est.

16.

Quod attinet ad quantitates P, Q, manifesto quidem utraque fit

$$= \frac{1}{2(G+G')^{\frac{3}{2}}}$$

quoties $G' = G''$, in omnibus vero reliquis casibus ad transscendentes sunt referendae. Quas quomodo per series exprimere liceat, abunde constat. Lectoribus autem gratum fore speramus, si hacce occasione determinationem harum aliarumque transscendentium per algorithmum peculiarem expeditissimum explicemus, quo per multos iam abhinc annos frequenter usi sumus, et de quo alio loco copiosius agere propositum est.

Sint m, n duae quantitates positivae, statuamusque

$$m' = \tfrac{1}{2}(m+n), \quad n' = \sqrt{mn}$$

ita ut m', n' resp. sit medium arithmeticum et geometricum inter m et n. Medium geometricum semper positive accipi supponemus. Perinde fiat

$$m'' = \tfrac{1}{2}(m'+n'), \quad n'' = \sqrt{m'n'}$$
$$m''' = \tfrac{1}{2}(m''+n''), \quad n''' = \sqrt{m''n''}$$

et sic porro, quo pacto series m, m', m'', m''' etc., atque n, n', n'', n''' etc. versus *limitem communem* rapidissime convergent, quem per μ designabimus, atque simpliciter *medium arithmetico-geometricum* inter m et n vocabimus. Iam demonstrabimus, $\frac{1}{\mu}$ esse valorem integralis

$$\int \frac{\mathrm{d}T}{2\pi\sqrt{(mm\cos T^2 + nn\sin T^2)}}$$

a $T = 0$ usque ad $T = 360^0$ extensi.

Demonstr. Supponamus, variabilem T ita per aliam T' exprimi, ut fiat

$$\sin T = \frac{2m\sin T'}{(m+n)\cos T'^2 + 2m\sin T'^2}$$

perspicieturque facile, dum T' a valore 0 usque ad 90^0, 180^0, 270^0, 360^0 augeatur, etiam T (etsi inaequalibus intervallis) a 0 usque ad 90^0, 180^0, 270^0, 360^0 crescere. Evolutione autem rite facta, invenitur esse

$$\frac{\mathrm{d}T}{\sqrt{(mm\cos T^2 + nn\sin T^2)}} = \frac{\mathrm{d}T'}{\sqrt{(m'm'\cos T'^2 + n'n'\sin T'^2)}}$$

adeoque valores integralium

$$\int \frac{\mathrm{d}T}{2\pi\sqrt{(mm\cos T^2+nn\sin T^2)}}, \quad \int \frac{\mathrm{d}T'}{2\pi\sqrt{(m'm'\cos T'^2+n'n'\sin T'^2)}}$$

si utriusque variabilis a valore 0 usque ad valorem 360^0 extenditur, inter se aequales. Et quum perinde ulterius continuare liceat, patet, his valoribus etiam aequalem esse valorem integralis

$$\int \frac{\mathrm{d}\theta}{2\pi\sqrt{(\mu\mu\cos\theta^2+\mu\mu\sin\theta^2)}}$$

a $\theta = 0$ usque ad $\theta = 360^0$, qui manifesto fit $= \frac{1}{\mu}$. Q. E. D.

17.

Ex aequatione, relationem inter T et T' exhibente,

$$(m-n)\sin T.\sin T'^2 = 2m\sin T' - (m+n)\sin T$$

facile deducitur

$$\sqrt{(mm\cos T^2+nn\sin T^2)} = m-(m-n)\sin T.\sin T'$$
$$\sqrt{(m'm'\cos T'^2+n'n'\sin T'^2)} = m\operatorname{cotang} T.\operatorname{tang} T'$$

atque hinc, adiumento eiusdem aequationis,

$$\sin T.\sin T'.\sqrt{(mm\cos T^2+nn\sin T^2)}+m'(\cos T^2-\sin T^2)$$
$$= \cos T.\cos T'.\sqrt{(m'm'\cos T'^2+n'n'\sin T'^2)}-\tfrac{1}{2}(m-n)\sin T'^2$$

Multiplicata hac aequatione per

$$\frac{\mathrm{d}T}{\sqrt{(mm\cos T^2+nn\sin T^2)}} = \frac{\mathrm{d}T'}{\sqrt{(m'm'\cos T'^2+n'n'\sin T'^2)}}$$

prodit

$$\frac{m'(\cos T^2-\sin T^2)\,\mathrm{d}T}{\sqrt{(mm\cos T^2+nn\sin T^2)}} = -\frac{\frac{1}{2}(m-n)\sin T'^2\,\mathrm{d}T'}{\sqrt{(m'm'\cos T'^2+n'n'\sin T'^2)}}+\mathrm{d}.\sin T'\cos T$$

Multiplicando hanc aequationem per $\frac{m-n}{\pi}$, substituendo $m'(m-n) = \frac{1}{2}(mm-nn)$, $(m-n)^2 = 4(m'm'-n'n')$, $\sin T'^2 = \frac{1}{2}-\frac{1}{2}(\cos T'^2-\sin T'^2)$, et integrando, a valoribus T et $T' = 0$ usque ad 360^0, habemus:

$$(mm-nn)\int \frac{(\cos T^2-\sin T^2).\mathrm{d}T}{2\pi\sqrt{(mm\cos T^2+nn\sin T^2)}}$$
$$= -\frac{2(m'm'-n'n')}{\mu}+2(m'm'-n'n')\int \frac{(\cos T'^2-\sin T'^2)\,\mathrm{d}T'}{2\pi\sqrt{(m'm'\cos T'^2+n'n'\sin T'^2)}}$$

Et quum integrale definitum ad dextram perinde transformare liceat, manifesto integrale

$$\int \frac{(\cos T^2 - \sin T^2)\,\mathrm{d}T}{2\pi\sqrt{(mm\cos T^2 + nn\sin T^2)}}$$

exprimetur per seriem infinitam citissime convergentem

$$-\frac{2(m'm'-n'n')+4(m''m''-n''n'')+8(m'''m'''-n'''n''')+\text{etc.}}{(mm-nn)\mu} = -\frac{\nu}{\mu}$$

Calculus numericus commodissime per logarithmos perficitur, si statuimus

$$\tfrac{1}{2}\sqrt{(mm-nn)} = \lambda,\quad \tfrac{1}{2}\sqrt{(m'm'-n'n')} = \lambda',\quad \tfrac{1}{2}\sqrt{(m''m''-n''n'')} = \lambda'' \text{ etc.}$$

unde erit

$$\lambda' = \frac{\lambda\lambda}{m'},\quad \lambda'' = \frac{\lambda'\lambda'}{m''},\quad \lambda''' = \frac{\lambda''\lambda''}{m'''} \text{ etc. atque}$$

$$\nu = \frac{2\lambda'\lambda'+4\lambda''\lambda''+8\lambda'''\lambda'''+\text{etc.}}{\lambda\lambda}$$

18.

Per methodum hic explicatam etiam integralia *indefinita* (a valore variabilis $= 0$ inchoantia) maxima concinnitate assignare licet. Scilicet, si T'' perinde per m', n', T' determinari supponitur, uti T' per m, n, T, ac perinde rursus T''' per m'', n'', T'' et sic porro, etiam pro quovis valore determinato ipsius T, valores terminorum serie T, T', T'', T''' etc. ad limitem θ citissime convergent, eritque

$$\int \frac{\mathrm{d}T}{\sqrt{(mm\cos T^2 + nn\sin T^2)}} = \frac{\theta}{\mu}$$

$$\int \frac{(\cos T^2 - \sin T^2)\,\mathrm{d}T}{\sqrt{(mm\cos T^2 + nn\sin T^2)}} = -\frac{\nu\theta}{\mu} + \frac{\lambda'\cos T\sin T' + 2\lambda''\cos T'\sin T'' + 4\lambda'''\cos T''\sin T''' + \text{etc.}}{\lambda\lambda}$$

Sed haec obiter hic addigitavisse sufficiat, quum ad institutum nostrum non sint necessaria.

19.

Quodsi iam statuimus $m = \sqrt{(G+G')}$, $n = \sqrt{(G+G'')}$, valores quantitatum P, Q facile ad transscendentes μ, ν reducentur. Quum enim P, Q sint valores integralium

$$\int \frac{\cos T^2 \, \mathrm{d}\, T}{2\pi(mm\cos T^2 + nn\sin T^2)^{\frac{3}{2}}}, \quad \int \frac{\sin T^2 \, \mathrm{d}\, T}{2\pi(mm\cos T^2 + nn\sin T^2)^{\frac{3}{2}}}$$

a $T = 0$ usque ad $T = 360^0$ extensorum, primo statim obvium est; haberi

$$mmP + nnQ = \frac{1}{\mu} \ldots\ldots\ldots\ldots [24]$$

Porro fit

$$\frac{(\cos T^2 - \sin T^2)\,\mathrm{d}\, T}{2\pi\sqrt{(mm\cos T^2 + nn\sin T^2)}} + \frac{(mm\cos T^2 - nn\sin T^2)\,\mathrm{d}\, T}{2\pi(mm\cos T^2 + nn\sin T^2)^{\frac{3}{2}}} = \frac{(mm\cos T^4 - nn\sin T^4)\,\mathrm{d}\, T}{\pi(mm\cos T^2 + nn\sin T^2)^{\frac{3}{2}}}$$

$$= \mathrm{d}.\frac{\cos T \sin T}{\pi\sqrt{(mm\cos T^2 + nn\sin T^2)}}$$

Integrando hanc aequationem a $T = 0$ usque ad $T = 360^0$, prodit

$$-\frac{\nu}{\mu} + mmP - nnQ = 0 \ldots\ldots\ldots [25]$$

E combinatione aequationum 24, 25 denique colligimus

$$P = \frac{1+\nu}{2mm\mu}, \quad Q = \frac{1-\nu}{2nn\mu}$$

ANZEIGE.

Göttingische gelehrte Anzeigen. 1818 Februar 9.

Am 17ten Januar übergab Hr. Hofr. Gauss der Königl. Societät eine Vorlesung:

Determinatio attractionis, quam in punctum quodlibet positionis datae exerceret planeta, cuius massa per totam eius orbitam, ratione temporis, quo singulae partes describuntur, uniformiter esset dispertita.

Vermöge eines, vielleicht bis jetzt noch von niemand ausdrücklich ausgesprochenen, aber aus den Gründen der physischen Astronomie leicht zu beweisenden Lehrsatzes, sind die Säcularveränderungen einer Planetenbahn durch die Störung eines andern Planeten dieselben, der störende Planet mag seine elliptische Bahn nach Keplers Gesetzen wirklich beschreiben, oder seine Masse mag auf den Umfang der Ellipse in dem Masse vertheilt angenommen werden, dass auf Stücke der Ellipse, die sonst in gleich grossen Zeiten beschrieben werden, gleich grosse Antheile an der ganzen Masse kommen: vorausgesetzt, dass die Umlaufszeiten des gestörten und des störenden Planeten nicht in rationalem Verhältnisse zu einander stehen. Die Aufgabe, welche den Gegenstand dieser Abhandlung ausmacht, nemlich die nicht genäherte, sondern genaue, nicht von mässiger Excentricität der Ellipse abhängige, sondern allgemeine, Bestimmung der Anziehung, welche ein elliptischer Ring von unendlich kleiner und nach obigem

Gesetze unveränderlicher Dicke gegen einen jeden Punkt im Raume ausübt, ist daher für die physische Astronomie von hohem Interesse. Inzwischen ist sie nicht weniger auch in rein mathematischer Hinsicht merkwürdig, wegen der mancherlei Kunstgriffe, welche ihre vollständige Auflösung erfordert.

Von der Auflösung selbst ist es nicht wohl thunlich, hier einen Auszug zu geben. Der Verf. hat eine rein analytische Behandlung gewählt; Kenner, welche ihr mit Aufmerksamkeit folgen, werden leicht die geometrischen Correlate der einzelnen in der Untersuchung vorkommenden Grössen, und die Umschmelzbarkeit in eine geometrische Form wahrnehmen. Hier mag es genügen, nur das Endresultat anzuführen. Drei unbekannte Grössen G, G', G'' werden durch die Wurzeln einer cubischen Gleichung bestimmt, aus deren Beschaffenheit sich beweisen lässt, dass sie alle Mal drei reelle Wurzeln habe. Die nach einer beliebigen Richtung zerlegte Anziehung des elliptischen Ringes wird sodann durch einen Ausdruck von der Form $pP+qQ$ dargestellt, wo p und q algebraisch von G, G', G'' abhängen, P und Q hingegen die bestimmten Werthe der Integrale

$$\int \frac{\cos T^2 . \mathrm{d}T}{2\pi(mm\cos T^2 + nn\sin T^2)^{\frac{3}{2}}}$$
$$\int \frac{\sin T^2 . \mathrm{d}T}{2\pi(mm\cos T^2 + nn\sin T^2)^{\frac{3}{2}}}$$

bedeuten, wenn die Integrationen von $T = 0$ bis $T = 360^0 = 2\pi$ ausgedehnt werden, und wo

$$m = \sqrt{(G+G')}, \quad n = \sqrt{(G+G'')}$$

Da diese Integrale ($m = n$ ausgenommen) transscendenter Natur sind. und bekannter Massen mit andern in der Perturbationsrechnung vorkommenden vielbehandelten Transscendenten zusammenhängen, so konnte die Auflösung, nachdem sie bis auf diesen Punkt geführt war, als vollendet angesehen werden. Der Verfasser hat indessen diese erste sich ihm darbietende Gelegenheit benutzt, um die ersten Linien eines *neuen Algorithmus* zu geben, dessen er sich schon seit einer langen Reihe von Jahren zur Bestimmung dieser Transscendenten bedient hat, und worüber er in Zukunft eine ausgedehnte zu vielen merkwürdigen Resultaten führende Untersuchung bekannt machen wird. Hier können nur die Hauptsätze, mit Uebergehung der Beweise angeführt werden. Wenn man aus zwei gegebenen positiven Grössen m und n, andere m', m'', m''' u. s. w., n', n'', n''' u. s. w. nach folgenden Gesetzen ableitet:

$$m' = \tfrac{1}{2}(m+n), \quad n' = \sqrt{mn}$$
$$m'' = \tfrac{1}{2}(m'+n'), \quad n'' = \sqrt{m'n'}$$
$$m''' = \tfrac{1}{2}(m''+n''), \quad n''' = \sqrt{m''n''} \text{ u. s. w.}$$

d. i. wenn m', n' resp. das arithmetische und geometrische Mittel zwischen m und n ist; eben so m'', n'' das arithmetische und geometrische Mittel zwischen m' und n' u. s. f.: so nähern sich die Glieder sowohl der Reihe m, m', m'', m''' u. s. w., als die der Reihe n, n', n'', n''' u. s. w. äusserst schnell einer gemeinschaftlichen Grenze $= \mu$, welche der Verfasser das arithmetisch-geometrische Mittel von m und n nennt. Offenbar ist μ zugleich das arithmetisch-geometrische Mittel von m' und n', oder überhaupt von je zweien zusammengehörigen Gliedern der beiden Reihen. Der Verfasser beweist nun, dass $\frac{1}{\mu}$ der Werth des Integrals

$$\int \frac{dT}{2\pi\sqrt{(mm\cos T^2 + nn\sin T^2)}}$$

ist, wenn die Integration von $T = 0$ bis $T = 360^0$ ausgedehnt wird. Man wird leicht sehen, dass diess auch auf folgende Art hätte ausgesprochen werden können: Wenn die Entwicklung der Function

$$\frac{1}{\sqrt{(\alpha + \mathfrak{b}\cos\psi)}}$$

die Reihe

$$A + B\cos\psi + C\cos 2\psi + D\cos 3\psi + \text{etc.}$$

gibt, so ist allezeit $\frac{1}{A}$ das arithmetisch-geometrische Mittel der beiden Grössen $\sqrt{(\alpha+\mathfrak{b})}$ und $\sqrt{(\alpha-\mathfrak{b})}$.

Ein zweites eben so wichtiges Theorem ist, dass wenn man die Summe der unendlichen jederzeit sehr schnell convergirenden Reihe

$$2(m'm' - n'n') + 4(m''m'' - n''n'') + 8(m'''m''' - n'''n''') + \text{u. s. w.}$$

wo die Zahlencoëfficienten eine geometrische Progression bilden, $= (mm - nn)\nu$ setzt, der Werth des Integrals

$$\int \frac{\cos 2T \, . \, dT}{2\pi\sqrt{(mm\cos T^2 + nn\sin T^2)}}$$

von $T = 0$ bis $T = 360^0$ erstreckt, $= -\frac{\nu}{\mu}$ wird. Offenbar ist denn hierdurch auch der zweite Coëfficient obiger Reihe bekannt, nemlich $B = -\frac{\nu}{2\mu}$ wenn man $m = \sqrt{(\alpha+\beta)}$, $n = \sqrt{(\alpha-\beta)}$ gesetzt hat. Alle folgenden Coëfficienten C, D, u. s. w. aber werden bekanntlich durch die beiden ersten A und B algebraisch und einfach bestimmt. Für die numerische Berechnung der Grössen $m'm'-n'n'$, $m''m''-n''n''$ u. s. w. wird in der Abhandlung selbst noch ein besonderes sehr bequemes Verfahren gelehrt.

Die Anwendung auf die Transscendenten der gegenwärtigen Untersuchung gibt endlich noch die einfachen Ausdrücke

$$P = \frac{1+\nu}{2mm\mu}, \quad Q = \frac{1-\nu}{2nn\mu}$$

Aufmerksamen Lesern wird es nicht entgehen, wie viele interessante Aufgaben, die mit den hier betrachteten Transscendenten zusammenhangen, durch den erklärten Algorithmus mit grösster Leichtigkeit aufgelöst werden. Als ein Beispiel führen wir hier die Rectification der Ellipse an. Setzt man ihre halbe grosse Axe $= m$, die halbe kleine Axe $= n$, so wird die Peripherie

$$= \frac{2\pi}{\mu}\{m'm' - 2(m''m'' - n''n'') - 4(m'''m''' - n'''n''') - 8(m''''m'''' - n''''n'''') - \text{u.s.w.}\}$$

Ein anderes Beispiel gibt die Dauer der Pendelschwingungen bei endlichen Bogen, welche sich zu der Dauer der unendlich kleinen Schwingungen verhält, wie die Einheit zu dem arithmetisch-geometrischen Mittel zwischen 1 und dem Cosinus von einem Viertel des ganzen Schwingungsbogens.

Schliesslich mus noch bemerkt werden, dass der Verf. diese Resultate, so wie er sie schon vor vielen Jahren unabhängig von ähnlichen Untersuchungen LAGRANGE's und LEGENDRE's gefunden hat, in ihrer ursprünglichen Form darstellen zu müssen geglaubt hat, obgleich sie zum Theil aus den Entdeckungen dieser Geometer leicht hätten abgeleitet werden können, theils weil jene Form ihm wesentliche Vorzüge zu haben schien, theils weil sie gerade so den Anfang einer viel ausgedehntern Theorie ausmachen, wo seine Arbeit eine ganz verschiedene Richtung von der der genannten Geometer genommen hat.

NACHLASS.

[ARITHMETISCH GEOMETRISCHES MITTEL.]

PARS I.

DE ORIGINE PROPRIETATIBUSQUE GENERALIBUS NUMERORUM MEDIORUM ARITHM. GEOMETRICORUM.

1.

Sint $\left\{\begin{matrix} a, a', a'', a'''\ldots \\ b, b', b'', b'''\ldots \end{matrix}\right\}$ duae progressiones quantitatum ea lege formatae, ut quilibet ipsarum termini correspondentes sint *media* inter terminos antecedentes, et quidem termini progressionis superioris media arithmetica, progressionis inferioris geometrica, puta

$$a' = \tfrac{1}{2}(a+b),\ b' = \sqrt{ab},\ a'' = \tfrac{1}{2}(a'+b'),\ b'' = \sqrt{a'b'},\ a''' = \tfrac{1}{2}(a''+b''),\ b''' = \sqrt{a''b''} \text{ etc.}$$

Supponemus autem, ipsos a, b esse reales positivos, et pro radicibus quadraticis ubique accipi valores positivos; quo pacto progressiones quousque libuerit produci poterunt, omnes ipsarum termini erunt plene determinati valoresque positivos reales nanciscentur. Porro prima hic se fronte offerunt observationes sequentes:

I. Si $a = b$, omnes utriusque seriei termini erunt $= a = b$.

II. Si vero a, b sunt inaequales, erit $(a'-b')(a'+b') = \frac{1}{4}(a-b)^2$, unde concluditur $b' < a'$, et perinde erit $b'' < a''$, $b''' < a'''$ etc., i. e. quivis terminus seriei inferioris minor erit quam correspondens superioris. Quocirca in hoc casu supponemus, esse etiam $b < a$.

III. Eadem suppositione erit $a' < a$, $b' > b$; $a'' < a'$, $b'' > b'$ etc.; progressio itaque superior continuo decrescit, inferior continuo crescit; hinc manifestum est, utramque habere limitem; hi limites commode exprimuntur per $a^\infty . b^\infty$.

IV. Denique ex $\frac{a'-b'}{a-b} = \frac{(a-b)}{4(a'+b')} = \frac{a-b}{2(a+b)+4b'}$ sequitur $a'-b' < \frac{1}{2}(a-b)$, eodemque modo erit $a''-b'' < \frac{1}{2}(a'-b')$ etc. Hinc concluditur, $a-b$, $a'-b'$,

$a''-b''$, $a'''-b'''$ etc. constituere progressionem continuo decrescentem atque ipsius limitem esse $=0$. Hinc $a^\infty = b^\infty$, i. e. progressio superior et inferior eundem limitem habebunt, quo illa semper manet maior, haec minor.

Hunc limitem vocamus *numerum medium arithmetico-geometricum inter a et b*, et per $M(a, b)$ designamus.

2.

Radices aequationis $xx-2ax+bb=0$ erunt reales positivi, siquidem $a \geqq b$; medium arithmeticum inter has radices erit a, geometricum b; designata itaque una radice (et quidem maiore si sunt inaequales) per $'a$, altera per $'b$, poterit $'a$ spectari tamquam terminus progressionis superioris terminum a praecedens, eodemque modo $'b$ tamquam terminus progressionis inferioris ante b. Similiter designando

aequationis $xx-2\,'ax+'b\,'b=0$ radicem maiorem per $''a$ minorem per $''b$
$xx-2\,''ax+''b\,''b=0$ $\quad '''a \quad '''b$
$xx-2\,'''ax+'''b\,'''b=0$ $\quad ''''a \quad ''''b$

poterunt $'a$, $''a$, $'''a$ etc. spectari tamquam continuatio progressionis superioris versus laevam, atque $'b$, $''b$, $'''b$ etc. tamquam continuatio progressionis inferioris, ita ut iam habeantur duae progressiones utrimque in infinitum continuabiles

$$\ldots\ldots ''''a,\ '''a,\ ''a,\ 'a,\ a,\ a',\ a'',\ a''',\ a''''\ldots\ldots \qquad \text{(I)}$$
$$\ldots\ldots ''''b,\ '''b,\ ''b,\ 'b,\ b,\ b',\ b'',\ b''',\ b''''\ldots\ldots \qquad \text{(II)}$$

Quivis itaque terminus progressionis (I) erit maior quam correspondens seriei (II); series illa a laeva ad dextram continuo decrescit, a dextra ad laevam crescit: haec a laeva ad dextram continuo crescit sensuque contrario decrescit. Versus dextram utraque series eundem limitem habet; versus laevam autem (I) super omnes limites crescit, (II) habet limitem 0 (nisi omnes utriusque progressionis termini sunt aequales). Nam $'a = a+\sqrt{(aa-bb)}$; $'b = a-\sqrt{(aa-bb)}$; hinc $'a'a-'b'b = 4a\sqrt{(aa-bb)} > 4(aa-bb)$, similiterque $''a''a-''b''b > 4('a'a-'b'b)$ etc., unde patet, seriem $aa-bb$, $'a'a-'b'b$, $''a''a-''b''b$ etc. et proin etiam hanc a, $'a$, $''a$ etc. quemvis limitem superare posse; $\frac{'b}{b} = \frac{b}{'a} < \frac{b}{a}$ similiterque $\frac{''b}{'b} < \frac{'b}{'a}$ etc. i. e. $\frac{^{n+1}b}{^{n}b}$ infra quemvis limitem deprimi potest augendo ipsum n, adeoque limes seriei b, $'b$, $''b$ etc. $=0$.

Ex definitione numeri medii arithmetico-geometrici tam manifestum est, ut explicatione ampliore iam non opus sit, sequens

THEOREMA. *Numerus medius inter terminos quoscunque correspondentes progressionum I, II idem est atque inter a et b.*

3.

Quo clarius perspiciatur, quanta rapiditate series (I) et (II) ad dextram versus limitem suum approximent, et quomodo versus laevam illa crescat, haec decrescat, exempla quaedam hic sistimus:

Exemplum 1. $a = 1,\ b = 0,2$

$''''a$ = 15,83795 47919 02	$''''b$ = 0,00000 00000 00000 00005 7
$'''a$ = 7,91897 73959 512	$'''b$ = 0,00000 00013 481
$''a$ = 3,95948 86986 4971	$''b$ = 0,00010 30955 7682
$'a$ = 1,97979 58971 13271 23927 9	$'b$ = 0,02020 41028 86728 76072 1
a = 1,00000 00000 00000 00000 0	b = 0,20000 00000 00000 00000 0
a' = 0,60000 00000 00000 00000 0	b' = 0,44721 35954 99957 93928 2
a'' = 0,52360 67977 49978 96964 1	b'' = 0,51800 40128 22268 36005 0
a''' = 0,52080 54052 86123 66484 5	b''' = 0,52079 78709 39876 24344 0
a'''' = 0,52080 16381 12999 95414 3	b'''' = 0,52080 16380 99375
a^{V} = 0,52080 16381 06187	b^{V} = 0,52080 16381 06187

Hic a^{V}, b^{V} in 23^a demum figura discrepant; ^{V}b est minor quam $(\frac{1}{10})^{40}$; $''''a$, ^{V}a, ^{VI}a etc. sensibiliter formant progressionem geometricam, cuius exponens = 2.

Exemplum 2. $a = 1,\ b = 0,6.$

$''''a$ = 14,35538 2913	$''''b$ = 0,00000 00000
$'''a$ = 7,17769 14569 307	$'''b$ = 0,00001 73070
$''a$ = 3,58885 43819 99831 75712 7	$''b$ = 0,01114 56180 00168 24287 3
a = 1,80000 00000 00000 00000 0	$'b$ = 0,20000 00000 00000 00000 0
a = 1,00000 00000 00000 00000 0	b = 0,60000 00000 00000 00000 0
a' = 0,80000 00000 00000 00000 0	b' = 0,77459 66692 41483 37703 6
a'' = 0,78729 83346 20741 68851 8	b'' = 0,78719 58685 06172 16741 6
a''' = 0,78724 71015 63456 92796 7	b''' = 0,78724 70999
a'''' = 0,78724 71007 8	b'''' = 0,78724 71007 8

Exemplum 3. $a = 1,\ b = 0{,}8.$

${}^{V}a = 25{,}19190\ 722$	${}^{V}b = 0{,}00000\ 00000\ 0$
${}^{\prime\prime\prime\prime}a = 12{,}59595\ 36116\ 78$	${}^{\prime\prime\prime\prime}b = 0{,}00000\ 00133\ 367$
${}^{\prime\prime\prime}a = 6{,}29797\ 68125\ 07655\ 42373\ 4$	${}^{\prime\prime\prime}b = 0{,}00040\ 98644\ 58278\ 08440\ 9$
${}^{\prime\prime}a = 3{,}14919\ 33384\ 82966\ 75407\ 2$	${}^{\prime\prime}b = 0{,}05080\ 66615\ 17033\ 24592\ 8$
${}^{\prime}a = 1{,}60000\ 00000\ 00000\ 00000\ 0$	${}^{\prime}b = 0{,}40000\ 00000\ 00000\ 00000\ 0$
$a = 1{,}00000\ 00000\ 00000\ 00000\ 0$	$b = 0{,}80000\ 00000\ 00000\ 00000\ 0$
$a' = 0{,}90000\ 00000\ 00000\ 00000\ 0$	$b' = 0{,}89442\ 71909\ 99915\ 87856\ 4$
$a'' = 0{,}89721\ 35954\ 99957\ 93928\ 2$	$b'' = 0{,}89720\ 92687\ 32734$
$a''' = 0{,}89721\ 14321\ 16346$	$b''' = 0{,}89721\ 14321\ 13738$
$a'''' = 0{,}89721\ 14321\ 15042$	$b'''' = 0{,}89721\ 14321\ 15042$

Exemplum 4. $a = \sqrt{2},\ b = 1.$

${}^{\prime\prime\prime\prime}a = 19{,}17024\ 37557\ 69475\ 31905\ 0$	${}^{\prime\prime\prime\prime}b = 0{,}00000\ 00009\ 32560\ 02627\ 6$
${}^{\prime\prime\prime}a = 9{,}58512\ 18783\ 51017\ 67266\ 3$	${}^{\prime\prime\prime}b = 0{,}00013\ 37064\ 06056\ 69181\ 0$
${}^{\prime\prime}a = 4{,}79262\ 77923\ 78537\ 18223\ 7$	${}^{\prime\prime}b = 0{,}03579\ 93323\ 67652\ 95745\ 7$
${}^{\prime}a = 2{,}41421\ 35623\ 73095\ 04880\ 2$	${}^{\prime}b = 0{,}41421\ 35623\ 73095\ 04880\ 2$
$a = 1{,}41421\ 35623\ 73095\ 04880\ 2$	$b = 1{,}00000\ 00000\ 00000\ 00000\ 0$
$a' = 1{,}20710\ 67811\ 86547\ 52440\ 1$	$b' = 1{,}18920\ 71150\ 02721\ 06671\ 7$
$a'' = 1{,}19815\ 69480\ 94634\ 29555\ 9$	$b'' = 1{,}19812\ 35214\ 93120\ 12260\ 7$
$a''' = 1{,}19814\ 02347\ 93877\ 20908\ 3$	$b''' = 1{,}19814\ 02346\ 77307\ 20579\ 8$
$a'''' = 1{,}19814\ 02347\ 35592\ 20744\ 1$	$b'''' = 1{,}19814\ 02347\ 35592\ 20743\ 9$

4.

Habeantur praeter progressiones

$$\ldots {}^{\prime\prime\prime}a,\ {}^{\prime\prime}a,\ {}^{\prime}a,\ a,\ a',\ a'',\ a''' \ldots$$
$$\ldots {}^{\prime\prime\prime}b,\ {}^{\prime\prime}b,\ {}^{\prime}b,\ b,\ b',\ b'',\ b''' \ldots$$

duae aliae

$$\ldots {}^{\prime\prime\prime}c,\ {}^{\prime\prime}c,\ {}^{\prime}c,\ c,\ c',\ c'',\ c''' \ldots$$
$$\ldots {}^{\prime\prime\prime}d,\ {}^{\prime\prime}d,\ {}^{\prime}d,\ d,\ d',\ d'',\ d''' \ldots$$

simili modo formatae; supponamusque, duos terminos in posterioribus duobus in prioribus *proportionales* esse, e. g. $a:b = c:d$, sive $a:c = b:d = 1:n$. Tunc omnes termini in I ad terminos in III, omnesque in II ad terminos in IV (similiter relative ad $a,\ b,\ c,\ d$ siti ac sitos) in eadem ratione erunt, puta

$$c' = na', \quad c'' = na'', \quad c''' = na''', \quad 'c = 'an, \quad d^{\text{V}} = nb^{\text{V}}, \quad {}^{\text{V}}d = {}^{\text{V}}bn$$

Hinc facile deducitur, etiam limitem serierum I, II, fore ad limitem serierum III, IV ut 1 ad n, sive generaliter $\mathrm{M}(na, nb) = n\mathrm{M}(a, b)$. Erit itaque generaliter $\mathrm{M}(a, b) = a\mathrm{M}(1, \frac{b}{a}) = b\mathrm{M}(\frac{a}{b}, 1)$.

5.

Problema. *Exprimere medium arithmetico-geometricum inter numerum unitate maiorem $1+x$ et unitatem, per seriem secundum potestates ipsius x progredientem.*

Sol. Quum $\mathrm{M}(1, 1) = 1$, supponamus

$$\mathrm{M}(1+x, 1) = 1 + h'x + h''x^2 + h'''x^3 + h''''x^4 + \text{etc.}$$

ita ut h', h'', h''', h'''' sint coëfficientes constantes ab x non pendentes. Sit $x = 2t + tt$, eritque

$$\mathrm{M}(1+x, 1) = \mathrm{M}(1 + t + \tfrac{1}{2}tt, 1+t) = (1+t)\mathrm{M}(1 + \frac{\frac{1}{2}tt}{1+t}, 1).$$

Quare habebitur

$$1 + h'(2t+tt) + h''(2t+tt)^2 + h'''(2t+tt)^3 + \text{etc.}$$
$$= 1 + t + h'(\tfrac{1}{2}tt) + h''\frac{\frac{1}{4}t^4}{1+t} + h'''\frac{\frac{1}{8}t^6}{(1+t)^2} + \text{etc.}$$

Hinc prodeunt aequationes

$$\begin{aligned}
&2h' = 1 \\
&4h'' + h' = \tfrac{1}{2}h' \\
&8h''' + 4h'' = 0 \\
&16h'''' + 12h''' + h'' = \tfrac{1}{4}h'' \\
&32h^{\text{V}} + 32h'''' + 6h''' = -\tfrac{1}{4}h'' \\
&64h^{\text{VI}} + 80h^{\text{V}} + 24h'''' + h''' = \tfrac{1}{4}h'' + \tfrac{1}{8}h''' \\
&128h^{\text{VII}} + 192h^{\text{VI}} + 80h^{\text{V}} + 8h'''' = -\tfrac{1}{4}h'' - \tfrac{2}{8}h''' \\
&256h^{\text{VIII}} + 448h^{\text{VII}} + 240h^{\text{VI}} + 40h^{\text{V}} + h'''' = \tfrac{1}{4}h'' + \tfrac{3}{8}h''' + \tfrac{1}{16}h''''
\end{aligned}$$

etc. unde fit

$$h' = \tfrac{1}{2}, \quad h'' = -\tfrac{1}{16}, \quad h''' = \tfrac{1}{32}, \quad h'''' = -\tfrac{21}{1024}, \quad h^{\text{V}} = \tfrac{31}{2048}, \quad h^{\text{VI}} = -\tfrac{195}{16384}$$

Quare

$$\mathrm{M}(1+x, 1) = 1 + \tfrac{1}{2}x - \tfrac{1}{16}xx + \tfrac{1}{32}x^3 - \tfrac{21}{1024}x^4 + \tfrac{31}{2048}x^5 - \tfrac{195}{16384}x^6 \text{ etc.}$$

Ceterum nullo negotio perspicitur, medium inter 1 et numerum unitate minorem

$1-x$ fore $1-h'x+h''xx-h'''x^3+\text{etc.} = 1-\frac{1}{2}x-\frac{1}{16}xx-\frac{1}{32}x^3-\frac{21}{1024}x^4-\text{etc.}$ Quum hi coëfficientes legem obviam non exhibeant, has series praetergredimur, aliamque viam tentamus, quae successum feliciorem praestabit.

6.

Problema. *Exprimere medium ar. g. inter* $1+x$ *et* $1-x$ *per seriem secundum potestates ipsius* x *progredientem.*

Sol. Quum habeatur

$$M(1+x,\ 1-x) = (1-x)M(1+\frac{2x}{1-x},\ 1)$$

statim habetur e serie art. praec. substituendo ibi $\frac{2x}{1-x}$ pro x

$$M(1+\frac{2x}{1-x},\ 1) = 1+x+\frac{3}{4}xx+\frac{3}{4}x^3+\frac{43}{64}x^4+\frac{43}{64}x^5+\frac{161}{256}x^6+\text{etc.}$$

atque hinc

$$M(1+x,\ 1-x) = 1-\frac{1}{4}xx-\frac{5}{64}x^4-\frac{11}{256}x^6+\text{etc.}$$

Coëfficientes huius seriei etiam independenter a serie art. praec. per methodum sequentem erui possunt. Ponatur $x=\frac{2t}{1+tt}$ eritque

$$M(1+x,\ 1-x) = M(\frac{1-tt}{1+tt},\ 1) = \frac{1}{1+tt}M(1+tt,\ 1-tt)$$

Quare statuendo

$$M(1+x,\ 1-x) = 1+\alpha xx+\beta x^4+\gamma x^6+\delta x^8+\text{etc.}$$

(nam potestates ipsius x cum exponente impari non adesse sponte patet) habebitur

$$(1+tt)\{1+\alpha(\frac{2t}{1+tt})^2+\beta(\frac{2t}{1+tt})^4+\gamma(\frac{2t}{1+tt})^6+\delta(\frac{2t}{1+tt})^8+\text{etc.}\}$$
$$= 1+\alpha t^4+\beta t^8+\gamma t^{12}+\delta t^{16}+\text{etc.}$$

Hinc prodeunt aequationes

$$\begin{array}{ll} 1\ +4\alpha = 0 & \text{unde } \alpha = -\frac{1}{4} \\ -4\alpha+16\beta = \alpha & \beta = -\frac{5}{64} \\ 4\alpha-48\beta+64\gamma = 0 & \gamma = -\frac{11}{256} \\ -4\alpha+96\beta-320\gamma+256\delta = \beta & \delta = -\frac{29}{1024}-\frac{5}{16384} = -\frac{469}{16384} \\ \text{etc.} & \text{etc.} \end{array}$$

In hac quoque serie coëfficientes legi simplici non subiecti sunt: at si unitas per illam seriem dividitur, prodit

$$\frac{1}{M(1+x,\,1-x)} = 1+\tfrac{1}{4}xx+\tfrac{9}{64}x^4+\tfrac{225}{2256}x^6+\tfrac{11225}{163884}x^8+\text{ etc.}$$

ubi primo aspectu videmus, coëfficientes esse quadrata radicum $\frac{1}{2}$, $\frac{1}{2}\cdot\frac{3}{4}$, $\frac{1}{2}\cdot\frac{3}{4}\cdot\frac{5}{6}$, $\frac{1}{2}\cdot\frac{3}{4}\cdot\frac{5}{6}\cdot\frac{7}{8}$, adeoque secundum legem persimplicem progredi. Sed methodus, per quam ad hanc conclusionem pulcherrimam pervenimus, inductionis tantummodo vim habet; quam ad certitudinis gradum evehere in disquisitionibus sqq. nobis proponimus.

7.

Supponendo

$$\frac{1}{M(1+x,\,1-x)} = 1+Axx+Bx^4+Cx^6+\text{ etc.}$$

atque ut in art. praec. $x = \frac{2t}{1+tt}$ habemus

$$1+A\left(\frac{2t}{1+tt}\right)^2+B\left(\frac{2t}{1+tt}\right)^4+C\left(\frac{2t}{1+tt}\right)^6+D\left(\frac{2t}{1+tt}\right)^8+\text{ etc.}$$
$$= 1+tt+At^4+At^6+Bt^8+Bt^{10}+Ct^{12}+Ct^{14}+Dt^{16}+Dt^{18}+\text{ etc.}$$

unde emergunt aequationes

$$4A = 1$$
$$-8A+16B = A$$
$$12A-64B+64C = A$$
$$-16A+160B-384C+256D = B \quad \text{etc.}$$

atque hinc $A = \frac{1}{4}$, $B = \frac{1}{4}\cdot\frac{9}{16}$, $C = \frac{1}{4}\cdot\frac{9}{16}\cdot\frac{25}{36}$, $D = \frac{1}{4}\cdot\frac{9}{16}\cdot\frac{25}{36}\cdot\frac{49}{64}$, ut supra: sed legis ratio hinc operosius deduceretur: quare methodum sequentem praeferimus. Ex aequatione

$$\frac{2t}{1+tt}+A\left(\frac{2t}{1+tt}\right)^3+B\left(\frac{2t}{1+tt}\right)^5+\text{ etc.} = 2t(1+At^4+Bt^8\ldots)$$

demanant aequationes sequentes:

$$1 = 1 \qquad [1]$$
$$0 = 1-4A \qquad [2]$$
$$A = 1-12A+16B \qquad [3]$$
$$0 = 1-24A+80B-64C \qquad [4]$$
$$B = 1-40A+240B-448C+256D \qquad [5]$$
$$0 = 1-60A+560B-1792C+2304D-1024E \qquad [6]$$

ubi coëfficientes facile subiiciuntur formulae generali: scilicet aequatio n^{ta} erit

$$M = 1 - 4A \times \frac{n.n-1}{1.2} + 16B \times \frac{n+1.n.n-1.n-2}{1.2.3.4} - 64C \times \frac{n+2.n+1.n.n-1.n-2.n-3}{1.2.3.4.5.6}$$
$$+ 256D \times \frac{n+3.n+2.n+1.n.n-1.n-2.n-3.n-4}{1.2.3.4.5.6.7.8} - \text{etc.}$$

ubi M erit vel $= 0$ (quando n par), vel aequalis termino $\frac{1}{2}(n+1)^{\text{to}}$ seriei 1, A, B, C, D etc. (quando n impar). Iam ex his aequationibus sequentes novas deducimus*).

$$\begin{array}{lrl}
[2], & 0 = & 1 - 4A \\
4[3] - [1], & 4A - 1 = & 3 - 48A + 64B \\
9[4] - 4[2], & 0 = & 5 - 200A + 720B - 576C \\
16[5] - 9[3], & 16B - 9A = & 7 - 532A + 3696B - 7168C + 4096D \\
25[6] - 16[4], & 0 = & 9 - 1116A + 12720B - 43776C + 57600D - 25600E
\end{array}$$

etc., ubi coëfficientes legi generali facile subiiciuntur. Scilicet aequatio n^{ta} erit

$$nnN - (n-1)^2L = (2n-1)\Big(1 - 4A \times \frac{3nn-3n+2}{1.2} + 16B \times \frac{n.n-1.5nn-5n+6}{1.2.3.4}$$
$$- 16C \times \frac{n+1.n.n-1.n-2.7nn-7n+12}{1.2.3.4.5.6}$$
$$+ 64D \times \frac{n+2.n+1.n.n-1.n-2.n-3.9nn-9n+20}{1.2.3.4.5.6.7.8} - \text{etc.}\Big) \text{**)}$$

ubi factorum progressio obvia est (puta praeter factores simplices in singulos coëfficientes ingreditur factor duplex talis $knn - kn + \frac{1}{4}(kk-1)$). Hae aequationes simplicius sequenti modo exhibentur, singularum membris ad dextram in binas partes discerptis (praeter aequ. primam, quae immutata retinetur):

$$\begin{array}{rl}
0 = & 1 - 4A \\
4A - 1 = & \{3 - 36A \\
& \quad - 12A + 64B\} \\
0 = & \{5 - 180A + 400B \\
& \quad - 20A + 320B - 576C\} \\
16B - 9A = & \{7 - 504A + 2800B - 3136C \\
& \quad - 28A + 896B - 4032C + 4096D\} \\
0 = & \{9 - 1080A + 10800B - 28224C + 20736D \\
& \quad - 36A + 1920B - 15552C + 36864D - 25600E\}
\end{array}$$

*) Signa derivationis explicantur in *Disquisitionibus Arithmeticis* art. 162.

**) L et N hic sunt vel utraque $= 0$ (quando n impar), vel resp. terminis $\frac{1}{2}n^{\text{tis}}$, $\frac{1}{2}n + 1^{\text{tis}}$ seriei 1, A, B, C, D, E etc. aequales.

scilicet generaliter aequatio n^{ta}

$$nnN-(n-1)^2L$$

$$=(2n-1)\left\{\begin{array}{l} 1-3.4A\frac{n.n-1}{1\;.\;2}+5.16B\frac{n+1.n.n-1.n-2}{1\;.\;2\;.\;3\;.\;4}-7.64C\frac{n+2.n+1\ldots n-3}{1\;.\;2\ldots\;6} \\ -\quad 4A\frac{2}{1.2}\quad+\quad 16B\frac{n.n-1.16}{1.2.3.4}\quad-\quad 64C\frac{n+1.n.n-1.n-2.54}{1.2.3.4.5.6} \\ \qquad\ldots\ldots\pm k.2^{k-1}K\frac{n+\frac{k-3}{2}.n+\frac{k-5}{2}.n+\frac{k-7}{2}\ldots n-\frac{k-1}{2}}{1\;.\;2\;.\;3\;.\;.\;.\;.\;k-1}\ldots \\ \qquad\ldots\ldots\pm\quad 2^{k-1}K\frac{n+\frac{k-5}{2}.n+\frac{k-7}{2}\ldots n-\frac{k-3}{2}.\frac{1}{4}(k-1)^2}{1\;.\;2\ldots\ldots\ldots k-1}\ldots \end{array}\right\}$$

designante k indefinite quemvis imparem, sint ita

$$0=1-4A$$

$$4A-1=3(1-4A)-4(9A-16B)$$

$$0=5(1-4A)-20(9A-16B)+16(25B-36C)$$

$$16B-9A=7(1-4A)-56(9A-16B)+112(25B-36C)-64(49C-64D)$$

$$0=9(1-4A)-120(9A-16B)+432(25B-36C)-576(49C-64D)$$
$$+256(81D-100E)$$

etc. et generaliter aequ. n^{ta}

$$nnN-(n-1)^2L$$

$$=(2n-1)(1-4A)-4\frac{2n-1.n.n-1}{1\;.\;2\;.\;3}(9A-16B)+16\frac{2n-1.n+1.n.n-1.n-2}{1\;.\;2\;.\;3\;.\;4\;.\;5}(25B-36C)$$
$$-64\frac{2n-1.n+2.n+1.n.n-1.n-2.n-3}{1\;.\;2\;.\;3\;.4\;.\;5\;.\;6\;.\;7}(49C-64D)+\text{etc.}$$

ubi legis obviae universalitas e calculo sponte demanat. Hinc vero perspicuum est, fieri necessario

$$0=1-4A,\ 0=9A-16B,\ 0=25B-36C.\ 0=49C-64D,\ 0=81D-100E$$

etc. in inf. adeoque

$$A=\tfrac{1}{4},\ B=\tfrac{1}{4}\cdot\tfrac{9}{16},\ C=\tfrac{1}{4}\cdot\tfrac{9}{16}\cdot\tfrac{25}{36},\ D=\tfrac{1}{4}\cdot\tfrac{9}{16}\cdot\tfrac{25}{36}\cdot\tfrac{49}{64},\ E=\tfrac{1}{4}\cdot\tfrac{9}{16}\cdot\tfrac{25}{36}\cdot\tfrac{49}{64}\cdot\tfrac{81}{100}$$

et sic porro in infinitum. Q. E. D.

8.

Si statuimus

$$1+\tfrac{1}{4}xx+\tfrac{1}{4}\cdot\tfrac{9}{16}x^4+\tfrac{1}{4}\cdot\tfrac{9}{16}\cdot\tfrac{25}{36}x^6+\text{etc.}=y$$

fit

$$\tfrac{1}{2}xx+\tfrac{1}{4}\cdot\tfrac{9}{4}x^4+\tfrac{1}{4}\cdot\tfrac{9}{16}\cdot\tfrac{25}{6}x^6+\tfrac{1}{4}\cdot\tfrac{9}{16}\cdot\tfrac{25}{36}\cdot\tfrac{49}{8}x^8+\text{ etc.}=\frac{x\,\mathrm{d}y}{\mathrm{d}x}$$

atque

$$xx+\tfrac{1}{4}.9x^4+\tfrac{1}{4}.\tfrac{9}{16}.25x^6+\tfrac{1}{4}.\tfrac{9}{16}.\tfrac{25}{36}.49x^8+\text{ etc.}=\frac{xx\,\mathrm{dd}y}{\mathrm{d}x^2}+\frac{x\,\mathrm{d}y}{\mathrm{d}x}$$

unde sponte sequitur

$$\frac{xx\,\mathrm{dd}y}{\mathrm{d}x^2}+3\frac{x\,\mathrm{d}y}{\mathrm{d}x}+y=\frac{1}{xx}\left(xx\frac{\mathrm{dd}y}{\mathrm{d}x^2}+\frac{x\,\mathrm{d}y}{\mathrm{d}x}\right)$$

sive

$$(x^3-x)\frac{\mathrm{dd}y}{\mathrm{d}x^2}+(3xx-1)\frac{\mathrm{d}y}{\mathrm{d}x}+xy=0$$

Hoc itaque modo media nostra arithmetico-grometrica ad quantitates integrales revocata sunt, solutionemque particularem huiusce aequationis differentio-differentialis subministrant.

Eiusdem aequationis int. compl. est $\frac{\mathfrak{A}}{\mathrm{M}(1+x,\,1-x)}+\frac{\mathfrak{B}}{\mathrm{M}(1,x)}$

Sit φ angulus indefinitus, eritque valor integralis $\int\cos\varphi^2\mathrm{d}\varphi$, a $\varphi=0$ usque ad $\varphi=\pi$, ut vulgo notum est, $=\frac{1}{2}\pi$; eodem modo fit valor integralis $\int\cos\varphi^4\mathrm{d}\varphi$ inter eosdem limites $=\frac{1}{2}.\frac{3}{4}\pi$; valor integralis $\int\cos\varphi^6\mathrm{d}\varphi=\frac{1}{2}\cdot\frac{3}{4}\cdot\frac{5}{6}\pi$ etc. — denique, ut sponte patet, $\int\mathrm{d}\varphi=\pi$. Hinc perspicuum est, valorem integralis

$$\int\mathrm{d}\varphi\times(1+\tfrac{1}{2}x^2\cos\varphi^2+\tfrac{1}{2}\cdot\tfrac{3}{4}x^4\cos\varphi^4+\tfrac{1}{2}.\tfrac{3}{4}.\tfrac{5}{6}x^6\cos\varphi^6+\text{ etc.})$$

sive huius $\int\frac{\mathrm{d}\varphi}{\sqrt{(1-xx\cos\varphi^2)}}$, fieri $=\pi y$, si sumatur a $\varphi=0$ usque ad $\varphi=\pi$, spectando quantitatem x tamquam constantem.

Quodsi functio $\frac{1}{\sqrt{(1-xx\cos\varphi^2)}}$ in seriem talem evolvi supponatur,

$$P+2Q\cos 2\varphi+2R\cos 4\varphi+2S\cos 6\varphi+\text{ etc.}$$

ita ut coëfficientes P, Q, R, S etc. a sola x pendeant: valor integralis supra traditi completus erit

$$P\varphi+Q\sin 2\varphi+\tfrac{1}{2}R\sin 4\varphi+\tfrac{1}{3}S\sin 6\varphi+\text{ etc. }+\text{Const.}$$

adeoque valor intra limites ante allatos, $= P\varphi$, unde $y = P$. Iam observamus, quum sit $\frac{1}{y} = \mathrm{M}(1+x, 1-x)$ fieri quoque $\frac{1}{y} = \mathrm{M}(1, \sqrt{(1-xx)})$. Hinc facillime derivatur sequens theorema generalius: Si expressio talis $\frac{\alpha}{\sqrt{(6-\gamma\cos\varphi^2)}} = W$ in seriem secundum cosinus angulorum 2φ, 4φ, 6φ etc. progredientem evolvatur, cuius terminus constans designetur per P; valores maximus et minimus ipsius W autem (puta $\frac{\alpha}{\sqrt{(6-\gamma)}}$ et $\frac{\alpha}{\sqrt{6}}$) denotentur per v, v': erit $\frac{1}{P}$ medium arithmetico-geometricum inter $\frac{1}{v}$ et $\frac{1}{v'}$. Proxime quidem ratiocinia praecedentia pro eo tantummodo casu valent, ubi γ est quantitas positiva: sed facillime ad eum quoque casum extenduntur, ubi γ est negativus. In hocce enim casu fit $W = \frac{\alpha}{\sqrt{(6-\gamma+\gamma\cos\psi^2)}}$ ponendo $\psi = 90-\varphi$; unde $\frac{1}{P}$ med. inter $\frac{\sqrt{6}}{\alpha}$ et $\frac{\sqrt{(6-\gamma)}}{\alpha}$. Ut supra. Ceterum nullo negotio patet, idem theorema sine ulla mutatione etiam ad expressiones tales $\frac{\alpha}{\sqrt{(6+\gamma\cos\varphi)}}$ extendi, puta ut $\frac{1}{\text{Term. Const.}}$ fiat

$$= \mathrm{M}\left(\frac{1}{\text{valor max.}}, \frac{1}{\text{valor minim.}}\right) = \mathrm{M}\left(\frac{\sqrt{(6-\gamma)}}{\alpha}, \frac{\sqrt{(6+\gamma)}}{\alpha}\right)$$

huiusmodi enim functiones reducentur ad formam $\frac{\alpha}{\sqrt{(6-\gamma+2\gamma\cos\psi^2)}}$, ei de qua modo diximus prorsus similem, si scribatur $\varphi = 2\psi$ *).

Denique monemus, in sequentibus demonstrationem multo generaliorem eorundem theorematum ex principiis magis genuinis datum iri; praetereaque mox etiam omnes reliquos coëfficientes Q, R, S etc. per methodos aeque expeditas eruere docebimus. Hoc loco haec disquisitio eam quoque utilitatem praestabit, ut iis, qui dum veritatum aeternarum sublimitatem atque divinam venustatem non sapiunt, earum pretium ex solo usu, qui inde in partes matheseos applicatae redundare potest aestimare noverunt, — hasce investigationes cariores reddat. Quantae enim utilitatis sit evolutio coëfficientium P, Q, R, S etc. tam rapida, ut ea quae ex his principiis promanat, in astronomia physica sive theoria perturbationum planetarum, nemo ignorat.

*) Ceterum ex praecedd. sponte sequitur, si plures expressiones tales $\frac{\alpha}{\sqrt{(6+\gamma\cos\varphi)}}$ ita comparatae sint, ut ipsarum valores extremi aequales sint: terminos constantes ex ipsarum evolutione prodeuntes necessario aequales fieri, etiamsi omnes reliqui coëfficientes valde discrepent.

PARS II.

DE FUNCTIONIBUS TRANSSCENDENTIBUS QUAE EX DIFFERENTIATIONE MEDIORUM ARITHMETICO-GEOMETRICORUM ORIUNTUR.

9.

Sint

$$\begin{cases} x, & x', & x'', & x''' \ldots. & \quad\text{(I)} \\ y, & y', & y'', & y''' \ldots. & \quad\text{(II)} \end{cases}$$

series perinde formatae ut series in art. 1., puta ut quivis terminus in $\begin{Bmatrix}\text{I}\\ \text{II}\end{Bmatrix}$ sit medium $\begin{Bmatrix}\text{arithmeticum}\\ \text{geometricum}\end{Bmatrix}$ inter duos terminos praecedentes, adeoque $x^\infty = y^\infty = \mathrm{M}(x,y)$: patetque, omnes has quantitates et proin etiam ipsarum limitem esse functiones duarum variabilium x, y, atque variari, simulacque harum alteruter aut uterque mutationem patiatur. Hic nobis de solis mutationibus infinite parvis sermo erit. Fit itaque

$$\mathrm{d}x' = \tfrac{1}{2}\mathrm{d}x + \tfrac{1}{2}\mathrm{d}y, \quad .\mathrm{d}y' = \tfrac{1}{2}\sqrt{\tfrac{y}{x}}.\mathrm{d}x + \tfrac{1}{2}\sqrt{\tfrac{x}{y}}.\mathrm{d}y = \tfrac{1}{2}\tfrac{y'}{x}\mathrm{d}x + \tfrac{1}{2}\tfrac{y'}{y}\mathrm{d}y$$

et perinde

$$\mathrm{d}x'' = \tfrac{1}{2}\mathrm{d}x' + \tfrac{1}{2}\mathrm{d}y', \quad \mathrm{d}y'' = \tfrac{1}{2}\tfrac{y''}{x'}.\mathrm{d}x' + \tfrac{1}{2}\tfrac{y''}{y'}\mathrm{d}y' \quad \text{etc.}$$

Hoc modo differentialia omnium terminorum in I et II per differentialia ipsarum x, y adiumento substitutionum exhiberi possent: sed lex progressiones magnopere obscura hinc prodiret. Quam ut clarissime ob oculos producamus, sequentibus scribendi compendiis utemur: Scribemus

$$\frac{dx}{x}+\frac{dy}{y}=f,\quad \frac{dx'}{x'}+\frac{dy'}{y'}=f',\quad \frac{dx''}{x''}+\frac{dy''}{y''}=f''\ \text{etc.}$$
$$\frac{dx}{x}-\frac{dy}{y}=g,\quad \frac{dx'}{x'}-\frac{dy'}{y'}=g',\quad \frac{dx''}{x''}-\frac{dy''}{y''}=g''\ \text{etc.}$$

unde statim prodit

$$f'=\tfrac{1}{2}\left(\frac{dx}{x'}+\frac{dx}{x}+\frac{dy}{x'}+\frac{dy}{y}\right)=f+\tfrac{1}{2}\frac{dx}{xx'}(x-x')+\tfrac{1}{2}\frac{dy}{yx'}(y-x')$$
$$=f+\tfrac{1}{2}\frac{dx}{xx'}(x-x')-\tfrac{1}{2}\frac{dy}{yx'}(x-x')=f+\tfrac{1}{2}g\frac{x-x'}{x'}$$

et prorsus simili modo

$$f''=f'+\tfrac{1}{2}g'\frac{x'-x''}{x''},\quad f'''=f''+\tfrac{1}{2}g''\frac{x''-x'''}{x'''}\ \text{etc.}$$

Perinde fit

$$g'=\tfrac{1}{2}\left(\frac{dx}{x'}-\frac{dx}{x}+\frac{dy}{x'}-\frac{dy}{y}\right)=\tfrac{1}{2}\frac{dx}{xx'}(x-x')+\tfrac{1}{2}\frac{dy}{yx'}(y-x')=\tfrac{1}{2}g\left(\frac{x-x'}{x'}\right)$$

eodemque modo $g''=\tfrac{1}{2}g'\frac{x'-x''}{x''}$, $g'''=\tfrac{1}{2}g''\frac{x''-x'''}{x'''}$ etc. Nec non hinc patet esse $f'=f+g'$, $f''=f+g'+g''$, $f'''=f+g'+g''+g'''$ etc. Nullo negotio perspicitur, seriem $\frac{g'}{g}$, $\frac{g''}{g}$, $\frac{g'''}{g}$ etc. celerrime infra omnes limites decrescere, quamobrem habebimus per seriem infinitam rapidissime convergentem

$$f^\infty=f+g\left\{\tfrac{1}{2}\frac{x-x'}{x'}+\tfrac{1}{4}\frac{x-x'}{x'}\cdot\frac{x'-x''}{x''}+\tfrac{1}{8}\frac{x-x'}{x'}\cdot\frac{x'-x''}{x''}\cdot\frac{x''-x'''}{x'''}+\text{etc.}\right\},\quad g^\infty=0$$

hinc $\frac{2\,dx^\infty}{x^\infty}=\frac{2\,dy^\infty}{y^\infty}=\frac{2\,dM(x,y)}{M(x,y)}$

$$=\frac{dx}{x}+\frac{dy}{y}+\left\{\frac{dx}{x}-\frac{dy}{y}\right\}\times\left\{\tfrac{1}{2}\frac{x-x'}{x}+\tfrac{1}{4}\frac{x-x'}{x'}\cdot\frac{x'-x''}{x''}+\text{etc.}\right\}\quad\text{sive}$$

$$dM(x,y)=M(x,y)\times\left\{\frac{dx}{x}\times\left(\tfrac{1}{2}+\tfrac{1}{4}\frac{x-x'}{x}+\tfrac{1}{8}\frac{x-x'}{x'}\cdot\frac{x'-x''}{x''}+\text{etc.}\right)\right.$$
$$\left.+\frac{dy}{y}\times\left(\tfrac{1}{2}-\tfrac{1}{4}\frac{x-x'}{x'}-\tfrac{1}{8}\frac{x-x'}{x'}\cdot\frac{x'-x''}{x''}-\text{etc.}\right)\right\}$$

Calculum aliquantum commodiorem nanciscimur sequenti modo: Fit

$$\frac{x-x'}{x'}=\frac{x-y}{x+y}=\frac{(x-y)^2}{xx-yy}=\frac{(x+y)^2-4xy}{xx-yy}=4\frac{x'x'-y'y'}{xx-yy}\ {}^{*)}$$

unde promanat

$$dM(x,y)=\frac{M(x,y)}{2(xx-yy)}\times\left\{\frac{dx}{x}\times(xx-yy+2(x'x'-y'y')+4(x''x''-y''y'')+8(x'''x'''-y'''y''')\ldots)\right.$$
$$\left.+\frac{dy}{y}\times(xx-yy-2(x'x'-y'y')-4(x''x''-y''y'')-8(x'''x'''-y'''y''')\ldots)\right\}$$

*) et perinde $\frac{x'-x''}{x''}=4\frac{x''x''-y''y''}{x'x'-y'y'}$, $\frac{x''-x'''}{x'''}=4\frac{x'''x'''-y'''y'''}{x''x''-y''y''}$ etc.

Ut computus maxima facilitate per logarithmos confici possit, sequentes formulas adiicimus, ex algorithmo serierum I. II sponte demanantes:

$$(x'x'-y'y') = \frac{(xx-yy)^2}{16x'x'}, \quad x''x''-y''y'' = \frac{(x'x'-y'y')^2}{16x''x''} \text{ etc.}$$

quae simul protinus ostendunt, quanta velocitate series nostrae convergere debeant.

Si magis arridet, etiam sequentes formulae poterunt adhiberi:

$$x'x'-y'y' = \tfrac{1}{4}(x-y)^2, \quad x''x''-y''y'' = \tfrac{1}{4}(x'-y')^2 \text{ etc.}$$

10.

Rapiditatem convergentiae harum serierum monstrabunt exempla sequentia: I. Sit $x=\sqrt{2}$, $y=1$ (Conf. art. 3). Hic habetur $xx-yy=1$

$$\begin{aligned}
2(x'x'-y'y') &= \tfrac{1}{2}(x-y)^2 = 0{,}0857864376\ \ 2690\\
4(x''x''-y''y'') &= (x'-y')^2 = 0{,}\ldots 3203980\ \ 4927\\
8(x'''x'''-y'''y''') &= 2(x''-y'')^2 = 0{,}\ldots\ldots\ldots 22\ \ 3462\\
16(x''''x''''-y''''y'''') &= 4(x'''-y''') = 0{,}\\
\text{Summa} &= 0{,}0861068379\ \ 10
\end{aligned}$$

Hinc fit $dM(x,y) = M(x,y)\times\{\frac{dx}{2\sqrt{2}}\times 1{,}0861068379\ldots+\frac{dy}{2}\times 0{,}9138931621\ldots\}$
sive in numeris $= dx\times 0{,}460082\ldots.+dy\times 0{,}5474860839$

II. Sit

$$x = 5{,}202778+2{,}784072 = 7{,}986850, \quad y = 5{,}202778-2{,}784072 = 2{,}41870\,6$$

ubi x, y sunt distantiae maximae et minimae Iovis et Cereris (neglecta excentricitate planorumque inclinatione). Quare

$x = 7{,}9868500$	$y = 2{,}4187060$	$xx-y'y' = 59,$
$x' = 5{,}2027780$	$y' = 4{,}395207$	$2(x'x'-y'y') = 1{,}28$
$x'' = 4{,}7989925$	$y'' = 4{,}781975$	$4(x''x''-y''y'') =$
$x''' = 4{,}7904838$	$y''' = 4{,}790476$	$8(x'''x'''-y'''y''') =$
$x'''' = 4{,}790480$		

11.

Facile iam etiam coëfficientes sequentes serie

FORTSETZUNG DER UNTERSUCHUNGEN

ÜBER DAS ARITHMETISCH GEOMETRISCHE MITTEL.

[Die weiteren Untersuchungen von Gauss über das Arithmetisch geometrische Mittel sind so unvollständig, nur in den Endformeln, und mit so wechselnder Bezeichnung niedergeschrieben, dass fast alle Übersicht fehlen würde, wenn der Abdruck nur jene Formeln ohne nebenhergehende Erläuterung wiedergäbe. In den folgenden Artikeln habe ich die im Nachlasse gefundenen Stellen hervorgehoben und durch solchen Gedankengang verbunden, wie er vielleicht die Veranlassung gewesen ist, dass Gauss die betreffenden Resultate unter einem erkennbaren gemeinsamen Gesichtspunkte aufgestellt hat.]

12.

[An mehren Stellen bedient sich Gauss neben den in den vorhergehenden Artikeln betrachteten beiden ursprünglichen Reihen von Grössen (a, b), welche sich auf dasselbe arithmetisch geometrische Mittel beziehen, auch noch einer dritten Reihe von Grössen (c), die mit jenen durch die Gleichung $aa = bb + cc$, welche für jeden gemeinsamen Index der drei Glieder (a, b, c) gilt, zusammenhängt. Nach den Festsetzungen in Art. 2 können die Gleichungen zur Berechnung der rück- und vorwärts folgenden aus a, b, c abgeleiteten Grössen in die Form gebracht werden:

$$\ldots\quad {}''a = {}'a + {}'c, \qquad {}'a = a + c, \qquad a, \qquad 2a' = a + b, \qquad 2a'' = a' + b', \quad \ldots$$
$$\ldots\quad {}''b = {}'a - {}'c, \qquad {}'b = a - c, \qquad b, \qquad b'b' = ab, \qquad b''b'' = a'b', \quad \ldots$$
$$\ldots\quad {}''c{}''c = 4\,{}'a{}'c, \qquad {}'c{}'c = 4ac, \qquad c, \qquad 2c' = a - b, \qquad 2c'' = a' - b', \quad \ldots$$

Hieraus ergibt sich unmittelbar dass, während

$$\mathrm{M}(a,b) = \quad \mathrm{M}(a^{\mathrm{n}}, b^{\mathrm{n}}) = \quad \mathrm{M}({}^{\mathrm{n}}a, {}^{\mathrm{n}}b) = \lim a^{\mathrm{m}} = \lim b^{\mathrm{m}} \quad \text{für} \quad m = \infty$$

ist,

$$\mathrm{M}(a,c) = 2^{n}\mathrm{M}(a^{\mathrm{n}}, c^{\mathrm{n}}) = 2^{-n}\mathrm{M}({}^{\mathrm{n}}a, {}^{\mathrm{n}}c) = \lim \frac{{}^{\mathrm{m}}a}{2^{m}} = \lim \frac{{}^{\mathrm{m}}c}{2^{m}} \quad \text{für} \quad m = \infty$$

wird und sich damit die dem ersten Beispiel in Art. 3 angefügte Bemerkung, dass die ${}^{\mathrm{n}}a$, ${}^{\mathrm{n+1}}a$, ${}^{\mathrm{n+2}}a$ etwa wie die Glieder einer geometrischen Reihe mit dem Quotienten 2 zunehmen als allgemein gültig erweist, ferner dass für den im Beispiel 4 Art. 3 berechneten Fall $a = b\sqrt{2} = c\sqrt{2}$ bei jedem n: ${}^{\mathrm{n}}a = 2^{n}.a^{\mathrm{n}}$, ${}^{\mathrm{n}}b = 2^{n}.c^{\mathrm{n}}$, ${}^{\mathrm{n}}c = 2^{n}.b^{\mathrm{n}}$ ist.

Die Art der Annäherung jener Grössen an ihre Grenzwerthe ergibt sich aus den folgenden Reihenentwickelungen

$$\mathrm{M}(a,b) = a^{\mathrm{n}} - c^{\mathrm{n+1}} - c^{\mathrm{n+2}} - \ldots - c^{\mathrm{n+m}} - \ldots$$

$$\mathrm{M}(a,b) = b^{\mathrm{n}} + c^{\mathrm{n+1}} - c^{\mathrm{n+2}} - \ldots - c^{\mathrm{n+m}} - \ldots$$

$$\mathrm{M}(a,c) = 2^{-n}.{}^{\mathrm{n}}a - 2^{-n-1}.{}^{\mathrm{n+1}}b - 2^{-n-2}.{}^{\mathrm{n+2}}b - \ldots - 2^{-n-m}.{}^{\mathrm{n+m}}b - \ldots$$

$$\mathrm{M}(a,c) = 2^{-n}.{}^{\mathrm{n}}c + 2^{-n-1}.{}^{\mathrm{n+1}}b - 2^{-n-2}.{}^{\mathrm{n+2}}b - \ldots - 2^{-n-m}.{}^{\mathrm{n+m}}b - \ldots$$

$$\mathrm{M}(a.b)^{2} = a^{\mathrm{n}}.a^{\mathrm{n}} - \tfrac{1}{2}c^{\mathrm{n}}.c^{\mathrm{n}} - \tfrac{3}{2}c^{\mathrm{n+1}}.c^{\mathrm{n+1}} - \ldots - \tfrac{3}{2}c^{\mathrm{n+m}}.c^{\mathrm{n+m}} - \ldots\,.$$

$$\mathrm{M}(a,b)^{2} = b^{\mathrm{n}}.b^{\mathrm{n}} + \tfrac{1}{2}c^{\mathrm{n}}.c^{\mathrm{n}} - \tfrac{3}{2}c^{\mathrm{n+1}}.c^{\mathrm{n+1}} - \ldots - \tfrac{3}{2}c^{\mathrm{n+m}}.c^{\mathrm{n+m}} - \ldots$$

$$\mathrm{M}(a,c)^{2} = 2^{-2n}.{}^{\mathrm{n}}c.{}^{\mathrm{n}}c + \tfrac{1}{2}2^{-2n}.{}^{\mathrm{n}}b.{}^{\mathrm{n}}b - \tfrac{3}{2}2^{-2n-2}.{}^{\mathrm{n+1}}b.{}^{\mathrm{n+1}}b - \ldots$$
$$- \tfrac{3}{2}2^{-2n-2m}.{}^{\mathrm{n+m}}b.{}^{\mathrm{n+m}}b - \ldots$$

$$\mathrm{M}(a,c)^{2} = 2^{-2n}.{}^{\mathrm{n}}a.{}^{\mathrm{n}}a - \tfrac{1}{2}2^{-2n}.{}^{\mathrm{n}}b.{}^{\mathrm{n}}b - \tfrac{3}{2}2^{-2n-2}.{}^{\mathrm{n+1}}b.{}^{\mathrm{n+1}}b - \ldots$$
$$- \tfrac{3}{2}2^{-2n-2m}.{}^{\mathrm{n+m}}b.{}^{\mathrm{n+m}}b - \ldots$$

$$\sqrt{\mathrm{M}(a,b)} = \sqrt{a^{\mathrm{n}}} - \sqrt{c^{\mathrm{n+2}}} - \sqrt{c^{\mathrm{n+4}}} - \ldots - \sqrt{c^{\mathrm{n+2m}}} - \ldots$$

$$\sqrt{\mathrm{M}(a,b)} = \sqrt{b^{\mathrm{n}}} + \sqrt{c^{\mathrm{n+2}}} - \sqrt{c^{\mathrm{n+4}}} - \ldots - \sqrt{c^{\mathrm{n+2m}}} - \ldots$$

$$\sqrt{\mathrm{M}(a,c)} = \sqrt{2^{-n}.{}^{\mathrm{n}}a} - \sqrt{2^{-n-2}.{}^{\mathrm{n+2}}b} - \sqrt{2^{-n-4}.{}^{\mathrm{n+4}}b} - \ldots - \sqrt{2^{-n-2m}\,{}^{\mathrm{n+2m}}b} - \ldots$$

$$\sqrt{\mathrm{M}(a,c)} = \sqrt{2^{-n}.{}^{\mathrm{n}}c} + \sqrt{2^{-n-2}.{}^{\mathrm{n+2}}b} - \sqrt{2^{-n-4}.{}^{\mathrm{n+4}}b} - \ldots - \sqrt{2^{-n-2m}\,{}^{\mathrm{n+2m}}b} - \ldots$$

$$\frac{\pi}{2}\cdot\frac{\mathrm{M}(a,b)}{\mathrm{M}(a,c)} = \frac{1}{2^n}\log 4\,\frac{a^{\mathrm{n}}}{c^{\mathrm{n}}} - \frac{1}{2^n}\log\frac{a^{\mathrm{n}}}{a^{\mathrm{n+1}}} - \ldots - \frac{1}{2^{n+m}}\log\frac{a^{\mathrm{n+m}}}{a^{\mathrm{n+m+1}}} - \ldots$$

$$\frac{\pi}{2}\cdot\frac{\mathrm{M}(a,b)}{\mathrm{M}(a,c)} = \frac{1}{2^n}\log 4\,\frac{b^{\mathrm{n+1}}}{c^{\mathrm{n}}} + \frac{3}{2^{n+1}}\log\frac{b^{\mathrm{n+2}}}{b^{\mathrm{n+1}}} + \ldots + \frac{3}{2^{n+m}}\log\frac{b^{\mathrm{n+m+1}}}{b^{\mathrm{n+m}}} + \ldots$$

$$\frac{\pi}{2}\cdot\frac{\mathrm{M}(a,c)}{\mathrm{M}(a,b)} = \frac{1}{2^n}\log 2\,\frac{{}^{\mathrm{n}}a}{{}^{\mathrm{n}}b} - \frac{1}{2^n}\log 2\,\frac{{}^{\mathrm{n}}a}{{}^{\mathrm{n+1}}a} - \ldots - \frac{1}{2^{n+m}}\log 2\,\frac{{}^{\mathrm{n+m}}a}{{}^{\mathrm{n+m+1}}a} - \ldots$$

$$\frac{\pi}{2}\cdot\frac{\mathrm{M}(a,c)}{\mathrm{M}(a,b)} = \frac{1}{2^n}\log 2\,\frac{{}^{\mathrm{n+1}}c}{{}^{\mathrm{n}}b} + \frac{3}{2^{n+1}}\log\tfrac{1}{2}\frac{{}^{\mathrm{n+2}}c}{{}^{\mathrm{n+1}}c} + \ldots + \frac{3}{2^{n+m}}\log\tfrac{1}{2}\frac{{}^{\mathrm{n+m+1}}c}{{}^{\mathrm{n+m}}c} + \ldots$$

In den vier letzten Gleichungen ist $\frac{\pi}{2}$ statt der für beständig wachsendes m geltenden Grenzwerthe beziehungsweise von

$$\frac{\mathrm{M}(a^{\mathrm{m}},c^{\mathrm{m}})}{\mathrm{M}(a^{\mathrm{m}},b^{\mathrm{m}})}.\log 4\,\frac{a^{\mathrm{m}}}{c^{\mathrm{m}}},\qquad \frac{\mathrm{M}(a^{\mathrm{m}},c^{\mathrm{m}})}{\mathrm{M}(a^{\mathrm{m}},b^{\mathrm{m}})}.\log 4\,\frac{b^{\mathrm{m+1}}}{c^{\mathrm{m}}},\qquad \frac{\mathrm{M}({}^{\mathrm{m}}a,{}^{\mathrm{m}}b)}{\mathrm{M}({}^{\mathrm{m}}a,{}^{\mathrm{m}}c)}.\log 4\,\frac{{}^{\mathrm{m}}a}{{}^{\mathrm{m}}b},\qquad \frac{\mathrm{M}({}^{\mathrm{m}}a,{}^{\mathrm{m}}b)}{\mathrm{M}({}^{\mathrm{m}}a,{}^{\mathrm{m}}c)}.\log 2\,\frac{{}^{\mathrm{m+1}}c}{{}^{\mathrm{m}}b}$$

das ist statt des Grenzwerthes von $\mathrm{M}(1,\varepsilon)\log\frac{4}{\varepsilon}$ für bis zur Null abnehmende positive Werthe des ε gesetzt. Es folgt nemlich zunächst aus jenen Gleichungen, in welchen, wie die Relationen

$$\frac{a'}{a} = 1 - \frac{c'}{a},\qquad \left(\frac{b'}{b}\right)^4 = 1 + \frac{cc}{bb},\qquad \frac{{}'a}{a} = 2 - \frac{{}'b}{a},\qquad \left(\tfrac{1}{2}\frac{{}'c}{c}\right)^4 = 1 + \frac{bb}{cc}$$

leicht erkennen lassen, die zu logarithmirenden Werthe, so bald sie alle reell sind, vom zweiten Gliede der Reihe an beständig bis zur Einheit hin abnehmen, dass die gesuchte Grösse eine völlig bestimmte und z. B., wenn man $a = b\sqrt{2} = c\sqrt{2}$ setzt, eine zwischen den Grenzen $\frac{9}{4}\log 2$ und $\frac{10}{4}\log 2$ eingeschlossene Grösse ist. Die obigen Gleichnngen gelten auch für complexe Werthe der Veränderlichen, wenn man $n = 0$ setzt und diejenigen Werthe der $\log{}^{\mathrm{m}}a$, $\log{}^{\mathrm{m}}c$, $\log a$, $\log b$, $\log c$, $\log a^{\mathrm{m}}$, $\log b^{\mathrm{m}}$ zu Grunde legt, welche durch stetige Änderung derselben aus den reellen Grössen folgen. Nimmt man nun als ein System (a, b, c) das der Bedingung $a = b\sqrt{2} = c\sqrt{2}$ unterworfene und aus reellen Grössen bestehende, ferner als anderes System (α, β, γ) dasjenige, für welches $\alpha = c$, $\beta = b\sqrt{-1}$, $\gamma = a = b\sqrt{2} = c\sqrt{2}$ ist und die durch Wurzel-Ausziehung zu bestimmenden Werthe von β^{m} und ${}^{\mathrm{m}}\gamma$ positive reelle Theile erhalten, so kann man ein drittes veränderliches System (A, B, C) aufstellen, welches von dem einen (a, b, c) zu dem andern (α, β, γ) stetig übergeht, und zwar so, dass bei diesem Übergang keine der Veränderlichen ${}^{m}A$, ${}^{m}C$, A, B, C, A^{m}, B^{m} den Werth Null berührt oder einen negativen reellen Theil erhält. Die letzte jener Gleichungen, n gleich Null gesetzt, gilt also sowol für das System (a, b, c) wie für $(\alpha, \mathfrak{b}, \gamma)$ und da

$$M(\alpha, \mathfrak{b}) = \tfrac{1}{2}(1+\sqrt{-1})M(a, b), \qquad M(\alpha, \gamma) = M(a, c) = M(a, b)$$

ist, wird $\frac{\pi}{2}\sqrt{-1} = \log\sqrt{-1}$; es hat also π die gebräuchliche Bedeutung als Verhältniss-Zahl der Länge des Umfangs eines Kreises zu dessen Durchmesser.

Mit Hülfe dieser Betrachtung lässt sich auch die Richtigkeit der folgenden von Gauss aufgezeichneten Bemerkung erweisen, der ich die hier benutzte Bezeichnungsweise zu Grunde lege und ein von Gauss berechnetes Beispiel folgen lasse:]

Die Arithmetisch-Geometrischen Mittel gestalten sich anders, wenn man für ein b', b'', b'''.. den negativen Werth wählt: doch sind alle Resultate in folgender Form begriffen:

$$\frac{1}{\mathfrak{M}(a,b)} = \frac{1}{M(a,b)} + \frac{4ik}{M(a,c)}$$

[wo k eine ganze reelle Zahl bedeutet.]

Beispiel für einen imaginären Werth des A. G. Mittels

a	= 3.0000000	log . . 0.4771213	a	= 3.0000000	log . . 0.4771213
b	= 1.0000000	0.0000000	c	= 2.8284270	0.4515450
a'	= 2.0000000	0.3010300	$\frac{1}{2}.'a$	= 2.9142135	0.4645214
b'	= 1.7320508	0.2385606	$\frac{1}{2}.'c$	= 2.9129510	0.4643332
a''	= 1.8660254	0.2709175	$\frac{1}{4}.''a$	= 2.9135822	0.4644273
b''	= 1.8612098	0.2697953			
a'''	= 1.8636176	0.2703568			
b'''	= 1.8636159	0.2703564			
a''''	= 1.8636167	0.2703566			

$a = 3.0000000$		log . . 0.4771213	0			
$b = 1.0000000$		0.0000000	360^0			
$a' = 2.0000000$		0.3010300	0			
$b' = -1.7320508$		0.2385606	180^0			
$a'' = 0.1339746$		9.1270225	0			
$b'' =$	$+1.8612098i$	0.2697953	90^0			
$a''' = 0.0669873$	$+0.9306049i$	9.9698876	85^0	$52'$	$58''10$	
$b''' = 0.3530969$	$+0.3530969i$	9.6984089	45	0	0	
$a'''' = 0.2100421$	$+0.6418509i$	9.8295254	71	52	46.58	
$b'''' = 0.2836930$	$+0.6208239i$	9.8341482	65	26	29.05	
$a^{\mathrm{v}} = 0.2468676$	$+0.6313374i$	9.8311572	68	38	36.05	
$b^{\mathrm{v}} = 0.2470649$	$+0.6324002i$	9.8318368	68	39	37.82	
$a^{\mathrm{vi}} = 0.24699625$	$+0.6318688i$	9.8314971	68	39	6.95	
$b^{\mathrm{vi}} = 0.24699625$	$+0.6318685i$	9.8314970	68	39	6.93	
$a^{\mathrm{vii}} = 0.24699625$	$+0.63186865i$	9.83149705	68	39	6.94	

$$\frac{1}{\mathfrak{M}(a,b)} = +0.5365910 - 1.3728774i = \frac{1}{\mathrm{M}(a,b)} + \frac{4i}{\mathrm{M}(a,c)}$$

13.

[Die Differentiale erster Ordnung der einzelnen Glieder des vollständigen Algorithmus eines arithmetisch geometrischen Mittels sind in Artikel 9 auf zweierlei Weise zu einander in Beziehung gesetzt. Die eine umfasst nur die Differentiale der Logarithmen der Quotienten jener Grössen, sie ergibt sich aus der wiederholten Anwendung der beiden Relationen $aa = bb + cc$, $\frac{a'}{c'} = \frac{a+b}{a-b}$ und kann durch Benutzung der im vorhergehenden Artikel gewonnenen Resultate zu einer Werthbestimmung des Differentials vom Quotienten zweier zusammengehöriger arithmetisch geometrischer Mittel erweitert und so dargestellt werden, dass $\frac{1}{cc}\,\mathrm{d}\log\frac{a}{b}$, welches mit Δ bezeichnet werden mag, für jedes positive und negative n, wenn nemlich ein negativer nachstehender Index n als gleichbedeutend mit einem voranstehenden positiven Index von gleicher absoluter Grösse gedeutet wird,

$$= \frac{1}{2^n}\cdot\frac{1}{a^{\mathrm{n}}a^{\mathrm{n}}}\,\mathrm{d}\log\frac{c^{\mathrm{n}}}{b^{\mathrm{n}}} = \frac{1}{2^n}\cdot\frac{1}{b^{\mathrm{n}}b^{\mathrm{n}}}\,\mathrm{d}\log\frac{c^{\mathrm{n}}}{a^{\mathrm{n}}} = \frac{1}{2^n}\cdot\frac{1}{c^{\mathrm{n}}c^{\mathrm{n}}}\,\mathrm{d}\log\frac{a^{\mathrm{n}}}{b^{\mathrm{n}}} = \frac{\pi}{2}\cdot\frac{1}{\mathrm{M}(a,b).\mathrm{M}(a,c)}\,\mathrm{d}\log\frac{\mathrm{M}(a,c)}{\mathrm{M}(a,b)}$$

ist. Die andere Beziehung erstreckt sich auch mit auf die Differentiale der Logarithmen von zweigliedrigen Producten, sie folgt aus $b'b' = ab$ und $'c'c = 4ac$ in der Form

$$\mathrm{d}\log(a^{\mathrm{m}}.b^{\mathrm{m}}) = \mathrm{d}\log(a^{\mathrm{m+1}}.b^{\mathrm{m+1}}) - \Delta.2^{m+1}.c^{\mathrm{m+1}}.c^{\mathrm{m+1}}$$

$$\mathrm{d}\log({}^{\mathrm{m}}a.{}^{\mathrm{m}}c) = \mathrm{d}\log({}^{\mathrm{m+1}}a.{}^{\mathrm{m+1}}c) + \Delta.\frac{1}{2^{m+1}}.{}^{\mathrm{m+1}}b.{}^{\mathrm{m+1}}b$$

und ergibt, wenn man m bis zur unendlichen Grenze wachsen lässt, die in Artikel 9 aufgestellte Gleichung und die dieser entsprechende nemlich:

$$2\,\mathrm{d}\log\mathrm{M}(a,b) = \mathrm{d}\log(a^{\mathrm{n}}.b^{\mathrm{n}}) + \Delta\{2^{n+1}.c^{\mathrm{n+1}}.c^{\mathrm{n+1}} + . + 2^{n+m}.c^{\mathrm{n+m}}.c^{\mathrm{n+m}} + .\}$$

$$2\,\mathrm{d}\log\mathrm{M}(a,c) = \mathrm{d}\log({}^{\mathrm{n}}a.{}^{\mathrm{n}}c) - \Delta\{2^{-n-1}.{}^{\mathrm{n+1}}b.{}^{\mathrm{n+1}}b + . + 2^{-n-m}.{}^{\mathrm{n+m}}b.{}^{\mathrm{n+m}}b + .\}$$

Hieraus kann durch Elimination der Differentiale mit Hülfe des oben gefundenen Ausdrucks für Δ die Gleichung

$$\frac{4}{\pi}\mathrm{M}(a,b)\,\mathrm{M}(a,c) = \,.\,.\, - 2^{-\mu+n}.{}^{\mu-\mathrm{n}}b.{}^{\mu-\mathrm{n}}b - \,.\,.\, - 2^{n-1}.b^{\mathrm{n-1}}.b^{\mathrm{n-1}}$$
$$+ 2^{n}.a^{\mathrm{n}}.a^{\mathrm{n}} - 2^{n+1}.c^{\mathrm{n+1}}.c^{\mathrm{n+1}} - \,.\,.\, - 2^{n+m}.c^{\mathrm{n+m}}.c^{\mathrm{n+m}} - \,.\,.$$

abgeleitet werden, welche Gauss neben der im vorigen Artikel wiedergegebenen ersten Gleichung für $\frac{\pi}{2}\frac{\mathrm{M}(a,b)}{\mathrm{M}(a,c)}$ aufgezeichnet hat, ohne den Weg, auf welchem sie gefunden waren, anzudeuten.]

14.

[Für die vollständigen Differentiale zweiter Ordnung findet man unmittelbar aus den Ausdrücken für Δ, dass jedes mit gemeinsamen Index behaftete System von Gliedern a, b, c die drei Gleichungen

$$\frac{1}{\Delta}\,\mathrm{d}\log\frac{c}{b}.\mathrm{d}\log a = \tfrac{1}{2}\mathrm{d}\left(\frac{1}{\Delta}\,\mathrm{d}\log\frac{c}{b}\right)$$

$$\frac{1}{\Delta}\,\mathrm{d}\log\frac{c}{a}.\mathrm{d}\log b = \tfrac{1}{2}\mathrm{d}\left(\frac{1}{\Delta}\,\mathrm{d}\log\frac{c}{a}\right)$$

$$\frac{1}{\Delta}\,\mathrm{d}\log\frac{a}{b}.\mathrm{d}\log c = \tfrac{1}{2}\mathrm{d}\left(\frac{1}{\Delta}\,\mathrm{d}\log\frac{a}{b}\right)$$

erfüllt. Multiplicirt man darin die Zähler und Nenner unter den zweimal zu differentiirenden Logarithmen der Reihe nach mit a, b, c und löst alle Logarithmen von Quotienten in Differenzen von Logarithmen auf, so ersieht man leicht, dass der Ausdruck

$$\frac{1}{\Delta}\,\mathrm{d}\log a^{\mathrm{n}}.\mathrm{d}\log b^{\mathrm{n}} - \tfrac{1}{2}\mathrm{d}(\frac{1}{\Delta}\,\mathrm{d}\log a^{\mathrm{n}}b^{\mathrm{n}})$$

der mit D bezeichnet werden soll, seinen Werth nicht ändert, wenn man statt a^{n} und b^{n} setzt: a^{n} und c^{n} oder: b^{n} und c^{n}. Nimmt man das Mittel der beiden letzten so entstandenen Ausdrücke und berücksichtigt, dass

$$\mathrm{d}\log a^{\mathrm{n}} + \mathrm{d}\log b^{\mathrm{n}} = 2\,\mathrm{d}\log b^{\mathrm{n+1}}$$

ist, so folgt, dass man in jenem Ausdruck ohne dessen Werth zu ändern statt der beiden genannten Grössen auch c^{n} und $b^{\mathrm{n+1}}$ setzen kann und ferner, wenn man in diesem wieder $\mathrm{d}\log c^{\mathrm{n}}$ durch $\tfrac{1}{2}\mathrm{d}\log a^{\mathrm{n+1}} + \tfrac{1}{2}\mathrm{d}\log c^{\mathrm{n+1}}$ ersetzt, dass man mit demselben Erfolge $a^{\mathrm{n+1}}$ und $b^{\mathrm{n+1}}$ statt a^{n} und b^{n} setzen kann. Es ist also der Werth jenes Differential-Ausdrucks unabhängig von n und demnach gleich

$$\begin{aligned} D &= \frac{1}{\Delta}\mathrm{d}\log b^{\mathrm{n}}.\mathrm{d}\log c^{\mathrm{n}} - \tfrac{1}{2}\mathrm{d}(\frac{1}{\Delta}\mathrm{d}\log b^{\mathrm{n}}c^{\mathrm{n}}) \\ &= \frac{1}{\Delta}\mathrm{d}\log c^{\mathrm{n}}.\mathrm{d}\log a^{\mathrm{n}} - \tfrac{1}{2}\mathrm{d}(\frac{1}{\Delta}\mathrm{d}\log c^{\mathrm{n}}a^{\mathrm{n}}) \\ &= \frac{1}{\Delta}\mathrm{d}\log a^{\mathrm{n}}.\mathrm{d}\log b^{\mathrm{n}} - \tfrac{1}{2}\mathrm{d}(\frac{1}{\Delta}\mathrm{d}\log a^{\mathrm{n}}b^{\mathrm{n}}) \\ &= \mathrm{M}(a,b)\,\mathrm{d}\{\frac{1}{\Delta}\mathrm{d}\frac{1}{\mathrm{M}(a,b)}\} = \mathrm{M}(a,c)\,\mathrm{d}\{\frac{1}{\Delta}\mathrm{d}\frac{1}{\mathrm{M}(a,c)}\} \end{aligned}$$

Setzt man a als unveränderlich voraus, so wird

$$D = \Delta bbcc = -bb\,\mathrm{d}\log b = cc\,\mathrm{d}\log c$$

und es entsteht die in Artikel 8 aus der Reihenentwickelung abgeleitete für $\frac{a}{\mathrm{M}(a,c)}$ und $\frac{a}{\mathrm{M}(a,b)}$ als Werthe von μ geltende Differentialgleichung

$$\mathrm{dd}\mu - \frac{\mathrm{d}\Delta}{\Delta}.\mathrm{d}\mu - \Delta\Delta bbcc.\mu = 0$$

aus welcher sich nach den Untersuchungen in der Abhandlung *Determinatio seriei nostrae per aequationem differentialem secundi ordinis'* auch wieder die Darstellung durch die Gaussischen Reihen:

$$\frac{a}{\mathrm{M}(a,b)} = F(\tfrac{1}{2},\tfrac{1}{2},1,\frac{cc}{aa}), \qquad \frac{a}{\mathrm{M}(a,c)} = F(\tfrac{1}{2},\tfrac{1}{2},1,\frac{bb}{aa})$$

und als specielle Fälle der dortigen Gleichungen [90] und [96] der oben Art. 12 gefundene Grenzwerth von $M(1,\varepsilon)\log\frac{4}{\varepsilon}$ und die im vorigen Artikel aufgestellte Differentialgleichung erster Ordnung zwischen $M(a,b)$ und $M(a,c)$ ergeben.]

15.

[Die Differentialgleichung zweiter Ordnung für die Glieder der Reihe des arithmetisch geometrischen Mittels nimmt eine Form an, in welcher sie Differentiale nur von Quotienten der Veränderlichen enthält, wenn man mit einer beliebigen Grösse e den Ausdruck $D+\mathrm{d}(\frac{1}{\Delta}\,\mathrm{d}\log e)+\frac{1}{\Delta}(\mathrm{d}\log e)^2$ bildet, dieser wird nemlich

$$-\sqrt{(eea^{\mathrm{n}}b^{\mathrm{n}})}\,.\,\mathrm{d}\left(\frac{1}{\Delta a^{\mathrm{n}}b^{\mathrm{n}}}\,.\,\mathrm{d}\sqrt{\frac{a^{\mathrm{n}}b^{\mathrm{n}}}{ee}}\right)-\frac{1}{4\Delta}\left(\mathrm{d}\log\frac{a^{\mathrm{n}}}{b^{\mathrm{n}}}\right)^2$$

ein Ausdruck, dessen Werth also unabhängig von n ist und sich auch nicht ändert, wenn man b^{n} und c^{n} oder c^{n} und a^{n} statt a^{n} und b^{n} setzt. Derselbe verwandelt sich für beständig wachsende positive und für negative n in

$$-eM(a,b)\,.\,\mathrm{d}\left\{\frac{1}{\Delta M(a,b)^2}\,\mathrm{d}\frac{M(a,b)}{e}\right\} \text{ und in } -eM(a,c)\,.\,\mathrm{d}\left\{\frac{1}{\Delta M(a,c)^2}\,\mathrm{d}\frac{M(a,c)}{e}\right\}$$

dagegen für n gleich Null und für a, b, c als besondere Werthe von e beziehungsweise in $+\Delta bbcc$, $\quad -\Delta ccaa$, $\quad -\Delta aabb$.

Setzt man also zur Abkürzung

$$\sqrt{\frac{a}{M(a,b)}}=p,\quad \sqrt{\frac{b}{M(a,b)}}=q,\quad \sqrt{\frac{c}{M(a,b)}}=r,\quad -\pi\frac{M(a,b)}{M(a,c)}=\log y$$

so wird mit Rücksicht auf die Gleichung für Δ in Art. 13:

$$\frac{\Delta}{2}M(a,b)^2=\frac{1}{4}\mathrm{d}\log y=\frac{1}{p^4}\mathrm{d}\log\frac{r}{q}=\frac{1}{q^4}\mathrm{d}\log\frac{r}{p}=\frac{1}{r^4}\mathrm{d}\log\frac{p}{q}$$
$$=-\frac{pp}{q\,r}\mathrm{d}\left(\frac{1}{\mathrm{d}\log y}\,.\,\mathrm{d}\frac{1}{pp}\right)=\frac{qq}{r^4p^4}\mathrm{d}\left(\frac{1}{\mathrm{d}\log y}\,.\,\mathrm{d}\frac{1}{qq}\right)=\frac{rr}{p^4q^4}\mathrm{d}\left(\frac{1}{\mathrm{d}\log y}\,.\,\mathrm{d}\frac{1}{rr}\right)$$

und von gleicher Form werden die Ausdrücke des $-\frac{\Delta}{2}M(a,c)^2$ in

$$\sqrt{\frac{a}{M(a,c)}},\quad \sqrt{\frac{c}{M(a,c)}},\quad \sqrt{\frac{b}{M(a,c)}},\quad -\pi\frac{M(a,c)}{M(a,b)}$$

Die Elimination von je zwei der drei Grössen p, q, r ergibt

$$\left\{\frac{1}{p^4}\,\frac{1}{\mathrm{d}\log y}\,\mathrm{d}\log\left[\frac{16}{p^6}\,\frac{1}{\mathrm{d}\log y}\,\mathrm{d}\left(\frac{1}{\mathrm{d}\log y}\,.\,\mathrm{d}\frac{1}{pp}\right)\right]\right\}^2-\frac{16}{p^6}\,\frac{1}{\mathrm{d}\log y}\,\mathrm{d}\left(\frac{1}{\mathrm{d}\log y}\,.\,\mathrm{d}\frac{1}{pp}\right)-1=0$$

als Differentialgleichung sowol für p als auch für q und für r, das ist für $\sqrt{\frac{a}{M(a,b)}}$, $\sqrt{\frac{b}{M(a,b)}}$ und $\sqrt{\frac{c}{M(a,b)}}$ und ebenso auch, wenn man $-\pi\frac{M(a,c)}{M(a,b)} = \log z$ statt $\log y$ darin gesetzt denkt, als Differentialgleichung für $\sqrt{\frac{a}{M(a,c)}}$, $\sqrt{\frac{c}{M(a,c)}}$ und $\sqrt{\frac{b}{M(a,c)}}$.]

16.

[Die Darstellung der Quotienten der Grössen a, b, c, $M(a,b)$, $M(a,c)$ durch Reihen, die nach Potenzen von $y^{\frac{1}{4}}$ oder $z^{\frac{1}{4}}$ fortschreiten, lässt sich mit Hülfe der Fundamentalsätze des hier zu untersuchenden Algorithmus z. B. in folgender Weise ausführen.

Nach der Definition von u und dem in Art. 12 für den rückwärts verlängerten Algorithmus aufgestellten Satze wird:

$$-\pi\frac{M(a,b)}{M(a,c)} = -\pi\frac{M(a^n,b^n)}{2^n M(a^n,c^n)} = \log y$$

also nach den Gleichungen in Art. 12 der Grenzwerth von $\frac{1}{4}y^{-2^{n-2}}\cdot\sqrt{\frac{c^n}{M(a^n,b^n)}}$ für ein immer wachsendes n, oder was dasselbe ist, der Grenzwerth von $\frac{1}{4}y^{-\frac{1}{4}}r(y)$, wo $r(y)$ statt $\sqrt{\frac{c}{M(a,b)}}$ gesetzt ist, für bis zur Null abnehmendes positives $y^{\frac{1}{4}}$ gleich der Einheit.

Bezeichnen wir noch $\sqrt{\frac{a}{M(a,b)}}$ und $\sqrt{\frac{b}{M(a,b)}}$ durch $p(y)$ und $q(y)$, so folgt aus $aa = bb + cc$ und den beiden Gleichungen für $\sqrt{M(a,b)}$ in Art. 12

$$p(y) = 1 + r(y^4) + r(y^{16}) + r(y^{64}) + \ldots + r(y^{2^{2n}}) + \ldots$$
$$q(y) = 1 - r(y^4) + r(y^{16}) + r(y^{64}) + \ldots + r(y^{2^{2n}}) + \ldots$$
$$r(y)^4 = p(y)^4 - q(y)^4$$

Die Reihen für p, q, r, welche nach ganzen Potenzen von $y^{\frac{1}{4}}$ fortschreiten und diesen Bedingungen genügen, findet man, so weit man die Entwickelung ausführt von der Form:

$$p(y) = 1 + 2y + 2y^4 + 2y^9 + \ldots + 2y^{nn} + \ldots$$
$$q(y) = 1 - 2y + 2y^4 - 2y^9 + \ldots \pm 2y^{nn} \mp \ldots$$
$$r(y) = 2y^{\frac{1}{4}} + 2y^{\frac{9}{4}} + 2y^{\frac{25}{4}} + 2y^{\frac{49}{4}} + \ldots + 2y^{(n+\frac{1}{2})^2} + \ldots$$

Dass das hier angedeutete Gesetz für die Bildung der Glieder das allgemein gültige ist, scheint GAUSS unter Anderem auch auf folgende Art bewiesen zu haben. Neben den entsprechenden Gleichungen, welche sich auf Reihen mit zwei Argumenten beziehen und weiter unten in Art. 23 und 25 Platz finden werden, hat GAUSS sich die Aufzeichnung gemacht:]

Zur Theorie der Zerlegung der Zahlen in vier Quadrate.

Das Theorem: das Product zweier Summen von vier Quadraten ist selbst eine Summe von vier Quadraten, wird am einfachsten so dargestellt: es seien l, m, λ, μ, λ', μ' sechs complexe Zahlen, so dass λ, λ' und μ, μ' sociirt sind. Durch N *bezeichne man die Norm. Es ist dann*

$$(\mathrm{N}\,l+\mathrm{N}\,m)(\mathrm{N}\lambda+\mathrm{N}\mu) = \mathrm{N}(l\lambda+m\mu)+\mathrm{N}(l\mu'-m\lambda')$$

[und also auch

$$\begin{aligned}\{\mathrm{N}(n+in_{,})+\mathrm{N}(n_{,,}+in_{,,,})\}\{\mathrm{N}(1-i)+\mathrm{N}(1+i)\} \\ = \mathrm{N}\{(n+n_{,}+n_{,,}-n_{,,,})+i(-n+n_{,}+n_{,,}+n_{,,,})\} \\ +\mathrm{N}\{(n+n_{,}-n_{,,}+n_{,,,})-i(+n-n_{,}+n_{,,}+n_{,,,})\}\end{aligned}$$

Hieraus lassen sich leicht die beiden folgenden Sätze ableiten, in welchen verschiedene Darstellungen einer Zahl durch eine Summe von vier Quadratzahlen sich beziehen auf die verschiedenen Werthensysteme der vier Wurzeln mit Berücksichtigung sowol der Zeichen als auch der Reihenfolge der Wurzeln, worin ferner unter den geraden Zahlen auch die Null mit begriffen wird.

Ist das Vierfache einer Zahl von der Form $4k+1$ durch vier ungerade Quadratzahlen darstellbar, so ist sie selbst halb so oft durch eine ungerade und drei gerade Quadratzahlen darstellbar, und umgekehrt, ist eine Zahl in der letztern Weise darstellbar, so ist ihr Vierfaches doppelt so oft in der ersten Weise darstellbar.

Ist das Vierfache einer Zahl von der Form $4k+3$ durch vier ungerade Quadratzahlen darstellbar, so ist sie selbst halb so oft durch eine gerade und drei ungerade Quadratzahlen darstellbar und umgekehrt, ist eine Zahl in der letztern Weise darstellbar, so ist ihr Vierfaches doppelt so oft in der erstern Weise darstellbar.

Mit Hülfe dieser beiden Sätze lässt sich unmittelbar beweisen, dass die obigen Reihen der Gleichung $r(y)^4 = p(y)^4 - q(y)^4$ genügen, und ferner durch die wiederholte Anwendung dieser Relation, dass, wenn man nach dem Schema

$$p+q = 2p'', \qquad p-q = 2r'', \qquad (p'')^4-(r'')^4 = (q'')^4$$

aus den Werthen der Quadrate der beiden ersten Reihen, nemlich pp und qq, als Anfangsglieder die Glieder des Algorithmus eines arithmetisch geometrischen Mittels für positive gerade Indices bildet, auch

$$p^{2n} = p(y^{2^{2n}}), \qquad q^{2n} = q(y^{2^{2n}}), \qquad r^{2n} = r(y^{2^{2n}})$$

wird. Durch Übergang zu dem Grenzwerthe von n entsteht also nach Art. 12:

$$M(pp, qq) = 1, \qquad \frac{\pi}{2}\frac{M(pp, qq)}{M(pp, rr)} = -\tfrac{1}{2}\log y\ ]$$

17.

[Aus den im vorhergehenden Artikel abgeleiteten Eigenschaften der durch die dort aufgestellten Reihen definirten Functionen p, q, r folgt, dass, wenn a, b, c drei die Gleichung $aa = bb+cc$ erfüllende Grössen sind, sie in die Form gesetzt werden können

$$a = M(a,b).(py)^2, \qquad b = M(a,b).(qy)^2, \qquad c = M(a,b).(ry)^2$$

und dass dann $\frac{\log y}{\pi} = -\frac{M(a,b)}{M(a,c)}$ sein muss. Setzt man nun noch

$$a = M(a,c).(pz)^2, \qquad c = M(a,c).(qz)^2, \qquad b = M(a,b).(rz)^2$$

so wird

$$\frac{\log z}{\pi} = -\frac{M(a,c)}{M(a,b)} = \frac{\pi}{\log y}$$

Der durch die Vereinigung dieser beiden Darstellungen sich ergebende Satz ist von GAUSS so ausgesprochen, dass die Functionen

$$\mathfrak{P}t = 1+2e^{-\pi t}+2e^{-4\pi t}+2e^{-9\pi t}+\ldots+2e^{-nn\pi t}+\ldots$$
$$\mathfrak{Q}t = 1-2e^{-\pi t}+2e^{-4\pi t}-2e^{-9\pi t}+\ldots\pm 2e^{-nn\pi t}\mp\ldots$$
$$\mathfrak{R}t = 2e^{-\frac{1}{4}\pi t}+2e^{-\frac{9}{4}\pi t}+2e^{-\frac{25}{4}\pi t}+\ldots+2e^{-(n+\frac{1}{2})^2\pi t}+\ldots$$

den Gleichungen

$$\mathfrak{P}t = \frac{1}{\sqrt{t}}\mathfrak{P}\frac{1}{t}, \qquad \mathfrak{Q}t = \frac{1}{\sqrt{t}}\mathfrak{R}\frac{1}{t}, \qquad \mathfrak{R}t = \frac{1}{\sqrt{t}}\mathfrak{Q}\frac{1}{t}$$

genügen, worin die Quadratwurzeln mit solchen Zeichen zu nehmen sind, dass der reelle Theil positiv ist.

Aus dieser und der anderen von ihm aufgezeichneten Eigenschaft derselben Functionen, dass nemlich

$$\mathfrak{P}t = \mathfrak{Q}(t+i), \qquad \mathfrak{Q}t = \mathfrak{P}(t+i), \qquad \mathfrak{R}t = \sqrt{i}.\mathfrak{R}(t+i)$$

ist, scheint Gauss den folgenden Satz abgeleitet zu haben:]

Es seien $\alpha, \mathfrak{b}, \gamma, \delta$ *ganze reelle Zahlen*, $\alpha\delta - \mathfrak{b}\gamma = 1$, $\frac{\alpha t - \mathfrak{b} i}{\delta + \gamma t i} = t'$.

Wir unterscheiden 6 *Fälle, jenachdem nach dem Modulus* 2

$$\begin{array}{rcllllll} \alpha & \equiv & 1 & 1 & 1 & 0 & 1 & 0 \\ \mathfrak{b} & \equiv & 0 & 1 & 0 & 1 & 1 & 1 \\ \gamma & \equiv & 0 & 0 & 1 & 1 & 1 & 1 \\ \delta & \equiv & 1 & 1 & 1 & 1 & 0 & 0 \end{array}$$

Es ist dann

$$\begin{array}{rclllllll} h\mathfrak{P}t' & = & \mathfrak{P}t & \mathfrak{Q}t & \mathfrak{R}t & \mathfrak{R}t & \mathfrak{Q}t & \mathfrak{P}t \\ h\mathfrak{Q}t' & = & \mathfrak{Q}t & \mathfrak{P}t & \mathfrak{Q}t & \mathfrak{P}t & \mathfrak{R}t & \mathfrak{R}t \\ h\mathfrak{R}t' & = & \mathfrak{R}t & \mathfrak{R}t & \mathfrak{P}t & \mathfrak{Q}t & \mathfrak{P}t & \mathfrak{Q}t \end{array}$$

$$h = \sqrt{i^\lambda}(\delta + \gamma t i)$$

[worin λ für die Factoren der drei Functionen $\mathfrak{P}, \mathfrak{Q}, \mathfrak{R}$ im Allgemeinen verschiedene Werthe hat.]

Ist hier $t = \frac{\sqrt{d} + bi}{a}$, $t' = \frac{\sqrt{d} + b'i}{a'}$, $-d = bb - ac = b'b' - a'c'$, *so geht die Form* (a, b, c) *in* (a', b', c') *über durch die Transformation* $\binom{\delta, -\mathfrak{b}}{-\gamma, \alpha}$.

Zusammenhang zwischen den Formen des negativen Determinanten $-p$ *und den summatorischen Functionen.*

Sind nemlich die Formen (a, b, c) (A, B, C) *aequivalent, so ist die Function* f *in Betracht zu ziehen wo* $ft \equiv fu$ *so wol wenn* $\frac{t-u}{i}$ *ganze Zahl als wenn* $t = \frac{1}{u}$.

Jeder Classe entspricht dann ein bestimmter *Werth von* $f\frac{\sqrt{p} + bi}{a}$.

18.

[Mit dem Algorithmus des arithmetisch-geometrischen Mittels hat GAUSS einen andern in Verbindung gebracht, welcher ebenfalls wie jener von zwei gegebenen Grössen, die hier α und β bezeichnet werden sollen, ausgeht und auf eine solche Form zurückgeführt werden kann, dass viele Analogien mit jenem sich zeigen, wenn nemlich

$$4a'a' = (a+b)^2, \quad b'b' = ab, \quad \text{u.s.f.}$$
$$4\alpha'\alpha' = (\alpha+\beta)^2, \quad \beta'\beta' = \alpha\beta, \quad \text{u.s.f.}$$

gesetzt wird. Ebenso wie die bisherigen Untersuchungen durch Einführung der die Gleichung $aa = bb+cc$ erfüllende Grösse c bedeutend übersichtlicher wurden, wird hier eine entsprechende Vereinfachung der Formeln erreicht, wenn man γ durch die Gleichung $a\alpha = b\beta+c\gamma$ und δ durch

$$bc(b\gamma-c\beta) = ca(a\gamma-c\alpha) = ab(b\alpha-a\beta) = abc\delta$$

so wie γ^n, δ^n durch dieselben Gleichungen, nachdem allen Zeichen der Index n gegeben ist, einführt. Unter den zwischen diesen Grössen bestehenden Relationen finden die folgenden bei der Untersuchung dieses Algorithmus vielfache Anwendung:

$$\frac{\alpha+\beta}{a+b} = \frac{\gamma-\delta}{c}, \quad \frac{\alpha-\beta}{a-b} = \frac{\gamma+\delta}{c}, \quad \frac{\alpha+\gamma}{a+c} = \frac{\beta+\delta}{b}, \quad \frac{\alpha-\gamma}{a-c} = \frac{\beta-\delta}{c},$$

$$\alpha' = \frac{1}{a'}\left(\frac{\alpha+\beta}{2}\right)^2 = \frac{1}{c'}\left(\frac{\gamma-\delta}{2}\right)^2, \quad \beta' = \frac{1}{b'}\alpha\beta$$

$$\gamma' = \frac{1}{c'}\left(\frac{\alpha-\beta}{2}\right)^2 = \frac{1}{a'}\left(\frac{\gamma+\delta}{2}\right)^2, \quad \delta' = \frac{1}{b'}\gamma\delta$$

$$\alpha\alpha+\delta\delta = \beta\beta+\gamma\gamma = \frac{a}{b}(\alpha\beta+\gamma\delta) = \frac{a}{c}(\alpha\gamma-\beta\delta) = a(\alpha'+\gamma')$$
$$\alpha\alpha-\gamma\gamma = \beta\beta-\delta\delta = \frac{b}{c}(\beta\gamma-\alpha\delta) = \frac{b}{a}(\alpha\beta-\gamma\delta) = b(\alpha'-\gamma')$$
$$\alpha\alpha-\beta\beta = \gamma\gamma-\delta\delta = \frac{c}{a}(\alpha\gamma+\beta\delta) = \frac{c}{b}(\beta\gamma+\alpha\delta) = 2c\sqrt{\alpha'\gamma'}$$

Die Grenzwerthe der Glieder in den sieben Reihen von Grössen $a, b, c, \alpha, \beta, \gamma, \delta$ lassen sich auf diese vier zurückführen:

$$k = \mathrm{M}(a, b) = \lim a^n = \lim b^n$$

$$\sqrt{y} = e^{-\frac{\pi}{2}\frac{\mathrm{M}(a,b)}{\mathrm{M}(a,c)}} = \lim \sqrt[2^n]{\frac{c^n}{4a^n}} = \frac{c}{4a}\cdot\frac{a}{a'}\cdot\sqrt{\frac{a'}{a''}}\cdot\sqrt[2^2]{\frac{a''}{a'''}}\cdot\sqrt[2^3]{\frac{a'''}{a''''}}\;.\;.\;\sqrt[2^{n-1}]{\frac{a^{n-1}}{a^n}}\;.\;.$$

$$\frac{\varkappa}{k} = \lim \sqrt[2^n]{\frac{\alpha^n}{k}} = \lim \sqrt[2^n]{\frac{\beta^n}{k}} = \frac{\beta}{b}\cdot\sqrt{\frac{b}{a}\,\frac{\alpha}{\beta}}\cdot\sqrt[2^2]{\frac{b'}{a'}\,\frac{\alpha'}{\beta'}}\cdot\sqrt[2^3]{\frac{b''}{a''}\,\frac{\alpha''}{\beta''}}\;.\;.\;.\;\sqrt[2^n]{\frac{b^{n-1}}{a^{n-1}}\,\frac{\alpha^{n-1}}{\beta^{n-1}}}\;.\;.$$

$$\frac{\varkappa}{k}\sqrt{y}\,.\,\eta^{\pm 1} = \lim \sqrt[2^{n-1}]{\left[\sqrt{\frac{\gamma^n}{4k}} \pm \sqrt{\frac{\delta^n}{4k}}\right]}$$

Wenn α und β und alle Grössen a^n, b^n, positiv sind, so nehmen $\frac{a^n}{b^n}$ und $\frac{a^n\alpha^n}{b^n\beta^n}$ von den Werthen $\frac{a'}{b'}$ und $\frac{a'\alpha'}{b'\beta'}$ beständig bis zur Einheit ab; es ergeben also die vorstehenden Ausdrücke einen bestimmten Werth für $\varkappa$. Das Gleiche folgt für η, wenn γ, δ und alle c^n und b^n positiv sind, aus

$$\frac{\varkappa}{k}y^{\frac{1}{2}}\eta = \lim \sqrt[2^n]{\frac{\gamma^n}{k}} = \lim \sqrt[2^n]{\frac{\delta^n}{k}} = \frac{\delta}{b}\cdot\sqrt{\frac{b}{a}\,\frac{\gamma}{\delta}}\cdot\sqrt[2^2]{\frac{b'}{a'}\,\frac{\gamma'}{\delta'}}\cdot\sqrt[2^3]{\frac{b''}{a''}\,\frac{\gamma''}{\delta''}}\;.\;.\;.\;\sqrt[2^n]{\frac{b^{n-1}}{a^{n-1}}\,\frac{\gamma^{n-1}}{\delta^{n-1}}}\;.\;.\;.$$

wenn aber δ negativ ist aus der von Gauss angewandten Substitution

$$\sqrt{\frac{-\delta}{\gamma}} = \operatorname{tang} U\,.\sqrt{\frac{a}{b}} = \operatorname{tang} V\,.\sqrt{\frac{b}{a}} = \sqrt{(\operatorname{tang} U\,.\operatorname{tang} V)} = \operatorname{tang} U'$$
$$U + V = 2V'$$

$$\sqrt{\frac{-\delta'}{\gamma'}} = \operatorname{tang} 2U'.\sqrt{\frac{a'}{b'}} = \operatorname{tang} 2V'.\sqrt{\frac{b'}{a'}} = \sqrt{(\operatorname{tang} 2U'.\operatorname{tang} 2V')} = \operatorname{tang} 2U''$$
$$U' + V' = 2V''$$

$$\sqrt{\frac{-\delta''}{\gamma''}} = \operatorname{tang} 4U''.\sqrt{\frac{a''}{b''}} = \operatorname{tang} 4V''\;\sqrt{\frac{b''}{a''}} = \sqrt{(\operatorname{tang} 4U''.\operatorname{tang} 4V'')} = \operatorname{tang} 4U'''$$
$$U'' + V'' = 2V'''$$

$$\sqrt{\frac{-\delta^n}{\gamma^n}} = \operatorname{tang} 2^n U^n.\sqrt{\frac{a^n}{b^n}} = \operatorname{tang} 2^n V^n.\sqrt{\frac{b^n}{a^n}} = \sqrt{(\operatorname{tang} 2^n U^n.\operatorname{tang} 2^n V^n)} = \operatorname{tang} 2^n U^{n+1}$$
$$U^n + V^n = 2V^{n+1}$$

weil dann

$$\sin U^2 = \frac{b}{c}\,\frac{-\delta}{\alpha}, \quad \cos U^2 = \frac{a}{c}\,\frac{\gamma}{\alpha}, \quad aa \sin U^2 + bb \cos U^2 = ab\frac{\beta}{\alpha}$$

$$\sin V^2 = \frac{a}{c}\,\frac{-\delta}{\beta}, \quad \cos V^2 = \frac{b}{c}\,\frac{\gamma}{\beta}, \quad aa \cos V^2 + bb \sin V^2 = ab\frac{\alpha}{\beta}$$

ist, und diese Gleichungen auch gelten, wenn a^n, b^n, c^n, α^n, β^n, γ^n, δ^n, $2^n U^n$, $2^n V^n$ statt a, b, c, α, β, γ, δ, U, V gesetzt werden, so dass also

$$\eta^{\pm\frac{1}{2}} = \lim e^{\pm i U^n} = \lim e^{\pm i V^n} = e^{\pm iu}$$

sich ergibt.

Für $\delta = 0$ verschwinden alle δ^n und es wird

$$\frac{\alpha}{a} = \frac{\beta}{b} = \frac{\gamma}{c} = \ldots = \sqrt[2^n]{\frac{\alpha^n}{a^n}} = \sqrt[2^n]{\frac{\beta^n}{b^n}} = \sqrt[2^n]{\frac{\gamma}{c^n}} = \frac{\varkappa}{k}, \quad \sqrt[2^n]{\frac{\gamma^n}{\alpha^n}\frac{a^n}{c^n}} = \eta = 1, \quad u = 0$$

Vergleicht man die Grenzwerthe $k, y, \varkappa, \eta, u$, zu denen man gelangt, wenn man bei der Bildung des combinirten Algorithmus von den Grössen a, b, α, β ausgegangen ist, mit den Grenzwerthen $k', y', \varkappa', \eta', u'$, zu denen man gelangt, wenn man bei solchem Algorithmus von den bestimmten zuvor erhaltenen Grössen a', b', α', β' als Anfangsglieder ausginge, so ersieht man unmittelbar, dass

$$k' = k, \quad y' = yy, \quad \frac{\varkappa'}{k'} = \frac{\varkappa\varkappa}{kk}, \quad \eta' = \eta\eta, \quad u' = 2u$$

sein muss und dass durch die nach diesem Gesetze gebildeten Gleichungen die den $a^n, b^n, \alpha^n, \beta^n$ entsprechenden Grenzwerthe $k^n, y^n, \varkappa^n, \eta^n, u^n$ sich ergeben

Aus den Gleichungen von der Form:

$$\frac{c'}{a'} = \frac{a-b}{a+b}, \quad \frac{c'}{a'}\frac{\gamma'}{\alpha'} = \left(\frac{\alpha-\beta}{\alpha+\beta}\right)^2, \quad \frac{c'}{a'}\frac{\alpha'}{\gamma'} = \left(\frac{\gamma-\delta}{\gamma+\delta}\right)^2$$

folgt, dass, wenn alle Glieder des Algorithmus positiv werden, y, $y\eta$ und $\frac{1}{\eta}$ kleiner als die Einheit sind.

Die von GAUSS angegebene Methode zur Bestimmung des Grenzwerthes für U^n und V^n und ebenso die Bestimmung von $\frac{\varkappa}{k}$ mit Zuhülfenahme jener Winkel führt bei Rechnungen mit Zahlen sehr rasch zum Ziele. Weniger bequem für Zahlenrechnungen sind die obigen Formeln zur Bestimmung eines reellen η und des zugehörigen $\frac{\varkappa}{k}$. Dieser Umstand wird die Veranlassung gewesen sein, wesshalb GAUSS den Algorithmus:]

$$A' = \frac{A+B}{2}, \quad B' = \frac{2ABa'}{b'(A+B)}$$
$$A'' = \frac{A'+B'}{2}, \quad B'' = \frac{2A'B'a''}{b'(A'+B')}$$

u. s. f. [mit dem Grenzwerthe]

$$\frac{H}{k} = \frac{B}{b}\sqrt{\frac{bA}{aB}}\cdot\sqrt[4]{\frac{b'A'}{a'B'}}\cdot\sqrt[8]{\frac{b''A''}{a''B''}}\cdot\sqrt[16]{\frac{b'''A'''}{a'''B'''}}\cdots$$

[aufgestellt hat, welcher sich auf den obigen zurückführen lässt, wenn man $A = \alpha$, $B = \beta$ setzt, weil dann

$$A^{n} = \frac{b^{n+1}}{b'}\sqrt{\frac{\alpha^{n}}{\beta^{n}}}.\sqrt{\alpha\beta}, \qquad B^{n} = \frac{b^{n+1}}{b'}\sqrt{\frac{\beta_{n}}{\alpha^{n}}}.\sqrt{\alpha\beta}, \qquad H = \varkappa$$

wird. Die Bestimmung eines reellen η ist in GAUSS Aufzeichnungen durch eine Lücke unvollendet gelassen, sie ergibt sich aber, wenn man aus $C = \gamma$, und $D = \delta$ denselben Algorithmus wie eben aus A und B bildet, denn dann sind:

$$C^{n} = \frac{b^{n+1}}{b'}\sqrt{\frac{\gamma^{n}}{\delta^{n}}}\sqrt{\gamma\delta}, \qquad D^{n} = \frac{b^{n+1}}{b'}\sqrt{\frac{\delta^{n}}{\gamma^{n}}}\sqrt{\gamma\delta}$$

$$\frac{H}{k}y^{\frac{1}{2}}\eta = \frac{D}{b}.\sqrt{\frac{bC}{aD}}.\sqrt[4]{\frac{b'C'}{a'D'}}.\sqrt[8]{\frac{b''C''}{a''D''}}.\sqrt[16]{\frac{b'''C'''}{a'''D'''}}\ldots$$

und diese Grössen C, D nähern sich rasch dem Werthe $\frac{k}{b'}\sqrt{\gamma\delta}$, während γ^{n} und δ^{n} zugleich entweder bedeutend wachsen oder abnehmen, sobald $\frac{\varkappa}{k}y^{\frac{1}{2}}\eta$ sich von der Einheit unterscheidet.]

19.

[Die Beziehungen zwischen den Differentialen der zu untersuchenden Grössen sind besonders einfach, wenn a und b ungeändert bleiben; es ergibt sich dann unmittelbar aus den Bedingungsgleichungen zwischen Gliedern mit gleichem Index, dass der Ausdruck $\frac{1}{2^{n}}\frac{1}{b^{n}}\sqrt{\frac{\beta^{n}\delta_{n}}{\alpha^{n}\gamma^{n}}}.\mathrm{d}\log\frac{\delta^{n}}{\beta^{n}}$ seinen Werth nicht ändert, wenn darin der Reihe nach α, β, γ, δ statt β, γ, δ, α gesetzt wird. Die beiden so erhaltenen Ausdrücke können zu einem dem erstern entsprechenden Ausdruck für den Index $n+1$ vereinigt werden, der Werth dieses Ausdrucks ist also auch unabhängig vom Index n. Durch Übergang zur Grenze und durch Vergleichung mit den Differentialen der auf verschiedene Weise gebildeten Quotienten ergibt sich

$$\begin{aligned}\frac{1}{k}\mathrm{d}\log\eta &= \frac{1}{a}\sqrt{\frac{\alpha\delta}{\beta\gamma}}.\mathrm{d}\log\frac{\delta}{\alpha} = \frac{1}{b}\sqrt{\frac{\beta\delta}{\alpha\gamma}}.\mathrm{d}\log\frac{\delta}{\beta} = \frac{1}{c}\sqrt{\frac{\gamma\delta}{\alpha\beta}}.\mathrm{d}\log\frac{\delta}{\gamma} = \frac{1}{c}\sqrt{\frac{\delta'}{\beta'}}.\mathrm{d}\log\frac{\delta\delta}{\delta'}\\ &= \frac{1}{a}\sqrt{\frac{\beta\gamma}{\alpha\delta}}.\mathrm{d}\log\frac{\gamma}{\beta} = \frac{1}{b}\sqrt{\frac{\alpha\gamma}{\beta\delta}}.\mathrm{d}\log\frac{\gamma}{\alpha} = \frac{1}{c}\sqrt{\frac{\alpha\beta}{\gamma\delta}}.\mathrm{d}\log\frac{\alpha}{\beta} = \frac{1}{c}\sqrt{\frac{\beta'}{\delta'}}.\mathrm{d}\log\frac{\beta'}{\beta\beta}\end{aligned}$$

eine Relation, welche also immer gilt, wenn die Indices der a, b, c, α, β, γ, δ, η um gleich viel Einheiten vermehrt werden. Hieraus folgt der von GAUSS aufgezeichnete Satz:]

$$\int\frac{\mathrm{d}U}{\sqrt{(aa\sin U^{2}+bb\cos U^{2})}} = \int\frac{\mathrm{d}V}{\sqrt{(aa\cos V^{2}+bb\sin V^{2})}} = \frac{u}{k}$$

[Mit Hülfe der Gleichung für $d\log\frac{\mathfrak{b}'}{\mathfrak{b}\mathfrak{b}}$ lassen sich durch wiederholte Anwendung derselben unmittelbar die Reihen für die Differentiale der einzelnen Grössen $\alpha, \mathfrak{b}, \gamma, \delta$ aufstellen, für ein negatives δ entsteht:

$$\frac{k}{2}\frac{d\log\frac{\alpha}{\varkappa}}{du}+2c'\sin 2V'=\frac{k}{2}\frac{d\log\frac{\mathfrak{b}}{\varkappa}}{du}=\frac{k}{2}\frac{d\log\frac{\gamma}{\varkappa}}{du}+a\frac{\sin V}{\cos U}=\frac{k}{2}\frac{d\log\frac{\delta}{\varkappa}}{du}-b\frac{\cos V}{\sin U}$$
$$=c'\sin 2V'+c''\sin 2^2V''+c'''\sin 2^3V'''+\ldots]$$

20.

[Die Differentiale zweiter Ordnung, welche auf die Grösse η als einzige unabhängig Veränderliche sich beziehen, können unmittelbar durch Differentiation der Differentialgleichung erster Ordnung hergeleitet und die Bestimmung ihrer Werthe in der Weise dargestellt werden, dass die Ausdrücke von der Form

$$\frac{d}{d\log\eta}\left[\frac{d\log\frac{\alpha}{\mathfrak{b}}}{d\log\eta}\right]+\tfrac{1}{2}\frac{d\log\frac{\alpha\mathfrak{b}}{\gamma\delta}}{d\log\eta}\cdot\frac{d\log\frac{\alpha}{\mathfrak{b}}}{d\log\eta}$$

für die mit irgend welchem gemeinsamen Index behafteten $\alpha, \mathfrak{b}, \gamma, \delta$ verschwinden, in welcher Reihenfolge die $\alpha, \mathfrak{b}, \gamma, \delta$ auch darin eingesetzt sein mögen. Multiplicirt man Zähler und Nenner unter dem zweimal zu differentiirenden Logarithmus mit $\mathfrak{b}$, ersetzt $\alpha\mathfrak{b}$ durch $b'\mathfrak{b}'$ und die Derivirten erster Ordnung durch ihre Werthe so erhält man für zwei aufeinander folgende Indices:

$$\frac{dd\log\frac{\mathfrak{b}'}{\mathfrak{b}\mathfrak{b}}}{(d\log\eta)^2}+2\frac{a'c'}{kk}\frac{\delta'}{\mathfrak{b}'}-2\frac{ac}{kk}\frac{\delta}{\mathfrak{b}}-\tfrac{1}{2}\frac{cc}{kk}=0$$

und hieraus durch wiederholte Anwendung dieser Gleichung und mit Zuhülfe nahme der in Art. 13 für $d\log M(a,b)$ gefundenen Reihe die Gleichung

$$\frac{d\log\frac{b}{k}}{d\log y}=\frac{dd\log\frac{\alpha}{\varkappa}}{(d\log\eta)^2}-\tfrac{1}{2}\frac{ac}{kk}\frac{\gamma}{\alpha}=\frac{dd\log\frac{\mathfrak{b}}{\varkappa}}{(d\log\eta)^2}+\tfrac{1}{2}\frac{ac}{kk}\frac{\delta}{\mathfrak{b}}$$
$$=\frac{dd\log\frac{\gamma}{\varkappa}}{(d\log\eta)^2}-\tfrac{1}{2}\frac{ac}{kk}\frac{\alpha}{\gamma}=\frac{dd\log\frac{\delta}{\varkappa}}{(d\log\eta)^2}+\tfrac{1}{2}\frac{ac}{kk}\frac{\mathfrak{b}}{\delta}$$

welche ihre Gültigkeit behält, wenn $a, b, c, \alpha, \mathfrak{b}, \gamma, \delta, \varkappa, y, \eta$ mit irgend einem gemeinsamen von Null verschiedenen Index behaftet werden.

Durch die Vereinigung dieses Resultats mit der im vorigen Artikel gefundenen Entwickelung von $d\log\frac{\alpha}{\varkappa}$ ergibt sich die von GAUSS gefundene Werthausmittelung des Integrals:]

$$\int\sqrt{(aa\sin U^2+bb\cos U^2)}\,dU=\int\frac{aabb\,dV}{(aa\cos V^2+bb\sin V^2)^{\frac{3}{2}}}$$
$$=\frac{u}{k}\{a'a'-2c''c''-4c'''c'''-8c''''c''''-\,.\,.\}$$
$$+c'\sin 2V'-c''\sin 4V''-c'''\sin 8V'''-c''''\sin 16V''''-\ldots$$

21.

[Bildet man die Gleichungen zwischen den Derivirten der $\alpha, \beta, \gamma, \delta$ nach der Grösse y als unabhängig Veränderliche, so müssen dieselben Coëfficienten dieser Derivirten entstehen, wie in den Gleichungen für die Differentiale nach η und da die letztern Gleichungen in solche Form gebracht werden können, dass die Verhältnisse zwischen den Derivirten von Quotienten bestimmt werden, so müssen die erwähnten Coëfficienten auch diesen Derivirten umgekehrt proportional sein. Ersetzt man sie durch deren reciproken Werthe, so ersieht man, dass auch die übrigen Glieder jener Gleichungen durch solche Derivirten dargestellt werden können und zwar so, dass der Ausdruck von der Form

$$\frac{\left[\dfrac{d\log\frac{\delta}{\beta}}{d\log y}\right]}{\left[\dfrac{d\log\frac{\delta}{\beta}}{d\log\eta}\right]}-\frac{1}{2}\,\frac{d\log\frac{\alpha\beta}{\varkappa\varkappa}}{d\log\eta}$$

für einen beliebigen gemeinsamen Index der Zeichen $\alpha, \beta, \gamma, \delta, \varkappa, y, \eta$ seinen Werth nicht ändert, in welcher Reihenfolge man auch die Grössen $\alpha, \beta, \gamma, \delta$ mit einander vertauscht. Vergleicht man diesen Ausdruck, welcher sich auf $\frac{\delta}{\beta}, \frac{\alpha\gamma}{\varkappa\varkappa}, \eta, y$ bezieht, mit demjenigen für $\frac{\delta'}{\beta'}=\frac{\gamma\delta}{\alpha\beta}, \frac{\alpha'\gamma'}{\varkappa'\varkappa'}, \eta'=\eta\eta, y'=yy$ und beachtet, dass nach Art. 19

$$\left[\frac{d\log\frac{\alpha}{\beta}}{d\log\eta}\right]^2=\frac{d\log\frac{\gamma'}{\beta'}}{d\log\eta}\cdot\frac{d\log\frac{\alpha'}{\beta'}}{d\log\eta},\qquad\left[\frac{d\log\frac{\delta}{\gamma}}{d\log\eta}\right]^2=\frac{d\log\frac{\delta'}{\alpha'}}{d\log\eta}\cdot\frac{d\log\frac{\delta'}{\gamma'}}{d\log\eta}$$

ist, so ergibt sich, dass der Werth jenes Ausdrucks auch unabhängig von dem Index der Zeichen $\alpha, \beta, \gamma, \delta, \varkappa, y, \eta$ und, wie aus den Grenzwerthen folgt, gleich Null sein muss.

Um die Derivirte nach y von jeder einzelnen der vier Grössen $\alpha, \mathfrak{b}, \gamma, \delta$ zu bestimmen, wird zunächst erforderlich sein, jenen Ausdruck so zu verwandeln, dass er nur zwei der Grössen enthält. Dies kann z. B. mit Hülfe der im vorhergehenden Artikel bestimmten nach η genommenen zweiten Derivirten der Quotienten geschehen, so dass also alle Ausdrücke

$$\frac{d\log\frac{\alpha}{\mathfrak{b}}}{d\log y} - \frac{dd\log\frac{\alpha}{\mathfrak{b}}}{(d\log\eta)^2} - \frac{1}{2}\frac{d\log\frac{\alpha\mathfrak{b}}{\varkappa\varkappa}}{d\log\eta}\cdot\frac{d\log\frac{\alpha}{\mathfrak{b}}}{d\log\eta}$$

verschwinden, in welcher Reihenfolge $\alpha, \mathfrak{b}, \gamma, \delta$ mit einander auch vertauscht werden und welcher gemeinsame Index ihnen und den Zeichen $y, \varkappa, \eta$ gegeben werde. Ersetzt man $\frac{\alpha}{\mathfrak{b}}$ durch $\frac{b'\mathfrak{b}'}{\mathfrak{b}\mathfrak{b}}$, $\alpha\mathfrak{b}$ durch $b'\mathfrak{b}'$ und nach dem vorhergehenden Artikel

$$\frac{d\log\frac{b'}{k}}{2d\log y} \quad \text{durch} \quad \frac{dd\log\frac{\mathfrak{b}}{\varkappa}}{(2d\log\eta)^2} + \frac{1}{2}\left[\frac{d\log\frac{\mathfrak{b}\mathfrak{b}}{\mathfrak{b}'}}{d\log\eta}\right]^2$$

so ersieht man, dass der Ausdruck

$$\frac{d\log\frac{\mathfrak{b}}{\varkappa}}{d\log y} - \frac{dd\log\frac{\mathfrak{b}}{\varkappa}}{(d\log\eta)^2} - \frac{1}{2}\left[\frac{d\log\frac{\mathfrak{b}}{\varkappa}}{d\log\eta}\right]^2$$

seinem Werthe nach ungeändert bleibt, nicht nur, wie eben gefunden, wenn $\mathfrak{b}$ mit α oder γ oder δ vertauscht wird, sondern auch wenn diesen Grössen zugleich mit $y, \varkappa, \eta$ ein beliebiger gemeinsamer Index gegeben wird. Für einen beständig wachsenden Index verschwindet der Werth des Ausdrucks und durch Multiplication mit $\frac{1}{2}\sqrt{\frac{\mathfrak{b}}{\varkappa}}$ entsteht demnach

$$\frac{d\sqrt{\frac{\alpha}{\varkappa}}}{d\log y} - \frac{dd\sqrt{\frac{\alpha}{\varkappa}}}{(d\log\eta)^2} = 0$$

als partielle Differentialgleichung für jede der Grössen $\alpha, \mathfrak{b}, \gamma, \delta$.]

22.

[Alle Glieder des Algorithmus sind ihrem Werthe nach abhängig von vier Grössen, als solche dürfen $a, b, \alpha, \mathfrak{b}$ angenommen werden, aber auch $k, y, \varkappa, \eta$ weil diese unabhängig von einander sich ändern können. Sämmtliche Gleichungen zwischen den Gliedern der Reihen lassen sich in solche Form bringen, dass sie sowol in Bezug auf $a, b, c, \ldots a^n, b^n, c^n, k$ als auch in Bezug auf

$$\frac{\alpha}{k},\ \frac{\beta}{k},\ \frac{\gamma}{k},\ \frac{\delta}{k}\ \ldots\ \sqrt[2^n]{\frac{\alpha^n}{k}},\ \sqrt[2^n]{\frac{\beta^n}{k}},\ \sqrt[2^n]{\frac{\gamma^n}{k}},\ \sqrt[2^n]{\frac{\delta^n}{k}},\ \frac{\varkappa}{k}$$

homogen sind. Die Verhältnisse zwischen diesen letzteren hangen also nicht von k und $\varkappa$, sondern allein von y und η ab, wir können also

$$\alpha = \varkappa P(y,\eta)^2, \qquad \beta = \varkappa Q(y,\eta)^2, \qquad \gamma = \varkappa R(y,\eta)^2, \qquad \delta = \varkappa S(y,\eta)^2$$

setzen und aus den Betrachtungen in Art. 18 folgt dann, dass diese Functionen P, Q, R, S dieselben bleiben, wenn $\alpha, \beta, \gamma, \delta, \varkappa, y, \eta$ mit einem beliebigen Index versehen werden. Aus demselben Artikel folgt auch, mit Benutzung der in Artikel 15 gebrauchten Bezeichnung, für die mit einem gleichen Index behafteten $a, b. c, y$

$$\begin{aligned} P(y,1) &= py = \sqrt{\tfrac{a}{k}} = \sqrt{\tfrac{a}{\mathrm{M}(a,b)}} \\ Q(y,1) &= qy = \sqrt{\tfrac{b}{k}} \\ R(y,1) &= ry = \sqrt{\tfrac{c}{k}} \\ S(y,1) &= 0 \end{aligned}$$

ferner als Gleichungen, welche denjenigen entsprechen, durch die die Grössen γ und δ bestimmt wurden:

$$\begin{aligned} qqrr(qqRR-rrQQ) &= rrpp(ppRR-rrPP) \\ = ppqq(qqPP-ppQQ) &= ppqqrrSS \end{aligned}$$

$$\frac{PP+QQ}{p(yy)} = \frac{RR-SS}{r(yy)}, \qquad \frac{PP-QQ}{r(yy)} = \frac{RR+SS}{p(yy)}$$

$$\frac{PP+RR}{p(\sqrt{y})} = \frac{QQ+SS}{q(\sqrt{y})}, \qquad \frac{PP-RR}{q(\sqrt{y})} = \frac{QQ-SS}{p(\sqrt{y})}$$

und als Gleichungen, die das Bildungsgesetz des Algorithmus darstellen:

$$\begin{aligned} 2p(yy).P(yy,\eta\eta) &= PP+QQ, & 2p(yy).R(yy,\eta\eta) &= RR+SS \\ 2r(yy).R(yy,\eta\eta) &= PP-QQ, & 2r(yy).P(yy,\eta\eta) &= RR-SS \\ q(yy).Q(yy,\eta\eta) &= PQ, & q(yy).S(yy,\eta\eta) &= RS \end{aligned}$$

worin alle Functionen, neben denen kein Argument geschrieben ist, sich auf die einfachen y und η beziehen.

Zur Berechnung der Werthe der Functionen, welche gegebenen Werthen von $\frac{a}{b} = \frac{pp}{qq}$ und U oder V zugehören, erhält man aus der GAUSSischen Formel für H oder $\varkappa$, wenn man zur Abkürzung

$$(a^{\mathfrak{n}} \sin 2^n U^{\mathfrak{n}})^2 + (b^{\mathfrak{n}} \cos 2^n U^{\mathfrak{n}})^2 = b^{\mathfrak{n}} b^{\mathfrak{n}} \Delta^{\mathfrak{n}} \Delta^{\mathfrak{n}}$$

setzt, die Gleichungen:

$$Q = q . \sqrt{\Delta} . \sqrt[4]{\Delta'} . \sqrt[8]{\Delta''} . \sqrt[16]{\Delta'''} \ldots$$

$$P = \frac{p}{q} Q \frac{1}{\Delta}$$

$$R = \frac{r}{q} Q \frac{\cos U}{\Delta}$$

$$S = \frac{p}{r} Q \frac{\sin U}{\Delta} i$$

Die Bestimmung der Grössen $k, y, \varkappa, \eta$ als Grenzwerthe lässt erkennen, dass, bei geeigneter hier noch zulässiger Wahl der Vorzeichen der Functionen P, Q, R, S, für bis zur Null abnehmende Werthe von $y, y\eta, \frac{1}{\eta}$ die Ausdrücke

$$P(y, \eta), \quad Q(y, \eta), \quad \frac{R(y, \eta)}{y^{\frac{1}{4}} \eta^{\frac{1}{2}}}, \quad \frac{S(y, \eta)}{y^{\frac{1}{4}} \eta^{\frac{1}{2}}}$$

sich dem Grenzwerthe Eins nähern, dass aber für ein beständig abnehmendes y und ein endliches reelles u die Ausdrücke

$$P(y, e^{2iu}), \quad Q(y, e^{2iu}), \quad \frac{R(y, e^{2iu})}{2y^{\frac{1}{4}} \cos u}, \quad \frac{S(y, e^{2iu})}{i 2 y^{\frac{1}{4}} \sin u}$$

jenen Grenzwerth haben.

Die Functionen P, Q, R, iS haben reelle Werthe für ein complexes $\eta^{\frac{1}{2}}$ von der Form e^{iu} und bleiben bis auf iS, welches nur sein Zeichen wechselt, ungeändert, wenn man u in $-u$ verwandelt, es ist also

$$\frac{P(y, \frac{1}{\eta})}{P} = \frac{Q(y, \frac{1}{\eta})}{Q} = \frac{R(y, \frac{1}{\eta})}{R} = \frac{-S(y, \frac{1}{\eta})}{S} = 1]$$

23.

[Bildet man denselben Algorithmus wie vorher für $\alpha, \beta, \gamma, \delta$, jetzt für A, B, C, D und macht $A = \gamma$, $B = \delta$, so wird offenbar für jedes n, $A^{\mathfrak{n}} = \gamma^{\mathfrak{n}}$, $B^{\mathfrak{n}} = \delta^{\mathfrak{n}}$, $C^{\mathfrak{n}} = \alpha^{\mathfrak{n}}$, $D^{\mathfrak{n}} = \beta^{\mathfrak{n}}$ und also für die Grenzwerthe K, H, welche den

$\varkappa, \eta$ entsprechen: $\frac{\varkappa}{k} = \frac{K}{k} . y^{\frac{1}{4}} . H, \; \frac{\varkappa}{k} y^{\frac{1}{4}} \eta = \frac{K}{k}$, demnach bestehen die Functionalgleichungen

$$\frac{R(y, \frac{1}{y\eta})}{P} = \frac{S(y, \frac{1}{y\eta})}{Q} = \frac{P(y, \frac{1}{y\eta})}{R} = \frac{Q(y, \frac{1}{y\eta})}{S} = y^{-\frac{1}{4}} \eta^{-\frac{1}{2}}$$

Macht man aber $A = \beta$, $B = \alpha$, so wird $C = -\delta$, $D = -\gamma$ und für jedes n, welches gleich oder grösser als Eins ist: $A^{n} = \alpha^{n}$, $B^{n} = \beta^{n}$, $C^{n} = \gamma^{n}$, $D = \delta^{n}$, man erhält also:

$$\frac{Q(y, -\eta)}{P} = \frac{P(y, -\eta)}{Q} = -\frac{iS(y, -\eta)}{R} = -\frac{iR(y, -\eta)}{S} = 1$$

Setzt man endlich $2\sqrt{A''} = \sqrt{\alpha} + \sqrt{\beta}$, $2\sqrt{C''} = \sqrt{\alpha} - \sqrt{\beta}$, so wird für jedes $n \geqq 1$

$$2A^{n+1} = \sqrt{a^{n}\alpha^{n}} + \sqrt{b^{n}\beta^{n}}, \qquad 2C^{n+1} = \sqrt{a^{n}\alpha^{n}} - \sqrt{b^{n}\beta^{n}}$$
$$2B^{n+1} = \sqrt{b^{n}\alpha^{n}} + \sqrt{a^{n}\beta^{n}}, \qquad 2D^{n+1} = \sqrt{b^{n}\alpha^{n}} - \sqrt{a^{n}\beta^{n}}$$
$$2\sqrt{A^{n+2}} = \sqrt{\alpha^{n}} + \sqrt{\beta^{n}}, \quad 2\sqrt{C^{n+2}} = \sqrt{\alpha^{n}} - \sqrt{\beta^{n}}, \quad 4A^{n+1}C^{n+1} = c^{n}\gamma^{n}$$
$$\left(\frac{K}{k}\right)^{4} = \frac{\varkappa}{k}, \qquad HH = \eta$$

also:

$$2P(y^{4}, \eta\eta) = P + Q, \qquad 2R(y^{4}, \eta\eta) = P - Q$$
$$2P(yy, \eta)^{2} = pP + qQ, \qquad 2R(yy, \eta)^{2} = pP - qQ$$
$$2Q(yy, \eta)^{2} = qP + pQ, \qquad 2S(yy, \eta)^{2} = qP - pQ$$

$$p(\sqrt{y}) . P(\sqrt{y}, \eta) = PP + RR, \; q(\sqrt{y}) . P(\sqrt{y}, \eta) = QQ - SS, \; r(\sqrt{y}) . R(\sqrt{y}, \eta = 2PR$$
$$q(\sqrt{y}) . Q(\sqrt{y}, \eta) = PP - RR, \; p(\sqrt{y}) . Q(\sqrt{y}, \eta) = QQ + SS, \; r(\sqrt{y}) . S(\sqrt{y}, \eta = 2QS$$

wo wieder diejenigen Functionen, denen keine Argumente beigefügt sind, sich auf die einfachen y und η beziehen.

Der so erhaltene neue Algorithmus, bei welchem man von den Functionen P, Q, R, S mit den Argumenten y, η übergeht zu den Functionen mit den Argumenten yy, η, ist offenbar der von Gauss in Art. 16 der *Determinatio attractionis quam in punctum quodvis positionis datae exerceret planeta etc.* angewandte.

Die Relationen zwischen den Functionen, welche sich auf die beiden beliebigen Werthe ξ, η des zweiten Arguments beziehen, und denjenigen Functionen mit den zweiten Argumenten $\xi\eta$ und $\frac{\xi}{\eta}$ lassen sich auf verschiedene Weise mit

Hülfe des für α, β aufgestellten Algorithmus ableiten. Die Methode, für welche die Entwickelungen am wenigsten weitläufig sind, ist wol diejenige, welche sich auf Functionen bezieht, in denen neben den zweiten Argumenten $\xi\eta$ und $\frac{\xi}{\eta}$ als erstes Argument auftritt das Quadrat von dem ersten Argument der Functionen, welche ξ, η als zweites Argument haben.]

24.

[Bei dem Algorithmus des arithmetisch-geometrischen Mittels ergeben die durch Rückwärts-Verlängerung entstehenden Glieder mit Hülfe der Gleichungen

$$\frac{a_{\mathrm{n}}}{{}^{\mathrm{n}}a} = \frac{c_{\mathrm{n}}}{{}^{\mathrm{n}}c} = \frac{b_{\mathrm{n}}}{{}^{\mathrm{n}}b} = \frac{1}{2^{\mathrm{n}}}$$

die Glieder a_{n}, c_{n}, b_{n} die ebenso von a, c abhangen, wie a^{n}, b^{n}, c^{n} von a, b. Vertauscht man dem entsprechend bei dem combinirten Algorithmus gleichzeitig b mit c und β mit γ, lässt α ungeändert, so wechselt δ nur sein Zeichen, wir erhalten also einen Algorithmus, der ebenso von a, c, α, γ abhängt wie der bisher betrachtete von a, b, α, β wenn wir setzen

$$\alpha_0 = \alpha, \qquad \gamma_0 = \beta, \qquad \beta_0 = \gamma, \qquad \delta_0 = -\delta$$

$$\alpha_1 = \frac{1}{a_1}\left(\frac{\alpha_0+\gamma_0}{2}\right)^2 = \frac{1}{b_1}\left(\frac{\beta_0-\delta_0}{2}\right)^2, \qquad \gamma_1 = \frac{1}{c_1}\alpha_0\gamma_0$$

$$\beta_1 = \frac{1}{b_1}\left(\frac{\alpha_0-\gamma_0}{2}\right)^2 = \frac{1}{a_1}\left(\frac{\beta_0+\delta_0}{2}\right)^2, \qquad \delta_1 = \frac{1}{c_1}\beta_0\delta_0$$

und so fort bis zu den Grenzwerthen:

$$\lim a_{\mathrm{n}} = \lim c_{\mathrm{n}} = \mathrm{M}(a, c) = l$$

$$\lim \sqrt[2^n]{\frac{b_{\mathrm{n}}}{4l}} = e^{-\frac{\pi}{2}\frac{\mathrm{M}(a,c)}{\mathrm{M}(a,b)}} = \sqrt{z}$$

$$\lim \sqrt[2^n]{\frac{\alpha_{\mathrm{n}}}{l}} = \lim \sqrt[2^n]{\frac{\gamma_{\mathrm{n}}}{l}} = \frac{\lambda}{l}$$

$$\sqrt[2^{n-1}]{\left[\sqrt{\frac{\beta_{\mathrm{n}}}{4l}} \pm \sqrt{\frac{\delta_{\mathrm{n}}}{4l}}\right]} = \frac{\lambda}{l} z^{\frac{1}{2}} \zeta^{\pm 1}$$

Es sind also α, γ, β, $-\delta$ ebensolche Functionen von l, z, λ, ζ, wie α, β, γ, δ von k, y, x, η und da $\frac{l}{\lambda}$ allein von y und η abhängt und zwar auf dieselbe Weise wie $\frac{\lambda}{l}$ von η und y, so muss für $\frac{\log y}{\pi} = \frac{\pi}{\log z}$,

$$\frac{P(z,\zeta)}{P(y,\eta)} = \frac{R(z,\zeta)}{Q(y,\eta)} = \frac{Q(z,\zeta)}{R(y,\eta)} = \frac{iS(z,\zeta)}{S(y,\eta)} = T(y,\eta) = \frac{1}{T(z,\zeta)}$$

sein, wobei ausser T auch noch ζ als Function von y, η zu bestimmen ist und zwar ζ so, dass y, η, ζ der Reihe nach mit z, ζ, η vertauscht werden können, also so, dass

$$\frac{\log y}{\pi} = \frac{\pi}{\log z} = \varphi[(\log\eta)^2, (\log\zeta)^2] = \frac{1}{\varphi[(\log\zeta)^2, (\log\eta)^2]}$$

wird.

Für die P, Q, R als Quadratwurzeln aus $\frac{\alpha}{\varkappa}, \frac{\beta}{\varkappa}, \frac{\gamma}{\varkappa}$ sind hier gleiche Vorzeichen genommen, weil nach Art. 18 η und ζ zugleich den Werth 1 annehmen und also nach Art. 22 und 17

$$\frac{P(z,1)}{P(y,1)} = \frac{R(z,1)}{Q(y,1)} = \frac{Q(z,1)}{R(y,1)} = T(y,1) = \frac{1}{T(z,1)} = \frac{pz}{py} = \frac{rz}{qy} = \frac{qz}{ry} = \sqrt{\frac{-\log y}{\pi}} = \sqrt{\frac{\pi}{-\log z}}$$

wird und hier dasjenige Vorzeichen der Quadratwurzel gilt, für welches der reelle Theil positiv wird.

Lässt man die zweiten Argumente ζ, η sich in ihre reciproken Werthe verwandeln, so bleiben P, Q, R ungeändert und S wechselt nur sein Zeichen, es ist also

$$T(y,\eta) = T\left(y, \frac{1}{\eta}\right)$$

und eine entsprechende Bedingung gilt für y als Function von η, ζ, was durch die oben aufgestellte Form der φ Function angedeutet sein soll.

Transformirt man in der Gleichung, durch welche T eingeführt ist, die P, Q, R, S in der Weise, dass die Argumente z, ζ, y, η einmal in $z, -\zeta, y, \frac{1}{y\eta}$ dann in $\sqrt{z}, \zeta, yy, \eta\eta$ übergehen, und berücksichtigt, dass

$$\frac{p\sqrt{z}}{pyy} = \frac{r\sqrt{z}}{qyy} = \frac{q\sqrt{z}}{ryy} = \sqrt{\frac{-\log yy}{\pi}} = \sqrt{\frac{\pi}{-\log\sqrt{z}}}$$

ist, so erhält man

$$\frac{Q(z,-\zeta)}{R\left(y,\frac{1}{y\eta}\right)} = \frac{iS(z,-\zeta)}{S\left(y,\frac{1}{y\eta}\right)} = \frac{P(z,-\zeta)}{R\left(y,\frac{1}{y\eta}\right)} = \frac{R(z,-\zeta)}{Q\left(y,\frac{1}{y\eta}\right)} = y^{\frac{1}{4}}\eta^{\frac{1}{2}}\,T(y,\eta) = T\left(y,\frac{1}{y\eta}\right)$$

$$\frac{P(\sqrt{z},\zeta)}{P(yy,\eta\eta)} = \frac{R(\sqrt{z},\zeta)}{Q(yy,\eta\eta)} = \frac{Q(\sqrt{z},\zeta)}{R(yy,\eta\eta)} = \frac{iS(\sqrt{z},\zeta)}{S(yy,\eta\eta)} = 2\sqrt{\frac{\pi}{-\log yy}}\,.\,T(y,\eta)^2 = T(yy,\eta\eta)$$

$$\frac{\log y}{\pi} = \frac{\pi}{\log z} = \varphi[(\log\eta)^2, (\log\zeta)^2] = \varphi[(\log\eta)^2, (\pi i + \log\zeta)^2]$$

$$\frac{\log yy}{\pi} = \frac{\pi}{\log\sqrt{z}} = 2\varphi[(\log\eta)^2, \log\zeta)^2] = \varphi[(\log\eta\eta)^2, (\log\zeta)^2]$$

und daher

$$T(y,\eta) = \sqrt{\frac{-\log y}{\pi}}\,.\,e^{\frac{(\log\eta)^2}{4\log y}}$$

$$\frac{\log y}{\pi} = \frac{\pi}{\log z} = \pm i.\frac{\log\eta}{\log\zeta}$$

Worin das Vorzeichen der Quadratwurzel so zu nehmen, dass der reelle Theil derselben positiv wird, das Vorzeichen von $\pm i\frac{\log\eta}{\log\zeta}$ aber so, dass der reelle Theil dieses Ausdrucks negativ wird.]

25.

[Aus den Functionalgleichungen für P, Q, R, S, welche bei der Verwandlung des zweiten Arguments η in seinen reciproken Werth, bei der Zeichenänderung desselben und bei der Multiplication desselben mit dem ersten Argument y Statt finden, so wie aus den bekannten Werthen der Functionen für $\eta = 1$ oder auch aus der in Art. 21 für die allgemeinen Functionen aufgestellten partiellen Differentialgleichung folgt, dass wenn P, Q, R, S sich in Reihen nach ganzen wachsenden Potenzen von $y^{\frac{1}{4}}$ und $\eta^{\frac{1}{2}}$ entwickeln lassen, diese

$$P(y,\eta) = 1 + y(\eta + \eta^{-1}) + y^4(\eta^2 + \eta^{-2}) + y^9(\eta^3 + \eta^{-3}) + y^{16}(\eta^4 + \eta^{-4}) + + .$$

$$Q(y,\eta) = 1 - y(\eta + \eta^{-1}) + y^4(\eta^2 + \eta^{-2}) - y^9(\eta^3 + \eta^{-3}) + y^{16}(\eta^4 + \eta^{-4}) - + .$$

$$R(y,\eta) = y^{\frac{1}{4}}(\eta^{\frac{1}{2}} + \eta^{-\frac{1}{2}}) + y^{\frac{9}{4}}(\eta^{\frac{3}{2}} + \eta^{-\frac{3}{2}}) + y^{\frac{25}{4}}(\eta^{\frac{5}{2}} + \eta^{-\frac{5}{2}}) + y^{\frac{49}{4}}(\eta^{\frac{7}{2}} + \eta^{-\frac{7}{2}}) + + .$$

$$S(y,\eta) = y^{\frac{1}{4}}(\eta^{\frac{1}{2}} - \eta^{-\frac{1}{2}}) - y^{\frac{9}{4}}(\eta^{\frac{3}{2}} - \eta^{-\frac{3}{2}}) + y^{\frac{25}{4}}(\eta^{\frac{5}{2}} - \eta^{-\frac{5}{2}}) - y^{\frac{49}{4}}(\eta^{\frac{7}{2}} - \eta^{-\frac{7}{2}}) + - .$$

sein müssen.

Dass durch die Reihen P, Q multiplicirt in den Grenzwerth $\sqrt{H}$ die Grössen $\sqrt{A}$, $\sqrt{B}$ dargestellt werden, auf welche der von Gauss benutzte am Schluss des Art. 18 wiedergegebene Algorithmus sich bezieht, ist im handschriftlichen Nachlasse als besonderer Lehrsatz ausgesprochen und zugleich bemerkt, dass]

$$\operatorname{tang}\tfrac{1}{2}U = \frac{y^{\frac{1}{8}}\sin\tfrac{1}{2}u - y^{\frac{9}{8}}\sin\tfrac{3}{2}u + y^{\frac{25}{8}}\sin\tfrac{5}{2}u - y^{\frac{49}{8}}\sin\tfrac{7}{2}u + \ldots}{y^{\frac{1}{8}}\cos\tfrac{1}{2}u + y^{\frac{9}{8}}\cos\tfrac{3}{2}u + y^{\frac{25}{8}}\cos\tfrac{5}{2}u + y^{\frac{49}{8}}\cos\tfrac{7}{2}u + \ldots}$$

$$\operatorname{tang}U' = \frac{y^{\frac{1}{4}}\sin u - y^{\frac{9}{4}}\sin 3u + y^{\frac{25}{4}}\sin 5u - y^{\frac{49}{4}}\sin 7u + \ldots}{y^{\frac{1}{4}}\cos u + y^{\frac{9}{4}}\cos 3u + y^{\frac{25}{4}}\cos 5u + y^{\frac{49}{4}}\cos 7u + \ldots}$$

$$\operatorname{tang}2U'' = \frac{y^{\frac{1}{2}}\sin 2u - y^{\frac{9}{2}}\sin 6u + y^{\frac{25}{2}}\sin 10u - y^{\frac{49}{2}}\sin 14u + \ldots}{y^{\frac{1}{2}}\cos 2u + y^{\frac{9}{2}}\cos 6u + y^{\frac{25}{2}}\cos 10u + y^{\frac{49}{2}}\cos 14u + \ldots}$$

[wird. Für den Satz, dass die Reihen P, Q den Functionalgleichungen genügen, welche den besprochenen Algorithmus bestimmen, und welche oben in Art. 22 zusammengestellt sind, hat GAUSS ausser dem Beweise, der sich auf die Verwandlung jener Reihen in unendliche Producte stützt und der in der unten folgenden Abhandlung 'hundert Theoreme über die neue Transscendente' enthalten ist, wahrscheinlich auch noch einen andern Beweis geführt, wie er sich leicht aus den oben in Art. 16 gemachten Andeutungen ergibt.]

26.

[Bezeichnen wir, abweichend von der in den vorhergehenden Artikeln befolgten Weise, die ersten Derivirten der Functionen $P(y,\eta)$, $Q(y,\eta)$, $R(y,\eta)$, $S(y,\eta)$ nach der Grösse $\log\eta$ als unabhängige Veränderliche mit P', Q', R', S' und die zweiten Derivirten nach derselben Grösse mit P'', Q'', R'', S'', ferner die ersten Derivirten der Functionen py, qy, ry nach $\log y$ als unabhängig Veränderliche mit p', q', r', so folgt aus den für a, b, c, α, $\mathfrak{b}$, γ, δ gefundenen Differentialgleichungen:

$$\frac{qr'-rq'}{qrp^4} = \frac{pr'-rp'}{rpq^4} = \frac{qp'-pq'}{pqr^4} = \tfrac{1}{4}$$

$$\frac{PS'-SP'}{ppQR} = \frac{QS'-SQ'}{qqPR} = \frac{RS'-SR'}{rrPQ} = \frac{QR'-RQ'}{ppPS} = \frac{PR'-RP'}{qqQS} = \frac{QP'-PQ'}{rrRS} = 1$$

$$-4\frac{Q'}{Q} = (ry)^2.\frac{S(yy,\eta\eta)}{Q(yy,\eta\eta)} + (ryy)^2.\frac{S(y^4,\eta^4)}{Q(y^4,\eta^4)} + (ry^4)^2.\frac{S(y^8,\eta^8)}{Q(y^8,\eta^8)} + .$$

$$\frac{P'P'-PP''}{PP} + \tfrac{1}{4}pprr\frac{RR}{PP} = \frac{Q'Q'-QQ''}{QQ} - \tfrac{1}{4}pprr\frac{SS}{QQ}$$

$$= \frac{R'R'-RR''}{RR} + \tfrac{1}{4}pprr\frac{PP}{RR} = \frac{S'S'-SS''}{SS} - \tfrac{1}{4}pprr\frac{QQ}{SS}$$

$$= -\frac{q'}{q} = \tfrac{1}{8}\{(ry)^4 + 2(ryy)^4 + 4(ry^4)^4 + 8(ry^8)^4 + \ldots\}$$

$$\frac{\mathrm{dd}P}{(\mathrm{d}\log\eta)^2} = \frac{\mathrm{d}P}{\mathrm{d}\log y}$$

welch letzterer Gleichung jede der Functionen P, Q, R, S genügt. Die vorhergehende mehrfache Gleichung zwischen den ersten und zweiten Derivirten der Functionen nach der Grösse $\log\eta$ findet sich, soweit sie sich auf P und S bezieht, in GAUSS handschriftlichem Nachlasse an einer von den übrigen Untersuchungen dieser Functionen getrennten Stelle. Es sind dort P, S, p, r in einer für diese specielle Entwickelung etwas bequemeren Form als die hier benutzte durch ihre Reihen definirt, und es heisst dann,] *so wird*

$$P'P' - PP'' = -\frac{\mathrm{d}p(yy)}{\mathrm{d}\log y}\, P(yy, \eta\eta) - \frac{\mathrm{d}r(yy)}{\mathrm{d}\log y} . R(yy, \eta\eta)$$

$$S'S' - SS'' = +\frac{\mathrm{d}r(yy)}{\mathrm{d}\log y} . P(yy, \eta\eta) - \frac{\mathrm{d}p(yy)}{\mathrm{d}\log y} . R(yy, \eta\eta)$$

$$PP = +p(yy) . P(yy, \eta\eta) + r(yy) . R(yy, \eta\eta)$$

$$SS = -r(yy) . P(yy, \eta\eta) + p(yy) . R(yy, \eta\eta)$$

hier ist noch zu bemerken (wovon jedoch der Beweis tiefer liegt)

$$p(yy) . \frac{\mathrm{d}r(yy)}{\mathrm{d}\log y} - r(yy) . \frac{\mathrm{d}p(yy)}{\mathrm{d}\log y} = \tfrac{1}{2}p(yy) . r(yy) . \{p(yy)^4 - r(yy)^4\}$$

also

$$\frac{P'P'-PP''}{PP} - \frac{S'S'-SS''}{SS} = -\tfrac{1}{2}\left(\frac{PP}{SS} + \frac{SS}{PP}\right) . p(yy) . r(yy) . \{p(yy)^2 - r(yy)^2\}$$

noch findet man

$$PS' - SP' = \tfrac{1}{2}\{y^{\frac{1}{8}} + 3y^{\frac{9}{8}} - 5y^{\frac{25}{8}} - 7y^{\frac{49}{8}} + 9y^{\frac{81}{8}} + . - . - .\} \times$$
$$\times \{y^{\frac{1}{8}}(\eta^{\frac{1}{2}} + \eta^{-\frac{1}{2}}) - y^{\frac{9}{8}}(\eta^{\frac{3}{2}} + \eta^{-\frac{3}{2}}) - y^{\frac{25}{8}}(\eta^{\frac{5}{2}} + \eta^{-\frac{5}{2}}) + . + . - . -\}$$

Das Quadrat des zweiten Factors im andern Theile der vorstehenden Gleichung wird

$$= r . Q(y, \eta\eta) + q . R(y, \eta\eta)$$

Der erste Factor wird

$$= \{p(yy)^2 + r(yy)^2\}\sqrt[4]{\tfrac{1}{2}\{p(yy)^2 - r(yy)^2\}p(yy)ryy)}\ ?$$

Zusammen wird, reductis reducendis

$$(PS'-SP')^2 = \tfrac{1}{4}\{p(yy)^2+r(yy)^2\}\{p(yy)P(yy,\eta\eta)-r(yy)R(yy,\eta\eta)\}\times$$
$$\times\{r(yy)P(yy,\eta\eta)+p(yy)R(yy,\eta\eta)\}$$
$$= \tfrac{1}{4}\{[p(yy)^2-r(yy)^2]PP+2p(yy)r(yy)SS\}\times$$
$$\times\{2p(yy)r(yy)PP-[p(yy)^2-r(yy)^2]SS\}$$

Setzt man also

$$\eta = e^{i\varphi}$$

$$\frac{-iS}{P}\sqrt{\frac{p(yy)^2-r(yy)^2}{2p(yy)r(yy)}} = \sin\theta$$

so wird

$$d\varphi = \frac{2\,d\theta}{\sqrt{([p(yy)^2-r(yy)^2]\cos\theta^2+[p(yy)^2+r(yy)^2]\sin\theta^2)}}$$

$$\cos\theta = \frac{R}{P}\sqrt{\frac{p(yy)^2+r(yy)^2}{2p(yy)r(yy)}}$$

Media Arithmetico-Geometrica inter unitatem et sinus singulorum semigrandum.

			45	0.6544727	9.8158914	90	0.8472131	9.9279927	135	0.9615631	9.9829778
1	0.2563402	9.4088168	46	0.6597572	9.8193842	91	0.8505727	9.9297114	136	0.9632479	9.9837381
2	0.2890201	9.4609280	47	0.6649867	9.8228129	92	0.8538947	9.9314043	137	0.9648951	9.9844801
3	0.3122942	9.4945639	48	0.6701622	9.8261799	93	0.8571793	9.9330717	138	0.9665049	9.9852041
4	0.3312018	9.5200926	49	0.6752849	9.8294870	94	0.8604265	9.9347138	139	0.9680772	9.9859100
5	0.3475041	9.5409599	50	0.6803558	9.8327361	95	0.8636364	9.9363309	140	0.9696119	9.9865979
6	0.3620469	9.5587648	51	0.6853757	9.8359287	96	0.8668089	9.9379234	141	0.9711090	9.9872680
7	0.3753082	9.5743881	52	0.6903457	9.8390666	97	0.8699442	9.9394914	142	0.9725685	9.9879202
8	0.3875870	9.5883692	53	0.6952666	9.8421514	98	0.8730422	9.9410352	143	0.9739905	9.9885547
9	0.3990846	9.6010650	54	0.7001389	9.8451842	99	0.8761030	9.9425552	144	0.9753748	9.9891715
10	0.4099431	9.6127236	55	0.7049637	9.8481668	100	0.8791266	9.9440514	145	0.9767214	9.9897707
11	0.4202673	9.6235256	56	0.7097416	9.8511003	101	0.8821131	9.9455243	146	0.9780304	9.9903523
12	0.4301365	9.6336062	57	0.7144731	9.8539859	102	0.8850624	9.9469739	147	0.9793016	9.9909165
13	0.4396124	9.6430699	58	0.7191589	9.8568248	103	0.8879746	9.9484006	148	0.9805352	9.9914632
14	0.4487447	9.6519994	59	0.7237995	9.8596183	104	0.8908497	9.9498045	149	0.9817310	9.9919925
15	0.4575730	9.6604604	60	0.7283955	9.8623672	105	0.8936878	9.9511858	150	0.9828890	9.9925045
16	0.4661299	9.6685069	61	0.7329474	9.8650728	106	0.8964887	9.9525448	151	0.9840094	9.9929992
17	0.4744428	9.6761838	62	0.7374556	9.8677359	107	0.8992526	9.9538817	152	0.9850919	9.9934767
18	0.4825346	9.6835285	63	0.7419207	9.8703575	108	0.9019793	9.9551966	153	0.9861366	9.9939371
19	0.4904248	9.6905724	64	0.7463429	9.8729384	109	0.9046691	9.9564897	154	0.9871434	9.9943803
20	0.4981301	9.6973428	65	0.7507228	9.8754796	110	0.9073217	9.9577613	155	0.9881125	9.9948064
21	0.5056651	9.7038630	66	0.7550605	9.8779818	111	0.9099373	9.9590115	156	0.9890438	9.9952155
22	0.5130424	9.7101532	67	0.7593567	9.8804458	112	0.9125158	9.9602404	157	0.9899369	9.9956075
23	0.5202728	9.7162311	68	0.7636114	9.8828724	113	0.9150572	9.9614483	158	0.9907923	9.9959826
24	0.5273662	9.7221122	69	0.7678251	9.8852623	114	0.9175616	9.9626352	159	0.9916098	9.9963408
25	0.5343311	9.7278105	70	0.7719981	9.8876162	115	0.9200288	9.9638014	160	0.9923894	9.9966821
26	0.5411753	9.7333379	71	0.7761305	9.8899348	116	0.9224590	9.9649471	161	0.9931310	9.9970065
27	0.5479055	9.7387057	72	0.7802227	9.8922186	117	0.9248520	9.9660723	162	0.9938346	9.9973141
28	0.5545280	9.7439235	73	0.7842750	9.8944684	118	0.9272080	9.9671772	163	0.9945004	9.9976049
29	0.5610483	9.7490002	74	0.7882874	9.8966845	119	0.9295268	9.9682619	164	0.9951281	9.9978790
30	0.5674713	9.7539439	75	0.7922602	9.8988678	120	0.9318084	9.9693266	165	0.9957178	9.9981363
31	0.5738016	9.7587617	76	0.7961936	9.9010187	121	0.9340529	9.9703715	166	0.9962696	9.9983769
32	0.5800433	9.7634604	77	0.8000879	9.9031377	122	0.9362602	9.9713965	167	0.9967833	9.9986008
33	0.5862001	9.7680459	78	0.8039432	9.9052254	123	0.9384303	9.9724020	168	0.9972591	9.9988080
34	0.5922755	9.7725238	79	0.8077596	9.9072821	124	0.9405632	9.9733880	169	0.9976968	9.9989986
35	0.5982726	9.7768991	80	0.8115373	9.9093085	125	0.9426588	9.9743545	170	0.9980965	9.9991725
36	0.6041943	9.7811766	81	0.8152764	9.9113049	126	0.9447172	9.9753018	171	0.9984581	9.9993298
37	0.6100433	9.7853606	82	0.8189771	9.9132718	127	0.9467383	9.9762299	172	0.9987817	9.9994706
38	0.6158220	9.7894551	83	0.8226396	9.9152096	128	0.9487221	9.9771390	173	0.9990672	9.9995947
39	0.6215325	9.7934638	84	0.8262639	9.9171188	129	0.9506687	9.9780292	174	0.9993147	9.9997022
40	0.6271770	9.7973902	85	0.8298501	9.9189996	130	0.9525779	9.9789005	175	0.9995241	9.9997932
41	0.6327574	9.8012372	86	0.8333983	9.9208526	131	0.9544497	9.9797530	176	0.9996954	9.9998677
42	0.6382757	9.8050084	87	0.8369086	9.9226780	132	0.9562842	9.9805870	177	0.9998287	9.9999256
43	0.6437334	9.8087060	88	0.8403811	9.9244763	133	0.9580812	9.9814023	178	0.9999239	9.9999669
44	0.6491319	9.8123330	89	0.8438159	9.9262477	134	0.9598409	9.9821992	179	0.9999800	9.9999917
45	0.6544727	9.8158914	90	0.8472131	9.9279927	135	0.9615631	9.9829778	180	1.0000000	10.0000000

ELEGANTIORES INTEGRALIS $\int \frac{\mathrm{d}x}{\sqrt{(1-x^4)}}$ PROPRIETATES.

[1.]

Valorem huius integralis ab $x=0$ usque ad $x=1$ semper per $\frac{1}{2}\varpi$ designamus. Variabilem x respectu integralis per signum sin lemn denotamus, respectu vero complementi integralis ad $\frac{1}{2}\varpi$ per cos lemn. Ita ut

$$\sin\text{lemn}\int\frac{\mathrm{d}x}{\sqrt{(1-x^4)}}=x,\qquad \cos\text{lemn}\left(\tfrac{1}{2}\varpi-\int\frac{\mathrm{d}x}{\sqrt{(1-x^4)}}\right)=x.$$

Variabilis x tamquam radius vector curvae, integrale autem tamquam curvae arcus respondens considerari potest, curva vero erit ea quam Lemniscatam dixerunt. Haec sufficiunt ad intelligenda quae sequuntur.

[2.]

$$1=ss+cc+sscc\quad\text{sive}\quad 2=(1+ss)(1+cc)=\left(\frac{1}{ss}-1\right)\left(\frac{1}{cc}-1\right)$$

$$s=\sqrt{\frac{1-cc}{1+cc}},\qquad c=\sqrt{\frac{1-ss}{1+ss}}$$

$$\sin\text{lemn}(a\pm b)=\frac{sc'\pm s'c}{1\mp scs'c'}$$

$$\cos\text{lemn}(a\pm b)=\frac{cc'\mp ss'}{1\pm ss'cc'}$$

$$\sin\text{lemn}(-a)=-\sin\text{lemn}\,a,\qquad \cos\text{lemn}(-a)=\cos\text{lemn}\,a$$

$$\sin\text{lemn}\,k\varpi=0\qquad \sin\text{lemn}(k+\tfrac{1}{2})\varpi=\pm 1$$
$$\cos\text{lemn}\,k\varpi=\pm 1\qquad \cos\text{lemn}(k+\tfrac{1}{2})\varpi=0$$

k denotante numerum integrum quemcunque positivum seu negativum, signum superius sumendum quoties k est par, inferius quoties est impar.

[3.]

$$\sin\text{lemn}\,\varphi = s$$

$$\sin\text{lemn}\,2\varphi = sc(1+ss)\frac{2}{1+s^4} = sc(1+cc)\frac{2}{1+c^4}$$

$$\sin\text{lemn}\,3\varphi = s\,\frac{3-6s^4-s^8}{1+6s^4-3s^8}$$

$$\sin\text{lemn}\,4\varphi = 4sc(1+ss)\frac{1-5s^4-5s^8+s^{12}}{1+20s^4-26s^8+20s^{12}+s^{16}}$$

$$\sin\text{lemn}\,5\varphi = s\,.\,\frac{5-2s^4+s^8}{1-2s^4+5s^8}\,.\,\frac{1-12s^4-26s^8+52s^{12}+s^{16}}{1+52s^4-26s^8+12s^{12}+s^{16}}$$

$$\sin\text{lemn}\,n\varphi = s\,.\,\frac{n-\frac{n\,.\,nn-1\,.\,nn+6}{60}s^4-\frac{n^6-13n^4+36nn+420\,.\,n\,.\,nn+1}{10080}s^8\ldots}{1+\frac{n\,.\,n\,.\,nn-1}{12}s^4-\frac{nn\,.\,nn-1\,.\,nn-4\,.\,nn+75}{10080}s^8\ldots}$$

$$\cos\text{lemn}\,\varphi = c$$

$$\cos\text{lemn}\,2\varphi = -\frac{1-2cc-c^4}{1+2cc-c^4} = \frac{1-2ss-s^4}{1+2ss+s^4}$$

$$\cos\text{lemn}\,3\varphi = c\,\frac{1-4ss-6s^4-4s^6+s^8}{1+4ss-6s^4+4s^6+s^8}$$

$$\cos\text{lemn}\,4\varphi = \frac{1-8ss-12s^4+8s^6-38s^8-8s^{10}-12s^{12}+8s^{14}+s^{16}}{1+8ss-12s^4-8s^6-38s^8+8s^{10}-12s^{12}-8s^{14}+s^{16}}$$

[4.]

$$\text{arc}\sin\text{lemn}\,x = x+\frac{1}{2}\cdot\frac{1}{5}x^5+\frac{1\,.\,3}{2\,.\,4}\frac{1}{9}x^9+\frac{1\,.\,3\,.\,5}{2\,.\,4\,.\,6}\frac{1}{13}x^{13}+\frac{1\,.\,3\,.\,5\,.\,7}{2\,.\,4\,.\,6\,.\,8}\frac{1}{17}x^{17}+\ldots$$

$$\sin\text{lemn}\,\varphi = \varphi-\frac{1}{10}\varphi^5+\frac{1}{120}\varphi^9-\frac{11}{15600}\varphi^{13}+\frac{211}{3536000}\varphi^{17}-\frac{1607}{318240000}\varphi^{21}+\ldots$$

$$P\varphi = \varphi-\frac{1}{60}\varphi^5-\frac{1}{10080}\varphi^9+\frac{23}{259459200}\varphi^{13}+\frac{107}{207484333056000}\varphi^{17}+\ldots$$

$$= \varphi-\frac{2}{1.2.3.4.5}\varphi^5-\frac{36}{1\ldots.9}\varphi^9+\frac{552}{1\ldots.13}\varphi^{13}+\frac{5136}{1\ldots.17}\varphi^{17}+\frac{5146848}{1\ldots.21}\varphi^{21}\,..$$

$$Q\varphi = 1+\frac{1}{12}\varphi^4-\frac{1}{10080}\varphi^8+\frac{17}{19958400}\varphi^{12}+\frac{283}{435891456000}\varphi^{16}\,..$$

$$= 1+\frac{2}{1.2.3.4}\varphi^4-\frac{4}{1\ldots.8}\varphi^8+\frac{408}{1\ldots.12}\varphi^{12}+\frac{13584}{1\ldots.16}\varphi^{16}\ldots$$

$$\cos\operatorname{lemn}\varphi = 1-\varphi\varphi+\frac{1}{2}\varphi^4-\frac{3}{10}\varphi^6+\frac{7}{40}\varphi^8-\frac{61}{600}\varphi^{10}+\frac{71}{1200}\varphi^{12}\ldots.$$

$$\left.\begin{matrix}p\varphi\\ q\varphi\end{matrix}\right\} = 1\mp\frac{1}{2}\varphi\varphi-\frac{1}{24}\varphi^4\mp\frac{1}{240}\varphi^6+\frac{17}{40320}\varphi^8\mp\frac{1}{403200}\varphi^{10}+\frac{37}{159667200}\varphi^{12}$$
$$\pm\frac{113}{4151347200}\varphi^{14}+\frac{4171}{6974263296000}\varphi^{16}$$

Formulae pro P, Q, p, q in infinitum continuatae quavis convergentia data citius convergunt, formula autem pro sin lemn φ diverget, si φ ponetur $>\frac{\varpi}{\sqrt{2}}$ sive $\varphi^4>\frac{\varpi^4}{4}$, formula autem pro cos lemn φ diverget, si $\varphi>\varpi$

Einige neue Formeln die Lemniscatischen Functionen betreffend.

Es sei $\int\frac{dx}{\sqrt{(1-x^4)}}=\varphi$, oder $\varphi = x+\frac{1}{2}\cdot\frac{1}{5}x^5+\frac{1.3}{2.4}\cdot\frac{1}{9}x^9+\frac{1.3.5}{2.4.6}\frac{1}{13}x^{13}\ldots$

Man hat dann $\varphi\varphi = xx+\frac{3}{5}\cdot\frac{1}{3}x^6+\frac{3.7}{5.9}\cdot\frac{1}{5}x^{10}+\frac{3.7.11}{5.9.13}\cdot\frac{1}{7}x^{14}$.

Es sei $x = \sin\operatorname{lemn}\varphi$, $y=\sin\operatorname{lemn}\psi$, $z=\sin\operatorname{lemn}(\varphi+\psi)$

so hat man

$$z = \frac{x\sqrt{(1-y^4)}+y\sqrt{(1-x^4)}}{1+xxyy} = \frac{xx-yy}{x\sqrt{(1-y^4)}-y\sqrt{(1-x^4)}}$$

$$\sqrt{\frac{1-zz}{1+zz}} = \frac{-2xy+\sqrt{(1-x^4)}\sqrt{(1-y^4)}}{1+xx+yy-xxyy} = \frac{1-xx-yy-xxyy}{2xy+\sqrt{(1-x^4)}\sqrt{(1-y^4)}}$$

$$\sqrt{\frac{1-z^4}{zz}} = \frac{x(1+y^4)\sqrt{(1-x^4)}-y(1+x^4)\sqrt{(1-y^4)}}{(1+xxyy)(xx-yy)}$$

$$\sqrt{(1-z^4)} = \frac{(1-xxyy)\sqrt{(1-x^4)}\sqrt{(1-y^4)}-2xy(xx+yy)}{(1+xxyy)^2}$$

$$\sqrt{(1-zz)} = \frac{\sqrt{(1-xx)}\sqrt{(1-yy)}-xy\sqrt{(1+xx)}\sqrt{(1+yy)}}{1+xxyy}$$

$$\sqrt{(1+zz)} = \frac{\sqrt{1+xx)}\sqrt{(1+yy)}+xy\sqrt{(1-xx)}\sqrt{(1-yy)}}{1+xxyy}$$

Die einfachste Manier $\sin\operatorname{lemn}\varphi$ in eine Reihe nach Potenzen von φ zu entwickeln scheint folgende zu sein: man hat

$$\sin\operatorname{lemn}(1+i)\varphi = \frac{(1+i)\sin\operatorname{lemn}\varphi}{\sqrt{(1-\sin\operatorname{lemn}\varphi^4)}}$$

setzt man also

$$(\sin\operatorname{lemn}\varphi)^{-2} = \varphi^{-2}(1+\alpha\varphi^4+\beta\varphi^8+\gamma\varphi^{12}\ldots.)$$

und folglich

$$(\sin\operatorname{lemn}(1+i)\varphi)^{-2} = -\tfrac{1}{2}i\varphi^{-2}(1-4\alpha\varphi^4+16\beta\varphi^8-64\gamma\varphi^{12}\ldots)$$

also

$$\begin{aligned}\sin\operatorname{lemn}\varphi^2 &= -2i(\sin\operatorname{lemn}(1+i)\varphi)^{-2}+(\sin\operatorname{lemn}\varphi)^{-2}\\ &= 5\alpha\varphi\varphi-15\beta\varphi^6+65\gamma\varphi^{10}-255\delta\varphi^{14}\ldots\end{aligned}$$

man hat also

$$(1+\alpha t+\beta t^2+\gamma t^3+\delta t^4+\ldots)(5\alpha-15\beta t+65\gamma t^2-255\delta t^3+1025\varepsilon t^4\ldots) = 1$$

hieraus

$$\begin{array}{llll}
5\alpha = 1 & \alpha = \frac{1}{5} & = \frac{1}{5} & \\
3\beta = \alpha\alpha & \beta = \frac{1}{75} & = \frac{1}{3.25} & = \frac{1}{15}\alpha \\
13\gamma = 2\alpha\beta & \gamma = \frac{2}{4875} & = \frac{2}{3.5^3.13} & = \frac{2}{65}\beta \\
51\delta = 14\alpha\gamma - 3\beta\beta & \delta = \frac{1}{82875} & = \frac{1}{3.5^3.13.17} & = \frac{1}{34}\gamma \\
205\varepsilon = 50\alpha\delta - 10\beta\gamma & \varepsilon = \frac{2}{6215625} & = \frac{2}{9.5^5.13.17} & = \frac{2}{75}\delta \\
819\zeta = 206\alpha\varepsilon - 54\beta\delta + 13\gamma\gamma & \zeta = \frac{2}{242409375} & = \frac{2}{3^3.5^5.13^2.17} & = \frac{1}{39}\varepsilon \\
3277\eta = 818\alpha\zeta - 202\beta\varepsilon + 38\gamma\delta & \eta = \frac{4}{19527421875} & = \frac{4}{3.5^7.13^2.17.29} & = \frac{18}{725}\zeta \\
13107\theta = 3278\alpha\eta - 822\beta\zeta + 218\gamma\varepsilon - 51\delta\delta, & \theta = \frac{223}{44815433203125} & = \frac{223}{3^4.5^8.13^2.17^2.29} & = \frac{223}{9180}\eta
\end{array}$$

Die Grenze des Verhältnisses zweier aufeinander folgender Glieder ist

$$(2{,}6220\quad.)^4 : 1 = 47{,}27 : 1$$

Sehr nahe ist

$$\zeta = \frac{92}{(2\varpi)^{24}}, \qquad \eta = \frac{108}{(2\varpi)^{28}}, \qquad \theta = \frac{124}{(2\varpi)^{32}}$$

$$\log P = \log\varphi - \tfrac{1}{12}\alpha\varphi^4 - \tfrac{1}{56}\beta\varphi^8 - \tfrac{1}{132}\gamma\varphi^{12} - \tfrac{1}{240}\delta\varphi^{16} - \tfrac{1}{380}\varepsilon\varphi^{20} - \tfrac{1}{552}\zeta\varphi^{24} \ldots$$

$$= \log\varphi - \tfrac{1}{60}\varphi^4 - \tfrac{1}{4200}\varphi^8 - \tfrac{1}{321750}\varphi^{12} - \tfrac{1}{19890000}\varphi^{16} - \tfrac{1}{1180968750}\varphi^{20}$$

$$- \frac{22}{1756255921875}\varphi^{24} - \,.\,.$$

$$\log\sin\text{lemn}\,\varphi = \log\varphi - \tfrac{3}{6}\alpha\varphi^4 + \tfrac{7}{28}\beta\varphi^8 - \tfrac{33}{66}\gamma\varphi^{12} + \tfrac{127}{120}\delta\varphi^{16} - \tfrac{513}{190}\varepsilon\varphi^{20} + \tfrac{2047}{276}\zeta\varphi^{24} \,.\,.$$

$$= \log\varphi - \tfrac{1}{10}\varphi^4 + \tfrac{1}{300}\varphi^8 - \tfrac{1}{4875}\varphi^{12} + \frac{127}{9945000}\varphi^{16} - \frac{3}{3453125}\varphi^{20}$$

$$+ \frac{89}{1454456250}\varphi^{24} - \,.\,.$$

Die Coëfficienten α, β, γ u. s. f. lassen sich auch vermittelst folgender Gleichung bestimmen

$$1 + \alpha t + \beta tt + \gamma t^3 + \ldots = (1 + \tfrac{3}{2.3}\alpha t + \tfrac{7}{8.7}\beta tt + \tfrac{33}{32.11}\gamma t^3 + \tfrac{127}{128.15}\delta t^4 \ldots)^2$$

Die bequemste Art $\log\cos\text{lemn}\,\varphi$ in eine Reihe zu entwickeln ist folgende. Es ist

$$\frac{d\log\cos\text{lemn}\,\varphi}{d\varphi} = -\frac{2\,d\varphi.}{d\log\sin\text{lemn}\,\varphi} = -(1-i)\sin\text{lemn}(1+i)\varphi$$

hieraus ergibt sich

$$\log\cos\text{lemn}\,\varphi = -\varphi\varphi - \tfrac{2}{15}\varphi^6 - \tfrac{2}{75}\varphi^{10} - \frac{44}{6825}\varphi^{14} - \frac{422}{248625}\varphi^{18} - \frac{6428}{13673375}\varphi^{22}$$

$$- \frac{6044}{44890625}\varphi^{26} - \frac{20824792}{527240390625}\varphi^{30} - \,.\,.$$

$$P\frac{d^4P}{d\varphi^4} - 4\frac{dP}{d\varphi}\cdot\frac{d^3P}{d\varphi^3} + 3\left(\frac{ddP}{d\varphi^2}\right)^2 = 2PP$$

$$P\varphi = \varphi - \frac{2}{1\ldots.5}\varphi^5 - \frac{36}{1\ldots.9}\varphi^9 + \frac{552}{1\ldots.13}\varphi^{13} + \frac{5136}{1\ldots.17}\varphi^{17} + \frac{5146848}{1\ldots.21}\varphi^{21} - \,.\,.$$

$$= \varphi - \frac{1}{4.3.5}\varphi^5 - \frac{1}{32.9.5.7}\varphi^9 + \frac{23}{128.81.25.7.11.13}\varphi^{13} + \frac{107}{2048.243.125.49.11.13.17}\varphi^{17}$$

$$+ \frac{23.37}{8192.729.625.49.11.13.17.19}\varphi^{21} - \,.\,.$$

$$
\begin{aligned}
P\psi\varpi = &+2.6220575\,\psi \\
&-2.0656648\,\psi^5 \\
&-0.5811918\,\psi^9 \\
&+0.0245475\,\psi^{13} \\
&+0.0001890\,\psi^{17} \\
&+0.0000620\,\psi^{21}
\end{aligned}
$$

$$P\tfrac{1}{2}\varpi = +1.2453446 = \sqrt[4]{\tfrac{1}{2}}\,.\,e^{\frac{1}{4}\pi}$$

$$\frac{\mathrm{d}\,\mathrm{d}\log Q}{\mathrm{d}\varphi^2} = \frac{PP}{QQ}$$

Die Halbirung geschieht sehr bequem so

$$
\begin{aligned}
\cos\operatorname{lemn}\varphi &= \operatorname{tang} u \\
\sin\operatorname{lemn}\varphi &= \sqrt{\cos 2u} \\
\cos\operatorname{lemn}\varphi &= \sqrt{\operatorname{tang}\tfrac{1}{2}(45^0+u)} \\
\sin\operatorname{lemn}\varphi &= \sqrt{\operatorname{tang}\tfrac{1}{2}(45^0-u)}
\end{aligned}
$$

$$
\begin{aligned}
\sin\operatorname{lemn}(\varphi+i\psi) &= r(\cos v+i\sin v) \\
\sin\operatorname{lemn}\varphi^2 &= \operatorname{tang}\Phi \\
\sin\operatorname{lemn}\psi^2 &= \operatorname{tang}\Psi \\
r &= \sqrt{\operatorname{tang}(\Phi+\Psi)} \\
\operatorname{tang} v &= \sqrt{\frac{\operatorname{tang}2\Psi}{\operatorname{tang}2\Phi}}
\end{aligned}
$$

$$
\begin{aligned}
\sin\operatorname{lemn}(\varphi+\psi) &= \frac{\sqrt{(\cos 2\Phi\sin 2\Psi)}+\sqrt{(\sin 2\Phi\cos 2\Psi)}}{\cos(\Phi-\Psi):\sqrt{2}} \\
&= \frac{\sin(\Psi-\Phi).\sqrt{2}}{\sqrt{(\cos 2\Phi\sin 2\Psi)}-\sqrt{(\sin 2\Phi\cos 2\Psi)}}
\end{aligned}
$$

Es sei

$$\sin\operatorname{lemn}A = x,\qquad \sin\operatorname{lemn}B = y,\qquad \sin\operatorname{lemn}\frac{A+B}{1+i} = z$$

so ist

$$(1+i)z = \frac{\sqrt{(1+xx)(1-yy)}-\sqrt{(1-xx)(1+yy)}}{x-y}$$

$$\frac{1-i}{z} = \frac{\sqrt{1+xx)(1-yy)}+\sqrt{(1-xx)(1+yy)}}{x+y}$$

$$\frac{\sin\operatorname{lemn}\dfrac{A-B}{1+i}}{\sin\operatorname{lemn}\dfrac{A+B}{1+i}}=\frac{\sin\operatorname{lemn}A-\sin\operatorname{lemn}B}{\sin\operatorname{lemn}A+\sin\operatorname{lemn}B}$$

$$pp=QQ-PP, \qquad qq=QQ+PP$$

$$P(a-b).Q(a+b)=Pa.Qa.\sqrt{(Qb^4-Pb^4)}-Pb.Qb.\sqrt{(Qa^4-Pa^4)}$$
$$P(a-b).P(a+b)=Pa^2.Qb^2-Qa^2.Pb^2$$
$$Q(a-b).Q(a+b)=Pa^2.Pb^2+Qa^2.Qb^2$$

$$\begin{aligned}q(a-b).q(a+b)&=pa^2.Pb^2+qa^2.Qb^2\\&=pb^2.Pa^2+qb^2.Qa^2\end{aligned}$$

$$q(a-b).Q(a+b)=qa.qb.Qa.Qb-pa.pb.Pa.Pb$$
$$q(a-b).P(a+b)=qa.pb.Pa.Qb+pa.qb.Qa.Pb$$

$$\begin{aligned}P\varphi&=P\\Q\varphi&=Q\\p\varphi&=\sqrt{(QQ-PP)}\\q\varphi&=\sqrt{(QQ+PP)}\end{aligned}$$

$$\begin{aligned}P2\varphi&=2PQ\sqrt{(Q^4-P^4)}\\Q2\varphi&=Q^4+P^4\\p2\varphi&=Q^4-2QQPP-P^4\\q2\varphi&=Q^4+2QQPP+P^4\end{aligned}$$

$$\begin{aligned}P3\varphi&=3Q^8P-6Q^4P^5-P^9\\Q3\varphi&=Q^9+6Q^5P^4-3QP^8\\p3\varphi&=\sqrt{(QQ-PP)}.(Q^8-4Q^6PP-6Q^4P^4-4QQP^6+P^8)\\q3\varphi&=\sqrt{(QQ+PP)}.(Q^4+4Q^6PP-6Q^4P^4+4QQP^6+P^8)\end{aligned}$$

$$\begin{aligned}P4\varphi&=4PQ\sqrt{(Q^4-P^4)}.(Q^{12}-5Q^8P^4-5Q^4P^8+P^{12})\\Q4\varphi&=Q^{16}+20Q^{12}P^4-26Q^8P^8+20Q^4P^{12}+P^{16}\\p4\varphi&=Q^{16}-8Q^{14}PP-12Q^{12}P^4-8Q^{10}P^6+38Q^8P^8+8Q^6P^{10}-12Q^4P^{12}\\&\qquad+8QQP^4+P^{16}\\q4\varphi&=Q^{16}+8Q^{14}PP-12Q^{12}P^4+8Q^{10}P^6+38Q^8P^8-8Q^6P^{10}-12Q^4P^{12}\\&\qquad-8QQP^4+P^{16}\end{aligned}$$

$$\frac{Qn\varphi}{Q\varphi^{nn}} = 1 + \tfrac{1}{12}(n^4 - nn)\left(\frac{P\varphi}{Q\varphi}\right)^4 - \tfrac{1}{10080}(n^8 + 70n^6 - 371n^4 + 300nn)\left(\frac{P\varphi}{Q\varphi}\right)^8$$
$$+ \tfrac{1}{19958400}(17n^{12} + 165n^{10} + 4191n^8 - 106865n^6 + 426492n^4 - 324000nn).\left(\frac{P\varphi}{Q\varphi}\right)^{12}$$
$$= 1 + \tfrac{1}{12}nn(n-1)\left(\frac{P\varphi}{Q\varphi}\right)^4 - \tfrac{1}{10080}nn(nn-1)(nn-4)(nn+75)\left(\frac{P\varphi}{Q\varphi}\right)^8$$
$$+ \tfrac{1}{19958400}nn(nn-1)(nn-4)(nn-9)(17n^4 + 403nn + 9000).\left(\frac{P\varphi}{Q\varphi}\right)^{12}$$

$$Pi\varphi = iP\varphi$$
$$Qi\varphi = Q\varphi$$
$$pi\varphi = q\varphi$$
$$qi\varphi = p\varphi$$

$$P(1+i)\varphi = (1+i)PQ$$
$$Q(1+i)\varphi = \sqrt{(Q^4 - P^4)} = pq$$
$$p(1+i)\varphi = QQ - iPP$$
$$q(1+i)\varphi = QQ + iPP$$

$$P(2+i)\varphi = (2+i)PQ^4 - iP^5$$
$$Q(2+i)\varphi = Q^5 - (1-2i)QP^4$$
$$p(2+i)\varphi = \sqrt{(QQ+PP)}.\{Q^4 - (2+2i)QQPP + P^4\}$$
$$q(2+i)\varphi = \sqrt{(QQ-PP)}.\{Q^4 + (2+2i)QQPP + P^4\}$$

$$P(3+i)\varphi = (3+i)PQ^9 - (2+6i)P^5Q^5 + (3+i)P^9Q$$
$$Q(3+i)\varphi = \sqrt{(Q^4 - P^4)}\ \{Q^8 + (2+8i)P^4Q^4 + P^8\}$$
$$p(3+i)\varphi = Q^{10} - (4-3i)Q^8PP - (2-4i)Q^6P^4 + (4+2i)Q^4P^6 - (3+4i)QQP^8 - iP^{10}$$
$$q(3+i)\varphi = Q^{10} + (4-3i)Q^8PP - (2-4i)Q^6P^4 - (4+2i)Q^4P^6 - (3+4i)QQP^8 + iP^{10}$$

$$P(1+2i)\varphi = (1+2i)PQ^4 - P^5$$
$$Q(1+2i)\varphi = Q^5 - (1+2i)QP^4$$
$$P(1+3i)\varphi = (1+3i)PQ^9 - (6+2i)P^5Q^5 + (1+3i)P^9Q$$
$$Q(1+3i)\varphi = Q^{10}\ ..$$
$$P(1+4i)\varphi = (1+4i)PQ^{16} - (20+12i)P^5Q^{12} - (10-28i)P^9Q^8 + (12-20i)P^{13}Q^4 + P^{17}$$

$$Q(1+4i)\varphi =$$

$$P(1+ni)\varphi = (1+in)PQ^{nn} - \left(\frac{nn.nn-1}{12} + \frac{n.nn-1.nn-4}{60}\,i\right)P^5 Q^{nn-4} +$$
$$= (1+in)PQ^{nn} - \frac{n.nn-1.1+in.n-4i}{60}\,P^5 Q^{nn-4}$$

Unter den Zahlen $y = x,\ 2x+1,\ 2x+i,\ 2x-1,\ 2x-i$ ist immer wenigstens eine (oder drei oder alle), die die Auflösung der Congruenz $1-y^4 \equiv zz$ nach irgend einem Modulus möglich macht.

$$\sin\text{lemn}\, X = x, \qquad \sin\text{lemn}\, Y = y, \qquad \sin\text{lemn}\, Z = z$$

$$\sin\text{lemn}(X+Y+Z) = \frac{\begin{array}{r} -2xyz(xx+yy+zz-xxyyzz) + x\sqrt{(1-y^4)}.\sqrt{(1-z^4)}.(1-yyzz+xxzz+xxyy) \\ +y\sqrt{(1-x^4)}.\sqrt{(1-z^4)}.(1+yyzz-xxzz+xxyy) \\ +z\sqrt{(1-x^4)}.\sqrt{(1-y^4)}.(1+yyzz+xxzz-xxyy) \end{array}}{1+2yyzz+2xxzz+2xxyy+y^4z^4+x^4z^4+x^4y^4-2x^4yyzz-2xxy^4zz-2xxyyz^4}$$

Ist $\varphi+\varphi'+\varphi'' = 0$, $\sin\text{lemn}\,\varphi = x$ $\cos\text{lemn}\,\varphi = y$
$\sin\text{lemn}\,\varphi' = x'$ $\cos\text{lemn}\,\varphi' = y'$
$\sin\text{lemn}\,\varphi'' = x''$ $\cos\text{lemn}\,\varphi' = y''$

so ist

$$x(y-y'y'') = x'(y'-yy'') = x''(y''-yy'), \qquad y'' = \frac{xy-x'y'}{xy'-x'y}$$

Q		
$-1+2i$	5	$1+(-1+2i)x^4$
-3	9	$1+6x^4-3x^8$
$+3+2i$	13	$1+(-11+10i)x^4+(7-4i)x^8+(3+2i)x^{12}$
$+1+4i$	17	$1+(+12-20i)x^4+(-10+28i)x^8-(20+12i)x^{12}+(1+4i)x^{16}$
5	25	$1+50x^4-125x^8+300x^{12}-105x^{16}$ $-62x^{20}+5x^{24}$

für $x^4 = +1$ und $x^4 = -1$

werden diese Functionen respective den Quadraten und Würfeln

von	$1-i$	-2	$-2-2i$	$-4i$	$+8$
gleich für $M =$	5	9	13	17	25

$$Q(a+bi)\varphi = Q^{aa+bb} + \tfrac{1}{12}\{(a+bi)^4 - (aa+bb)\}\,Q^{aa+bb-4}P^4$$
$$-\tfrac{1}{10080}\{(a+bi)^8 + 70(a+bi)^4(aa+bb) - 35(aa+bb)^2 - 336(a+bi)^4 + 300(aa+bb)\}.$$
$$Q^{aa+bb-8}P^8 \ldots$$

DE CURVA LEMNISCATA.

1.

Posito integrali $\int\frac{dx}{\sqrt{(1-x^4)}}$, a $x = 0$ usque ad $x = s$, $= \varphi$, dicimus s sinum lemniscaticum ipsius φ, $s = \sin \operatorname{lemn} \varphi$.

2.

Valor integralis ab $x = 0$ usque ad $x = 1$ est $= 1.3110287771\ 4605987$ secundum STIRLING, qui valor a nobis usque ad figuram undecimam verus in ventus est, utentibus formula: arc sin lemn $\frac{7}{23}$ + 2 arc sin lemn $\frac{1}{2}$ (EULER habet 1.311031). Potestates huius numeri, cuius duplum semper per ϖ designabimus, has invenimus

1	1.3110287771	4605990680	320.7
2	1.7187964545	0509311.7	
4	2.9542612520	1927863.4	
5	3.8731215170	0712625.4	
6	5.0777737656	5251025.3	
8	8.7276595451	8251569.0	
9	11.4422128208	59	
12	25.7837864151	41749	
13	33.8032859402	5	

$$\log \text{brigg} \tfrac{1}{2}\varpi = 0.1176122226 \quad 9692.2$$
$$\log \text{hyp} \tfrac{1}{2}\varpi = 0.2708121550 \quad 7159155410 \quad 6425$$
$$\log \text{hyp}\, \varpi = 0.9639593356 \quad 3153686352 \quad 36577$$

Sinum lemniscaticum ipsius $(\frac{1}{2}\varpi - a)$ cosinum lemniscaticum ipsius a dicemus.

3.

Aequationis

$$\frac{dx}{\sqrt{(1-x^4)}} + \frac{dy}{\sqrt{(1-y^4)}} = 0$$

integrale completum invenitur hoc

$$\frac{x\sqrt{\frac{1-yy}{1+yy}} + y\sqrt{\frac{1-xx}{1+xx}}}{1 - xy\sqrt{\frac{1-xx}{1+xx}\,\frac{1-yy}{1+yy}}} = C$$

Sed eiusdem aequat. integrale est

$$\text{arc sin lemn}\, x + \text{arc sin lemn}\, y = c$$

unde sequitur C esse functionem ipsius c. Ut appareat qualis, ponamus $y = 0$ tum fit $C = x$, $c = \text{arc sin lemn}\, x$, quare erit $c = \text{arc sin lemn}\, C$, sive $C = \text{sin lemn}\, c$. Hinc si $\text{sin lemn}\, p = x$, $\text{sin lemn}\, q = y$, erit

$$\text{sin lemn}\,(p+q) = \frac{x\sqrt{\frac{1-yy}{1+yy}} + y\sqrt{\frac{1-xx}{1+xx}}}{1 - xy\sqrt{\frac{1-xx}{1+xx}\,\frac{1-yy}{1+yy}}}$$

Hinc posito $p = \frac{1}{2}\varpi$, $q = -a$, fit propter

$$\text{sin lemn}\,(-a) = -\text{sin lemn}\, a, \qquad \text{sin lemn}\, \tfrac{1}{2}\varpi = 1$$

$$\text{cos lemn}\, a = \sqrt{\frac{1 - \text{sin lemn}\, a^2}{1 + \text{sin lemn}\, a^2}}$$

Forma autem praecedens transit in hanc

$$\sin\operatorname{lemn}(p\pm q) = \frac{\sin\operatorname{lemn}p\cos\operatorname{lemn}q \pm \sin\operatorname{lemn}q\cos\operatorname{lemn}p}{1\mp\sin\operatorname{lemn}p\sin\operatorname{lemn}q\cos\operatorname{lemn}p\cos\operatorname{lemn}q}$$

$$\cos\operatorname{lemn}(p\pm q) = \frac{\cos\operatorname{lemn}p\cos\operatorname{lemn}q \mp \sin\operatorname{lemn}p\sin\operatorname{lemn}q}{1\pm\sin\operatorname{lemn}p\sin\operatorname{lemn}q\cos\operatorname{lemn}p\cos\operatorname{lemn}q}$$

[Spätere Bemerkung:]

I. $$\alpha+\beta+\gamma = 180^0\ [=\varpi]$$

Setzt

$$\begin{array}{ll} \sin\operatorname{lemn}\alpha = \operatorname{tang}a, & \cos\operatorname{lemn}\alpha = \cos A \\ \sin\operatorname{lemn}\beta = \operatorname{tang}b, & \cos\operatorname{lemn}\beta = \cos B \\ \sin\operatorname{lemn}\gamma = \operatorname{tang}c, & \cos\operatorname{lemn}\gamma = \cos C \end{array}$$

so sind a, b, c, A, B, C Seiten und Winkel eines sphärischen Dreiecks, wo

$$\frac{\sin A}{\sin a} = \frac{\sin B}{\sin b} = \frac{\sin C}{\sin c} = \sqrt{2}$$

II. $$\alpha+\beta+\gamma = 90^0\ [=\tfrac{1}{2}\varpi]$$

Setzt

$$\begin{array}{ll} \sin\operatorname{lemn}\alpha = \cos a, & \cos\operatorname{lemn}\alpha = -\operatorname{tang}A \\ \sin\operatorname{lemn}\beta = \cos b, & \cos\operatorname{lemn}\beta = -\operatorname{tang}B \\ \sin\operatorname{lemn}\gamma = \cos c, & \cos\operatorname{lemn}\gamma = -\operatorname{tang}C \end{array}$$

so sind wieder a, b, c, A, B, C Seiten und Winkel eines sphärischen Dreiecks, in welchem

$$\frac{\sin A}{\sin a} = \frac{\sin B}{\sin b} = \frac{\sin C}{\sin c} = \sqrt{\tfrac{1}{2}}$$

[4.]

Si valores $s\ [=\sin\frac{\pi}{\varpi}\varphi]$, qui reddunt ipsum $\sin\operatorname{lemn}\varphi = 0$ secundum regulas notas productum infinitum generare concipiuntur, nec non valores ipsius s, qui reddunt ipsum $\sin\operatorname{lemn}\varphi = \infty$, quorum primum sit $P\varphi$, secundum $Q\varphi$, permissum erit (id quod rigorose demonstrare possumus) ponere

$$\sin\operatorname{lemn}\varphi = \frac{P\varphi}{Q\varphi}$$

erit vero

$$P\varphi = \alpha s\left(1+\frac{4ss}{(e^{\pi}-e^{-\pi})^2}\right)\left(1+\frac{4ss}{(e^{2\pi}-e^{-2\pi})^2}\right)\left(1+\frac{4ss}{(e^{3\pi}-e^{-3\pi})^2}\right)\ldots$$

$$Q\varphi = \left(1-\frac{4ss}{(e^{\frac{1}{2}\pi}+e^{-\frac{1}{2}\pi})^2}\right)\left(1-\frac{4ss}{(e^{\frac{3}{2}\pi}+e^{-\frac{3}{2}\pi})^2}\right)\left(1-\frac{4ss}{(e^{\frac{5}{2}\pi}+e^{-\frac{5}{2}\pi})^2}\right)\ldots$$

$$\alpha = \frac{\varpi}{\pi}$$

Simili modo positis

$$p\varphi = c\left(1-\frac{4ss}{(e^{\pi}+e^{-\pi})^2}\right)\left(1-\frac{4ss}{(e^{2\pi}+e^{-2\pi})^2}\right)\left(1-\frac{4ss}{(e^{3\pi}+e^{-3\pi})^2}\right)\ldots$$

$$q\varphi = \left(1+\frac{4ss}{(e^{\frac{1}{2}\pi}-e^{-\frac{1}{2}\pi})^2}\right)\left(1+\frac{4ss}{(e^{\frac{3}{2}\pi}-e^{-\frac{3}{2}\pi})^2}\right)\left(1+\frac{4ss}{(e^{\frac{5}{2}\pi}-e^{-\frac{5}{2}\pi})^2}\right)\ldots$$

erit

$$\cos \operatorname{lemn} \varphi = \frac{p\varphi}{q\varphi}$$

[5.]

$$\sqrt[4]{2}\,.\,P(\varphi+\tfrac{1}{2}\varpi) = p\varphi$$
$$\sqrt[4]{2}\,.\,Q(\varphi+\tfrac{1}{2}\varpi) = q\varphi$$

$$p(\varphi+\tfrac{1}{2}\varpi) = -\sqrt[4]{2}\,.\,P\varphi$$
$$q(\varphi+\tfrac{1}{2}\varpi) = \sqrt[4]{2}\,.\,Q\varphi$$
$$Pi\psi\varpi = ie^{\pi\psi\psi}P\psi\varpi$$
$$Qi\psi\varpi = e^{\pi\psi\psi}Q\psi\varpi$$
$$pi\psi\varpi = e^{\pi\psi\psi}q\psi\varpi$$
$$qi\psi\varpi = e^{\pi\psi\psi}p\psi\varpi$$

[werden die an einem andern Orte untersuchten Reihen Seite 405 d. B.

$$\varphi - \tfrac{1}{60}\varphi^5 - \tfrac{1}{10080}\varphi^9 + \ldots$$
$$1 + \tfrac{1}{12}\varphi^4 - \tfrac{1}{10080}\varphi^8 + \ldots$$
$$1 - \tfrac{1}{2}\varphi\varphi - \tfrac{1}{24}\varphi^4 - \ldots$$
$$1 + \tfrac{1}{2}\varphi\varphi - \tfrac{1}{24}\varphi^4 + \ldots$$

resp. mit $\mathfrak{P}\varphi$, $\mathfrak{Q}\varphi$, $\mathfrak{p}\varphi$, $\mathfrak{q}\varphi$ bezeichnet, so ist:]

$$\mathfrak{P}\psi\varpi = e^{\frac{1}{2}\pi\psi\psi}P\psi\varpi \qquad \mathfrak{p}\psi\varpi = e^{\frac{1}{2}\pi\psi\psi}p\psi\varpi$$
$$\mathfrak{Q}\psi\varpi = e^{\frac{1}{2}\pi\psi\psi}Q\psi\varpi \qquad \mathfrak{q}\psi\varpi = e^{\frac{1}{2}\pi\psi\psi}q\psi\varpi$$

[6.]

Ex expressionibus supra allatis sequitur

$$\sin\operatorname{lemn}\varphi = \frac{\frac{\pi}{\varpi}(e^{\frac{1}{2}\pi}-e^{-\frac{1}{2}\pi})}{e^{\frac{1}{2}\pi}-2s+e^{-\frac{1}{2}\pi}} - \frac{\frac{\pi}{\varpi}(e^{\frac{1}{2}\pi}-e^{-\frac{1}{2}\pi})}{e^{\frac{1}{2}\pi}+2s+e^{-\frac{1}{2}\pi}}$$

$$- \frac{\frac{\pi}{\varpi}(e^{\frac{3}{2}\pi}-e^{-\frac{3}{2}\pi})}{e^{\frac{3}{2}\pi}-2s+e^{-\frac{3}{2}\pi}} + \frac{\frac{\pi}{\varpi}(e^{\frac{3}{2}\pi}-e^{-\frac{3}{2}\pi})}{e^{\frac{3}{2}\pi}+2s+e^{-\frac{3}{2}\pi}}$$

$$+ \text{ etc.}$$

$$\cos\operatorname{lemn}\varphi =$$

Hinc vero sequitur

$$\sin\operatorname{lemn}\psi\varpi = \frac{\pi}{\varpi}\,\frac{4}{e^{\frac{1}{2}\pi}+e^{-\frac{1}{2}\pi}}\sin\psi\pi - \frac{\pi}{\varpi}\,\frac{4}{e^{\frac{3}{2}\pi}+e^{-\frac{3}{2}\pi}}\sin 3\psi\pi + \ldots$$

[7.]

$$\log(1+\mu\cos\varphi) = 2\left\{\frac{\mu}{1+\sqrt{(1-\mu\mu)}}\cos\varphi - \left(\frac{\mu}{1+\sqrt{(1-\mu\mu)}}\right)^2\frac{\cos 2\varphi}{2} + \left(\frac{\mu}{1+\sqrt{(1-\mu\mu)}}\right)^3\frac{\cos 3\varphi}{3}\right.$$

$$\log Q\psi\varpi = -\tfrac{1}{2}\log 2 + \tfrac{1}{12}\pi$$
$$+\frac{2}{e^{\pi}-e^{-\pi}}\cos 2\psi\pi - \tfrac{1}{2}\frac{2}{e^{2\pi}-e^{-2\pi}}\cos 4\psi\pi + \tfrac{1}{3}\frac{2}{e^{3\pi}-e^{-3\pi}}\cos 6\psi\pi - ..$$

$$\log P\psi\varpi = \tfrac{1}{2}\log 2 - \tfrac{1}{6}\pi + \log\sin\psi\pi$$
$$-\frac{2}{e^{2\pi}-1}\cos 2\psi\pi - \tfrac{1}{2}\frac{2}{e^{4\pi}-1}\cos 4\psi\pi - \tfrac{1}{3}\frac{2}{e^{6\pi}-1}\cos 6\psi\pi - ..$$

$$\log q\psi\varpi = -\tfrac{1}{4}\log 2 + \tfrac{1}{12}\pi$$
$$-\frac{2}{e^{\pi}-e^{-\pi}}\cos 2\psi\pi - \tfrac{1}{2}\frac{2}{e^{2\pi}-e^{-2\pi}}\cos 4\psi\pi - \tfrac{1}{3}\frac{2}{e^{3\pi}-e^{-3\pi}}\cos 6\psi\pi - ..$$

$$\log p\psi\varpi = \tfrac{3}{4}\log 2 - \tfrac{1}{6}\pi + \log\cos\psi\pi$$
$$+\frac{2}{e^{2\pi}-1}\cos 2\psi\pi - \tfrac{1}{2}\frac{2}{e^{4\pi}-1}\cos 4\psi\pi + \tfrac{1}{3}\frac{2}{e^{6\pi}-1}\cos 6\psi\pi - ..$$

$$\log\sin\operatorname{lemn}\psi\varpi = \log 2 - \tfrac{1}{4}\pi + \log\sin\psi\pi$$
$$-\frac{2}{e^{\pi}-1}\cos 2\psi\pi + \tfrac{1}{2}\frac{2}{e^{2\pi}-1}\cos 4\psi\pi - \tfrac{1}{3}\frac{2}{e^{3\pi}-1}\cos 6\psi\pi - ..$$

$$
\begin{aligned}
\log Q\psi\pi = & -0.0847742372\ 7 \\
& +0.0865895371\ 57\ \cos 2\psi\pi \\
& -0.0018674144\ 52\ \cos 4\psi\pi \\
& +0.0000537996\ 86\ \cos 6\psi\pi \\
& -\quad 17436\ 71\ \cos 8\psi\pi \\
& +\quad 602\ 81\ \cos 10\psi\pi \\
& -\quad 21\ 71\ \cos 12\psi\pi \\
& +\quad 81\ \cos 14\psi\pi \\
& -\quad 3\ \cos 16\psi\pi
\end{aligned}
$$

$$
\begin{aligned}
\log P\psi\varpi = & \log\sin\psi\pi \\
& -0.1770251853\ 2 \\
& -0.0037418731\ 98\ \cos 2\psi\pi \\
& -\quad 34873\ 54\ \cos 4\psi\pi \\
& -\quad 43\ 42\ \cos 6\psi\pi \\
& -\quad 6\ \cos 8\psi\pi
\end{aligned}
$$

[8.]

$$\sin\operatorname{lemn}\psi\varpi = \sqrt{\frac{4}{e^{\frac{1}{2}\pi}}}\cdot\frac{\sin\psi\pi - e^{-2\pi}\sin 3\psi\pi + e^{-6\pi}\sin 5\psi\pi - \ldots}{1+2e^{-\pi}\cos 2\psi\pi + 2e^{-4\pi}\cos 4\psi\pi - \ldots}$$

$$P\psi\varpi = 2^{\frac{3}{4}}\sqrt{\frac{\pi}{\varpi}}.\{e^{-\frac{1}{4}\pi}\sin\psi\pi - e^{-\frac{9}{4}\pi}\sin 3\psi\pi + e^{-\frac{25}{4}\pi}\sin 5\psi\pi - \ldots\}$$

$$Q\psi\varpi = \frac{1}{2^{\frac{1}{4}}}\sqrt{\frac{\pi}{\varpi}}.\{1+2e^{-\pi}\cos 2\psi\pi + 2e^{-4\pi}\cos 4\psi\pi - \ldots\}$$

$$1 - 2e^{-\pi} + 2e^{-4\pi} - 2e^{-9\pi} + \ldots\ldots = \sqrt{\frac{\varpi}{\pi}}$$

$$e^{-\frac{1}{4}\pi} + e^{-\frac{9}{4}\pi} + e^{-\frac{25}{4}\pi} + \ldots\ldots\ldots = \frac{1}{2}\sqrt{\frac{\varpi}{\pi}}$$

$$
\begin{aligned}
\sqrt{\frac{\varpi}{\pi}} &= 0.9135791381\ 5611682140\ 724259 \\
2e^{-\frac{1}{4}\pi} &= 0.9118762555\ 3199247353\ 1842589456\ 058838833 \\
2e^{-\frac{9}{4}\pi} &= 0.0017028766\ 8561031607\ 1704906 \\
2e^{-\frac{25}{4}\pi} &= \ldots\ldots\ldots 59\ 3851399312\ 9644497731\ 18 \\
2e^{-\frac{49}{4}\pi} &= \ldots\ldots\ldots\ldots\ \ldots\ldots 3867\ 40505991
\end{aligned}
$$

$$2e^{-\pi} = 0.0864278365\ 2754449954\ 8835474343\ 4560225514$$
$$2e^{-4\pi} = 0.0000069746\ 8471241799\ 0983550387\ 96535$$
$$2e^{-9\pi} = \ldots\ldots\ldots\ldots.105109703\ 5201288$$
$$2e^{-16\pi} = \ldots\ldots\ldots\ldots\ldots\ldots\ldots.295807$$

[9.]

$$\frac{1}{\sin\operatorname{lemn}\psi\varpi} = \frac{\pi}{\varpi}\left(\frac{1}{\sin\psi\pi} - \frac{4}{e^{\pi}+1}\sin\psi\pi - \frac{4}{e^{3\pi}+1}\sin 3\psi\pi - \frac{4}{e^{5\pi}+1}\sin 5\psi\pi - ..\right)$$

$$\begin{aligned}\frac{1}{P\psi\varpi} = \frac{\pi}{\varpi}\Big[\frac{1}{\sin\psi\pi} &- 4(e^{-2\pi} - e^{-6\pi} + e^{-12\pi} - \ldots)\sin\psi\pi \\ &- 4(e^{-4\pi} - e^{-10\pi} + e^{-18\pi} - \ldots)\sin 3\psi\pi \\ &- 4(e^{-6\pi} - e^{-14\pi} + e^{-24\pi} - \ldots)\sin 5\psi\pi \\ &- ..\end{aligned}$$

[10].

$$\sin\operatorname{lemn}\psi\varpi = \operatorname{tang} u\pi$$
$$\pi\,du = \varpi\cos\operatorname{lemn}\psi\varpi.d\psi$$
$$\cos\operatorname{lemn}\psi\varpi = \frac{\pi}{\varpi}\left(\frac{4}{e^{\frac{1}{2}\pi}+e^{-\frac{1}{2}\pi}}\cos\psi\pi + \frac{4}{e^{\frac{3}{2}\pi}+e^{-\frac{3}{2}\pi}}\cos 3\psi\pi + \ldots\right)$$
$$u\pi = \frac{4}{e^{\frac{1}{2}\pi}+e^{-\frac{1}{2}\pi}}\sin\psi\pi + \frac{1}{3}\frac{4}{e^{\frac{3}{2}\pi}+e^{-\frac{3}{2}\pi}}\sin 3\psi\pi + \ldots$$

$$1 + 2p\cos\varphi + 2pp\cos 2\varphi + \ldots = \frac{\frac{1}{p} - p}{\frac{1}{p} + p - 2\cos\varphi}$$

$$1 - 2p\cos\varphi + 2pp\cos 2\varphi - \ldots = \frac{\frac{1}{p} - p}{\frac{1}{p} + p + 2\cos\varphi}$$

$$p\cos\varphi + p^3\cos 3\varphi + \ldots = \frac{(\frac{1}{p} - p)\cos\varphi}{(\frac{1}{p} + p)^2 - 4\cos\varphi^2}$$

$$2p\sin\varphi + \tfrac{2}{3}p^3\sin 3\varphi + \ldots = \operatorname{arc\,tang}\frac{2\sin\varphi}{\frac{1}{p} - p}$$

$$\tfrac{1}{2}u\pi = \operatorname{arc\,tang}\frac{2\sin\psi\pi}{e^{\frac{1}{2}\pi} - e^{-\frac{1}{2}\pi}} - \operatorname{arc\,tang}\frac{2\sin\psi\pi}{e^{\frac{3}{2}\pi} - e^{-\frac{3}{2}\pi}} + \ldots$$

[11.]

$$(P\psi\varpi)^2 = \frac{\sqrt{\frac{\pi}{\varpi}}}{2^{\frac{7}{4}}\cos\frac{1}{8}\pi}(1+2e^{-2\pi}\cos 4\psi\pi + 2e^{-8\pi}\cos 8\psi\pi + \ldots)$$

$$-\frac{\sqrt{\frac{\pi}{\varpi}}}{2^{\frac{7}{4}}\sin\frac{1}{8}\pi}(2e^{-\frac{1}{2}\pi}\cos 2\psi\pi + 2e^{-\frac{9}{2}\pi}\cos 6\psi\pi + 2e^{-\frac{25}{2}\pi}\cos 10\psi\pi + \ldots)$$

$$(Q\psi\varpi)^2 = 2^{\frac{3}{4}}\cos\tfrac{1}{8}\pi.\sqrt{\tfrac{\pi}{\varpi}}.(1+2e^{-2\pi}\cos 4\psi\pi + \ldots$$

$$+2^{\frac{3}{4}}\sin\tfrac{1}{8}\pi.\sqrt{\tfrac{\pi}{\varpi}}.(2e^{-\frac{1}{2}\pi}\cos 2\psi\pi + \ldots$$

$$A = \frac{\sqrt{\frac{\pi}{\varpi}}}{2^{\frac{7}{4}}\cos\frac{1}{8}\pi}, \qquad B = \frac{\sqrt{\frac{\pi}{\varpi}}}{2^{\frac{7}{4}}\sin\frac{1}{8}\pi}$$

0.3522376226	6118372314	$= A$
0.3535519576	3585935635	$= 2Be^{-\frac{1}{2}\pi}$
0.0013155679	2352259042	$= 2Ae^{-2\pi}$
0.0000012329	5741446398	$= 2Be^{-\frac{9}{2}\pi}$
....	0856752170	$= 2Ae^{-8\pi}$
....	1494	$= 2Be^{-\frac{25}{2}\pi}$

[12.]

Variae Summationes serierum absconditae.

1^0 $$\left[\frac{2}{e^{\pi}+e^{-\pi}}\right]^2 + \left[\frac{2}{e^{2\pi}+e^{-2\pi}}\right]^2 + \left[\frac{2}{e^{3\pi}+e^{-3\pi}}\right]^2 + \ldots = \frac{1}{2}\frac{\varpi\varpi}{\pi\pi} - \frac{1}{2\pi} - \frac{1}{2}$$

2^0 $$\left[\frac{2}{e^{\frac{1}{2}\pi}-e^{-\frac{1}{2}\pi}}\right]^2 + \left[\frac{2}{e^{\frac{3}{2}\pi}-e^{-\frac{3}{2}\pi}}\right]^2 + \left[\frac{2}{e^{\frac{5}{2}\pi}-e^{-\frac{5}{2}\pi}}\right]^2 + \ldots = \frac{1}{2}\frac{\varpi\varpi}{\pi\pi} - \frac{1}{2\pi}$$

3^0 $$\left[\frac{2}{e^{\pi}-e^{-\pi}}\right]^2 + \left[\frac{2}{e^{2\pi}-e^{-2\pi}}\right]^2 + \left[\frac{2}{e^{3\pi}-e^{-3\pi}}\right]^2 + \ldots = \frac{1}{6} - \frac{1}{2\pi}$$

4^0 $$\left[\frac{2}{e^{\frac{1}{2}\pi}+e^{-\frac{1}{2}\pi}}\right]^2 + \left[\frac{2}{e^{\frac{3}{2}\pi}+e^{-\frac{3}{2}\pi}}\right]^2 + \left[\frac{2}{e^{\frac{5}{2}\pi}+e^{-\frac{5}{2}\pi}}\right]^2 + \ldots = \frac{1}{2\pi}$$

5^0 $$\frac{2}{e^{\frac{1}{2}\pi}+e^{-\frac{1}{2}\pi}} + \frac{2}{e^{\frac{3}{2}\pi}+e^{-\frac{3}{2}\pi}} + \ldots \qquad = \frac{1}{2}\frac{\varpi}{\pi}$$

6^0

[13.]

Rechnungen zur Lemniscata gehorig.

$$\{(\sin\operatorname{lemn}\tfrac{2}{5}\varpi)^2+(\sin\operatorname{lemn}\tfrac{4}{5}\varpi)^2\}^2 = 14\sqrt{5}-.30$$
$$\{(\sin\operatorname{lemn}\tfrac{2}{5}\varpi)^2-(\sin\operatorname{lemn}\tfrac{4}{5}\varpi)^2\}^2 = 10\sqrt{5}-22$$

$$\tfrac{1}{2}(\sin\operatorname{lemn}\tfrac{2}{5}\varpi)^4+\tfrac{1}{2}(\sin\operatorname{lemn}\tfrac{4}{5}\varpi)^4 = 6\sqrt{5}-13$$
$$= 0.4164078649\quad 9873817845\quad 5042012387\quad 65741$$

$$\{\tfrac{1}{2}(\sin\operatorname{lemn}\tfrac{2}{5}\varpi)^4-\tfrac{1}{2}(\sin\operatorname{lemn}\tfrac{4}{5}\varpi)^4\}^4 = 340-152\sqrt{5}$$
$$= 0.1176674200\quad 3196614580\quad 5602352846\quad 01228$$

daraus Radix

$$0.3430268503\quad 0761971797\quad 7310507555\quad 85731$$

also

$$(\sin\operatorname{lemn}\tfrac{4}{5}\varpi)^4 = 0.0733810146\quad 9111846047\quad 7731504831\quad 80010$$
$$(\sin\operatorname{lemn}\tfrac{2}{5}\varpi)^4 = 0.7594347153\quad 0635789643\quad 2352519943\quad 51472$$

$$(\sin\operatorname{lemn}\tfrac{4}{5}\varpi)^2 = 0.2708893033\quad 8999814497\quad 30710$$
$$(\sin\operatorname{lemn}\tfrac{2}{5}\varpi)^2 = 0.8714555153\quad 9155336074\quad 646029$$

$$Q_{\frac{1}{10}}\varpi = \sqrt[5]{(\tfrac{3}{4}\cos\tfrac{1}{10}\pi+\tfrac{1}{4}\sin\tfrac{1}{10}\pi)}$$
$$Q_{\frac{2}{10}}\varpi = \sqrt[5]{(\tfrac{3}{4}\cos\tfrac{1}{10}\pi-\tfrac{1}{4}\sin\tfrac{1}{10}\pi)}$$

[14.]

Lemniscatische Function.

$$\int\frac{dx}{\sqrt{(1-x^4)}} = \varphi,\qquad \int\frac{dX}{\sqrt{(1-X^4)}} = \Phi$$

Es verhalte sich	1	x	$\sqrt{(1-xx)}$	$\sqrt{(1+xx)}$
wie	p	q	r	s
und	1	X	$\sqrt{(1-XX)}$	$\sqrt{(1+XX)}$
wie	P	Q	R	S

so verhalten sich die $\varphi+\Phi$ entsprechenden Grössen

wie	$ppPP+qqQQ$	$pqRS+rsPQ$	$prPR-qsQS$	$psPS+qrQR$
oder	$pqRS-rsPQ$	$qqPP-ppQQ$	$qrPS-psQR$	$qsPR-prQS$
oder	$prPR+qsQS$	$qrPS+psQR$	$ppRR-qqSS$ $=rrPP-ssQQ$	$2pqPQ+rsRS$
oder	$psPS-qrQR$	$qsRR+prQS$	$rsRS-2pqPQ$	$ssPP+rrQQ$ $=ppSS+qqRR$

Es sei

$$\sin\operatorname{lemn} X = x$$
$$\sin\operatorname{lemn} Y = y$$
$$\sin\operatorname{lemn} Z = z$$

und X, Y, Z so von einander abhängig, dass

$$X+Y+Z=0$$

Man setze $$\int xx\,\mathrm{d}X = FX$$

und $$FX+FY+FZ=u$$

Aus früher vorgekommenen Formeln folgt

$$xx-zz = yz\sqrt{(1-x^4)}-xy\sqrt{(1-z^4)}$$
$$yy-zz = xz\sqrt{(1-y^4)}-xy\sqrt{(1-z^4)}$$
$$xx-yy = yz\sqrt{(1-x^4)}-xz\sqrt{(1-y^4)}$$

Aus

$$\mathrm{d}u = \frac{xx\,\mathrm{d}x}{\sqrt{(1-x^4)}}+\frac{yy\,\mathrm{d}y}{\sqrt{(1-y^4)}}+\frac{zz\,\mathrm{d}z}{\sqrt{(1-z^4)}}$$
$$0 = \frac{\mathrm{d}x}{\sqrt{(1-x^4)}}+\frac{\mathrm{d}y}{\sqrt{(1-y^4)}}+\frac{\mathrm{d}z}{\sqrt{(1-z^4)}}$$

folgt

$$\mathrm{d}u = (yy-xx)\frac{\mathrm{d}y}{\sqrt{(1-y^4)}}+(zz-xx)\frac{\mathrm{d}z}{\sqrt{(1-z^4)}}$$
$$= xz\,\mathrm{d}y+xy\,\mathrm{d}z-yz.\sqrt{(1-x^4)}.\left[\frac{\mathrm{d}y}{\sqrt{(1-y^4)}}+\frac{\mathrm{d}z}{\sqrt{(1-z^4)}}\right]$$
$$= xz\,\mathrm{d}y+xy\,\mathrm{d}z+yz\,\mathrm{d}x = \mathrm{d}.xyz$$

also

$$u = xyz$$

Es ist folglich

$$F(a+b) = Fa + Fb - \sin \operatorname{lemn} a \ \sin \operatorname{lemn} b . \sin \operatorname{lemn} (a+b)$$

Setzt man

$$Fa - \frac{a}{90^0} F 90^0 = Ga$$

so ist

$$G(a+b) = Ga + Gb - \sin \operatorname{lemn} a . \sin \operatorname{lemn} b . \sin \operatorname{lemn} (a+b)$$

$$Ga = \frac{\mathrm{d}\, Qa}{Qa . \mathrm{d}a}$$

[15.]

$$\frac{\varpi}{\pi} = \left\{1 + \left(\frac{1}{2}\right)^2 . \frac{1}{2} + \left(\frac{1.3}{2.4}\right)^2 . \frac{1}{4} + \left(\frac{1.3.5}{2.4.6}\right)^2 \frac{1}{8} + \ldots\right\} \sqrt{\frac{1}{2}}$$

$$\frac{\varpi}{\pi} = \left(1 + \frac{1.3}{4.4} . \frac{1}{9} + \frac{1.3.5.7}{4.4.8.8} . \frac{1}{81} + \frac{1.3.5.7.9.11}{4.4.8.8.12.12} . \frac{1}{729} + \ldots\right) \sqrt{\frac{2}{3}}$$

$$\frac{\varpi}{\pi} - \frac{2}{\varpi} = \left(\frac{1}{4} . \frac{1}{3} + \frac{1.3.5}{4.4.8} . \frac{1}{27} + \frac{1.3.5.7.9}{4.4.8.8.12} . \frac{1}{243} + \frac{1.3.5.7.9.11.13}{4.4.8.8.12.12.16} . \frac{1}{2187} + \ldots\right) \sqrt{\frac{2}{3}}$$

[16.]

Ponendo

$$\frac{1}{\mathrm{M}(1, \cos\varphi)} = N + a \cos 2\varphi + b \cos 4\varphi + \ldots$$

erit

$$\begin{array}{ll} N = 1.393203 & -\frac{1}{\pi}\log(1-\cos 2\varphi) = +0.220635 \\ a = 0.581803 & +0.636620 \cos 2\varphi \\ b = 0.309601 & +0.318310 \cos 4\varphi \\ c = 0.209449 & +0.212207 \cos 6\varphi \\ d = 0.157960 & +0.159155 \cos 8\varphi \\ e = 0.126704 & +0.127324 \cos 10\varphi \end{array}$$

$$N = \left(\frac{3.3.7.7.11.11.15}{2.4.6.8.10.12.14}\dots\right)^2 = 2\frac{\varpi\varpi}{\pi\pi}$$

$$a = \tfrac{1}{2}\left(\frac{5.5}{4.6}\cdot\frac{9.9}{8.10}\cdot\frac{13.13}{12.14}\dots\right)^2 = \frac{4}{\varpi\varpi}$$

$$b = \frac{2}{9}N$$

$$\frac{\varpi}{\sqrt{8}} = \frac{4.6.8.10.12.14}{5.5.9.\ 9.13.13}\dots$$

$$\frac{\varpi}{2} = \frac{3}{2}\cdot\frac{4}{5}\cdot\frac{7}{6}\cdot\frac{8}{9}\cdot\frac{11}{10}\cdot\frac{12}{13}\dots$$

[17.]

$$1+\left(\tfrac{1}{2}\right)^3 x^4+\left(\tfrac{1}{2}\cdot\tfrac{3}{4}\right)^3 x^8+\left(\tfrac{1}{2}\cdot\tfrac{3}{4}\cdot\tfrac{5}{6}\right)^3 x^{12}+\dots$$

$$= \left\{1+\left(\tfrac{1}{4}\right)^2 x^4+\left(\tfrac{1}{4}\cdot\tfrac{5}{8}\right)^2 x^8+\left(\tfrac{1}{4}\cdot\tfrac{5}{8}\cdot\tfrac{9}{12}\right)^2 x^{12}+\dots\right\}^2$$

Demonstratio. Ponatur

$$1+\left(\tfrac{1}{4}\right)^2 x^4+\left(\tfrac{1}{4}\ \tfrac{5}{8}\right)^2 x^8+\dots = t$$

eritque, posito $x(x^4-1)\frac{\mathrm{dd}t}{\mathrm{d}x^2}-(3x^4-1)\frac{\mathrm{d}t}{\mathrm{d}x}+x^3 t = R,\quad R = 0$

Hinc etiam

$$0 = x\frac{\mathrm{d}R}{\mathrm{d}x}+R;\quad \text{nec non}\quad 0 = 2xt\frac{\mathrm{d}R}{\mathrm{d}x}+2\left(t+3x\frac{\mathrm{d}t}{\mathrm{d}x}\right)R$$

unde fit, evolutione facta

$$0 = xx(x^4-1)\left(2t\frac{\mathrm{d}^3t}{\mathrm{d}x^3}+6\frac{\mathrm{d}t}{\mathrm{d}x}\frac{\mathrm{dd}t}{\mathrm{d}x^2}\right)+3x(3x^4-1)\left(2t\frac{\mathrm{dd}t}{\mathrm{d}x^2}+2\frac{\mathrm{d}t}{\mathrm{d}x}\frac{\mathrm{d}t}{\mathrm{d}x}\right)$$
$$+(19x^4-1)\,2t\frac{\mathrm{d}t}{\mathrm{d}x}+8x^3tt$$

sive ponendo $tt = u$

$$0 = xx(x^4-1)\frac{\mathrm{d}^3u}{\mathrm{d}x^3}+3x(3x^4-1)\frac{\mathrm{dd}u}{\mathrm{d}x^2}+(19x^4-1)\frac{\mathrm{d}u}{\mathrm{d}x}+8x^3u$$

cui aequationi invenitur respondere

$$u = 1+\left(\tfrac{1}{2}\right)^3 x^4+\left(\tfrac{1.3}{2.4}\right)^3 x^8+\dots$$

Iam quum

$$t = \frac{\sqrt{8}}{\pi}\int\frac{dz}{\sqrt[4]{(1-z^4)(1-x^4z^4)}}$$

$z = 0$ usque ad $z = 1$, fit, pro $x = 1$,

$$t = \frac{\sqrt{8}}{\pi}.\frac{\varpi}{2} = \frac{\varpi}{\pi}\sqrt{2}$$

adeoque

$$1+\left(\frac{1}{2}\right)^3+\left(\frac{1.3}{2.4}\right)^3+\left(\frac{1.3.5}{2.4.6}\right)^3+\ldots = 2\frac{\varpi\varpi}{\pi\pi}$$

Idem alio modo

Valor seriei

$$1+\left(\frac{1}{2}\right)^3+\left(\frac{1.3}{2.4}\right)^3+\left(\frac{1.3.5}{2.4.6}\right)^3+\ldots$$

fit

$$= \frac{4}{\pi\pi}\iint\frac{d\varphi\, d\psi}{\sqrt{(1-\cos\varphi^2\cos\psi^2)}}$$

a $\varphi = 0$ usque ad $\varphi = 90^0$ et a $\psi = 0$ usque ad $\psi = 90^0$. Faciendo itaque $\cos\varphi\cos\psi = \cos\upsilon$, idem valor fit

$$= \frac{4}{\pi\pi}\iint\frac{d\varphi\, d\upsilon}{\sqrt{(\cos\varphi^2-\cos\upsilon^2)}}$$

et quidem ab $\upsilon = 0$ usque ad $\upsilon = 90^0$ et a $\varphi = 0$ usque ad $\varphi = \upsilon$. Denique statuendo $\varphi+\upsilon = f$, $\upsilon-\varphi = g$, erit expressio nostra

$$= \frac{2}{\pi\pi}\iint\frac{df.dg}{\sqrt{\sin f\sin g}}$$

ab $g = 0$ usque ad $g = 90^0$ et a $f = g$ usque ad $f = 180^0-g$. Sed haud difficulter probatur integrale eundem valorem nancisci, si sumatur ab $f = 0$ usque ad $f = 90^0$ et a $g = 0$ usque ad $g = 90^0$, unde ipsius valor deducitur

$$= 2\frac{\varpi\varpi}{\pi\pi}$$

uti supra.

[17.]

Sammlung von Rechnungen,

vornehmlich solchen, bei denen von meinen Methoden, die Factoren grosser Zahlen zu finden, und von den WOLFRAMschen Logarithmentafeln Gebrauch gemacht ist.

Erste Rechnung für $e^{-\pi} = A$

Durch eine vorläufige Näherung war schon bekannt, dass A bis auf die 14te Figur 0,0432139182 6377 sei, folglich $11.10^{10}A$ sehr genau 4753531008 $= 128.243.152827$. Es fragte sich also, ob die Zahl 152827 sich noch in einfache Factoren zerlegen lasse.

Die Division mit kleinen Primzahlen gelang nicht; man musste also zu künstlichen Methoden seine Zuflucht nehmen. Hier fand sich nun, indem man die Zahl selbst sowohl als verschiedene ihrer Vielfache mit den nächsten Quadraten verglich, unter andern, dass

$$552^2 \equiv 950, \qquad 677^2 \equiv 152 \quad \text{mod. } 152827$$

woraus man sogleich schloss, dass

$$1104^2 \equiv 3800, \qquad 3385^2 \equiv 3800$$

und mithin die Zahl 152827 keine Primzahl sei, weil sonst die Quadrate zweier Zahlen, die beide kleiner als die Hälfte von jener sind, unmöglich congruent sein könnten (*Disqu. Arr. art.* .). Durch die in diesem Werke gelehrte Methode (*art.*) fanden sich nun die Factoren der Zahl 152827, nemlich 67.2281.

Man war also gewiss, dass sich der hyperbolische Logarithme von

$$N = 128.243.67.2281.11^{-1}.10^{-10}$$

aus den vorhandenen Tafeln bestimmen lasse und zugleich dass derselbe von dem gegebenen Logarithmen, $-\pi$, nur in der 10ten Decimalstelle abweichen könne. Die zu dieser Differenz gehörige Absolutzahl brauchte also blos berechnet und mit N multiplicirt zu werden, um A zu erhalten,

$$A = Ne^{\log 11 + 10 \log 10 - \log 2281 - \log 2144 - \log 972 - \pi} = Ne^{\delta}$$

Durch die WOLFRAMsche Tafel war:

[Zur Abkürzung $\delta - \log(1+2135.10^{-13}) = \delta'$, $\delta' - \log(1+1443.10^{-17}) = \delta''$ gesetzt.]

10 log 10 =	23,0258509299	4045684017	9914546843	6420760110	14886288
log 11 =	2,3978952727	9837054406	1943577965	1292998217	06853937
	25,4237462027	3882738424	1858124808	7713758327	21740225
l. 2281 =	7,7323692222	8438803081	0466064812	2168095619	53159812
l. 2144 =	7,6704285221	9069260675	6232603654	6055909444	33575023
l. 972 =	6,8793558044	6043907581	0690427528	9816593884	53057834
π =	3,1415926535	8979323846	2643383279	5028841971	69399375
	25,4237462025	2531295184	0032479275	3069440920	09192044
δ =	0,.........2	1351443240	1825645533	4644317407	12548181
δ' =	0,..........	...1443242	4616770530	2204949495	65316893
δ'' =	0,..........	242	4616770634	3329449495	6431533124
$\frac{1}{2}\delta''\delta''$ =	0,..........	....	....	29393	8324222063
$e^{\delta''}$ =	1,..........	242	4616770634	3329478889	4755755187
$e^{\delta'}$ =	1,..........	...1443242	4616770634	3679351089	4781097632
e^{δ} =	1,.........2	1351443242	4619851957	0236156393	8536512211
11 A =	0,4753531009	0149474751	8595108889	0081240330	0920791693 5
A =	0,0432139182	6377224977	4417737171	7280112757	2810981063

Um sich von der Richtigkeit dieses Resultats durch eine zweite Rechnung zu versichern, multiplicirte man die Zahl A durch 599.10^8, wodurch sich ergab 2588513703,999957 . ., so dass man also eine sehr leichte Rechnung übrig hatte, wenn die Zahl 2588513704 sich in Factoren kleiner als 10000 zerlegen liess. Nach angestelltem Versuch fand sich 2588513704 = 8.7.17.2719027. Es kam also darauf an, ob 2719027 eine Primzahl sei. Man fand, dass -1848 gewiss ein quadratischer Rest von 2719027 sein müsse, wenn diese Zahl eine Primzahl sei, und dass sie in diesem Fall *einmal* unter der Form $3xx + 616yy$ enthalten sein müsse und umgekehrt, dass sie durch diese Form entweder gar nicht oder *mehr als einmal* müsse dargestellt werden können, wenn sie zusammengesetzt sei. Allein die Exclusionsmethode lehrte, dass jene Zahl wirklich nur einmal unter der Form $3xx + 616yy$ enthalten sei, nemlich $2719027 = 3.197^2 + 616.65^2$, woraus also mit Gewissheit folgte, dass 2719027 eine Primzahl und folglich die versuchte Methode diesmal nicht anwendbar sei.

Nach einigen andern vergeblichen Versuchen kam man endlich auf folgenden, der besser gelang. Die Zahl A multiplicirt mit 10^{14} gab 4321391826377,25 und die Zahl 4321391826375 zerfiel in die Factoren 125.81.13.32831087. Dass die Zahl 32831087 keine Primzahl sei, folgte daraus, dass sie nicht unter der Form $xx + 190yy$ enthalten war; man wandte also die erste der in den *Disqui. Arr.* gelehrten Methoden darauf an, wodurch sich entdeckte, dass sie das Product aus 373.8819 sei.

Zweite Rechnung für $e^{-\pi} = A$

$59.10^9 A$ fand sich sehr genau $= 2549621178 = 54.13.3631939$. Die Zahl 3631939 zerfiel in die Factoren 1091.3329 (welche aus

$$3631939 = 40.232^2 + 19.279^2 = 40.300^2 + 19.41^2$$

gefunden waren). Also

$$59A = 702.1091.3329.10^{-9}\, e^{9\log 10 + \log 59 - \log 702 - \log 1091 - \log 3329 - \pi} = Ne^{\delta}$$

Aus Wolframs Tafel fand sich [$\delta - \log(1 - 17157.10^{-14}) = \delta'$, $\frac{1}{2}\delta'\delta' + \frac{1}{6}\delta'^3 = \varepsilon$ gesetzt]

C9l.10 =	21,2767341630	5358884383	8076907840	7221315900	86602341
C.l.59 =	5,9224625560	9428054938	3949626280	3023759366	53210670
l.702 =	6,5539334040	2581111965	6455273791	0722868232	39752589
l.1091 =	6,9948499858	3307081851	1895817110	3840806982	08318537
l.3329 =	8,1104272375	7502494295	2021653586	1576658324	67001597
π =	3,1415926535	8979323846	2643383279	5028841971	69399375
$-\delta$ =	0,.........1	7156951280	5042661888	1414250778	24285109
δ' =	0,..........	48720	9675470563	5420349120	2333831382
ε =	0,..........	....	....	1186866339	3606594227
$e^{\delta'}$ =	1,..........	48720	9675470563	6607215459	5940425609
$1 - e^{\delta}$ =	0,.........1	7156951279	0324613026	9032989386	4786573955
$59A$ =	2,5496211775	6256273669	0646493131	9526652679	5847882752 6
A =	0,0432139182	6377224977	4417737171	7280112757	2810981063 6

Zugleich kann man aus der Übereinstimmung beider Rechnungen schliessen, dass die Logarithmen von 2, 3, 5, 11, 13, 59, 67, 1091, 2281, 3329 in der WOLFRAMschen Tafel bis auf die letzte Figur richtig sind.

Doppelte Berechnung von $e^{-\frac{1}{4}\pi} = A$.

Erste Rechnung.

Da man durch eine schon vorher angestellte Rechnung wusste, dass der Werth von A bis auf die letzte Zifer $= 0{,}4559381277\ 6599$ sei, so war $19.131.A$ oder $2489A = 1134{,}8300000095$ oder $248900A$ sehr genau $= 113483$. Man fand $113483 = 283.401$ aus

$$113483 = 311^2 + 58.17^2 = 79^2 + 58.43^2$$

und hiemit

$$2489A = 113483.10^{-2}.e^{2\log 10 - \log 283 - \log 401 + \log 2489 - \frac{1}{4}\pi} = Ne^{\delta}$$

Aus WOLFRAMS Tafeln erhielt man
[wenn zur Abkürzung

$$\delta - \log(1 + 8428.10^{-15}) = \delta'$$

gesetzt wird]:

$\delta =$	0,.......... .842825208 2107272461 7421888198 29069513
$\delta' =$	0,.......... . ...25208 2142788053 7419892695 5615344103
$\frac{1}{2}\delta'\delta' =$	317727033 5630835760
$\frac{1}{6}\delta'^3 =$	267
$e^{\delta'} =$	1,.......... .....25208 2142788053 7737619729 1246180130
$e^{\delta} =$	1,.......... .842825208 2142790178 3220613906 2965706721
$2489A$ $=$	1134,8300000095 6463331037 8102578065 2249279282 5372958193
$A =$	0,4559381277 6599623676 5921294728 0294194166 04366

Zweite Rechnung für $e^{-\frac14\pi} = A$

$113A$ wurde gefunden 51,52100843755. Die Zahl 515210084352 zerfiel in die Factoren 27.131072.145583. Endlich erhielt man aus

$$4.145583 = 437^2 + 163.49^2 = 763^2 + 163$$

145583 = 197.739 mithin

$$113A = 96^3.788.739.10^{-10}.e^{10\log 10 + \log 113 - 3\log 96 - \log 788 - \log 739 - \frac14\pi} = Ne^{\delta}$$

[und wenn $\delta - \log(1 + 4576.10^{-15}) = \delta'$ gesetzt wird]

$\delta =$	0,..........	4575948387	0747214839	8399455217	14190720	
$-\delta' =$	0,..........	51612	8205796360	1919946163	4337976121	
$+\frac12\delta'\delta' =$	0,			1331941624	0928492341	
$1 - e^{\delta'} =$	0,..........	51612	8205796360	0588004539	3409483780	
$e^{\delta} =$	1,..........	4575978387	1794180021	9145023046	2961445343	
$113A =$	51,5210084375	5757475454	9106304267	3243940900	3220627240	5
$A =$	0,4559381277	6599623676	5921294728	0294194166	0436523820	

$$e^{-\frac14\pi} = 0,4559382 = 3671.54.23.10^{-7}$$

Dritte Rechnung für $e^{-\frac14\pi} = A$.

455938128 = 144.3166237 Die Divisoren der Zahl 3166237 fand man, indem man die Periode der reducirten Form (1, 1779, —1396) entwickelte, in welcher die Form (—1897, 530, 1521) die sechste war. Hieraus

$$(11 + 28.1779)^2 \equiv 1521 = 39^2, \text{ und } 3166237 = 107.127.233$$

$$A = 455938128.10^{-9}\ e^{9\log 10 - \frac14\pi - \log 455938128} = Ne^{\delta}$$

[und $\delta - \log(1 - 513.10^{-12}) = \delta'$ gesetzt]:

$-\delta =$	0,.........5	1323578556	7221212746	8124092623	9185579000
$-\delta' =$	0,..........	..23578543	5636712701	8105102450	7737514264
$+\frac12\delta'\delta' =$			27797	3858291971	9406911797
$-\frac16\delta'^3 =$				21	8473957577
$1 - e^{\delta'} =$	0,..........	..23578543	5636684904	4246810500	6804560044
$1 - e^{\delta} =$	0,.........5	1323578543	5515726975	9430616940	9818422176

Berechnung von $e^{-\frac{9}{4}\pi} = A$.

Durch Näherung war bereits gefunden $A = 0{,}0008514383\ 42805$. Nun fand sich $8514383436 = 4.9.13.19.307.3119$, mithin sehr genau

$$A = 4.9.13.19.307.3119.10^{-13}$$

aus WOLFRAMS Tafel

$$13 \log 10 - \log 3119 - \log 1842 - \log 1482 - \tfrac{9}{4}.\pi = \delta$$

[und

$$\delta - \log(1 - 9335.10^{-13}) = \delta', \quad \delta' - \log(1 - 285.10^{-16}) = \delta''$$

gesetzt]:

$$\begin{aligned}
-\delta &= 0,.........9\ 3352850560\ 8342583868\ 5326823995\ 3184946898\ 8 \\
-\delta' &= 0,..........\ ...2850517\ 2631458732\ 9539039720\ 5781872612\ 0 \\
-\delta'' &= 0, \qquad ....517\ 2631458326\ 8289039720\ 5396053412\ 0 \\
\tfrac{1}{2}\delta''\delta'' &= 0, \qquad 133780\ 5810183616\ 8 \\
1 - e^{\delta''} &= 0, \qquad ....517\ 2631458326\ 8288905939\ 9585869795\ 2 \\
1 - e^{\delta'} &= 0, \qquad ...2850517\ 2631458326\ 6814705974\ 3354407457\ 0 \\
1 - e^{\delta} &= 0,.........9\ 3352850517\ 2604848748\ 0300042494\ 7039127186\ 6 \\
A &= 0{,}0008514383\ 4280515803\ 5852453295\ 4846487994\ 1872486024 \\
&\qquad 8176915
\end{aligned}$$

$$e^{-\frac{9}{4}\pi} \text{ satis exacte } = 4.11.13.29.3593.7^{-1}.10^{-10}$$

Ecce iam computum pro $e^{\frac{1}{2}\pi}$

Per logarithmos brigg. invenimus praeter propter $e^{\frac{1}{2}\pi} = 4{,}810484$. Est vero $48104847 = 2293.37.7.81$ et

$$\begin{aligned}
&-\log 81.259.2293 + 7 \log 10 + \tfrac{1}{2}\pi \\
&\qquad = -0,.....15214\ 7666454820\ 0537824776\ 3190 \\
\text{num log} &= 1 - 0,.....15214\ 7550690316\ 7468363738\ 6798 \\
e^{\frac{1}{2}\pi} &= \quad 4{,}8104773809\ 6535165547\ 3044648993\ 1536
\end{aligned}$$

Computus secundus pro $e^{\frac{1}{2}\pi}$.

Invenimus $48104773808 = 195497.13^3.7.16$ superest itaque ut utrum sit 195497 numerus non primus investigetur. Tentamus itaque aequationem

$$195497 = 16xx + \square$$

Lim $x = 111$, Excl. valores $x = ---$

$$195497 = 44^2 + 193561 = 76^2 + 189721 = 356^2 + 68761 = 364^2 + 63001$$
$$= 364^2 + 251^2 \quad \text{quare} \quad 195497 \quad \text{est prim.}$$

$$\tfrac{26905}{5593} = 3 + \tfrac{4}{7} + \tfrac{16}{17} + \tfrac{14}{47} = 4{,}8104773824\ 4\,.\,.$$

$$\log\frac{7.799}{5.5381} + \tfrac{1}{2}\pi = -0,\ldots\ldots\ldots 3\ 0703542806\ 9410475204\ 9155$$
$$\text{num}\log = 1 - 0,\ldots\ldots\ldots 3\ 0703542802\ 2275098164\ 7660$$

Computus pro $e^{-\frac{1}{2}\pi}$

$$e^{-\frac{1}{2}\pi} \text{ praeter propter} = 0{,}20787957 = 7151.19.17.9.10^{-8}$$

$$-\log 51.57.7151 + 8\log 10 - \tfrac{1}{2}\pi$$
$$= -0,\ldots\ldots 305\ 5019697961\ 8740193606\ 8277$$
$$\text{num}\log = 1 - 0,\ldots\ldots 305\ 5019651296\ 1477199011\ 4138$$

Investigatio divisorum numeri $2078795763 = 99.20997937{,}005$

— — —

$$20997937 = 1848.34^2 + 4343^2 \text{ numerus primus}$$

Computus secundus pro $e^{-\frac{1}{2}\pi}$

$$11.e^{-\frac{1}{2}\pi} = 2{,}286675339858378$$

$$228667536 = 81.16.176441$$

$$176441 = 880xx + yy = 73.2417$$

$$\log\frac{11}{144.657.2417} + 8\log 10 - \tfrac{1}{2}\pi$$
$$= -0,\ldots\ldots\ldots 88\ 0825474705\ 3269478285\ 7110$$

[I.]

VARIA IMPRIMIS DE INTEGRALI

$$\int \frac{\mathrm{d}u}{\sqrt{(1+\mu\mu\sin u^2)}}$$

$$\mu = \operatorname{tang} v, \qquad \frac{\pi}{\mathrm{M}\sqrt{(1+\mu\mu)}} = \frac{\pi\cos v}{\mathrm{M}\cos v} = \varpi, \qquad \frac{\pi}{\mu\mathrm{M}\sqrt{(1+\frac{1}{\mu\mu})}} = \frac{\pi\cos v}{\mathrm{M}\sin v} = \varpi'$$

$$S\psi\varpi = \frac{\pi}{\mu\varpi}\left[\frac{4\sin\psi\pi}{e^{\frac{1}{2}\frac{\varpi'}{\varpi}\pi}+e^{-\frac{1}{2}\frac{\varpi'}{\varpi}\pi}} - \frac{4\sin 3\psi\pi}{e^{\frac{3}{2}\frac{\varpi'}{\varpi}\pi}+e^{-\frac{3}{2}\frac{\varpi'}{\varpi}\pi}} + \ldots\right] = \frac{T\psi\varpi}{W\psi\varpi}$$

$$W\psi\varpi = \sqrt{\mathrm{M}\cos v}\,.\left[1+e^{-\frac{\varpi'}{\varpi}\pi}\,2\cos 2\psi\pi + e^{-4\frac{\varpi'}{\varpi}\pi}\,2\cos 4\psi\pi + \ldots\right]$$

$$T\psi\varpi = \sqrt{\operatorname{cotg} v}\,.\sqrt{\mathrm{M}\cos v}\,.\left[e^{-\frac{1}{4}\frac{\varpi'}{\varpi}\pi}\,2\sin\psi\pi - e^{-\frac{9}{4}\frac{\varpi'}{\varpi}\pi}\,2\sin 3\psi\pi + \ldots\right]$$

$$T\tfrac{1}{2}\varpi = \sqrt{\cos v}$$

$$\left[\ \int\frac{\mathrm{d}u}{\sqrt{(1+\mu\mu\sin u^2)}} = \varphi = \psi\varpi, \qquad S\varphi = \sin u\ \right]$$

$$(S\psi\varpi)^2 = A + 2B\left[\frac{\cos 2\psi\pi}{e^{\frac{\varpi'}{\varpi}\pi} - e^{-\frac{\varpi'}{\varpi}\pi}} - \frac{2\cos 4\psi\pi}{e^{2\frac{\varpi'}{\varpi}\pi} - e^{-2\frac{\varpi'}{\varpi}\pi}} + \frac{3\cos 6\psi\pi}{e^{3\frac{\varpi'}{\varpi}\pi} - e^{-3\frac{\varpi'}{\varpi}\pi}} - \ldots\right]$$

Terminus constans $\quad (S\varphi)^2 = \dfrac{8\pi\pi}{\mu\mu\varpi\varpi}\cdot\dfrac{e^{-\frac{\varpi'}{\varpi}\pi} + 4e^{-4\frac{\varpi'}{\varpi}\pi} + 9e^{-4\frac{\varpi'}{\varpi}\pi} + \ldots}{1 + 2e^{-\frac{\varpi'}{\varpi}\pi} + 2e^{-4\frac{\varpi'}{\varpi}\pi} + \ldots}$

Problema. Summare seriem

$$\left[\frac{1}{x+\frac{1}{x}}\right]^2+\left[\frac{1}{x^3+\frac{1}{x^3}}\right]^2+\left[\frac{1}{x^5+\frac{1}{x^5}}\right]^2+\ldots=\frac{\frac{1}{xx}+\frac{4}{x^8}+\frac{9}{x^{18}}+\frac{16}{x^{32}}+\ldots}{1+\frac{2}{xx}+\frac{2}{x^8}+\frac{2}{x^{18}}+\ldots}$$

$$(T\psi\varpi)^2=\frac{\cos v\sqrt{\mathrm{M}\cos v}}{2\cos\frac{1}{2}v}\left[1+2e^{-2\frac{\varpi'}{\varpi}\pi}\cos 4\psi\pi+2e^{-8\frac{\varpi'}{\varpi}\pi}\cos 8\psi\pi+\ldots\right]$$
$$-\frac{\cos v\sqrt{\mathrm{M}\cos v}}{2\sin\frac{1}{2}v}\left[2e^{-\frac{1}{2}\frac{\varpi'}{\varpi}\pi}\cos 2\psi\pi+2e^{-\frac{9}{2}\frac{\varpi'\pi}{\varpi}}\cos 6\psi\pi+\ldots\right]$$

$$(W\psi\varpi)^2=\cos\tfrac{1}{2}v.\sqrt{\mathrm{M}\cos v}.\left[1+2e^{-2\frac{\varpi'}{\varpi}\pi}\cos 4\psi\pi+2e^{-8\frac{\varpi'}{\varpi}\pi}\cos 8\psi\pi+\ldots\right]$$
$$+\sin\tfrac{1}{2}v.\sqrt{\mathrm{M}\cos v}.\left[2e^{-\frac{1}{2}\frac{\varpi'}{\varpi}\pi}\cos 2\psi\pi+2e^{-\frac{9}{2}\frac{\varpi'}{\varpi}\pi}\cos 6\psi\pi+\ldots\right]$$

$$T(\tfrac{1}{2}\varpi-\varphi)^2=\cos v.(W\varphi^2-T\varphi^2)$$
$$W(\tfrac{1}{2}\varpi-\varphi)^2=\frac{1}{\cos v}.(\sin v^2\, T\varphi^2+\cos v^2\, W\varphi^2)$$

$$T\psi\varpi.W(\tfrac{1}{2}-\psi)\varpi=\frac{\sqrt{2\cos v}.\sqrt{\mathrm{M}\cos v}}{\sqrt[4]{\sin v}}\left[e^{-\frac{\varpi'\pi}{8\varpi}}\sin\psi\pi-e^{-\frac{9\varpi'\pi}{8\varpi}}\sin 3\psi\pi+e^{-\frac{25\varpi'\pi}{8\varpi}}\sin 5\psi\pi-\ldots\right]$$

Si

$$(1+\alpha x)(1+\alpha x^3)(1+\alpha x^5)\ldots(1+\tfrac{x}{\alpha})(1+\tfrac{x^3}{\alpha})(1+\tfrac{x^5}{\alpha})\ldots=k$$

supponitur producere

$$\ldots+\frac{R}{\alpha\alpha}+\frac{Q}{\alpha}+P+Q\alpha+R\alpha\alpha+\ldots$$

producet

$$(1+\alpha x^3)(1+\alpha x^5)\ldots(1+\tfrac{1}{\alpha x})(1+\tfrac{x}{\alpha})(1+\tfrac{x^3}{\alpha})\ldots=k.\frac{1+\frac{1}{\alpha x}}{1+\alpha x}$$
$$\ldots+\frac{R}{x^4}\frac{1}{\alpha\alpha}+\frac{Q}{xx}\frac{1}{\alpha}+P+Qxx\alpha+Rx^4\alpha\alpha+\ldots$$
$$=\ldots+\frac{Q}{x}\frac{1}{\alpha\alpha}+\frac{P}{x}\frac{1}{\alpha}+\frac{Q}{x}+\frac{R}{x}\alpha+\frac{S}{x}\alpha\alpha+\ldots$$

$$(1+\alpha x)(1+\alpha x^3)(1+\alpha x^5)\ldots(1+\tfrac{x}{\alpha})(1+\tfrac{x^3}{\alpha})(1+\tfrac{x^5}{\alpha})\ldots$$
$$=P\{1+x(\alpha+\tfrac{1}{\alpha})+x^4(\alpha\alpha+\tfrac{1}{\alpha\alpha})+x^9(\alpha^3+\tfrac{1}{\alpha^3})+\ldots\}$$

Si ex quadrato prodit

$$\ldots + \frac{Q}{\alpha} + P + Q\alpha + \ldots$$

erit

$$\ldots + \frac{R}{x^4}\frac{1}{\alpha\alpha} + \frac{Q}{xx}\frac{1}{\alpha} + P + Qxx\alpha + Rx^4\alpha\alpha + \ldots$$

$$= \ldots + \frac{P}{xx}\frac{1}{\alpha\alpha} + \frac{Q}{xx}\frac{1}{\alpha} + \frac{R}{xx} + \frac{S}{xx}\alpha + \frac{T}{xx}\alpha\alpha + \ldots$$

$$(1+\alpha x)^2(1+\alpha x^3)^2(1+\alpha x^5)^2 \ldots (1+\tfrac{x}{\alpha})^2(1+\tfrac{x^3}{\alpha})^2(1+\tfrac{x^5}{\alpha})^2 \ldots$$

$$= \quad P\{1 + xx(\alpha\alpha + \tfrac{1}{\alpha\alpha}) + x^8(\alpha^4 + \tfrac{1}{\alpha^4}) + x^{18}(\alpha^6 + \tfrac{1}{\alpha^6}) + \ldots\}$$

$$+ Q\{(\alpha + \tfrac{1}{\alpha}) + x^4(\alpha^3 + \tfrac{1}{\alpha^3}) + x^{12}(\alpha^5 + \tfrac{1}{\alpha^5}) + x^{24}(\alpha^7 + \tfrac{1}{\alpha^7}) + \ldots\}$$

$$T\varphi = 0, \qquad \varphi = k\varpi + l\varpi'\sqrt{-1}$$

$$W\varphi = 0, \qquad \varphi = (k+\tfrac{1}{2})\varpi + (l+\tfrac{1}{2})\varpi'\sqrt{-1}$$

$$T\psi\varpi = \frac{\varpi}{\pi}\sin\psi\pi\left[1 + \frac{4\sin\psi\pi^2}{\left[e^{\frac{\varpi'}{\varpi}\pi} - e^{-\frac{\varpi'}{\varpi}\pi}\right]^2}\right]\left[1 + \frac{4\sin\psi\pi^2}{\left[e^{2\frac{\varpi'}{\varpi}\pi} - e^{-2\frac{\varpi'}{\varpi}\pi}\right]^2}\right]\ldots$$

$$x = e^{-\frac{1}{2}\frac{\varpi'}{\varpi}\pi}; \qquad \alpha = \cos\psi\pi + \varepsilon\sin\psi\pi$$

$$T\psi\varpi = \frac{\varpi}{\pi}\sin\psi\pi . \frac{(1-x^4\alpha^2)(1-x^8\alpha^2)(1-x^{12}\alpha^2)\ldots(1-\frac{x^4}{\alpha^2})(1-\frac{x^8}{\alpha^2})(1-\frac{x^{12}}{\alpha^2})\ldots}{(1-x^4)^2(1-x^8)^2(1-x^{12})^2\ldots}$$

$$W\psi\varpi = \frac{(1+xx\alpha\alpha)(1+x^6\alpha\alpha)(1+x^{10}\alpha\alpha)\ldots(1+\frac{x^2}{\alpha\alpha})(1+\frac{x^6}{\alpha\alpha})(1+\frac{x^8}{\alpha\alpha})\ldots}{(1+xx)^2(1+x^6)^2(1+x^{10})^2\ldots}$$

Observatio

$$\frac{\text{Med. inter } 1 \text{ et } \sqrt{2}-1}{\text{Med. inter } 1 \text{ et } \sqrt{(2\sqrt{2}-2)}} = \sqrt{\tfrac{1}{2}}$$

$$\frac{\text{M}\sin 75^0}{\text{M}\sin 15^0} = \sqrt{3}$$

[II.]

ZUR THEORIE DER TRANSSCENDENTEN FUNCTIONEN GEHÖRIG.

[1.]

Es sei $\Sigma e^{-\alpha(k+\omega)^2} = T$, indem für k alle ganzen positiven und negativen Zahlen gesetzt werden, und

$$T = A + 2B\cos\omega P + 2C\cos 2\omega P + 2D\cos 3\omega P + \text{ etc.}$$

so ist

$$A = \int T d\omega, \quad B = \int T\cos\omega P . d\omega, \quad C = \int T\cos 2\omega P . d\omega,$$
$$D = \int T\cos 3\omega P . d\omega, \quad \text{u. s. w.}$$

alle Integrale von $\omega = 0$ bis $\omega = 1$ ausgedehnt. Es ist aber klar, dass jene Integrale zwischen diesen Grenzen mit den Integralen

$$\int e^{-\alpha\omega\omega} d\omega, \quad \int e^{-\alpha\omega\omega}\cos\omega P . d\omega, \quad \int e^{-\alpha\omega\omega}\cos 2\omega P . d\omega, \quad \int e^{-\alpha\omega\omega}\cos 3\omega P . d\omega, \text{ etc.}$$

übereinkommen, wenn diese von $\omega = -\infty$ bis $\omega = +\infty$ ausgedehnt werden. Da nun allgemein

$$e^{-\alpha\omega\omega}\cos n\omega P$$
$$= \tfrac{1}{2} e^{-\alpha\omega\omega + in\omega P} + \tfrac{1}{2} e^{-\alpha\omega\omega - in\omega P} = \tfrac{1}{2} e^{-\frac{nnPP}{4\alpha}} \left\{ e^{-\alpha(\omega - \frac{inP}{2\alpha})^2} + e^{-\alpha(\omega + \frac{inP}{2\alpha})^2} \right\}$$

so folgt leicht, dass

$$\int e^{-\alpha\omega\omega}\cos n\omega P\,.\,d\omega = e^{-\frac{nn\pi\pi}{\alpha}}\sqrt{\frac{\pi}{\alpha}}$$

folglich

$$T = \sqrt{\frac{\pi}{\alpha}}\,.\,\{1 + 2e^{-\frac{\pi\pi}{\alpha}}\cos\omega P + 2e^{-4\frac{\pi\pi}{\alpha}}\cos 2\omega P + 2e^{-9\frac{\pi\pi}{\alpha}}\cos 3\omega P + \text{ etc.}\}$$

In einer andern Form so:

$$\Sigma e^{-\alpha(k+\omega)^2} = \sqrt{\frac{\pi}{\alpha}}\,.\,e^{-\alpha\omega\omega}\,.\,\Sigma e^{-\frac{\pi\pi}{\alpha}(k+\frac{\alpha\omega i}{\pi})^2}$$

Allgemeiner:

$$\Sigma e^{-\alpha(k+\omega)^2}\{\cos 2(k+\omega)\alpha\psi - i\sin 2(k+\omega)\alpha\psi\}$$
$$= \sqrt{\frac{\pi}{\alpha}}\,.\,\Sigma e^{-\frac{\pi\pi}{\alpha}(k-\frac{\alpha\psi}{\pi})^2}\{\cos 2k\omega\pi - i\sin 2k\omega\pi\}$$

Oder, $\alpha\alpha' = \pi\pi$ und $-\alpha\psi = \omega'\pi$ gesetzt,

$$\Sigma e^{-\alpha(k+\omega)^2}\{\cos(2k+2\omega)\omega'\pi - i\sin(2k+2\omega)\omega'\pi\}$$
$$= \sqrt{\frac{\pi}{\alpha}}\,.\,\Sigma e^{-\alpha'(k+\omega')^2}\{\cos 2k\omega\pi - i\sin 2k\omega\pi\}$$

$$\Sigma e^{-\alpha(k+\omega-\frac{1}{4})^2} - \Sigma e^{-\alpha(k+\omega+\frac{1}{4})^2} = 4\sqrt{\frac{\pi}{\alpha}}\,.\,\{e^{-\frac{\pi\pi}{\alpha}}\sin\omega P - 3e^{-9\frac{\pi\pi}{\alpha}}\sin 3\omega P + \text{ etc.}\}$$

Man kann den Lehrsatz auch so ausdrücken:

$$\Sigma t e^{-\pi t^4 kk - 2\pi ttk\sqrt{u} - \frac{1}{2}\pi u}$$

ändert den Werth nicht, wenn t in $\frac{1}{t}$ und u in $-u$ verwandelt wird.

[2.]

Man setze

$$P = 1 + \frac{x^n\,.\,1-x^{2n+1}}{1+x^n\,.\,1+x^{n+1}} + \frac{x^{2n}\,.\,1-x^{2n+2}\,.\,1-x^{n+1}}{1+x^n\,.\,1+x^{n+1}\,.\,1+x^{n+2}} + \frac{x^{3n}\,.\,1-x^{2n+3}\,.\,1-x^{n+1}\,.\,1-x^{n+2}}{1+x^n\,.\,1+x^{n+1}\,.\,1+x^{n+2}\,.\,1+x^{n+3}} + \text{ etc.}$$

$$Q = \frac{x^n}{1+x^n} + \frac{x^{2n}\,.\,1-x^{n+1}}{1+x^n\,.\,1+x^{n+1}} + \frac{x^{3n}\,.\,1-x^{n+1}\,.\,1-x^{n+2}}{1+x^n\,.\,1+x^{n+1}\,.\,1+x^{n+2}} + \text{ etc.}$$

$$R = P - Q$$

Man suche zuerst diese Differenz, indem man das erste, zweite, dritte Glied u. s. w. der Reihe Q von dem ersten, zweiten, dritten Gliede der Reihe P abzieht, so kommt

$$R = \frac{1}{1+x^n} + \frac{x^n . 1-x^n}{1+x^n . 1+x^{n+1}} + \frac{x^{2n} . 1-x^n . 1-x^{n+1}}{1+x^n . 1+x^{n+1} . 1+x^{n+2}} + \frac{x^{3n} . 1-x^n . 1-x^{n+1} . 1-x^{n+2}}{1+x^n . 1+x^{n+1} . 1+x^{n+2} . 1+x^{n+3}} + \text{etc.}$$

Wir bezeichnen diese Reihe durch $\varphi(x, n)$.

Man suche ferner jene Differenz R, indem man das erste, zweite, dritte Glied u. s. w. der Reihe Q von dem zweiten, dritten, vierten u. s. w. der Reihe P abzieht, so wird

$$R = 1 - \frac{x^{2n+1}}{1+x^{n+1}} - \frac{x^{3n+2} . 1-x^{n+1}}{1+x^{n+1} . 1+x^{n+2}} - \frac{x^{4n+3} . 1-x^{n+1} . 1-x^{n+2}}{1+x^{n+1} . 1+x^{n+2} . 1+x^{n+3}} - \text{u. s. w.}$$

oder offenbar

$$R = 1 - x^{2n+1} . \varphi(x, n+1)$$

folglich

$$\varphi(x, n) = 1 - x^{2n+1} . \varphi(x, n+1)$$

Dieser Schluss ist allgemein, so lange $n > 1$, man hat demnach unter dieser Einschränkung

$$\varphi(x, n) = 1 - x^{2n+1} + x^{4n+4} - x^{6n+9} + x^{8n+16} - \text{etc.}$$

hingegen ist für den Fall $n = 0$ das letzte Glied von Q nicht als verschwindend zu betrachten. Setzt man es $= T$, so wird der erste Werth von R um T kleiner sein als der zweite, also

$$T = 1 - x\varphi(x, 1) - \varphi(x, 0)$$

oder

$$\varphi(x, 0) = 1 - x\varphi(x, 1) - T = 1 - x + x^4 - x^9 + x^{16} - \ldots - T$$

also da

$$\varphi(x, 0) = \tfrac{1}{2}$$

und

$$2T = \frac{1-x}{1+x} . \frac{1-xx}{1+xx} . \frac{1-x^3}{1+x^3} . \frac{1-x^4}{1+x^4} \text{ etc.}$$

so wird

$$\frac{1-x}{1+x}\cdot\frac{1-xx}{1+xx}\cdot\frac{1-x^3}{1+x^3}\cdot\frac{1-x^4}{1+x^4}\text{ etc.} = 1-2x+2x^4-2x^9+2x^{16}-\text{etc.}$$

der erste Theil ist hier

$$= 1-x\,.\,1-x^3\,.\,1-x^5\,.\,1-x^7\text{ etc. } \frac{1-xx}{1+x}\cdot\frac{1-x^4}{1+xx}\cdot\frac{1-x^6}{1+x^3}\text{ etc.}$$
$$= (1-x)^2(1-xx)(1-x^3)^2(1-x^4)(1-x^5)^2(1-x^6)\text{ etc.}$$

Bezeichnen wir noch

$$1-2x+2x^4-2x^9+2x^{16}\text{ etc. mit } Fx$$

so wird offenbar

$$Fx\,.\,F(-x) = (Fxx)^2$$

[3.]

Zieht man auf ähnliche Weise von der Reihe

$$\frac{1-x^{2n+2}}{1-x^{n+1}}+\frac{x^n\,.\,1-x^{2n+4}\,.\,1-x^{n+2}}{1-x^{n+1}\,.\,1-x^{n+3}}+\frac{x^{2n}\,.\,1-x^{2n+6}\,.\,1-x^{n+2}\,.\,1-x^{n+4}}{1-x^{n+1}\,.\,1-x^{n+3}\,.\,1-x^{n+5}}+\text{etc.}$$

die Reihe

$$\frac{x^n\,.\,1-x^{n+2}}{1-x^{n+1}}+\frac{x^{2n}\,.\,1-x^{n+2}\,.\,1-x^{n+4}}{1-x^{n+1}\,.\,1-x^{n+3}}+\frac{x^{3n}\,.\,1-x^{n+2}\,.\,1-x^{n+4}\,.\,1-x^{n+6}}{1-x^{n+1}\,.\,1-x^{n+3}\,.\,1-x^{n+5}}+\text{etc.}$$

ab, so erhält man einmal

$$\frac{1-x^n}{1-x^{n+1}}+\frac{x^n\,.\,1-x^n\,.\,1-x^{n+2}}{1-x^{n+1}\,.\,1-x^{n+3}}+\frac{x^{2n}\,.\,1-x^n\,.\,1-x^{n+2}\,.\,1-x^{n+4}}{1-x^{n+1}\,.\,1-x^{n+3}\,.\,1-x^{n+5}}+\text{etc.} = \psi(x,n)$$

und zweitens

$$1+x^{n+1}+\frac{x^{2n+3}\,.\,1-x^{n+2}}{1-x^{n+3}}+\frac{x^{2n+3}\,.\,x^{n+2}\,.\,1-x^{n+2}\,.\,1-x^{n+4}}{1-x^{n+3}\,.\,1-x^{n+5}}+\text{etc.}$$
$$= 1+x^{n+1}+x^{2n+3}\psi(x,n+2)$$

Man hat also, den Fall $n=0$ ausgenommen,

$$\psi(x,n) = 1+x^{n+1}+x^{2n+3}\psi(x,n+2)$$

folglich

$$\psi(x,n) = 1+x^{n+1}+x^{2n+3}+x^{3n+6}+x^{4n+10}+\text{etc.}$$

dagegen hat man für den Fall $n=0$

$$\psi(x,0) = 1+x+x^3\psi(x,2)-\frac{1-x^2\,.\,1-x^4\,.\,1-x^6}{1-x\,.\,1-x^3\,.\,1-x^5}\text{ etc.}$$

folglich

$$\frac{1-x^2.1-x^4.1-x^6\ldots}{1-x.1-x^3.1-x^5\ldots} = 1+x+x^3+x^6+x^{10}+\text{ etc.}$$

[4.]

Wir bezeichnen

$$1-x.1-xx.1-x^3 \text{ etc. mit } [x]$$

so ist:

$$1+x+x^3+x^6+\text{etc.} = \frac{1-xx.1-x^4.1-x^6\ldots}{1-x\,.1-x^3.1-x^5\ldots} = \frac{[xx]^2}{[x]}$$

$$= 1+x.1+xx.1+x^3.1+x^4.1+x^5\ldots 1-x^2.1-x^4.1-x^{16}\ldots$$

$$1-2x+2x^4-2x^9+\text{etc.} = \frac{1-x.1-xx.1-x^3\ldots}{1+x.1+xx.1+x^3\ldots} = \frac{[x]^2}{[xx]}$$

$$1+2x+2x^4+2x^9+\text{etc.} = \frac{1+x.1-xx.1+x^3\ldots}{1-x.1+xx.1-x^3\ldots} = \frac{[xx]^5}{[x]^2[x^4]^2}$$

$$= (1+x)^2(1-xx)(1+x^3)^2(1-x^4)(1+x^5)^2\ldots$$

$$[-x] = \frac{[xx]^3}{[x][x^4]}$$

$$(1+xy)(1+x^3y)(1+x^5y)\ldots(1+\tfrac{x}{y})(1+\tfrac{x^3}{y})(1+\tfrac{x^5}{y})\ldots$$

$$= \frac{1}{[xx]}\{1+x(y+\tfrac{1}{y})+x^4(yy+\tfrac{1}{yy})+x^9(y^3+\tfrac{1}{y^3})+.\}$$

$$\text{etc.}+x^{(\omega-1)^2}+x^{\omega\omega}+x^{(\omega+1)^2}+\text{ etc.} = [xx]\frac{\ldots 1+x^{2\omega+3}.1+x^{2\omega+1}.1+x^{2\omega-1}.1+x^{2\omega-3}\ldots}{x^{-\omega\omega}.x^{2\omega-1}.x^{2\omega-3}\ldots}$$

$$[x]^3 = 1-3x+5x^3-7x^6+9x^{10}-\text{ etc.}$$

folgt leicht aus

$$\{(y-\tfrac{1}{y})x-(y^3-\tfrac{1}{y^3})x^9+(y^5-\tfrac{1}{y^5})x^{25}-..\}\{(y+\tfrac{1}{y})x+(y^3+\tfrac{1}{y^3})x^9+(y^5+\tfrac{1}{y^5})x^{25}+..\}$$

$$= \{1-2x^8+2x^{32}-..\}\{(yy-\tfrac{1}{yy})xx-(y^6-\tfrac{1}{y^6})x^{18}+\text{ etc.}\}$$

wenn man $y = 1+\omega$ setzt und daraus die Bedingungsgleichungen bildet.

[5.]

Zu den Hauptsätzen in dieser Theorie gehört folgendes Theorem. Bezeichnet man

$$\{e^{-\frac{Pa}{24}} - e^{-\frac{25Pa}{24}} - e^{-\frac{49Pa}{24}} + e^{-\frac{121Pa}{24}} + e^{-\frac{169Pa}{24}} + \ldots\}.\sqrt[4]{\alpha} \text{ durch } \varphi\alpha$$

so ist

$$\varphi\alpha = \varphi\frac{1}{\alpha}$$

Diese Function ist ein Maximum für $\alpha = 1$, wo ihr Werth

$$= 0{,}7682255 = \frac{1}{\sqrt[4]{2}.\sqrt{1{,}19814..}} = \sqrt[4]{\tfrac{1}{2}}.\sqrt{\tfrac{\varpi}{\pi}}$$

ferner ist

$$(\varphi 2\lambda)^{24} = 4(\varphi\lambda)^8(\varphi 4\lambda)^8\{(\varphi\lambda)^8 + (\varphi 4\lambda)^8\}$$

$$\varphi\alpha = e^{-\frac{\alpha}{24}P}\sqrt[4]{\alpha}.(1-e^{-aP})(1-e^{-2\alpha P})(1-e^{-3\alpha P})\ldots$$

oder

$$[x] = \frac{\varphi\frac{-\log x}{P}.\sqrt[24]{\frac{1}{x}}}{\sqrt[4]{\frac{-\log x}{P}}}$$

Es sei

$$(1+xy)(1+x^3y)(1+x^5y)\ldots(1+\tfrac{x}{y})(1+\tfrac{x^3}{y})(1+\tfrac{x^5}{y})\ldots = F(x,y)$$

so ist

$$F[e^{-\frac{1}{2}\alpha P}, e^{P\omega\sqrt{\alpha}}].e^{-\frac{P}{24\alpha}} = F[e^{-\frac{1}{2}\frac{P}{\alpha}}, e^{iP\omega\sqrt{\frac{1}{\alpha}}}].e^{-\frac{P\alpha}{24}}.e^{\frac{1}{2}P\omega\omega}$$

[6.]

Die Siebentheilung führt auf folgende Gleichung

$$b = \left[\frac{1-2x+2x^4-..}{1+2x+2x^4+..}\right]^2$$

$$A = \left[\frac{1+2x^7+2x^{28}+..}{1+2x+2x^4+..}\right]^2$$

$$B = \left[\frac{1-2x^7+2x^{28}+..}{1+2x+2x^4+..}\right]^2$$

$$A^8-\tfrac{4}{7}A^6+\frac{16-32bb}{49}A^5-\frac{30}{343}A^4+\frac{32-64bb}{2401}A^3-\frac{20+768bb-768b^4}{16807}A^2$$
$$+\frac{48-2144bb+6144b^4-4096.b^6}{823543}A-\frac{1}{823543}=0$$

$$B^8-\tfrac{4}{7}bbB^6+\frac{16b^3-32b}{49}B^5-\frac{30b^4}{343}B^4+\frac{32b^5-64b^3}{2401}B^3-\frac{20b^6+768b^4-768b^2}{16807}B^2$$
$$+\frac{48b^7-2144b^5+6144b^3-4096b}{823543}B-\frac{1}{823543}=0$$

Wenn man in der ersten Gleichung statt bb, $1-bb$ und statt A, $-A$ setzt, so wird sie nicht geändert.

[7.]

Für die Dreitheilung hat man

$$a \qquad b \qquad \frac{b}{a}=t$$
$$A \qquad B \qquad \frac{B}{A}=T$$
$$T^4+(12t-16t^3)T^3+6ttT^3-(16t-12t^3)T+t^4=0$$

oder

$$(T-t)^4=16(t-t^3)(T-T^3)$$
$$\frac{A}{a}=\frac{3t-t^3+T(1-3tt)}{3[T(1-tt)+t(1-TT)]}$$

Setzt man $T=\operatorname{tang}N$, $t=\operatorname{tang}n$, so ist

$$3\sin(2N-2n)^2=4\sin(N+3n).\sin(3N+n)$$
$$\sin(N-n)^4=\sin 4n.\sin 4N$$
$$\frac{A\cos n}{a\cos N}=\frac{B\sin n}{b\sin N}=\frac{2\sin(N+3n)}{3\sin(2N-2n)}=\frac{\sin(2N-2n)}{2\sin(3N+n)}$$

[8.]

Zum Beweise der schönen Lehrsätze der Reciprocität wird folgendes dienen:

I. Das Product aus allen

$$1-\frac{\eta}{\alpha k+N}$$

ist das Product aus allen

$$\frac{1-\frac{\eta-N}{\alpha k}}{1+\frac{N}{\alpha k}}$$

also

$$=\frac{\sin\frac{N-\eta}{\alpha}\pi}{\sin\frac{N}{\alpha}\pi}=e^{-\frac{\eta\pi i}{\alpha}}\frac{1-e^{-\frac{2(N-\eta)}{\alpha}\pi i}}{1-e^{-\frac{2N}{\alpha}\pi i}}=e^{\frac{\eta\pi i}{\alpha}}\cdot\frac{1-e^{\frac{2(N-\eta)}{\alpha}\pi i}}{1-e^{\frac{2N}{\alpha}\pi i}}$$

II. Sollen aber blos für k die ungeraden Zahlen gesetzt werden, so ist jenes Product

$$=\frac{\cos\frac{N-\eta}{\alpha}\frac{\pi}{2}}{\cos\frac{N}{\alpha}\frac{\pi}{2}}=e^{-\frac{\eta\pi i}{2\alpha}}\frac{1+e^{-\frac{N-\eta}{\alpha}\pi i}}{1+e^{-\frac{N}{\alpha}\pi i}}=e^{\frac{\eta\pi i}{2\alpha}}\cdot\frac{1+e^{\frac{N-\eta}{\alpha}\pi i}}{1+e^{\frac{N}{\alpha}\pi i}}$$

Setzt man also $N=k'\alpha'$, so wird der Werth jenes Products, wenn man

$$e^{-\frac{\alpha'\pi i}{\alpha}}=x \quad \text{und} \quad e^{\frac{\eta\pi i}{\alpha}}=y$$

setzt,

$$=y^{-\frac{1}{2}}\cdot\frac{1+x^{k'}y}{1+x^{k'}}=y^{\frac{1}{2}}\cdot\frac{1+x^{-k'}\cdot\frac{1}{y}}{1+x^{-k'}}$$

folglich das Product aus allen Werthen für k' alle ungeraden Zahlen gesetzt

$$=(x,y)\frac{[x]^2[x^4]^2}{[xx]^4}$$

Es seien m, n zwei beliebige, positive reelle Grössen und λ reell oder imaginär, man setze

$$e^{-\frac{m}{n}\pi}=x, \quad e^{\frac{\lambda}{n}\pi}=y$$

so ist das Product aus allen

$$1-\frac{\lambda}{km+k'ni}$$

für k und k' alle ungeraden ganzen Zahlen gesetzt, obigem zu Folge

$$= (x, y)\frac{[x]^2[x^4]^2}{[xx]^4}$$

Offenbar ist aber obiges Product auch das Product aus allen

$$1 - \frac{\lambda i}{kmi + k'n}$$

also, wenn man

$$e^{-\frac{n}{m}\pi} = x', \qquad e^{\frac{\lambda}{m}\pi i} = y'$$

setzt, so ist jenes Product

$$= (x', y')\frac{[x']^2[x'^4]^2}{[x'x']^4}$$

folglich diese beiden Ausdrücke einander gleich, oder

$$\frac{1+xy \,.\, 1+\frac{x}{y} \,.\, 1+x^3y \,.\, 1+\frac{x^3}{y} \ldots}{1+x \,.\, 1+x \,.\, 1+x^3 \,.\, 1+x^3 \ldots} = \frac{1+x'y' \,.\, 1+\frac{x'}{y'} \,.\, 1+x'^3y' \,.\, 1+\frac{x'^3}{y'} \ldots}{1+x' \,.\, 1+x' \,.\, 1+x'^3 \,.\, 1+x'^3 \ldots}$$

Diese Schlüsse bedürfen einer Verbesserung (alle geradezu noch einen constanten Theil im Nenner).

[9.]

$$\frac{x+4x^4+9x^9+16x^{16}+\ldots}{1+2x+2x^4+2x^9+\ldots} = \frac{x}{1-xx} - \frac{2xx}{1-x^4} + \frac{3x^3}{1-x^6} - \ldots \qquad \text{I}$$

$$= \frac{x}{(1+x)^2} + \frac{x^3}{(1+x^3)^2} + \frac{x^5}{(1+x^5)^2} + \ldots \qquad \text{II}$$

also

$$\tfrac{1}{2}\log(1+2x+2x^4+2x^9+ \quad) = \frac{x}{1+x} + \frac{x^3}{3(1+x^3)} + \frac{x^5}{5(1+x^5)} + \ldots$$

I. aus der Differentiation des Logarithmen des Ausdrucks durchs Product.

Wird I. entwickelt in

$$\begin{array}{l} x + x^3 + x^5 + x^7 + \ldots \\ -2xx - 2x^6 - 2x^{10} - 2x^{14} - \ldots \\ +3x^3 + 3x^9 + 3x^{15} + 3x^{21} + \ldots \\ -4x^4 - 4x^{12} - 4x^{20} - 4x^{28} - \ldots \\ \quad \cdot \quad \cdot \quad \cdot \quad \cdot \end{array}$$

und die verticalen Reihen einzeln summirt, so entsteht II.

$$(1+2x+2x^4+2x^9+\,.\,.)^4 = 1+\frac{8x}{1-x}+\frac{16xx}{1+xx}+\frac{24x^3}{1-x^3}+\frac{32x^4}{1+x^4}+\ldots$$

$$(1-2x+2x^4-2x^9+\,.\,.)^4 = 1-\frac{8x}{1+x}+\frac{16xx}{1+xx}-\frac{24x^3}{1+x^3}+\frac{32x^4}{1+x^4}-\ldots$$

$$(2x^{\frac{1}{4}}+2x^{\frac{9}{4}}+2x^{\frac{25}{4}}+\,.\,.)^4 = \frac{16x}{1-xx}+\frac{48x^3}{1-x^6}+\frac{80x^5}{1-x^{10}}+\ldots$$

$$(1+2x+2x^4+2x^9+\,.\,.)^4 = 1+\frac{8x}{(1-x)^2}+\frac{8xx}{(1+xx)^2}+\frac{8x^3}{(1-x^3)^2}+\frac{8x^4}{(1+x^4)^2}+\ldots$$

$$(1-2x+2x^4-2x^9+\,.\,.)^4 = 1-\frac{8x}{(1+x)^2}+\frac{8xx}{(1+xx)^2}-\frac{8x^3}{(1+x^3)^2}+\frac{8x^4}{(1+x^4)^2}-\ldots$$

$$(2x^{\frac{1}{4}}+2x^{\frac{9}{4}}+2x^{\frac{25}{4}}+\,.\,.)^4 = \frac{16(1+xx)x}{(1-xx)^2}+\frac{16(1+x^6)x^3}{(1-x^6)^2}+\frac{16(1+x^{10})x^5}{(1-x^{10})^2}+\ldots$$

Die Reihen

$$p = 1+2x+2x^4+\text{etc.},\qquad \frac{1}{pp} = t$$

$$q = 1-2x+2x^4-\text{etc.},\qquad \frac{1}{qq} = u$$

werden durch Differentialgleichungen am einfachsten auf folgende Art ausgedrückt

$$\frac{x\,dt}{dx} = t',\qquad \frac{x\,dt'}{dx} = t'',\qquad \frac{x\,dt''}{dx} = t'''$$

$$\frac{x\,du}{dx} = u',\qquad \frac{x\,du'}{dx} = u'',\qquad \frac{x\,du''}{dx} = u'''$$

$$\frac{u}{t}-\frac{t}{u} = 2(tu'-ut') = -4u^3t'' = +4t^3u''$$

$$\frac{t'''}{t''}+3\frac{t'}{t} = \sqrt{\left(\frac{1}{t^4}+16\frac{t''}{t}\right)}$$

[III.]

[ZUR THEORIE DER NEUEN TRANSSCENDENTEN.]

Die Theoreme in Beziehung auf diejenigen Reihen und unendlichen Producte, welche zu der Theorie der Arithmetisch Geometrischen Mittel gehören, ordnen wir so:

1. $$1-x.1-xx.1-x^3.1-x^4\ldots=[x]$$

2. $$1+x.1+xx.1+x^3.1+x^4\ldots=\frac{[xx]}{[x]}$$

3. $$1-x.1-x^3.1-x^5.1-x^7\ldots=\frac{[x]}{[xx]}$$

4. $$1+x.1+x^3.1+x^5.1+x^7\ldots=\frac{[xx]^2}{[x][x^4]}$$

5. $$[-x]=\frac{[xx]^3}{[x][x^4]}$$

6. $$1+xy.1+x^3y.1+x^5y\ldots 1+xy^{-1}.1+x^3y^{-1}.1+x^5y^{-1}\ldots$$

evolvitur in seriem

$$Fx.\{1+(y+y^{-1})x+(y^2+y^{-2})x^4+(y^3+y^{-3})x^9+\ldots\}$$

7. also $$Fx=\frac{(1-x)^2(1-x^3)^2(1-x^5)^2\ldots}{1-2x+2x^4-2x^9+\ldots}=\frac{[x]^2}{[xx]^2}\cdot\frac{1}{1-2x+2x^4-2x^9+\ldots}$$

8. $$Fx = \frac{1+xx\,.\,1+x^6\,.\,1+x^{10}\ldots}{1-2x^4+2x^{16}-2x^{36}+\ldots} = \frac{[x^4]^2}{[xx][x^8]}\cdot\frac{1}{1-2x^4+2x^{16}-\ldots}$$

9. $$[xx]Fx = [x^8]Fx^4 = [x^{32}]Fx^{16} = [x^{128}]Fx^{64} = \text{etc.} = 1$$

10. $$1-2x+2x^4-\ldots = \frac{[x]^2}{[xx]} = \frac{1-x\,.\,1-xx\,.\,1-x^3\ldots}{1+x\,.\,1+xx\,.\,1+x^3\ldots}$$

11. $$1+2x+2x^4+\ldots = \frac{[xx]^5}{[x]^2[x^4]^2} = \frac{1+x\,.\,1-xx\,.\,1+x^3\,.\,1-x^4\ldots}{1-x\,.\,1+xx\,.\,1-x^3\,.\,1+x^4\ldots}$$

Andere Beweise dieser Sätze.

Wenn man in 6 statt y, xy schreibt, so wird

$$1+\frac{1}{yy}\,.\,1+xxyy\,.\,1+x^4yy\,.\,1+x^6yy\ldots 1+xxy^{-2}\,.\,1+x^4y^{-2}\;1+x^6y^{-2}\ldots$$
$$= \frac{1}{[xx]}\{(1+y^{-2})+(y^2+y^{-4})xx+(y^4+y^{-6})x^6+\ldots\}$$

oder

12. $$y+\frac{1}{y}\,.\,1+xxyy\,.\,1+x^4yy\,.\,1+x^6yy\ldots 1+xxy^{-2}\,.\,1+x^4y^{-2}\,.\,1+x^6y^{-2}\ldots$$
$$= \frac{1}{[xx]x^{\frac{1}{4}}}\{(y+y^{-1})x^{\frac{1}{4}}+(y^3+y^{-3})x^{\frac{9}{4}}+\ldots\}$$

Anderer Beweis

13. $$x^{\frac{1}{4}}\frac{[x^4]^2}{[xx]} = x^{\frac{1}{4}}+x^{\frac{9}{4}}+\ldots$$

oder

14. $$\frac{[xx]^2}{[x]} = 1+x+x^3+x^6+x^{10}+\ldots = \frac{1-xx\,.\,1-x^4\ldots}{1-x\,.\,1-x^3\ldots}$$

Anderer Beweis.

15. $$(1-2x+2x^4-\ldots)\;(1+2x+2x^4+\ldots) = (1-2xx+2x^8-\ldots)^2$$

16. $$(1-2x+2x^4-\ldots)^2+(1+2x+2x^4+\ldots) = 2(1+2xx+2x^8+\ldots)^2$$

17. $$(1+2x+2x^4+\ldots)^2\;(x^{\frac{1}{4}}+x^{\frac{9}{4}}+\ldots) = (x^{\frac{1}{8}}+x^{\frac{9}{8}}+\ldots)^2$$

18. $$(1+2x+2x^4+\ldots)^2+(2x^{\frac{1}{4}}+2x^{\frac{9}{4}}+\ldots)^2 = (1+2x^{\frac{1}{2}}+2x^2+\ldots)^2$$

19. $$(1+2x+2x^4+\ldots)^4 = (1-2x+2x^4-\ldots)^4+(2x^{\frac{1}{4}}+2x^{\frac{1}{4}}+\ldots)^4$$

Anwendung auf arithm. geom. Mittel.

20. $$a = h(1+2x+2x^4+\ldots)^2 \qquad b = h(1-2x+2x^4-\ldots)^2$$
$$a' = h(1+2xx+2x^8+\ldots)^2 \qquad b' = h(1-2xx+2x^8-\ldots)^2$$
$$a'' = h(1+2x^4+2x^{16}+\ldots)^2 \qquad b'' = h(1-2x^4+2x^{16}-\ldots)^2$$
$$a''' = h(1+2x^8+2x^{32}+\ldots)^2 \qquad b''' = h(1-2x^8+2x^{32}-\ldots)^2$$
etc. etc.

$$c = \sqrt{(aa-bb)}$$
$$c' = \sqrt{(a'a'-b'b')} = \tfrac{1}{2}(a-b) = \frac{cc}{4a'} = \frac{cc}{4a'}, \qquad \sqrt{\frac{c}{4h}} = \frac{c}{4}\frac{1}{\sqrt{a'h}}$$
$$c'' = \sqrt{(a''a''-b''b'')} = \tfrac{1}{2}(a'-b') = \frac{c'c'}{4a''} = \frac{c^4}{64a'a'a''}, \qquad \sqrt[4]{\frac{c''}{4h}} = \frac{c}{4a'^{\frac{1}{2}}a''^{\frac{1}{4}}h^{\frac{1}{4}}}$$
$$c''' = \sqrt{(a'''a'''-b'''b''')} = \tfrac{1}{2}(a''-b'') = \frac{c''c''}{4a'''} = \frac{c^8}{2^{14}a'^4a''^2a'''}, \qquad \sqrt[8]{\frac{c'''}{4h}} = \frac{c}{4a'^{\frac{1}{2}}a''^{\frac{1}{4}}a'''^{\frac{1}{8}}h^{\frac{1}{8}}}$$
etc. etc.

21. $$x^{\frac{1}{2}} = \frac{c}{4a'^{\frac{1}{2}}a''^{\frac{1}{4}}a'''^{\frac{1}{8}}} = \frac{c}{4a'}\left[\frac{a'}{a''}\right]^{\frac{1}{2}}\left[\frac{a''}{a'''}\right]^{\frac{1}{4}}\left[\frac{a'''}{a''''}\right]^{\frac{1}{8}} \text{ etc.}$$

22. $$x = \frac{a-b}{8a''}\left[\frac{a''}{a'''}\right]^{\frac{1}{2}}\left[\frac{a'''}{a''''}\right]^{\frac{1}{4}} \text{ etc.}$$

Setzt man in 6 statt x, x^3 und statt y, $-x$, so wird

$$1-x^4.1-x^{10}.1-x^{16}\ldots 1-x^2.1-x^8\ 1-x^{14}\ldots$$
$$= \frac{1}{[x^6]}\{1-xx-x^4+x^{10}+x^{14}-x^{24}-x^{30}+\ldots\}$$

oder

23. $$[x] = 1-x-xx+x^5+x^7-x^{12}-x^{15}+ \text{ etc.}$$

Anderer Beweis.

Man setze in 6 statt x, x^3 und statt y, $+x$, so wird

24. $$1+x+xx+x^5+x^7+x^{12}+x^{15}+\text{etc.}=[x^3].1+x.1+xx.1+x^4.1+x^5\,..$$
$$=\frac{[xx][x^3]^2}{[x][x^6]}$$

Man setze in 6 statt x, x^3 und statt y, xxy, so wird

$$1+\frac{x}{y}+x^5y+\frac{x^8}{yy}+x^{16}yy+\text{etc.}$$
$$=1+\frac{x}{y}.1+\frac{x^7}{y}.1+\frac{x^{13}}{y}\dots 1+x^5y.1+x^{11}y.1+x^{17}y\dots[x^6]$$

oder statt x, x^3 gesetzt

$$x+\frac{x^4}{y}+x^{16}y+\frac{x^{25}}{yy}+x^{49}yy+\text{etc.}$$
$$=x.1+\frac{x^3}{y}.1+\frac{x^{21}}{y}.1+\frac{x^{39}}{y}\dots 1+x^{15}y.1+x^{33}y.1+x^{51}y\dots[x^{18}]$$

also

25. $$x+x^4+x^{16}+x^{25}+x^{49}+\,..$$
$$=x.1+x^3.1+x^{15}.1+x^{21}.1+x^{33}.1+x^{39}\dots[x^{18}]=x\frac{[x^6]^2[x^9][x^{36}]}{[x^3][x^{12}][x^{18}]}$$

26. $$x-x^4-x^{16}+x^{25}+x^{49}-\text{etc.}=x.1-x^3.1-x^{15}.1-x^{21}.1-x^{33}\,..[x^{18}]$$
$$=x\frac{[x^3][x^{18}]^2}{[x^6][x^9]}$$

Da nun

$$\frac{x.1-x^3.1-x^{15}.1-x^{21}.1-x^{33}\dots[x^{18}]}{x.1-x^3.1-x^9.1-x^{15}.1-x^{21}\dots}=\frac{[x^{18}]^3}{[x^9]}=1+x^9+x^{27}+x^{54}+\,..$$

so ist

27. $$x-x^4-x^{16}+x^{25}+x^{29}-\,..$$
$$=1-x^3.1-x^9.1-x^{15}\dots\frac{1}{x^{\frac{1}{8}}}\{x^{\frac{9}{8}}+x^{\frac{81}{8}}+x^{\frac{225}{8}}+x^{\frac{441}{8}}+\text{etc.}\}$$

ferner folgt aus 24, wenn man statt x, x^3 setzt, weil

$$\frac{1-2x^9+2x^{36}-2x^{81}+\dots}{1-x^3.1-x^9.1-x^{15}\dots}=\frac{[x^6][x^9]^2}{[x^3][x^{18}]}=1+x^3+x^6+x^{15}+x^{21}+\,..$$

28. $$1-2x^9+2x^{36}-2x^{81}+\,..=1-x^3.1-x^9.1-x^{15}\dots\frac{1}{x^{\frac{1}{8}}}\{x^{\frac{1}{8}}+x^{\frac{25}{8}}+x^{\frac{49}{8}}+\text{etc.}\}$$

also aus der Verbindung von 27 und 28

29. $1-2x+2x^4-2x^9+2x^{16}-$

$$=1-x^3.1-x^9.1-x^{15}\ldots\frac{1}{x^{\frac{1}{8}}}\{x^{\frac{1}{8}}-2x^{\frac{9}{8}}+x^{\frac{25}{8}}+x^{\frac{49}{8}}-2x^{\frac{81}{8}}-\text{etc.}\}$$

ferner folgt aus 23

$$x^{\frac{1}{8}}-x^{\frac{25}{8}}-x^{\frac{49}{8}}+x^{\frac{121}{8}}+\ldots=x^{\frac{1}{8}}[x^3]$$

also

30. $1-2x^3+2x^{12}-2x^{27}+2x^{48}-\ldots$

$$=1-x^3.1-x^9.1-x^{15}\ldots\frac{1}{x^{\frac{1}{8}}}\{x^{\frac{1}{8}}-x^{\frac{25}{8}}-x^{\frac{49}{8}}+x^{\frac{121}{8}}+x^{\frac{169}{8}}-\ldots\}$$

Aus der Summation von 29 und 30

31. $\{1-2x+2x^4-2x^9+\ldots\}+\{1-2x^3+2x^{12}-2x^{27}+\ldots\}$

$$=1-x^3.1-x^9.1-x^{15}\ldots\frac{2}{x^{\frac{1}{8}}}\{x^{\frac{1}{8}}-x^{\frac{9}{8}}-x^{\frac{81}{8}}+x^{\frac{121}{8}}+x^{\frac{169}{8}}-\ldots\}$$

Aus der Summation von 28 und 30

32. $\{1-2x^3+2x^{12}-2x^{27}+\ldots\}+\{1-2x^9+2x^{36}-2x^{81}+\ldots\}$

$$=1-x^3.1-x^9.1-x^{15}\ldots\frac{2}{x^{\frac{1}{8}}}\{x^{\frac{1}{8}}+x^{\frac{121}{8}}+x^{\frac{169}{8}}+x^{\frac{529}{8}}+\ldots\}$$

Setzt man in 6 statt x, x^6 und statt y, xy, so wird

$$1+x^7y.1+x^{19}y.1+x^{31}y\ldots1+\frac{x^5}{y}\;1+\frac{x^{17}}{y}\ldots[x^{12}]$$
$$=1+\frac{x^5}{y}+x^7y+\frac{x^{22}}{yy}+x^{26}yy+\ldots$$

Man hat demnach die Zerlegungen in Factoren

33. $(1-2x^3+2x^{12}-2x^{27}+\ldots)+(1-2x^9+2x^{36}-2x^{81}+\ldots)$

$$=2[x^{36}].1-x^3.1-x^9.1-x^{15}\ldots1+x^{15}\;1+x^{21}.1+x^{51}.1+x^{57}\ldots$$

34. $(1-2x+2x^4-2x^9+\ldots)+(1-2x^3+2x^{12}-2x^{27}+\ldots)$

$$=2[x^{12}].1-x.1-x^3.1-x^5.1-x^7\ldots1+x^5.1+x^7.1+x^{17}.1+x^{19}\ldots$$

35. $(1+2x^3+2x^{12}+2x^{27}+\ldots)+(1+2x^9+2x^{36}+2x^{81}+\ldots)$

$$=2[x^{36}].1+x^3.1+x^9.1+x^{15}\ldots1-x^{15}.1-x^{21}.1-x^{51}\ldots$$

36. $(1+2x+2x^4+2x^9+\ldots)+(1+2x^3+2x^{12}+2x^{27}+\ldots)$

$$=2[x^{12}].1+x.1+x^3.1+x^5.1+x^7\ldots1-x^5.1-x^7.1-x^{17}.1-x^{19}\ldots$$

Hieraus ergeben sich zugleich die Factoren des letzten Theils in 31.

Aus der Subtraction von 28 und 30

37. $$(1-2x^9+2x^{36}-2x^{81}+..)-(1-2x^3+2x^{12}-..)$$
$$=2.1-x^3.1-x^9.1-x^{15}..\frac{1}{x^{\frac{1}{8}}}(x^{\frac{25}{8}}+x^{\frac{49}{8}}+x^{\frac{289}{8}}+x^{\frac{361}{8}}+..)$$

Setzt man in 6 statt x, x^6 und statt y, x^5y, so wird

$$1+x^{11}y.1+x^{23}y.1+x^{35}y\ldots 1+\frac{x}{y}.1+\frac{x^{13}}{y}.1+\frac{x^{25}}{y}\ldots.[x^{12}]$$
$$=1+\frac{x}{y}+x^{11}y+\frac{x^{14}}{yy}+x^{34}yy+\ldots$$

Also die Zerlegung in Factoren

38. $$(1-2x^5+2x^{36}-2x^{81}+..)-(1-2x^3+2x^{12}-..)$$
$$=2x^3[x^{36}].1+x^3.1+x^{33}.1+x^{39}.1+x^{69}\ldots 1-x^3.1-x^9.1-x^{15}\ldots$$

39. $$(1-2x^3+2x^{12}-2x^{27}+..)-(1-2x+2x^4-..)$$
$$=2x[x^{12}].1+x.1+x^{11}.1+x^{13}.1+x^{23}\ldots 1-x.1-x^3.1-x^5\ldots$$

40. $$(1+2x^3+2x^{12}+2x^{27}+..)-(1+2x^9+2x^{36}+..)$$
$$=2x^3[x^{36}].1-x^3.1-x^{33}.1-x^{39}.1-x^{69}\ldots 1+x^3.1+x^9.1+x^{15}\ldots$$

41. $$(1+2x+2x^4+2x^9+..)-(1+2x^3+2x^{12}+..)$$
$$=2x[x^{12}].1-x.1-x^{11}.1-x^{13}.1-x^{23}\ldots 1+x.1+x^3.1+x^5\ldots$$

Aus der Subtraction von 29 und 30 folgt

42. $$(1-2x^3+2x^{12}-2x^{27}+\ .)-(1-2x+2x^4-..)$$
$$=2.1-x^3.1-x^9.1-x^{15}\ldots\frac{1}{x^{\frac{1}{8}}}(x^{\frac{9}{8}}-x^{\frac{25}{8}}-x^{\frac{49}{8}}+x^{\frac{81}{8}}+x^{\frac{225}{8}}-..)$$

Woraus die Zerlegung des letzten Gliedes dieser Gleichung in Factoren folgt.

Aus der Multiplication von 34 und 39 folgt

43. $$(1-2x^3+2x^{12}-2x^{27}+..)^2-(1-2x+2x^4-..)^2$$
$$=4x[x^{12}]^2.(1-x)^2(1-x^3)^2(1-x^5)^2\ldots 1+x.1+x^5.1+x^7.1+x^{11}\ldots$$
$$=4x\frac{[x^{12}]^2[x]^2}{[xx]^2}.\frac{[xx]^2[x^3][x^{12}]}{[x][x^4][x^6]^2}=4x\frac{[x][x^3][x^{12}]^3}{[x^4][x^6]^2}$$

Ebenso aus der Multiplication von 36 und 41

44. $(1+2x+2x^4+\,.\,.)^2-(1+2x^3+2x^{12}+2x^{27}+\,.\,.)^2$

$$= 4x[x^{12}]^2.(1+x)^2(1+x^3)^2(1+x^5)^2 \quad 1-x.1-x^5.1-x^7.1-x^{11}\ldots$$

$$= 4x\frac{[x^{12}]^2[xx]^4}{[x]^2[x^4]^2}\cdot\frac{[x][x^6]}{[xx][x^3]} = 4x\frac{[xx]^3[x^6][x^{12}]^2}{[x][x^3][x^4]^2}$$

Also der Quotient

45 $$\frac{(1-2x^3+2x^{12}-2x^{27}+\,.\,.)^2-(1-2x+2x^4-\,.\,.)^2}{(1+2x^3+2x^{12}+2x^{27}+\,.\,.)^2-(1+2x+2x^4+\,.\,.)^2}$$

$$= -\left(\frac{1-x}{1+x}\right)^3\left(\frac{1-x^3}{1+x^3}\right)\left(\frac{1-x^5}{1+x^5}\right)^3\left(\frac{1-x^7}{1+x^7}\right)^3\left(\frac{1-x^9}{1+x^9}\right)\ldots$$

$$= \frac{[x]^2[x^3]^2[x^4][x^{12}]}{[xx]^3[x^6]^3}$$

und das Product

45[b]. $$\{(1-2x^3+2x^{12}-\,.\,.)^2-(1-2x+2x^4-\,.\,.)^2\}$$
$$\times\{(1+2x^3+2x^{12}+\,.\,.)^2-(1+2x+2x^4+\,.\,.)^2\}$$
$$= -16xx\frac{[xx]^3[x^{12}]^5}{[x^4]^3[x^6]}$$

Aus $28+i30$ folgt

46. $(1-2x^9+2x^{36}-\,.\,.)-i(1-2x^3+2x^{12}-\,.\,.)$

$$= 1-x^3.1-x^9.1-x^{15}\ldots\frac{1-i}{x^{\frac{1}{8}}}(x^{\frac{1}{8}}+ix^{\frac{25}{8}}+ix^{\frac{49}{8}}+x^{\frac{121}{8}}+\,.\,.)$$

Nun findet man aus 6 nach dem, was zwischen 22 und 23 gezeigt ist

$$1+x^4y.1+x^{10}y.1+x^{16}y\ldots 1+\frac{xx}{y}.1+\frac{x^8}{y}.1+\frac{x^{14}}{y}\ldots 1-x^6.1-x^{12}\ldots$$
$$= 1+\frac{xx}{y}+x^4y+\frac{x^{10}}{yy}+x^{14}yy+\ldots$$

Also

$$1+x^4i.1-x^{10}i.1+x^{16}i\ldots 1-\frac{xx}{i}.1+\frac{x^8}{i}\ 1-\frac{x^{14}}{i}\ldots 1+x^6.1-x^{12}.1+x^{18}\ldots$$
$$= 1+ixx+ix^4+x^{10}+x^{14}+\ldots$$

Daher die Zerlegung in Factoren

47. $(1-2x^3+2x^{12}-\,.\,.)-i(1-2x+2x^4-\,.\,.)$

$$= 1-x.1-x^3.1-x^5\ldots 1-i.1+x^3.1-x^6.1+x^9\ldots$$
$$\times 1+ix.1+ixx.1-ix^4.1-ix^5.1+ix^7.1+ix^8\ldots$$

und ferner

48. $$(1-2x^3+2x^{12}-\,.\,.)+i(1-2x+2x^4-\,.\,.)$$
$$= 1-x.1-x^3.1-x^5\ldots 1+i.1+x^3.1-x^6.1+x^9\ldots$$
$$\times 1-ix.1-ixx.1+ix^4.1+ix^5.1-ix^7.1-ix^8\ldots$$

49. $$(1+2x^3+2x^{12}+\,.\,.)-i(1+2x+2x^4+\,.\,.)$$
$$= 1+x.1+x^3.1+x^5\ldots 1-i.1-x^3.1-x^6.1-x^9\ldots$$
$$\times 1-ix.1+ixx.1-ix^4.1+ix^5\ldots$$

50. $$(1+2x^3+2x^{12}+\,.\,.)+i(1+2x+2x^4+\,.\,.)$$
$$= 1+x.1+x^3.1+x^5\ldots 1+i.1-x^3.1-x^6.1-x^9\ldots$$
$$\times 1+ix.1-ixx.1+ix^4.1-ix^5\ldots$$

Also aus der Multiplication von 47 und 48

51. $$(1-2x^3+2x^{12}-\ldots)^2+(1-2x+2x^4-\ldots)^2$$
$$= 2(1-x)^2(1-x^3)^2(1-x^5)^2\ldots(1+x^3)^2(1-x^6)^2(1+x^9)^2\ldots$$
$$\times 1+xx.1+x^4\;1+x^8.1+x^{10}\ldots$$
$$= 2(1-x)^2(1-x^3)^2(1-x^5)^2\ldots(1+x^3)^2\,1+x^9)^2\ldots$$
$$\times(1-x^6)^3(1-x^{12})^2\ldots 1+xx.1+x^4.1+x^6.1+x^8\ldots$$
$$= 2\frac{[x]^2[x^6]^4}{[xx]^2[x^8]^2[x^{12}]^2}\cdot\frac{[x^6]^3}{[x^{12}]}\cdot\frac{[x^4]}{[xx]} = \frac{2[x]^2[x^4][x^6]^7}{[x^2]^3[x^8]^2[x^{12}]^3}$$

und aus der Multiplication von 49 und 50

52. $$(1+2x^3+2x^{12}+\,.\,.)^2+(1+2x+2x^4+\ldots)^2$$
$$= 2(1+x)^2(1+x^3)^2(1+x^5)^2\ldots(1-x^3)^2(1-x^6)^2(1-x^9)^2\ldots$$
$$\times 1+xx.1+x^4.1+x^8.1+x^{10}\ldots$$
$$= 2\frac{[xx]^4}{[x]^2[x^4]^2}[x^3]^2\frac{[x^4][x^6]}{[xx][x^{12}]} = \frac{2[xx]^3[x^8]^2[x^6]}{[x]^2[x^4][x^{12}]}$$

und der Quotient

53. $$\frac{(1-2x^3+2x^{12}-\,.\,.)^2+(1-2x+2x^4-\,.\,.)^2}{(1+2x^3+2x^{12}+\,.\,.)^2+(1+2x+2x^4+\,.\,.)^2}$$
$$= \left(\frac{1-x}{1+x}\right)^2\left(\frac{1-x^3}{1+x^3}\right)^2\left(\frac{1-x^5}{1+x^5}\right)^2\ldots\left(\frac{1+x^3}{1-x^3}\right)^2\left(\frac{1+x^9}{1-x^9}\right)^2\ldots$$
$$= \left(\frac{1-x}{1+x}\right)^2\left(\frac{1-x^5}{1+x^5}\right)^2\left(\frac{1-x^7}{1+x^7}\right)^2\ldots = \frac{[x]^4[x^4]^2[x^6]^6}{[x^2]^6[x^3]^4[x^{12}]^2}$$

und das Product

54. $$\{(1-2x^3+\,.\,.)^2+(1-2x+\,.\,.)^2\}\,\{(1+2x^3+\,.\,.)^2-(1+2x+\,.\,.)^2\}$$
$$=4\,\frac{[x^6]^8}{[x^{12}]^4}=4\,(1-2x^6+2x^{24}-\,.\,.)^2$$

Aus Formel 23 folgt

55. $$x+x^9+x^{25}+\,.\,.=x\,.\,\overline{1+x^8}\,.\,\overline{1+x^{16}}\,.\,\overline{1+x^{24}}\ldots(1-x^{16}-x^{32}+x^{80}+x^{112}-\,.\,.)$$

$\frac{3}{2}$ Exponent $=\square-1$

Aus Formel 26 folgt

56. $$x^3+x^{27}+x^{75}+\,.\,.=x\,.\,\overline{1+x^8}\,.\,\overline{1+x^{16}}\,.\,\overline{1+x^{24}}\ldots(x^2-x^{10}-x^{42}+x^{66}+x^{130}-\,.\,.)$$

oder $x^{\frac{1}{3}}\,.\,\overline{1+x^8}\,.\,\overline{1+x^{16}}\,.\,\overline{1+x^{24}}\ldots=A,\quad x^2=t^3$ gesetzt

55. $$x+x^9+x^{25}+\,.\,.=A\,(t-t^{25}-t^{49}+t^{121}+t^{169}-\ldots)$$

56. $$x^3+x^{27}+x^{75}+\,.\,.=A(t^4-t^{16}-t^{64}+t^{100}+t^{196}-\ldots)$$

Nun folgt aus der Factorenzerlegung in 24 sehr leicht, wenn man statt x, it statt y, i setzt

$$it-it^4+it^{16}-it^{25}-it^{49}+\,.\,.$$
$$=it\,.\,\overline{1-t^3}\,.\,\overline{1+t^{15}}\,.\,\overline{1+t^{21}}\,.\,\overline{1-t^{33}}\ldots\overline{1+t^{18}}\,.\,\overline{1-t^{36}}\,.\,\overline{1+t^{54}}\ldots$$

Also aus 55 — 56

57. $$(x+x^9+x^{25}+\,.\,.)-(x^3+x^{27}+x^{75}+\,.)$$
$$=x\,.\,\overline{1-xx}\,.\,\overline{1+x^{10}}\,.\,\overline{1+x^{14}}\,.\,\overline{1-x^{22}}\,.\,\overline{1-x^{26}}\ldots$$
$$\times\overline{1+x^{12}}\,.\,\overline{1-x^{24}}\,.\,\overline{1+x^{36}}\ldots\overline{1+x^8}\,.\,\overline{1+x^{16}}\,.\,\overline{1+x^{24}}\ldots$$

Und so sehr leicht

58. $$(x+x^9+x^{25}+\,.\,.)+(x^3+x^{27}+x^{75}+\,.\,.)$$
$$=x\,.\,\overline{1+xx}\,.\,\overline{1-x^{10}}\,.\,\overline{1-x^{14}}\,.\,\overline{1+x^{22}}\,.\,\overline{1+x^{26}}\ldots$$
$$\times\overline{1+x^{12}}\,.\,\overline{1-x^{24}}\,.\,\overline{1+x^{36}}\ldots\overline{1+x^8}\,.\,\overline{1+x^{16}}\,.\,\overline{1+x^{24}}\ldots$$

Also durch Multiplication

59. $$(x+x^9+x^{25}+..)^2-(x^3+x^{27}+x^{75}+..)^2$$
$$= xx.1-x^4.1-x^{20}.1-x^{28}.1-x^{44}.1-x^{52}...$$
$$\times(1+x^{12})^2(1-x^{24})^2(1+x^{36})^2...(1+x^8)^2(1+x^{16})^2...$$
$$= xx\frac{[x^4][x^{16}]^2[x^{24}]^7}{[x^8]^3[x^{12}]^3[x^{48}]^2}$$

Eben so folgt aus der Factorenzerlegung in 24, wenn man statt x, t und statt y, $-i$ setzt

$$t+it^4-it^{16}-t^{25}-t^{49}... = t.1+it^3.1-it^{15}.1+it^{21}.1-it^{33}...[t^{18}]$$

also

60. $$(x+x^9+x^{25}+...)+i(x^3+x^{27}+x^{75}+...)$$
$$= x.1+ixx.1-ix^{10}.1+ix^{14}.1-ix^{22}...1+x^8.1+x^{16}...1-x^{12}.1-x^{24}...$$

und eben so

61. $$(x+x^9+x^{25}+...)-i(x^3+x^{27}+x^{75}+...)$$
$$= x.1-ixx.1+ix^{10}.1-ix^{14}.1+ix^{22}...1+x^8.1+x^{16}...1-x^{12}.1-x^{24}...$$

Also durch Multiplication

62. $$(x+x^9+x^{25}+...)^2+(x^3+x^{27}+..)^2$$
$$= xx\frac{[x^8]^2}{[x^4][x^{16}]}.\frac{[x^{12}][x^{48}]}{[x^{24}]^2}.\frac{[x^{16}]^2}{[x^8]^2}.[x^{12}]^2 = xx\frac{[x^{12}]^3[x^{16}][x^{48}]}{[x^4][x^{24}]^2}$$

Also Product von 59 und 62

63. $$(x+x^9+x^{25}+....)^4-(x^3+x^{27}+x^{75}+..)^4 = x^4\frac{[x^{16}]^3[x^{24}]^5}{[x^8]^3[x^{48}]}$$

Durch Multiplication von 62 und 44 folgt

64. $$\{(x^{\frac{1}{2}}+x^{\frac{9}{2}}+x^{\frac{25}{2}}+..)^2+(x^{\frac{3}{2}}+x^{\frac{27}{2}}+..)^2\}$$
$$\times\{(1+2x^2+2x^8+..)^2-(1+2x^6+2x^{24}+..)^2\}$$
$$= 4xx\frac{[x^4]^3[x^{12}][x^{24}]^2}{[x^2][x^6][x^8]^2}.x\frac{[x^6]^3[x^8][x^{24}]}{[x^2][x^{12}]^2} = 4x^3\frac{[x^4]^3[x^6]^2[x^{24}]^3}{[x^2]^2[x^{12}][x^8]}$$

Durch Multiplication von 59 und 44

65. $$\left\{(x^{\frac{1}{2}}+x^{\frac{9}{2}}+x^{\frac{25}{2}}+\,.\,.)^2-(x^{\frac{3}{2}}+x^{\frac{27}{2}}+\,.\,.)^2\right\}$$
$$\times\left\{(1+2x^2+2x^8+\,.\,.)^2-(1+2x^6+2x^{24}+\,.\,.)^2\right\}$$
$$=4x^3\frac{[xx][x^8]^2[x^{12}]^7}{[x^4]^3[x^6]^3[x^{24}]^2}\;\frac{[x^4]^3[x^{12}][x^{24}]^2}{[x^2][x^6][x^8]^2}$$
$$=4x^3\frac{[x^{12}]^8}{[x^6]^4}=4(x^{\frac{3}{4}}+x^{\frac{27}{4}}+x^{\frac{75}{4}}+\,.\,.)^4$$

Man hat ferner

66. $$[x]=\frac{a^{\frac{1}{12}}b^{\frac{1}{3}}(aa-bb)^{\frac{1}{24}}}{2^{\frac{1}{3}}x^{\frac{1}{24}}\sqrt{h}}\qquad\qquad \frac{a}{h}=\frac{[x^2]^{10}}{[x]^4[x^4]^4}$$

67. $$[xx]=\frac{a^{\frac{1}{6}}b^{\frac{1}{6}}(aa-bb)^{\frac{1}{12}}}{2^{\frac{2}{3}}x^{\frac{1}{12}}\sqrt{h}}\qquad\qquad \frac{b}{h}=\frac{[x]^4}{[xx]^2}$$

68. $$[x^4]=\frac{a^{\frac{1}{12}}b^{\frac{1}{12}}(aa-bb)^{\frac{1}{6}}}{2^{\frac{4}{3}}x^{\frac{1}{6}}\sqrt{h}}\qquad\qquad \frac{aa-bb}{hh}=16x\frac{[x^4]^8}{[xx]^4}$$

Für die Fünf-Theilung $\left\{\begin{matrix}a & b\\ A & B\end{matrix}\right\}$

$$\left(\frac{a-A}{5A-a}\right)^4=\frac{AA-BB}{aa-bb}\cdot\frac{BB}{bb}$$
$$\left(\frac{B-b}{5B-b}\right)^4=\frac{AA-BB}{aa-bb}\cdot\frac{AA}{aa}$$
$$\frac{a-A}{B-b}=\frac{5B-b}{5A-a}=\sqrt[4]{\frac{aB}{bA}}$$

$$(a-A)(5A-a)^5=256\,Aabb(aa-bb)$$
$$(B-b)(5B-b)^5=256\,Baab(aa-bb)$$

$$(a-A)^5(5A-a)=256\,AaBB(AA-BB)$$
$$(B-b)^5(5B-b)=256\,AAbB(AA-BB)$$

$$a-A=\frac{4x[xx]^2[x^5][x^{20}]}{[x][x^4]}=2^{\frac{4}{3}}\frac{a^{\frac{1}{6}}A^{\frac{1}{6}}B^{\frac{5}{12}}(AA-BB)^{\frac{5}{24}}}{b^{\frac{1}{12}}(aa-bb)^{\frac{1}{24}}}$$

$$5A-a=4\frac{[x][x^4][x^{10}]^2}{[x^5][x^{20}]}=2^{\frac{2}{3}}\frac{a^{\frac{1}{6}}A^{\frac{1}{6}}b^{\frac{5}{12}}(aa-bb)^{\frac{5}{24}}}{B^{\frac{1}{12}}(AA-BB)^{\frac{1}{24}}}$$

Zu der Theorie der Fünftheilung gehören folgende Theoreme. Wir bezeichnen $1+xy.1+x^3y.1+x^5y\ldots 1+\frac{x}{y}.1+\frac{x^3}{y}.1+\frac{x^5}{y}\ldots$ durch (x,y), so ist

[69] $$(x,\alpha y).(x,\tfrac{y}{\alpha}) = P\{1+xx(yy+\tfrac{1}{yy})+x^8(y^4+\tfrac{1}{y^4})+\ldots\} + Q\{y+\tfrac{1}{y}+x^4(y^3+\tfrac{1}{y^3})+x^{12}(y^5+\tfrac{1}{y^5})+\ldots\}$$

wo P, Q von y unabhängig.

Also

$$(x,\alpha i)(x,\tfrac{\alpha}{i}) = (xx,\alpha\alpha) = P(1-2xx+2x^8-\ldots) = \frac{[xx]^2}{[x^4]}P$$

oder

$$P = (xx,\alpha\alpha)\frac{[x^4]}{[xx]^2}$$

Ferner für $y=-\alpha x$

$$(x,-\alpha\alpha x).(x,-x) = 0$$
$$= P(1+\tfrac{1}{\alpha\alpha}+\alpha\alpha x^4+\tfrac{x^4}{\alpha^4}+\ldots) - Q(\alpha x+\tfrac{1}{\alpha x}+\tfrac{x}{\alpha^3}+\alpha^3x^7+\tfrac{x^7}{\alpha^5}+\ldots)$$

d. i.

$$P\{\alpha+\tfrac{1}{\alpha}+x^4(\alpha^3+\tfrac{1}{\alpha^3})+x^{12}(\alpha^5+\tfrac{1}{\alpha^5})+\ldots\}$$
$$= \tfrac{Q}{x}\{1+xx(\alpha\alpha+\tfrac{1}{\alpha\alpha})+x^8(\alpha^4+\tfrac{1}{\alpha^4})+\ldots\}$$

Nun ist

$$P = \frac{1}{[xx]^2}\{1+xx(\alpha\alpha+\tfrac{1}{\alpha\alpha})+\ldots\}$$

Also

$$Q = \frac{x}{[xx]^2}\{(\alpha+\tfrac{1}{\alpha})+x^4(\alpha^3+\tfrac{1}{\alpha^3})+\ldots\}$$

und unser Theorem

70. $$(x,\alpha y).(x,\tfrac{y}{\alpha}) = \frac{1}{[xx]^2}\left\{\begin{array}{c} \{1+xx(\alpha\alpha+\frac{1}{\alpha\alpha})+x^8(\alpha^4+\frac{1}{\alpha^4})+\ldots\} \\ \times\{1+xx(yy+\frac{1}{yy})+x^8(y^4+\frac{1}{y^4})+\ldots\} \\ +x\{\alpha+\frac{1}{\alpha}+x^4(\alpha^3+\frac{1}{\alpha^3})+x^{12}(\alpha^5+\frac{1}{\alpha^5})+\ldots\} \\ \times\{y+\frac{1}{y}+x^4(y^3+\frac{1}{y^3})+x^{12}(y^5+\frac{1}{y^5})+\ldots\} \end{array}\right\}$$

oder

$$(x,\alpha y).(x,\tfrac{y}{\alpha}) = \tfrac{[x^4]^2}{[xx]^2}\{(xx,\alpha\alpha).(xx,yy)+x\alpha y(xx,\alpha\alpha xx).(xx,xxyy)\}$$

(Man kann auch leicht die Reihe, wodurch P multiplicirt ist, $=0$ machen, durch $y=ix$)

71. $$(x,y)+(x,\tfrac{x}{y})\sqrt[4]{\tfrac{x}{yy}} = (x^{\frac{1}{4}},y^{\frac{1}{4}})\tfrac{[x^{\frac{1}{4}}]}{[xx]}$$

$$(x,\alpha x) = \tfrac{1}{\alpha}(x,\tfrac{x}{\alpha}), \qquad (x,\alpha xx) = \tfrac{1}{\alpha x}(x,\alpha)$$

Den Satz 70 kann man auch so enonciren

72. $$(x,\alpha).(x,\beta) = \tfrac{[x^4]^2}{[xx]^2}\{(xx,\alpha\beta).(xx,\tfrac{\alpha}{\beta})+x\alpha(xx,\alpha\beta xx).(xx,\tfrac{\alpha xx}{\beta})\}$$

Hieraus folgt

$$(x,\tfrac{x}{\alpha}).(x,\tfrac{x}{\beta}) = \tfrac{[x^4]^2}{[xx]^2}\{(xx,\tfrac{xx}{\alpha\beta}).(xx,\tfrac{\alpha}{\beta})+\alpha(xx,\alpha\beta).(xx,\tfrac{\alpha xx}{\beta})\}$$

hieraus ferner

73. $$(x,\alpha).(x,\beta)+(x,\tfrac{x}{\alpha}).(x,\tfrac{x}{\beta})\sqrt{\tfrac{x}{\alpha\beta}} = \tfrac{[x]^2}{[xx]^2}.(x^{\frac{1}{2}},\sqrt{\alpha\beta}).(x^{\frac{1}{2}},\sqrt{\tfrac{\beta}{\alpha}})$$

Nun ist

$$\frac{1+2x+2x^4+\dots}{1+2x^5+2x^{20}+\dots} = \frac{(ix^{\frac{5}{2}},ix^{\frac{3}{2}}).(ix^{\frac{5}{2}},-ix^{\frac{1}{2}})}{(ix^{\frac{5}{2}},-ix^{\frac{3}{2}}).(ix^{\frac{5}{2}},ix^{\frac{1}{2}})}$$
$$= \frac{(-x^5,xx)(-x^5,-x)+x(-x^5,-x^3)(-x^5,x^4)}{(-x^5,xx)(-x^5,-x)-x(-x^5,-x^3)(-x^5,x^4)}$$

Woraus der erste zu beweisende Satz von selbst folgt. Ebenso ist

$$\frac{1+2x+2x^4+\dots}{1+2x^5+2x^{20}+\dots} = \frac{1-\varepsilon x.1-\varepsilon\varepsilon x.1-\varepsilon^3x.1-\varepsilon^4x.1+\varepsilon xx.1+\varepsilon\varepsilon xx.1+\varepsilon^3xx.1+\varepsilon^4xx\dots}{1+\varepsilon x.1+\varepsilon\varepsilon x.1+\varepsilon^3x.1+\varepsilon^4x.1-\varepsilon xx.1-\varepsilon\varepsilon xx.1-\varepsilon^3xx.1-\varepsilon^4xx\dots}$$
$$= \frac{1-\varepsilon^4.1-\varepsilon^3}{1+\varepsilon^4.1+\varepsilon}.\frac{(ix^{\frac{1}{2}},\ i\varepsilon x^{\frac{1}{2}}).(ix^{\frac{1}{2}},i\varepsilon\varepsilon x^{\frac{1}{2}})}{(ix^{\frac{1}{2}},-i\varepsilon x^{\frac{1}{2}}).(ix^{\frac{1}{2}},i\varepsilon\varepsilon x^{\frac{1}{2}})}$$
$$= \frac{\varepsilon\varepsilon-\varepsilon^3.\varepsilon-\varepsilon^4}{\varepsilon\varepsilon+\varepsilon^3.\varepsilon+\varepsilon^4}.\frac{(-x,-\varepsilon^3x).(-x,\varepsilon)-\varepsilon x(-x,\varepsilon^3xx)(-x,-\varepsilon x)}{(-x,-\varepsilon^3x).(-x,\varepsilon)+\varepsilon x(-x,\varepsilon^3xx)(-x,-\varepsilon x)}$$
$$= \frac{-\varepsilon+\varepsilon\varepsilon+\varepsilon^3-\varepsilon^4}{+\varepsilon+\varepsilon\varepsilon+\varepsilon^3+\varepsilon^4}.\frac{(x,\varepsilon^3x).(x,-\varepsilon)+\varepsilon^3(x,-\varepsilon^3)(x,\varepsilon x)}{(x,\varepsilon^3x).(x,-\varepsilon)-\varepsilon^3(x,-\varepsilon^3)(x,\varepsilon x)}$$

Woraus der zweite zu beweisende Satz von selbst folgt.

$$(x, x) = 2(1+xx)^2(1+x^4)^2 \ldots = 2\frac{[x^4]^2}{[xx]^2}$$

$$(x, 1) = (1+x)^2\ (1+x^3)^2 \ldots = \frac{[xx]^4}{[x]^2[x^4]^2}$$

Man hat also

$$(x, \alpha)^2 = \frac{[x^4]^2}{[xx]^2}\left\{(xx, \alpha\alpha)\frac{[x^4]^4}{[xx]^2[x^8]^2} + 2x\alpha(xx, \alpha\alpha xx)\frac{[x^8]^2}{[x^4]^2}\right\}$$

Durch die Entwickelung von $(x,y)^3$ erhält man

$$P\{1+x^3(y^3+\tfrac{1}{y^3})+\ldots\}+Q\{x^{\frac{1}{3}}(y+\tfrac{1}{y})+x^{\frac{4}{3}}(yy+\tfrac{1}{yy})+x^{\frac{16}{3}}(y^4+\tfrac{1}{y^4})+\ldots\}$$

also für $y = -\varepsilon x$

$$(1-\varepsilon\varepsilon)^3\frac{[x^6]^3}{[x^2]^3} = Qx^{-\frac{2}{3}}\{\varepsilon-\varepsilon\varepsilon-(\varepsilon-\varepsilon\varepsilon)xx-\ldots\}$$

oder

$$3x^{\frac{2}{3}}.\frac{[x^6]^3}{[x^3]^3} = Q(1-xx-x^4+x^{10}+x^{14}-\ldots) = [xx]\,Q$$

also

$$Q = 3x^{\frac{2}{3}}.\frac{[x^6]^3}{[xx]^4}$$

Durch Entwickelung von $(x,y).(x, -y)^2$ erhält man

$$P'\{1+x^3(y^3+\tfrac{1}{y^3})+\ldots\}+Q'\{x^{\frac{1}{3}}(y+\tfrac{1}{y})+x^{\frac{4}{3}}(yy+\tfrac{1}{yy})+\ldots\}$$

$$(1-\varepsilon\varepsilon)(1+\varepsilon\varepsilon)^2\frac{[x^6][x^8][x^{12}]^3}{[xx][x^4]^3[x^{24}]} = Q'x^{-\frac{2}{3}}(\varepsilon-\varepsilon\varepsilon)[xx]$$

$$Q' = -x^{\frac{2}{3}}\frac{[x^6][x^8][x^{12}]^3}{[xx]^2[x^4]^3[x^{24}]}$$

Man folgert hieraus leicht, dass man setzen darf

$$T(x,y)^3+U(x,y)(x,-y)^2 = (x^3, y^3)$$

so dass T und U Functionen von x. Um sie zu bestimmen setzen wir

58*

1) $y = x$ so wird $T(x, x)^3 = (x^3, x^3)$ oder $T = \frac{1}{4}\frac{[x^{12}]^2[xx]^6}{[x^6]^2[x^4]^6}$

2) $y = -\varepsilon x$ so wird $T(x, -\varepsilon x)^2 = U(x, +\varepsilon x)^2$

oder

$$T\frac{(1-\varepsilon\varepsilon)^2[x^6]^2}{[xx]^2} = \frac{[x^{12}]^2[xx]^2}{[x^6]^2[x^4]^2}U(1+\varepsilon\varepsilon)^2$$

oder

$$T = -\frac{1}{3}U\frac{[xx]^4[x^{12}]^2}{[x^6]^4[x^4]^2}$$

oder

$$U = -\frac{3}{4}\frac{[x^6]^2[xx]^2}{[x^4]^4}$$

folglich

$$\frac{T\left[\frac{(x,-y)}{(x,y)}\right]^3 + U\frac{(x,-y)}{(x,y)}}{T + U\left[\frac{(x,-y)}{(x,y)}\right]^2} = \frac{(x^3,-y^3)}{(x^3,y^3)}$$

also

$$\frac{\frac{[xx]^4}{[x^4]^2}\left[\frac{(x,-y)}{(x,y)}\right]^3 - 3\frac{[x^6]^4}{[x^{12}]^2}\frac{(x,-y)}{(x,y)}}{\frac{[xx]^4}{[x^4]^2} - 3\frac{[x^6]^4}{[x^{12}]^2}\left[\frac{(x,-y)}{(x,y)}\right]^2} = \frac{(x^3,-y^3)}{(x^3,y^3)}$$

[IV.]

HUNDERT THEOREME ÜBER DIE NEUEN TRANSSCENDENTEN.

1.

Es sei

$$T = 1 + \frac{a^n - 1}{a - 1} . t + \frac{a^n - 1 . a^n - a}{a - 1 . aa - 1} . tt + \frac{a^n - 1 . a^n - a . a^n - aa}{a - 1 . aa - 1 . a^3 - 1} . t^3$$
$$+ \frac{a^n - 1 . a^n - a . a^n - aa . a^n - a^3}{a - 1 . aa - 1 . a^3 - 1 . a^4 - 1} . t^4 + \text{u. s. w.}$$

indem wir n, a, t ganz unbestimmt lassen. So oft n eine ganze nicht negative Zahl ist, bricht die Reihe offenbar ab und besteht aus $n+1$ Gliedern, auch sind dann, wie wir in der Abhandlung *Summatio quarundam serierum singularium* gezeigt haben, alle Coëfficienten ungebrochne Functionen von a. Ist aber n gebrochen oder negativ, so findet beides nicht Statt.

Indem man T mit $1 + a^n t$ multiplicirt erhält man

$$T . (1 + a^n t) = 1 + \frac{a^{n+1} - 1}{a - 1} . t + \frac{a^{n+1} - 1 . a^{n+1} - a}{a - 1 . aa - 1} . tt + \frac{a^{n+1} - 1 . a^{n+1} - a . a^{n+1} - aa}{a - 1 . aa - 1 . a^3 - 1} . t^3 + \text{etc.}$$

Indem man also in T das Element n als veränderlich ansieht, und sich des Functionalzeichens θ bedient, dass

$$T = \theta n$$

wird man haben

$$\theta(n+1) = (1 + a^n t) \theta n$$

Hieraus folgt das 1. Theorem.

Wenn n eine ganze positive Zahl bedeutet, ist

$$1+\frac{a^n-1}{a-1}t+\frac{a^n-1.a^n-a}{a-1.aa-1}tt+\frac{a^n-1.a^n-a.a^n-aa}{a-1.aa-1.a^3-1}t^3+\text{etc.}\,.\,.$$
$$=(1+t)(1+at)(1+aat)(1+a^3t)\ldots(1+a^{n-1}t)$$

2.

Wenn wir T auf folgende Art schreiben

$$1+\frac{1-a^n}{1-a}t+\frac{1-a^n}{1-a}\cdot\frac{1-a^{n-1}}{1-aa}.att+\frac{1-a^n}{1-a}\cdot\frac{1-a^{n-1}}{1-aa}\cdot\frac{1-a^{n-2}}{1-a^3}a^3t^3$$
$$+\frac{1-a^n}{1-a}\cdot\frac{1-a^{n-1}}{1-aa}\cdot\frac{1-a^{n-2}}{1-a^3}\cdot\frac{1-a^{n-3}}{1-a^4}.a^6.t^4+\text{etc.}$$

wo die Exponenten von a die Trigonalzahlen sein werden, so erhellet, dass das letzte Glied sein wird

$$a^{\frac{1}{2}(nn-n)}t^n=y^n$$

wenn wir $a^{\frac{1}{2}(n-1)}t=y$ setzen. Die ganze Reihe wird dann, indem wir das letzte Glied mit dem ersten, das vorletzte mit dem zweiten etc. zusammenfassen, für ein gerades n

$$(1+y^n)+\frac{1-a^n}{1-a}t(1+y^{n-2})+\frac{1-a^n}{1-a}\cdot\frac{1-a^{n-1}}{1-aa}at(1+y^{n-4})+\,.\,.$$
$$+\frac{1-a^n}{1-a}\cdot\frac{1-a^{n-1}}{1-aa}\,.\,.\,\frac{1-a^{\frac{1}{2}n+2}}{1-a^{\frac{1}{2}n-1}}a^{\frac{1}{2}(\frac{1}{2}n-1)(\frac{1}{2}n-2)}t^{\frac{1}{2}n-1}(1+yy)$$
$$+\frac{1-a^n}{1-a}\cdot\frac{1-a^{n-1}}{1-aa}\,.\,.\,\frac{1-a^{\frac{1}{2}n+1}}{1-a^{\frac{1}{2}n}}a^{\frac{1}{2}\cdot\frac{1}{2}n\cdot\frac{1}{2}n-1}t^{\frac{1}{2}n}$$

indem das mittelste Glied isolirt stehen bleibt. Bezeichnen wir dasselbe durch A und setzen $a=xx$, so wird die Reihe

$$A\{1+\frac{1-x^n}{1-x^{n+2}}x(y+y^{-1})+\frac{1-x^n}{1-x^{n+2}}\cdot\frac{1-x^{n-2}}{1-x^{n+4}}x^4(yy+y^{-2})$$
$$+\frac{1-x^n}{1-x^{n+2}}\cdot\frac{1-x^{n-2}}{1-x^{n+4}}\cdot\frac{1-x^{n-4}}{1-x^{n+6}}x^9(y^3+y^{-3})+\ldots\}$$

u. s. w. welche Reihe aus $\frac{1}{2}(n+2)$ Gliedern besteht und dann abbricht.

Unser Product $(1+t)(1+at)(1+aat)\,.\,.\,(1+a^{n-1}t)$ hingegen verwandelt sich

$$(1+\frac{y}{x^{n-1}})(1+\frac{y}{x^{n-3}})(1+\frac{y}{x^{n-5}})\ldots(1+x^{n-1}y)$$

Das Product der ersten Hälfte der Factoren

$$=\frac{y^{\frac{1}{2}n}}{x^{\frac{1}{4}nn}}.(1+\frac{x^{n-1}}{y})(1+\frac{x^{n-3}}{y})(1+\frac{x^{n-5}}{y})\;.(1+\frac{x^3}{y})(1+\frac{x}{y}$$

wozu noch die übrigen kommen

$$(1+xy)(1+x^3y(1+x^5y)\ldots(1+x^{n-1}y)$$

Da nun

$$A=\frac{1-x^{n+2}}{1-xx}\;\frac{1-x^{n+4}}{1-x^4}\;\frac{1-x^{n+6}}{1-x^6}\ldots\frac{1-x^{2n}}{1-x^n}.\frac{y^{\frac{1}{2}n}}{x^{\frac{1}{4}nn}}$$

wird, so verwandelt sich das erste Theorem in folgendes zweite: *für ein gerades n wird:*

$$1+\frac{1-x^n}{1-x^{n+2}}.x(y+\frac{1}{y})+\frac{1-x^n}{1-x^{n+2}}.\frac{1-x^{n-2}}{1-x^{n+4}}.x^4(yy+\frac{1}{yy})$$
$$+\frac{1-x^n}{1-x^{n+2}}.\frac{1-x^{n-2}}{1-x^{n+4}}.\frac{1-x^{n-4}}{1-x^{n+6}}.x^9(y^3+y^{-3})+\text{ etc.}$$
$$=(1+xy)(1+x^3y)(1+x^5y)\ldots(1+x^{n-1}y)(1+\frac{x}{y})(1+\frac{x^3}{y})(1+\frac{x^5}{y})\ldots(1+\frac{x^{n-1}}{y})$$
$$\times\frac{1-xx}{1-x^{n+2}}.\frac{1-x^4}{1-x^{n+4}}.\frac{1-x^6}{1-x^{n+6}}\ldots\frac{1-x^n}{1-x^{2n}}$$

3.

Ist n ungerade, so stellt sich die Reihe so dar:

$$(1+y^n)+\frac{1-a^n}{1-a}t(1+y^{n-2})+\frac{1-a^n}{1-a}.\frac{1-a^{n-1}}{1-aa}att(1+y^{n-4})+\ldots$$
$$+\frac{1-a^n}{1-a}.\frac{1-a^{n-1}}{1-aa}\ldots\frac{1-a^{\frac{1}{2}(n+3)}}{1-a^{\frac{1}{2}(n-3)}}a^{\frac{1}{8}(n-3)(n-5)}t^{\frac{1}{2}(n-3)}(1+y^3)$$
$$+\frac{1-a^n}{1-a}.\frac{1-a^{n-1}}{1-aa}\ldots\frac{1-a^{\frac{1}{2}(n+3)}}{1-a^{\frac{1}{2}(n-1)}}a^{\frac{1}{2}.\frac{1}{2}(n-1)\frac{1}{2}(n-3)}t^{\frac{1}{2}(n-1)}(1+y)$$

Machen wir wie vorher $a=xx$ und setzen das Glied, welches hier das letzte ist, $=Bx^{\frac{1}{4}}.(y^{\frac{1}{2}}+y^{-\frac{1}{2}})$, so wird die Reihe

$$=B\{x^{\frac{1}{4}}(y^{\frac{1}{2}}+y^{-\frac{1}{2}})+\frac{1-x^{n-1}}{1-x^{n+3}}x^{\frac{9}{4}}(y^{\frac{3}{2}}+y^{-\frac{3}{2}})+\frac{1-x^{n-1}}{1-x^{n+3}}.\frac{1-x^{n-3}}{1-x^{n+5}}x^{\frac{25}{4}}(y^{\frac{5}{2}}+y^{-\frac{5}{2}})+\text{etc.}\}$$

welche Reihe aus $\frac{1}{2}(n+1)$ Gliedern besteht und dann abbricht. Von unserm Product stellen wir die ersten $\frac{1}{2}(n-1)$ Factoren so dar

$$\frac{y^{\frac{1}{2}(n-1)}}{x^{\frac{1}{4}(nn-1)}}.(1+\frac{x^{n-1}}{y})(1+\frac{x^{n-3}}{y})(1+\frac{x^{n-5}}{y})\,..\,(1+\frac{xx}{y})$$

wozu noch kommt

$$(1+y)(1+xxy)(1+x^4y)\ldots(1+x^{n-1}y)$$

Da nun

$$B=\frac{1-x^{n+3}}{1-xx}.\frac{1-x^{n+5}}{1-x^4}.\frac{1-x^{n+1}}{1-x^6}\,..\,\frac{1-x^{2n}}{1-x^{n-1}}.\frac{x^{\frac{1}{4}nn-n+\frac{3}{4}}.y^{\frac{1}{2}(n-1)}y^{\frac{1}{2}}}{x^{\frac{1}{2}nn-n+\frac{1}{2}}\;x^{\frac{1}{4}}}$$
$$=\frac{1-x^{n+3}}{1-xx}\ldots\frac{1-x^{2n}}{1-x^{n-1}}.\frac{y^{\frac{1}{2}n}}{x^{\frac{1}{4}nn}}$$

so ergibt das erste Theorem folgendes dritte: *für ein ungerades n ist*

$$x^{\frac{1}{4}}(y^{\frac{1}{2}}+y^{-\frac{1}{2}})+\frac{1-x^{n-1}}{1-x^{n+3}}.x^{\frac{9}{4}}(y^{\frac{3}{2}}+y^{-\frac{3}{2}})+\frac{1-x^{n-1}}{1-x^{n+3}}.x^{\frac{25}{4}}(y^{\frac{5}{2}}+y^{-\frac{5}{2}})+\text{ etc.}$$
$$=x^{\frac{1}{4}}(y^{\frac{1}{2}}+y^{-\frac{1}{2}})(1+xxy)(1+x^4y)(1+x^6y)\ldots(1+x^{n-1}y)$$
$$\times(1+\frac{xx}{y})\;(1+\frac{x^4}{y})\;(1+\frac{x^6}{y})\ldots.(1+\frac{x^{n-1}}{y})$$
$$\times\frac{1-xx}{1-x^{n+3}}\cdot\frac{1-x^4}{1-x^{n+5}}\cdot\frac{1-x^6}{1-x^{n+1}}\ldots..\frac{1-x^{n-1}}{1-x^{2n}}$$

4.

Wenn man n ins unendliche wachsen lässt, so verwandeln sich die Reihen und Producte des zweiten und dritten Theorems in unendliche Reihen und Producte. In dieser Gestalt ist das vierte Theorem

$$1+x(y+\frac{1}{y})+x^4(yy+\frac{1}{yy})+x^9(y^3+\frac{1}{y^3})+\text{ etc. in inf.}$$
$$=(1+xy)(1+\frac{x}{y})(1+x^3y)(1+\frac{x^3}{y})(1+x^5y)(1+\frac{x^5}{y})\ldots$$
$$\times(1-xx)(1-x^4)(1-x^6)(1-x^8).$$

und das fünfte

$$x^{\frac{1}{4}}(y^{\frac{1}{2}}+y^{-\frac{1}{2}})+x^{\frac{9}{4}}(y^{\frac{3}{2}}+y^{-\frac{3}{2}})+x^{\frac{25}{4}}(y^{\frac{5}{2}}+y^{-\frac{5}{2}})+\text{ etc. in inf.}$$
$$=x^{\frac{1}{4}}(y^{\frac{1}{2}}+y^{-\frac{1}{2}}).(1+xxy)(1+x^4y)(1+x^6y)\,..$$
$$\times(1+\frac{xx}{y})\;(1+\frac{x^4}{y})\;(1+\frac{x^6}{y})\,..$$
$$\times(1-xx)\;(1-x^4)\;(1-x^6)\,..$$

5.

Die Functionen, welche durch das vierte und fünfte Theorem in unendliche Producte entwickelt werden, sind von grosser Wichtigkeit, und es wird gut sein sie hier durch besondere Functionalzeichen zu bezeichnen. Wir schreiben daher

$$P(x,y) = 1 + x(y+y^{-1}) + x^4(yy+y^{-2}) + x^9(y^3+y^{-3}) + \text{ etc.}$$
$$R(x,y) = x^{\frac{1}{4}}(y^{\frac{1}{2}}+y^{-\frac{1}{2}}) + x^{\frac{9}{4}}(y^{\frac{3}{2}}+y^{-\frac{3}{2}}) + x^{\frac{25}{4}}(y^{\frac{5}{2}}+y^{-\frac{5}{2}}) + \text{ etc.}$$

zugleich auch

$$Q(x,y) = 1 - x(y+y^{-1}) + x^4(yy+y^{-2}) - x^9(y^3+y^{-3}) + \text{ etc.}$$

wo also $Q(x,y) = P(-x,y) = P(x,-y)$ wird. Der einfachste Werth, welcher y beigelegt werden kann, ist 1 und da die demselben entsprechenden Werthe unserer Function von besonders grosser Wichtigkeit sind und häufig vorkommen werden, so schreiben wir der Kürze wegen statt $P(x,1)$, $Q(x,1)$, $R(x,1)$ schlechtweg Px, Qx, Rx. Wir bemerken noch, dass wo ein Exponent sich blos auf das Argument einer Function bezieht, dieses durch Klammern bezeichnet wird wie $P(x^3)$, ohne Klammern ist immer vorauszusetzen, dass es sich auf die Function bezieht, also Px^3 so viel bedeutet wie $(Px)^3$. Also

$$Px = 1 + 2x + 2x^4 + .$$
$$Qx = 1 - 2x + 2x^4 - .$$
$$Rx = 2x^{\frac{1}{4}} + 2x^{\frac{9}{4}} + 2x^{\frac{25}{4}} + .$$

Endlich wollen wir durch das Functionalzeichen F in dieser Abhandlung das unendliche Product ausdrücken

$$Fx = (1-x)(1-xx)(1-x^3)(1-x^4)\ldots$$

In diesen Zeichen erscheinen die beiden letzten Theoreme so

4. $$P(x,y) = (1+xy)(1+\frac{x}{y})(1+x^3y)(1+\frac{x^3}{y})(1+x^5y)(1+\frac{x^5}{y})\ldots Fxx$$

5. $$R(x,y) = x^{\frac{1}{4}}(y^{\frac{1}{2}}+y^{-\frac{1}{2}})(1+xxy)(1+\frac{xx}{y})(1+x^4y)(1+\frac{x^4}{y})\ldots Fxx$$

Und so ist offenbar

6. $$Q(x,y) = (1-xy)(1-\frac{x}{y})(1-x^3y)(1-\frac{x^3}{y})(1-x^5y)(1-\frac{x^5}{y})\ldots Fxx$$

ferner indem man $y = 1$ setzt

7. $$Px = (1+x)^2(1-xx)(1+x^3)^2(1-x^4)(1+x^5)^2(1-x^6)\ldots$$
8. $$Qx = (1-x)^2(1-xx)(1-x^3)^2(1-x^4)(1-x^5)^2(1-x^6)\ldots$$
9. $$Rx = 2x^{\frac{1}{4}}(1+xx)^2(1-xx)(1+x^4)^2(1-x^4)(1+x^6)^2(1-x^6)\ldots$$

Substituirt man hier $1+x = \frac{1-xx}{1-x}$, $1+x^3 = \frac{1-x^6}{1-x^3}$ u. s. w. so verwandeln diese Ausdrücke sich in folgende

10. $$Px = \frac{(Fxx)^5}{(Fx)^2(Fx^4)^2}$$
11. $$Qx = \frac{(Fx)^2}{Fxx}$$
12. $$Rx = 2x^{\frac{1}{4}}\frac{(Fx^4)^2}{Fxx}$$

hieraus ergibt sich ferner

13. $Px.Qx = (Qxx)^2$
14. $Px.Rx = \frac{1}{2}(R\sqrt{x})^2$ oder was dasselbe ist

$$Pxx.Rxx = \tfrac{1}{2}(Rx)^2, \qquad Rxx = \frac{(Rx)^2}{2Pxx}$$
$$Qxx(Rx)^2 = 4x^{\frac{1}{2}}.(Fx^4)^3 \quad \text{also}$$

15. $$Fx = \sqrt[3]{\frac{Q(x^{\frac{1}{2}})(Rx^{\frac{1}{4}})^2}{4x^{\frac{1}{8}}}} = \sqrt[3]{\frac{P(x^{\frac{1}{2}})Q(x^{\frac{1}{2}})R(x^{\frac{1}{2}})}{2x^{\frac{1}{8}}}} = \sqrt[3]{\frac{(Qx)^2R(x^{\frac{1}{2}})}{2x^{\frac{1}{8}}}}$$

ferner

16. $$Px+Qx = 2P(x^4)$$
17. $$Px-Qx = 2R(x^4)$$

Also durch Multiplication nach 14

18. $$(Px)^2-(Qx)^2 = 2(Rxx)^2$$

Bedeutet ferner i die imaginaire Grösse $\sqrt{-1}$, so wird

19. $$Px+iQx = (1+i)Q(ix)$$
20. $$Px-iQx = (1-i)P(ix)$$

Also durch Multiplication

21. $$(Px)^2+(Qx)^2 = 2(Pxx)^2$$

und aus der Multiplication von 18 und 21 mit Zuziehung von 14

22. $$(Px)^4-(Qx)^4 = (Rx)^4$$

Man sieht also, dass $(Pxx)^2$ das arithmetische Mittel zwischen $(Px)^2$ und $(Qx)^2$ ist, und da nach 13. die Grösse $(Qxx)^2$ das geometrische Mittel zwischen denselben Grössen vorstellt und da (*Theor. attract. el. p.*) wenn zwei Grössenreihen

$$m,\ m',\ m'',\ m'''\ \ldots$$
$$n,\ n',\ n'',\ n'''\ \ldots$$

so verbunden sind, dass $m^{(\lambda)}$ immer das arithmetische $n^{(\lambda)}$ das geometrische Mittel zwischen $m^{(\lambda-1)}$ und $n^{(\lambda-1)}$ ist, man die gemeinschaftliche Grenze das arithmetisch geometrische Mittel von m, n oder von irgend ein Paar zusammengehörigen Grössen der beiden Reihen nennt, so ergibt sich das höchst wichtige

THEOREM (23):

Das Arithmetisch Geometrische Mittel zwischen $(Px)^2$ *und* $(Qx)^2$ *ist allemal* $= 1$.

Nach dem, was wir am angezeigten Orte bewiesen haben, ist also auch

24. *das Integral* $$\int\frac{d\varphi}{\sqrt{((Px)^4\cos\varphi^2+(Qx)^4\sin\varphi^2)}}$$

von $\varphi=0$ *bis* $\varphi=2\pi$ *ausgedehnt* $=2\pi$ *oder auch von* $\varphi=0$ *bis* $\varphi=\frac{1}{2}k\pi$, *wenn* k *irgend eine ganze Zahl bedeutet,* $=\frac{1}{2}k\pi$.

6.

Um den Zusammenhang des Algorithmus des arithmetisch geometrischen Mittels mit unsern Functionen noch weiter zu entwickeln, bemerken wir zuvörderst, dass wenn

$$\frac{n}{m}=\frac{(Qx)^2}{(Px)^2}\ \text{und}\ m=\mu Px^2,\qquad n=\mu Qx^2,\qquad mm-nn=\mu\mu(R)^4$$

gesetzt wird, man hat

$$\begin{array}{llll} m' = \mu(Pxx)^2, & n' = \mu(Qxx)^2, & m'm' - n'n' & = \mu\mu(Rxx)^4 \\ m'' = \mu(Px^4)^2, & n'' = \mu(Qx^4)^2, & m''m'' - n''n'' & = \mu\mu(Rx^4)^4 \\ m''' = \mu(Px^8)^2, & n''' = \mu(Qx^8)^2, & m'''m''' - n'''n''' & = \mu\mu(Rx^8)^4 \\ m'''' = \mu(Px^{16})^2, & n'''' = \mu(Qx^{16})^2, & m''''m'''' - n''''n'''' & = \mu\mu(Rx^{16})^4 \end{array}$$

u. s. w. oder allgemein

$$m^{(\lambda)} = \mu(Px^{2^\lambda})^2, \quad n^{(\lambda)} = \mu(Qx^{2^\lambda})^2, \quad m^\lambda m^\lambda - n^\lambda n^\lambda = \mu\mu(Rx^{2^\lambda})^4$$

und dass offenbar μ das arithmetisch geometrische Mittel zwischen m und n selbst ist. So bald wir also den Werth von x, welcher vorgegebenen Werthen von m und n entspricht, zu bestimmen im Stande sind, werden wir jedes Glied der Reihen

$$\begin{array}{lll} m, & m', & m'' \,.\,. \\ n, & n', & n'' \,.\,. \end{array}$$

unmittelbar darstellen, auch die Reihen interpoliren und rückwärts fortsetzen können. Das nächstliegende Mittel x zu bestimmen ist folgendes.

Man sieht leicht, dass die Glieder der Reihe

$$h = \left(\frac{Rx}{2}\right)^4, \quad h' = \left(\frac{Rxx}{2}\right)^2, \quad h'' = \frac{Rx^4}{2}, \quad h''' = \left(\frac{Rx^8}{2}\right)^{\frac{1}{2}},$$
$$h'''' = \left(\frac{Rx^{16}}{2}\right)^{\frac{1}{4}}, \quad h^{\mathrm{V}} = \left(\frac{Rx^{32}}{2}\right)^{\frac{1}{8}} \ldots$$

sich dem x immer mehr nähern, so dass x die Grenze derselben ist. Man hat also

$$x = h \,.\, \frac{h'}{h} \cdot \frac{h''}{h'} \cdot \frac{h'''}{h''} \cdot \frac{h''''}{h'''} \ldots$$

Nun ist aber nach 14

$$\frac{h}{h'} = (Pxx)^2 \text{ und so } \frac{h'}{h''} = Px^4, \quad \frac{h''}{h'''} = (Px^8)^{\frac{1}{2}}, \quad \frac{h'''}{h''''} = (Px^{16})^{\frac{1}{4}}$$

Also

$$x = \frac{h}{(Pxx)^2 \,.\, Px^4 \,.\, (Px^8)^{\frac{1}{2}} \,.\, (Px^{16})^{\frac{1}{4}} \,.\,.}$$
$$= \frac{h}{\frac{m'}{\mu} \left(\frac{m''}{\mu}\right)^{\frac{1}{2}} \cdot \left(\frac{m'''}{\mu}\right)^{\frac{1}{4}} \cdot \left(\frac{m''''}{\mu}\right)^{\frac{1}{8}} \ldots}$$

wir haben folglich

25. $$x = \frac{mm - nn}{16\,m'\mu \left(\frac{m''}{\mu}\right)^{\frac{1}{2}} \cdot \left(\frac{m'''}{\mu}\right)^{\frac{1}{4}} \cdot \left(\frac{m''''}{\mu}\right)^{\frac{1}{8}} .}$$

wofür man auch schreiben kann

$$x = \frac{mm - nn}{16\,m' m''} \cdot \left(\frac{m''}{m'''}\right)^{\frac{1}{2}} \cdot \left(\frac{m'''}{m''''}\right)^{\frac{1}{4}} \cdot \left(\frac{m''''}{m^{\mathrm{v}}}\right)^{\frac{1}{8}} \ldots$$

Da die Glieder m', m'', m''' sich äusserst schnell der Gleichheit nähern so erhält man x mit grösster Bequemlichkeit.

[V.]

[1.]

Allgemeines Theorem (1827 Aug. 6)

$$P(x,ty).P(x,\tfrac{y}{t}) = P(xx,tt).P(xx,yy)+R(xx,tt).R(xx,yy)$$

[2.]

Durch Zerlegung in Factoren bestätigt sich leicht,

$$(1+x)(1+x^3)(1+x^5)(1+x^7)\ldots. = M$$

gesetzt:

$$P(ix^{\frac{3}{2}},\quad ix^{\frac{1}{2}}) = \frac{P(x,1)}{M}$$

$$P(ix^{\frac{3}{2}}, -ix^{\frac{1}{2}}) = \frac{P(x^3,1)}{M}$$

also durch Addition

$$P(x,1)+P(x^3,1) = 2M\,.\,P(x^6,-x)$$

$$P(x,1)-P(x^3,1) = 2Mx.P(x^6,-x^5)$$

also

$$P(x,1)^2-P(x^3,1)^2 = 4MMx.F(x^{12}).(1-x)(1-x^5)(1-x^7)(1-x^{11})(1-x^{13})\ldots$$

$$= 4MMx.\frac{Fx.F(x^6).F(x^{12})}{Fxx.F(x^3)} = 2\sqrt{\frac{pP}{r}}.R^{\frac{3}{2}}$$

$$P(x, xt) = \frac{1}{x^{\frac{1}{4}}\sqrt{t}} R(x, t)$$

$$R(x, xt) = \frac{1}{x^{\frac{1}{4}}\sqrt{t}} P(x, t)$$

$$P(x, 1)^2 . P(x,y)^2 = Q(x, 1)^2 . Q(x,y)^2 + R(x, 1)^2 . R(x,y)^2$$

$$P(x,y) . Q(x,y) = Q(xx, 1) . Q(xx, yy)$$

$$P(x,y)^2 + Q(x,y)^2 = 2 P(xx, 1) . P(xx, yy)$$

$$P(x,y)^2 - Q(x,y)^2 = 2 R(xx, 1) . R(xx, yy)$$

$$P(x,y) . P(xx,yy) = P(x^6, 1) . P(x^3, y^3) + \tfrac{1}{2}\{P(x^{\frac{2}{3}}, 1) - P(x^6, 1)\} . \{P(x^{\frac{1}{3}}, y) - P(x^3, y^3)\}$$

[3.]

$$P(x^3, 1) = P, \qquad Q(x^3, 1) = Q, \qquad R(x^3, 1) = R$$

$$P(x, 1) = p, \qquad Q(x, 1) = q, \qquad R(x, 1) = r$$

$$pqr^3 . P(x^3, y^3) = pqR . P(x,y)^3 + 3 PQR . P(x,y) . Q(x,y)^2$$

$$pq^3r . P(x^3, y^3) = prQ . P(x,y)^3 - 3 PQR . P(x,y) . R(x,y)^2$$

$$3pPQR = r^3 Q - q^3 R$$

$$3qPQR = r^3 P - p^3 R$$

$$3rPQR = p^3 Q - q^3 P$$

$$3PPQQ = PPqq + ppQQ + ppqq$$

$$3pP = \frac{r^3}{R} - \frac{q^3}{Q} = \frac{3Q^3}{q} - \frac{3R^3}{r}$$

$$3qQ = \frac{r^3}{R} - \frac{p^3}{P} = \frac{3P^3}{p} - \frac{3R^3}{r}$$

$$3rR = \frac{p^3}{P} - \frac{q^3}{Q} = \frac{3Q^3}{q} - \frac{3P^3}{p}$$

$$\frac{r^4 + 3R^4}{rR} = \frac{q^4 + 3Q^4}{qQ} = \frac{p^4 + 3P^4}{pP}$$

$$= 4 + 24xx + 24x^6 + 24x^8 + 48x^{14} + 24x^{18} + 24x^{24} + 48x^{26}$$

$= 8P(xx, 1)\, P(x^6, 1) - 4\, Q(xx, 1)\, Q(x^6, 1)$? würde dann sein

$$= 4\sqrt{(pp+qq)(PP+QQ)} - 4\sqrt{pqPQ}$$

$$= 2\sqrt{(pp+qq)(PP+QQ)} + 2\sqrt{(pp-qq)(PP-QQ)}$$

$$\frac{dp}{p}-\frac{dP}{P}=+\tfrac{1}{2}qrQR.\frac{dx}{x}$$
$$\frac{dq}{q}-\frac{dQ}{Q}=-\tfrac{1}{2}prPR.\frac{dx}{x}$$
$$\frac{dr}{r}-\frac{dR}{R}=+\tfrac{1}{2}pqPQ.\frac{dx}{x}$$

[4.]

So wie

$$x^{\frac{1}{4}}(y^{\frac{1}{2}}+y^{-\frac{1}{2}})+x^{\frac{9}{4}}(y^{\frac{3}{2}}+y^{-\frac{3}{2}})+.+\ldots$$

durch $R(x,y)$ bezeichnet ist, so wollen wir noch

$$x^{\frac{1}{4}}(y^{\frac{1}{2}}-y^{-\frac{1}{2}})-x^{\frac{9}{4}}(y^{\frac{3}{2}}-y^{-\frac{3}{2}})+.-\ldots$$

durch $S(x,y)$ bezeichnen. Man hat dann

$$iS(x,y)=R(x,-y)$$
$$S(x,y)=\frac{\sqrt{[Q(x,1)^2.P(x,y)^2-P(x,1)^2.Q(x,y)^2]}}{R(x,1)}$$
$$=\frac{\sqrt{[P(x,1)^2.R(x,y)^2-R(x,1)^2.P(x,y)^2]}}{Q(x,1)}$$

$$R(x,y).S(x,y)=Q(xx,1).S(xx,yy)$$
$$R(x,y)^2+S(x,y)^2=2P(xx,1).R(xx,yy)$$
$$R(x,y)^2-S(x,y)^2=2R(xx,1).P(xx,yy)$$

$$R(x,y).R(x,z)+S(x,y).S(x,z)=2R(xx,yz).P(xx,\tfrac{y}{z})$$
$$R(x,y).R(x,z)-S(x,y).S(x,z)=2R(xx,\tfrac{y}{z}).P(xx,yz)$$
$$R(x,y).S(x,z)+S(x,y).R(x,z)=2S(xx,yz).Q(xx,\tfrac{y}{z})$$
$$R(x,y).S(x,z)-S(x,y).R(x,z)=2S(xx,\tfrac{z}{y}).Q(xx,yz)$$

Setzt man

$$\Sigma e^{-\theta(k+\alpha)^2}=(\theta,\alpha)$$

wo k alle ganzen Zahlen bedeutet, so sind die Theoreme enthalten in

$$(\theta,2\alpha).(\theta,2\beta)=(2\theta,\alpha+\beta).(2\theta,\alpha-\beta)+(2\theta,\alpha+\beta+\tfrac{1}{2}).(2\theta,\alpha-\beta+\tfrac{1}{2})$$

auch ist

$$(\theta, \alpha) = (\theta, -\alpha)$$

[5.]

Man setze

$$\cos\theta = \frac{R(x,y)}{P(x,y)} \cdot \frac{p}{r}, \qquad i\sin\theta = \frac{S(x,y)}{P(x,y)} \cdot \frac{q}{r}$$

$$\cos\tfrac{1}{2}\theta = \frac{R(x^{\frac{1}{2}}, y^{\frac{1}{2}})}{\sqrt{2r P(x,y)}}, \qquad i\sin\tfrac{1}{2}\theta = \frac{S(x^{\frac{1}{2}}, y^{\frac{1}{2}})}{\sqrt{2r P(x,y)}}$$

$$y = \cos u + i\sin u$$

dann ist

$$P(x,y)\,\mathrm{d}\theta = pq\,Q(x,y)\,\mathrm{d}u$$

$$\mathrm{d}u = \frac{\mathrm{d}\theta}{\sqrt{(p^4 - r^4\cos\theta^2)}} = \frac{\mathrm{d}\theta}{\sqrt{(p^4\sin\theta^2 + q^4\cos\theta^2)}}$$

$$R(x,y) = x^{\frac{1}{4}}y^{\frac{1}{4}}P(x,xy), \qquad S(x,y) = x^{\frac{1}{4}}y^{\frac{1}{4}}Q(x,xy)$$

Setzt man

$$\sin\psi = \frac{rr}{pp}\cos\theta$$

so wird

$$\cos\psi = \frac{q}{p} \cdot \frac{Q(x,y)}{P(x,y)}, \qquad \sin\psi = \frac{r}{p} \cdot \frac{R(x,y)}{P(x,y)}$$

$$\mathrm{d}u = -\frac{\mathrm{d}\psi}{\sqrt{(r^4 - p^4\sin\psi^2)}}$$

[6.]

$$P(x,y) \,.\, P(x,z) = P(xx,yz) \,.\, P(xx,\tfrac{y}{z}) + R(xx,yz) \,.\, R(xx,\tfrac{y}{z})$$

$$Q(x,y) \,.\, Q(x,z) = P(xx,yz) \,.\, P(xx,\tfrac{y}{z}) - R(xx,yz) \,.\, R(xx,\tfrac{y}{z})$$

$$P(x,y) \,.\, Q(x,z) = Q(xx,yz) \,.\, Q(xx,\tfrac{y}{z}) + S(xx,yz) \,.\, S(xx,\tfrac{y}{z})$$

$$R(x,y) \,.\, R(x,z) = R(xx,yz) \,.\, P(xx,\tfrac{y}{z}) + P(xx,yz) \,.\, R(xx,\tfrac{y}{z})$$

$$P(x,y)^2 . P(x,z)^2 + S(x,y)^2 . S(x,z)^2 = Q(x,y)^2 . Q(x,z)^2 + R(x,y)^2 . R(x,z)^2$$

[7.]

$$R(x,1)^7.P(x^7,y^7) = \text{Product aus } \frac{Fx^{14}}{(Fx^2)^7}$$
$$.\ R(x,1).P(x,y)$$
$$.\ \{R(x,\varepsilon).P(x,y) - S(x,\varepsilon).Q(x,y)\}$$
$$.\ \{R(x,\varepsilon\varepsilon).P(x,y) - S(x,\varepsilon\varepsilon).Q(x,y)\}$$
$$.\ \{R(x,\varepsilon^3).P(x,y) - S(x,\varepsilon^3).Q(x,y)\}$$
$$.\ \{R(x,\varepsilon^4).P(x,y) - S(x,\varepsilon^4).Q(x,y)\}$$
$$.\ \{R(x,\varepsilon^5).P(x,y) - S(x,\varepsilon^5).Q(x,y)\}$$
$$.\ \{R(x,\varepsilon^6).P(x,y) - S(x,\varepsilon^6).Q(x,y)\}$$
$$= R(x^7,1).P(x,y)^7 - \ldots\ldots\ldots + 7\frac{PQR}{pq}.P(x,y).Q(x,y)^6$$

worin $\varepsilon^7 = 1$. Zum Beweise dient, was sich leicht nachweisen lässt:

$$P(x,\varepsilon y).P(x,\tfrac{y}{\varepsilon}) = P(xx,yy).P(xx,\varepsilon\varepsilon) + R(xx,yy).R(xx,\varepsilon\varepsilon)$$
$$= \frac{P(x,y)^2+Q(x,y)^2}{2P(xx,1)}.P(xx,\varepsilon\varepsilon) + \frac{P(x,y)^2-Q(x,y)^2}{2R(xx,1)}.R(xx,\varepsilon\varepsilon)$$
$$= P(x,y)^2.\frac{R(x,\varepsilon)^2}{R(x,1)^2} - Q(x,y)^2.\frac{S(x,\varepsilon)^2}{R(x,1)^2}$$

[8.]

$$P(x,1) = p, \quad \frac{x\,dp}{p\,dx} = p'$$
$$Q(x,1) = q, \quad \frac{x\,dq}{q\,dx} = q'$$
$$R(x,1) = r, \quad \frac{x\,dr}{r\,dx} = r'$$

$$\tfrac{1}{2}p' = x - 2xx + 4x^3 - 4x^4 + 6x^5 - 8x^6 + 8x^7 - 8x^8 + 13x^9 - 12x^{10}\ldots$$
$$\tfrac{1}{2}q' = -x - 2xx - 4x^3 - 4x^4 - 6x^5 - 8x^6 - 8x^7 - 8x^8 - 13x^9 - 12x^{10}\ldots$$
$$4r' = 1 + 8xx - 8x^4 + 32x^6 - 40x^8 + 48x^{10} - 32x^{12} + 64x^{14} - 104x^{16} + 104x^{18}\ldots$$

Coëfficient von $x^{2^\mu a^\alpha b^\beta c^\gamma}\ldots$ wenn $a, b, c\ldots$ Primzahlen, wird

$$A\,\frac{a^{\alpha+1}-1}{a-1}.\frac{b^{\beta+1}-1}{b-1}.\frac{c^{\gamma+1}-1}{c-1}\ldots$$

[worin für jene drei Reihen folgeweise] $A = 2^\mu(-1)^{\mu+1}$, $A = 2^\mu$, $A = 8(3-2^\mu)$

$$4p'-4q'=r^4$$
$$4r'-4p'=q^4$$
$$4r'-4q'=p^4$$

$$\frac{\mathrm{d}px}{px}-\frac{\mathrm{d}px^2}{px^2}=\frac{\mathrm{d}x}{x}\cdot\tfrac{1}{2}(qx)^2\cdot(rx^2)^2$$
$$\frac{\mathrm{d}px}{px}-\frac{\mathrm{d}px^3}{px^3}=\frac{\mathrm{d}x}{x}\cdot\tfrac{1}{2}(qx)\cdot(rx)\cdot(qx^3)\cdot(rx^3)$$
$$\frac{\mathrm{d}px}{px}-\frac{\mathrm{d}px^4}{px^4}=\frac{\mathrm{d}x}{x}\cdot(qx)\cdot(px^2)^2\cdot(rx^4)$$
$$\frac{\mathrm{d}px}{px}-\frac{\mathrm{d}px^5}{px^5}=\frac{\mathrm{d}x}{4x}\cdot\frac{r^4qq(pp-3PP)+R^4QQ(25PP-15pp)}{ppqq-5PPQQ}$$

[9.]

Bei der $5^{\text{plic.}}$ ist (Aug. 29)

$$pp-PP=\quad A.\sqrt{\tfrac{p}{P}},\qquad 5PP-pp=B\sqrt{\tfrac{P}{p}}$$
$$qq-QQ=-A.\sqrt{\tfrac{q}{Q}},\qquad 5QQ-qq=B\sqrt{\tfrac{Q}{q}}$$
$$♂\quad rr-RR=\quad A.\sqrt{\tfrac{r}{R}},\qquad 5RR-rr=-B\sqrt{\tfrac{R}{r}}$$

$$AB=-2ppPP+2qqQQ+2rrRR=[16pqrPQR]^{\frac{2}{3}},\qquad \frac{A}{B}=\frac{PQR}{pqr}$$

$$A=2^{\frac{4}{3}}.\frac{(PQR)^{\frac{5}{6}}}{(pqr)^{\frac{1}{6}}}\qquad B=2^{\frac{4}{3}}\,\frac{(pqr)^{\frac{5}{6}}}{(PQR)^{\frac{1}{6}}}$$

also

$$pp=(QR+qr).\sqrt[6]{\frac{ppPP}{16qrQR}}\text{ etc.}$$

$$5=-\frac{qr}{QR}+\frac{pr}{PR}+\frac{pq}{PQ}$$

Siehe weiter unten [Art. 11.]

Für die Ableitung dient u. a.

$$P(x^5,x^4).P(x^5,-xx)=P(x^{10},-xx).P(x^{10},-x^6)+xP(x^{10},-x^4).P(x^{10},-x^8)$$
$$P(x^5,-x^4)\;P(x^5,xx)=P(x^{10},-xx).P(x^{10},-x^6)-xP(x^{10},-x^4).P(x^{10},-x^8)$$

also durch Multiplication

$$Q(x^{10},1)^2.P(x^{10},-x^8).P(x^{10},-x^4)$$
$$= P(x^{10},-xx)^2.P(x^{10},-x^6)^2 - xx\,P(x^{10},-x^4)^2.P(x^{10},-x^8)^2$$

$$\frac{(Fx^{10})^4}{(Fx^{20})^2} = \frac{(Fx^4)^3(Fx^{10})^2}{Fx^2.Fx^{20}} - xx\frac{Fx^2.(Fx^{20})^3}{Fx^4.Fx^{10}}$$

was mit ♂ identisch ist, nemlich

$$p^{\frac{1}{6}}q^{\frac{1}{6}}(\tfrac{1}{2}r)^{\frac{2}{3}}P^{\frac{4}{3}}Q^{\frac{4}{3}}(\tfrac{1}{2}R)^{\frac{2}{3}} =$$

Auch beweist man leicht

$$pp = PP + 4\{x^{\frac{1}{5}} + x^{\frac{16}{5}} + x^{\frac{36}{5}} + x^{\frac{81}{5}} + \ldots\}\{x^{\frac{4}{5}} + x^{\frac{9}{5}} + x^{\frac{49}{5}} + x^{\frac{64}{5}} + \ldots\}$$
$$= PP + 4x\,P(x^5,x^4).P(x^5,xx)$$
$$= PP + 4x\sqrt{\left\{\frac{p}{P}.\frac{(Fx^{10})^5}{Fxx}\right\}}$$
$$= PP + 4\sqrt{\frac{p}{P}}.\frac{\left(\frac{PQR}{2}\right)^{\frac{5}{6}}}{\left(\frac{pqr}{2}\right)^{\frac{1}{6}}}$$

[10.]

Bei der Trisection ist noch, p, P etc. in voriger Bedeutung genommen und $P(x^{\frac{1}{3}},1) = P^0$ gesetzt

$$\left(\frac{3PP - P^0P^0}{2}\right)^2 = p^4 - 4\left(\frac{pqr}{2}\right)^{\frac{4}{3}}$$
$$\left(\frac{3QQ - Q^0Q^0}{2}\right)^2 = q^4 + 4\left(\frac{pqr}{2}\right)^{\frac{4}{3}}$$

Allgemein wenn $P(x,1)$, $Q(x,1)$ gegeben sind und $P(x^n,1)$, $Q(x^n,1)$ gesucht werden, wo n ungerade, sind dem $P(x^n,1)$ coordinirt $\pm\sqrt{\frac{1}{n}}.P(x^{\frac{1}{n}},1)$ oder $\pm i\sqrt{\frac{1}{n}}.P(x^{\frac{1}{n}},1)$, je nachdem n von der Form $4k+1$ oder $4k-1$ ist. Die Gleichung findet sich leicht aus Entwickelung der Summe der geraden Potenzen der $n+1$ Wurzeln.

[11.]

Setzt man

$$P(x^5,y^5) = \frac{R}{r^5}.P(x,y)^5 + A.P(x,y)^3\,Q(x,y)^2 + \frac{5PQR}{pqr^5}.P(x,y)\,Q(x,y)^4$$

so ist auch

$$Q(x^5,y^5) = \frac{5PQR}{pqr^5}.P(x,y)^4.Q(x,y)+A.P(x,y)^2.Q(x,y)^3+\frac{R}{r^5}Q(x,y)^5$$

Setzt man hier $y=1$, so erhält man

$$\begin{aligned} Ap^3q^3 &= Pq-\frac{R}{r^5}.p^5q-\frac{5PQR}{r^5}.q^4 \\ &= Qp-\frac{R}{r^5}.q^5p-\frac{5PQR}{r^5}.p^4 \end{aligned}$$

woraus die Gleichung weiter zurück [Art. 9] folgt

$$0 = pQr-Pqr+pqR-5PQR$$

daraus

$$A = \frac{r(p^3P-q^3Q)-(p^4+q^4)R}{ppqqr^5}$$

[12.]

Theorem. Wenn der imaginäre Theil von t und $\frac{1}{t}$ zwischen $-i$ und $+i$ liegt, so ist der reelle Theil von

$$\left(\frac{Qt}{Pt}\right)^2$$

positiv.

Geometrisch zu beweisen

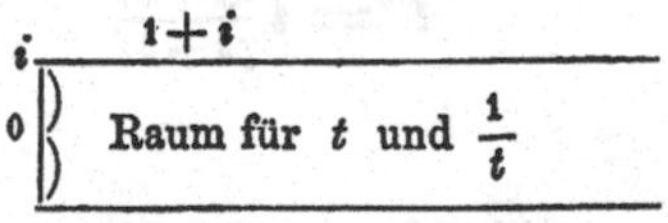

Unter dieser Bedingung ist also das arithmetisch geometrische Mittel zwischen

$$\mu P(\tfrac{1}{2}t)^2 \qquad \mu Q(\tfrac{1}{2}t)^2$$

indem man immer das geometrische Mittel zwischen m, n so nimmt, dass $\frac{\sqrt{mn}}{m}$ einen positiven reellen Theil hat,

$$= \mu$$

Ein solches Mittel nennen wir das einfachste Mittel.

Ist das einfachste AG. Mittel zwischen $m, n, = \mu$, das zwischen $m, \sqrt{(mm-nn)}, = \frac{\mu}{t}$, so ist t der Canon des Verhältnisses $\frac{n}{m}$, nemlich

$$\frac{m}{n}=\left(\frac{Qt}{Pt}\right)^2$$

dann ist das einfachste AG. Mittel zwischen m und $-n$

$$=\frac{\mu}{1+2it}$$

und der dazu gehörige Canon

$$=\frac{t}{1+2it}=\frac{1}{\frac{1}{t}+2i}$$

Die Gleichung

$$\left(\frac{Qt}{Pt}\right)^2=A$$

hat immer Eine und nur Eine Auflösung in dem Raume

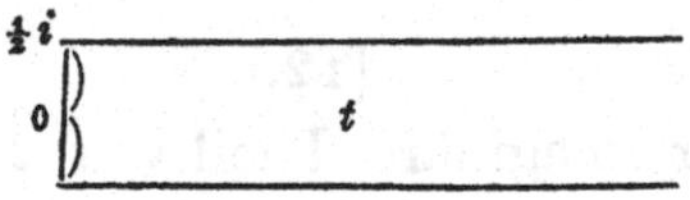

Es sei $\alpha\delta-\beta\gamma=1,\ \alpha\equiv\delta\equiv 1 \pmod{4},\ \beta,\gamma$ gerade

$$t'=i\,\frac{\alpha t+\beta i}{\gamma t+\delta i}$$

dann ist

$$\left(\frac{Qt'}{Pt'}\right)^2=i^{\gamma}\left(\frac{Qt}{Pt}\right)^2$$

[13.]

Fünftheilung

$$\begin{array}{ll} a & A \\ b & B \\ c=\sqrt{(aa-bb)} & C=\sqrt{(AA-BB)} \end{array}$$

$$2v=-aA+bB+cC$$

$$4v=aa-6aA+5AA=-(bb-6bB+5BB)=-(cc-6cC+5CC)$$

$$v=-A\sqrt{(AA+v)}+B\sqrt{(BB-v)}+C\sqrt{(CC-v)}$$

Die Elimination auf eine Gleichung

$$\sqrt{a}+\sqrt{b}+\sqrt{c}+\sqrt{d}=0$$

angewandt, gibt

$$0=\Sigma(a^4-4a^3b-2aabb+4aabc-24abcd)$$

[14.]

Die $7^{\text{plication}}$ beruht auf

$$[a\sin(\varphi+A)+b\sin(3\varphi+B)]^2\sin(\varphi+k)$$
$$=\alpha\sin(\varphi+l)+\beta\sin(3\varphi+l)+\gamma\sin(5\varphi+l)+\delta\sin(7\varphi+l)$$

[15.]

Bei der Trisection hat man

$$\sqrt{\frac{q}{p}}=n,\qquad \sqrt{\frac{Q}{P}}=N$$

gesetzt;

$$\frac{N^4-n^4}{1-nnNN}=2nN,\qquad \frac{ppQQ-qqPP}{pP-qQ}=2\sqrt{pPqQ}$$

proportional

$$\begin{array}{c|c||c|c||c|c} p^4 & 3\cos\varphi\sin\varphi^3 & q^4 & 3\cos(60^0-\varphi)\sin(60^0-\varphi)^3 & r^4 & 3\cos(120^0-\varphi)\sin(120^0-\varphi)^3 \\ P^4 & \cos\varphi^3\sin\varphi & Q^4 & \cos(60^0-\varphi)^3\sin(60^0-\varphi) & R^4 & \cos(120^0-\varphi)^3\sin(120^0-\varphi) \end{array}$$

[16.]

Wenn innerhalb einer begrenzten Figur überall

$$\frac{\mathrm{dd}V}{\mathrm{d}x^2}+\frac{\mathrm{dd}V}{\mathrm{d}y^2}=0$$

an der Grenze hingegen V constant $=A$ ist, so ist nothwendig auch im ganzen Raume $V=A$

Beweis. Es sei $\mathrm{d}M$ ein Element der Fläche und

$$\iint\left\{\left(\frac{\mathrm{d}V}{\mathrm{d}x}\right)^2+\left(\frac{\mathrm{d}V}{\mathrm{d}y}\right)^2+\left(\frac{\mathrm{dd}V}{\mathrm{d}x^2}+\frac{\mathrm{dd}V}{\mathrm{d}y^2}\right)(V-A)\right\}\mathrm{d}M=\Omega$$

Wäre V nicht constant, so wäre offenbar das Integral *positiv*. Allein das Integral ist auch

$$\int (V-A)\left(\frac{\mathrm{d}V}{\mathrm{d}x}\mathrm{d}y - \frac{\mathrm{d}V}{\mathrm{d}y}\mathrm{d}x\right)$$

durch den Umfang der Figur ausgedehnt, also $= 0$. Da dies mit dem Vorigen im Widerspruch steht, so ist die Voraussetzung unzulässig.

Ähnliches findet mit drei Unbestimmten Statt.

Es lassen sich hieraus manche schöne Folgerungen ziehen.

Ein Punkt kann innerhalb eines hohlen Raumes nicht im stabilen Gleichgewicht sein, wenn nicht innerhalb des ganzen Raums gar keine Wirkung Statt findet, weder im Fall der Abstossung, noch der Anziehung.

[17.]

Dass in der Peripherie einer Gleichgewichtsfigur keine *negative* Theile sein können, beweist sich so. Gesetzt AB wäre negativ, so wäre $V-A$ (A Werth von V in der Peripherie) auswendig neben AB positiv, neben den andern Theilen negativ. Es wird daher einen endlichen Raum geben, wo dies positive gilt; er sei innerhalb $ABCDE$; dann wäre er aber, da er an der Grenze 0 ist, in diesem Raume constant, welches ein Widerspruch.

Dieselbe Schlussart lässt sich auf drei Dimensionen anwenden.

Bei drei Dimensionen findet, für die Fläche s, wo $V =$ Const., noch das schöne Theorem statt, dass $\int \frac{\mathrm{d}V}{\mathrm{d}\rho}\mathrm{d}s$, wenn ρ normal gegen s, $= 4\pi M$, wo M ganze Masse (vermuthlich allemal die in einer solchen Fläche eingeschlossene Masse, also ungerechnet die draussen liegende).

Vermuthlich ist der Satz für *jede* einhüllende Fläche gültig, ohne dass V constant zu sein braucht.

Es seien zwei einander einschliessende Flächen, in denen V constant ist, nemlich resp. $V = A$, $V = B$, $\mathrm{d}W$ ein Element des Raumes zwischen beiden, p die Anziehungskraft in jedem Punkte, dann ist

$$\int pp\,\mathrm{d}W = (B-A).4\pi M$$

wenn M die Masse im innern Raume, wobei angenommen ist, dass im Raume W keine anziehende Masse ist.

PENTAGRAMMA MIRIFICUM.

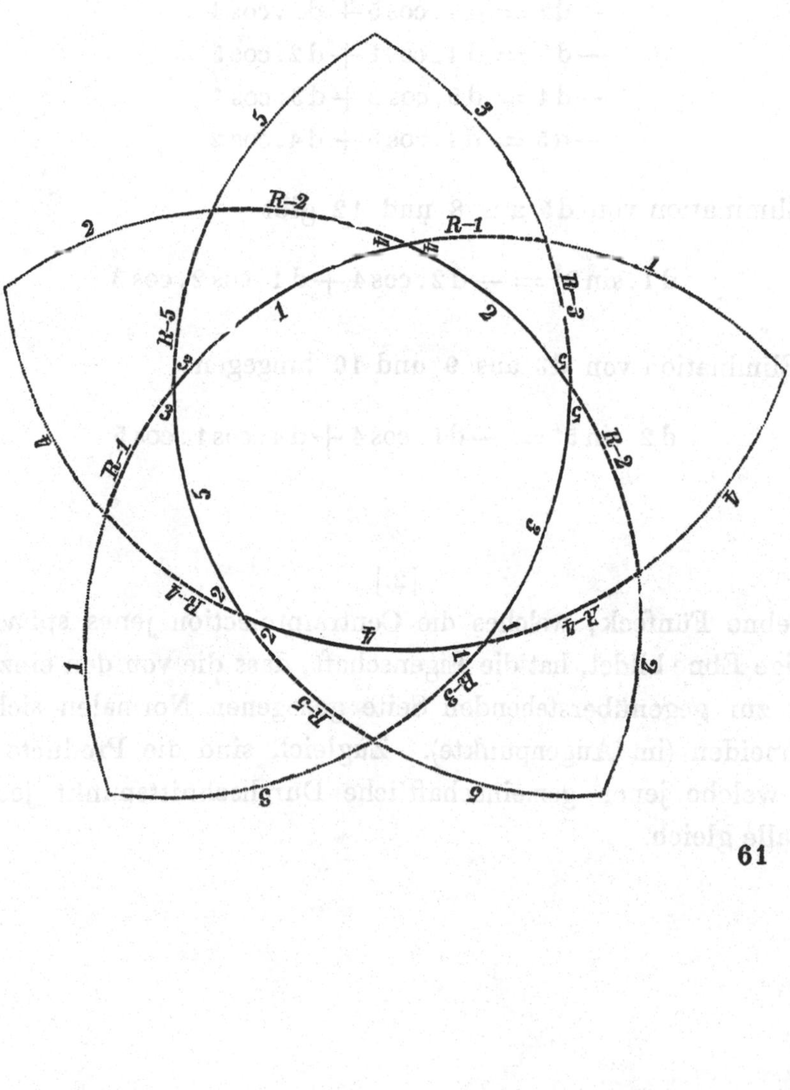

[1.]

$$\cos 1 = \sin 2 . \sin 5$$
$$\cos 2 = \sin 3 . \sin 1$$
$$\cos 3 = \sin 4 . \sin 2$$
$$\cos 4 = \sin 5 . \sin 3$$
$$\cos 5 = \sin 1 . \sin 4$$

$$\begin{aligned} 1 &= \cos 1 . \operatorname{tang} 3 . \operatorname{tang} 4 \\ &= \cos 2 . \operatorname{tang} 4 . \operatorname{tang} 5 \\ &= \cos 3 . \operatorname{tang} 5 . \operatorname{tang} 1 \\ &= \cos 4 . \operatorname{tang} 1 . \operatorname{tang} 2 \\ &= \cos 5 . \operatorname{tang} 2 . \operatorname{tang} 3 \end{aligned}$$

8. $$-d1 = d2 . \cos 4 + d5 . \cos 3$$
9. $$-d2 = d3 . \cos 5 + d1 . \cos 4$$
10. $$-d3 = d4 . \cos 1 + d2 . \cos 5$$
11. $$-d4 = d5 . \cos 2 + d3 . \cos 1$$
12. $$-d5 = d1 . \cos 3 + d4 . \cos 2$$

Die Elimination von d5 aus 8 und 12 gibt

$$d1 . \sin 3^2 = -d2 . \cos 4 + d4 . \cos 2 . \cos 3$$

Die Elimination von d3 aus 9 und 10 hingegen

$$d2 . \sin 5^2 = -d1 . \cos 4 + d4 . \cos 1 . \cos 5$$

[2.]

Das ebne Fünfeck, welches die Centralprojection jenes sphaerischen auf eine beliebige Ebne bildet, hat die Eigenschaft, dass die von den einzelnen Winkelpunkten zur gegenüberstehenden Seite gezogenen Normalen sich in Einem Punkte schneiden (im Augenpunkte). Zugleich sind die Producte der beiden Stücke, in welche jener gemeinschaftliche Durchschnittspunkt jede Normale theilt, für alle gleich.

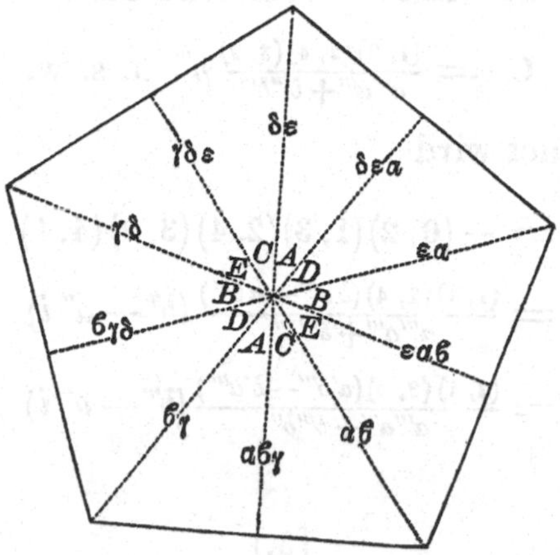

$\cos A = \alpha, \quad \cos B = \beta. \quad \cos C = \gamma, \quad \cos D = \delta, \quad \cos E = \varepsilon$

Um die Eckpunkte in ganzen complexen Zahlen ausgedrückt zu erhalten, seien p, p', p'', p''', p'''' fünf complexe ganze Zahlen, und zwar

$$p = a + bi, \quad p' = a' + b'i, \quad \text{etc.}$$

Man setze

$$a'a''' + b'b''' = (1,3), \quad a''a'''' + b''b'''' = (2,4) \text{ u. s. w.}$$

und nehme für die Eckpunkte

$$\begin{matrix} & (1,3)(2,4)p, & (2,4)(3,0)p', & (3,0)(4,1)p'', & (4,1)(0,2)p''', & (0,2)(1,3)p'''' \\ = & q, & q', & q'', & q''', & q'''' \end{matrix}$$

also

$$q = (a'a''' + b'b''')(a''a'''' + b''b'''')a + (a'a''' + b'b''')(a''a'''' + b''b'''')bi$$
u. s. f.

Es ist dann

$$q' - q = (ba' - ab')(2,4)(b''' - a'''i) = -(ba' - ab')(2,4)p'''i$$
u. s. f.

Der Schnitt von qq' mit oq''' hat die complexe Zahl $=$

$$Q''' = \frac{(1,3)(2,4)(3,0)}{a'''a'''+b'''b'''}\, p''' \text{ u. s. w.}$$

Das oben erwähnte Product wird

$$= -(0,2)(1,3)(2,4)(3,0)(4,1)$$

$$Q''' - q = \frac{(1,3)(2,4)(ba'''-ab''')}{a'''a'''+b'''b'''}(b'''-a'''i)$$

$$q' - Q''' = \frac{(2,4)(3,0)(a'b'''-b'a''')}{a'''a'''+b'''b'''}(b'''-a'''i)$$

[3.]

Die Relationen zwischen den Seiten des sphärischen Fünfecks so

	Quadrate der		Gleichungen
Tangenten	Secanten	Cosecanten	
α	$\gamma\delta$	$\frac{\gamma\delta}{\alpha}$	$1+\alpha = \gamma\delta$
β	$\delta\varepsilon$	$\frac{\delta\varepsilon}{\beta}$	$1+\beta = \delta\varepsilon$
γ	$\varepsilon\alpha$	$\frac{\varepsilon\alpha}{\gamma}$	$1+\gamma = \varepsilon\alpha$
δ	$\alpha\beta$	$\frac{\alpha\beta}{\delta}$	$1+\delta = \alpha\beta$
ε	$\beta\gamma$	$\frac{\beta\gamma}{\varepsilon}$	$1+\varepsilon = \beta\gamma$

Diese Gleichungen sind nicht unabhängig, es ist nemlich identisch:

$$(1+\gamma)(1+\beta-\delta\varepsilon)-(1+\beta)(1+\gamma-\varepsilon\alpha) = \varepsilon\{(1+\beta)\alpha-(1+\gamma)\delta\}$$
$$= \varepsilon\{(\alpha\beta-\delta-1)-(\gamma\delta-\alpha-1)\}$$

und auf ähnliche Weise wird die fünfte aus dreien der übrigen abgeleitet.

Aus zweien der Grössen α, β, γ, δ, ε folgen die übrigen

$$\beta = \frac{1+\alpha+\gamma}{\alpha\gamma}, \quad \beta = \frac{1+\delta}{\alpha}, \quad \gamma = \frac{1+\alpha}{\alpha\beta-1}, \quad \beta = \frac{1+\varepsilon}{\alpha\varepsilon-1}$$

$$\delta = \frac{1+\alpha}{\gamma}, \quad \gamma = \frac{1+\alpha}{\delta}, \quad \delta = \alpha\beta-1, \quad \gamma = \alpha\varepsilon-1$$

$$\varepsilon = \frac{1+\gamma}{\alpha}, \quad \varepsilon = \frac{1+\alpha+\delta}{\alpha\delta}, \quad \varepsilon = \frac{1+\beta}{\alpha\beta-1}, \quad \delta = \frac{1+\alpha}{\alpha\varepsilon-1}$$

Beispiel

	$\cos^2$	$\sin^2$			
$\alpha = 9$	$\frac{1}{10}$	$\frac{9}{10}$	71^0	$33'$	$56''$
$\beta = \frac{3}{2}$	$\frac{2}{5}$	$\frac{3}{5}$	39	13	54
$\gamma = 2$	$\frac{1}{3}$	$\frac{2}{3}$	54	44	7
$\delta = 5$	$\frac{1}{6}$	$\frac{5}{6}$	65	54	19
$\varepsilon = \frac{1}{3}$	$\frac{3}{4}$	$\frac{1}{4}$	30	0	0

Schöne Gleichung

$$3+\alpha+\beta+\gamma+\delta+\varepsilon = \alpha\beta\gamma\delta\varepsilon = \sqrt{(1+\alpha)(1+\beta)(1+\gamma)(1+\delta)(1+\varepsilon)}$$

Der Inhalt des sphärischen Pentagons ist 360^0 weniger Summe der Seiten. Setzt man die Summe $= S$ und

$$(1+i\sqrt{\alpha})(1+i\sqrt{\beta})(1+i\sqrt{\gamma})(1+i\sqrt{\delta})(1+i\sqrt{\varepsilon}) = A+Bi$$

so wird:

$$A = \alpha\beta\gamma\delta\varepsilon . \cos S$$
$$B = \alpha\beta\gamma\delta\varepsilon . \sin S$$

[4.]

$$G(\alpha x+\beta y+\gamma z)^2 + G'(\alpha' x+\beta' y+\gamma' z)^2 + G''(\alpha'' x+\beta'' y+\gamma'' z)^2$$
$$= Axx+Byy+Czz+2ayz+2bxz+2cxy$$

$$(A-G)\alpha + c\beta + b\gamma = 0$$
$$c\alpha+(B-G)\beta + a\gamma = 0$$
$$b\alpha + a\beta+(C-G)\gamma = 0$$

$$\{a(A-G)-bc\}\alpha = \{b(B-G)-ac\}\beta = \{c(C-G)-ab\}\gamma$$

$$\frac{bc}{a(A-G)-bc} + \frac{ac}{b(B-G)-ac} + \frac{ab}{c(C-G)-ab} + 1 = 0$$

$$(A-G)(B-G)(C-G)+2abc = aa(A-G)+bb(B-G)+cc(C-G)$$

$$\alpha\alpha = \frac{1}{1+\left(\frac{a(A-G)-bc}{b(B-G)-ac}\right)^2 + \left(\frac{a(A-G)-bc}{c(C-G)-ab}\right)^2}$$

Setzt man

$$\frac{bc}{a(A-x)-bc}+\frac{ac}{b(B-x)-ac}+\frac{ab}{c(C-x)-ab}+1=\Omega$$

so wird indefinite

$$\{a(A-x)-bc\}\{b(B-x)-ac\}\{c(C-x)-ab\}\Omega$$
$$=-abc(x-G)(x-G')(x-G'')$$

Differentiirt man und setzt nach der Differentiation $x=G$ so wird

$$\{a(A-G)-bc\}\{b(B-G)-ac\}\{c(C-G)-ab\}$$
$$\times abc\left\{\frac{1}{(a(A-G)-bc)^2}+\frac{1}{(b(B-G)-ac)^2}+\frac{1}{(c(C-G)-ab)^2}\right\}$$
$$=abc(G-G')(G-G'')$$

woraus

$$\alpha=\sqrt{\frac{[b(B-G)-ac][c(C-G)-ab]}{[a(A-G)-bc](G-G')(G-G'')}}$$

Die Schlüsse bedürfen einer Abänderung, wenn eine der Grössen a, b, c verschwindet. Die obige erste Gleichung für G wäre dann eine identische.

[5.]

Gleichung der Punkte der Kegelfläche, in welcher die Punkte (1)(2)(3)(4)(5) liegen, Spitze des Kegels im Mittelpunkt der Kugel zugleich Anfangspunkt der Coordinaten. Achse der x geht durch den Punkt (3), also Ebene der yz geht durch (1) und (5), Achse der y geht durch (1)

	x	y	z
(3)	1	0	0
(4)	cos 1	0	sin 1
(5)	0	cos 3	sin 3
(1)	0	1	0
(2)	cos 5	cos 4	— cos 3 . sin 5

Gleichung

$$(z.\cos 1-x.\sin 1)(z.\cos 3-y.\sin 3)\cos 2=xy$$

oder

$$zz = xz\sqrt{\alpha} + yz\sqrt{\gamma} + \frac{1+\alpha+\gamma}{\sqrt{\alpha\gamma}}xy$$

Durch Veränderung der Coordinatenflächen lässt sich dieselbe in die Form bringen

$$z'z' = Lx'x' + My'y'$$

Löst man die Gleichung auf

$$t(2t-1)^2 = \alpha\beta\gamma\delta\varepsilon(t-1)$$

welche eine negative (G) und zwei positive Wurzeln (G', G'') hat, so wird

$$Gz'z' + G'x'x' + G''y'y' = 0$$

$$GG'G'' = -\tfrac{1}{4}\alpha\beta\gamma\delta\varepsilon$$

$$(G-1)(G'-1)(G''-1) = -\tfrac{1}{4}$$

$$(2G-1)(2G'-1)(2G''-1) = -\alpha\beta\gamma\delta\varepsilon$$

Für obiges Beispiel

$$t(2t-1)^2 = 20(t-1)$$

Wurzeln $-2{,}1973145$, $+1{,}06931815$, $+2{,}1279965$

Setzt man

$$\alpha\beta\gamma\delta\varepsilon = \omega \quad \text{und} \quad \sqrt{\frac{(18\omega+1)^2}{(3\omega+1)^2}} = \cos 3\psi$$

so wird

$$t = \tfrac{1}{3} - \tfrac{1}{3}\cos\psi . \sqrt{(3\omega+1)}$$

Das Verhalten der cubischen Gleichung

$$\frac{t(2t-1)^2}{t-1} = \alpha\beta\gamma\delta\varepsilon$$

(welche man am bequemsten mit WEIDENBACH's Tafel auflöst, wo für $\frac{1-x}{1+x} = y$ gesucht werden muss $\frac{1}{yxx} = \alpha\beta\gamma\delta\varepsilon$, wonach dann $2t-1 = \frac{1}{x}$ wird) übersieht man durch folgende Tafel

t	$\alpha\beta\gamma\delta\varepsilon$	t	$\alpha\beta\gamma\delta\varepsilon$	t	$\alpha\beta\gamma\delta\varepsilon$
∞	∞	$+1.9$	$+16.6$	$+1.0$	∞
$+10$	$+400.9$	$+1.8$	$+15.2$	. . . . .	negativ
$+9$	$+325.1$	$+1.7$	$+14.0$	-1.0	∞
$+8$	$+257.1$	$+1.6$	$+12.9$	-1.618034	$+11.0901699$
$+7$	$+197.2$	$+1.5$	$+12.0$	-2	$+16.7$
$+6$	$+145.2$	$+1.4$	$+11.34$	-3	$+36.7$
$+5$	$+101.2$	$+1.309017$	$+11.0901699$	-4	$+64.8$
$+4$	$+65.3$	$+1.3$	$+11.09$	-5	$+100.8$
$+3$	$+37.5$	$+1.2$	$+11.76$	$-\infty$	∞
$+2$	$+18$	$+1.1$	$+15.84$		

Damit also drei reelle Wurzeln Statt finden, muss $\alpha\beta\gamma\delta\varepsilon \geqq 11.0901699$ oder $\frac{11}{2}+\frac{\sqrt{125}}{2}$ sein, die Grenzwerthe für t sind also: $+1.309017 = \frac{3+\sqrt{5}}{4}$ und $-1.618034 = -\frac{1+\sqrt{5}}{2}$.

[6].

A, B, C, D, E die Winkelpunkte des Polygons

a, b, c, d, e Pole der Diagonalen

0, 1, 2 die drei Hauptachsen entsprechend den Wurzeln G, G', G'' der Gleichung

$$\frac{t(2t-1)^2}{t-1} = (\operatorname{tang} AB \,.\, \operatorname{tang} BC \,.\, \operatorname{tang} CD \,.\, \operatorname{tang} DE \,.\, \operatorname{tang} EA)^2$$

wo für G die negative Wurzel genommen werden mag; so dass

$$Guu++G'u'u'+G''u''u''=0$$

wenn u die Coordinaten irgend eines der Punkte A, B, C, D, E bedeuten, also zugleich $uu+u'u'+u''u''=1$.

Die Quelle der Hauptsätze ist in den zwei Gleichungen enthalten

I. $$\cos 0A \,.\, \cos 0b = -\frac{\operatorname{tang} EA \,.\, (2G-1-\operatorname{tang} AB^2)}{4(G-G')(G-G'')}$$

II. $$\cos 0A \,.\, \cos 0C = -\frac{2G-1-\frac{1}{\sin DE^2}}{4\cos BC \,.\, \cos AB(G-G')(G-G'')}$$

Die Gleichung I. repräsentirt 30 Gleichungen, die II. hingegen 15 da alle Permutationen der Achsen und der Winkelpunkte erlaubt sind. Noch zierlicher (in den anfänglichen Bezeichnungen, wo $\alpha = \operatorname{tang} CD^2$ u. s. w.)

$$\text{I.}\quad\begin{cases}\cos 0C.\cos 0\mathfrak{d} = \frac{1+\alpha-2G}{4(G'-G)(G''-G)}.\sqrt{\mathfrak{e}} = \mathfrak{A}.\sqrt{\mathfrak{e}}\\ \cos 0D.\cos 0c = \frac{1+\alpha-2G}{4(G'-G)(G''-G)}.\sqrt{\mathfrak{b}} = \mathfrak{A}.\sqrt{\mathfrak{b}}\end{cases}$$

$$\text{II.}\quad \cos 0B.\cos 0E = \frac{2\alpha+1-2\alpha G}{4(G'-G)(G''-G)}.\sqrt{\mathfrak{b}\mathfrak{e}} = \mathfrak{a}.\sqrt{\mathfrak{b}\mathfrak{e}}$$

Die zehn Gleichungen I. können nur für neun gelten, weil die Multiplication von fünfen dasselbe Resultat gibt wie die Multiplication der fünf übrigen. Es muss also zwischen den 10 Grössen $\mathfrak{A}$, $\mathfrak{a}$, $\mathfrak{B}$, $\mathfrak{b}$ etc. vier Bedingungsgleichungen geben, welche am zierlichsten so dargestellt werden

$$\mathfrak{b}\mathfrak{b}\mathfrak{c}\,\mathfrak{C} = \mathfrak{e}\mathfrak{e}\mathfrak{d}\,\mathfrak{D},\qquad \gamma\mathfrak{c}\mathfrak{d}\,\mathfrak{D} = \alpha\mathfrak{a}\mathfrak{e}\mathfrak{E}\ \text{u. s. w. oder auch}$$

$$\mathfrak{b}\mathfrak{a}\mathfrak{A}\mathfrak{C} = \gamma\mathfrak{d}\mathfrak{B}\mathfrak{D},\qquad \gamma\mathfrak{b}\mathfrak{B}\mathfrak{D} = \delta\mathfrak{e}\mathfrak{C}\mathfrak{E}\ \text{u. s. w.}$$

Es ist aber

$$\cos 0A^2 = \frac{\mathfrak{e}\mathfrak{a}\mathfrak{b}}{\mathfrak{c}\mathfrak{d}}.\alpha = \frac{\mathfrak{D}\mathfrak{b}\gamma}{\mathfrak{E}} = \frac{\mathfrak{C}\mathfrak{e}\delta}{\mathfrak{B}}\ \text{u. s. w.},\qquad \cos 0a^2 = \frac{\mathfrak{C}\mathfrak{D}}{\mathfrak{a}}\ \text{u. s. w.}$$

[7.]

1843. April 20. Die excentrischen Anomalien $\varphi, \varphi', \varphi'', \varphi''', \varphi''''$ der Punkte A, B, C, D, E sind durch die Gleichungen verbunden (G als negativ betrachtet)

$$\frac{\sin\frac{1}{2}(\varphi'''+\varphi'')}{\cos\frac{1}{2}(\varphi'''-\varphi'')} = \frac{G}{G''}.\sin\varphi,\qquad \frac{\cos\frac{1}{2}(\varphi'''+\varphi'')}{\operatorname{cso}\frac{1}{2}(\varphi'''-\varphi'')} = \frac{G}{G''}.\cos\varphi$$

$$\frac{\sin\frac{1}{2}(\varphi'+\varphi'''')}{\cos\frac{1}{2}(\varphi'-\varphi'''')} = \sqrt{\frac{G(G-1)}{G''(G''-1)}}.\sin\varphi = \frac{G(2G-1)}{G''(2G''-1)}\sin\varphi$$

$$\frac{\cos\frac{1}{2}(\varphi'+\varphi'''')}{\cos\frac{1}{2}(\varphi'-\varphi'''')} = \sqrt{\frac{G(G-1)}{G'(G'-1)}}.\cos\varphi = \frac{G(2G-1)}{G'(2G'-1)}\cos\varphi$$

Die Relationen zwischen den Winkeln $\varphi^0, \varphi', \varphi''$ sind am einfachsten auf folgende Art darzustellen, $\sqrt{\frac{G'}{G'-1}} = \xi$, $\sqrt{\frac{G''}{G''-1}} = \eta$ gesetzt, wird $\xi\eta =$

$$\frac{\operatorname{tang}\frac{1}{2}(\varphi'-\varphi'''')}{\operatorname{tang}\frac{1}{2}(\varphi'''-\varphi'')} = \frac{\operatorname{tang}\frac{1}{2}(\varphi''-\varphi^0)}{\operatorname{tang}\frac{1}{2}(\varphi''''-\varphi''')} = \frac{\operatorname{tang}\frac{1}{2}(\varphi'''-\varphi')}{\operatorname{tang}\frac{1}{2}(\varphi^0-\varphi'''')} = \frac{\operatorname{tang}\frac{1}{2}(\varphi''''-\varphi'')}{\operatorname{tang}\frac{1}{2}(\varphi'-\varphi^0)} = \frac{\operatorname{tang}\frac{1}{2}(\varphi^0-\varphi''')}{\operatorname{tang}\frac{1}{2}(\varphi''-\varphi')}$$

für $\frac{\xi\eta+1}{\xi\eta-1}$ gibt es einen ähnlichen Ausdruck, der sich hieraus leicht ableiten lässt.

In Zahlen

				log tang	log tang	log Δ
$\varphi^0 =$	50° 29′ 20″	80° 54′ 55″	49° 13′ 4″	0.79616	0.06418	9.81007
$\varphi' =$	92 56 38	55 49 27	15 16 12.5	0.16814	9.43617	9.182
$\varphi'' =$	162 8 14	83 48 52	59 41 16.5	0.96505	0.23313	9.97901
$\varphi''' =$	260 34 22	64 29 16.5	21 13 39	0.32127	9.58931	9.33515
$\varphi'''' =$	291 6 47	74 57 29	34 35 48	0.57068	9.83871	9.

0.73196 = log $\xi\eta$

[8.]

Die $\varphi, \varphi', \varphi'', \varphi''', \varphi''''$ sind nichts anders als die Amplituden zu fünf transscendenten Argumenten, welche um $\frac{4}{5}K$ zunehmen (in der Bedeutung von Jacobi p. 31) und wo der Modulus k

$$=\sqrt{\frac{\frac{1}{G'G'}-\frac{1}{G''G''}}{\frac{1}{G'G'}-\frac{1}{GG}}} = \sin\mu, \quad \cos\mu = \sqrt{\frac{\frac{1}{G''G''}-\frac{1}{GG}}{\frac{1}{G'G'}-\frac{1}{GG}}}$$

Das transcendente Argument selbst, unbestimmt genommen, ist

$$=\int\frac{x\,dy-y\,dx}{\sqrt{(xx+yy)}}\cdot\sqrt{\frac{\frac{1}{G'G'}-\frac{1}{GG}}{\left(\frac{1}{G'G'}-\frac{1}{GG}\right)xx+\left(\frac{1}{G''G''}-\frac{1}{GG}\right)yy}}$$

Δ in der Bezeichnung von Jacobi gebraucht so dass $\Delta\varphi = \sqrt{(1-hk\sin\varphi^2)}$, es sind

die drei Grössen	ebenso		propositional den Zahlen	oder
$\tang\frac{1}{2}(\varphi'-\varphi'''')$	$\tang\frac{1}{2}(\varphi''-\varphi^0)$	u. s. w.	$G(2G-1)\sqrt{\left(\frac{1}{G'G'}-\frac{1}{GG}\right)}$	tang am $\frac{4}{5}K$
$\tang\frac{1}{2}(\varphi'''-\varphi'')$	$\tang\frac{1}{2}(\varphi''''-\varphi''')$		$-G\sqrt{\left(\frac{1}{G'G'}-\frac{1}{GG}\right)}$	tang am $\frac{2}{5}K$
$\Delta\varphi^0$	$\Delta\varphi'$		1	1

BEMERKUNGEN.

In diesem dritten Bande von GAUSS Werken habe ich alle Abhandlungen und Aufsätze aus dem Gebiete der allgemeinen Analysis und zwar speciell aus der Theorie der algebraischen Functionen, der GAUSSsischen Reihen und der Elliptischen Functionen, so wie einige Mittheilungen das PFAFFsche Theorem und die Construction von Logarithmentafeln betreffend vereinigt. Sie bestehen aus einer Doctordissertation (früher in Quart gedruckt); aus früher veröffentlichten Abhandlungen: fünf in den *'Commentationes societatis regiae scientiarum Gottingensis'* (Quart), einer in den *'Abhandlungen der königlichen Gesellschaft der Wissenschaften zu Göttingen'* (Quart) und einer im CRELLEschen *'Journal für reine und angewandte Mathematik* (Quart); ferner aus sechs Anzeigen eigner Abhandlungen in den *'Göttingischen Gelehrten Anzeigen und Nachrichten'* (Octav); aus zwölf Mittheilungen über nicht eigne Schriften in den *'Göttingischen gelehrten Anzeigen'* (Octav) (von GAUSS nicht unterzeichnet aber in Betreff seiner Autorschaft durch die Acten der Göttinger Universitäts-Bibliothek verificirt), in der *'Monatlichen Correspondenz zur Beförderung der Erd- und Himmels-Kunde herausgegeben vom Freiherrn* VON ZACH*'* (Octav), in den *'Astronomischen Nachrichten herausgegeben von* SCHUMACHER*'* (Quart); und auch aus zwei Erläuterungen in der *'Monatlichen Correspondenz'* und in VEGA's *'Sammlung von Hülfstafeln'* (Quart) zu den GAUSSischen Additions- und Subtractions-Logarithmentafeln. Diese Tafeln selbst habe ich hier nicht abdrucken lassen, weil sie sehr verbreitet sind und das Format dieser Werke zum Gebrauche solcher Tafeln unbequem sein würde.

Bei der Redaction habe ich dieselben Grundsätze befolgt wie in den frühern Bänden. Zur bessern Übersicht der Gegenstände in einem so umfangreichen Bande sind die Hauptlehrsätze auf gleiche Weise durch den Druck ausgezeichnet. Zum leichtern Gebrauch sowohl der ältern Ausgaben als der vorliegenden habe ich bei den Verweisungen auf Schriften, die nicht in diesem Bande selbst sich finden, statt des Ortes der Veröffentlichungen die eignen Titel so wie statt der Nummer der Seite die der Artikel angegeben. Auf Seite 20 in Zeile 15 und 16 ist gemäss einer handschriftlichen Bemerkung *objectionem secundam et quar-*

tam' statt *'objectionem tertiam et quartam'* und in Zeile 19 ebenso *'objectionem tertiam'* statt *'objectionem primam'* gesetzt. Ausserdem unterscheidet sich die vorliegende Ausgabe von den frühern derselben Schriften nur durch die Berichtigung einiger Druckfehler, wobei ich zum Theil die Gaussischen Original-Manuscripte benutzen konnte.

Aus dem Handschriftlichen Nachlasse habe ich aufgenommen: die den Seiten 30 und 112 beigefügten Noten, den zweiten Theil der Abhandlung *'Disquisitiones generales circa seriem infinitam etc.'*, eine ausführliche Abhandlung uber Interpolation mit einigen in meinen Bemerkungen Seite 328 u. f. erläuterten Zusätzen, und eine Reihe von Abhandlungen, die sich auf die Elliptischen Functionen beziehen.

Die Handschriftlichen Aufzeichnungen habe ich hier wie auch früher bis auf Berichtigung von unerheblichen Schreibfehlern unverändert abdrucken lassen und meine Einschaltungen, die mit Ausnahme der *'Fortsetzung der Untersuchungen über das arithmetisch-geometrische Mittel'* nur in kurzen Sätzen bestehen, durch [Einklammerung] abgesondert. Die geschichtlichen Angaben und erforderlichen Zusätze für den Nachlass über hypergeometrische Reihen und Interpolation habe ich in den jenen Abhandlungen unmittelbar folgenden Bemerkungen zusammengestellt.

Die Redaction der Gaussischen Arbeiten über Elliptische Functionen wurde Seitens der Königlichen Gesellschaft der Wissenschaften zu Göttingen von Riemann gewünscht und ihm zu dem Zwecke die Handschriften übergeben. Leider hat er weder eine schriftliche noch mündliche Mittheilung aus diesen seinen Studien hinterlassen. Erst nach dem bedauernswerthen allzufrühen Tode Riemanns und nachdem der vorliegende dritte Band bis auf jenen Theil gedruckt war, konnte ich die Gaussischen Handschriften zu meiner Bearbeitung übernehmen.

Gauss hat von seinen Untersuchungen der Functionen, die wir jetzt die Elliptischen nennen, nur einen Theil veröffentlicht: eine Anwendung dieser Theorie auf die höhere Arithmetik in der *Summatio quarundam serierum singularium* 1808 *September* und eine Anwendung auf die Bestimmung der Säcularstörungen der Planeten in der *Determinatio attractionis, quam in punctum quodvis positionis datae exerceret planeta, si ejus massa per totam orbitam ratione temporis, quo singulae partes describuntur, uniformiter esset dipertita,* 1818 *Januar.* Den grössern Theil hat er niedergelegt in einigen unvollständigen Entwürfen zu Anfängen verschiedener Abhandlungen und in zahlreichen zwischen andern Arbeiten sehr zerstreuten Aufzeichnungen einzelner Formeln. Diese im handschriftlichen Nachlasse befindlichen Untersuchungen habe ich hier in einzelnen Gruppen zusammengestellt jenachdem sie vom Algorithmus des Arithmetisch-Geometrischen Mittels oder einem anderen diesem analogen und mit diesem in Verbindung gesetzten Algorithmus ausgehen oder aber sich auf die speciellen Lemniscatischen Functionen beziehen oder endlich die Darstellungen der allgemeinen Functionen durch Producte als wesentliches Hülfsmittel gebrauchen. Die Untersuchung des *Pentagramma mirificum* bildet eine Anwendung der Fünftheilung der ganzen Elliptischen Integrale.

Die Abhandlung mit den beiden Abschnitten *de origine proprietatibusque generalibus numerorum mediorum arithmetico-geometricorum* und *de functionibus transscendentibus quae ex differentiatione mediorum arithmetico-geometricorum oriuntur* bildet die erste und zwar eine sehr sorgfältig geschriebene Aufzeichnung in einem Handbuche, welches, wie der Titel besagt, von dem Jahre 1800 an benutzt ist. Die Beschäftigung mit diesem Gegenstande wird aber schon in einer viel frühern Zeit begonnen haben; nach Mittheilungen über eine mündliche Äusserung von Gauss, scheint er im Jahre 1794 die Beziehungen zwischen den arithmetisch-geometrischen Mitteln und den Potenzreihen, in denen die Exponenten mit den Quadrat-Zahlen fortschreiten, gekannt zu haben.

Die Formeln für den in Art. 18. Seite 389. aufgenommenen Algorithmus, der die von Gauss eingeführten neuen Transscendenten mit den Quadrat-Werthen der beiden Argumente zurückführt auf die Transscendenten mit den einfachen Argument-Werthen, folgen in einem Handbuche unmittelbar auf eine astronomische Rechnung an deren Schlusse steht '*geendigt d.* 2. *May* 1809'. Die Aufzeichnungen der anderen Untersuchungen über das Arithmetisch-Geometrische Mittel befinden sich theils auf einzelnen nicht datirten Blättern, theils erscheinen sie in den Handbüchern wegen ihrer Kürze an einigen, früher zu grösserer Übersichtlichkeit zwischen verschiedenartigen Arbeiten leer gelassenen, Stellen niedergeschrieben und erlauben keine sichere Zeitangabe.

Wie schon in Art. 12 bemerkt, habe ich geglaubt zur Annehmlichkeit für den Leser diese sehr zerstückelten Untersuchungen durch eine zusammenhängende Darstellung vereinigen zu mussen selbst auf die Gefahr hin, hier einige Entwickelungen hinzustellen, die von Gauss nicht ausgeführt worden sind, wie z. B. die Ableitung der Differentialgleichung für das Arithmetisch-Geometrische Mittel ohne die Reihen-Entwickelung und die Darstellung durch bestimmte Integrale vorauszusetzen, eine Ableitung, die sich an die in Art. 10. ausgeführte Untersuchung anschliesst und sich von der von Herrn Borchardt gegebenen ersten derartigen Ableitung unterscheidet. Die in Art. 17. angeregte Frage über den Zusammenhang zwischen den binaren quadratischen Formen mit negativen Determinanten und den von Gauss gefundenen neuen Transscendenten findet ihre vollständigste Erledigung durch die Untersuchungen des Herrn Kronecker über diesen Gegenstand.

Für die *Lemniscatischen Functionen* besitzen wir die von Gauss in einem Handbuche verzeichnete Zeitbestimmung '*Functiones Lemniscaticas considerare coeperamus* 1797. *Januar.* 8.' Von den im Nachlasse vorhandenen Aufzeichnungen scheint nach Papier und Form der Handschrift zu urtheilen, die auf einem besonderen Blatte stehenden und hier von mir mit 1, 2, 3, 4 bezeichneten Artikel der *ersten Gruppe* der Untersuchungen über die Lemniscatischen Functionen die früheste zu sein. Die folgenden hier auf Seite 406—412 unter der gemeinsamen von Gauss an mehreren Stellen gebrauchten Überschrift: '*Einige neue Formeln die Lemniscatischen Functionen betreffend*' zusammengestellten Aufzeichnungen derselben ersten Gruppe gehören einer ungleich spätern Zeit an, die darin enthaltenen Resultate sind auch wohl viel früher gefunden und theils zur Gedächtnissprobe, theils in dem Streben recht elegante Formeln zu erhalten von Neuem niedergeschrieben und zwar in zwei Handbüchern, von denen das eine im '*November* 1801' das andere '*im Mai* 1809 *angefangen*' ist. Die Functionen sin. lemn. so wie cos. lemn. bezeichnet Gauss überall durch die aus der Zusammenziehung von s und l so wie von c und l gebildeten Schriftzüge. Da diese bis jetzt nicht in Druckzeichen vorhanden sind, so habe ich sie hier durch die Worte selbst ersetzt.

Von den Untersuchungen, welche sich vorzugsweise auf die Darstellung der Lemniscatischen Functionen durch unendliche Producte und durch trigonometrische Reihen beziehen und welche ich als eine ***zweite Gruppe*** zusammengestellt habe, bilden die ersten vier Artikel die *Scheda prima* eines nach der Angabe des Titelblattes im Juli 1798 begonnenen Notizbuches. Die Artikel 1, 2, 3 sind von GAUSS selbst nummerirt, dann folgt im selben Hefte unmittelbar der Inhalt von Art. [4.] [5.] Seite 415, und hienach mit vielfachen Unterbrechungen durch Astronomische Untersuchungen der Theil der in Art. [17.] Seite 431 aufgenommenen Rechnungen, der mit lateinischem Text erläutert ist, und die einzelnen Theile des Inhalts von Art. [6.] [7.] Seite 417,418. Der Inhalt von Art. [8.] [9.] [10.] Seite 418, 419, Art. [15.] [16.] Seite 423—425 findet sich zerstreut in einem 1799 November angefangenen Notizbuche. Die Aufzeichnungen der übrigen Untersuchungen gehören, vielleicht mit Ausschluss der Fünftheilung des ganzen lemniscatischen Bogens Art. [13.], wohl einer spätern Zeit an und befinden sich, ausser den in Art. [14.] wiedergegebenen und in ein Handbuch nach dem 20. Febr. 1817 eingetragenen Summationsformeln für das Lemniscatische Integral der zweiten Art, alle auf einzelnen Blättern.

Die der Zeit nach erste unter den im Handschriftlichen Nachlasse erhaltenen die allgemeinen Elliptischen Functionen betreffenden Aufzeichnungen ist wohl die im November 1799 begonnene auf Seite 433—435 abgedruckte Abhandlung *Zur Theorie der neuen Transscendenten* I. die sich in einem Notizbuche dessen Titelblatt die Aufschrift '*Varia, imprimis de Integrali* $\int\frac{du}{\sqrt{(1+\mu\mu\sin u^2)}}$, *Novembr.* 1799' trägt, zwischen Untersuchungen über ganz verschiedenartige Gegenstände zerstreut befindet.

Die Abhandlung II. mit der Uberschrift '*Zur Theorie der transscendenten Functionen gehörig*' folgt in einem Handbuche unmittelbar nach den in der *Theoria motus corporum coelestium* wiedergegebenen Hülfstafeln. Diese Untersuchungen, insbesondere die auf die Siebentheilung bezüglichen, werden wohl dem Jahre 1808 angehören und die Veranlassung zu einer Mittheilung an SCHUMACHER gewesen sein.

Die Abhandlung III. mit den Eingangs-Worten 'Die Theoreme in Bezug auf diejenigen Reihen und unendlichen Producte, welche zu der Theorie der Arithmetisch-Geometrischen Mittel gehören, ordnen wir so:' Seite 446—460 folgt in einem Handbuche unmittelbar nach einer astronomischen Rechnung, der die Bemerkung beigefügt ist 'geendigt den 28. April 1809'.

Die Abhandlung IV. 'Hundert Theoreme über die neue Transcendente' Seite 461—469 steht auf einzelnen Blättern ohne irgend eine Zeitangabe.

Die Abhandlung V. Seite 470—480 mit den Eingangsworten 'Allgemeines Theorem' enthält die beiden Zeitangaben 1827 Aug. 6. und Aug. 29. Der letzte Theil dieses Aufsatzes bildet wohl eine der frühesten Vorarbeiten von GAUSS für seine 'Allgemeinen Lehrsätze in Beziehung auf die im verkehrten Verhältnisse des Quadrats der Entfernung wirkenden Anziehungs- und Abstossungskräfte' und lassen vermuthen, dass er den Zusammenhang dieses Gebietes mit einem anderen Gebiete der Analysis, nemlich der

Theorie der Functionen mit complexen Argumenten erkannt habe, ein Zusammenhang welcher RIEMANN auf ein so fruchtbares Gebiet der Forschung geführt hat.

Die Untersuchung des *Pentagramma mirificum*, eines sphärischen Fünfecks, dessen fünf Diagonalen Quadranten sind, befindet sich an zwei getrennten Stellen in einem Handbuche, auf einem besonderen Blatte der Art. [4.]. Das, was ich hier als Art. [1.] und [2.] bezeichnet habe, ist vor dem 23. Januar 1836 geschrieben, das andere enthält in Art. [7] die Zeitangabe 1843 April 20.

Zwischen den unter Nr. I. zusammengestellten Untersuchungen über die neuen Transscendenten befindet sich auch der Anfang einer Abhandlung mit der Überschrift '*Motus solidi a nullis viribus sollicitati*'. Das Problem ist dort bis zu dem bei der bekannten Auflösung auftretenden elliptischen Integral geführt, so dass zu vermuthen steht, GAUSS habe erkannt, dass die Gleichungen zur Bestimmung dieser Bewegung mit Hülfe der neuen Transscendenten in endlicher Form erscheinen.

Die Aufzeichnung der hier unter V. zusammengestellten Untersuchungen über die neuen Transscendenten, mit den Zeitangaben 1827 August 6 und August 29 ist wohl durch die JACOBIschen Briefe an SCHUMACHER datirt aus Königsberg von 1827 Juni 13 und Aug. 2 deren ersterer die algebraischen Gleichungen für die Dreitheilung und Funftheilung elliptischer Integrale der andere die Gleichung zwischen den trigonometrischen Tangenten der Argumente fur die Transformation beliebigen Grades gibt, veranlasst worden. Diese beiden Briefe sind in der im Monat September 1827 ausgegebenen Nr. 123 der 'Astronomischen Nachrichten' veröffentlicht, aber im Original zuvor an GAUSS mitgetheilt worden, wie aus den GAUSSschen Briefen an SCHUMACHER vom 4. und 19. Aug. 1827 hervorgeht. Die Beweise jener JACOBIschen Lehrsätze hat dieser selbst durch einen aus Königsberg vom 18. November 1827 datirten in der im Monat December 1827 ausgegebenen Nr. 127 der 'Astronomischen Nachrichten' abgedruckten Briefe an SCHUMACHER veröffentlicht.

Zu dieser Zeit war noch nicht, aber doch im selben Jahre, durch das zweite Heft des zweiten Bandes des CRELLEschen Journals für reine und angewandte Mathematik die Abhandlung von ABEL '*Recherches sur les fonctions elliptiques* §. I. — §. VII.' erschienen, und dieses war wohl diejenige Arbeit ABELS, von der GAUSS am 30. Mai 1828 an SCHUMACHER schreibt, 'die, Ihnen gesagt, mir von meinen eignen Untersuchungen wol $\frac{1}{3}$ vorweggenommen hat, und mit diesen zum Theil selbst bis auf die gewahlten bezeichnenden Buchstaben übereinstimmt'.

Auf dieselbe Arbeit bezieht sich wohl die folgende Stelle eines Briefs von CRELLE an ABEL vom 18. Mai 1828: — — Voici ce que m'écrit Mr. GAUSS de Goettingue que j'avais également prié de m'envoyer quelque chose sur les fonctions elliptiques dont il s'occupe, comme j'ai appris, plus de 30 ans. 'D'autres occupations m'empêchent pour le moment de rédiger ces recherches. Mr. ABEL m'a prévenu au moins d'un tiers. Il vient d'enfiler précisément la meme route dont je suis sorti en 1798. Ainsi je ne m'étonne nullement de ce que, pour la majeure partie, il en soit venu aux mêmes résultats. Comme d'ailleurs dans sa déduction il a mis tant de sagacité de penetratien et d'élégance, je me crois par cela meme dispensé de la redaction de mes propres recherches.' — —

Auch über Legendre besitzen wir einen Ausspruch von Gauss. In einem Briefe ohne Datum schreibt er an Olbers 'Sie verlangten in Ihrem letzten Briefe [wahrscheinlich derjenige 'Bremen d. 16. Aug. 1817, *Empfangen den 25. Aug.'* bezeichnete; die Briefe aus jenen Monaten sind: O. an G. Juli 17. — G. an O. Aug. 2. — G. an O. der hier im Auszuge mitgetheilte ohne Datum — O. an G. Nov. 2. — G. an O. Dec. 2.], allertheuerster Freund, mein Urtheil über Mossottis in den Mailänder Ephemeriden gegebene Methode die Bahnen von H. K. zu berechnen. Als ich Ihnen neulich schrieb, war mir der Gegenstand nicht gegenwärtig genug, ob ich gleich jenen Aufsatz früher so weit gelesen hatte, dass ich ein Urtheil darüber vorläufig gefasst hatte. In jenem Augenblicke erlaubte mir meine Zeit nicht, mich gleich wieder gehörig in die Sache hineinzustudiren, und ich überging daher Ihre Anfrage. Seitdem habe ich nun wieder Anlass genommen, jenen Aufsatz noch einmal zu lesen, und in den eigentlichen Geist weiter einzudringen, und ich will heute eine Stunde dazu anwenden mich mit Ihnen über diesen Gegenstand zu unterhalten.'

'Geneigt, wie ich von jeher gewesen bin, jeden neuen originellen oder genialen Gedanken mit Liebe aufzunehmen*), wurde ich von der wirklich neuen Idee in Mossottis Aufsatz bei meiner ersten Lecture frappirt.' — —

*) 'Ich brauche Ihnen wohl nicht zu sagen, dass die neuliche wunderliche Recension von Legendre's *Exercices de calcul Intégral* in unsern G. A. [Göttingische gelehrte Anzeigen 1817 August 14.] nicht von mir ist, da dieses Werk so manches der oben erwähnten Art enthält.'

Es verdient noch besonders ausgesprochen zu werden, dass in Bezug auf die Theorie der Theilung des Lemniscaten-Bogens der Handschriftliche Nachlass nichts enthält, als was der vorliegende Abdruck an Hülfssätzen dazu darbietet, während in dem Werke '*Disquisitiones arithmeticae*, welches Juli 1801 ausgegeben worden, Art. 335 der Sectio septima, de aequationibus circuli sectiones definientibus, gesagt wird — 'Ceterum principia theoriae, quam exponere aggredimur multo latius patent, quam hic extenduntur. Namque non solum ad functiones circulares, sed pari successu ad multas alias functiones transscendentes applicari possunt, e. g. ad eas quae ab integrali $\int\frac{dx}{\sqrt{(1-x^4)}}$ pendent, praetereaque etiam ad varia congruentiarum genera: sed quoniam de illis functionibus transscendentibus amplum opus peculiare paramus, de congruentiis autem in continuatione disquisitionum arithmeticarum copiose tractabitur, hoc loco solas functiones circulares considerare visum est.' —

Abel und Jacobi haben Gauss Untersuchungen über die Elliptischen Functionen nicht vorgefunden, sie mussten dieses Gebiet der Wissenschaft von Neuem entdecken.

Die speciellen Beziehungen zwischen den Arbeiten von Gauss in diesem Gebiete der reinen Analysis und den Arbeiten von Anderen werde ich in einer besondern Schrift im Zusammenhange mit einer Geschichte der gesammten wissenschaftlichen Thätigkeit von Gauss darzustellen versuchen, während ich in diesen seinen eignen Werken angeschlossenen Bemerkungen nur die betreffenden actenmässigen Thatsachen aufgenommen habe.

Göttingen im Juni 1868.

Schering.

INHALT.

GAUSS WERKE BAND III. ANALYSIS.

ALGEBRAISCHE FUNCTIONEN.

Abhandlungen.

Anzeigen eigner Abhandlungen.

Anzeigen nicht eigner Schriften.

GAUSS' REIHE.

Abhandlungen.

MITTHEILUNGEN ÜBER VERSCHIEDENE SCHRIFTEN.

INTERPOLATION.

ELLIPTISCHE FUNCTIONEN.

Zwei Steindrucktafeln zu Seite 30 *und* 102.

GÖTTINGEN,
GEDRUCKT IN DER DIETERICHSCHEN UNIVERSITÄTS-DRUCKEREI
W. FR. KAESTNER.